地下水污染风险管控与修复技术手册

生 态 环 境 部 土 壤 生 态 环 境 司
生态环境部土壤与农业农村生态环境监管技术中心　　编著
生 态 环 境 部 南 京 环 境 科 学 研 究 所

中国环境出版集团 · 北京

图书在版编目（CIP）数据

地下水污染风险管控与修复技术手册/生态环境部土壤生态环境司，生态环境部土壤与农业农村生态环境监管技术中心，生态环境部南京环境科学研究所编著. —北京：中国环境出版集团，2021.12
ISBN 978-7-5111-4963-3

Ⅰ. ①地… Ⅱ. ①生…②生…③生… Ⅲ. ①地下水污染—污染防治—手册 Ⅳ. ①X523-62

中国版本图书馆 CIP 数据核字（2021）第 225693 号

出 版 人　武德凯
责任编辑　孔　锦
责任校对　任　丽
封面设计　岳　帅

出版发行　中国环境出版集团
（100062　北京市东城区广渠门内大街 16 号）
网　　址：http://www.cesp.com.cn
电子邮箱：bjgl@cesp.com.cn
联系电话：010-67112765（编辑管理部）
发行热线：010-67125803，010-67113405（传真）

印　　刷　北京中科印刷有限公司
经　　销　各地新华书店
版　　次　2021 年 12 月第 1 版
印　　次　2021 年 12 月第 1 次印刷
开　　本　787×1092　1/16
印　　张　31.5
字　　数　650 千字
定　　价　198.00 元

《地下水污染风险管控与修复技术手册》编委会

《地下水污染风险管控与修复技术手册》编写组

组　长： 刘伟江　龙　涛

副组长： 任　静　李　娟　李广贺　郑春苗　刘　国

成　员：（按姓氏拼音排序）

安世泽　卞晖晖　曹潇元　曹云者　陈波洋　陈德胜　陈鸿汉　陈　坚
陈劲松　陈　恺　陈梦舫　陈　倩　陈素云　陈亚洲　崔兴兰　代佳宁
戴　昕　董维红　范宣梅　冯国杰　高　嵩　耿竹凝　顾明月　郭芷琳
韩占涛　侯德义　胡天波　郇　环　黄帀娟　黄家琰　黄　菀　蒋向明
金　勇　孔祥科　李锦超　李　婧　李　璐　李鸣晓　李　鹏　李　瑞
李书鹏　李淑彩　李彤彤　李曦滨　李　翔　李晓曼　李育超　李媛媛
梁　信　廖禄云　林爱军　林斯杰　刘宝蕴　刘　军　刘立才　刘梦娇
刘明柱　刘　鹏　刘兴宇　卢海莲　吕宁磬　罗天烈　马　骏　马少兵
马　腾　马　妍　苗　竹　闵玉涛　倪鑫鑫　牛浩博　蒲生彦　钱林波
曲　丹　任　贝　任虎俊　斯克诚　宋易南　苏春利　覃　利　涂　汉
王　峰　王　宏　王　朋　王文峰　王文科　王亚晨　王轶冬　王　勇
王瑜瑜　文　一　吴宏巍　吴　攀　熊燕娜　徐文馨　晏井春　杨　洁
杨　洋　杨　勇　杨　昱　叶长文　殷乐宜　袁文超　张　芳　张　敏
张明江　张　培　张　琪　张瑞雪　张施阳　张　水　张晓斌　张　岳
赵　航　赵文德　赵小兵　赵晓静　赵雪皓　赵勇胜　郑　迪　周　栋
周　俊　朱岗辉　朱湖地　朱　瑾　祝　红　庄健鸿

前言

党中央、国务院高度重视地下水生态环境保护工作。习近平总书记强调，确保地下水质量和可持续利用是重大的生态工程和民生工程；要求遏制全国地下水污染加剧状况。《中共中央 国务院关于深入打好污染防治攻坚战的意见》提出强化地下水污染协同防治。为指导各地针对地下水污染现状、结合水文地质条件等因地制宜地开展地下水污染风险管控与修复工作，有效保护和改善地下水生态环境质量，有力推进地下水生态环境保护治理体系和治理能力现代化，按照《水污染防治行动计划》《土壤污染防治行动计划》《地下水污染防治实施方案》《“十四五”土壤、地下水和农村生态环境保护规划》等政策文件的部署安排，生态环境部土壤生态环境司组织生态环境部土壤与农业农村生态环境监管技术中心（以下简称“土壤中心”）、生态环境部南京环境科学研究所、中国环境科学研究院、生态环境部环境规划院、清华大学、南方科技大学、成都理工大学、中国地质大学（武汉）、中国地质大学（北京）、吉林大学、中国地质科学院水文地质环境地质研究所等单位，开展了大量调查研究并对案例进行分析，系统总结了国内外地下水污染风险管控与修复的科研与实践成果，编写了《地下水污染风险管控与修复技术手册》（以下简称《手册》）。

《手册》立足于我国地下水污染风险管控与修复实际情况，考虑地下水污染特征、水文地质条件等差异，注重技术模式与经济可行性、地下水使用功能相结合，分类总结地下水污染风险管控与修复的模式和技术工艺，指导各地根据污染源类型、特征污染物、技术成熟度、效率、成本、时间和环境风险等因素，选择适宜的技术模式。

《手册》在编写过程中，充分利用水体污染控制与治理科技重大专项、“场地土壤污染防治成因与治理技术”重点专项等成果，借鉴国内外经验和案例，针对地下水污染风险管控与修复亟待解决的技术问题，结合污染源及其他地下水污染问题，总结提炼出地下水污染风险管控与修复的三大模式、十二种技术。同时，考虑到地下水污染风险管控与修复的实际应用需要，《手册》提供了不同技术的关键技术参数、成本和周期等，为各地深入推动地下水污染风险管控与修复工作提供了借鉴和参考。《手册》力求语言通俗易懂、理论联系实际，可供地下水生态环境管理人员，以及从事地下水污染防治工作的技术人员参考使用。

《手册》分为上篇和下篇，上篇系统介绍了我国地下水污染与风险、法规标准要求、模式、风险管控与修复技术、效果评估及后期环境监管等；下篇介绍了国内外典型地下水污染风险管控、修复案例。具体编写单位为：第一章由成都理工大学、南方科技大学、中国地质大学（武汉）等编写，第二章由土壤中心、生态环境部南京环境科学研究所等编写，第三章由清华大学、南方科技大学、土壤中心等编写，第四章由清华大学、吉林大学、成都理工大学、土壤中心、生态环境部环境规划院、生态环境部南京环境科学研究所、中国地质科学院水文地质环境地质研究所等编写，第五章由北京市环境保护科学研究院、土壤中心等编写。本书在编写过程中得到了侯立安、武强、吴丰昌、王焰新等院士和专家的指导，向所有指导专家和参与《手册》编写的人员表示深深的谢意！

我国地下水污染风险管控与修复工作起步较晚，各地适用的模式和技术工艺有待进一步优化。《手册》中收录的技术经济参数和典型案例主要适用于当时当地的特定条件，仅供读者参考。同时，由于时间和水平所限，疏漏之处在所难免，敬请广大读者批评指正！

编写组

2021 年 12 月

目录

上篇 / 1

上篇

第 1 章　地下水污染与风险

根据《中国水资源公报（2020）》，地下水资源量占我国水资源总量的近 1/3，占总供水量的近 1/6，地下水是支撑我国经济社会可持续发展的重要战略资源。近 40 年来，随着我国经济社会的快速发展，部分地区地下水超采和污染日益严重，进一步加大了水资源安全保障的压力。而且，部分地下水型饮用水水源环境保护问题突出。根据《2020 年全国生态环境质量简况》，11.8%的地级及以上城市集中式生活饮用水水源水质不达标。全国地下水基础环境状况调查评估工作表明，部分工业污染源、垃圾填埋场、矿山开采区、危废处置场周边地下水中特征污染物超标，地下水污染羽尚未得到有效控制，影响地下水环境敏感点和生态安全。近年来，我国逐步推进地下水污染防治工作，在政策制定、标准体系构建、资金投入、试点建设、科技支撑等方面取得了一定进展。总体来看，我国地下水污染风险管控与修复工作刚刚起步，亟须借鉴较为成熟的、技术经济可行的地下水污染风险管控与修复模式、技术工艺和典型案例，为我国地下水污染风险管控与修复工作提供技术支撑。

1.1　地下水的形成与特征

1.1.1　主要类型及特征

地下水广义上是指赋存于地面以下岩石空隙中的水，狭义上是指地面以下饱和含水层中的重力水。饱水带岩层按其透过和给出水的能力，分为含水层和隔水层。

由于地下水存在于各种自然条件下，其聚集、运动的过程各不相同，因而在埋藏条件、分布规律、水动力特征、物理性质、化学成分、动态变化等方面具有不同的特点。

根据地下水的埋藏条件，可以把地下水分为上层滞水、潜水和承压水；根据含水层的空隙性质，可以把地下水分为孔隙水、裂隙水和岩溶水。若把上述两种分类组合起来可得到 9 种复合类型的地下水，每种类型都具有不同的特征（表 1-1 和图 1-1）。

表 1-1 地下水分类

按埋藏条件	按含水层空隙性质		
	孔隙水	裂隙水	岩溶水
上层滞水	季节性存在于局部隔水层上的重力水	出露于地表的裂隙岩层中季节性存在的重力水	裸露岩溶化岩层中季节性存在的重力水
潜水	上部无连续完整隔水层存在的各种松散岩层中的水	基岩上部裂隙中的水	裸露岩溶化岩层中的水
承压水	由松散岩层组成的向斜、单斜和山前平原自流斜地中的地下水	构造盆地及向斜、单斜岩层中的裂隙承压水、断层破碎带深部的局部承压水	向斜及单斜岩溶化岩层中的承压水

图 1-1 地下水含水介质类型示意图

（1）上层滞水

上层滞水是指存在于包气带中局部隔水层或弱透水层之上的重力水，是在大面积透水的水平或缓倾斜岩层中存在相对隔水层的条件下，降水或其他方式补给的地下水在向下渗透的过程中因受隔水层的阻隔而滞留，聚集在隔水层之上形成的。上层滞水存在于包气带范围内，距离地表深度不大，是透水岩层中位于不透水透镜体上的临时性聚水。上层滞水埋藏的共同特点是在透水性较好的岩层中夹有不透水岩层。

上层滞水因完全依靠大气降水或地表水体直接渗入补给，水量受季节控制显著，一些范围较小的上层滞水在旱季往往干枯无水。当隔水层分布较广时，上层滞水可作为小型水源。

（2）潜水

保存在地表以下第一个含水层中、具有自由水面的重力水称为潜水。潜水可存在于松散的沉积物中，也可存在于基岩裂隙或溶隙中。潜水的水面为自由水面，称为潜水面。

潜水的埋藏条件，决定了潜水具有以下特征。

①由于潜水面以上一般无稳定的隔水层存在，因此潜水具有自由表面。有时潜水面上有局部的隔水层，且潜水充满两隔水层之间，在此范围内的潜水将承受静水压力，从而呈

现局部的承压现象。

②潜水在重力作用下，由潜水位较高处向潜水位较低处流动，其流动的快慢取决于含水层的渗透性能和水力坡度。当潜水向排泄处流动时，其水位逐渐下降，形成曲线形表面。

③潜水通过包气带与地表相连通，大气降水、凝结水、地表水通过包气带的空隙通道直接渗入补给潜水，因此在一般情况下，潜水的分布区与补给区是一致的。

④潜水的水位、流量和水化学成分都随着时间和地点的变化而变化。

潜水在自然界中分布极广，它的埋藏深度和含水层厚度均经常变化，而且变化范围较大，主要受大气降水和地形起伏的影响。山区地形切割强烈，潜水埋藏深度较大，一般达几十米甚至百余米。平原地区地形平坦，潜水埋深一般仅几米，有些地区甚至出露地表形成沼泽。潜水含水层的埋深及厚度不仅因地而异，而且同一地区因时而变。在雨季降水较多时，补给潜水的水量增大，潜水面抬高，因而含水层厚度加大，埋藏深度变小；在旱季则相反。例如，北京西部地区每年潜水面变化幅度在 4 m 左右。

（3）承压水

承压水是指充满于上下两个稳定隔水层（或弱透水层）之间的含水层中的重力水。承压水的主要特点是有稳定的隔水顶板和底板，没有自由水面，水体承受静水压力，与有压管道中的水流相似。承压水的上部隔水层称为隔水顶板，下部隔水层称为隔水底板，两隔水层之间的含水层称为承压含水层（图 1-2）。

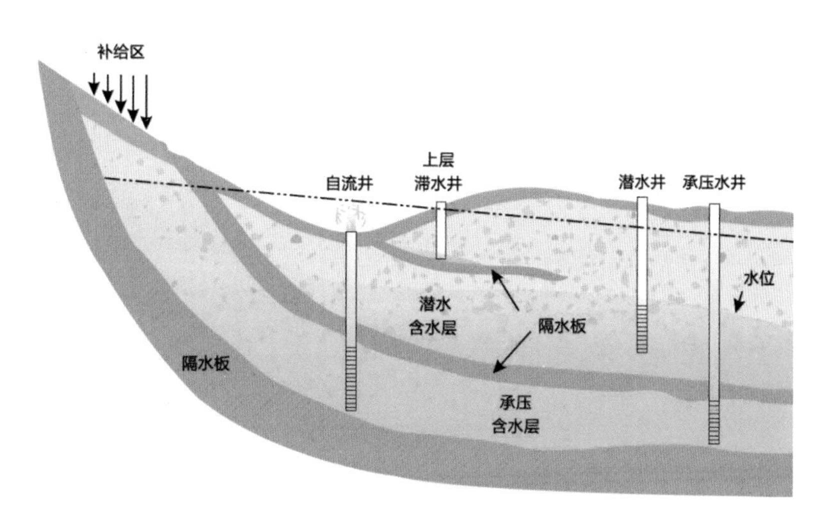

图 1-2　地下水类型和补给来源示意图

承压水由于有稳定的隔水顶板和底板，因此与外界的联系较差。与地表的直接联系大部分被隔绝，因此承压水的埋藏区与补给区不一致。承压含水层在出露地表部分可以接收大气降水及地表水补给，上部潜水也可通过越流补给承压含水层。承压水的排泄方式更是多种多样，它可通过高程较低的含水层出露区或断裂带向地表水、潜水含水层或另外的承压含水层排泄，也可通过上升泉直接排泄到地表。承压含水层的埋藏深度一般都比潜水含水层大，在水位、水量、水温、水质等方面受水文气象因素、人为因素及季节变化的影响较小。因此，富水性好的承压含水层是理想的供水水源。

1.1.2 补、径、排特征

地下水不断参与着自然界的水循环。含水层或含水系统经由补给从外界获得水量，通过径流将水量由补给处输送到排泄处向外界排出。在补给与排泄过程中，含水层与含水系统除了与外界交换水量，还交换能量、热量与盐量。因此，补给、径流与排泄决定着地下水的水量、水质在空间上与时间上的分布。

含水层或含水系统从外界获得水量的过程称作补给。补给除了获得水量，还获得一定盐量或热量，从而使含水层或含水系统的水化学与水温发生变化。补给获得水量，不仅抬高了地下水水位，还增加了势能，使地下水保持流动。由于构造封闭或气候干旱，地下水长期得不到补给，便将停滞或干枯。

地下水补给来源主要有大气降水、地表水、凝结水、相邻含水层之间的补给以及人工补给等。

径流是连接补给与排泄的中间环节，通过径流，地下水的水量、盐量和能量由补给区传送到排泄区，实现重新分配。地下水径流的特点：①地下水径流首先取决于水力梯度，地下水流向总是水力梯度最大的方向；②径流受到岩石透水性的制约；③水流常呈层流运动，流速很小，通常不考虑动能；④径流的强弱影响着含水层水量与水质的形成过程。

含水层或含水系统失去水量的过程称为排泄。在排泄过程中，含水层与含水系统的水质也发生相应变化。

地下水通过泉、向河流泄流及蒸发、蒸腾等方式向外界排泄。此外，还存在由一个含水层（含水系统）向另一个含水层（含水系统）排泄的现象。用井孔抽汲地下水，或用渠道、坑道等排出地下水，均属地下水的人工排泄。

表 1-2　各层地下水循环条件对比

分类	补给	径流	排泄	水质
上层滞水	降水、地表水	较快，非连续流	蒸发	易污染
潜水	降水、地表水、凝结水、其他水	较快，连续流	泉、泄流（径流）、蒸发	较易污染
承压水	降水、地表水、潜水	慢	越流、径流、泉	不易污染

1.1.3　运动特征

1.1.3.1　基本特征

根据流速大小，渗流分为层流和紊流两种流态。层流是在岩石空隙中渗流时水的质点作有秩序的、互不混杂的流动。紊流则是在岩石空隙中渗流时水的质点作无秩序的、互相混杂的流动。

根据运动要素随时间的变化，渗流又分为稳定流和非稳定流。稳定流是指地下水的各个运动要素（水位、流速、流向等）不随时间而改变；非稳定流是指地下水的各运动要素随流程、时间等不断发生变化。

在自然条件下，地下水径流均属于非稳定流。其补给水源受水文、气象因素影响大，呈季节性变化；排泄方式具有不稳定性；径流过程中存在不稳定性。为了便于计算，常将某些运动要素变化微小的渗流，近似为稳定流。

1.1.3.2　基本规律

达西定律适用于含水层中水流运动雷诺数为 1～10 某一数值的层流时，计算公式为：

$$V=KI \tag{1-1}$$

$$Q=V\omega \tag{1-2}$$

哲才定律适用于含水层中水流运动为紊流时，计算公式为：

$$V=KI^{\frac{1}{2}} \tag{1-3}$$

$$Q=V\omega \tag{1-4}$$

式中，V —— 渗透速度，m/d；

Q —— 渗流量，m^3/d；

ω —— 渗流过水断面面积，m^2；

K —— 含水层的渗透系数，m/d；

I —— 含水层的水力梯度，量纲一。

1.2　地下水污染及其危害

1.2.1　污染物

地下水污染物种类繁多，按其性质可分为化学污染物、生物污染物和放射性污染物三类，本《手册》中地下水污染风险管控和修复工作主要针对地下水化学污染物。

《地下水质量标准》（GB/T 14848—2017）共有 93 项指标，其中感官性状及一般化学指标有 20 项；毒理学指标中无机化合物指标有 20 项，有机化合物指标有 49 项，毒理学指标有 2 项；微生物指标 2 项，具体指标见附录 2。本节介绍 GB/T 14848—2017 中包含的部分污染物及其他地下水污染物。

1.2.1.1 化学污染物

化学污染物是地下水污染物的主要组成部分，种数多且分布广，按它们的性质可分为无机污染物和有机污染物两类。

（1）无机污染物

地下水中常见的无机污染物主要包括硝酸盐、亚硝酸盐、氯化物、硫酸盐、氟化物、氰化物及重金属铬、汞、铅、镉、铁、锰和类金属砷等。

其中，氯化物、硫酸盐等无机污染物在较低浓度条件下无直接毒害作用（对生物机体没有损害），但当其组分达到一定浓度之后，会对地下水体的可利用价值或对环境甚至对人类健康造成不同程度的影响或危害。

亚硝酸盐、氟化物、氰化物及重金属铬、汞、铅、镉、铁、锰和类金属砷则是有直接毒害作用的一类无机污染物。根据毒性发作的情况，此类污染物可分为致癌风险（长期风险）和非致癌风险（急性健康风险）两种。

（2）有机污染物

目前，地下水中已发现多种类型的有机污染物，主要包括芳香烃类、卤代烃类、有机农药类、多环芳烃类与邻苯二甲酸酯类等。人们常根据有机污染物是否易于被微生物分解而将其进一步分为生物易降解有机污染物和生物难降解有机污染物两类。

1）生物易降解有机污染物

地下水中常见的生物易降解有机污染物包括苯系物、氯代烯烃等，它们在微生物新陈代谢的作用下，都能转化为稳定的无机物；在有氧条件下，通过好氧微生物的转化作用，通常产生 CO_2 和 H_2O 等。这一分解过程都要消耗氧气，因而称为耗氧有机物。在无氧条件下，这类污染物可通过厌氧微生物作用，最终转化形成 H_2O、CH_4、CO_2 等稳定物质。

2）生物难降解有机污染物

常见的生物难降解有机污染物主要是持久性有机污染物（Persistent Organic Pollutants，POPs），这类污染物性质均比较稳定，不易被微生物降解，能够在地下水环境中长期存在。一部分能在生物体内积累富集，通过食物链对高营养等级生物造成危害；另一部分饱和蒸汽压大，可经过长距离迁移至遥远的偏僻地区和极地地区，在相应的环境浓度下可能对接触该类化学物质的生物造成有害或有毒效应。

POPs 一般具有较强的毒性，包括致癌、致畸、致突变、神经毒性、生殖毒性、内分泌干扰特性、致免疫功能减退特性等，严重危害生物体的健康与安全。

截至 2019 年 5 月，《关于持久性有机污染物的斯德哥尔摩公约》（以下简称《公约》）中已有三大类 30 种（类）POPs 被列入公约控制名单。

表 1-3　列入《公约》控制名单的 30 种（类）POPs

序号	化学品名称	备注
1	艾氏剂（Aldrin）	农药（杀虫剂）
2	氯丹（Chlordane）	农药（杀虫剂）
3	狄氏剂（Dieldrin）	农药（杀虫剂）
4	异狄氏剂（Endrin）	农药（杀虫剂）
5	七氯（Heptachlor）	农药（杀虫剂）
6	六氯苯（Hexachlorobenzene）	农药（杀菌剂）/工业化学品/化学品副产物
7	灭蚁灵（Mirex）	农药（杀虫剂）
8	毒杀芬（Toxaphene）	农药（杀虫剂）
9	多氯联苯（PCB）	工业化学品/化学品副产物
10	滴滴涕（DDT）	农药（杀虫剂）
11	多氯二苯并对二噁英（Polychlorinated dibenzo-*p*-dioxins）	化学品副产物
12	多氯二苯并呋喃（Polychlorinated dibenzofurans）	化学品副产物
13	α-六氯环己烷（Alpha hexachlorocyclohexane）	农药（杀虫剂副产物）
14	β-六氯环己烷（Beta hexachlorocyclohexane）	农药（杀虫剂副产物）
15	林丹（Lindane）	农药（杀虫剂副产物）
16	十氯酮（Chlordecone）	农药
17	五氯苯（Pentachlorobenzene）	农药/工业化学品/化学品副产物
18	五氯苯酚及其盐类和酯类（Pentachlorophenol and its salts and esters）	农药
19	六氯丁二烯（Hexachlorobutadiene）	工业化学品/化学品副产物
20	多氯萘（Polychlorinated naphthalenes）	工业化学品/化学品副产物
21	短链氯化石蜡（Short-chain chlorinated paraffins，SCCPs）	工业化学品
22	三氯杀螨醇（Dicofol）	农药
23	硫丹（原药）及其相关异构体（Technical endosulfan and its related isomers）	农药
24	六溴联苯（Hexabromobiphenyl）	工业化学品（阻燃剂）
25	六溴环十二烷（Hexabromocyclododecane）	工业化学品
26	四溴二苯醚和五溴二苯醚（商用五溴二苯醚）（Tetrabromodiphenyl ether and pentabromodiphenyl ether（commercial pentabromodiphenyl ether））	工业化学品（阻燃剂）

序号	化学品名称	备注
27	六溴二苯醚和七溴二苯醚（Hexabromodiphenyl ether and heptabromodiphenyl ether）	工业化学品（阻燃剂）
28	十溴二苯醚（商用十溴二苯醚混合物）（Decabromodiphenyl ether（commercial mixture，cDecaBDE））	工业化学品
29	全氟辛基磺酸及其盐和全氟辛基磺酰氟（Perfluorooctane sulfonic acid（PFOS），its salts and perfluorooctane sulfonyl fluoride（PFOSF））	工业化学品
30	全氟辛酸及其盐类和相关化合物（Perfluorooctanoic acid（PFOA），its salts and PFOA- related compounds）	工业化学品

除了 POPs，环境内分泌干扰物（也称为环境激素）的影响也不容忽视，如烷基酚、双酚 A、邻苯二甲酸酯等，其自身或降解中间产物具有难降解和内分泌干扰特性，虽然微量，但长期接触会对人体的健康产生严重的负面影响。

3）新污染物

《新污染物治理行动方案》（征求意见稿）提出，新污染物不同于常规污染物，指新近发现或被关注，对生态环境或人体健康存在风险，尚未纳入管理或者现有管理措施不足以有效防控其风险的污染物。新污染物具有生物毒性、环境持久性和生物累积性等特征，在环境中即使浓度较低，也可能具有显著的环境与健康风险，其危害具有潜在性和隐蔽性。有毒有害化学物质的生产和使用是新污染物的主要来源。动态发布的重点管控新污染物清单中，针对列入《优先控制化学品名录》的化学物质，以及抗生素、微塑料等国内外关注且环境检出率高的其他新污染物，制定了“一品一策”管控措施。

《新污染物治理行动方案》（征求意见稿）中提出了《重点管控新污染物清单（2021年本）》，包括 28 种污染物，具体如下：壬基酚、喹诺酮类、全氟辛基磺酸及其盐类和全氟辛基磺酰氟（PFOS 类）、全氟辛酸及其盐类和相关化合物（PFOA 类）、全氟己基磺酸及其盐类和相关化合物（PFHxS 类）、六溴环十二烷、十溴二苯醚、短链氯化石蜡、六氯丁二烯、五氯苯酚及其盐类和酯类、得克隆、二噁英类、二氯甲烷、三氯甲烷、三氯乙烯、四氯乙烯、甲醛、乙醛、氯丹、灭蚁灵、六氯苯、滴滴涕、α-六氯环己烷、β-六氯环己烷、林丹、硫丹、多氯联苯、三氯杀螨醇等。

1.2.1.2 生物污染物

地下水中生物污染物可分为细菌、病毒和寄生虫三类，在未经消毒的污水中含有大量细菌和病毒，它们有可能进入含水层污染地下水。而地下水污染的可能性与细菌和病毒的存活时间、地下水流速、地层结构、pH 等多种因素有关。GB/T 14848—2017 中的微生物指标为总大肠菌群和菌落总数。

地下水中曾发现并引起水媒病传染的致病菌有：霍乱菌、伤寒沙门氏菌、志贺氏菌、沙门氏菌等。

病毒比细菌小得多，存活时间长，比细菌更易进入含水层。在地下水中曾发现的病毒主要有脊髓灰质炎病毒、甲型肝炎病毒、胃肠病毒、诺如病毒等，且每种病毒有多种类型，对人体健康的危害较大。

1.2.1.3 放射性污染物

地下水中常见的 6 种放射性核素的部分物理参数及健康影响数据见表 1-4，除 ^{226}Ra 主要源于天然来源以外，其余都是源于工业或生活污染源排放。表 1-4 中“标准器官”指接受来自放射性核素的最高放射性剂量的人体部位。

表 1-4 某些放射性核素的物理参数及健康数据（据刘兆昌，1991）

放射性核素	半衰期/a	MPC/（pCi/mL）	标准器官	主要放射物	生物半衰期
^{3}H	12.26	3	全身	β 粒子	12 天
^{90}Sr	28.1	3	骨骼	β 粒子	50 年
^{129}I	1.7×10^{7}	6	甲状腺	β 粒子、γ 射线	138 天
^{137}Cs	30.2	2	全身	β 粒子、γ 射线	70 天
^{226}Ra	1 600	3	骨骼	β 粒子、γ 射线	45 年
^{289}Pu	24 400	5	骨骼	α 粒子	200 年

注：MPC，Maximum Permissible Concentration，即最大允许浓度。

1.2.2 污染危害

地下水污染危害包括对人体健康和生态环境的危害，其中对人体健康的危害是指通过经口摄入、皮肤接触或呼吸摄入等途径，地下水中的污染物进入人体，对人体健康产生危害。地下水污染对生态环境的危害是指污染地下水通过径流、排泄、挥发等途径，影响周边生态环境系统健康状态。

1.2.2.1 危害人体健康

当人饮用受污染的地下水时，可能会引发腹泻、肝炎、胃癌、肝癌等病症。

例如，硝酸盐在胃和肠道中可还原为亚硝酸盐，摄取过量的硝酸盐或亚硝酸盐可使人活动迟钝、头晕、昏迷、工作能力减退，长期过量摄取可以引发癌症。当婴儿摄入过多的硝酸盐或亚硝酸盐时，会导致蓝婴症。

美国的拉夫运河事件是地下水有机污染危害人体健康的典型事件。1942—1953 年，美国某电化学公司在尼亚加拉瀑布城的拉夫运河中持续倾倒大量工业废物。1953 年后，拉夫运河被填埋覆盖好后转赠给当地的教育机构建成住宅和学校。由于历史填埋工业废物导致拉夫运河周边土壤及地下水大面积污染，有机物质通过蒸汽入侵等途径对邻近社区居民健康造成了严重危害。

1.2.2.2 影响生态环境质量

地下水是水环境系统的重要组成部分，而受到污染的地下水对地表水体补给，地下水中污染物进入河流、湖泊，从而造成地表水体污染。有色金属矿山开采排出的矿坑地下水存在重金属超标，下游农田长期使用重金属超标的地下水灌溉，会引起土壤和地下水重金属超标，并且重金属通过作物进入食物链。酸性矿坑水污染大部分是因为酸性矿坑水出露进入地表水体，导致依靠地表水体灌溉的农田受到污染。泉水作为地下水的天然露头，具有重要的环境价值和资源价值，污染地下水使泉水失去资源价值，而资源价值的损失还会造成较大的社会影响和经济损失。

2013 年 5 月，郯城县某渔场发生死鱼事件，经调查，该事件由红校渔场东偏北方向 20 m、已废弃的小化工厂渗坑排污所致。该化工厂于 2011 年 11 月开始建设生产，2012 年 10 月停产，主要利用氢氟酸、四氯化碳、氢氧化钠和五氯化锑等生产一氟三氯甲烷（又称 F-11 或 R-11）。在生产期间，利用暗管向厂外渗坑排污。暗管、鱼塘和鱼塘取水井的水质监测结果显示，四氯化碳浓度较高，其中，排污渗坑处浓度高达 183 mg/L。

硝酸盐污染的地下水进入河流和湖泊后，会使河流和湖泊出现富营养化，影响水中生物的正常生长，甚至导致藻类及其他浮游生物迅速繁殖。

含硫矿山开采后，排出的酸性矿坑水含有铁、锰、镉、铅、砷等污染物，一旦排入河流、湖泊可能会危害水生生态系统，导致沿途植被退化、水生态系统破坏，对生态环境造成较大影响。如陕西省安康市白河县的酸性矿坑水污染事件，2000 年起白河县停止硫铁矿开采，但因尚未开展生态修复或风险管控工作，矿洞和山区深沟露天堆放的矿渣在雨水和泉溪的冲刷下，源源不断地向下游输送“磺水”，导致溪水严重污染，并威胁到汉江流域的水质。

黔东南州凯里市青杠林村龙洞泉为该村主要饮用水水源，2017 年 7 月泉水突然变黄，水质受到污染，使全村 2 000 余名群众不得不依靠应急供水解决饮水和用水，正常生产生活受到严重影响。调查发现，泉水污染的原因是其附近的废弃煤矿采空区酸性废水蓄积抬升后，进入泉水补给通道，从而导致泉水污染，持续水质监测数据显示铁离子浓度最高达到 94.20 mg/L。

阳泉市是我国重要的无烟煤生产基地，经过 100 多年的开采，到 2020 年，全市累计煤炭开采近 16 亿 t，形成分布面积约 400 km^2、体积约为 15 亿 m^3 的采空区。近年来，由于资源枯竭及政策性整合，关闭煤矿，一些矿井积水被严重氧化形成酸性“老窑水”。2009 年起，在煤矿下游的山底河流域，酸性矿坑水开始溢出，地表平均流量 5 291 m^3/d，69 个月的时间内硫酸根平均含量 3 503.21 mg/L（最大 11 153 mg/L），总铁平均含量 166.41 mg/L（最大 800 mg/L），pH 平均为 3.38（最小 2.34），这些酸性矿坑水在山底河 1.8 km 渗漏段，渗漏率超过 50%。酸性矿坑水的渗漏是导致娘子关泉水源地硫酸根和总硬度超标的重要原因。

四川广元某煤矿自 2014 年政策性关闭后，矿井常年涌出酸性矿井水，其中一个涌水口的涌水量达 4 万 m^3/d，水的 pH 平均值为 4.6，总铁浓度为 139 mg/L。大量的酸性矿坑水经黄家沟汇入西北河，最终流入嘉陵江，影响了流域生态环境及民众的生活生产。

1.3　地下水重点污染源与污染途径

1.3.1　重点污染源

根据《中华人民共和国水污染防治法》（以下简称《水污染防治法》）的相关要求和地下水基础环境状况调查评估结论，地下水重点污染源主要包括工业污染源（包括工业企业及工业集聚区）、矿山开采区、尾矿库、危险废物处置场、垃圾填埋场、加油站、农业污染源等。上述类型的污染源造成的地下水污染相对严重，地下水环境风险较大（图 1-3）。

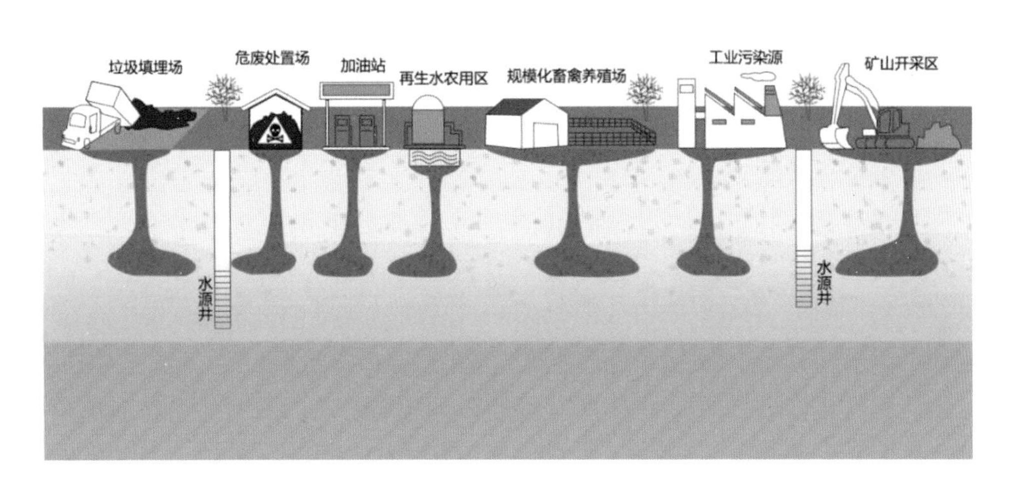

图 1-3　地下水重点污染源示意图

1.3.1.1　工业污染源

工业污染源是指在工业生产过程中可能向环境排放有害物质或对环境产生有害影响的生产场所、设备和装置，包括工业企业及工业集聚区。工业污染源因工艺复杂、存在有毒有害物质的使用、生产、储存等环节，污染防治难度大，因防渗措施损坏，或者环境管理疏漏，可能造成污染物排放进入土壤和地表水体，影响地下水环境。工业污染源对地下水影响较大的行业主要有石油加工/炼焦及核燃料加工业、有色金属冶炼及压延加工业等。

1.3.1.2 矿山开采区

我国矿产资源丰富，主要矿产类型有煤矿、金属矿、稀土矿、非金属矿等。其中煤矿和金属矿是导致地下水污染的主要矿山，其开采方式包括井采和露天开采两种。离子型稀土矿的开采以原地浸矿为主。井采对地下水的污染途径主要是闭矿后采空区产生的酸性矿坑水蓄积和溢流、扩散；露天开采对地下水的污染途径主要是闭坑后矿坑内蓄积的水体形成酸水库，酸水库中的酸性矿坑水向外溢出或渗漏造成。

不同的矿山其特征污染因子不同。高硫煤矿产生的酸性矿坑水是由于煤中硫化物氧化产酸形成，以硫酸根离子、铁、锰和硬度污染为主；金属矿的酸性矿坑水包括硫酸根、铁、锰和多种重金属成分（如铅、锌、铜、汞、镉等）。另外，离子型稀土矿在原地浸采过程中，大量浸矿剂注入地下会产生浸矿剂污染，萤石、磷矿等开采也会由于矿石溶解而造成地下水污染。

1.3.1.3 尾矿库

尾矿库是指筑坝拦截谷口或围地构成的用以贮存金属、非金属矿进行矿石选别后排放的尾矿或工业废渣的场所。选矿产生的矿渣、洗矿液、尾矿等排入尾矿库，库中蓄积了大量的选矿剂、重金属等污染物。尾矿库的淋滤液常富集铁、锰、钙、镁等以及铜、锌、铅、砷、镉等重金属元素，这些淋滤液如果浸透底部防渗层或尾矿坝，将会污染下游的土壤和地下水。其中重金属不能降解，只是改变形态或被转移、稀释、积累，形成持久的地下水污染。

1.3.1.4 危险废物处置场

危险废物处置场是指危险废物再利用、无害化处理和最终处置的场所。危险废物在贮存、处置过程中可能发生溢撒、泄漏、扩散而造成土壤和地下水污染，对生态环境和人体健康具有极大的风险。目前，我国已建成或正在建设的危险废物处理处置设施的管理水平和技术水平参差不齐，一些处理设施的建设甚至不符合标准要求，随着危险废物在环境中的长期大量堆积，在雨水淋溶、风化以及生物降解的作用下，赋存在这些危险废物中的有害物质容易析出，通过物理、化学、生物作用，向周边迁移扩散，经由土壤而进入地下水体，影响地下水生态环境。

1.3.1.5 垃圾填埋场

我国生活垃圾填埋场分为卫生填埋场（Ⅰ级填埋场、Ⅱ级填埋场）、受控填埋场（Ⅲ级填埋场）和简易填埋场（Ⅳ级填埋场）三类。

受控填埋场（Ⅲ级填埋场）虽有部分工程措施，但不够完善，或者不能满足环保标准或建设规范，存在场底防渗、渗滤液处理、日常覆盖等不达标情况。Ⅲ级填埋场为半封闭型填埋场，会对周围的地下水环境造成污染。

简易填埋场（Ⅳ级填埋场）是我国传统沿用的填埋方式，基本上无污染防控措施，不可避免地会对周边地下水环境造成污染。

1.3.1.6　加油站

加油站是具有储油设施，使用加油机为机动车加注汽油、柴油等车用燃油的场所。加油站的汽油罐、柴油罐和管线通常埋地设置，在加油机底部、储油罐、卸油管和管线会发生油品泄漏。卸油时产生的溢流以及汽柴油车加油等作业中产生的油品泄漏，导致油品进入地下水，造成地下水污染。加油站地下水污染物主要为汽柴油等轻质燃料油，是轻质的非水相液体，根据汽油、柴油的组分和添加剂等相关物化性质，主要的污染组分包括苯、甲苯、乙苯、邻二甲苯、间（对）二甲苯等苯系物，萘，甲基叔丁基醚等。

1.3.1.7　农业污染源

农业污染源中对地下水环境影响较大的是再生水农用区。再生水农用区使用再生水灌溉可能会使地下水水质受到影响，灌溉污水中的污染物随水入渗，部分污染物会向下迁移，穿过包气带进入地下水含水层，可能会使浅层地下水受到污染，主要表现在总硬度升高，根据再生水的来源，有时还会产生重金属和/或有机物污染。

1.3.2　污染途径

地下水污染途径是指污染物从污染源进入地下水所经过的路径。研究地下水的污染途径有助于制订正确的防治地下水污染的措施。根据水力学特点，地下水污染途径大致可分为四类（表 1-5 和图 1-4）。

表 1-5　地下水污染途径分类

类型			污染途径	污染来源	被污染含水层
Ⅰ	间歇入渗型	$Ⅰ_1$	降雨对固体废物的淋滤	工业和生活固体废物	潜水
		$Ⅰ_2$	矿区疏干地带的淋滤和溶解	疏干地带的易溶矿物	潜水
		$Ⅰ_3$	灌溉水及降水对农田的淋滤	主要是农田表层土壤残留的农药、化肥及易溶盐类	潜水
Ⅱ	连续入渗型	$Ⅱ_1$	渠、坑等污水的渗漏	各种污水及化学液体	潜水
		$Ⅱ_2$	受污染地表水的渗漏	受污染的地表水体	潜水
		$Ⅱ_3$	地下排污管道的渗漏	各种污水	潜水
Ⅲ	越流型	$Ⅲ_1$	地下水开采引起的层间越流	受污染的含水层或天然咸水等	潜水或承压水
		$Ⅲ_2$	水文地质天窗的越流	受污染的含水层或天然咸水等	潜水或承压水
		$Ⅲ_3$	经井管的越流	受污染的含水层或天然咸水等	潜水或承压水

类型			污染途径	污染来源	被污染含水层
Ⅳ	径流型	$Ⅳ_1$	通过岩溶发育通道的径流	各种污水或被污染的地表水	主要是潜水
		$Ⅳ_2$	通过废水处理井的径流	各种污水	潜水或承压水
		$Ⅳ_3$	咸水入侵	海水或地下咸水	潜水或承压水

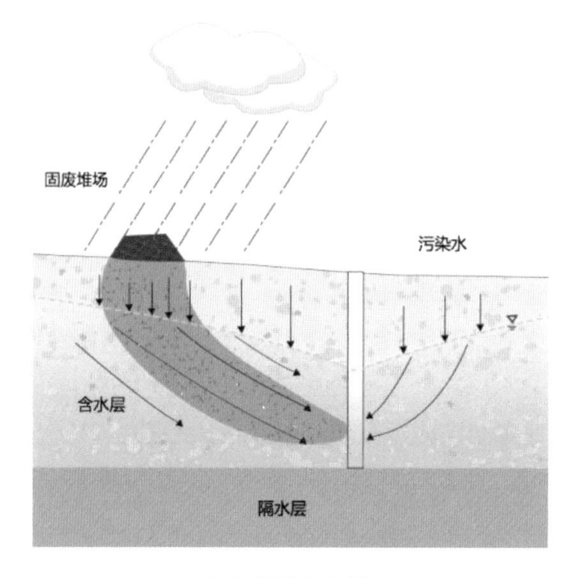

（a）间歇入渗型

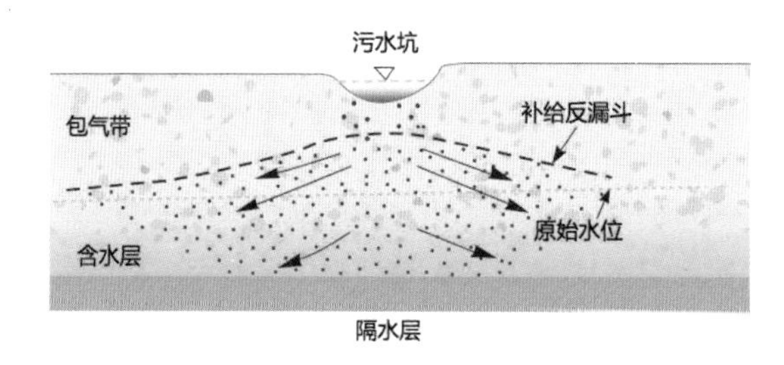

（b）连续入渗型

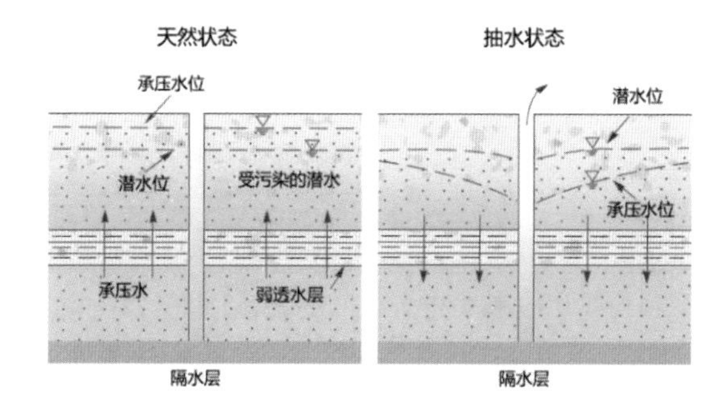

（c）越流型

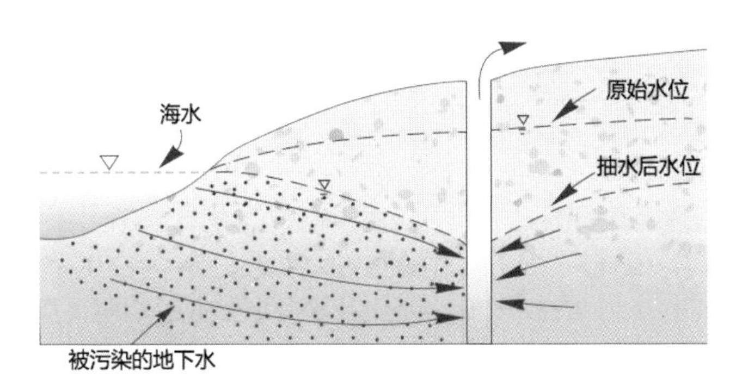

（d）径流型

图 1-4 地下水污染途径

1.3.2.1 间歇入渗型

间歇入渗型的特点是污染物通过大气降水或灌溉水的淋滤，使固体废物、表层土壤或地层中的有毒或有害物质周期性（灌溉旱田、降雨时）从污染源通过包气带土层渗入含水层。这种渗入一般是呈非饱水状态的淋雨状渗流形式，或者呈短时间的饱水状态连续渗流形式。此种途径引起的地下水污染，其污染物质原来是以固体形式赋存于固体废物或土壤中的。当然，也包括用污水灌溉农田作物，其污染物则是来自城市污水。因此，在研究污染途径时，首先要分析固体废物、土壤及污水的化学成分，最好是能取得通过包气带的淋滤液，这样才能查明地下水污染的来源。此类污染，无论在污染物范围或浓度上，均可能有明显的季节性变化，受污染的对象主要是浅层地下水。

1.3.2.2 连续入渗型

连续入渗型的特点是污染物随各种液体废弃物不断经包气带渗入含水层，在这种情况下或者包气带完全饱水呈连续入渗的形式，或者是包气带上部的表土层完全饱水呈连续入渗形式，而其下部（下包气带）呈非饱水的淋雨状的渗流形式渗入含水层。这种类型的污染物质一般是液态的。最常见的是污水蓄积地段（污水池、污水渗坑、污水快速渗滤场、污水管道等）的渗漏，以及被污染的地表水体和污水渠的渗漏，当然污水灌溉的水田（水稻等）更会造成大面积的连续入渗。这种类型的污染对象亦主要是浅层含水层。

上述两种途径的共同特征均为污染物是自上而下经过包气带进入含水层。因此，地下水污染程度主要取决于包气带的地质结构、物质成分、厚度以及渗透性能等因素。

1.3.2.3 越流型

越流型的特点是污染物通过层间越流的形式进入其他含水层。这种转移或者是通过天然途径（水文地质天窗），或者通过人为途径（结构不合理的井管、破损的老井管等），或者人为开采引起的地下水动力条件的变化而改变了越流方向，使污染物通过大面积的弱透水层越流转移到其他含水层。其污染来源可能是地下水环境本身的，也可能是外来的，它可能污染承压水或潜水。研究这一类型污染的困难是难以查清越流具体的地点及地质部位。

1.3.2.4 径流型

径流型的特点是污染物通过地下水径流的形式进入含水层，即或者通过废水处理井，或者通过岩溶发育的巨大岩溶通道，或者通过废液地下储存层的隔离层的破裂进入其他含水层。海水入侵是海岸地区地下淡水超量开采而造成海水向陆地流动的地下径流。此种形式的污染，其污染物可能是人为来源也可能是天然来源，可能污染潜水或承压水。其污染范围可能不是很大，但其污染程度往往由于缺乏自然净化作用而显得十分严重。

1.4 我国地下水污染风险管控与修复的现状及主要问题

1.4.1 现状

近年来，地下水污染风险管控和修复工作日益加强。《中共中央 国务院关于深入打好污染防治攻坚战的意见》《全国地下水污染防治规划（2011—2020 年）》《水污染防治行动计划》（以下简称“水十条”）、《地下水污染防治实施方案》等文件对地下水污染风险管控和修复工作都提出了明确的要求。按照“水十条”、《地下水污染防治实施方案》部署要求，提出了“公布京津冀等区域内环境风险大、严重影响公众健康的地下水污染场地清单，开展修复试点”等内容。

“十三五”以来，各地申报进入中央生态环境资金项目储备库的地下水污染风险管控和修复类型项目有 178 个，申请总投资 93.09 亿元；在中央财政的支持下，累计安排专项资金 7.97 亿元，支持了 83 个项目。2020 年，生态环境部组织开展了地下水污染防治试点工作，第一批地下水污染防治试点项目包含 14 个地下水污染风险管控和修复项目，申请资金 26.35 亿元。

地下水污染防治相关的标准建设取得了积极进展。近年来，我国发布了多项地下水污染风险管控和修复的标准及技术指南，提出了地下水污染风险管控和修复的工作流程、技术要求等内容。已有的地下水污染风险管控和修复技术标准指南主要包括：《污染地块地下水修复和风险管控技术导则》（HJ 25.6—2019）、《工业企业场地环境调查评估与修复工作指南（试行）》（公告 2014 年第 78 号）、《加油站地下水污染防治技术指南》（环办水体函〔2017〕323 号）、《地下水污染源防渗技术指南（试行）》（环办土壤函〔2020〕72 号）等。

地下水污染防治技术体系不断发展。近年来，随着我国地下水污染风险管控和修复领域在理论研究与工程实践上的逐步发展，初步建立了地下水污染风险管控和修复技术体系，通过借鉴、引进和消化吸收国外先进技术和专业化设备，在工程实施中应用并研发了一些适合我国国情的技术和设备，初步探索了地下水污染风险管控和修复的技术模式。

地下水生态环境监管能力逐步加强。新修订的《地下水环境监测技术规范》（HJ 164—2020）于2021年3月实施，明确了地下水污染源的地下水环境监测要求。地下水污染源环境监测网逐步建立，各地按照上述标准的要求，加强地下水环境监管。并按照HJ 25.6—2019规范了地下水污染风险管控和修复工作的目标确定、效果评估和后期环境监管工作。

1.4.2　主要问题

1.4.2.1　地下水污染风险管控和修复责任有待进一步落实

目前，我国地下水污染风险管控与修复工作底子弱、起步晚，管理制度不完善，由此造成一些行业乱象，如不合理低价、超短工期、地下水污染者（或污染责任承担者）责任落实不到位等。终身责任首先是污染者的责任，业内咨询企业、修复企业、药剂材料供应商与业主是合同关系，在依法依规的情况下承担的是合同责任。

1.4.2.2　地下水污染风险管控和修复技术体系需进一步完善

我国地下水污染风险管控与修复尚处于发展阶段，地下水污染的风险管控和修复技术体系尚不健全。不同的地下水污染风险管控和修复技术对于污染场地及污染物的适用性均有差异，例如，抽出处理技术不宜用于吸附能力较强的污染物，以及渗透性较差或存在非水相液体（NAPL）的含水层；可渗透反应格栅一般不适用于含水层过深的非承压含水层；多相抽提技术不适用于渗透性差或者地下水水位变动较大的场地等，因而对于采用技术的筛选需进一步加强。此外，我国缺乏成熟、实用的修复技术和设备材料，缺少高效经济的组合工艺和协同修复技术集成系统，尚未建立经过若干复杂大型工程检验的集成技术体系，重要监测设备和修复工程装备主要依赖进口。例如，多相抽提技术在国内应用较少，同时缺乏成套化的设备，直接引进国外技术成本较高且适用性较差；化学氧化修复技术在国内已有工程应用实例，但缺乏集成化、可移动式的装备，缺少具有自主知识产权的高效且环境友好的氧化药剂，已经开展的研究往往仅限于较小的范围。采用的风险管控和修复手段受条件限制，对周边环境的影响常常被忽视。

1.4.2.3　地下水污染风险管控和修复工程实践较少

目前，我国地下水污染风险管控和修复工程实践较少，已获得中央生态环境资金支持的14个地下水污染风险管控和修复项目中，仅有2个项目完成了验收。已开展的污染地块土壤及地下水污染风险管控和修复项目中，仅有15%涉及地下水。按照HJ 25.6—2019达到修复效果评估要求的地下水修复项目较少。

1.4.2.4 地下水污染风险管控和修复技术工艺参数和成本缺乏参考

目前，我国对地下水污染风险管控和修复的基本原则、工作程序和技术要求作出了规定，对常见的风险管控和修复技术的适用范围、优缺点等进行了概述，但未对具体的风险管控和修复技术工艺参数、成本与周期等进行梳理和总结，难以支撑风险管控和修复技术在实践中的应用。

1.4.2.5 部分地下水污染风险管控和修复技术要求不明确

我国地下水污染风险管控和修复工程在实践中存在部分技术要求不明确的问题，如在采用抽出处理技术修复地下水的过程中，地下水经处理后的排放去向和排放要求不明确。经处理后达标的地下水，若排放到地表水体时，是否需要执行环评、入河排污口或排污许可证管理等要求有待明确。当抽出处理技术与阻隔技术联用时，已经疏干的含水层是否按照 HJ 25.6—2019 要求开展效果评估，是地方工程实践中面临的技术问题。

1.4.2.6 地下水污染风险管控和“环境修复+开发建设”模式亟待探索

2020 年 3 月，《关于构建现代环境治理体系的指导意见》提出，对工业污染地块，鼓励采用“环境修复+开发建设”模式。HJ 25.6—2019 提出地下水污染风险管控和修复效果评估周期为 1～2 年，增加了建设用地的开发利用周期。但从国内外大量案例来看，地下水修复达标后 1～2 年出现反弹是一个客观存在的现象。因此，为防范地下水污染修复后的环境风险，需保证地下水修复效果的监测周期和频次。从“环境修复+开发建设”模式上需要创新和突破，如允许分阶段分区验收与开发、风险管控与场地开发建设有机结合等。

1.4.2.7 地下水污染风险管控和修复的信息化和绿色低碳化水平不足

地下水污染具有空间异质性的复杂问题，需要结合大数据、人工智能等技术对地下水污染风险管控和修复方法体系进行系统性智能化提升，当前我国地下水污染风险管控和修复数字化、智能化程度较低，需提高地下水污染风险管控和修复多维度信息的可视化能力，以及用数据支撑地下水污染风险管控和修复智能决策。我国目前风险管控和修复工程还具有操作粗放、缺乏精细管理、绿色低碳化水平低等问题，需构建地下水绿色可持续风险管控与修复决策体系，提升我国在地下水污染治理过程中的绿色可持续度。

1.5 国内外地下水污染风险管控与修复技术应用情况

1.5.1 美国地下水污染风险管控和修复技术分析

根据 1982—2017 年美国超级基金项目的统计分析，在 1 595 个超级基金项目中，涉及地下水污染风险管控和修复的项目有 1 498 个，占项目总数的 94%。地下水污染风险管控和修复技术主要有抽出处理、原位处理、垂向阻隔、监测自然衰减、制度控制等，其中抽

出处理、原位处理、监测自然衰减制度控制技术的应用较多（图 1-5）。

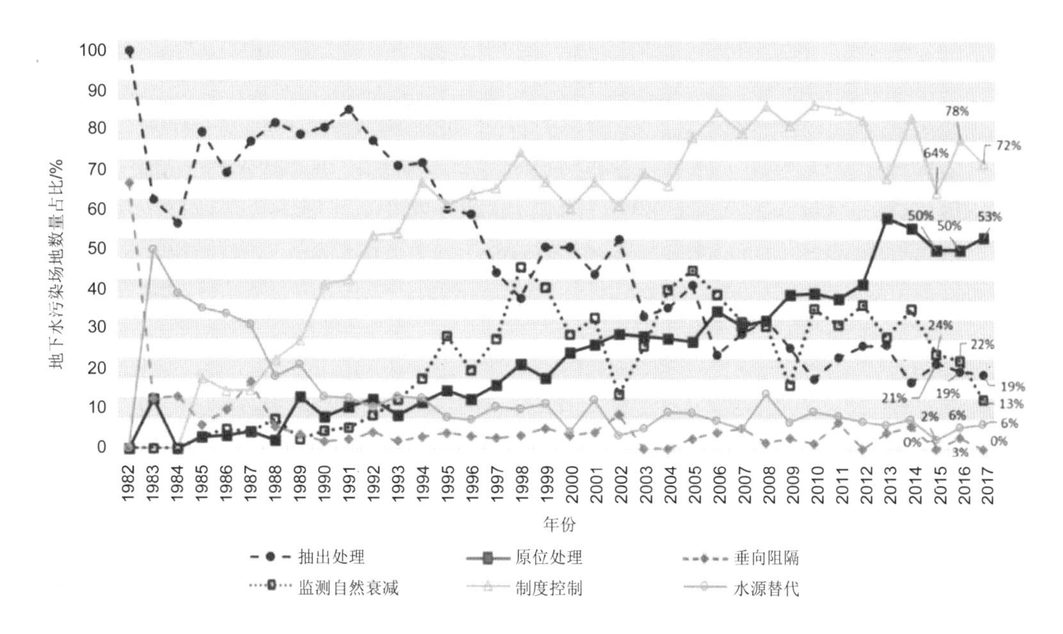

图 1-5　美国超级基金地下水污染治理技术应用情况统计

对 2015—2017 年美国超级基金的 110 个地下水污染风险管控和修复项目的应用技术进行分析，其中制度控制、生物修复、抽出处理、监测自然衰减、原位化学氧化技术应用次数较高，应用比例分别为 71%、37%、20%、20%和 17%。其他技术如地下水曝气、阻隔、可渗透反应格栅等技术也在一定程度上得到应用（表 1-6）。

表 1-6　美国超级基金 2015—2017 年地下水污染风险管控和修复技术统计

修复技术	应用次数/次	占比/%
阻隔	1	1
可渗透反应格栅	5	5
抽出处理	22	20
生物修复	41	37
地下水曝气	3	3
原位化学氧化	19	17
原位化学还原	8	7
多相抽提	4	4
热脱附	6	5
监测自然衰减	22	20
制度控制	78	71

1.5.2 国内地下水污染风险管控和修复技术分析

近十几年，我国地下水污染风险管控和修复工作得以重视和发展，已逐步形成产业规模。据不完全统计，截至 2019 年，全国污染场地修复项目已成功实施超过千例，其中，含地下水污染风险管控和修复施工内容的项目数量仅百余例，占比约 10%。近年来，随着“水十条”的实施及《地下水质量标准》（GB/T 14848—2017）、《地下水环境监测技术规范》（HJ 164—2020）、《污染地块地下水修复和风险管控技术导则》（HJ 25.6 2019）等地下水相关规范标准的逐步完善，开展地下水污染风险管控和修复的项目数量逐年增多（图 1-6）。

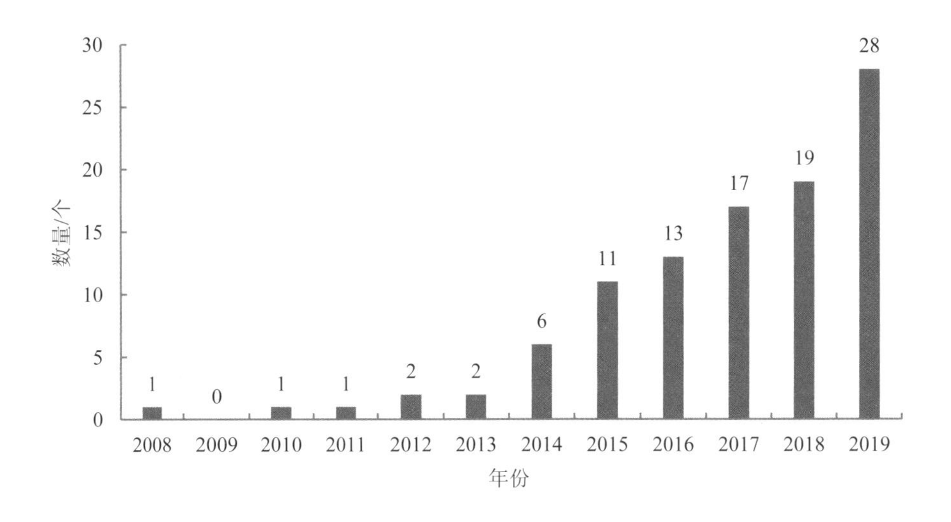

图 1-6 地下水污染风险管控和修复项目历年实施情况

2008—2019 年，我国已实施的涉及地下水污染风险管控和修复项目数为 101 例，大多数为水土共治项目，单独地下水修复的项目仅 9 例，占比 8.9%。并且，大多数单独地下水修复项目为场地修复土壤与地下水的分开招标。

我国 2007—2019 年地下水污染风险管控和修复项目中有技术应用信息的项目数为 128 例，污染风险管控和修复技术应用情况统计结果见表 1-7。

表 1-7 我国 2007—2019 年地下水修复技术应用情况统计

修复技术	应用次数/次	占比/%
抽出处理	47	54.0
化学氧化	35	40.2
阻隔技术	19	21.8
双/多相抽提	8	9.2

修复技术	应用次数/次	占比/%
热脱附	7	8.0
化学还原	6	6.9
地下水曝气	4	4.6
微生物修复	2	2.3

从统计结果可以看出，按技术应用占比情况基本分 3 种。

（1）技术应用率高（＞20%）：抽出处理技术、化学氧化技术和阻隔技术；

（2）技术应用率中（5%～20%）：双/多相抽提技术、热脱附技术和化学还原技术；

（3）技术应用率低（＜5%）：曝气、微生物修复等。

47 个场地应用抽出处理技术，占比为 54.0%，主要因为抽出处理技术对于污染浓度较高、地下水埋深较大的污染地块具有优势，尤其对污染地下水的早期处理见效快。35 个场地应用化学氧化技术，占比为 40.2%，化学氧化技术可以将化学氧化药剂直接注入含水层，反应时间快，修复时间短。19 个场地应用阻隔技术，占比 21.8%，使用频次较高，主要是由于 2016 年前后，鼓励风险管控和安全利用，通过对污染地块设立标志，采取隔离、阻断等措施，防止污染进一步扩散。

以 2015 年初为界，进行技术应用对比分析，如图 1-7 所示。

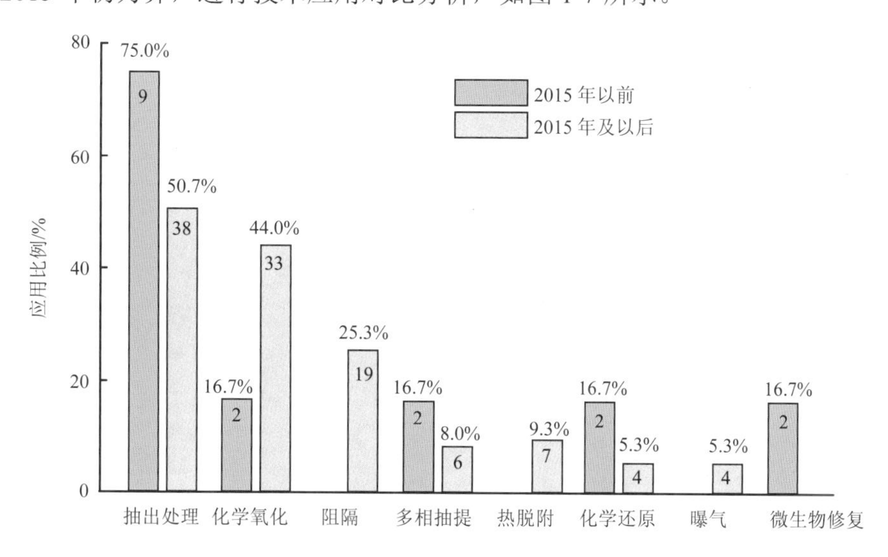

图 1-7　技术应用对比情况（以 2015 年初为界）

对比结果可以看出，2015 年之前，地下水污染风险管控和修复技术以抽出处理为主，占比高达 75%，其他污染风险管控和修复技术的应用数量和比例均较低。2015 年以后，抽出处理技术的应用比例有所下降，但仍超过半数，是当前地下水污染风险管控和修复普遍采用的技术。化学氧化技术由于其反应快，可以大幅缩减治理周期，应用比例有了较大提升。近年来，对于污染浓度高、治理难度大的污染场地，以风险管控思路为主的阻隔技术也得以普及应用，一些处理效果好的热脱附技术、多相抽提技术及曝气等技术也得到了尝试和应用。

总体来看，受土地开发及流转等因素限制，目前，我国地下水污染风险管控和修复以快速、高效的修复技术为主，对成本的考虑次之，一些周期长、能耗低的技术，如微生物修复、植物修复及可渗透反应格栅等应用较少。随着国家对地下水环境的逐步关注，急需研发一些低能耗且绿色友好的修复技术，如微生物修复技术、植物修复技术及监测自然衰减技术等，通过引进、吸收、消化国外先进成熟的污染风险管控和修复技术，研发适合我国国情且具有自主知识产权的实用型技术。

参考文献

[1] 2019 年全国生态环境质量简况[J].环境保护，2020，48（10）：8-10.

[2] 王大纯. 水文地质学基础[M]. 北京：地质出版社，1986.

[3] 王焰新. 地下水污染与防治[M]. 北京：高等教育出版社，2007.

[4] 中国地质调查局. 水文地质手册[M]. 2 版. 北京：地质出版社，2012.

[5] 中华人民共和国水利部. 2019 年中国水资源公报[J]. 中华人民共和国水利部公报，2019.

[6] US Environmental Protection Agency. Superfund Remedy Report[R]. 16th Edition. Washington DC：Office of Land and Emergency，2020.

第 2 章　地下水污染风险管控与修复政策法规标准要求

当前，国家和地方已发布涉及地下水污染风险管控与修复的法律、政策、标准和技术指南等，规定了实施地下水污染风险管控与修复的责任与义务，明确了地下水污染风险管控与修复的实施内容、工作流程等，初步形成了我国地下水污染风险管控与修复的法律政策、标准规范体系。

《水污染防治法》规定了地下水型饮用水水源保护和风险防控的要求；强化对污染地下水行为的管控，针对违法行为造成的污染，要求限期采取治理措施和消除污染。《中华人民共和国土壤污染防治法》（以下简称《土壤污染防治法》）规定了地下水污染风险管控与修复的责任与义务、实施内容和环境监管要求。《地下水管理条例》规定了土壤与地下水污染的协同防治，提出在农用地土壤污染防治、建设用地土壤污染风险管控与修复中应包括地下水污染防治的内容。《"十四五"土壤、地下水和农村生态环境保护规划》（以下简称《规划》）提出实施地下水污染风险管控，探索开展地下水污染修复。

《规划》《地下水污染防治实施方案》提出了地下水污染风险管控与修复的总体要求、工作任务等。GB/T 14848—2017 规定了不同使用功能的地下水质量标准，是目前我国地下水污染风险管控与修复目标值确定的主要依据。HJ 25.6—2019 规范了污染地块地下水修复和风险管控的工作程序和技术要求。《生态环境损害鉴定评估技术指南环境要素第 1 部分：土壤和地下水》规范了在地下水生态环境损害鉴定评估中地下水修复的工作程序和技术要求。《污染地块绿色可持续修复通则》（T/CAEPI 26—2020）规定了污染地块绿色持续修复的原则、评价方法、实施内容和技术要求等。

本章将依据上述文件，总结国家对地下水污染风险管控与修复的总体要求、基本原则，阐述风险管控与修复目标、风险管控与修复实施的基本要求。

2.1　总体要求及原则

2.1.1　总体要求

全面贯彻党的十九大和十九届二中、三中、四中、五中、六中全会精神，以习近平新时代中国特色社会主义思想为指导，深入贯彻习近平生态文明思想，按照“十四五”和2035年地下水生态环境保护的总体要求，立足我国地下水污染风险管控与修复实际，以保护生态环境和保障人体健康为导向，加强地下水环境监督管理，规范地下水污染风险管控与修复工作，选择适宜的地下水污染风险管控与修复模式，践行绿色低碳可持续修复理念，形成适合我国的地下水污染风险管控与修复技术和管理体系。

2.1.2 基本原则

（1）统筹性原则

地下水污染风险管控与修复应兼顾土壤、地下水、地表水和大气，统筹地下水污染风险管控与修复，防止污染地下水对人体健康和生态受体产生影响。

（2）规范性原则

根据地下水污染风险管控与修复法律法规要求，采用程序化、系统化方式规范地下水污染风险管控与修复过程，保证地下水风险管控与修复过程的科学性和客观性。

（3）可行性原则

根据污染地下水的水文地质条件、地下水使用功能、污染程度和范围，以及对人体健康和生态受体造成的危害，合理选择风险管控与修复技术，因地制宜地编制风险管控与修复技术方案，使地下水污染风险管控与修复工程切实可行。

（4）绿色低碳可持续原则

全面考虑和评估所有可行的风险管控与修复技术，在可达到地下水污染风险管控与修复目标的前提下，评价所有风险管控与修复方案的环境、社会、经济影响，选择最优方案，鼓励采用绿色、低碳、可持续的风险管控与修复方式，使风险管控与修复的“净效益”最大化。

（5）安全性原则

地下水污染风险管控与修复技术方案制定、工程设计及施工时，要确保工程实施安全，应防止对施工人员、周边人群健康和生态受体产生危害。

2.2 法律与政策规定

2.2.1 《水污染防治法》

2017年6月修订的《水污染防治法》涉及地下水污染风险管控和修复的条款有2条：

“第六十九条　县级以上地方人民政府应当组织环境保护等部门，对饮用水水源保护区、地下水型饮用水水源的补给区及供水单位周边区域的环境状况和污染风险进行调查评估，筛查可能存在的污染风险因素，并采取相应的风险防范措施。”

“第八十五条　有下列行为之一的，由县级以上地方人民政府环境保护主管部门责令停止违法行为，限期采取治理措施，消除污染，处以罚款；逾期不采取治理措施的，环境保护主管部门可以指定有治理能力的单位代为治理，所需费用由违法者承担：

向水体排放剧毒废液，或者将含有汞、镉、砷、铬、铅、氰化物、黄磷等的可溶性剧毒废渣向水体排放、倾倒或者直接埋入地下的；

向水体排放、倾倒工业废渣、城镇垃圾或者其他废弃物，或者在江河、湖泊、运河、渠道、水库最高水位线以下的滩地、岸坡堆放、存贮固体废物或者其他污染物的；

未采取防渗漏等措施，或者未建设地下水水质监测井进行监测的；

加油站等的地下油罐未使用双层罐或者采取建造防渗池等其他有效措施，或者未进行防渗漏监测的。”（该条款为部分引用）

2.2.2　《土壤污染防治法》

2018 年 8 月发布的《土壤污染防治法》中涉及地下水的条款有 7 条：

“第三十六条　实施土壤污染状况调查活动，应当编制土壤污染状况调查报告。

土壤污染状况调查报告应当主要包括地块基本信息、污染物含量是否超过土壤污染风险管控标准等内容。污染物含量超过土壤污染风险管控标准的，土壤污染状况调查报告还应当包括污染类型、污染来源以及地下水是否受到污染等内容。

第三十七条　实施土壤污染风险评估活动，应当编制土壤污染风险评估报告。

土壤污染风险评估报告应当主要包括下列内容：

（一）主要污染物状况；

（二）土壤及地下水污染范围；

（三）农产品质量安全风险、公众健康风险或者生态风险；

（四）风险管控、修复的目标和基本要求等。”

“第五十五条　安全利用类和严格管控类农用地地块的土壤污染影响或者可能影响地下水、饮用水水源安全的，地方人民政府生态环境主管部门应当会同农业农村、林业草原等主管部门制定防治污染的方案，并采取相应的措施。”

“第五十七条　对产出的农产品污染物含量超标，需要实施修复的农用地地块，土壤污染责任人应当编制修复方案，报地方人民政府农业农村、林业草原主管部门备案并实施。修复方案应当包括地下水污染防治的内容。”

“第六十二条　对建设用地土壤污染风险管控和修复名录中的地块，土壤污染责任人应当按照国家有关规定以及土壤污染风险评估报告的要求，采取相应的风险管控措施，并定期向地方人民政府生态环境主管部门报告。风险管控措施应当包括地下水污染防治的内容。

第六十三条　对建设用地土壤污染风险管控和修复名录中的地块，地方人民政府生态环境主管部门可以根据实际情况采取下列风险管控措施：

（一）提出划定隔离区域的建议，报本级人民政府批准后实施；

（二）进行土壤及地下水污染状况监测；

（三）其他风险管控措施。

第六十四条　对建设用地土壤污染风险管控和修复名录中需要实施修复的地块，土壤污染责任人应当结合土地利用总体规划和城乡规划编制修复方案，报地方人民政府生态环境主管部门备案并实施。修复方案应当包括地下水污染防治的内容。”

2.2.3 《水污染防治行动计划》

2015 年 4 月发布的“水十条”提出的地下水污染防治的内容包括：定期调查评估集中式地下水型饮用水水源补给区等区域环境状况。石化生产存贮销售企业和工业园区、矿山开采区、垃圾填埋场等区域应进行必要的防渗处理。加油站地下油罐应于 2017 年年底前全部更新为双层罐或完成防渗池设置。报废矿井、钻井、取水井应实施封井回填。公布京津冀等区域内环境风险大、严重影响公众健康的地下水污染场地清单，开展修复试点。

2.2.4 《地下水污染防治实施方案》

2019 年 5 月发布的《地下水污染防治实施方案》提出地下水污染风险管控和修复的内容包括：

强化土壤、地下水污染协同防治。认真贯彻落实《土壤污染防治法》《土壤污染防治行动计划》（以下简称“土十条”）中地下水污染防治的相关要求。对安全利用类和严格管控类农用地地块的土壤污染影响或可能影响地下水的，在制定污染防治方案时，应纳入地下水的内容；对污染物含量超过土壤污染风险管控标准的建设用地地块，土壤污染状况调查报告应包括地下水是否受到污染等内容；对列入风险管控和修复名录中的建设用地地块，实施风险管控措施应包括地下水污染防治的内容；实施修复的地块，修复方案应包括地下水污染修复的内容；制定地下水污染调查、监测、评估、风险防控、修复等标准规范时，做好与土壤污染防治相关标准规范的衔接。在防治项目立项、实施以及绩效评估等环节上，力求做到统筹安排、同步考虑、同步落实。

加强区域与场地地下水污染协同防治。场地层面，重点开展以地下水污染修复（防控）为主（如利用渗井、渗坑、裂隙、溶洞，或通过其他渗漏等方式非法排放水污染物造成地下水含水层直接污染，或已完成土壤修复尚未开展地下水污染修复防控工作），以及以保护地下水型饮用水水源环境安全为目的的场地修复（防控）工作。

2.2.5 《地下水管理条例》

2021年10月发布的《地下水管理条例》中涉及地下水污染风险管控和修复的条款有1条：

“第四十五条　依照《中华人民共和国土壤污染防治法》的有关规定，安全利用类和严格管控类农用地地块的土壤污染影响或者可能影响地下水安全的，制定防治污染的方案时，应当包括地下水污染防治的内容。

污染物含量超过土壤污染风险管控标准的建设用地地块，编制土壤污染风险评估报告时，应当包括地下水是否受到污染的内容；列入风险管控和修复名录的建设用地地块，采取的风险管控措施中应当包括地下水污染防治的内容。

对需要实施修复的农用地地块，以及列入风险管控和修复名录的建设用地地块，修复方案中应当包括地下水污染防治的内容。”

2.2.6 《“十四五”土壤、地下水和农村生态环境保护规划》

2021年12月发布的《“十四五”土壤、地下水和农村生态环境保护规划》提出了加强污染源风险管控与修复。针对存在地下水污染的化工产业为主导的工业集聚区、危险废物处置场和生活垃圾填埋场等，实施地下水污染风险管控，阻止污染扩散，加强风险管控后期环境监管。试点开展废弃矿井地下水污染防治、原地浸矿地下水污染风险管控，探索油气采出水回注地下水污染防治措施。

土壤污染状况调查报告、土壤污染风险管控或修复方案等，应依法包括地下水相关内容，存在地下水污染的，要统筹推进土壤和地下水污染风险管控与修复。针对迁移性强的重金属、有机污染物等，兼顾不同水文地质条件，选择适宜的修复技术，开展地下水污染修复试点，形成一批可复制、可推广的技术模式。

2.3 技术标准要求

2.3.1 《地下水质量标准》（GB/T 14848—2017）

GB/T 14848—2017依据我国地下水质量状况和人体健康风险，参照生活饮用水、工业、农业等用水质量要求，根据各组分含量高低（pH除外），分为五类。Ⅰ类，适用于各种用途；Ⅱ类，适用于各种用途；Ⅲ类，适用于集中式生活饮用水水源及工农业用水；Ⅳ类，以工业和农业用水质量要求以及一定水平的人体健康风险为依据，适用于农业和部分工业用水，适当处理后可作生活饮用水；V类，不宜作为生活饮用水水源，其他用水可根据使用目的选用。具体地下水质量分类指标见附录2。

2.3.2 《污染地块地下水修复和风险管控技术导则》（HJ 25.6—2019）

HJ 25.6—2019 规定了污染地块地下水修复和风险管控的基本原则、工作程序和技术要求。适用于污染地块地下水修复和风险管控的技术方案制定、工程设计及施工、工程运行及监测、效果评估和后期环境监管。

2.3.2.1 提出地下水修复和风险管控目标

（1）确认目标污染物

确认前期地块环境调查和风险评估提出的地下水修复目标污染物，根据地块及受体特征、规划、地下水使用功能和地质因素等，确定地下水修复和风险管控目标污染物。

（2）提出修复目标值

①地下水型饮用水水源保护区及补给区

污染地块位于集中式地下水型饮用水水源（包括已建成的在用、备用、应急水源，在建和规划的水源）保护区及补给区（补给区优先采用已划定的饮用水水源准保护区），选择 GB/T 14848—2017 中Ⅲ类限值作为修复目标值。对于 GB/T 14848—2017 未涉及的目标污染物，按照饮用地下水的暴露途径计算地下水污染风险控制值作为修复目标值，风险控制值按照《污染场地风险评估技术导则》（HJ 25.3—2019）确定。

当选择GB/T 14848—2017 中Ⅲ类限值或按照HJ 25.3—2019 确定的地下水型饮用水水源保护区及补给区内污染地块的修复目标值低于地下水环境背景值时，可选择背景值作为修复目标值。

②其他区域

具有工业和农业用水等使用功能的地下水污染区域，按照 GB/T 14848—2017 要求，制定修复目标值。对于 GB/T 14848—2017 未涉及的目标污染物，采用风险评估的方法计算风险控制值作为修复目标值，风险控制值按照 HJ 25.3—2019 确定。

不具有工业和农业用水等使用功能的地下水污染区域，采用风险评估的方法计算风险控制值作为修复目标值，风险控制值按照 HJ 25.3—2019 确定。

当地下水污染影响或可能影响土壤和地表水体等，根据《土壤环境质量 建设用地土壤污染风险管控标准（试行）》（GB 36600—2018）和地表水（环境）功能要求，基于污染模拟预测、风险评估结果，同时结合上面两种情形从严确定地下水修复目标值。

当选择相关标准或按照 HJ 25.3—2019 确定的其他区域的污染地块修复目标值低于地下水环境背景值时，可选择背景值作为修复目标值。

③提出地下水污染风险管控目标

当污染地块位于集中式地下水型饮用水水源（包括已建成的在用、备用、应急水源，在建和规划的水源）保护区及补给区（补给区优先采用已划定的准保护区）时，应同步制定风险管控目标，阻断地下水污染物暴露途径，阻止污染扩散。

经修复技术经济评估，无法达到地下水修复目标值，应制定地下水污染风险管控目标作为地下水修复的阶段目标。

采用风险评估方法确定修复目标值的污染地块，应制定风险管控目标。

2.3.2.2 筛选地下水污染修复和风险管控技术

（1）技术初步筛选

根据污染地块水文地质条件、地下水污染特征和确定的修复和风险管控模式等，从适用的目标污染物、技术成熟度、效率、成本、时间和环境风险等角度，分析比较现有地下水修复和风险管控技术的优缺点，重点分析各技术工程应用的适用性，常见技术的适用性可参见 HJ 25.6—2019 附录 A。可采用对比分析、矩阵评分和类比等方法，初步筛选一种或多种风险管控和修复技术。

（2）技术可行性分析

①实验室小试

实验室小试应针对初步筛选技术的关键环节和关键参数，制订实验室小试方案，采集污染地下水和含水层介质，按照不同的技术或组合试验效果，确定最佳工艺参数和可能产生的二次污染物，估算成本和周期等。在试验过程中需有严格的质量保证和控制。

②现场中试

现场中试应根据修复和风险管控技术特点，结合地块条件、地质与水文地质条件、污染物类型和空间分布特征等，选择适宜的单元开展中试，获得设计和施工所需要的工程参数，确定现场中试过程中可能产生的二次污染物。可采用相同或类似污染地块风险修复和管控技术的应用案例进行分析，必要时可现场考察和评估应用案例实际工程。现场中试过程中需实施二次污染防治措施。

③模拟分析

建立地下水水流模型和溶质运移模型，利用解析法或数值法开展模拟预测，选择目标污染物作为模拟因子，根据不同修复和风险管控技术的设计情景，评估地下水修复和风险管控技术的工程实施效果和修复周期等，优化并获得设计和施工所需的工程参数。常用地下水水流模型和溶质运移模型可参见《环境影响评价技术导则 地下水环境》（HJ 610—2011）。

（3）技术综合评估

基于技术可行性分析结果，采用对比分析或矩阵评分法对初步筛选技术进行综合评估，确定一种或多种可行技术。

2.3.2.3 制定地下水修复和风险管控技术方案

（1）制定备选技术方案

①制定技术路线

根据污染地块地下水修复和风险管控模式，采用技术筛选确定的一种或多种技术优化组合集成，结合地块管理要求等因素，制定技术路线。技术路线应反映地下水修复和风险管控的总体思路、方式和工艺流程等，还应包括工程实施过程中二次污染防治措施、环境监测计划和环境应急安全计划等。

②确定工艺参数

地下水修复和风险管控技术的工艺参数通过总结实验室小试、现场中试和模拟分析的结果确定，技术的工艺参数包括但不限于地下水抽出或注入的流量、影响半径，修复药剂的投加比、投加方式和浓度，工程控制措施的规模、材料、规格等，地上处理单元的处理量、处理效率等。

③估算工程量

根据技术路线，按照确定的单一技术或技术组合的方案，结合工艺流程和参数，估算不同方案的工程量。

④估算费用和周期

费用估算应根据污染地块地下水修复和风险管控工程量确定。费用估算包括建设费用、运行费用、监测费用和咨询费用等。

周期估算应根据工程量、工程设计、建设和运行时间、效果评估和后期环境监管要求等确定。

⑤形成备选技术方案

根据水文地质条件、修复和风险管控目标、技术路线、工艺参数、工程量、费用和周期等，制订不少于 2 套的备选技术方案。

（2）比选技术方案

对备选技术方案的主要技术指标、工程费用、环境及健康安全等进行比选，采用对比分析或矩阵评分等方法确定最优方案，比选内容包括以下几方面。

主要技术指标：结合地块地下水污染特征、修复和风险管控目标，从符合法律法规、效果、时间、成本和环境影响等方面，比较不同备选技术方案主要技术的可操作性和有效性。

工程费用：根据地下水修复和风险管控的工程量，估算并比较不同备选技术方案的费用、比较不同备选技术方案产生费用的合理性。

环境及健康安全：综合比较不同备选技术方案的二次污染排放情况，以及对施工人员、周边人群健康和生态受体的影响等。

（3）制定环境管理计划

①二次污染防治措施

对施工和运行过程造成的地下水、土壤、地表水、环境空气等二次污染，应制定防治措施，并分析论证技术可行性、经济合理性、稳定运行和达标排放的可靠性。

②环境监测计划

环境监测计划包括工程实施过程的环境监理、二次污染监控中的环境监测。应根据确定的技术方案，结合地块污染特征和所处环境条件，有针对性地制定环境监测计划。相关技术要求参照《建设用地土壤污染风险管控和修复监测技术导则》（HJ 25.2—2019）执行。

③环境应急安全计划

为确保地块修复和风险管控过程中施工人员与周边人群和生态受体的安全，应根据国家和地方环境应急相关法律法规、标准规范编制环境应急安全计划，内容包括安全问题识别、预防措施、突发事故应急措施、安全防护装备和安全防护培训等。

（4）编制技术方案

地下水修复和风险管控技术方案要全面反映工作内容，技术方案中的文字应简洁和准确，并尽量采用图、表和照片等形式描述各种关键技术信息，以利于工程设计和施工方案编制。

技术方案应根据污染地块的水文地质条件、地下水污染特征和工程特点编制。

当地块涉及土壤污染时，应统筹考虑地下水与土壤修复和风险管控，土壤修复的有关技术要求参照《建设用地土壤修复技术导则》（HJ 25.4—2019）执行。

2.3.2.4　地下水修复和风险管控工程设计及施工

（1）工程设计

1）一般要求

地下水修复和风险管控工程设计根据工作开展阶段划分为初步设计、施工图设计，根据专业划分为工艺和辅助专业设计。初步设计和施工图设计根据实际情况，可按单一阶段考虑。对于小型项目，可根据实际情况直接进行施工图设计。地下水修复和风险管控工程设计参照《环境工程设计文件编制指南》（HJ 2050—2015）执行。

当已有的地质与水文地质资料不能满足工程设计需要时，应开展必要的地质和水文地质调查工作。

2）初步设计和施工图设计

初步设计文件应根据地下水修复和风险管控技术方案进行编制，应满足编制施工图、采购主要设备及控制工程建设投资的需要。初步设计文件宜包括初步设计说明书、初步设计图纸和初步设计概算书，并应符合下列规定：

①初步设计说明书宜包括设计总说明、各专业设计说明、主要设备材料表。

②初步设计图纸宜由总图、工艺、建筑、结构、给排水等专业图纸组成，地下水修复和风险管控工程设计应开展总图、工艺专业图纸设计。当工程包含修复车间、仓库等建筑物时，宜开展建筑专业图纸设计；当工程包含修复车间、仓库、地面处理设备等建（构）筑物时，宜开展结构专业图纸设计；当工程包含给排水、消防用水时，宜开展给排水专业图纸设计；当工程需进行地下水抽出、药剂注入、地面处理设备自动化控制、监测设计时，宜开展自动化专业图纸设计；当工程采用可渗透反应格栅、阻隔等技术时，宜开展岩土工程专业图纸设计；当工程需进行供电、电气控制时，宜开展电气专业图纸设计；当工程包含采暖、空调、通风等，宜开展采暖通风专业图纸设计。

③初步设计概算书宜包括编制说明、编制依据、工程总概算表、单项工程概算表和其他费用概算表等。

施工图设计文件应根据初步设计文件进行编制，未开展初步设计的根据技术方案进行编制。施工图设计文件应满足编制工程预算、工程施工招标、设备材料采购、非标准设备制作、施工组织计划编制和工程施工的需要。施工图设计文件宜包括施工图设计说明书、施工图设计图纸、工程预算书，并应符合下列规定：

①施工图设计说明书包括各专业设计说明和工程量表；

②施工图设计图纸由总图、工艺、建筑、结构、给排水等专业图纸组成；

③工程预算书包括编制说明、工程设备材料表、工程总预算书、单项工程预算书、单位工程预算书和需要补充的估价表等。

3）工艺和辅助专业设计

工艺专业设计根据地下水修复和风险管控技术方案确定的工艺技术路线、工艺参数和工程量等进行编制。地下水修复和风险管控技术主要涉及的工艺技术参数可参见 HJ 25.6—2019 附录 C，具体参数取值宜通过试验、计算或根据经验值确定。工艺专业设计宜包括下列内容。

①进行设计计算，绘制工艺流程图，设计计算可采用解析法或数值法求解。

②根据计算结果及工艺流程图细化设计，内容包括各处理单体、井、主要设备及仪表、连接管道等，汇总整理设备、仪表清单和主要材料清单等。

③根据单体设计结果，进行工艺总平面布置设计，将单体设计和工艺总平面设计互相调整完善。

④进行工艺管道设计，合理确定管道的位置、敷设和连接方式等，绘制工艺管道布置图。

⑤完善设备、仪表清单和主要材料清单等，绘制工艺管道仪表流程图。

⑥设计图可包括：工艺流程图，设施设备布置图、井点（如抽出井、注入井、加热井、监测井等）的平面布置图和结构图、药剂配制和地面处理设备图、井和设备等的安装图，

工艺总平面布置图、修复和风险管控区平面位置图、工艺管道布置图、工艺管道仪表流程图，可根据工程设计内容合理增减。

⑦设计图纸比例设置应使图纸能够清楚表达设计内容，便于装订成册。

辅助专业设计为工艺专业之外的专业设计，可根据具体地下水修复和风险管控工程设计内容合理增减，辅助专业设计应在工艺专业设计基础上进行，为修复和风险管控工艺专业设计提供支撑。

（2）工程施工

工程施工准备应包括技术准备、施工现场准备、材料准备、施工机械和施工队伍准备等。根据工程设计图纸，综合考虑现场条件、施工企业情况等，编制施工方案。应特别关注地块的地下管线情况、周边建（构）筑物情况，并根据施工需要关注抽水及排水条件、用水、用电等问题。

现场施工过程包括地下水修复和风险管控系统施工安装、调试等，应依据工程设计图纸、施工方案和相关技术规范文件开展。施工过程中做好工程动态控制工作，通过落实安全和质量保证措施、控制工程施工进度和建设安装成本，保证安全、质量、进度、成本等目标的全面实现。在施工过程中如果出现设计需要变更的情况，经建设、监理单位同意，由设计单位进行设计变更。当地下水修复和风险管控工程施工可能对地下水流场或污染羽造成扰动时，应监测地下水水位、水质，掌握地下水流场和污染羽变化等情况。

根据国家和地方环境管理法律法规，结合工程施工工艺特点以及工程周边环境，实施环境管理计划，防范钻探建井、地面处理设备安装、阻隔墙建设等施工过程中造成的地下水、土壤、地表水、环境空气等二次污染。

2.3.2.5　地下水修复和风险管控工程运行及监测

（1）运行维护

地下水修复和风险管控工程应编制运行维护方案，包括系统运行管理、设备操作、设备维护保养、安全运行管理制度建立、设备检修等内容。当涉及地下水修复药剂、工程控制材料和二次污染物处理药剂及材料等使用时，应包括对药剂和材料进场检测、试验、储存、使用的管理等内容。

（2）运行维护内容

运行维护内容包括对设备设施运行进行记录，包括计量仪器仪表读数、材料使用情况等，记录应及时、准确、完整。对设备设施运行过程中可能产生环境事故的单元进行定期检查。设备设施运行不正常时，及时检修、更换或调整。对设备设施进行维护保养，包括设备清洁、润滑及保养、易损件的更换等。对进场的药剂和材料进行检测、试验、登记，对药剂和材料的储存、使用进行管理。

（3）运行监测

1）监测井布设

①地下水修复监测井。根据地块地质与水文地质条件、地下构筑物情况、地下水污染特征和采用的修复技术，进行修复监测井的布设，设置对照井、内部监测井和控制井，可充分利用地块环境调查设置的监测井。监测井位置、数量应满足污染羽特征刻画、工程运行状况分析的监测要求。

对照井设置在污染羽地下水流向的上游，反映区域地下水质量。内部监测井设置在污染羽内部，反映修复过程中污染羽浓度变化情况，内部监测井可结合污染羽的分布情况，按三角形或四边形布设。控制井设置在地下水污染羽边界的位置，设置在污染羽的上游、下游以及垂直于地下水径流方向的污染羽两侧的边界位置。当污染地下水可能影响临近含水层时，应针对该含水层设置监测井，以评估修复工程对该含水层的影响。当周边存在受体时，应在地下水污染羽边缘和受体之间设置监测井。

原则上对照井至少设置 1 个，内部监测井至少设置 3 个，控制井至少设置 4 个，可根据修复工程特点合理调整。原则上内部监测井设置网格不宜大于 80 m×80 m，存在非水溶性有机物或污染物浓度高的区域，监测井设置网格不宜大于 40 m×40 m。

当含水层厚度大于 6 m 时，原则上应分层进行采样，可采用多层监测，根据污染物特征、含水层结构等进行合理调整。对于低密度非水溶性有机物污染，监测点应设置在含水层顶部；对于高密度非水溶性有机物污染，监测点应设置在含水层底部和隔水层顶部。针对不同含水层设置监测井时应分层止水。

②风险管控监测井布设。根据地块地质与水文地质条件、地下水污染特征和采用的风险管控技术，进行风险管控监测井的布设，充分利用地块环境调查设置的监测井，应在风险管控范围的上游、内部、下游、两侧，以及可能涉及的二次污染区域、风险管控薄弱位置和周边受体位置设置。监测井位置、数量应满足风险管控工程运行状况分析的监测要求。

2）监测指标

工程运行期间需对地下水水位、水质、注入药剂特征指标、工程性能指标、二次污染物等进行监测，具体包括以下内容。

①地下水水位和水质：包括地下水水位、目标污染物浓度等。

②注入药剂特征指标：包括药剂浓度以及因药剂注入导致地下水水质变化的参数，如 pH、温度、电导率、总硬度、氧化还原电位、溶解氧等。

③工程性能指标：取决于使用的工程控制措施的类型，如阻隔墙技术可通过监测墙体地下水流向的上游及下游的地下水水位、目标污染物浓度等判断工程控制运行状况。

④二次污染物：包括施工和运行过程中在地下水、土壤、地表水、环境空气中产生的二次污染物。

3）监测频次

①地下水修复工程运行阶段根据目标污染物浓度变化特征分为修复工程运行初期、运行稳定期、运行后期。目标污染物浓度在修复工程运行初期呈变化剧烈或波动情形，在运行稳定期持续下降，在运行后期持续达到或低于修复目标值，或达到修复极限。

②地下水修复工程的运行初期，应采用较高的监测频次，运行稳定期及运行后期可适当降低监测频次。工程运行初期原则上监测频次为每半个月一次；运行稳定期原则上监测频次为每月一次；运行后期原则上监测频次为每季度一次，两个批次之间间隔不得少于 1 个月。

③风险管控工程运行监测频次取决于风险管控措施的类型。采用可渗透反应格栅技术时，运行监测频次可参照 HJ 25.6—2019 中地下水修复工程运行初期的监测频次确定；采用阻隔技术时，原则上监测频次为每季度一次，两个批次之间间隔不得少于 1 个月。

④当出现修复或风险管控效果低于预期、局部区域修复和风险管控失效、污染扩散等不利情况时，应适当提高监测频次。

4）趋势预测

获取工程运行监测数据后应及时进行趋势预测，可对全部或部分监测指标进行趋势预测，趋势预测可采用图表、数值模拟或统计学等方法。

5）运行状况分析

工程运行状况分析应根据地下水监测数据及趋势预测结果开展，应分析地下水修复和风险管控工程运行阶段的有效性、目标可达性、经济可行性等，判断技术方案、工程设计、施工、运行有无调整和优化的必要。

2.3.2.6 效果评估

根据工程运行状况分析，判断地下水修复和风险管控的目标是否稳定达到。制订地下水修复和风险管控效果评估布点和采样方案，评估修复是否达到修复目标，评估风险管控是否达到工程性能指标和污染物指标要求。

对于地下水修复效果，当每口监测井中地下水检测指标持续稳定达标时，可判断达到修复效果。若未达到评估标准但判断地下水已达到修复极限，可在实施风险管控措施的前提下，对残留污染物进行风险评估。若地块残留污染物对受体和环境的风险可接受，则认为达到修复效果；若风险不可接受，需对风险管控措施进行优化或提出新的风险管控措施。

对于风险管控效果，若工程性能指标和污染物指标均达到评估标准，则判断风险管控达到预期效果，可对风险管控措施继续开展运行与维护；若工程性能指标或污染物指标未达到评估标准，则判断风险管控未达到预期效果，应对风险管控措施进行优化或调整。

2.3.3 《生态环境损害鉴定评估技术指南 环境要素 第1部分：土壤和地下水》（GB/T 39792.1—2020）

该指南规定了涉及土壤和地下水的生态环境损害鉴定评估的内容、工作程序、方法和技术要求。

该指南提出了基本恢复目标确定的方法。基本恢复的目标是将受损土壤和地下水环境及其生态服务功能恢复至基线水平。先判断是否需要开展修复。当需要开展修复，且基于风险的环境修复目标值低于基线水平，应当修复到基线水平，并根据相关法律规定进一步确认应该承担将污染物浓度从基线水平降至基于风险的环境修复目标值的责任方，要求责任方采取措施将风险降低到可接受水平；当需要开展修复，且基于风险的环境修复目标值高于基线水平且均低于现状污染水平，应当修复到基于风险的环境修复目标值，并对基于风险的环境修复目标值与基线水平之间的损害进行评估计算。当不需要开展修复，且现状污染水平高于基线水平，应对现状污染水平与基线水平之间的损害进行评估计算。未利用地可以按照未来拟利用方式及保护目标判定是否需要修复。基于风险的环境修复目标值参照 HJ 25.4—2019 和 HJ 25.6—2019 等相关标准规范确定。

该指南提出了恢复策略选择和恢复技术的筛选方法。在掌握不同恢复技术的原理、适用条件、费用、成熟度、可靠性、恢复时间、二次污染和破坏、技术功能、恢复的可持续性等要素的基础上，参见相关技术规范与类似案例经验，结合土壤和地下水污染特征、损害程度、范围和生态环境特性，从主要技术指标、经济指标等方面对各项恢复技术进行全面分析比较，确定备选技术；采用专家评分的方法，通过设置评价指标体系和权重，对不同恢复技术进行评分，确定备选技术。提出一种或多种备选恢复技术，通过实验室小试、现场中试、应用案例分析等方式对备选恢复技术进行可行性评估。基于恢复技术比选和可行性评估结果，选择和确定恢复技术。

该指南提出备选基本恢复方案的制定方法。根据土壤和地下水的损害类型、范围和程度以及所确定的恢复目标、模式和技术，制订 2～3 种备选恢复方案。可以采用单一恢复技术，也可以综合采用多种恢复技术。方案中应明确恢复工程实施的技术路线、具体步骤、工艺参数、材料及其用量、设备及其运行维护、成本等，还应包括恢复过程中受污染水体、气体和固体废物等的无害化处理处置及其他二次污染防治措施等。制订备选恢复方案时，应对每种方案的年恢复速率和恢复到基线水平所需时间周期进行预估。

2.3.4 《污染地块绿色可持续修复通则》（T/CAEPI 26—2020）

实施绿色可持续修复的工作应包括前瞻式可持续性评价、最佳管理措施和回顾式可持续性评价。在治理与修复工程方案比选与设计阶段，通过前瞻式可持续性评价对污染地块修复造成的影响进行评估，选择环境、社会、经济综合效益最优的修复技术和设计方案。在修复的全过程中，从污染地块详查阶段到修复后监测管理阶段，实施各阶段适用的最佳管理措施。在治理与修复效果评估阶段，通过回顾式可持续性评价对修复工程的可持续性进行跟踪和记录，验证和总结绿色可持续修复实践经验，改进和优化最佳管理措施。

2.3.4.1　可持续性评价

污染地块修复可持续性评价体系由修复过程的环境、社会、经济影响评价构成。其中，修复过程的环境影响宜采用生命周期评价。

可持续性评价的方法可分为三个层次：定性可持续性评价、半定量可持续性评价、定量可持续性评价。当采用定性可持续性评价达不到评价目标时，可采用半定量可持续性评价或定量可持续性评价方法。规模较大、较为复杂的地块修复项目宜采用定量可持续性评价。具体方法可参见 T/CAEPI 26—2020。

（1）生命周期影响评价

生命周期影响评价的目的是根据生命周期清单分析结果对污染地块修复造成的潜在生态环境影响和人体健康影响进行评价。生命周期影响评价方法参见《环境管理 生命周期评价 要求与指南》（GB/T 24044—2008）中的相关要求。

生命周期影响评价的主要流程：

①选择影响类型、类型参数和特征化模型；

②将生命周期清单分析结果分类；

③类型参数结果的计算。

（2）社会经济影响评价

社会影响通常不易量化，社会影响评价应采用定性或半定量可持续性评价。社会影响指标包括但不限于：

①修复施工人员健康与安全：现场修复人员的污染暴露风险及施工安全情况；

②公众参与及满意度：在整个修复过程中利益相关方的参与程度，周边居民受到修复施工的负面影响以及对修复工程的认可度；

③提供就业：修复过程中为修复工人提供的就业机会，修复成功后地块再利用的就业岗位；

④修复弹性：环境与社会状况变化之后，修复结果是否仍然有效。

修复施工人员健康与安全，公众参与及满意度是社会影响评价的核心指标。前瞻性可持续性评价时，修复施工人员健康与安全、公众参与及满意度主要依据专家判断进行定性分析；回顾式可持续性评价时，修复施工人员健康与安全宜以场地监测数据及人员反馈情况作为评价依据。公众参与及满意度的评价可以公众参与渠道、公众知情情况、公众参与频次、意见反馈情况、问卷调查结果等作为评价依据。

经济影响评价可采用成本效益分析等方法。修复的效益难以量化时，可采用半定量可持续性评价以经济可持续性得分表示经济指标评价结果。

经济影响指标包括但不限于：

①修复成本：包括地块调查、风险评估与修复方案制订、基础建设、修复实施运行、修复后监测等阶段的费用，也可分为项目设计与建设费用、运行维护费用；

②社会经济影响：包括对地方经济的影响，对当地居民收入的影响等。

在进行成本效益分析时需要考虑资金的时间价值，用合理的利率计算全生命周期成本。

2.3.4.2 绿色可持续修复

在污染地块管理的各个阶段，采取最佳管理措施实现修复的环境、社会、经济绿色可持续目标。

最佳管理措施的核心要素：

①修复工程对环境产生的不良影响小于不开展修复工程对环境的影响；

②减少能源消耗，鼓励使用可再生能源；

③减少材料消耗及废弃物产生，鼓励使用再利用材料；

④减少二次污染物生成与排放及保障现场工作人员的安全与健康；

⑤使用全生命周期的方法选取和优化修复技术方案；

⑥通过可持续性评价全面考虑修复的社会、经济影响。

最佳管理措施根据规划、调查、修复技术方案制订、施工、修复后监测与再开发阶段制定。应评估各阶段最佳管理措施的可行性。最佳管理措施的评估需要考虑实际的地块情况与技术条件。可持续性评价宜作为修复方案比选与设计阶段和施工阶段的最佳管理措施评估依据。可行的最佳管理措施，需进行实施记录和结果评价。不可行的最佳管理措施，应提供筛选依据。修复技术方案比选与设计、修改工程施工和运行的最佳管理措施见T/CAEPI 26—2020。

参考文献

[1] 中华人民共和国国家质量监督检验总局，中国国家标准化管理委员会. 地下水质量标准：GB/T 14848—2017 [S]. 北京：中国标准出版社，2018：1-14.

[2] 生态环境部土壤生态环境司. 污染地块地下水修复和风险管控技术导则：HJ 25.6—2019 [S]. 北京：中国环境出版集团，2019：1-27.

[3] 生态环境部，国家市场监督管理总局. 生态环境损害鉴定评估技术指南 环境要素 第 1 部分：土壤和地下水 GB/T 39792.1—2020 [S]. 北京：中国标准出版社，2020：3-15.

[4] 中国环境保护产业协会.污染地块绿色可持续修复通则：T/CAEPI 26—2020 [S/OL].

第 3 章 地下水污染风险管控与修复模式

3.1 模式选择

3.1.1 模式分类

地下水污染治理分为地下水污染风险管控、地下水污染修复和地下水污染风险管控与修复集成三种模式。地下水污染风险管控模式是指以实现阻断地下水污染物暴露途径、阻止地下水污染扩散为目的，对污染地下水进行风险管控的总体思路。地下水污染修复模式是指以降低地下水污染物浓度、实现地下水修复目标为目的，对地下水进行修复的总体思路。地下水污染风险管控与修复集成模式是指兼顾降低地下水污染物浓度和阻断污染物暴露途径，将地下水修复与风险管控相结合的总体思路，即采取修复措施将地下水污染物浓度削减至一定目标值后继续采取风险管控措施，或者根据地块污染物的分布情况或规划用途，对其中部分区域分别采取修复模式和风险管控模式。

3.1.2 模式选择原则与考虑因素

地下水污染风险管控与修复模式的选择原则包括安全利用原则、全面考虑原则和可持续性原则。

（1）安全利用原则

无论是地下水污染风险管控、修复或是风险管控与修复集成模式，其最终目标均是达到地块安全利用的目的，模式的选择应以地块场地和周边地下水安全利用为基本出发点。

（2）全面考虑原则

应从管理、技术、经济等方面考虑各种模式的可行性，因地制宜地选择地下水污染风险管控与修复模式，确保模式切实可行。

（3）可持续性原则

当不同的模式均具有可行性时，应从全生命周期角度分析各种模式的环境和社会经济成本与效益，优选综合效益最大化的模式。

地下水污染风险管控与修复模式的选择思路如图 3-1 所示，依次从规划与功能、技术、经济三方面考虑实现地块安全利用的可行性。

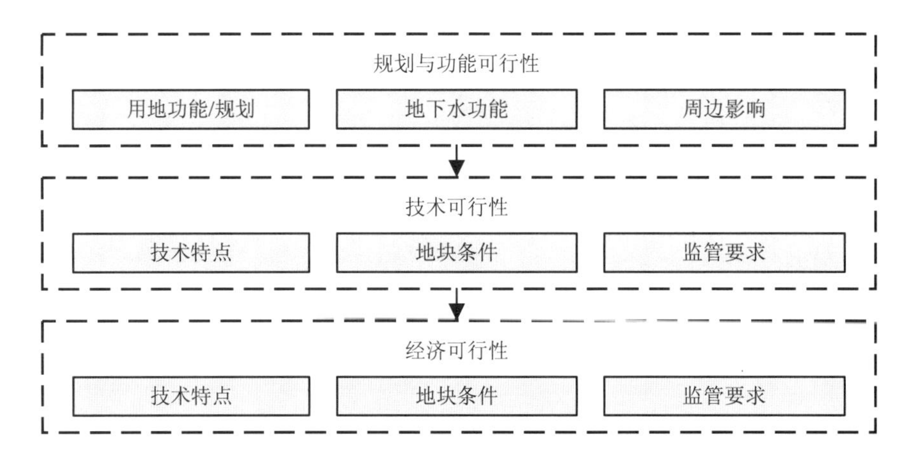

图 3-1 地下水污染风险管控与修复模式的选择思路

规划与功能可行性考虑因素主要包括用地功能/规划、地下水功能、周边影响 3 个方面。在用地功能/规划方面，当地块规划为医院、学校等敏感用地时，若地下水污染存在明显的暴露途径（如蒸汽入侵），应尽量采取修复模式；在地下水功能方面，若所在区域地下水作为功能用水水源（如饮用水、灌溉用水），且没有替代水源时，应尽量采取修复模式；在周边影响方面，采取的模式应不影响周边地块的使用或再开发，如修复期间难以避免地块污染羽向周边敏感目标迁移，则应采取修复和风险管控集成模式。若地块为在产状态，则还应考虑模式对企业生产的影响。

技术可行性考虑因素主要包括技术特点、地块条件、监管要求 3 个方面。风险管控与修复技术的本身特点决定了处理地下水目标污染物的有效性，可根据相关要求初步筛选可行的修复或风险管控技术。地块条件决定了地下水修复的难度，如地层非均质性强、污染情况复杂的地块，地下水污染修复容易存在拖尾、反弹等问题，存在修复失败的风险，对修复实施单位的技术水平要求高，因此对风险管控的技术可行性要求也更高。风险管控模式并不以污染物去除为主要目标，存在长期监测、制度控制等后期环境监管需求，且该需求一般在地块使用阶段继续存在，因此选择模式时需要考虑这类需求在地块使用阶段的可实施性。此外，采取风险管控模式还需要考虑地块使用阶段污染发生扩散时可行的应急措施。

经济可行性考虑因素主要包括建设成本、运行成本、管理成本 3 个方面。建设成本是指风险管控与修复系统，如地下水井、地面处理系统、水平或垂直阻隔系统等的施工建设成本。运行成本是指地下水污染风险管控与修复实施过程中系统运行的能耗、药剂消耗等成本。管理成本是指地下水污染风险管控与修复实施过程中环境监管、效果评估等管理环节产生的成本。一般而言，修复模式的建设成本更高，风险管控模式的管理成本更高，运行成本的高低取决于持续运行的需求。

地下水污染风险管控与修复模式选择的总体性判断标准见表 3-1。总体而言，对于修复难度低的敏感用地宜采取修复模式；对于修复难度高的非敏感用地，宜采取风险管控模式；对于修复难度高的敏感用地，宜采取风险管控与修复集成模式。

表 3-1　地下水修复和风险管控模式选择矩阵

模式	规划可行性	技术可行性	经济可行性
修复模式	无限制	可行性主要依赖污染物特性和地块条件	成本较高
风险管控模式	用地受限制较强	适用于低风险/修复难度高的地块	成本较低
集成模式	受限土地利用	适用于高风险/修复难度高的地块	成本适中

3.2　地下水污染风险管控模式

地下水污染风险管控模式首先需要确定风险管控目标。地下水污染风险管控目标不仅仅是具体的污染物浓度限值，更是根据风险管控实施不同阶段而制定的阶段性管理目标，包括风险管控总体内容、时间目标，系统建设阶段的工程技术参数目标，风险管控运行阶段的污染物迁移管控目标等。实施风险管控模式时，可采用基于污染羽控制的风险管控技术和环境监管措施。

3.2.1　地下水污染风险管控技术分类

常见的地下水污染风险管控技术有阻隔技术、水力截获技术和可渗透反应格栅技术等。其中，阻隔技术包括水平阻隔和垂直阻隔；水力截获技术分为抽水井式、注水井式、抽注结合式、排水沟式等类型；可渗透反应格栅技术包括连续型、漏斗—导水门型、注入式反应带等类型。

一个地块所适用的风险管控技术（主要指污染羽控制技术）需要根据 2.3.2.2 所述原则进行初步筛选。然后进一步通过实验室小试、现场中试、模拟分析等手段，评估技术的风险管控效果和环境社会风险。地下水污染风险管控技术的适用范围与条件，以及每个技术的小试、中试要求详见第 4 章。

3.2.2　环境监管措施

环境监管措施包括制度控制和长期监测。制度控制主要包括限制地块和地块地下水用途（根据风险可能还需限制下游局部区域地下水用途）、在高风险区域设置警示牌或围挡限制人群进入、周边地块建设限制性要求、建立地下水污染应急制度、数据档案管理等管理性措施。

在风险管控实施期间，针对地块残留的污染物需要开展长期监测，监测点位设置应综合考虑污染物浓度、受体所处位置、污染羽边界、地下水流向等因素。当污染羽已迁移至地块外时，还应对地块地下水下游开展长期监测，以判断污染物的迁移转化趋势，评估其风险。长期监测的目标以地下水为主，根据地下水中污染物暴露的途径，还需考虑对地块土壤、土壤气、环境空气、周边地表水体开展定期监测。当评估发现地下水污染羽在缩小，且污染物浓度稳定在安全限值以下时，可以终止长期监测。长期监测的具体要求详见第 5 章。

3.3 地下水污染修复模式

地下水污染修复模式首先需要确定修复目标，地下水修复目标是地下水特征污染物的浓度限值，地下水修复目标的制定详见 2.3.2.1。修复技术是地下水污染修复模式达到修复目标的手段，不同的修复技术可以单独运用，也可以作为修复模式整体过程中的一个环节。

地下水污染修复模式分为原位修复模式和异位修复模式两种，不同修复模式的典型修复技术及特点见表 3-2。其中，原位修复模式采用的典型技术包括原位微生物修复、地下水曝气、原位化学氧化/还原、热脱附、监测自然衰减等；异位修复模式采用的典型修复技术包括抽出处理、多相抽提等。应根据污染地块地下水污染特点、修复周期、预期经费投入、土地利用规划等因素来确定修复模式及采用的修复技术。各项技术适用范围及详细要点见第 4 章。

表 3-2 地下水污染修复模式及典型修复技术概况

修复模式	典型技术	典型处理对象	处理时间
原位修复模式	原位微生物修复	氯代烃、石油烃等	中等
	地下水曝气	挥发性有机物	较短
	原位化学氧化/还原	石油烃、苯系物、氯代烃、六价铬等	短
	热脱附	高浓度或难降解有机污染物	短
	监测自然衰减	石油烃、苯系物等	长
异位修复模式	抽出处理	有机污染物、六价铬等高溶解度的无机污染物、硝氮、氨氮等	长
	多相抽提	LNAPLs 或 DNAPLs	短

3.3.1 原位修复模式

原位修复模式是指在基本不破坏土体和地下水自然环境条件下，对受污染地下水不做抽出或运输，在原地进行修复的思路。原位修复模式不但可以节省处理费用，还可减少地表处理设施的使用，最大限度地减少污染物的暴露和对环境的扰动。根据修复机理不同，原位修复模式所使用的技术可分为物理修复（如热脱附）、化学修复（如原位化学氧化/还原）和生物修复（如原位微生物修复）技术。各项原位修复技术的适用范围、技术要点等内容详见第4章。

3.3.2 异位修复模式

异位修复模式一般指将污染地下水通过各种方式抽出至地面处理设施进行处理的思路。抽出处理是典型的异位修复技术，多相抽提可认为是一种改进的抽出处理技术，可同时抽提气相、液相、油相中的污染物，进入地面分离和处理系统。地面处理系统根据地下水中主要污染物的差别，选择不同原理的水处理工艺，主要包括生物降解法、沉淀法、离子交换法、物理吸附法、化学氧化法、膜分离法等。异位修复模式在短期内处理量大、处理效率较高，但随着系统持续运行，污染物抽出的效率下降，导致较多使用抽出处理技术的工程存在着拖尾现象，处理时间较长、成本较高。各项异位修复技术的适用范围、技术要点等内容详见第4章。

3.4 地下水污染风险管控与修复集成模式

当地块地下水污染风险较高、修复难度较大时，可采取地下水污染风险管控与修复集成模式。地下水污染风险管控与修复集成模式分为基于时间序列的集成和基于空间分布的集成，如图3-2所示。基于时间序列的集成是指采取修复措施将地下水污染物浓度削减至一定目标后，继续采取风险管控措施；基于空间分布的集成是指根据地块污染物的分布情况或规划用途，对其中部分区域分别采取修复模式和风险管控模式。

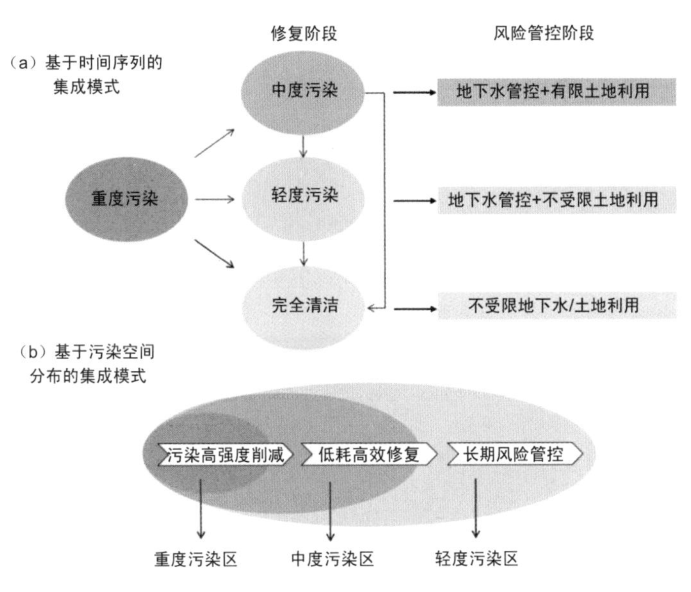

图3-2 地下水污染风险管控与修复集成模式示意图

由于地块的复杂性，以上两种类型的地下水污染风险管控与修复集成模式在实施时可能会同时采用，总体思路可概括为“分区分级”。根据地块和地块地下水利用需求、污染物浓度分布、经济成本等因素考虑修复模式和风险管控模式的可行性，分别设置修复和风险管控目标。例如，对于风险较高区域（如重度和中度污染区），若直接修复至相关标准限值的难度较大，可首先采取修复模式降低风险等级，之后采取风险管控模式；对于规划为敏感用地的区域优先采取修复模式；对于规划为非敏感用地区域或风险较低的轻度污染区，优先考虑风险管控模式。

参考文献

[1] 宋易南，侯德义，赵勇胜，等. 京津冀化工场地地下水污染修复治理对策研究[J]. 环境科学研究，2020，33（6）：1345-1356.

[2] ITRC（Interstate Technology & Regulatory Council）. Remediationmanagement of complex sites[R]. Washington DC：Interstate Technology&Regulatory Council，Remediation Management of Complex Sites，2017.

[3] PAC T J，BALDOCK J，BRODIE B，et al. In situ chemical oxidation：lessons learned at multiple sites[J]. Remediation Journal，2019，29（2）：75-91.

[4] ITRC（Interstate Technology&Regulatory Council）. Integrated DNAPL site strategy[R]. Washington DC：Interstate Technology&Regulatory Council，Integrated DNAPL Site Strategy Team，2011：17-18.

[5] HOU D，AL-TABBAA A. Sustainability：a new imperative in contaminated land remediation[J]. Environmental Science&Policy，2014，39（5）：25-34.

[6] SONG Y，HOU D，ZHANG J，et al. Environmental and socioeconomic sustainability appraisal of contaminated land remediation strategies：a case study at a mega-site in China[J]. Science of the Total Environment，2018，610 611：391-401.

[7] Deyi Hou，Abir Al-Tabbaa，Jian Luo. Assessing effects of site characteristics on remediation secondary life cycle impact with a generalised framework[J]. Journal of Environmental Planning and Management，2014，57（7）：1083-1100.

第 4 章　地下水污染风险管控与修复技术

4.1　地下水污染风险管控技术

4.1.1　阻隔

4.1.1.1　技术名称

阻隔，containment。

4.1.1.2　技术介绍

（1）技术原理

阻隔技术主要是通过设置阻隔层，控制污染物迁移或切断污染物与敏感受体之间的暴露途径，避免或减缓地下水中的污染物向环境中迁移扩散。

（2）技术分类

按照阻隔结构的布置方式，可分为垂直阻隔技术和水平阻隔技术。

①垂直阻隔技术

阻隔层是在场地地基中设置类似地下连续墙的竖向低渗透性结构，深度方向上一般进入下部隔水层，阻断污染物向周边环境迁移扩散。

常见的垂直阻隔结构包括土-膨润土垂直阻隔、水泥-膨润土垂直阻隔、塑性混凝土垂直阻隔、土工合成材料垂直阻隔、灌浆帷幕，其他垂直阻隔结构还有水泥-膨润土阻隔、水泥-土-膨润土垂直阻隔、钢筋混凝土阻隔、混凝土/沥青混凝土阻隔、黏土阻隔等（表 4-1）。垂直阻隔墙主防渗材料的渗透系数一般要求不大于 1×10^{-7} cm/s，土质主防渗材料一般为选择土-膨润土、水泥-膨润土等，人工合成材料主防渗材料一般为 2～3 mm 厚的高密度聚乙烯（HDPE）土工膜。

污染防控要求较低或时间较短（如临时性污染防控）时，垂直阻隔结构可采用高压喷射灌浆墙、搅拌桩墙、搅喷桩墙等。

表 4-1 常见垂直阻隔墙类型的特点

类型	特点
水泥-膨润土墙	强度高，压缩性低，可用于斜坡场地，渗透性低，通常为 10^{-6}cm/s 级数量
土-膨润土墙	与水泥-膨润土阻隔墙相比，渗透性更低，通常不大于 1×10^{-7}cm/s，有时可低至 5.0×10^{-9}cm/s
土-水泥-膨润土墙	强度与水泥-膨润土相当，渗透性与土-膨润土相当
HDPE 土工膜复合墙	防渗性和耐久性较高，渗透性低，可达 10^{-8}cm/s
塑性混凝土墙	比水泥-膨润土刚度大、强度高，渗透系数一般不大于 1×10^{-6}cm/s，适合作为深垂直阻隔墙
灌浆帷幕	可填充孔洞或封闭裂隙

②水平阻隔技术

阻隔层布设于地下或地面上或固体废物堆填体之上，采用水平铺设布置形式，阻断污染物向周边环境迁移扩散，或者阻断外界水进入场地土壤或含水层或固体废物堆填体的阻隔技术。

常见的水平阻隔结构一般包括防渗层、排水层及绿化土层等，有必要时在防渗层下设置排气层。防渗层材料主要有土工膜和天然黏土两种。土工膜作为防渗层，一般要求具有良好的抗拉强度或抗不均匀沉降能力，渗透系数小于 1×10^{-12} cm/s，土工膜上下部应设置保护层防止土工膜遭到破坏。天然黏土作为防渗层，一般要求平均厚度不宜小于 300 mm，进行分层压实，渗透系数应小于 1×10^{-7} cm/s。排水层选用性能好的材料，渗透系数一般大于 1×10^{-3} m/s，常用的有碎石或复合土工排水网。绿化土层厚度不宜小于 500 mm，应分层压实。

（3）系统组成

阻隔技术体系如图 4-1 所示，主要由墙体、覆盖保护层、监测系统、排水系统等组成。

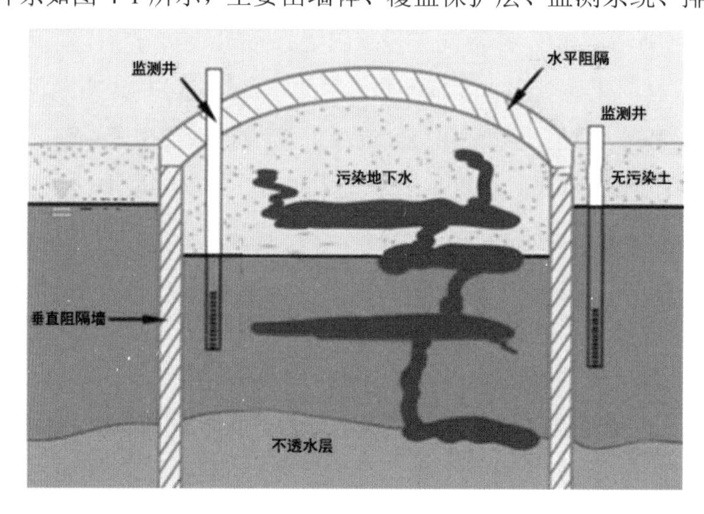

图 4-1 污染阻隔技术体系构成图

4.1.1.3　适用性与优缺点

（1）适用污染物

适用于各种污染物质的扩散阻隔，其材料应具有良好的稳定性，土壤/地下水中的污染物不会显著劣化阻隔材料的性能。阻隔材料在保证长期低渗透性的条件下，可提高其对污染物的吸附性来增强阻隔效果。

（2）适用水文地质条件

阻隔技术适用于各种介质类型的地下水污染风险管控，在具体施工工艺和阻隔材料结构选择应充分考虑场地水文地质条件。

（3）优缺点

①阻隔材料的优缺点

阻隔材料应根据设计使用年限要求、场地勘察与污染状况调查成果、场地安全再利用要求、设计厚度综合确定。选用程序应依次包括类型适用性判别、原材料选用、屏障材料配合比设计、使用功能判别。

在各种阻隔材料中，钠基膨润土具有易于制浆和注入，防渗性能好，可形成柔性墙抵抗变形破坏、与各类土体和水泥相容性好，抵抗各种污染物侵蚀性能好等优点。但钠基膨润土对一定浓度以上的金属阳离子的其他侵蚀抵抗力较弱，防渗性能会出现显著降低的情况。

天然黏土与钠基膨润土的性能相似，但由于其均一性差，难以大量获得，防渗性能不如膨润土而使用较少。

水泥也是常用的阻隔材料，防渗性能略低于膨润土，可以与膨润土、天然土或砂石料混合，形成具有较好强度的垂直阻隔墙，如水泥-膨润土、塑性混凝土垂直阻隔墙。但加入水泥形成的防渗墙刚性相对较大，抗变形能力差，因此使用时应注意控制周边地层变形。

除了以上制浆材料，HDPE 膜和钠基膨润土防水毯（GCL）是最常用的防渗膜材料。HDPE 膜渗透系数可低到 10^{-12}cm/s，只要焊接良好，在不破损情况下可认为是不透水的。钠基膨润土防水毯是由高膨胀性的钠基膨润土填充在特制的复合土工布和无纺布之间，用针刺法制成的膨润土防渗垫可形成许多小的纤维空间，使膨润土颗粒不能向一个方向流动，遇水时在垫内形成均匀高密度的胶状防水层，有效防止水的渗漏。与其他防水材料相比，钠基膨润土防水毯施工相对比较简单，不需要加热和粘贴。只需用膨润土粉末和钉子、垫圈等进行连接和固定。施工后不需要特别的检查，如果发现防水缺陷也容易维修。钠基膨润土防水毯是现有防水材料中施工工期最短的。

另外，钢板桩、包裹铁皮的木板桩也可用作防渗墙的构建，但这类桩墙一般用在支护中，当其用作污染阻隔时缺点较明显，如造价高、易渗漏、抗腐蚀性差、施工深度小等。

②阻隔工艺的优缺点

开挖法是最常用的施工工艺，通过挖掘地基土形成垂直的沟槽，由灌入的泥浆维护槽壁的稳定性，然后在沟槽中灌注墙体材料形成防渗墙，同时将泥浆向上排挤出沟槽。开挖法最适用于深度灵活，具有适用于各种地层、施工简便迅速、施工质量稳定性好等优点。

在砂砾石和粉土、黏土地层中，地基土改性法即注浆法、原土就地混合法和高压喷射法是可采用的阻隔施工工艺。其中，注浆法容易因地层非均质性而形成厚度不均一的阻隔层，所以在污染防渗工程中使用较少。

原土就地混合法的优点：

- 将防渗剂和原地基软土就地搅拌混合，因而最大限度地利用了原土；
- 搅拌时不会从地基侧向挤出，对周围原有建筑物的影响很小；
- 按照不同地基土的性质及工程设计要求，合理选择防渗剂及其配方，设计比较灵活；
- 施工时无振动、噪声、无污染，可在市区内和密集建筑群中进行施工；
- 施工后土壤重度基本不变，不致产生附加沉降。

高压喷射注浆工艺的优点：

- 适用范围较广。它可以不损坏建筑物的上部结构，且能使已有建筑物在施工时使用功能正常。
- 施工简便。施工时只需要在土层中钻一个孔径 50 mm 或 300 mm 小孔，便可在土中喷射成直径为 0.4～4 m 的固结体，因而施工时能贴近已有建筑物，成型灵活，既可在钻孔的全长形成柱形固结体，也可仅作为其中一段。
- 可控制固结体形状。在施工中可调整旋喷速度和提升速度、增减喷射压力或更换喷射孔径改变流量，使固结体形成工程设计所需要的形状。
- 可垂直、倾斜和水平喷射。通常是在地面上垂直喷射注浆，亦可根据需要采用倾斜和水平注浆。

近年发展了渠式切割法的垂直阻隔墙施工工艺。该法通过链状刀具的上下移动和转动，对地基土体进行渠式切割和搅拌，并与注入的防渗材料混合而成防渗墙体。相比三轴深层搅拌施工，渠式切割机械施工形成的墙体均匀性更好。

4.1.1.4 技术应用流程

污染地块阻隔技术工艺包括：①根据调查结论，确定阻隔区域边界和工艺；②在污染阻隔区域四周建造垂直阻隔系统；③在污染区域表层设置水平阻隔系统；④定期对阻隔区域进行监测，监测是否有污染物扩散。

（1）确定阻隔区域边界和工艺

污染地块调查参照《建设用地土壤污染状况调查技术导则》（HJ 25.1—2019）相关技术要求执行。可行性研究一般要求根据现场勘查结果进行阻隔工程的可行性和适用性分析，考虑因素主要包括与地块潜在污染物的化学相容性、地块中隔水层特性（如是否存在隔水层、隔水层的位置深度、渗透性、连续性和硬度），以及拟建阻隔工程的结构及尺寸、造价、工期等。

初步设计一般要求对地块条件进行评估，综合考虑众多设计变量，选择最适合的隔离结构形式等。施工图设计一般规定根据工程目标、遵循合理流程，主要包括阻隔屏障建造位置与平面布置、阻隔墙深度、阻隔墙厚度等。

（2）建造垂直阻隔系统

①开挖法垂直阻隔墙施工

开挖法垂直阻隔墙施工一般包括：a）场地平整；b）垂直阻隔轴线放线；c）建造钢筋混凝土导墙；d）采用液压式抓斗、液压双轮铣槽机等机械开挖地基形成垂直阻隔的沟槽，同时在沟槽内注入膨润土泥浆护壁防止沟槽侧壁坍塌；e）对于土工合成材料垂直阻隔结构，采用铺膜机在沟槽中垂直铺设人工防渗材料（一般为 HDPE 土工膜），并对人工防渗材料幅间连接处进行密封；f）在沟槽中浇筑土-膨润土、水泥-膨润土等回填材料，直至沟槽顶部；g）在顶部铺设覆盖层保护垂直阻隔墙体；h）现场回填材料留样，通过室内试验检测渗透系数等工程参数，或者现场通过注水试验、压水试验测试墙体材料原位渗透系数；i）采用土工合成材料垂直阻隔结构时一般通过双电极法或电弧法检测土工合成材料主体防渗结构的完整性；j）在垂直阻隔内外侧设置监测井，测定水位并定期采取水样分析水质，评估垂直阻隔长期效果与服役性能（表 4-2～表 4-5、图 4-2）。

表 4-2　垂直阻隔屏障材料中原位土的施工质量标准

项目类别	序号	检测项目	质量控制要求	检测频次	检测方法
一般项目	1	颗粒粒径分析	小于 60 mm，且细粒组宜超过 30%	每施工 1 000～4000 t	筛分法
	2	表观性质	无固体废物等杂物、无异味	每施工 1 000～4000 t	目测、气味感官

表 4-3　垂直阻隔屏障材料中回填材料的施工质量标准

项目类别	序号	检测项目	质量控制要求	检测频次	检测方法
主控项目	1	原材料掺入量	设计要求	每施工 50～100 t	称重
	2	坍落度	设计要求	每施工 50～100 t	标准坍落度试验
	3	制备均匀性	均匀	每施工 50～100 t	密度抽样、电阻率法

表 4-4 开挖—回填法的施工质量标准

项目类别	序号	检测项目	质量控制要求	检测频次	检测方法
主控项目	1	开挖点位	沿平面布置	每天 1 次	全站仪或用钢尺量
	2	沟槽深度	设计深度	开挖后测量	用测绳测量、槽验
	3	沟槽宽度	设计厚度	每天 1 次	用测绳测量、超声波法
	4	开挖垂直度	≤1/100	连续检测	超声波法
	5	沟槽清底	清除沉砂、侧壁塌落沉积土	每施工 50～100 t	线锤测量
	6	泥浆液面高度	应高出地下水位 0.5 m 以上，且不应低于地表 30 cm	连续测量	用钢尺测量

表 4-5 土工膜插入的施工质量标准

项目类别	序号	检测项目	质量控制要求	检测频次	检测方法
主控项目	1	厚度	设计要求	每 1 幅	用游标卡尺量
	2	外观质量	切口平整、无穿孔、无机械划痕、无裂纹、无分层、无气泡和杂质	每 1 幅	目测法
	3	搭接表观	膜间搭接无漏接、无烫伤、无褶皱、均匀	每 1 幅	目测法
	4	搭接宽度	膜间热熔焊接应≥100 mm；挤出焊接应≥75 mm	每 1 幅	用游标卡尺量
	5	完整性	无渗漏点	每 1 幅	电学法
	6	热熔焊接膜间搭接	剪切强度不应小于母材抗拉强度的 80%，且试样断裂不得在接缝处	沿平面布置每 50 m	剪切和剥离试验
	7	插入深度	设计要求	每 1 幅	用测绳测量

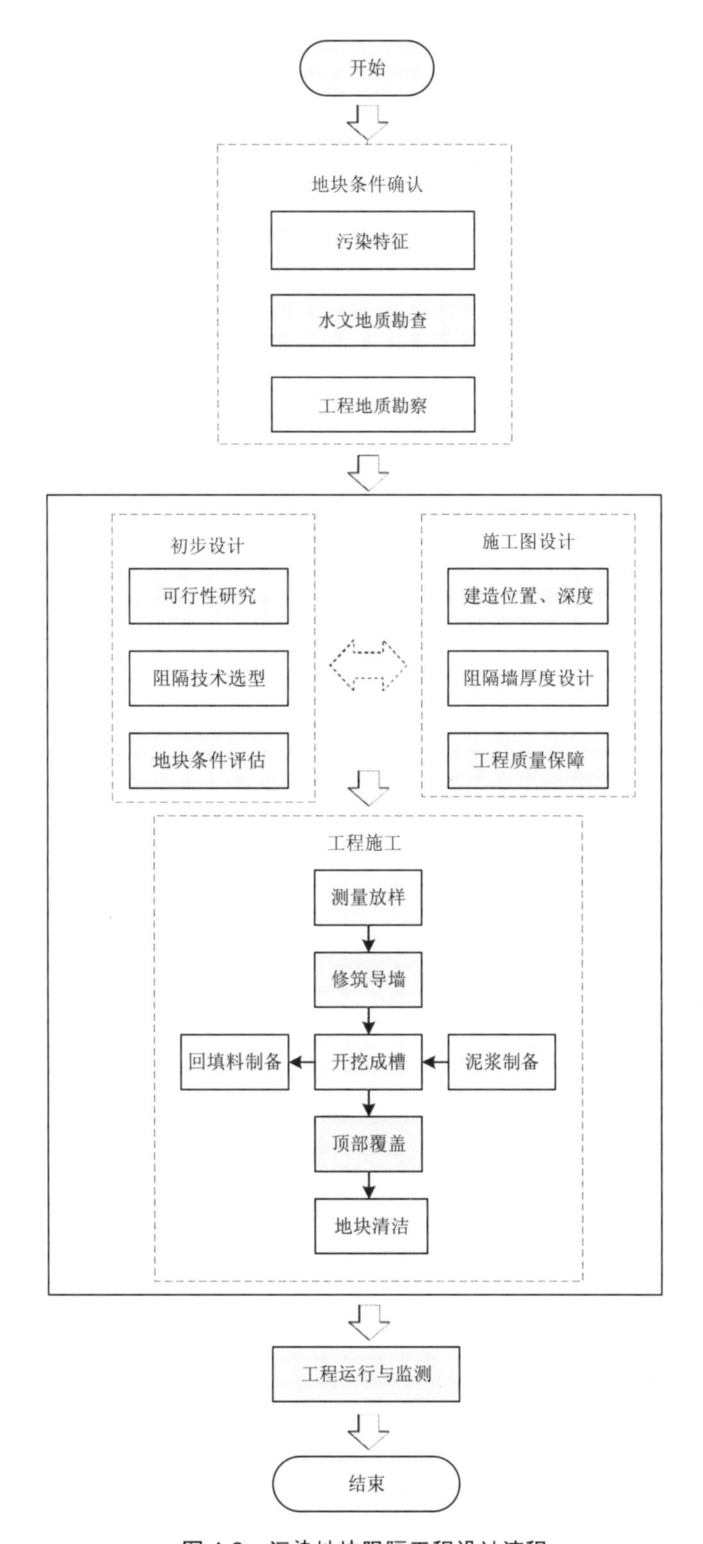

图 4-2　污染地块阻隔工程设计流程

②深层搅拌法垂直阻隔墙施工

- 开展中试试验，确定喷浆量、喷浆压力，检查设备的密封性、可靠性；
- 确定钻杆下沉及提升速度、复搅速度、搅拌时间等；
- 观测浆液堵管情况，并根据试验结果制定处理方案；
- 根据中试试验结果进行施工，其中两个深层搅拌桩之间要有一定的搭接厚度。

③高压喷射注浆法垂直阻隔墙施工

- 进行中试试验，确定浆液喷射压力、浆液流量，喷嘴孔径；
- 确定空气压力、空气风量；
- 确定提升速度、转速、搅拌时间；
- 查明冒浆、漏浆情况，并根据试验结果调整施工工艺参数；
- 正式施工：在施工第二个注浆桩时，要与前一个有一定的搭接厚度。

（3）建造水平阻隔系统

①夯实地基层

在夯实前要去除地基层中的建筑垃圾、砾石等可能破坏防渗层的因素。然后通过一定重量的强夯，使地层足够密实，能够承受未来上覆层的重量而不产生明显沉降。

②铺设钠基膨润土防水毯

按设计厚度购买并铺设钠基膨润土防水毯，铺设过程中应当从地基层一边按顺序向另一侧铺设，应尽量减少搭接缝，接缝处用土钉和膨润土粉进行固定和密封。

③铺设土工膜

这是水平防渗层最关键的工序。包括铺设、剪裁→对正、搭齐→压膜定型→擦拭尘土→焊接试验→焊接→检测→修补→复检→验收等步骤。

铺设时尽量减少拼接量，不许拉扯土工膜，不许压出死折，焊缝便于在不利条件下能达到满意的防渗效果。应从最低部位开始向高位延伸，不要拉得过紧，应留足够余幅（大约 1.5%），以备局部下沉拉伸。坡面铺设时，可根据工程实际情况，以接缝最少、便于施工、剪裁合理为原则来确定平行或垂直于最大坡度线铺设，接缝应避开弯角，设在平面处。坡度较大处，设置软梯，施工人员在软梯上进行土工膜的焊接接缝施工。需设排气口的地方应在排气口和土工膜接触处进行牢固的不漏水封焊。如果担心沉降的影响，这种封焊还应设计出足够余量，以防止变形破损。

④防护层施工

防护层施工速度应同铺膜速度相同，以避免人为破坏。为防止植物根系生长对土工膜防渗层的破坏及啮齿类动物对土工膜的啃食破坏，封盖层土工膜上的防护层覆盖足够厚度的土层。

4.1.1.5　关键技术参数

（1）垂直阻隔关键技术参数

①隔水层渗透系数小于 10^{-7} cm/s。

②阻隔墙进入隔水层的深度不小于 1.0 m 且不能穿透隔水层。

③垂直阻隔的厚度确定，以填埋场为例，需综合考虑场地水文地质条件、土层分布及渗透系数等，按照下式确定：

$$d=\eta\left(m+\sqrt{m^2+P_{\mathrm{L}}}\right)\sqrt{D_{\mathrm{h}}\frac{t_{\mathrm{b}}}{R}} \tag{4-1}$$

$$m=3.56-3.33\left(c_{\mathrm{f}}/c_0\right)^{0.142} \tag{4-2}$$

$$P_{\mathrm{L}}=\frac{k_{\mathrm{b}}h(1+e)}{eD_{\mathrm{h}}} \tag{4-3}$$

式中，d——垂直阻隔墙的厚度，m；

η——考虑污染风险等级的安全系数，对渗沥液污染土壤和地下水的风险等级高、中和低的填埋场分别取 1.2、1.1 和 1.0；

m——系数，按式（4-2）计算；

P_{L}——垂直阻隔的 Peclet 数，按式（4-3）计算；

D_{h}——指示性污染物在垂直阻隔回填料中迁移的水动力弥散系数，m^2/s；

t_{b}——针对指示性污染物的垂直阻隔设计服役寿命，取值不小于填埋场要求的污染防控时间，即填埋场剩余运行时间与填埋场生活垃圾稳定化时间之和，s；

R——垂直阻隔回填料对特征污染物的阻滞因子；

c_0——垂直阻隔靠近填埋场一侧的地下水中指示性污染物的浓度，mg/L；

c_{f}——垂直阻隔远离填埋场一侧的地下水中指示性污染物的出流浓度击穿标准，应根据 GB/T 14848—2017 Ⅲ类地下水质量限值取值，mg/L；

k_{b}——垂直阻隔墙回填料的渗透系数，m/s；

h——垂直阻隔两侧水头差，即靠近填埋场一侧的地下水水位与另一侧的地下水水位之差，m；垂直阻隔两侧逆水头差时取 0；

e——垂直阻隔材料的孔隙比。

当根据式（4-1）计算的厚度小于 0.6 m 时，宜取 0.6 m；当根据式（4-1）计算的厚度大于 1.2 m 时，取 1.2 m，并采用工程措施减小垂直阻隔两侧地下水水头差或在垂直阻隔两侧形成逆水头差。

④材料。阻隔材料要具有极高的抗腐蚀性、抗老化性性能，对环境无毒无害；使用寿

命可达到设计年限要求；阻隔材料应确保阻隔系统连续、均匀、无渗漏。a）膨润土颗粒粒径小于 0.075 mm 的质量百分比要在 95%以上，粒径小于 0.002 mm 的质量百分比不小于 35%；污染物作用下膨润土的液限不小于 200%、膨胀指数不小于 12 mL/2 g。b）水泥的强度等级达到 42.5 以上。c）土工膜渗透系数不大于 10^{-11} cm/s，一般情况下厚度不小于 3 mm，且整体均匀、无缺陷。

⑤回填料。在污染物的作用下，阻隔层的渗透系数不大于 10^{-7} cm/s。

（2）水平阻隔关键技术参数

阻隔材料渗透系数通常要小于 10^{-7} cm/s，阻隔材料要具有较高的抗腐蚀性、抗老化性性能，对环境无毒无害。阻隔材料应确保阻隔系统连续、均匀、无渗漏。①黏土层厚度≥300 mm，且经机械压实后的饱和渗透系数在 10^{-7}～10^{-6} cm/s。②人工合成阻隔材料，满足《土工合成材料 聚乙烯土工膜》（GB/T 17643—2011）等相关要求。③混凝土/沥青混凝土：抗渗等级至少满足《混凝土质量控制》（GB 50164—2011）中规定的 P6 要求。

4.1.1.6 监测与过程控制

阻隔技术的运行维护主要是定期维护阻隔体的完整性，指标包括 HDPE 膜有无破损、上下游地下水水质情况（监测污染土壤中特征污染因子）等。

对该阻隔系统的监测主要是沿着阻隔区域地下水水流方向设置地下水监测井，监测井分别设置在阻隔区域的上游、下游和阻隔区域内部。通过比较分析流经该阻隔区域内的地下水中目标污染物含量变化，及时了解阻隔区域对周围环境的影响，并适时作出响应，防止二次污染。

阻隔工程完成后，根据阻隔对象和阻隔工程情况，应对阻隔工程进行长期监测。长期监测的主要内容有：①确定阻隔工程特性；②明确保护措施的效果与规范；③明确需要采取的维护与检测活动；④制订应急预案。

长期维护措施包括：①建设保护系统，防止阻隔工程失效；②限制土地利用避免对阻隔工程造成破坏。

各类垂直阻隔技术的监测方法及监测要求如表 4-6 所示。

表 4-6 阻隔技术的监测方法与监测要求

阻隔墙类型	监测方法	监测指标
土-膨润土隔离墙	定期对墙体进行取样分析；无损检测可采用超声波法和弹性波透射层析成像法(以下简称 CT 法）等方法	墙体质量应在成墙一个月后进行，检查内容为墙体的渗透性、均匀性、可能存在的缺陷等。检查可采用钻孔取心和其他无损检测等方法，检查孔的位置和数量，由业主单位、监理单位会同有关单位研究确定，每个墙段至少取样 2 组。钻孔取心应考虑墙体厚度选择合适的孔径。土-膨润土隔离墙的墙体渗透性指标，应进行现场注水试验和钻孔取心进行室内渗透性试验，并综合判断墙体防渗性能

阻隔墙类型	监测方法	监测指标
水泥-膨润土隔离墙	墙体取样分析	检查墙体质量时应增加检查墙体强度等相关内容。水泥-膨润土隔离墙的墙体强度性能可钻孔取心进行室内无侧限抗压强度试验得到，试验参考《混凝土物理力学性能试验方法标准》（GB/T 50081—2019 和《水工混凝土试验规程》（DL/T 5150—2017）进行
土工膜隔离墙质量控制	电法检测、示踪试验或污染物浓度监测等	应采用电法检测、监测井监测等方法对施工质量进行检验与验收。电法检测时，应在 HDPE 土工膜的两侧布设测量电极和供电电极，采用双电极法对施工过程中 HDPE 土工膜的完整性进行检测。监测井监测时，应在垂直防渗墙的内外两侧布设监测井，通过测量示踪剂或污染物的浓度变化监测防渗墙的阻隔效果
帷幕灌（注）浆墙	用钻孔进行注水、抽水、压水试验开挖检查井等方法	a）检查部位应选择有代表性的地段，薄弱部位。取试块的部位宜选在浆液有效扩散半径的中间或沿扩散半径均匀布置。试件尺寸应符合试验规程要求，每组不少于 6 个。 b）检查数量除开挖法和载荷试验法仅做少量检查以外，其余检查方法检查数量应不少于注浆孔总数的 5%，且不少于 3 个。 c）帷幕注浆质量检查宜采用分析注浆资料，用钻孔进行注水、抽水、压水试验开挖检查井等方法。检查数量不应少于检查孔数量的 4%。黏土-水泥浆质量检查应在注浆结束 30 d 后进行。 d）检查孔应用水泥砂浆或注浆液封堵

水平阻隔技术，混凝土水平阻隔的工程施工及质量控制宜参照《石油化工工程防渗技术规范》（GB/T 50934—2013），黏土水平阻隔和柔性水平阻隔工程施工及质量控制应参照《生活垃圾卫生填埋场防渗系统工程技术标准》（GB/T 51403—2021）。

4.1.1.7　实施周期和成本

阻隔技术的处理周期一般为几个月，实际实施周期取决于以下几个因素：①阻隔区域的面积、深度；②阻隔区域的水文地质条件；③阻隔技术类型；④阻隔结构复杂程度等。

影响阻隔填埋技术处置费用的因素有：①工程规模；②工期要求；③阻隔技术类型；④阻隔材料类型；⑤阻隔区域的水文地质条件等。

4.1.1.8　常见问题及解答

Q1：从管理角度，污染场地采用阻隔技术对后期开发利用有什么影响？

A1：后期开发利用过程中，应注意避免破坏阻隔层，以及对阻隔层附近土体造成变形破坏。另外，还应注意保护为监测阻隔效果而建设的监测井。

Q2：当阻隔区周围监测井检出污染物时，该如何操作？

A2：首先，分析检出污染物的来源，明确是否为阻隔区域内的污染物扩散，若是，需采取应急措施，阻止污染物的进一步扩散；同时，评估阻隔措施的工程性能，对现有的阻隔措施进行优化或提出新的风险管控措施。

4.1.2 水力截获

4.1.2.1 技术名称

水力截获，hydraulic capture technique。

4.1.2.2 技术介绍

（1）技术原理

水力截获的基本原理是根据地下水污染范围，合理布设一系列抽、注水设施，改变地下水流场，最大限度地阻止目标污染羽进一步扩散及削减地下水中污染物（图 4-3）。

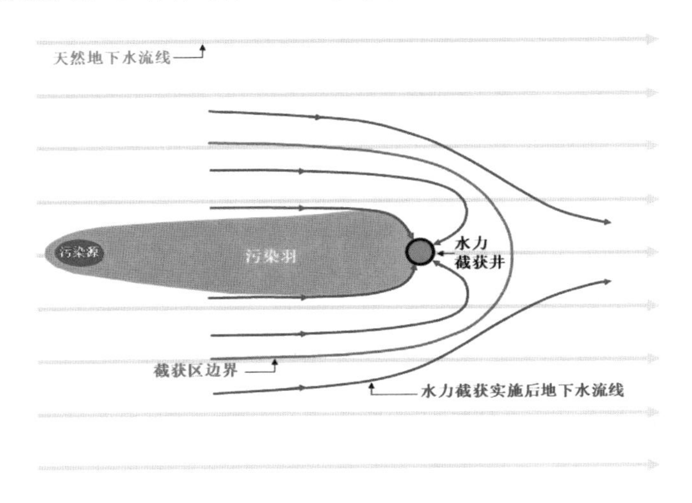

图 4-3 水力截获技术原理

（2）技术分类

水力截获按照实施方式主要分为抽水井式、注入井式、抽注结合式、排水沟式等类型（图 4-4）。

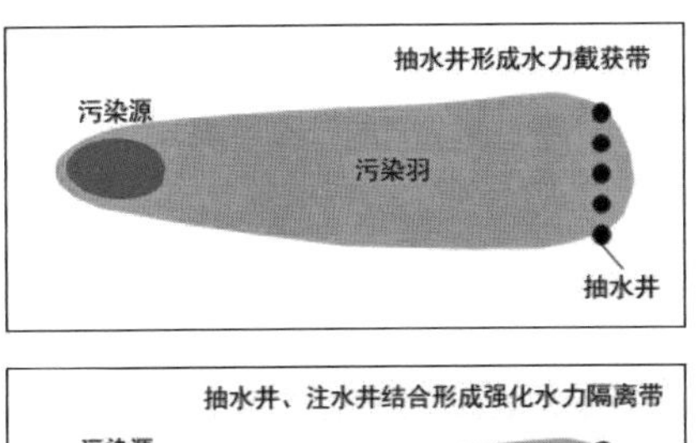

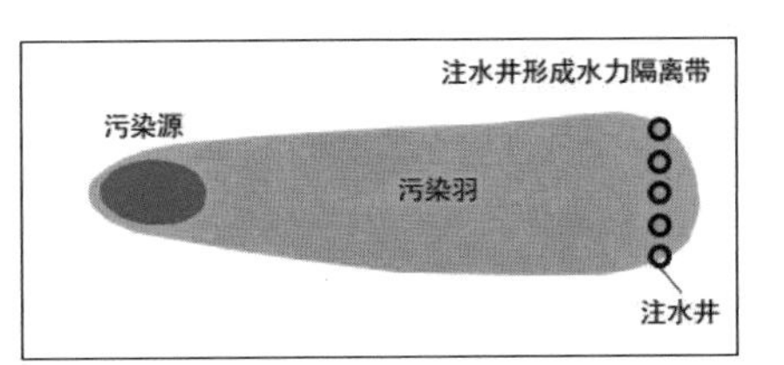

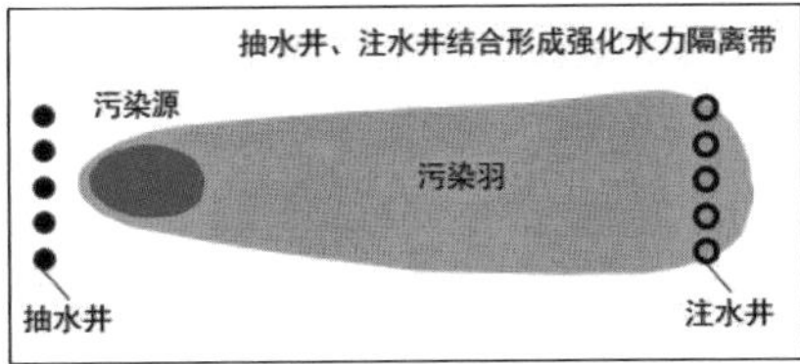

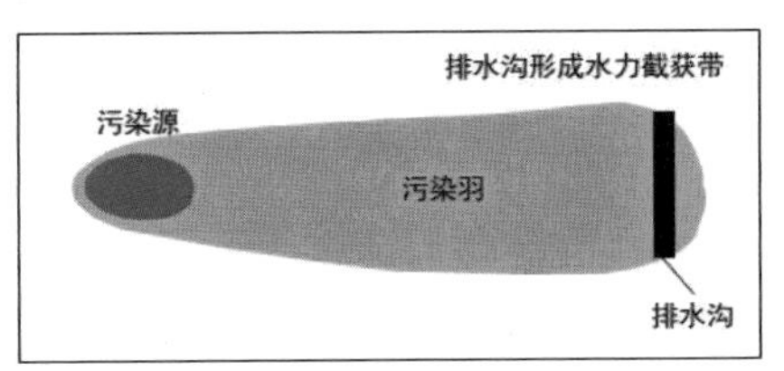

图 4-4 水力截获技术分类

（3）系统组成

水力截获系统通常包括：①水力控制系统，用于截获地下水污染羽的抽、注水井群或设施；②监测系统，用于监测水力截获效果和风险预警的监测井群及其他设施；③辅助设施，包括输水管道、污水处理等设施（图 4-5）。

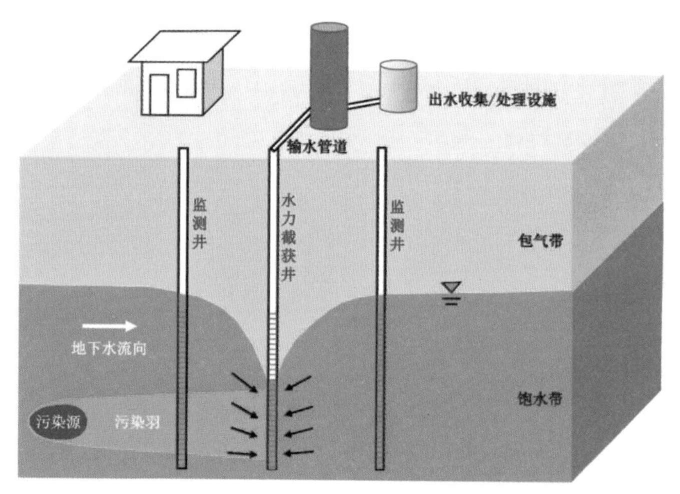

图 4-5　水力截获系统组成

4.1.2.3　适用性与优缺点

（1）适用污染物

水力截获技术适用范围较广，可应用于多种污染物类型。一般对于氯代烃、酚类、石油烃、重金属类无机化合物等类型的污染物具有较好的适用性。

（2）适用水文地质条件

水力截获技术可适用于多种水文地质条件。一般适用于含水层渗透系数不小于 5×10^{-4} cm/s 的粉砂、细砂、中砂、粗砂、砾石等孔隙介质及基岩裂隙介质等；但在卵砾石孔隙介质含水层中运行成本较高；粉质黏土、黏土孔隙介质及复杂岩溶介质等适用性较弱。

（3）优缺点（表 4-7）

表 4-7　水力截获技术优缺点分析

序号	优点	缺点
1	适用水文地质条件和污染物类型范围广	在含水层出水量较大的区域使用成本较高，对于低渗透性地层效果较弱
2	能快速实现风险管控目的	污染地下水抽出后需要妥善处理排放
3	可通过井位和水量灵活调整管控效果	需要持续运行管理

4.1.2.4 技术应用流程

水力截获技术应用流程包括工程设计、工程施工、工程运行与监测等内容。

工程设计：主要内容包括抽、注水系统设计、监测系统设计、辅助设施设计等。其中，抽、注水系统设计包括目标捕获区确定、井群布设参数确定，监测系统设计包括监测井群布设、监测方案，辅助系统设计包括输水管路设计、排水去向设计等。

工程施工：主要内容包括水力控制系统工程施工、监测系统工程施工和辅助设施工程施工，工程施工应满足水力截获技术方案设计要求。

工程运行与监测：主要内容包括工程运行与维护、运行效果监测、趋势预测及工程运行状况分析。通过评估水力控制工程的运行状况，优化工程措施，保障风险管控目标可达（图 4-6）。

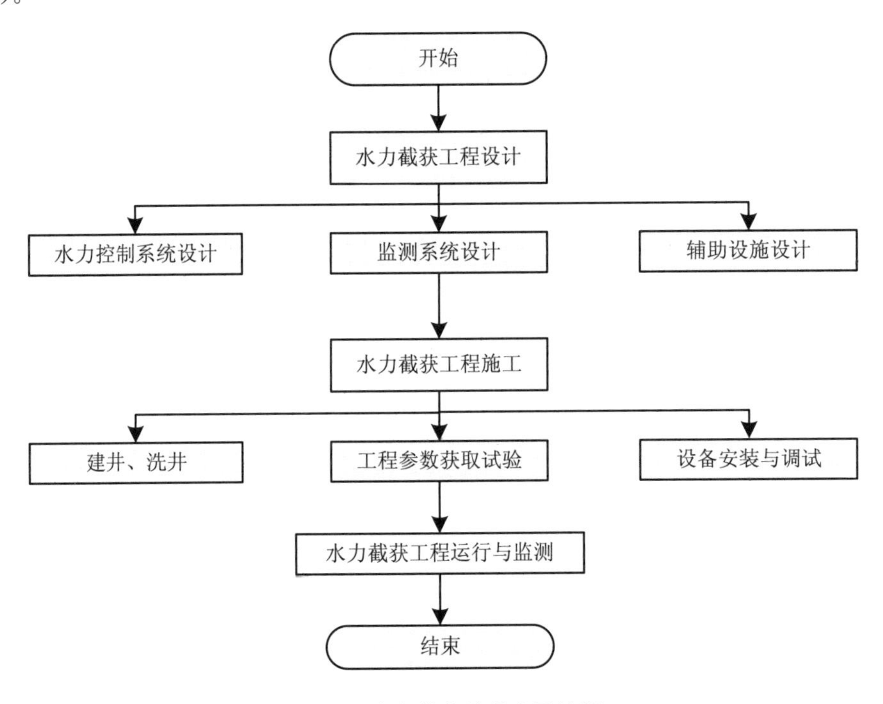

图 4-6 水力截获技术应用流程

4.1.2.5 关键技术参数

（1）地块概念模型更新

通过地块概念模型更新掌握以下信息：

①水文地质信息，包括地下水埋深、地下水流速、渗透系数、给水度、有效孔隙度、水力梯度等。

②污染羽分布信息，包括污染物类型、性质，污染程度及范围；污染物分布随时间、空间的变化特征等。

③敏感受体特征信息，包括敏感受体的分布、地下水与地表水体的水力联系、人群健康风险等。

相关参数可参照 HJ 25.1—2019、HJ 25.2—2019 等技术文件获取。

（2）水力截获方式及布设位置设计

依据更新后的地块概念模型，结合风险管控目标、现场施工条件，确定水力截获方式，可采取抽/注井群方式或排水沟方式。

对于含水层渗透性相对较高、污染深度相对较大、风险管控周期较短或难以施工的地块，可优先选择抽/注井群方式。

对于含水层渗透性相对较低、污染深度相对较小、风险管控周期较长或易于施工的地块，可优先选择排水沟方式。

水力截获设施可布设于污染羽边缘或中部。

抽水井群系统布设要求包括：

①井群的数量、间距及排列方式应最大限度地阻隔和截获污染羽。

②应在抽水形成的局部流场能有效阻止污染物向下游迁移的前提下，设计最小抽水量。

③捕获区之外的污染羽，应可通过污染物的对流弥散、吸附、自然衰减或结合其他技术达到风险管控目标。

（3）水力截获井群数量、间距及流量设计

水力控制井群设计需明确抽水井布设位置、数量、抽水流量、井间距离等参数。对于水力控制井群设计主要有解析/半解析方法和数值模拟及优化方法。

1）解析/半解析方法

①承压水完整井的井群系统设计

假设含水层为均质各向同性、承压等厚无限大，地下水流为均匀稳定流，垂向水力梯度忽略不计，无补给，抽水井为完整井。抽水流量估算可采用式（4-4）计算：

$$Q = B \times U \times W \tag{4-4}$$

式中，Q—— 抽水井的流量，m^3/d；

B—— 含水层厚度，m；

U—— 地下水流速，m/d；

W—— 捕获区宽度，m。

捕获区宽度可采用式（4-5）计算：

$$W = Q / BU \tag{4-5}$$

式中，符号解释同式（4-4）。

假设单个抽水井，井位设为原点，其捕获区边界的曲线方程为

$$y+\frac{Q}{2\pi BU}\arctan\frac{y}{x}=\pm\frac{Q}{2BU} \quad (4\text{-}6)$$

式中，x 为平行于地下水流方向的距离，m；y 为垂直于地下水流方向的距离，m；其他参数含义见公式（4-4）。

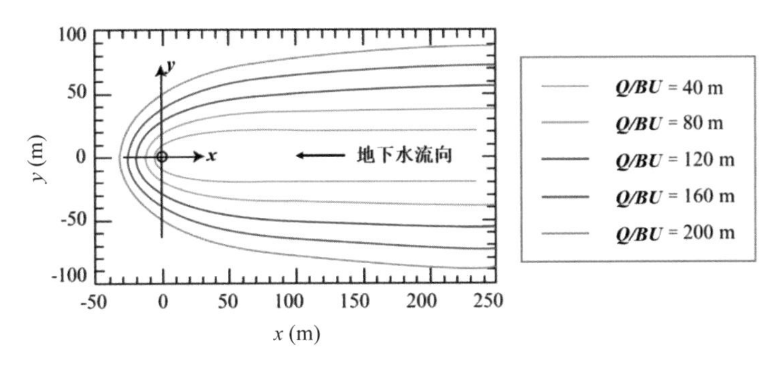

图 4-7 单井抽水捕获区的解析解典型曲线示意图

所有流线在抽水井位置汇合，在抽水井下游形成一个驻点。驻点为地下水的分水岭点，分水岭一侧的水流流向抽水井，另一侧的水流流向区域水流方向。

每口抽水井具有最大抽水量的约束，如果单井以最大抽水量抽水形成的捕获区无法截获整个污染羽，则需采用多口抽水井同时抽水。多口抽水井沿垂直于天然地下水流向的剖面线等间距布设，每口井的抽水流量为 Q，则最优井间距和形成的捕获区宽度见表 4-8。根据目标污染羽范围确定所需抽水井数量。

表 4-8 水力截获最优井间距及多井形成截获区计算

抽水井数	最优井间距	截获区宽度
1	—	$\frac{Q}{BU}$
2	$\frac{Q}{\pi BU}$	$\frac{2Q}{BU}$
3	$\frac{\sqrt[3]{2}Q}{\pi BU}$	$\frac{3Q}{BU}$
n	$\frac{\sqrt[n]{2}Q}{\pi BU}$	$\frac{nQ}{BU}$

考虑捕获区内可能存在的其他潜在补给，流量计算中的“Q”可以包含 1 个修正因子，通常取 1.5～2.0。捕获区宽度计算中的抽水量“Q”则不需考虑任何修正因子。

当水文地质参数分布不均时，可通过合理范围内的参数取值，计算得出结果的上限和下限。

②潜水完整井的井群系统设计

对于均质各向同性潜水含水层的渗流场中的完整井，底板坡度较小，假设底板水平，垂向水力梯度忽略不计，无越流补给，抽水井水位降深远小于含水层厚度，稳定态的截获带边界曲线（W）的解析表达式可按式（4-7）近似计算：

$$W = \frac{2QL}{K(h_1^2 - h_2^2)} \quad (4\text{-}7)$$

式中，W—— 捕获区宽度，m；

Q—— 抽水井的流量，m^3/d；

L—— 观测孔之间的距离，m；

K—— 含水层渗透系数，m/d；

h_1、h_2—— 流线上距抽水井等距离的上下游观测孔处含水层厚度，m。

本部分计算所用参数包括目标污染羽在垂直地下水流向上的宽度、含水层厚度、地下水流速等。此外，可利用污染场地现场抽水试验，开展抽水的同时对多个监测井进行观测，绘制抽水形成的捕获区，获取相关参数。

2）数值模拟及优化方法

当向异性、非均质、多层含水层系统水文地质和污染分布条件复杂时，可以使用数值模型进行捕获区计算，利用粒子追踪进行水平向和垂向捕获区分析。粒子追踪所指示的捕获区的准确性及不确定性取决于参数选取的准确性及不确定性。数值模型可通过模拟不同抽水条件下的水位降深进行验证。数值模拟构建过程包括资料收集、模型范围确定、地层结构及属性确定、含水层边界条件与源汇项确定，地下水水流特征分析、水文地质参数概化、污染特征概化、污染源概化、污染途径和敏感受体概化、地下水污染物迁移转化过程分析等步骤。地下水流及溶质运移模型构建过程及常用参数选取可参考《地下水污染模拟预测评估工作指南》（环办土壤函〔2019〕770 号）附录 A。

对于水力截获系统的优化方法首先需定义目标函数，主要考虑以下约束条件：①抽水降深足以形成有效的水力阻隔；②抽水量最小化。通过设定抽出效率目标函数，约束水力梯度、抽出流量等条件，计算求解最优方案。如优化抽水井/注水井的位置、井间距、单井抽水流量等。通过设定多种目标和约束限制，利用模型优化各类水力截获方案。常用数值模拟及模拟优化工具见表 4-9。

表 4-9　水力截获井群设计数值模拟工具一览表

模拟方法	模拟程序	说明
地下水水流数值模拟	MODFLOW、FEFLOW	采用有限差分和有限元地下水流动模型模拟各向异性、非均质、多层含水层系统中的二维、三维稳定流或非稳定流。针对各类复杂边界条件，可开展捕获区分析，抽出设计分析。复杂问题的模拟需要更详细的地块数据

模拟方法	模拟程序	说明
流线和粒子追踪模拟	MODPATH、GPTRAC	使用粒子追踪来计算基于地下水流模型输出的粒子路径、捕获区域和运移时间
地下水溶质运移模拟	MT3D、MOC	用于评估抽出方案，定量分析由于抽出造成的污染物空间分布随时间的变化
最优化模拟	MGO、MODMAN	通过设定抽出效率目标函数，约束水力梯度、抽出流量等条件，计算求解最优方案。如优化抽水井/注水井的位置、井间距、单井抽水流量等。模型可设定多种目标和约束限制，优化各类抽出方案

（4）监测井群布设

监测井布设于污染羽边界内外、截获井群上游及下游，截获井也可作为补充监测井，共同构成地下水监测系统。定期监测截获区及周边的抽水井、监测井污染物浓度、水位和抽水量，掌握水力截获系统形成的捕获区动态变化特征，评估阻控污染羽迁移的成效。若污染羽周边存在敏感受体，应在污染羽边界和敏感受体之间布设监测井。

（5）水力截获井及监测井设计

抽水井和监测井应根据掌握的相关资料，结合现场条件，科学设计。必要时，抽水井和监测井可统筹考虑，同步设计，同时满足抽水和监测的有关要求，做到一井多用。如果垂向上存在多个含水层受到污染，为防止串层污染，应针对每个目标含水层设计单独的抽水井和监测井，做好分层止水。

①筛管设计要求

抽水井筛管顶部一般应高于污染羽的顶部，筛管底部应延伸至污染羽的底部，以满足垂向上污染羽的捕获要求。筛管具体长度和开筛位置可结合含水层结构特点优化调整。

监测井设置在污染羽所在目标含水层，应满足地下水水位、水温、水质等指标的监测要求。对于 LNAPLs 相污染羽及水溶相污染羽，筛管顶部至少高于丰水期水面 1.0 m 以上，筛管底部至少低于枯水期水面以下 1.0 m；对于 DNAPLs 相污染羽，筛管设置需根据实际监测需要确定。筛管具体长度和开筛位置可根据监测目的优化调整。

②孔径、井径设计要求

常用的抽水井井管的内径要求不小于 110 mm，以能够满足预计抽水量、安装水泵等要求，并可依据实际需求增大。终孔直径应根据井的类型、井管与筛管的规格、填砾厚度等来确定。监测井井管的内径应不小于 50 mm，以能够满足洗井和采样的要求。具体可参考《地下水环境监测技术规范》（HJ 164—2020）、《水文水井地质钻探规程》（DZ/T 0148—2014）。

③井管材质设计要求

井管材质选择需考虑井深、井径、材料强度、材料化学性能、地下水的腐蚀性、微生物作用及成本等因素，应由坚固、耐腐蚀、对地下水水质无影响的材料制成。在没有特殊要求的情况下，一般可使用 PVC 材质、钢管或不锈钢管等作为井管材料，并应评估井管材料对污染物的影响，避免井管材料影响水质监测结果。井管应采用螺纹接口，不得使用任何黏合剂。

（6）辅助设施设计

辅助设施设计包括输水管路，抽出水处理、转运或排放方式。水力截获抽出水通常是含有一定浓度污染物的地下水，需要处理达标后排放，水处理可参考本书抽出处理技术章节内容。若排入市政污水管网，应处理至纳管排放标准；若无法进行纳管排放，则应与当地相关管理部门会同专家一同确认处理水的标准及排水去向。

4.1.2.6 监测与过程控制

定期利用截获井群和监测井群开展监测，及时分析监测结果，必要时，可对监测点位进行适当调整。水位的监测频次应高于水质监测频次，以保证满足分析捕获区动态变化特征的需要，通常抽水期内不少于 5 次/月，有条件的地区建议采用在线监测，实时掌握水位动态。在系统运行初期和抽水方案优化调整水位变化较大时，应提高监测频次。

当监测结果表明水力截获未达到预期效果时，可加大抽水量，或联合其他风险管控措施实施风险管控。

4.1.2.7 实施周期和成本

水力截获工程成本主要分为系统建设成本和运行维护成本两部分，包括抽水井建设、洗井、日常抽水及维护等费用。水力截获工程成本与运行周期密切相关，运行周期取决于污染羽的性质及风险管控目标要求。若污染源已被清除，或污染物迁移速率较高，则运行周期相对较短，可能需要数月至数年；若污染源未被清除，或污染物迁移速率较低，则运行周期会相对较长，可能需要数年至数十年。

4.1.2.8 常见问题

①如何初步判断地块是否适宜水力截获技术？

答：可从污染地块含水层介质岩性、污染物类型及污染羽的空间分布情况和污染程度等方面初步判断水力截获技术的适宜性。

②水力截获井抽出的地下水可否直接排放？

答：抽出水为污染地下水，需根据排放途径确定相应的排放标准，经水处理系统处理达标方可排放。

③当水力截获区下游监测井检出污染物时，需采取哪些措施？

答：评估水力截获的运行效果，优化水力截获系统，加密监测频次。如监测井持续检出污染物，需采取应急措施，阻止污染羽进一步扩散。

4.1.3 可渗透反应格栅

4.1.3.1 技术名称

可渗透反应格栅，permeable reactive barrier。

4.1.3.2 技术介绍

（1）技术原理

可渗透反应格栅技术的原理为通过在污染源或污染羽地下水流向的下游构筑填充有反应介质的格栅，使得当受污染地下水通过反应格栅时，目标污染物在格栅内发生吸附、沉淀、氧化还原、生物降解等作用得以去除或转化，从而控制污染物的迁移扩散，使目标污染物浓度降低到风险管控水平或达到修复目标值（图 4-8）。

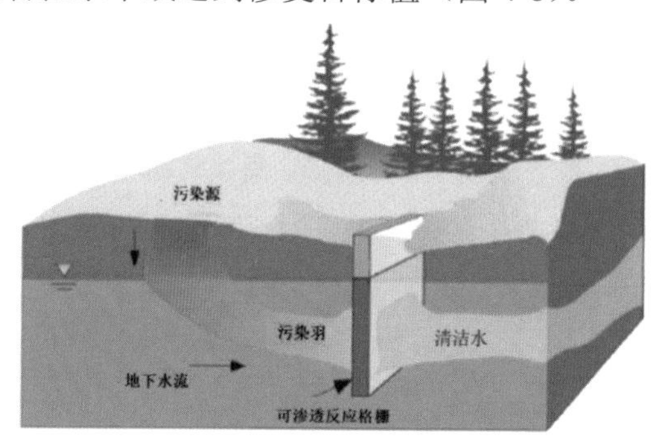

图 4-8　可渗透反应格栅技术示意图

（2）技术分类

可渗透反应格栅常见的类型包括连续反应墙型、漏斗—导水门型、注入式反应带等。连续反应墙型可渗透反应格栅是在垂直于地下水流向上，设置连续的反应介质墙，墙体必须能够捕获整个污染羽状体的宽度和深度（图 4-9）。连续反应墙型可渗透反应格栅具有结构简单、设计安装方便、对天然地下水流场干扰较小的特点，适用于处理受污染地下水埋深较浅、污染羽规模较小的地块。

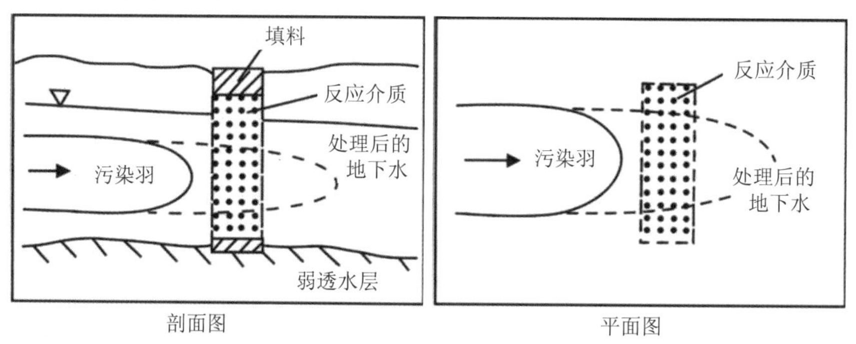

图 4-9　连续反应墙型可渗透反应格栅示意图

漏斗—导水门型可渗透反应格栅由低渗透性的隔水墙（漏斗）和具有渗透能力的反应介质（门）构成，隔水墙为阻水屏障，常见有泥浆墙、帷幕灌浆或板桩（图 4-10）。利用隔水墙控制和引导受污染地下水流汇集后通过透水门中的反应介质去除污染物。漏斗—导水门型可渗透反应格栅适用于处理受污染地下水埋深较浅、污染羽规模较大或含水层介质渗透性较强的场地。该类型可渗透反应格栅可减少反应介质用料，节省建造费用，但对天然地下水流场会产生一定的干扰。

注入式反应带型可渗透反应格栅是利用若干处理区域相互重叠的注射井注入反应介质，形成带状的反应区域，将流经反应区的地下水中的特征污染物去除。该类型可渗透反应格栅具有对环境扰动小、施工简单、可用于处理较深的污染羽等优点，一般在低渗透性的含水层中较少使用。

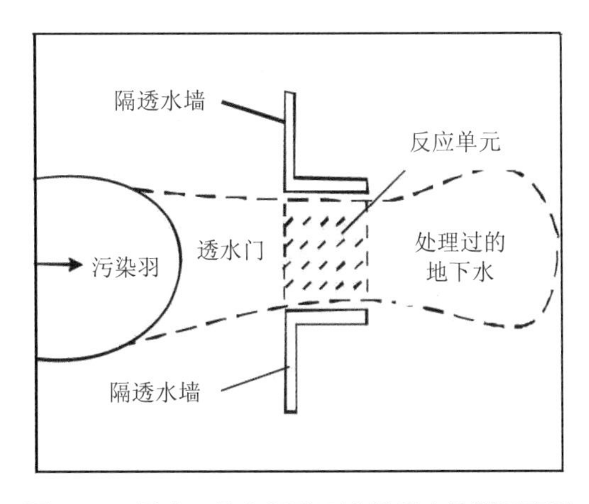

图 4-10　漏斗—导水门型可渗透反应格栅示意图

4.1.3.3　适用性与优缺点

（1）适用污染物

地下水中污染物能否被反应介质处理以达到风险管控和修复目标，是评价可渗透反应格栅适用性的关键，目前适合采用可渗透反应格栅技术的污染物和对应的反应介质类型（表 4-10）。

表 4-10　常见反应介质类型

污染物	去除机理	常见反应介质
氯代烃、多氯联苯、硝基苯等	还原、降解	零价金属、双金属等
苯系物、石油烃、硝基苯等	吸附	活性炭、生物炭、石墨烯等
	氧化、降解	释氧化合物、微生物等
重金属（铬、铅等）	还原、吸附、沉淀	零价金属、羟基氧化铁、铁屑、双金属、氢氧化亚铁、连二亚硫酸盐等

污染物	去除机理	常见反应介质
重金属（铅、锌、铜、砷等）	吸附、沉淀	磷灰石、石灰、活性炭、氢氧化铁、沸石等
其他无机离子（氨氮、硝酸盐、磷酸盐等）	吸附、降解	沸石、活性炭、微生物等

（2）适用水文地质条件

可渗透反应格栅通常安装延伸到污染羽垂向范围以下、含水层隔水底板上，以防止污染物以潜流方式绕过可渗透反应格栅。

隔水底板埋深过大，则会增加施工难度与施工成本。隔水层较薄或者不连续会造成可渗透反应格栅在隔水层上的固定困难，且此类隔水层在施工过程中容易受到破坏，导致污染物向下部含水层扩散。

（3）优缺点（表 4-11）

表 4-11　可渗透反应格栅技术优缺点

主要优点	主要缺点
• 对多种类型污染物且浓度较低的地下水有效； • 适用于地下水污染源位置不清、特征刻画不足的污染地块； • 没有或很少地面设施，占地少；不影响土地的开发利用； • 能源消耗少，不消耗水资源； • 地面痕迹小、无噪声； • 建成后能立即发挥作用； • 运行时所需资金和人员投入少	• 仅适用于合适的水文地质条件地块； • 对地下环境影响较大，部分反应介质的应用可能会产生二次污染； • 部分反应介质需定期更换，更换的部分反应介质需作处理； • 反应介质失效或阻塞处理等补救措施相对昂贵； • 运行时间长，需要长期监测； • 难以准确预测 PRB 的寿命； • 污染深度大时施工建设费用较高

（4）施工条件

评估地块的工程地质条件、地面及地下已有建筑物和设施分布、水电供给等是否满足可渗透反应格栅工程施工条件。在选择可渗透反应格栅拟建位置时，还需确定可能影响施工设备到达现场的地上设施，如建筑物或高架线。评估地层的岩土力学性质（含水量、粒度分布、密度、固结程度、强度参数等），确定可能影响施工的地下因素，如岩石、漂砾、地下建筑及设施等。此外，还应考虑影响工程施工的地形地貌因素。若采用开挖法施工，则埋深一般不宜超过 30 m。

4.1.3.4　技术应用流程

可渗透反应格栅技术工程流程主要包括技术适宜性评估、地块概念模型更新、反应介质选择、工程设计、工程施工和运行状况监测、效果评估和后期环境监管、工程关闭等。首先，从技术适宜性和经济可行性两个方面对可渗透反应格栅技术适用性进行初步评价，当评价结果为适用时，对地块特征进行详细刻画，建立精准可靠的地块概念模型。进行反应介质选择，确定合适的反应介质和反应动力学参数。开展工程设计，确定关键施工参数；选择施工方法，进行施工；施工完成后，开展运行状况监测，判定运行效果和工程性能；在施工完成 1 年后，开展效果评估并实施后期监管。满足关闭和拆除条件后，对可渗透反应格栅进行关闭和拆除。

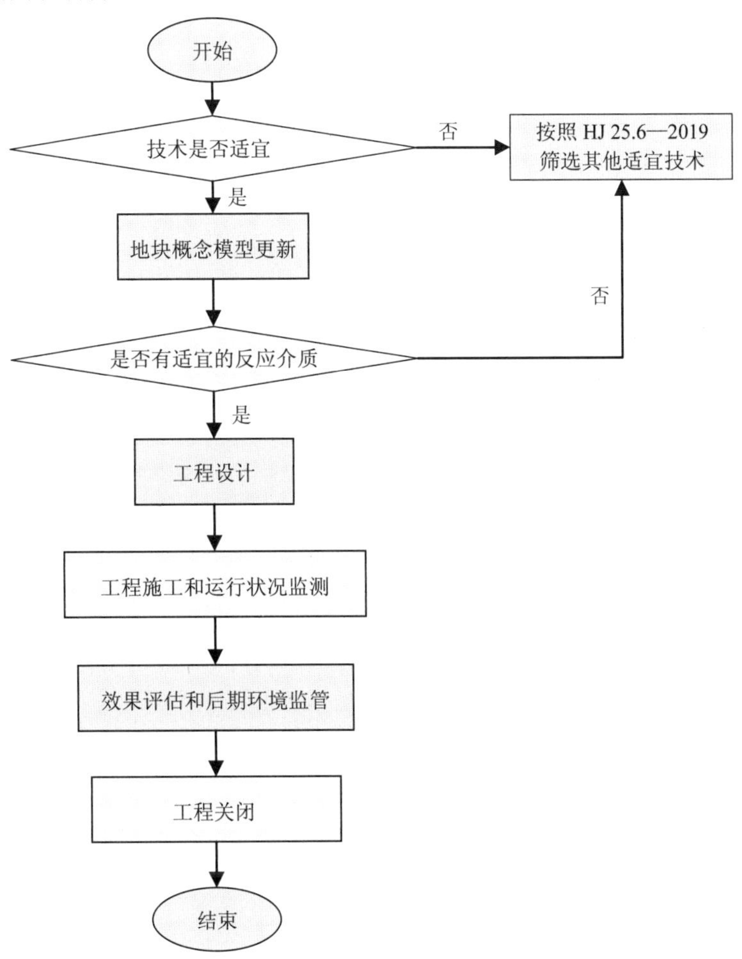

图 4-11　可渗透反应格栅技术工程流程

通过工程设计，确定可渗透反应格栅类型、位置、展布方向、尺寸和工程性能监测方案，具体包括：

①类型：确定合适的可渗透反应格栅类型，如连续反应格栅或漏斗—导水门系统等。

②位置：根据污染羽的时空分布、地块水文地质特征、地块特征（如地块边界、地下设施等），确定安装可渗透反应格栅的合适位置。

③展布方向：根据地块地下水流动方向及季节性变化，设计最佳的可渗透反应格栅展布方向，确保能最大限度地捕获整个污染羽。

④尺寸：通过耦合地下水数值模型、地块概念模型和实验室测试数据，确定可渗透反应格栅的宽度和厚度，对于漏斗—导水门系统，还需要设计隔水墙的长度和宽度。

⑤工程性能监测方案：包括工程运行过程中的监测井数量、位置、监测指标和监测频率等。

4.1.3.5 关键技术参数

（1）反应介质筛选

①根据已有案例筛选。可根据地块污染物的性质和水文地质情况，结合国内外已有的成功案例，大致确定反应介质材料。零价铁是目前研究领域中运用最广泛的材料，对于风险管控和修复地下水中重金属的污染效果很好。零价铁还能降解去除三氯乙烯、四氯乙烯、三氯乙烷等有机污染物。

②通过实验室批实验筛选。实验室批实验包括等温反应实验和反应动力学实验。等温反应实验是向反应容器内加入不同浓度的污染物水溶液和固定量的反应介质，恒温震荡至反应完成后，测定各反应容器内液相中残余的污染物浓度，从而获得反应介质对污染物的吸附容量信息。反应动力学实验是将一定质量的介质和一定浓度的污染物溶液加到一批反应容器内，恒温振荡，在不同的时间取出一组样品，通过离心等进行固液分离后，测定液相中的残余污染物浓度，绘制污染物浓度—时间曲线，确定反应介质对目标污染物的降解速率。综合评估反应介质对污染物的吸附和降解性能。在批实验中，同时应将地下水典型的水化学组分、有机质、反应温度等因素纳入考察范围。

批实验可快速对拟选反应介质进行初步筛选，因实验反应条件简单，没有考虑地块的水文地质状况和反应介质的物理状态，将批实验结果外推到动态水流条件时往往出现误差，所以还需借助柱实验进一步考察动态水流条件下，通过批实验获取的反应介质对污染物的去除效果、去除率及半衰期等参数的准确性，最终确定筛选结果。

（2）反应动力学和停留时间测定

可渗透反应格栅设计需要确定反应介质的水力性质，水力性质包括反应介质的渗透系数（$K_{介质}$）、有效孔隙度（n_e）和容重（B）。

1）反应介质的渗透系数（$K_{介质}$）

实验室中可通过柱实验模拟，利用达西定律，估算出 $K_{介质}$的值，计算公式如式（4-8）所示。

$$K_{介质}=V\times\frac{L}{A\times t\times h} \tag{4-8}$$

式中，$K_{介质}$—— 反应介质的渗透系数，m/d；

V—— 时间 t 内出水体积，m^3；

L—— 实验柱上两个测点间的距离，m；

A—— 实验柱过水断面面积，m^2；

t—— 水流过介质的时间，d；

h—— 两个测点间水头差，m。

2）反应介质的有效孔隙度（n_e）和干容重（B）

有效孔隙度（n_e）通过实验柱饱水后在重力作用下疏干排出水的体积与饱水反应介质总体积（实验柱过水断面面积乘以饱水段长度）之比计算。

干容重（B）为单位体积内反应介质（干燥的）质量，通过柱子中反应介质的装填质量与柱体积之比计算获得，单位为 kg/m^3。通过干容重（B）可初步估算可渗透反应格栅所需反应介质的质量。

K、n_e 和 B 3 个参数还可通过将购买的反应介质样品送至专门的岩土实验室进行常规分析获得。

3）反应介质寿命评估

反应介质寿命为柱实验出水口污染物浓度高于修复或风险管控目标值时所用的时间。反应介质寿命可通过理论计算和模拟实验两种方法获得。

①理论计算

反应介质的理论寿命用式（4-9）计算。

$$N=\frac{Q_2\times W}{Q_1} \tag{4-9}$$

式中，N—— 反应介质的理论寿命，a；

Q_1—— 每年流过单位反应介质的污染物总量，kg/a，根据实际地块地下水污染物浓度与地下水流量计算；

Q_2—— 单位反应介质对污染物的最大去除量，kg/kg，以实际的地下水为反应体系，用等温吸附和吸附动力学实验获得；

W—— 反应介质的添加量，kg。

理论计算没有考虑地下水温度变化、化学组分变化、微生物堵塞等实际情况，是在相对理想的状况下获得的数据，理论寿命一般比实际结果高。

②模拟实验

参照柱实验设计方法，设置可渗透反应格栅运行模拟柱实验。通常采用模拟实验的实验流速高于现场地下水流速，或者实验浓度高于实际污染物浓度，以便在短时间内达到可渗透反应格栅长期运行的效果。但若设置的地下水流速过快或者污染物浓度过高，可能会导致测定的反应介质寿命结果偏低。

通过理论计算和模拟实验获得的反应介质寿命仅供实际应用参考，实际反应介质的寿命，应根据可渗透反应格栅运行状况的监测数据确定。

（3）地下水数值模拟确定技术参数

地下水数值模拟可用于选择和优化可渗透反应格栅类型、位置、展布方向、宽度、深度等；确定可渗透反应格栅工程运行状况监测的合适点位，评价影响运行状况的因素。地下水数值模拟分为以下几个步骤。

①建立概念模型。通过将地质和水文地质、地下水补径排条件、边界和初始条件，污染源及污染物释放特征、污染物运移过程及时空维度、影响污染物运移的含水层物理和化学性质、可渗透反应格栅作用机理与工程条件等概化，构建概念模型。随着相关数据的补充，应及时更新概念模型。

②确定模型范围与边界条件。模型范围通常应包括整个污染羽，如果污染羽范围存在较大不确定性，则模型边界应远离可渗透反应格栅工程区，以减少边界条件对模型预测能力的影响。除对模型外边界概化以外，边界条件还应重点考虑可渗透反应格栅工程条件的概化，如漏斗—导水门型的内边界条件、注入式反应带的复杂边界条件等设置。

③设置参数，包括模型的水文地质参数，如渗透系数、孔隙度、入渗量与蒸发量等。若存在运移的优势通道（如大的裂隙、粗颗粒透镜体等），应单独考虑其水文地质参数；可渗透反应格栅工程相关的参数包括反应介质的渗透系数、宽度、表征反应介质活性的物理和化学参数等。

④明确初始条件。初始条件包括地下水流场和污染物浓度分布情况等，非稳定流模型需设置初始条件，初始条件可采用某一时间的监测结果，也可采用可渗透反应格栅运行前校正过的模型预测结果。

⑤模型计算。结合地下水流和污染物运移模型，分析可渗透反应格栅运行过程对地下水流场和污染物浓度时空分布的影响，预测污染物的去除效果和反应介质的反应速率，分析不同设计场景和参数下的模拟计算结果，评估设计方案的可行性和可靠性，优化可渗透反应格栅工程设计方案。可渗透反应格栅运行后，可结合实际监测数据，进一步校正模型，预测可渗透反应格栅长期运行效果。

⑥模拟结果及不确定性评估。通过对渗透系数、可渗透反应格栅厚度、反应介质与污染物反应速率等关键参数的敏感性分析，定量评估数值模拟的不确定性，不确定性分析可参考《地下水污染模拟预测评估工作指南》（环办土壤函〔2019〕770 号）。分析数值模拟结果的可靠程度，为评估数值模型的适用性提供依据。

⑦反应格栅厚度设计

反应格栅的厚度为反应格栅中沿地下水水流方向的实际流速与污染物停留时间及安全系数的乘积，可用式（4-10）确定。

$$b = V_x \times t_{\mathrm{R}} \times \mathrm{SF} \tag{4-10}$$

式中，b—— 可渗透反应格栅的厚度，m；

V_x—— 通过可渗透反应格栅的地下水实际流速，m/d，可通过式（4-11）计算；

t_{R}—— 污染物的停留时间，通过式（4-10）计算；

SF—— 安全系数，量纲一。

$$V_x = \frac{K_{介质} \times I}{n_{\mathrm{e}}} \tag{4-11}$$

式中，V_x—— 地下水实际流速，m/d；

$K_{介质}$ —— 反应介质的渗透系数，m/d；

I—— 水力梯度，量纲一；

n_{e}—— 反应介质的有效孔隙度，量纲一。

考虑到水流的季节性变化、反应介质活性的损失及其他不确定因素等，在计算可渗透反应格栅厚度时，需乘以安全系数。基于地下水数值模拟结果、修复目标可达性，综合考虑工程施工难度和成本效益，确定合理的安全系数。一般当计算的反应格栅厚度超出实验确定厚度的 2～3 倍时，需采用安全系数。

（4）地球化学特征评估

反应介质与天然地下水化学组分发生地球化学反应，可能在介质表面产生沉淀并导致可渗透反应格栅的反应性和/或渗透性减弱，影响可渗透反应格栅寿命。在可渗透反应格栅设计过程中，可通过地球化学参数和地球化学模型来评估上述影响。

①地球化学参数

采集污染地块地下水样品，测试包括 pH、Eh、DO、Ca^{2+}、Mg^{2+}、Na^{+}、K^{+}、Fe^{2+}、Mn^{2+}、Cl^{-}、HCO_3^{-}、CO_3^{2-}、SO_4^{2-}等指标，分析上述指标通过可渗透反应格栅前后的变化，初步评估可渗透反应格栅反应介质内形成沉淀的情况。

②地球化学模型

利用水岩作用的地球化学模型，计算地球化学组分不同形态的饱和指数、地下水流过可渗透反应格栅前后的矿物溶解和沉淀量。也可将地球化学模型集成到溶质运移模型中，模拟和预测在可渗透反应格栅运行期间地下水中不同地球化学组分的溶解和沉淀，评估反应介质的性能及寿命。

4.1.3.6　监测与过程控制

可渗透反应格栅工程运行期间，需对可渗透反应格栅性能进行监测，判定可渗透反应格栅的修复效果是否达到可接受水平、是否需要启动应急预案、概念模型是否需要修正等。可渗透反应格栅性能监测指标包括污染物、水力性能和地球化学特征等。

（1）污染物监测

可渗透反应格栅在工程运行期间的污染物监测井一般布设在可渗透反应格栅上游、下游、两侧和反应格栅内部。在可渗透反应格栅上游可设置一个或多个监测井，监测可渗透反应格栅进水浓度。在可渗透反应格栅两侧各布设一口监测井，监测可渗透反应格栅截获污染羽情况。在可渗透反应格栅反应介质中可安装小口径的监测井，监测污染物在反应格栅中是否存在穿透和绕流。在可渗透反应格栅下游设置一个或多个监测井，监测可渗透反应格栅对污染物的去除效果。如果污染物在含水层垂向分布不均匀，可分层设置监测井，形成垂向分布的监测剖面。

一般情况下，可渗透反应格栅工程运行的监测频率为 1 次/季度，在水力停留时间长的区域可适当降低采样频次，运行过程中可根据长期监测数据，对监测方案进行优化。

（2）水力性能监测

通过水力性能监测可评价可渗透反应格栅对污染羽的捕获性能和污染物的停留时间。水力性能监测包括水力截获区和停留时间计算。

1）水力截获区的计算

通过水力梯度测量、原位地下水流速探测、示踪实验等确定工程在运行过程中实际水力截获区的宽度和方向，计算可渗透反应格栅水力截获区，评估可渗透反应格栅是否有效截获污染羽。

①水力梯度测量法

水力梯度测量法是通过测量可渗透反应格栅及周围的水位，确定地下水流向，根据等水位线图绘制流线，确定截获区。在可渗透反应格栅周围安装监测井和水位计，井的数量和位置取决于地块水文地质条件和可渗透反应格栅的规模。为减小不确定性，水力梯度监测应集中在可渗透反应格栅上游的过渡带内。

②原位地下水流速探测法

通过在监测井中安装原位地下水流速流向仪，长期监测地下水流速和流向。原位地下水流速探测法可提供连续的监测数据，适用于评价短期或季节性流速和流向波动。

③示踪实验法

通过在可渗透反应格栅上游地下水监测井中注入已知量的示踪剂（如荧光剂、溴化物等），在注入井下游的可渗透反应格栅边界处布设监测井，监测地下水示踪剂的浓度，证明上游地下水是否流经反应格栅。

2）停留时间的计算

污染物在可渗透反应格栅的停留时间会影响地下水中污染物的去除效果，反应格栅内地下水流速的动态变化可反映污染物的停留时间，可利用达西定律、示踪实验、原位流量探测仪等确定地下水的流速。

（3）地球化学特征监测

可渗透反应格栅因反应介质表面产生沉淀导致反应性和/或渗透性减弱，影响使用寿命，可通过地球化学特征变化来评估反应介质使用寿命。地球化学特征监测包括地下水地球化学参数监测和反应介质岩心测试等。

①地下水地球化学参数监测

污染地下水流过反应介质前后，地球化学参数含量的变化是反映沉淀反应发生程度的重要指标，监测的指标有 pH、Eh、DO、电导率、Ca^{2+}、Mg^{2+}、Fe^{2+}、Mn^{2+}、HCO_3^-、溶解性硅等。通常每年开展一次无机化学组分监测。

②反应介质岩心测试

反应介质岩心测试是评价可渗透反应格栅中地球化学行为最直接的方式。反应介质岩心取样时，重点关注反应介质与含水层介质的上游界面。取介质岩心样品时，应尽可能靠近上游部分（即砾石层或含水层），在介质上游界面进行斜向取心。

4.1.3.7　实施周期和成本

可渗透反应格栅使用周期较长，一般需要持续数年时间。根据国外应用情况，处理成本为 1.5～3.7 美元/m^3 水。

4.1.3.8　常见问题及解答

Q1：使用可渗透反应格栅技术对地下水污染物初始浓度是否有要求？

A1：可渗透反应格栅技术的适用性与水文地质条件和污染物特性有关，其中污染物适宜浓度取决于反应介质。

4.1.4　制度控制

4.1.4.1　名称

制度控制，institutional control。

4.1.4.2　基本介绍

（1）原理

制度控制是指政府或相关组织通过对地下水使用的限制、改变场地使用方式、限制人类行为方式和向相关人群发布通知等行政或法律手段保护公众健康和环境安全的非工程措施，为实现地下水资源环境管理目标而采取的组织、控制、协调、反馈等措施所依据的规范形式的总和。制度控制是一种重要的地下水污染风险管控措施，利用管理手段而非技术手段，对污染地下水的潜在风险进行控制。

（2）制度控制体系

我国政府对污染场地土壤及地下水的管理刚刚起步，法律、标准、管理程序等尚不健全。而美国自 20 世纪 80 年代起制度控制已应用于污染土壤及地下水的风险管控，相关的制度控制体系如表 4-12 所示。

表 4-12 美国现有的制度控制体系

类型	具体分类	定义	特点
政府控制	土地分区	政府当局对公民或者财产采用司法手段进行控制	由州政府或地方政府执行并结合州政府或地方政府的执行意愿或执行能力
	地方允许权限		
	其他警力条件		
	地下水使用限制		
	财务征用		
所有权控制	地役权	根据所有权法规来限制或者影响财产的使用	财产权转让的指导方针必须清楚指明，以便在大多数法庭上具有强制执行力
	契约		
	合理的服役		
	将来享有权		
	州的使用权限制		
	保守的通行权		
强制性手段	行政规定	禁止以某种方式使用土地和地下水	州政府的强制措施保证实施
	准许法令		
信息手段	契约认证	向大众提供污染物风险性的信息	不具有法律上的限制性
	危险废物记录		
	公告		

数据来源：《Institutional Controls：A Site Manager's Guide To Identifying，Evaluating and Selecting Institutional Controls at Superfund and RCRA Corrective Action Cleanups》。

近年来，我国在污染地块风险管控制度控制方面已出台的指导性的政策和文件有：2016 年 5 月发布的“土十条”指出，“暂不开发利用或现阶段不具备治理修复条件的污染地块，由所在地县级人民政府组织划定管控区域，设立标识，发布公告，开展土壤、地表水、地下水、空气环境监测；发现污染扩散的，有关责任主体要及时采取污染物隔离、阻断等环境风险管控措施”。2016 年 11 月发布的《污染地块土壤环境管理办法（征求意见稿）》提出“污染地块风险管控制度”，从制度层面上规定了风险管控的主要内容、相关管理措施等。天津市生态环境局于 2021 年 4 月 25 日印发的《天津市暂不开发利用污染地块风险管控技术指南（试行）》，制度控制措施具体包括设置管控区边界围挡、设置地块信息公告牌、配备管控人员、地块资料管理、开展动态监测、隔离重点区域、信息监控识别、蒸汽入侵预防等。

我国现有地下水相关的制度控制措施分散在各个规范、指南中。《污染地块风险管控与土壤修复效果评估技术导则（试行）》《建设用地土壤污染风险管控和修复术语》《污染地块地下水修复和风险管控技术导则》等文件指出，制度控制是为了减少或阻止人群对场地污染物的暴露，杜绝和防范污染场地可能带来的风险和危害，从而达到对污染场地的潜在风险进行控制的目的，可通过限制地块使用方式、限制地下水利用方式、通知和公告地块潜在风险、制定限制进入或使用条例等管理手段实现。根据《地下水污染防治分区划分工作指南》（环办土壤函〔2019〕770 号），针对地下水污染防治治理区（一级区划）、二级区划、使用功能、污染指数的不同，采取的制度管控措施也不同。例如，针对农业使用功能的重点治理区，污染指数为Ⅴ级，则采取“开展地下水污染修复工作，或更换井灌区灌溉用水”的措施，针对工业使用功能的重点治理区，污染指数为Ⅲ、Ⅳ级，则采取“参照 HJ 25.6—2019，开展治理区地下水修复和风险管控工作，尤其是污染物属于《有毒有害水污染物名录》的，应优先开展治理工作”的措施。

4.1.4.3　适用性与优缺点

（1）适用性

制度控制作为一种风险管控手段，可能应用于地下水修复实践过程中的各个环节。特别是一个污染场地地下水修复完成后，可能会有污染物残留，且该场地不能被无限制地使用和接触，通常会选择制度控制作为必要的补充管理手段；也常在地下水污染事故应急中使用。相比以往以工程控制为主导的修复方式，大规模使用制度控制和工程控制相结合的方式使得地下水修复的目标更加明确，降低了地下水修复的成本。

制度控制一般会在以下三种情况使用：一是最初的调查期间，首次发现污染物，为防止民众接触到潜在有害的物质采取的临时控制措施；二是地下水正在进行修复，为了保护修复设备和防止民众接触有害物质，可以采取制度控制；三是部分污染物残留于地下水，制度控制作为修复手段的一部分使用。

（2）优缺点

制度控制的优点是尽可能减少工程技术修复活动，与工程技术修复活动配合使用可以降低修复过程的成本；能最大限度地减小地下水污染物暴露途径，保护人体健康和生态环境安全。

制度控制的缺点是污染物仍在原位，没有去除；实施制度控制的地下水开发利用活动受到限制；制度控制的效果需要利益相关方的协调保证；在我国应用制度控制时，污染风险潜在受体可能很难接受。

4.1.4.4　实施流程

制度控制实施流程主要包括地下水环境与风险评估信息收集、制度控制目标确定、制度控制方案的制定与筛选、制度控制方案的评估、制度控制方案的审批、制度控制实施与制度控制效果长期跟踪与评价等环节（图 4-12）。

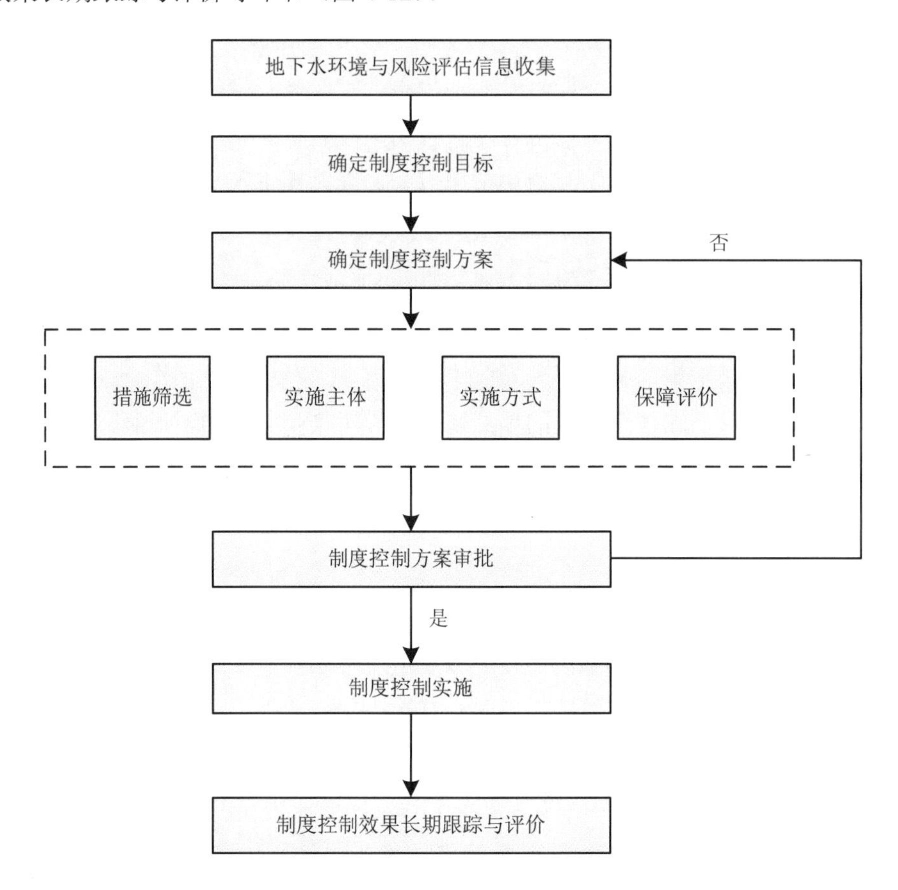

图 4-12 制度控制在地下水污染风险管控中的应用流程

4.1.4.5 关键环节

制度控制是一种非工程的措施，不涉及建设或物理上改变场地地下水。制度控制是建立在工程和非工程控制基础上的平衡的、实用的控制方案的一部分，作为现场控制方案的一个组成部分，制度控制通常贯彻场地地下水污染风险管控的整个过程。制度控制在整个实施生命周期中包括制度控制的规划、制度控制的实施、制度控制的监管和制度控制的强制执行 4 个关键环节。

（1）制度控制的规划

制度控制应进行全生命周期规划，以确保其长期有效性。制度控制的规划应尽早开始，而且是一个持续过程。制度控制的规划应在制度控制实施前开始，在制度控制的实施过程中将持续优化完善，以确保科学、合规地开展制度控制。在地下水制度控制方案选择和设计过程的早期，尽可能对整个制度控制生命周期进行评估和规划，以避免或减少实施制度控制的工作人员遇到问题。制度控制规划的关键要素包括以下几方面。

①筛选合适的制度控制方法。

制度控制筛选时，必须明确以下 4 个关键要素：

目的：明确提出通过制度控制可达到的效果，如限制地下水作为饮用水水源，直到修复目标完成；

机制：确定具体类型的制度控制来满足不同的修复目标，如发布禁止钻井和使用地下水的法令，直到修复目标完成；

时间：需要考虑制度控制的实施时间，如短期地下水污染风险管控可能需要一个简单的通知，而长期地下水污染风险管控可能需要一个正式的分区或分阶段规划；

责任：通过研究、讨论和记录任何协议以确保适当的实体去负责、保证、维护和执行制度控制，如需确认当地政府是否能够保证某一项政策的执行和实施。

②编制制度控制实施方案和保证方案。

③制度控制成本估算及确定资金来源。

④确定地下水残留污染分布、制度控制边界及其他地下水特征参数。

⑤编制公众参与规划。

⑥确定利益相关者对制度控制实施和监管的能力。

（2）制度控制的实施

污染场地地下水污染风险管控和修复一旦确定使用制度控制，就不能随意终止，要保证制度控制在实际工程修复过程中被应用，并确定其可靠性和有效性。通常来讲，地块管理者对制度控制的实施和确保制度控制的长期有效性负有主要责任。实施过程中应注意以下事项：一是与政府合作，保证制度控制有效地实施；二是确保所用设施符合相关规定的要求；三是加强统筹和协调相关部门间的合作，明确政府、居民、企业和开发商的责任，落实并实施制度控制；四是鼓励公众参与，发挥公众的监督作用。

（3）制度控制的监管

通常来讲，确保制度控制的长期有效性和保持修复工作的完整性的最有效的后续措施是严格的定期监测和报告。一般来说，各责任方，包括政府机构，有义务对制度控制的有效性开展监测和报告。例如，美国为了解决污染场地长期制度控制监管方面的不足和漏洞以及保证修复的长期有效性，引入了跟踪与监控制度控制方案。2001 年美国环保局在超级基金场地建立了制度控制跟踪系统。

有效的制度控制监测通常始于地下水使用限制的透彻理解、每个制度控制所需的受众以及对每个制度控制潜在局限性的认知。地块管理者的主要责任是制订详细的运行和实施计划、制度控制实施和保证方案或其他与制度控制的长期管理有关的计划。这些计划至少应描述：监测方案和时间表；执行每项制度控制任务的责任方；报告要求；解决报告所述期间可能出现的任何潜在的制度控制问题的流程。

①定期审查。监测报告应保证一定的频率，以确保制度控制长期有效。在缺乏相关信息和资源而不能开展不定期审查时，应通过年度审查检查地下水监测和风险管控等设施的有效性和完整性；地下水使用限制的规定是否得到遵守等情况。审查活动应包括审查证明制度控制仍然有效的相关文件。

②政府参与制度控制的实施与监管。地方政府通常是长期管理制度控制的重要制定者和执行者。根据具体制度控制工作及牵头机构，地方政府可能拥有制度控制长期维护和强制执行的直接权利。在这种情况下，负责地下水修复的各方应积极与政府合作，确保制度控制落实到位和保持有效性。鼓励地块管理者在制定维护制度控制的全面、长期方法时，与相关政府部门和其他制度控制利益相关者（如责任方）进行协调，并在可能的情况下帮助他们达成共识。

③公众应参与制度控制监测。当地居民、社区协会和相关的环保组织可以成为对制度控制进行日常监测的宝贵力量。由于居住或工作在场地附近的社区成员在确保遵守制度控制措施方面通常会有既得利益，因此他们通常会首先意识到场地地下水的任何变化。尽管不应依赖当地居民作为主要或唯一的监测手段，但地块管理者应鼓励当地利益相关者参与制度控制的监测。

（4）制度控制的强制执行

地块管理者应在整个制度控制实施过程的所有阶段检查制度控制的合规性。当制度控制实施不当、疏于监控或报道不实等行为发生时，需要采取行动强制执行制度控制。

通常，处理制度控制措施强制执行的首选和最快方法是通过及早发现问题和非正式沟通寻求自愿遵守。许多问题可以通过电话和适当的后续行动在地块管理者层级得到有效解决。后续行动包括场地访问、信函等。然而，有时可能需要采取更正式的措施。强制执行可以通过多种方式进行，具体取决于制度控制的类型、使用的权限、引起强制执行活动的一方以及负责采取强制执行行动的一方。

4.1.4.6 实施周期和成本

制度控制整个实施的生命周期包括：①计划：主要包括建立一个制度控制。它可以包括筛选制度控制的类型，选定制度控制的负责机构，确定制度控制完成的标准，分析可能影响制度控制有效性的因素，并估计成本和寻找资金来源。②实施：可能包括推进场地上制度控制实施的活动，特定文件的起草和签署，安排进行监控，寻找任何可能需要的技术和法律支持。③维护：包括监控和报告，考核和评估制度控制是否仍在实施，是否符合地方规定的目标。④执行：当制度控制实施不当、疏于监控或报道不实等违反行为发生时，需采取行动。

美国国家和地区固体废物管理官员协会（ASTSWMO）开发了一个制度控制成本估算工具，用来协助政府机构估算长期制度控制的管理成本。成本估算工具将制度控制成本分为规划、社区参与、信息管理、监测和检查、强制执行五类。在每一个类别中，成本工具都会列出各种成本项目，并提供一个电子表格，以帮助确定与制度控制相关的所有成本，包括与计算机系统和程序管理相关的相对固定成本，以及在制度控制实施中需要的员工时间和其他资源的现场相关成本。据统计，在美国平均一个场地的长期制度控制手段每年的成本大约为 1 000 美元。

4.1.4.7　常见问题及解答

Q1：结合实际情况，如何限制土壤及地下水利用方式？

A1：不宜使用地块范围内的土壤种植农作物；建设用地规划用途为第二类用地的，地块中土壤污染物含量高于《土壤环境质量　建设用地土壤污染风险管控标准（试行）》（GB 36600—2018）第一类用地筛选值时，应考虑该区域不作为宿舍、食堂等较敏感的用地区域使用；结合效果评估结果和长期监测结果，按照 GB/T 14848—2017 中地下水质量分类限制地下水利用方式；GB/T 14848—2017 中未包含的污染物指标，以风险管控和修复方案、风险管控和修复效果评估报告中的修复目标为评估标准，限制地下水利用方式。

4.2　地下水污染修复技术

4.2.1　抽出处理

4.2.1.1　技术名称

地下水抽出处理，pump and treatment。

4.2.1.2　技术介绍

（1）技术原理

抽出处理技术是一种将污染地下水抽出异位处理的地下水污染修复技术。该技术是针对地下水污染范围，建设一定数量的抽水设施将污染地下水抽取出来，然后利用地面处理设施处理。处理达标后可排入公共污水处理系统、环境水体、进行水资源再生利用或在原位进行循环使用等。

抽出处理技术可应用于污染源削减、污染羽控制、污染羽修复等不同策略。污染源削减策略是采用抽出处理技术实现污染物的大幅削减，或者达到修复目标。污染羽控制策略是采用抽出处理技术开展水力控制，对污染羽进行捕获，阻止污染羽的进一步扩散。污染羽修复策略是采用抽出处理技术实现污染羽的污染削减，并最终达到修复目标。在修复模式下，抽出处理技术可应用于修复前期地下水中高浓度污染的削减、地下水污染整体修复治理等不同情形（图 4-13）。

关于采用抽出处理技术对污染羽控制以实现水力控制的相关内容详见 4.1.2“水力截获技术”部分。

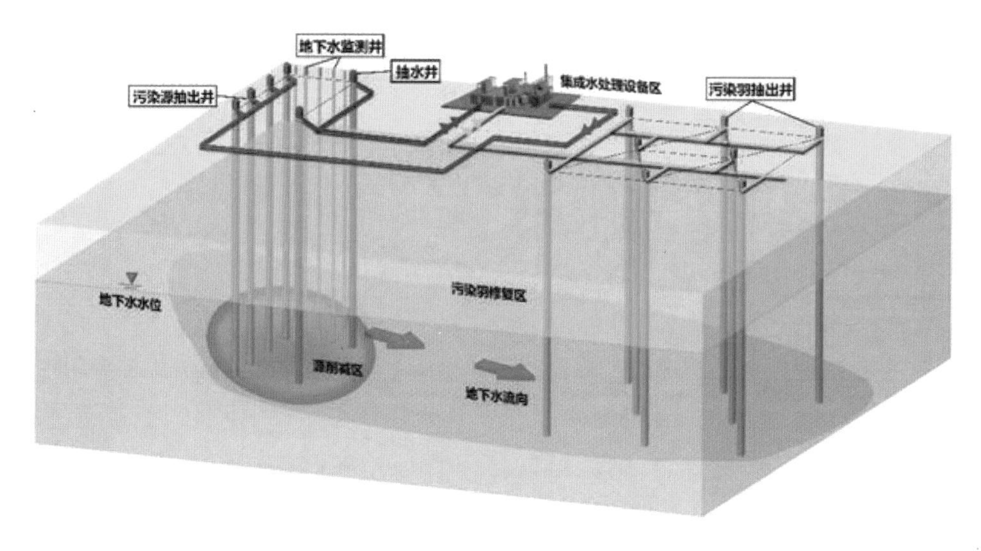

图 4-13　抽出处理技术示意图

（2）系统组成

地下水抽出处理系统通常由地下水抽出系统、污水处理系统、地下水监测和控制系统组成。地下水抽出系统主要包括集水设施、集水管线等；污水处理系统包括管路、动力设备、仪器仪表、污水处理设备、尾气处理设备等；地下水监测系统包括地下水水位仪、地下水水质在线监测设备、流量计等仪器仪表；控制系统可包括电动阀门控制、泵机组控制、计算机测控系统等。抽出处理技术主要工艺设施设备包括集水设施、抽水泵、污水处理设备、流量计、地下水水位仪、地下水水质在线监测设备等（图 4-14）。

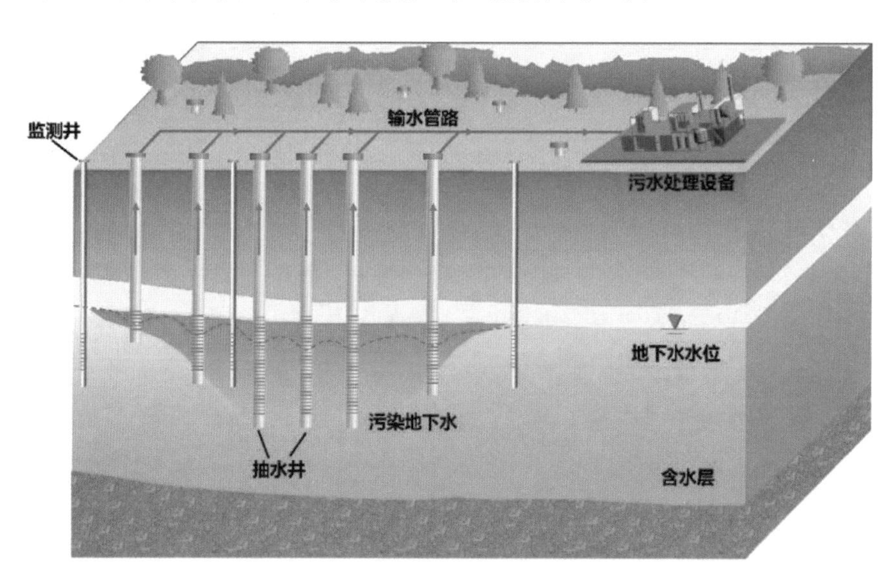

图 4-14　抽出处理技术系统组成示意图

4.2.1.3　适用性与优缺点

（1）适用污染物

抽出处理技术适用于多种污染类型，包括氯代烃、苯系物、重金属等，尤其适用于地下水污染源区域重度污染地下水的处理，不适用于含水层中吸附性较强污染物的彻底清除。

（2）适用水文地质条件

抽出处理技术对含水层介质的要求一般为渗透系数不小于 5×10^{-4}cm/s，包括岩性为粉砂至卵砾石的孔隙含水层、基岩裂隙含水层和岩溶含水层，不宜单独用于渗透性较差或存在非水相液体（NAPL）的含水层。

常用地下水抽出方法和适用条件见表 4-13。表 4-13 中“降水深度”为最低水位相对地面的深度值。

表 4-13　常用地下水抽出方法和适用条件

抽出方法	适用地层	渗透系数/（m/d）	降水深度/m
明排井（坑）	黏性土、砂土	＜0.5	＜2
真空点井	黏性土、粉质黏土、砂土	0.1～20.0	单级＜6，多级＜20
喷射点井	黏性土、粉质黏土、砂土	0.1～20.0	＜20
管井	砂土、碎石土	1.0～200.0	＞5

注：表中具体抽出方法说明可参考《建筑与市政降水工程技术规范》（JGJ/T 111）。

（3）优缺点

优点：抽出处理技术是应用最广泛的地下水修复技术之一，该项技术成熟且具有较多经验与案例供参考。该技术可有效控制污染源、污染羽于捕获区内，缩小扩散范围，快速去除大部分污染物。受污染地下水抽至地表后的处理技术已经成熟。同时，该技术可联合其他多种修复技术进行处理，增强地下水修复效果。

缺点：当采用抽出处理技术修复重度污染地下水时，治理修复时间较长，设备操作维护成本较高。技术的应用受地质因素影响较大，针对不同的污染物有不同的去除率，若污染物不易被捕获则去除率降低，且修复过程中可能会产生拖尾或反弹现象。

4.2.1.4　技术应用流程

抽出处理的工艺流程为：在污染区域范围内设置地下水抽出井等集水设施，采用潜水泵、真空抽提等方式对目标污染区域的地下水进行抽出，利用输送管路将抽出的污染地下水输送至调节池，再对抽出的污染地下水及过程中可能产生的污染气体进行无害化处理，最后达标排放（图 4-15）。

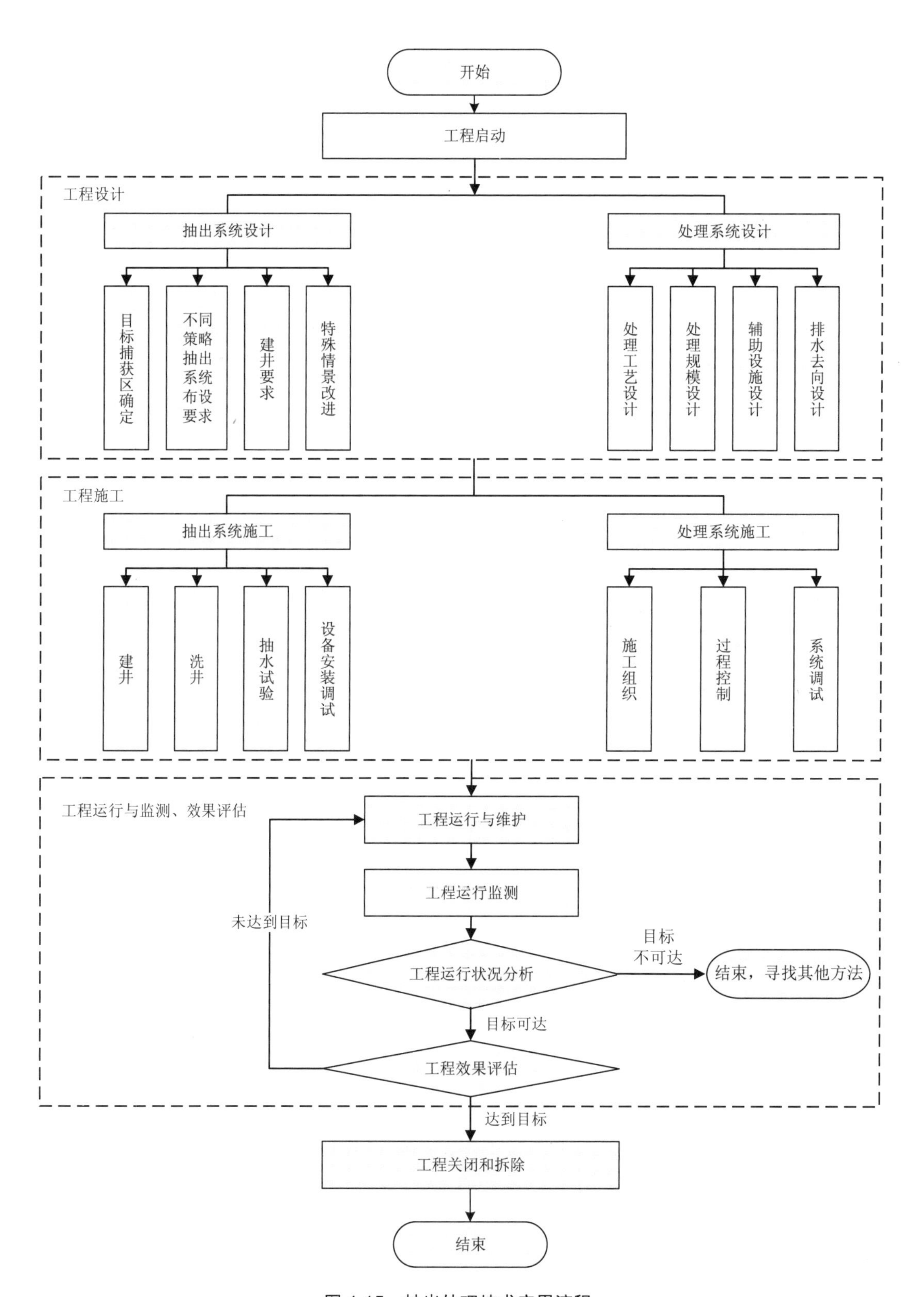

图 4-15　抽出处理技术应用流程

4.2.1.5　关键技术参数

工艺设计一般包括抽出系统设计、水处理系统设计、泵及管道设计、自动化控制设计、监测系统设计及其他附属设施设计等内容。其中抽出系统设计包括抽出井平面布设、井结构设计、水量及污染物均衡计算等。工艺设计内容应根据具体工程情况调整，当处理后的水需要回灌以实现原位循环使用等目的时，应包括回灌井或注入井设计。

工程设计关键技术参数包括渗透系数、含水层厚度、抽出井位置、抽出井间距、井群布设、抽出井结构设计、尾水处理单元设计、监测单元设计等。抽出系统设计一般在开展地块地下水环境调查、建立污染地块地下水概念模型的基础上开展，包括查明地下水污染羽范围，进行抽水试验获取渗透系数、影响半径、单井出水量、捕获区等相关参数，布设抽出井群和监测井群，设定抽水方案等。

抽出系统设计的重点在于抽出井的位置、数量及单井出水量等。其中，单井出水量、影响半径、回水速率依据现场抽水试验结果确定，最后依据设置的抽出井数量及位置，分析得出最佳的抽水速率。抽出井的设置及抽水速率的计算，必要时，要通过捕获区分析等进行计算。此外，为避免引起地面塌陷等次生灾害，出水量也应小于可能引起灾害的限值，并考虑一定的安全系数。

各关键技术参数名称、计算原则、计算目的说明见表 4-14。

表 4-14　关键技术参数说明

技术参数类型	技术参数组成	计算思路	参数应用说明
井平面布设	平面位置	一般在确定的抽出区域内均匀布设	—
	井间距	根据抽出系统设计出水量、单井出水量等计算井数量的基础上确定	计算井密度、数量，指导井的平面布设
井结构参数	井深度	根据地下水及含水层分布情况确定	根据地下水分布条件、含水层岩性、地下水污染特征等对单个抽出井结构参数进行设计，指导抽出井建井施工
	过滤器长度及类型	根据地下水及含水层分布情况及含水层岩性确定	
	井管径、孔径	井管径根据设计出水量按经验取值，孔径考虑管径及砾料层厚度确定	
	井管材质	根据经济性、寿命及地下水污染特征选择	
	单井出水能力	极限出水量根据理论计算，实际出水量根据抽水试验获得	
水量及水均衡参数	风险管控模式总抽出水量	通过捕获区分析计算，合理布设抽出井数量、位置，计算确定抽出水量	在确定总抽出水量和单井出水能力的基础上，可进一步计算确定抽出井数量和抽出时间
	修复模式有止水措施条件总抽出水量	计算目标含水层储水量及抽出区域侧向补给量之和	
	修复模式无止水措施条件的总抽出水量	计算目标含水层储水量及抽出区域侧向补给量之和	
	抽出井总出水量	根据单井出水量和井数量计算	通过水均衡计算，估算抽出井数量

技术参数类型	技术参数组成	计算思路	参数应用说明
总抽出水量、时间估算	污染羽孔隙体积	根据污染羽体积及孔隙度计算	用于表示抽出水量的一个单位体积值
	总抽出水量	通过建模、工程经验、趋势预测等估算	抽出处理系统总抽出水量的设计值
	总抽出时间	根据总抽出水量、抽出井总出水量计算	抽出处理系统总抽出时间的设计值

（1）关键技术参数计算基础

稳定流公式是水文地质计算的基本公式之一，可用于估算单井涌水量、井群涌水量、抽出区域侧向补给量、根据抽水试验数据计算渗透系数及影响半径等。针对目标含水层开展抽水试验获取水文地质参数是计算抽出处理关键技术参数的基础。

1）潜水含水层中完整井稳定流公式为：

$$Q=\frac{1.366K(h_0^2-h_{\mathrm{w}}^2)}{\lg\left(\frac{R}{r_{\mathrm{w}}}\right)} \tag{4-12}$$

式中，Q——抽水流量，$\mathrm{m^3/d}$；

K——含水层渗透系数，m/d；

h_0——含水层外边界处自含水层底板起算的水位，m；

h_{w}——抽出井位置自含水层底板起算的水位，m；

R——圆柱形含水层半径，m；

r_{w}——抽出井的半径，m。

2）承压含水层中稳定流

承压含水层中完整井稳定流公式为：

$$Q=\frac{2.73KHs_{\mathrm{w}}}{\lg\left(\frac{R}{r_{\mathrm{w}}}\right)} \tag{4-13}$$

式中，Q——抽水流量，$\mathrm{m^3/d}$；

K——含水层水渗透系数，m/d；

H——含水层厚度，m；

s_{w}——抽出井位置水位降深，m；

R——圆柱形含水层半径，m；

r_{w}——抽出井的半径，m。

3）抽水试验

开展抽出处理工艺设计前，应针对目标含水层开展抽水试验。开展抽水试验的目的是获得含水层参数，并对初步设计的抽出井单井出水量进行验证。当抽出处理工艺目标区域含水层非均质或分布多个水文地质单元时，应针对性开展多组抽水试验。当抽出处理工艺涉及多个目标含水层时，也应针对不同层位分别开展抽水试验。抽水试验应至少设置 1 条观测线，每条观测线上的观测孔一般为 3 个。开展稳定流或非稳定流抽水试验、水位恢复试验获得含水层渗透系数、影响半径、潜水含水层的给水度和承压水含水层的释水系数、流量—降深曲线等。抽水试验可参照《供水水文地质勘察规范》（GB 50027—2001）、《抽水试验规程》（YS 5215—2000）开展。

（2）抽出井平面布设

采用抽出处理技术的污染源削减及污染羽修复策略，一般在污染源区域、污染羽区域均匀布设地下水抽出井。抽出井平面布设参数包括布井规则及井间距：

①布井规则一般采用正方形布井、菱形布井、正六边形布井、正三角形布井等方式。

②井间距一般根据单井抽出区域面积确定，并应考虑抽出区域的重叠情况。

应通过综合考虑如下原则合理确定抽出井间距、数量：

①为保证抽出效果，井间距一般不大于通过抽水试验确定的含水层 2 倍影响半径。

②一般初步可按每 200～300 m^2 布设 1 口抽出井。

③根据井间距及抽出区域计算井数量，并在抽出区域进行布设、根据边界形状适当调整井数量。

④抽出井间距、数量取决于抽出系统的设计出水量。抽出系统的出水量可根据单井涌水量及井数量粗算，也可进一步考虑井群效应计算。抽出系统出水量应满足抽出系统的设计出水量，当不满足时应对井间距进行适当调整，以增加或减少抽出井数量。

⑤抽出系统的设计出水量应根据工期、工程投资、处理设备能力等进行综合确定。当采用过小的井间距时，井数量增加，将增加工程成本，抽出水量有可能超过水处理设备处理能力；当采用过大的井间距时，井数量降低，将增加工期，不能满足工期要求，有可能使水处理设备长期低负荷运行。

⑥抽出井的最终布设（包括井数量、井间距）应根据地下水水位预测与抽出方案优化确定，必要时建立数值模型进行模拟计算，数值模拟计算方法详见 4.1.2“水力截获技术”部分。

（3）井结构设计

井结构设计包括井身规格及材质的设计，应包含深度、过滤器长度、类型及填料、管径、孔径、井管材质类型等的设计。同时应计算、校核单井最大涌水量。

1）抽出井深度

当潜水含水层全部污染时，抽出井深度可按式（4-14）计算：

$$H_w = H_{w1} + H_{w2} \tag{4-14}$$

式中，H_w——抽出井深度，m；

H_{w1}——抽出目标含水层底板埋深，m；

H_{w2}——沉砂管长度，m，即井底进入含水层底板深度，宜为 1～3 m。

沉砂管长度应能保证在抽出井正常工作周期内，井内沉砂厚度小于沉砂管长度。具体沉砂厚度取决于成井质量、含水层岩性、抽出井使用周期等因素。当成井质量较好，抽出周期为 0.5～2 a 时，沉砂管长度可考虑取值 2～3 m。沉砂管长度不宜过大，一般应保证井底距离含水层底板（弱透水层）底部不小于 2 m（图 4-16）。

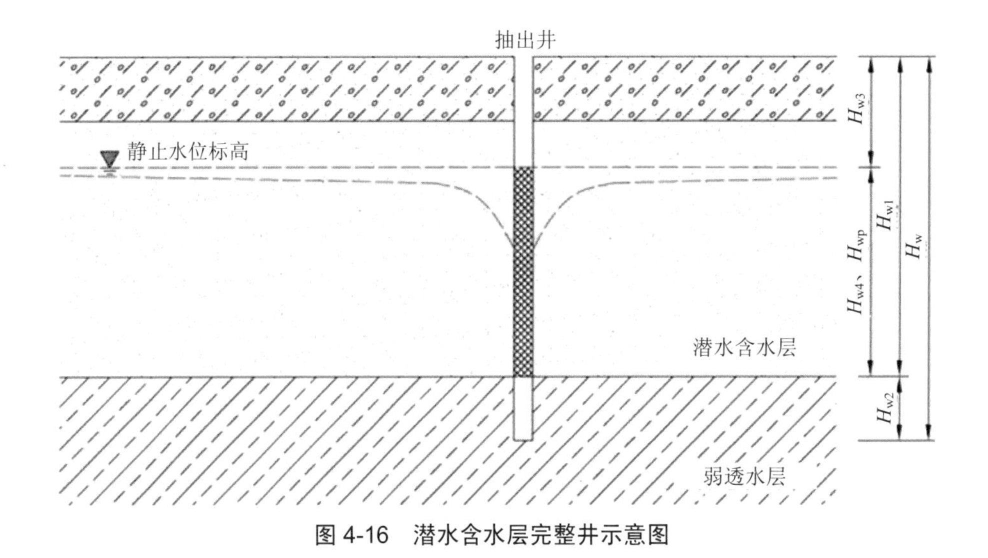

图 4-16 潜水含水层完整井示意图

当需要对潜水含水层进行疏干性抽出、且采用潜水泵抽出时，沉砂管长度应能同时保证潜水泵可以进入沉砂管一定深度（图 4-17），此种情况下沉砂管长度可按式（4-15）计算：

$$H_{w2} = L_1 + L_2 + L_3 \tag{4-15}$$

式中，H_{w2}——沉砂管长度，m，即井底进入隔水底板深度；

L_1——潜水泵进水口与含水层底板距离，m，宜为 0.5～2 m；

L_2——潜水泵进水口以下部分的潜水泵长度，m；

L_3——潜水泵下端与井底距离，m，宜为 1～2 m。

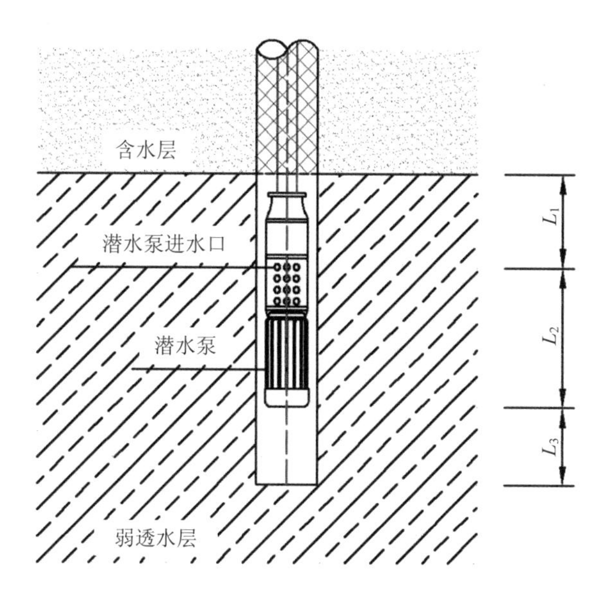

图 4-17　潜水含水层完整井示意图

当潜水含水层仅上部部分污染时（图 4-18），抽出井深度可按式（4-16）计算：

$$H_{\mathrm{w}} = H_{\mathrm{w1}} + H_{\mathrm{w2}} \tag{4-16}$$

式中，H_{w}——抽出井深度，m；

H_{w1}——潜水含水层上层污染区域下边界埋深，m；

H_{w2}——沉砂管长度，m，即井底进入污染区域下边界以下深度，宜为 1～3 m。

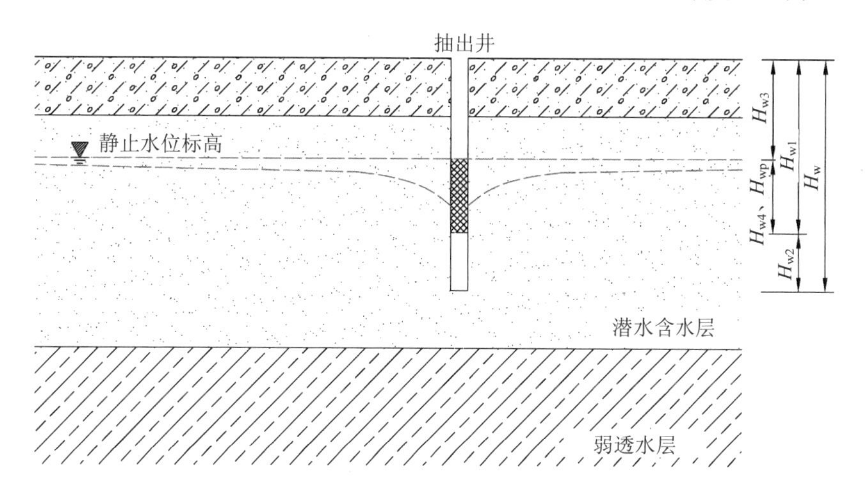

图 4-18　潜水含水层非完整井示意图

当承压含水层全部污染时（图 4-19），抽出井深度可按式（4-17）计算：

$$H_{\mathrm{w}} = H_{\mathrm{w1}} + H_{\mathrm{w2}} \tag{4-17}$$

式中，H_w——抽出井深度，m；

H_{w1}——抽出目标含水层底板埋深，m；

H_{w2}——沉砂管长度，m，即井底进入隔水底板深度，宜为 1～3 m。

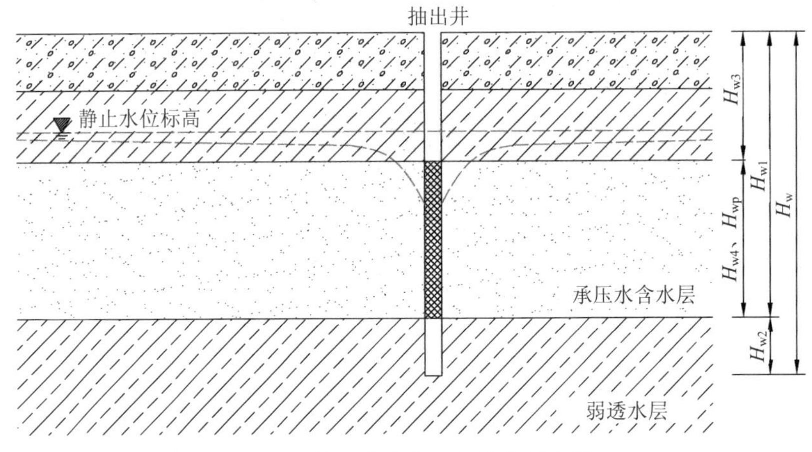

图 4-19　承压水含水层完整井示意图

当承压含水层仅上部部分污染时（图 4-20），抽出井深度可按式（4-18）计算：

$$H_w = H_{w1} + H_{w2} \tag{4-18}$$

式中，H_w——抽出井深度，m；

H_{w1}——承压水含水层上层污染区域下边界埋深，m；

H_{w2}——沉砂管长度，m，即井底进入污染区域下边界以下深度，宜为 1～3 m。

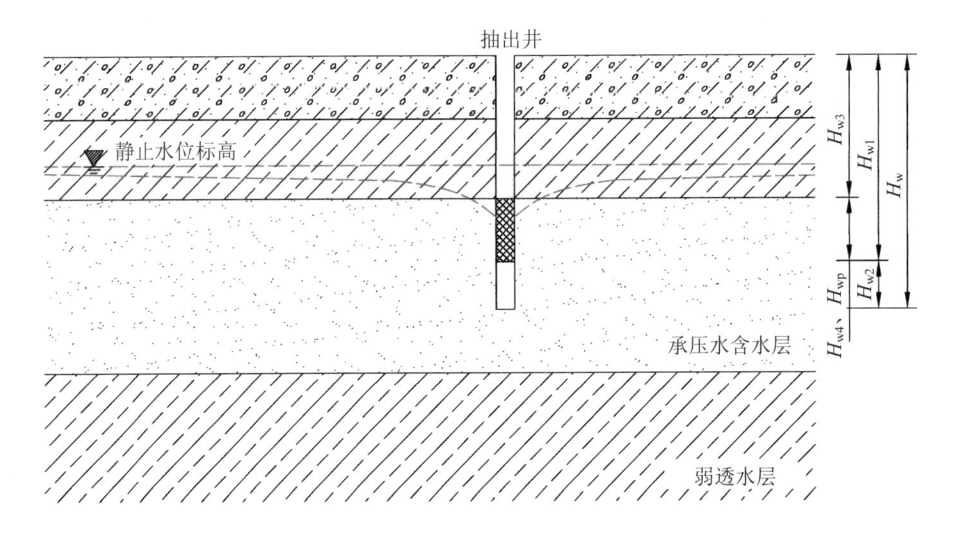

图 4-20　承压含水层非完整井示意图

一般情况，当需要对一个场地的 2 层或多层污染地下水抽出时，宜分层设置抽出井，抽出井设计深度按各层含水层及污染地下水埋深条件分别确定。当设置的抽出井同时对 2 层或多层污染地下水抽出时，抽出井深度按最下层含水层及其污染地下水埋深条件确定。

2）抽出井过滤器长度

当潜水含水层全部污染时，抽出井过滤器长度宜为含水层厚度，即图 4-16 中 H_{wp} 标注位置。当潜水含水层仅上部部分污染时，抽出井过滤器长度宜为含水层污染层厚度，即图 4-18 中 H_{wp} 标注位置。上述 H_{wp} 应按丰水季的地下水高水位情况取值。

当承压含水层全部污染时，抽出井过滤器长度宜为含水层厚度，即图 4-19 中 H_{wp} 标注位置。当承压水含水层仅上部部分污染时，抽出井过滤器长度宜为含水层污染层厚度，即图 4-20 中 H_{wp} 标注位置。

3）抽出井过滤器类型及填料

抽出井过滤器类型根据含水层性质选用，当含水层岩性为卵砾石、粗砂、中砂时，可选择缠丝过滤器或填砾过滤器，当含水层岩性为细砂、粉砂时，可选择填砾过滤器或包网过滤器。抽出井过滤器骨架孔隙率不宜小于 15%。

填砾过滤器的滤料规格和缠丝间隙可按下列规定确定：

①当砂土类含水层的 η_1 小于 10 时，填砾过滤器的滤料规格宜采用式（4-19）计算。砂土类中的粗砂含水层当 η_1 大于 10 时，应除去筛分样中粗颗粒部分后重新筛分，直至 η_1 小于 10 时，宜取此时的 d_{50} 数值，采用式（4-19）计算填砾过滤器的滤料规格。

$$D_{50} = (6 \sim 8)d_{50} \tag{4-19}$$

②当碎石土类含水层的 d_{20} 小于 2 mm 时，填砾过滤器的滤料规格宜采用式（4-20）计算：

$$D_{50} = (6 \sim 8)d_{20} \tag{4-20}$$

③当碎石土类含水层的 d_{20} 大于或等于 2 mm 时，应充填粒径 10～20 mm 的滤料。

④填砾过滤器滤料的 η_2 值应小于或等于 2。

⑤填砾过滤器的缠丝间隙和非缠丝过滤器的孔隙尺寸可采用 D_{10}。

上文中 η_1 为砂土类含水层的不均匀系数，即 $\eta_1=d_{60}/d_{10}$；η_2 为填砾过滤器滤料的不均匀系数，即 $\eta_2=D_{60}/D_{10}$。d_{10}、d_{20}、d_{50}、d_{60} 为含水层土试样筛分中能通过网眼的颗粒，其累计质量占试样总质量分别为 10%、20%、50%、60%时的最大颗粒直径。D_{10}、D_{50}、D_{60} 为滤料试样筛分中能通过网眼的颗粒，其累计质量占试样总质量分别为 10%、50%、60%时的最大颗粒直径。滤料材质可选用粒径符合要求、清洁无污染的河砂、石英砂等。填砾过滤器的滤料规格和缠丝间隙详细确定方法参考《供水水文地质勘察规范》（GB 50027—2001）中第 5 章、《供水管井技术规范》（GB 50296—2014）第 3 章相关内容。

4）抽出井管径

抽出井管径应根据管井设计出水量、允许井壁进水流速、含水层埋深、开采段长度、过滤器类型及钻进工艺等因素综合确定。安泵段井管内径应根据设计出水量及测量动水位仪器的需要确定，并应比选用的抽水设备标定的最小井管内径大 50 mm。抽出处理工艺的抽出井管径宜大于水泵外径 50 mm，一般在 100～400 mm 范围内选取，宜大于 200 mm。

5）抽出井孔径

抽出井孔径为管径加上 2 倍滤料层厚度。滤料层的厚度与含水层组成有关，粗砂以上含水层应不小于 75 mm，中砂、细砂和粉砂含水层应不小于 100 mm。

6）抽出井单井出水能力

抽出井单井出水能力按式（4-21）计算：

$$q_0 = \pi \cdot n \cdot v_g \cdot D_g \cdot l \tag{4-21}$$

式中，q_0——抽出井单井出水能力，m^3/s；

n——过滤器进水面层有效孔隙率，宜按过滤器进水面层孔隙率的 50%计算；

v_g——过滤器允许进水流速，供水管井不宜大于 0.03 m/s；

D_g——过滤器外径，m；

l——过滤器有效进水长度，宜按过滤器长度的 85%计算，m。

抽出井单井出水能力是单井最大出水量或极限出水量，用于对计算或试验获得的单井出水量进行核算，不是单井实际出水量。单井实际出水量应根据抽水试验获得的流量—降深曲线确定。

7）井管材质类型

抽出井井管材质应考虑地下水中污染物种类、抽出井功能、成本等综合确定，可选取不锈钢、碳钢、UPVC、PVC、PE 等材质，当污染物为有机污染物且浓度较高时，不建议选取 PVC、PE 等材质井管，以避免井管被溶解破坏。当污染物表现为强酸性时，不建议选取碳钢材质井管，以避免井管被腐蚀破坏。当抽出井井管可能接触到强酸、强碱、强氧化剂等腐蚀性修复药剂时，不建议选取碳钢材质井管。具体抽出井管材质选择，必要时应开展腐蚀性试验比选。

（4）水量及水均衡计算

水量计算包括总抽出水量、单井涌水量、抽出速率、处理量、回灌量、侧向补给量等的计算。水均衡计算是利用水均衡原理校核不同水量之间的平衡关系，以避免可能出现的漏算或多算。水均衡要素包括侧向补给量、含水层储存水量、抽水量、处理量、排放量、回灌量等的均衡。污染物均衡主要为抽出污染物、处理削减污染物和排放污染物的质量均衡。

根据国内地下水污染修复工程现状，地下水抽出处理应用的修复模式又可进一步分为有止水措施条件和无止水措施条件两种类型。其中，有止水措施条件是在抽出区域外边界已经建设了止水帷幕等工程措施，在一定程度上阻断了抽出区域内外目标含水层的水力联系。应区分开展有止水措施条件和无止水措施条件下水量及水均衡计算。

①风险管控模式抽出水量

风险管控模式抽出水量根据布井数量、间距、捕获区宽度、含水层参数计算确定，相关内容详见 4.1.2“水力截获技术”部分。

②修复模式有止水措施条件总抽出水量

有止水措施条件的总抽出水量由抽出区域含水层水量和通过止水措施的侧向补给量两部分组成。

$$Q_{\mathrm{T1}} = Q_{\mathrm{c1}} \cdot T + v_{\mathrm{w}} \tag{4-22}$$

式中，Q_{T1}——有止水措施条件的总抽出水量，m^3；

Q_{c1}——抽出区域侧向补给量，m^3/d；

T——抽出系统运行时间，d；

v_{w}——目标含水层储水量，m^3。

目标含水层的空间位置是明确的，即面积、厚度是确定不变的。目标含水层储水量可根据孔隙度和含水层体积粗略计算。

$$v_{\mathrm{w}} = n_0 \cdot v \tag{4-23}$$

式中，v_{w}——目标含水层储水量，m^3；

n_0——目标含水层孔隙度；

v——目标含水层体积，m^3。

准确计算时应使用有效孔隙度或给水度替换式（4-23）中的孔隙度。

当抽出区域边界有完整、封闭的止水措施时，侧向补给量根据达西渗流基本理论计算。

$$Q_{\mathrm{c1}} = k \cdot \frac{h_1 - h_2}{h_0} A \tag{4-24}$$

式中，Q_{c1}——有止水措施时抽出区域侧向补给量，m^3/d；

k——止水措施渗透系数，m/d；

h_0——止水措施厚度，m；

h_1——止水措施外部水头，m；

h_2——止水措施内部水头，m；

A——止水措施侧面积，m^2。

③修复模式无止水措施条件总抽出水量

无止水措施条件的总抽出水量由抽出区域含水层水量和侧向补给量两部分组成。其中抽出区域含水层水量计算参照修复模式有止水措施条件总抽出水量计算。

$$Q_{T2}=Q_{c2}\cdot T+v_w \tag{4-25}$$

式中，Q_{T2}——无止水措施条件的总抽出水量，m^3；

Q_{c2}——抽出区域侧向补给量，m^3/d；

T——抽出系统运行时间，d；

v_w——目标含水层储水量，m^3。

当抽出区域边界没有完整、封闭的止水措施时，侧向补给量根据等效大井理论计算。

针对矩形抽出区域，抽出范围的引用半径根据式（4-26）计算：

$$r_0=\eta\frac{(L+B)}{4} \tag{4-26}$$

式中，r_0——抽出范围的引用半径，m；

η——与抽出区域长宽比有关的系数，当 B/L 值为 0、0.2、0.4、0.6～1.0 时，可分别取值 1.0、1.12、1.16、1.18；

L——抽出区域长度，m；

B——抽出区域宽度，m。

针对不规则面状抽出区域，抽出区域范围的引用半径根据式（4-27）计算：

$$r_0=\sqrt{\frac{F}{\pi}} \tag{4-27}$$

式中，F——抽出区域面积，m^2；

r_0的参数含义见公式（4-26）。

潜水含水层影响半径应通过抽水试验确定，当没有抽水试验数据时，根据式（4-28）计算：

$$R=2s_w\sqrt{KH} \tag{4-28}$$

式中，R——含水层影响半径，m；

s_w——抽出区域中心水位降深，m；

K——含水层渗透系数，m/d；

H——潜水含水层厚度，m。

承压水含水层影响半径应通过抽水试验确定，当没有抽水试验数据时，根据式（4-29）计算：

$$R=10s_w\sqrt{K} \tag{4-29}$$

式中，R——含水层影响半径，m；

s_w——抽出区域中心水位降深，m；

K——含水层渗透系数，m/d。

潜水含水层完整井面状抽出区域侧向补给量根据式（4-30）计算：

$$Q_{c2}=\frac{1.366K(2H-s_w)s_w}{\lg\left(1+\frac{R}{r_0}\right)} \tag{4-30}$$

式中，Q_{c2}——抽出区域侧向补给量，m^3/d；

K——含水层渗透系数，m/d；

H——潜水含水层厚度，m；

s_w——抽出区域中心水位降深，m；

R——含水层影响半径，m；

r_0——环形井点到抽出区域中心的距离，m。

承压水含水层完整井面状抽出区域侧向补给量根据式（4-31）计算：

$$Q_{c2}=\frac{2.73KHs_w}{\lg\left(1+\frac{R}{r_0}\right)} \tag{4-31}$$

式中，Q_{c2}——抽出区域侧向补给量，m^3/d；

K——含水层渗透系数，m/d；

H——承压水含水层厚度，m；

s_w——抽出区域中心水位降深，m；

R——含水层影响半径，m；

r_0——环形井点到抽出区域中心的距离，m。

④抽出井总抽出水量

抽出井总出水量根据单井出水量和井数量确定：

$$Q_T=n\cdot q \tag{4-32}$$

式中，Q_T——抽出井总出水量，m^3/d；

n——井数量；

q——单井出水量，m^3/d。

单井出水量根据抽水试验及抽出系统设计工况参数确定。

⑤水均衡计算

当有止水措施条件时，抽出系统总水量均衡计算按式（4-33）进行：

$$Q_T\cdot T=Q_{T1} \tag{4-33}$$

式中，Q_T——抽出井总出水量，m^3/d；

T——抽出系统运行时间，d；

Q_{T1}——修复模式有止水措施条件的总出水量，m^3。

当无止水措施条件时，抽出系统总水量均衡计算按式（4-34）进行：

$$Q_{\mathrm{T}} \cdot T = Q_{\mathrm{T2}} \tag{4-34}$$

式中，Q_{T}——抽出井总出水量，$\mathrm{m^3/d}$；

T——抽出系统运行时间，d；

Q_{T2}——修复模式无止水措施条件的总抽出水量，$\mathrm{m^3}$。

（5）总抽出水量、时间估算及影响因素

抽出处理技术抽出地下水是以降低污染羽污染物浓度为目的的，其总抽出水量可根据含水层特征、污染特征、污染物修复目标等确定。抽出处理需要抽出足够的地下水量以降低污染物的浓度。抽出地下水中污染物组成包括：液相中原有溶解的污染物、从多孔介质解吸的污染物、从沉淀或 NAPLs 中溶解的污染物、从低渗透区域扩散至高渗透区域或从封闭孔隙扩散至开放孔隙的污染物等。

①污染羽孔隙体积计算

污染羽中地下水的体积称为孔隙体积（PV），按式（4-35）计算：

$$\mathrm{PV} = B \cdot n \cdot A \tag{4-35}$$

式中，PV——污染羽的孔隙体积，$\mathrm{m^3}$；

B——污染羽平均厚度，m；

n——含水层孔隙度；

A——污染羽面积，$\mathrm{m^2}$。

②抽出处理系统总抽出水量估算

假设在线性、可逆和瞬时吸附情况下，同时假设不含 NAPLs 或固体污染物，则从均质含水层中去除污染物所需的理论 PVs 数（孔隙体积倍数）可由阻滞因子 R 表达。即抽出处理系统总抽出水量，用孔隙体积倍数考虑，按式（4-36）估算：

$$\mathrm{PVs} = -R \cdot \ln \frac{C_{\mathrm{w}t}}{C_{\mathrm{w}o}} \tag{4-36}$$

式中，PVs——抽出处理系统总抽出水体积相当于孔隙体积的倍数；

R——阻滞因子；

$C_{\mathrm{w}t}$——污染物修复目标浓度，mg/L；

$C_{\mathrm{w}o}$——含水层污染物初始浓度，mg/L。

③抽出时间估算

当无止水措施条件时，可根据抽出系统总水量均衡公式，计算抽出时间：

$$T = \frac{\mathrm{PVs} \cdot \mathrm{PV}}{Q_{\mathrm{T}}} \tag{4-37}$$

式中，T——总抽出时间，d；

PVs——抽出处理系统总抽出水体积相当于孔隙体积的倍数；

PV——污染羽的孔隙体积，m^3；

Q_T——抽出井总出水量，m^3/d。

④总抽出水量影响因素

抽出处理实际抽出水量一般高于上述假设线性、可逆和瞬时吸附情况计算所得总抽出水量，这是由于大多数无机污染物（如铬和砷）的解吸是非线性的，而且，含水层中存在封闭孔隙难以实现液相的流动，这会导致冲洗无效，因此需要抽出更多 PVs 的地下水以实现污染物的修复。

为达到地下水修复目标，实际抽出的 PVs 数量需要结合建立模型计算、工程经验估算、根据抽出处理过程监测数据评估抽出 PVs 数量与污染物浓度降低趋势等多种方式确定。

（6）污染物均衡计算

对抽出系统运行时含水层污染物浓度及抽出地下水污染物浓度进行监测，抽出污染物总量应等于含水层地下水及介质减少的污染物总量。另外，必要时应同时对水处理设备进行物料平衡计算。

（7）泵及管道设计

泵的选型及水力计算是抽出系统设计的重要组成部分。

①泵选型及安装要求

应根据井孔内径和出水量合理选择泵型、流量、扬程等。水泵类型应按地下水位埋深、动水位选择。当抽出井动水位在允许吸程范围内时，宜选用卧式离心泵；当抽出井动水位不在允许吸程范围内时，宜选用潜水电泵或长轴深井泵。水泵选型应同时考虑防爆要求。

水泵流量应根据用水需要选择，水泵流量不得大于抽出井最大出水量。水泵扬程宜根据抽出井动水位和输水要求选择，并应使流量、扬程在水泵高效区对应的范围之内。

水泵安装的位置应符合最小淹没深度和允许吸上真空高度的要求。

井泵配合间隙应根据泵体的最大外径与泵体入井部分对应井管的最小内径的差值选定。金属井管，其差值宜大于 50 mm；非金属井管，其差值宜大于 100 mm。

管路及其附件应按水泵的类型和规格合理选配，管道连接应方便可靠。进水管内水流速度宜为 0.5～1.0 m/s，出水管内水流速度不宜大于 2.5 m/s。

一般应考虑设置自动启停装置，根据井中动水位控制泵的启停，避免水泵空转情况发生。

②水力计算

抽出系统水力计算可参考《室外排水设计规范》（GB 50014—2006）的“水力计算”相关章节。连接集水设施和地面水处理设备，以及地面水处理设备各工艺模块之间的管路设计可参考相关手册，如《给水排水设计手册》（中国建筑工业出版社，第三版）第 6 册《工业排水》中工业排水管道相关内容，或《化工管路设计手册》（化学工业出版社）相关内容。

（8）地面水处理工艺设计

抽出污染地下水的地面处理可涉及多个工艺或其组合，常用处理工艺包括：气浮、吹脱、高级氧化、混凝沉淀、石英砂过滤、活性炭吸附等。各处理工艺设计可参考相关手册，如《给水排水设计手册》（中国建筑工业出版社，第三版）第 5 册《城镇排水》、第 6 册《工业排水》相关内容，也可参照 GB 50014—2006 执行。

（9）监测系统设计

监测系统由针对含水层的监测井及针对抽出系统的监测仪器仪表组成。

抽出处理系统建设施工前应建立针对含水层的地下水监测井，系统运行过程中对含水层的流场及污染物浓度分布进行监测，地下水监测井设置及地下水监测依据 HJ 25.6—2019 开展。

抽出系统的监测主要包括流量、压力及抽出水浓度监测，主要是监测抽出系统运行工况及抽出污染物情况。

（10）排水去向

抽出处理系统出水达标后可选择排入环境水体或排放至公共污水处理系统，如市政污水管网。抽出处理技术应遵循绿色可持续修复的原则，降低水资源消耗，如在处理达标及条件允许的前提下，进行水资源再生利用或在原位进行循环使用等。

①排入环境水体

当选择排放入环境水体时，抽出处理系统出水水质应结合受纳水体环境质量现状、水环境保护目标等，通过环境影响评价确定。排放水污染物应符合国家和地方水污染物排放标准要求，同时应满足受纳水体环境质量管理要求。针对不再开展环境影响评价的修复项目，抽出处理系统出水水质应同时满足生态环境主管部门备案的修复技术方案要求。

②排入公共污水处理系统或市政污水管网

当选择排放至公共污水处理系统或市政污水管网时，地块处理系统出水水质应依据《污水综合排放标准》（GB 8978—2002）、《污水排入城镇下水道水质标准》（GB/T 31962—2015）及有关行业、地方标准综合确定。禁止通过稀释法降低污染物浓度后排入公共污水处理系统。禁止向公共污水处理系统排放和倾倒剧毒、易燃易爆、腐蚀性废水，且不应影响公共污水处理系统的正常运行。

4.2.1.6　监测与过程控制

（1）运行监测

①抽出区域外围地下水流场及污染监测：

水位：抽出区域外围的水位监测，满足绘制流场及分析地下水补给量要求。

水质：抽出区域外围的水质监测，掌握抽出区域外围污染扩散或消减情况。

②抽出区域地下水流场及污染监测：

水位：抽出区域的水位监测，满足绘制流场及分析地下水水位下降情况、计算井的补给量要求。

水质：抽出区域的水质监测，掌握抽出区域污染消减情况。

③抽出系统监测：

水位：抽出井中水位监测，满足分析井水位降深与出水量关系要求以及根据井水位降深控制泵启停及抽出水量的要求。

水量：对抽出井、抽出系统进行抽出水量监测，掌握抽出水量数据。

水质：对抽出井、抽出系统进行抽出水质监测，掌握抽出水质数据。

④处理系统监测：

水位：各反应设备、容器的液位监测，掌握处理系统运行工况。

水量：各反应设备、容器的进出水量监测，掌握处理系统运行工况。

水质：各反应设备、容器的进出水质及处理后外排水水质监测，掌握各工艺模块处理效果。

药剂、材料用量：对处理系统药剂、材料用量进行监测，便于进行成本核算并辅助分析系统运行工况。

⑤供电系统监测：

电量：记录各系统、设备、工艺模块等的用电量。

漏电报警：记录漏电报警信息。

⑥排放监测：

尾水：排放方式、排放量、排放监测数据。

尾气：排放方式、排放监测数据。

设备启停：记录关键系统、设备、工艺模块启停信息。

⑦废物监测：

固体废物：成分或类型、检测数据、数量、存放方式、处理方式等。

危险废物：成分或类型、检测数据、数量、存放方式、处理方式等。

（2）过程控制

①监测系统应实时监测地下水的水位、抽出水量、水处理各模块如 pH、ORP、液位

等实时数据，并将数据传输到控制系统。

②控制系统完成对各工艺参数的采集、显示、报警，同时执行生产的过程控制和顺序逻辑控制，包括对各抽出泵、提升泵、外排泵、加药泵的启停控制等。

③控制系统对各生产工艺参数如地下水的水位、抽出水量、水处理各模块如 pH、ORP、液位等进行监测和数据处理，同时对生产设备工作状态进行画面监测和控制。

④控制系统应配有安全联动装置，在发生突发情况时，可以实现自动或手动紧急关闭。

⑤控制系统可采用中控室集中控制系统或分站就地控制系统。

4.2.1.7 实施周期和成本

该技术的处理周期与场地的水文地质条件、井群分布和井群数量密切相关。受水文地质条件的限制，含水层介质与污染物之间相互作用，随着抽水工程的进行，抽出污染物浓度降低，出现拖尾现象；系统暂停后地下水中污染物浓度升高，存在反弹现象。因此，该技术可以用于短期的应急控制或源削减，当作为单一技术进行地下水污染修复时，周期一般较长。

抽出处理技术的初期投入成本较低，但运行和维护费用较高。运行费用可能主要消耗于抽出水的处理，一般每方水的处理费用从 5 元到数十元不等，污染地下水抽出处理的综合处理费用在 100～500 元/m^3（含水层体积）。国外已有地下水修复案例成本总结见表 4-15。

表 4-15 国外已有地下水修复案例成本分析

序号	目标污染物	运行时间/a	运行状态	处理规模/（m^3/a）	年均投资成本/（美元/m^3）	年运行成本/（美元/m^3）
国外案例 1	1,2-二氯乙烯，1,1,1-三氯乙烷，三氯乙烯，四氯乙烯	4.9	正在运行	369 841	2.22	0.15
国外案例 2	三氯乙烯，1,1-二氯乙烷，苯，甲苯，二甲苯	6.8	完成	71 326	6.87	1.93
国外案例 3	三氯乙烯，四氯乙烯，1,1,1-三氯乙烷	8.3	正在运行	63 401	5.55	0.19
国外案例 4	三氯乙烯	8.8	正在运行	145 295	1.03	0.07
国外案例 5	三氯乙烯，四氯乙烯，1,2-二氯乙烯，乙苯	7.8	正在运行	449	343.42	39.63
国外案例 6	三氯乙烯	3	正在关闭	1057	121.52	8.19
国外案例 7	1,1,1-三氯乙烷，1,2-二氯乙烷，1,1-二氯乙烯，三氯乙烯，四氯乙烯	3.4	正在运行	25 361	5.28	0.63
国外案例 8	四氯乙烯，三氯乙烯，cis-1,2-二氯乙烯，trans-1,2-二氯乙烯，和氯乙烯	5.8	正在运行	2 906	44.91	10.57

序号	目标污染物	运行时间/a	运行状态	处理规模/（m^3/a）	年均投资成本/（美元/m^3）	年运行成本/（美元/m^3）
国外案例 9	四氯乙烯、三氯乙烯、1,1-二氯乙烯，苯，1,2-二氯乙烷	4.1	正在运行	2 906	44.91	0.66
国外案例 10	四氯乙烯，三氯乙烯，1,1,1-三氯乙烷，1,1-二氯乙烯，1,1,2-三氯乙烷，1,1,2,2-四氯乙烷，氯仿，四氯化碳，苯，二氯甲烷	4.6	正在运行	1 189	110.95	12.68
国外案例 11	三氯乙烯，顺-1,2-二氯乙烯，三氯乙烷	9.6	正在运行	1 374	73.97	11.10
国外案例 12	1,1-二氯乙烷，1,1-二氯乙烯，二氯甲烷，四氯乙烯，三氯乙烯，1,1,1-三氯乙烷，苯，甲苯，乙苯，丙酮，甲基乙基酮，甲基异丁基酮，邻苯二甲酸酯，顺式 1,2-二氯乙烯，反式-1,2-二氯乙烯	3	正在运行	13 473	6.08	0.85
国外案例 13	三氯乙烯	4.2	正在运行	16 379	4.49	1.29
国外案例 14	反式 1,2-二氯乙烯，顺式 1,2-二氯乙烯、三氯乙烯、四氯乙烯、1,1,1-三氯乙酸、1,1-二氯乙烯	3.6	正在运行	14 265	1.66	0.90
国外案例 15	二氯甲烷，1,1-二氯乙烷，反式 1,2-二氯乙烯，三氯乙烯，四氯乙烯，甲苯	3.7	完成	5 812	3.43	1.64
国外案例 16	铬	8.6	正在运行	1 902	187.56	3.96
国外案例 17	铬	4.2	正在运行	7 925	16.38	1.98
国外案例 18	铬	4.1	正在运行	7 925	16.38	1.43
国外案例 19	苯，联苯胺，2-氯苯胺，1,2-二氯乙烯，三氯乙烯，3,3-二氯苯并二苯，苯胺，氯乙烯	3.1	正在运行	60 760	18.49	1.14

4.2.1.8　常见问题及解答

Q1：地下水抽出处理技术的应用情况，如何看待地下水抽出处理技术的重要性？

A1：通过对美国超级基金 1982—2014 年采取治理措施的污染场地数据进行统计分析，1 447 个污染场地中，涉及地下水污染的场地有 1 218 个，占全部污染场地的 84%。自 1982

年以来，地下水污染场地 1 218 个中，有 834 个超级基金场地采用了地下水抽出处理技术，其中采用“抽出处理+污染土壤治理+阻控或异地处置”联合技术的场地为 716 个，占比达到 86%；单独使用“抽出处理，无污染土壤治理”的场地个数为 118 个，占比为 14%。虽然自 1998 年开始抽出处理技术应用所占比重呈下降趋势，制度控制和监测自然衰减应用所占比重呈上升趋势，抽出处理技术仍然是重要的地下水污染治理技术。

Q2：地下水抽出处理技术能否彻底降低污染物浓度，达到修复目标？

A2：地下水抽出处理技术可应用于污染源削减、污染羽控制、污染羽修复等不同策略。当采用地下水抽出处理技术的污染羽修复策略时，能否彻底降低污染物浓度、达到修复目标，取决于地下水的污染特征及场地的水文地质条件以及修复目标取值。国内有案例证明，当地下水污染程度较低，含水层渗透性较好时，应用地下水抽出处理技术可以快速降低污染物浓度并达到修复目标。而针对地下水重度污染区域，如单独采用地下水抽出处理技术修复，需要较长时间的运行。因此本手册建议，在这种情况下抽出处理技术可作为重度污染削减技术应用，并联合其他修复技术进行处理最终达到修复目标。

Q3：如何看待采用地下水抽出处理技术的拖尾、反弹现象，是否要选用地下水抽出处理技术？

A3：采用地下水抽出处理技术出现拖尾、反弹现象较为普遍，这影响选用该技术的信心。由于采用地下水抽出处理技术可以在短期内快速降低地下水污染物浓度，因此针对重度污染地下水，在含水层条件适合的情况下，应优先选用地下水抽出处理技术，可以有效缩短工期、降低修复成本。针对轻度污染地下水，在含水层条件适合的情况下，也建议考虑地下水抽出处理技术。针对土壤颗粒吸附性较弱的有机、重金属污染物，当污染程度较轻时，是可以采用地下水抽出处理技术达到修复目标的。不建议针对重度污染地下水，特别是有 NAPL 相分布的区域，采用单一地下水抽出处理技术以达到修复目标，而建议联合其他修复技术进行处理最终达到修复目标。

Q4：采用地下水抽出处理技术需要运行多长时间？

A4：相对来说应用地下水抽出处理技术修复污染的地下水需要时间较长，特别是针对重度污染地下水，可能需要数年的时间。修复时间长短取决于污染物种类及浓度、污染地下水的体积及深度、含水层岩性等。因此，针对重度污染地下水，建议采用污染源削减策略。针对轻度污染地下水，且含水层渗透性较好时，可以采用污染羽修复策略。

4.2.2 原位微生物修复

4.2.2.1 技术名称

原位微生物修复，in situ bioremediation。

4.2.2.2　技术介绍

（1）技术原理

地下水原位微生物修复技术是通过多种方法刺激含水层中土著降解菌的生长、繁殖，或人为向含水层注入外来的人工培养、驯化特定的降解菌群来降解去除污染介质中的有机污染物。重金属污染物不能被生物降解，但其可通过微生物的转化作用而降低毒性。考虑重金属污染的微生物修复应用案例较少，大部分仍停留在研究层面，本手册不具体介绍重金属的微生物修复。原位微生物修复技术具有对环境扰动小、处理费用较低且有持续性效果等优点。

降解菌对有机污染物的降解分为好氧生长代谢、好氧共代谢、厌氧生长代谢、厌氧呼吸代谢和厌氧共代谢 5 种降解途径。其中，好氧生长代谢降解被广泛应用于多种有机物（如苯系物、石油烃、多环芳烃、硝基苯类、苯胺类、低卤代苯类和低卤代烷烃/烯烃等）的去除，其他 4 种降解途径可以用来修复高卤代苯类、高卤代烷烃/烯烃和多氯联苯等污染物。

（2）技术分类

按照提升含水层中污染物生物降解的方法，原位生物修复技术可分为生物曝气、生物刺激和生物强化 3 种。

生物曝气（Bioventing）：是利用注入井向饱和带引入空气（或氧气），强化生物降解来消除污染物。与地下水曝气相似，但它的气流速率比较低，用来加强生物转化，减少挥发。注入的流速依据饱和带微生物降解的需要来定，生物曝气技术已在石油泄露场地成功应用。

生物刺激（Biostimulation）：是指向污染含水层中注入特定的营养物，提高土著微生物的数量、种类和活性，提高土著微生物降解污染物速率的方法。生物刺激所利用的营养物有碳、氮、磷、钾、钙和镁，主要用于去除石油污染物，也用于去除其他有机污染物，如三氯乙烯等，也可与其他方法组合应用。

生物强化（Bioaugmentation）：通过把培养的优势降解微生物和营养物注入污染含水层中来加速消除目标污染物。

在实际应用中，3 种技术可以单独或组合使用，也可以与其他技术进行组合。

（3）系统组成

原位微生物修复系统一般包括注入井、抽提井、监测井、氧气或空气供给系统、营养液配制与储存系统、微生物添加系统，以及整体工程的控制和管理系统。

4.2.2.3 适用性与优缺点

（1）适用污染物

适用典型污染物包括苯系物（BTEX）、氯苯类、石油烃、硝基苯类、苯胺类、氯代烷烃和氯代烯烃等。适用污染物的特点如下所述。

①污染物的化学结构。结构越复杂其可降解性越差，修复需要的时间越长。许多低分子质量的脂肪族化合物和单环芳烃具有较好的生物可降解性，而高分子质量的脂肪族化合物、多环芳烃的生物可降解性相对差一些。直链化合物比其支链化合物更容易降解。

②污染物的浓度和毒性。含水层中高浓度的有机污染物、重金属会抑制降解菌的生长和繁殖；但有机污染物浓度过低也会限制微生物的活动。一般而言，石油类污染物在地下水或含水层中的含量大于 50 000 mg/L、有机溶剂大于 7 000 mg/L、重金属浓度大于 2 500 mg/L 时，对好氧降解菌具有抑制作用。污染物在地下水中的最小浓度根据污染物的不同、微生物的不同变化很大，一般认为污染组分在含水层中的含量（包括介质和水中）小于 0.1 mg/L 时，微生物难以维持降解作用。

③溶解度。溶解度大的有机物被生物利用和降解的可能性大；溶解度小的有机物趋向于被吸附在含水层介质中，微生物降解的速率较慢。类似的参数还有亨利常数、辛醇-水分配系数等，这些参数决定了污染物在地下水中的分配和迁移情况。

（2）适用水文地质条件

含水层渗透系数表征了水通过含水层介质的能力，是影响微生物修复效果的重要参数，对电子受体和营养物质的传输速率和分布有重要影响。当含水层渗透系数大于 10^{-4}cm/s 时，采用循环井的修复工艺能够产生较好的效果；当含水层渗透系数在 10^{-6}～10^{-4}cm/s 时，需要做详细评估、设计和控制才可保证修复效果，如可采用加压直接注射的修复工艺。

（3）其他条件

①pH 和温度。大多数微生物适宜的 pH 为 6～8，但也存在嗜酸或嗜碱环境的微生物。污染场地地下水环境 pH 差异较大，由于难以人为持续调控地下水环境的 pH，生物修复时应当优先选用适应所在地下水环境 pH 的微生物。地下水环境温度也是生物修复的重要影响因素。场地地下水环境温度总体比较稳定，一般为 5～20℃，随季节温度变化小，主要受水位埋深和地表水体交互情况影响较大。大部分微生物属于中温菌，其最适合生长的温度为 20～30℃。温度低于 5℃时，一般微生物活动停止；温度低于 10℃时，微生物的活性极大地下降；温度在 10～45℃时，温度每升高 10℃，微生物活动速率增加 1 倍；温度大于 45℃时，微生物的活动性又会下降。

②微生物种类和数量。在地下水系统中，对污染物起主要降解修复作用的微生物以细菌为主。当地下水中降解细菌数量达到 10^4 CFU/mL 时，才会有明显的修复效果。当地下

水中细菌数量小于 10^4 CFU/mL 时，需要通过微生物刺激来提升微生物数量。

③营养物。一般适合微生物生长环境的三大营养源包括碳、氮、磷，三者的比例区间为 100∶10∶1～100∶1∶0.5，若缺乏其中任何一种，可能会减缓或限制微生物对化合物的降解。其中，氮源是强化生物修复中的关键添加物。

④氧气。对于好氧代谢，充足的溶解氧能促进好氧生物降解过程，一般要求地下水中溶解氧大于 2 mg/L，可以通过注入空气或氧气或释氧物质（ORC）为地下水提供溶解氧；对于严格厌氧代谢，则要求溶解氧为 0。

⑤氧化还原电位。好氧氧化的氧化还原电位一般大于 50 mV；厌氧还原脱卤的氧化还原电位一般小于−200 mV。

⑥盐度。以氯化物浓度作为指标，地下水中的氯化物浓度低于 5 000 mg/L 时，通常不会对大多数细菌活性造成影响，氯化物浓度高于 10 000 mg/L 时有明显的抑制作用。嗜盐菌一般能耐受氯化物浓度在 30 000 mg/L 以上。

本法应用上的优缺点比较如表 4-16 所示。

表 4-16　生物修复法的优缺点比较

优点	缺点
1. 对溶解于地下水中的污染物、附着在含水层介质中的污染物可以协同降解	1. 有时很难找到适合场地的可高效降解所有污染物的微生物菌种
2. 可处理低浓度污染物	2. 可能受到有机物或重金属的抑制
3. 可利用土著微生物，二次污染风险较小，环境上较安全可靠	3. 厌氧降解污染物速率较慢
4. 修复成本较低	4. 微生物大量增长或矿物沉淀可能会造成土壤孔隙和注入井阻塞
5. 所需设备简单，操作方便，对环境扰动小	5. 低渗透含水层可能造成所添加的营养盐或氧气无法顺利传输
6. 可以与其他修复技术联用，提高场地修复效率	6. 部分厌氧代谢产物会产生臭味，或产生有毒中间产物

4.2.2.4　技术应用流程

典型的原位微生物修复工程是在室内小试和现场中试的基础上，根据获得的参数建设原位微生物修复系统，该系统一般是利用水井抽取污染的地下水，进行必要的过滤或处理，然后添加电子受体（或供体）和营养物质，再通过回注井注入污染羽的上游。形成地下水动态循环。经过一段时间的运行与维护，当地下水中污染物浓度降低到修复目标值以下时，进入效果评估阶段（图 4-21）。

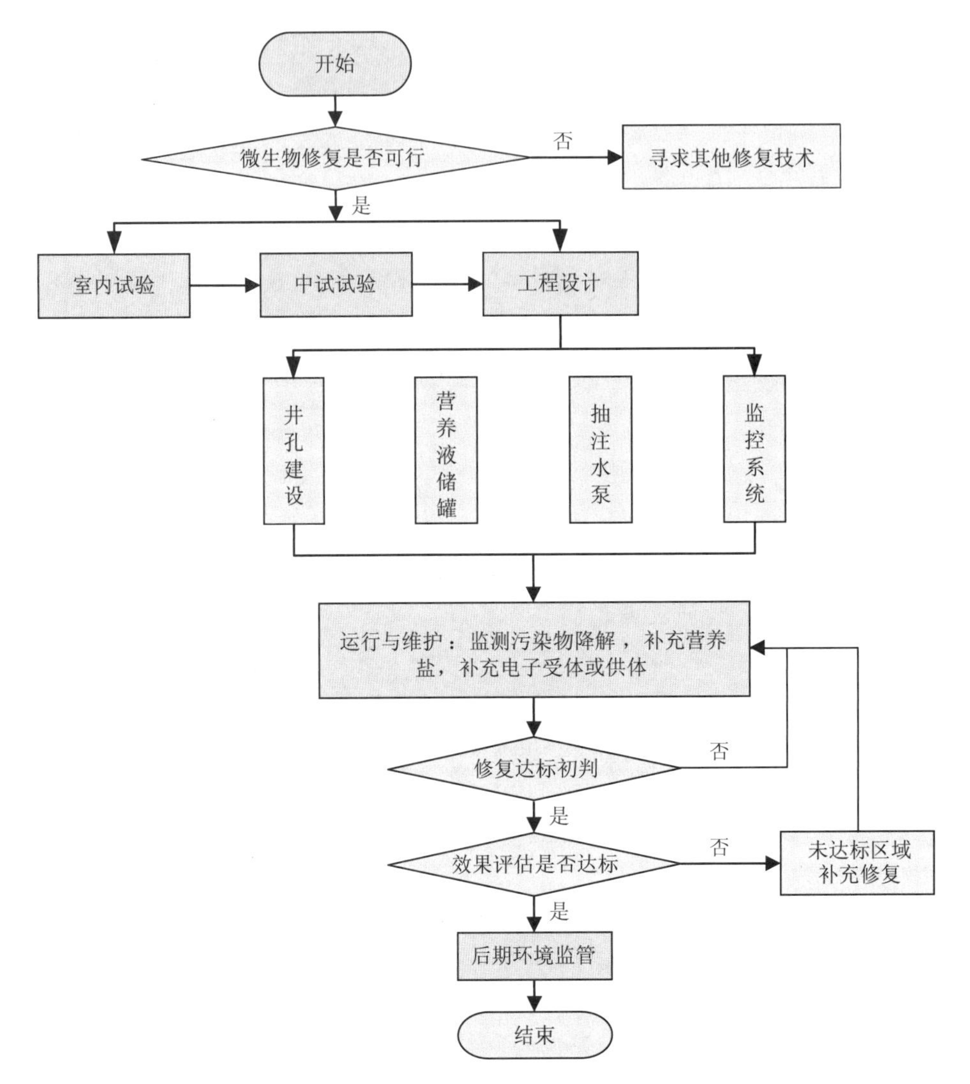

图 4-21 原位微生物修复技术流程

4.2.2.5 关键技术参数

（1）获取技术参数

微生物修复的可处理性研究手段包括小试和中试，不是每个场地修复前都需要开展小试和中试，其主要取决于要修复的地下水量。如果场地地下水修复量相对较小，且具有明确的场地特征和污染物特征，小试试验就足够。然而，对于大型、更复杂的场地，建议同时进行小试和中试的可处理性试验。

1）室内小试

室内小试通常用于确定：①各种生物刺激方法的效果（生物刺激）；②营养助剂选择及其添加量；③是否需要添加外源的菌剂（生物强化）；④最佳的菌株组合；⑤不同浓度

污染物的可处理性。

室内小试包括摇瓶实验和土柱实验。

对于摇瓶实验，通过对含水层介质和污染地下水的样品分析，确定有机、无机和重金属化合物的浓度，并估计土著微生物数量。一般至少要测试营养物质的组合、电子受体的供应、可能需要添加的外源菌剂三种处理条件。摇瓶实验时间需要 2～8 周。好氧摇瓶实验为 2～4 周，厌氧为静置实验，通常需要 4～8 周。其间，需要定期采样分析以确定生物降解速率。摇瓶实验应视为最佳条件下的理想结果，因为其不需要考虑微观世界存在诸如氧气和养分输送或土壤异质性等因素的影响。

土柱实验采用与摇瓶实验相同的方法，区别在于，向玻璃柱填充含水层介质，构建与含水层中类似的环境，让污染地下水渗流通过玻璃柱，通过控制营养盐等条件评估不同因素的生物降解速率。虽然土柱实验不能准确地还原实际的地下条件，但能一定程度考虑含水层介质吸附或沉淀的影响。

室内小试的优点是操作简单，能测试多种变量，以及较迅速地确定原位微生物修复的各项参数。室内小试的缺点是不一定能准确地反映原位的环境状况，需要通过原位中试对多种参数做进一步的验证。

2）原位中试

原位中试的目的是在实际现场条件下验证污染物的可处理性，并获取工程设计所需的参数，包括确定微生物的修复效果/效率，确定修复井的有效修复范围，确定菌剂和刺激剂注入量和应用频率。

原位中试通常包括一组注入井或直接注入点，以及相应的监测井，并包括设计好的后续环境监测计划。实施现场中试可以获取后续工程设计所需的基础参数，这些参数包括：电子受体和营养物添加量、注入井和抽水井布局、单井影响面积（AOI）、地下水抽提注入速率、场地建筑限制、电子受体系统、营养物配方和输送系统、抽出污染地下水的处理、修复时间。

当地下水流速较低时，监测井可以径向布置在注入井周围；当地下水流速较高时，监测井可以在不同的下游距离布置，或者建立循环单元。通过往注入井中注入菌液和营养液，以及在监测井中对污染物及生物降解特征参数进行取样观测，评估原位微生物修复的效果。中试试验的设计通常要考虑工程应用时各种因素的变化性，如按比例放大时的效果、成本、修复范围等。原位中试除获得上述设计数据以外，还应进行足够长时间的试验，以验证是否实现了完全的生物降解。同时，较长时间的中试可以提供有关修复寿命、长期微生物和含水层地球化学反应、潜在维护问题和污染物回弹等重要信息。中试一般需要数周到数月。

3）地下水数值模拟

对于大型复杂的场地，通过地下水数值模拟，可以更准确地对污染场地进行概化，并分析注入井和抽水井的位置和抽提速率的影响。地下水建模可确定的典型参数包括：①含水层条件，包括流速和方向、水位、抽提/注入点、含水层敏感性；②注入井、抽提井和监测井的数量、位置和结构，以最大限度地提高修复系统的效率；③污染物的迁移和去向情况，包括污染物浓度随时间的变化和空间分布。

（2）原位微生物修复循环井系统设计

基于循环井注入方式的原位微生物修复系统设计应包括：抽提井的位置布局和构筑详细要求；注入井（或渗水沟）的位置布局和构筑详细要求；过滤系统可以去除水中生物量和颗粒物，避免注入井的堵塞；抽出污染地下水的地面处理设施和处理后水的利用与处理；营养溶液的配制与储存；微生物添加系统（如果需要）；电子受体添加系统（如果需要）；监测井的位置布局和构筑详细要求；系统控制和管理系统。图 4-22 为典型原位地下水微生物修复循环井系统示意图。

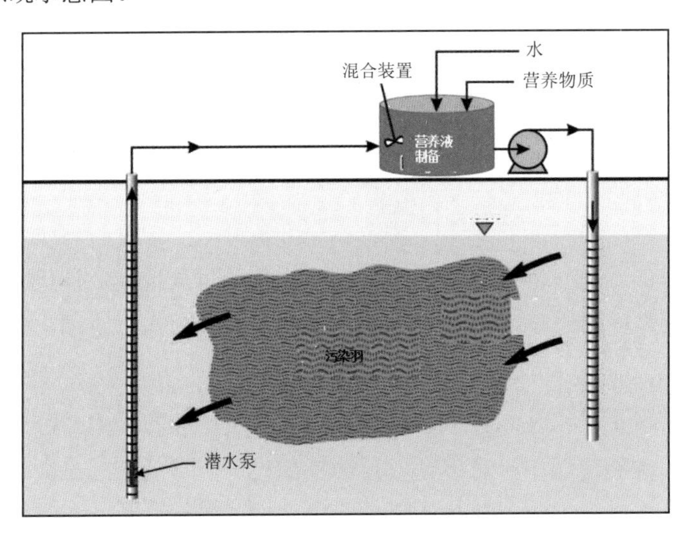

图 4-22 典型地下水原位微生物修复循环井系统示意图

1）抽注井和观测井的布局

抽提井、注入井和监测井的布局主要取决于场地的具体条件。不同的场地井的布局差异很大，但需要遵循一些基本原则：

①抽提井的设置要不留死角，并且能够影响污染羽的边缘。

②注入井（或渗水沟）的设置能够在整个修复区提供电子受体和营养物质。

③监测井的布置分外侧和内部两个方面，以监测地下水的水力控制效果。污染羽外侧的每个方向都应有监测井；污染羽内部的监测井布置应该能够跟踪修复的进程。图 4-23 为理想的原位地下水微生物修复系统井的布局图。抽提、注入、监测井的数量由设计影响面积所决定。

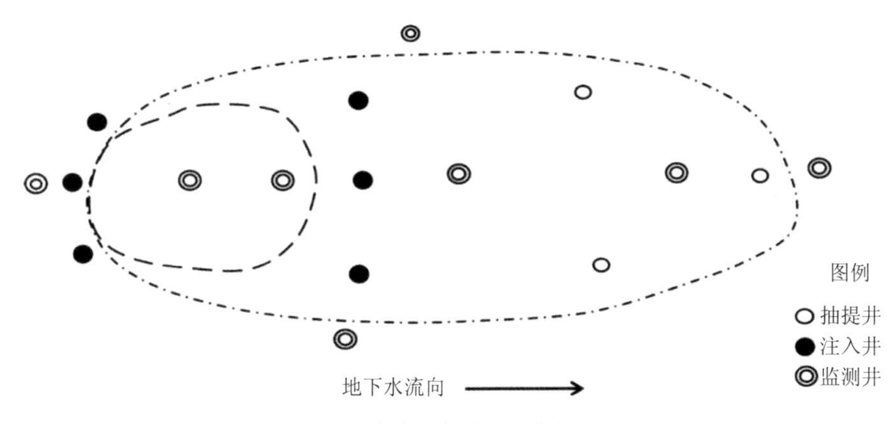

图 4-23　原位地下水微生物修复系统井布局

2）菌液和营养盐添加方法

微生物修复所使用的菌株或菌群可能购自商业化的生物菌剂，或是将取自该污染地块的菌株加以驯养、分离、鉴定及再增殖。前者一般对目标污染物有较好的降解能力，但注入地下后其降解能力往往会受原位环境的影响。后者为取自污染原位的土著降解菌，对原生环境的适应力较好，但此土著菌对于该特定的污染物的降解能力可能低于外来的降解菌。

添加营养盐是维持或提高污染物代谢分解速率的关键。但需要注意厌氧处理系统的营养盐需求与好氧系统不同，如厌氧系统对氮、磷的需求量较低，但对一些经常被忽视的微量元素（如 Mo、Ni、Fe 等）的需求却十分敏感。

对氯代烃的厌氧生物修复中需要添加电子供体。借由添加碳源或氮源，如精制乳化油（EOS）、糖蜜等，以进行厌氧生物降解，如厌氧生物降解三氯乙烯等。也可以将释氢化合物加入地下水中，以氢作为电子供体。电子的持续充分供应，以及受污染物质在本系统中的电子竞争力非常重要。电子供应量、供应方式与改善污染物对电子竞争力的环境条件等是降解的关键因子。

根据含水层条件，污染物性质，以及营养盐的性质，可采用直推注入、地下水循环井或水沟、生物通风（bioventing）、可渗透反应格栅（PRB）等方法注入菌液和营养盐。

3）修复系统的维护

大多数修复场地需要多次添加修复剂，包括电子受体或电子供体。有些场地可能需要地球化学条件的调整和养分修正。

生物修复技术的成功主要取决于电子受体或电子供体的持续调控，以及维持地下水中能够使生物种群发展的地球化学条件。含水层的 pH 对生物修复系统的性能至关重要，在后续的系统运行维护中调整 pH，通常需要添加碳酸氢钠或氢氧化钠等碱性物质，这需要对相关参数进行监测，以决定何时需要补充注入药剂。

筛管结垢是生物修复时可能面临的主要维护问题，包括钙铁沉淀和铁细菌的生物结垢。注水井清洗维护通常利用二氧化碳、酸液或其他药剂进行清洗，以清除筛管和砾石充填层上的沉淀物和生物膜。也可以利用生物杀菌剂、漂白剂或二氧化氯来清洗注入井壁上的生物结垢。

（3）原位生物修复直接注射系统设计

基于加压直接注射方式的原位生物修复系统设计应包括：①注入井的位置布局和构筑详细要求；②氧气或空气供给系统；③营养溶液的配制与储存；④微生物添加系统；⑤监测井的位置布局和构筑详细要求；⑥系统控制和管理系统。图 4-24 为典型地下水原位微生物修复直接注射系统注入井和监测井布设示意图。其与循环井修复技术的主要区别在于直接注射系统一般不需要设置抽提井和地面水处理设施，可减少地面设施投资和处理能耗。

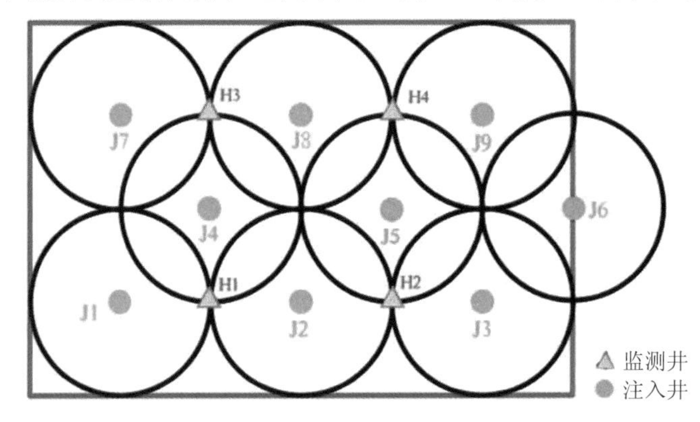

图 4-24 典型地下水原位微生物修复直接注射系统注入井和监测井布设示意图

1）注入井和监测井的布局

注入井和监测井的布局主要取决于场地的具体条件。不同的场地井的布局差异很大，但需要遵循一些基本原则。

①注入井的设置采用交错平行式布井，保证叠加的影响面积能够覆盖整个地下水修复区，通过曝气方式使注入的菌剂扩散至注射井影响半径范围。注入压力一般在 0.1～0.7 MPa，黏性土地层和渗透性差的基岩裂隙含水层的注入压力可达到 1.4 MPa，甚至更高。

②监测井的布置分外侧和内部两个方面，以污染羽内部的监测井为主，监测地下水的污染物浓度和相关指示性参数变化，起到跟踪修复进程的作用。污染羽外侧的每个方向都应有监测井，确保修复过程中污染物不会扩散到修复区之外。

2）氧气或空气供给系统

对于渗透性好的地层可以考虑采用空气或纯氧曝气的方式向地下水添加氧气，低渗透地层地下水生物修复供氧应优先考虑采用工业氧气。此外，也可以通过添加化学药剂（如过氧化氢或臭氧）来提高溶解氧浓度。

3）修复系统的运行维护

如果场地具备条件，可以采用自控系统实现对生物修复运行过程的自动运行和监控。利用现有的地下水监测井，通过安装相应的传感器，持续监测修复区含水层的温度、pH、DO、ORP 和水位埋深等数据，以判断各修复单元系统是否处于正常的工作状态，相关指标是否达到相应的设计要求。

4.2.2.6 监测与过程控制

效果监测包括注入井、监测井、修复注入设备等，其监测目的包括修复效果评估、周边环境影响评估和设备效果评估等。

好氧生物修复场地的性能监测通常跟踪 3 个关键指标：①用作氧气来源的氧和化合物的浓度，尽量原位测量溶解氧；②含水层内的氧化还原条件和终端电子受体的浓度。氧化还原电位（ORP）测量可以评估含水层的一般氧化还原状态；③污染物和代谢产物的浓度。其他常规指标，如 pH、电导率、温度、营养盐（N、P）、地下水位、抽/注水量等。

厌氧生物修复场地的性能监测通常跟踪 4 个关键指标：①作为氧化还原条件指示物的竞争性电子受体的浓度；②有机碳（总有机碳 TOC 和溶解有机碳 DOC）和基质分解产物（如挥发性脂肪酸）的浓度，以判断厌氧生物活性的效果；③污染物和代谢产物的浓度；④目标菌群的浓度或数量，可通过 qPCR 或其他分子生物学工具（MBT）进行 DNA 测序；其他常规指标，如 pH 和 ORP 等。

可能表明生物修复措施的效果不太理想的情况：①降解微生物的数量少；②在厌氧修复中趋向有氧条件或在有氧修复中趋向厌氧条件；③修复过程中竞争性电子受体或供体的浓度增加。当出现上述情况时，应当分析原因，通过调整菌剂品种、营养液组分及浓度来进行优化。

4.2.2.7 实施周期及成本

原位微生物修复的成本主要与地块大小、污染物特征与数量、水文地质条件等因素有关。前述因素会影响设井数量、营养盐添加量与修复所需的时间。影响原位生物修复周期的最主要因素是生物降解速率和污染物的生物可降解性。但是，有时限制修复效果的不是生物因素，如脱附速率，即可能是吸附性较强的污染物在修复效果上的制约因素。因此，对修复周期的估算，必须进行全面的整体评估。另外，修复目标设定的污染物浓度也是重要的影响因子。污染物修复目标值越低，修复周期越长。原位好氧生物修复法修复周期为数十天至数月；原位厌氧生物修复法修复周期为数月至 2～3 年。

4.2.2.8 常见问题与解答

Q1：原位微生物修复技术的修复周期一般有多长？

A1：原位微生物修复技术属于比较温和的修复技术，单纯依靠生物刺激修复速率较慢，但基于生物强化方式，外加高效降解菌种，同时调控合适的营养成分和地下水环境条件，修复时间较短，尤其是好氧生物修复，修复周期一般可数月完成。

Q2：我国东北及青藏高原等寒冷地区，是否因温度太低而不适于微生物修复技术？

A2：一般有利于生物修复的温度范围是 20～30℃，但在 15～40℃内生物修复均可进行，只是太高或太低的温度下其速率会降低。我国东北和青藏高原温度较低，目前有学者在研究通过当地特有的耐低温菌进行修复，也许未来可以实现在当地较低的温度下进行生物修复。

Q3：原位微生物修复技术一般往地下水加碳源和氮磷等营养盐，会不会造成地下水的 COD、氨氮等超标，形成二次污染？

A3：添加过多的营养盐确实可能会引起地下水的 COD 等次生污染，在中试试验过程中应当注意对营养盐添加量进行控制，避免产生二次污染。

Q4：原位微生物好氧修复中，微生物会不会繁殖过快而缺氧死亡？

A4：有可能。在颗粒较粗的砂层中，供氧条件较好，营养盐充足时确实会使微生物过度繁殖而堵塞含水层，这种情况下要适当控制供氧速率和营养盐添加量。

Q5：原位微生物修复适用于哪些水文地质条件的场地？

A5：除了污染物特性，场地水文地质条件是影响原位微生物修复效率的重要因素，渗透性较好的水文地质条件可采用原位微生物修复循环井技术，低渗透地层可采用直接注射井技术。

Q6：微生物的来源有哪些？

A6：地下（包括包气带和含水层）充满微生物，其种群密度随深度逐渐降低。大多数微生物都是生长在基质上，如土壤颗粒。地下水中微生物少并不意味着地下微生物的含量少。地下大多数微生物都是细菌，但也有真菌和原生动物。在污染场地一般都存在能降解污染物的土著微生物种群。另外，可以外部添加经过驯化的可高效降解污染物的微生物菌剂。

4.2.3 地下水曝气

4.2.3.1 技术名称

地下水曝气，air sparging。

4.2.3.2 技术介绍

（1）技术原理

地下水曝气修复技术被认为是去除含水层中挥发性有机污染物的有效方法之一。该技术原理为在饱和带中注入气体（通常为空气或氧气），由于污染物在气液间存在浓度差，挥发性和半挥发性有机污染物由溶解相进入气相，然后由于浮力的作用，气体携带污染物逐步上升，到达非饱和区域后，通过设置在包气带中的抽提井将污染气体收集（土壤气相抽提），从而达到去除挥发性有机污染物的目的。因此地下水曝气技术往往需要与土壤气体抽提技术联合使用，并非一种可单独实施的修复技术。注入的气体还能为饱和带和非饱和带的好氧生物提供足够的氧气，有利于污染物的有氧生物降解。图 4-25 为地下水曝气修复系统示意图。

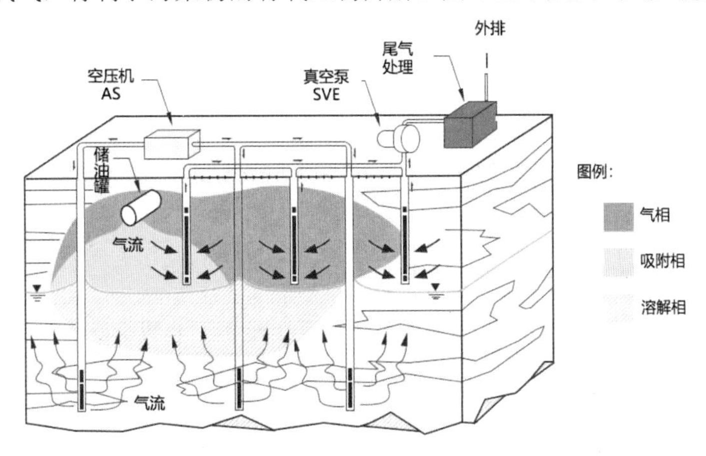

图 4-25　地下水曝气修复系统示意图

（2）系统组成

典型的地下水曝气修复系统由下述几个部分组成。

1）曝气井和抽提井

曝气井和抽提井既可以是垂直井也可以是水平井，井类型的选择主要取决于场地条件，如果地下水埋深较浅，或污染区域位于特殊地层介质之下，或修复区域位于建筑物之下时，一般可考虑选用水平井。

地下水曝气和土壤气相抽提井的布置有很多种方式。确定曝气井和抽提井位置及数量时，需要考虑两点：首先，曝气井能够影响整个处理区域；其次，选择最佳监测点和气体抽提点，使污染物的迁移最小化，能够捕捉气相和液相污染羽。

2）管线系统

曝气系统连接管道一般埋设在地下，曝气井通过管道系统和空气压缩机连接，靠近曝气井的管道应向井方向倾斜，使气态地下水能够冷凝回流。

3）空气压缩和真空泵设备

在选择空气压缩机和真空泵设备时，要充分考虑在地下水曝气操作过程中需要的曝气流量和曝气压力，空气压缩机同时要串联颗粒过滤器，避免将污染气体注入含水区。

4.2.3.3　适用性与优缺点

地下水曝气修复技术的应用需要考虑污染物、水文地质条件和场地施工条件等。

（1）适用污染物

适用污染物需要考虑污染物的组成、浓度、气体压力、沸点、亨利常数、溶解度等。

一般认为，有机污染物的亨利常数大于 100 atm（25℃）时，可利用地下水曝气修复技术进行修复。蒸气压高于 0.5 mmHg（20℃）的组分可以利用地下水曝气修复技术去除。存在自由相有机物时，需先去除自由相，再考虑使用地下水曝气修复技术。地下水曝气修复的常见污染物有苯系物、氯代烃（PCE、TCE、DCE 等）。

（2）适用水文地质条件

影响地下水曝气修复效果的水文地质条件包括渗透性、含水层结构和地下水中的铁离子浓度。一般情况，含水层的渗透率大于 $10^{-9}cm^2$ 时，地下水曝气修复技术有效。需要较大含水层厚度，包气带厚度要大于 2 m。较细颗粒的含水层介质中，气体注入所需压力偏大且气体有横向迁移趋势。在含水层分层或高度非均质介质中使用地下水曝气，气体会进入优势通道，可能会导致修复效果下降。地下水曝气不能用于承压含水层的地下水污染修复，因为注入的空气会被承压含水层阻断，不能返回包气带。地下水中 Fe^{2+}能与空气中的氧气反应发生沉淀，形成 Fe^{3+}氧化物沉淀，并且进而阻塞土壤中的微孔隙、造成含水层渗透率下降，影响修复效果。因此使用地下水曝气修复技术时，地下水中的 Fe^{2+}浓度应小于 10 mg/L。

（3）场地施工环境

地下水曝气区域附近存在地下室、管道或者其他的地下限制空间，会影响气体的扩散，影响修复效果。

地下水曝气修复技术的优缺点，如表 4-17 所示。

表 4-17　地下水原位曝气修复技术优缺点比较

优点	缺点
1. 设备简单，容易操作； 2. 所需空间较小； 3. 处理时间较短，修复时间为 1～3a； 4. 处理费用较低； 5. 不需要对地下水进行抽取、储存、回灌、处理等； 6. 结合土壤气相抽提法可提升修复效果	1. 不能直接处理自由相； 2. 不适用于承压含水层的地下水污染； 3. 含水层分层可能会导致地下水曝气法失败； 4. 存在使污染物扩散、迁移的可能性； 5. 停止注入空气后，污染物浓度常会有回升的趋势

4.2.3.4　技术应用流程

地下水曝气系统一般由注气单元、抽提单元、处理单元和监测单元组成，注气单元包括曝气井、管线、注气设备（如空气压缩机或鼓风机）、气体流量计、压力计、流量控制阀和调节阀等，抽提单元包括抽气井、抽气设备，处理单元包括尾气处理设备等，监测单元包括监测井、监测设备等。在选择空气压缩设备时，要充分考虑地下水曝气操作过程中需要的注入气流量和空气注入压力，同时要串联颗粒过滤器，避免将污染气体注入饱和区。

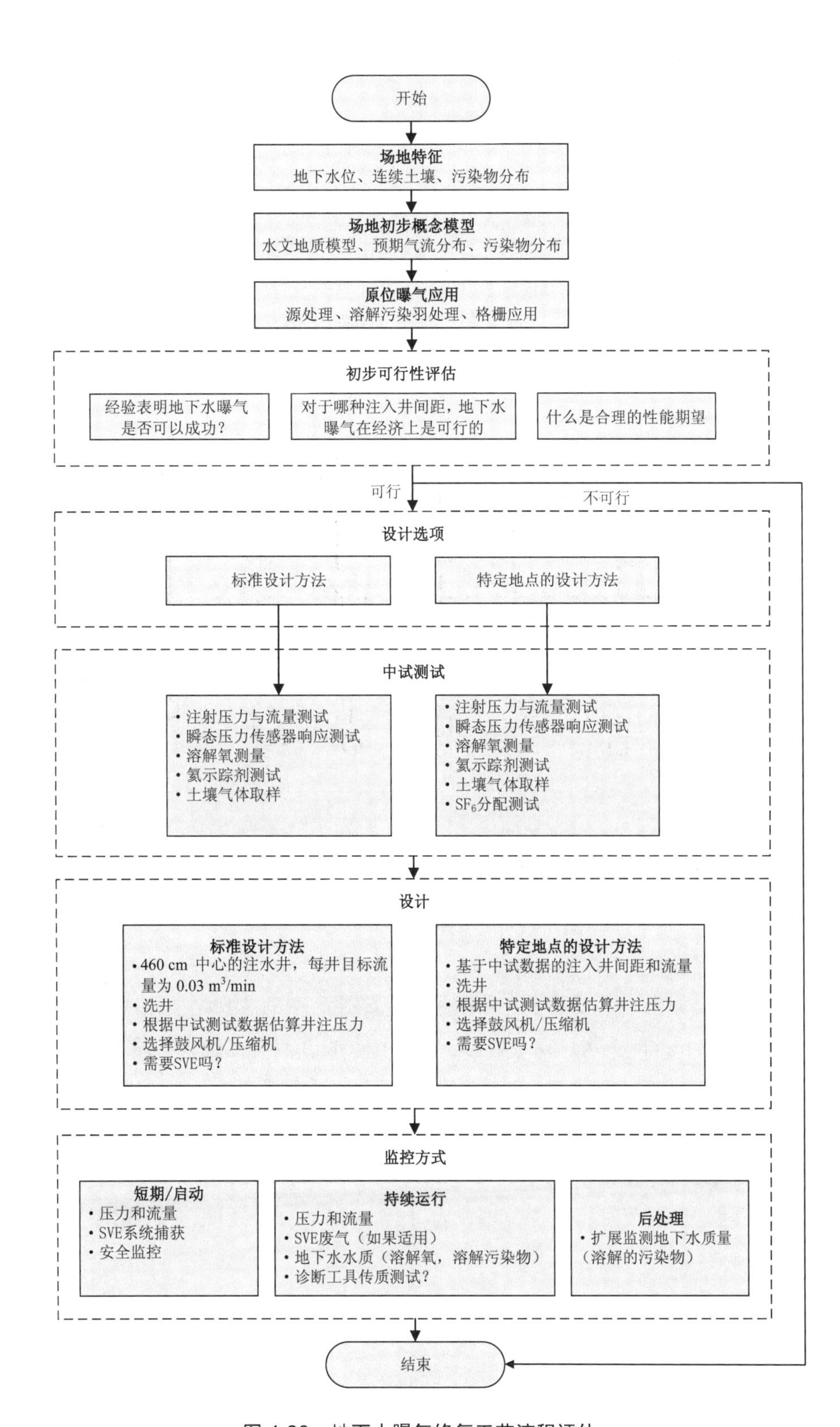

图 4-26　地下水曝气修复工艺流程评估

4.2.3.5 关键技术参数

（1）井结构与设计

确定地下水曝气井和土壤气抽提井位置及数量时，需要考虑曝气井的影响范围和最佳的监测点和蒸汽抽提点，满足注入的气体能够影响到整个处理区域，可通过确定场地的地下水空气注入的影响半径来确定影响范围，影响半径一般根据中试试验数据（包括气流观测、溶解氧浓度或者监测井的气泡等）确定。影响半径主要受含水层的渗透系数和介质非均质性的影响。在一般的设计中，影响半径范围 1. 5～30 m。曝气井和抽提井的井位平面如图 4-27 所示。

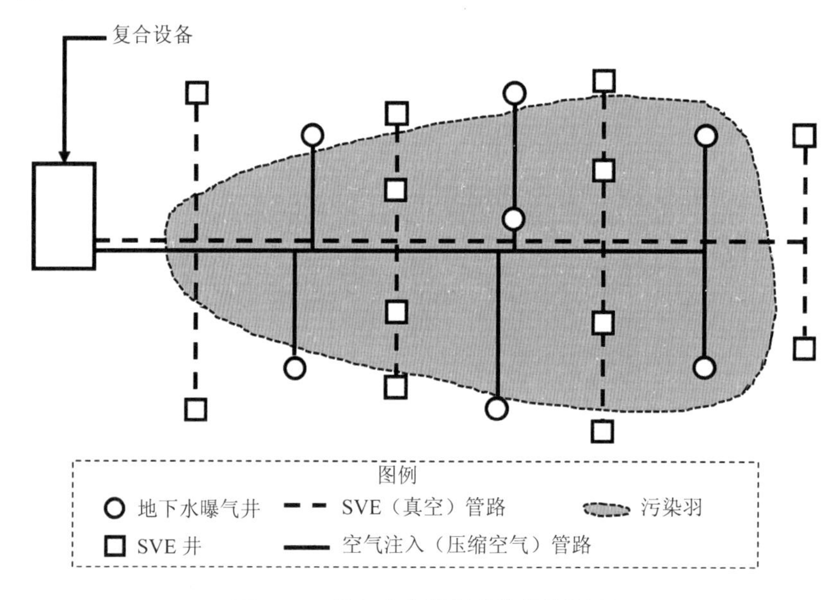

图 4-27 曝气井和抽提井的井位平面

曝气井和抽提井类型可以是垂直井或水平井，井类型的选择主要取决于场地条件。污染区域深度超过 8 m，地下水埋深超过 3 m，注气点或者抽提点数量不超过 10 口时，可选择垂直井；若地下水埋深小于 8 m，污染区域位于特殊地层介质之下，地下水注入系统位于建筑物之下时，注气点或者抽提点大于 10 个时，可选择水平井。

地下水曝气井一般由直径为 2.5～12.7 cm 的 PVC 或不锈钢管，筛管长度一般设置为 30～150 cm，通常设置在污染最深范围以下 150～460 cm，可以根据场地地层条件进行适当调整。

（2）关键参数确认

地下水曝气系统需通过现场中试来提供工程设计参数。由于本技术常结合土壤气相抽提，因此一般先单独进行中试，再同时进行两种方法的中试。中试获取的关键参数，包括影响范围、气流通路、空压机（鼓风机）功率大小等，并根据监测计划，评估最低气体注入压力，以及选择适当的空气注入流速范围。

本技术各项中试及其试验目的，可参考表 4-18。在测定地下水曝气井间距时，宜进行表中所列第 6 项试验；如采用大间距的曝气井设计时，则宜进行中试所列的第 7、8 项的试验。本技术会产生废气排放的问题，因此需考虑废气排放对于环境的影响。

表 4-18 地下水曝气技术中试试验内容

项次	试验	试验目的
1	测试含水层溶解氧（DO）、压力、土壤气、地球物理（通气性）的状况（在进行第 8 项试验时，同时了解）	了解地下水曝气法修复前含水层状况
2	注气压力与流速试验	了解在适当的压力下是否可达到设计的流速
3	地下水压反应试验	了解气体分布特性，如注入气体是否呈半圆锥形均匀分布，或是有特别分层的状况
4	氦气示踪剂试验	了解注入气体分布的边界，以及了解是否有优先通道
5	土壤气与尾气采样	了解挥发率及了解是否有明显的安全危害
6	测量溶氧量	了解注入气体分布的边界，以及了解是否有优先通道
7	六氟化硫分布试验	了解注入气体在污染范围内的水平与垂直方向的分布情形
8	其他地球物理调查工具	了解注入气体在污染范围内的水平与垂直方向分布情形，以及了解氧在地下水中的传输速率

1）现场中试设备

现场中试应至少设置一个配有压力表、流量计和控制阀的曝气井、由空气过滤器组成的供气系统、空气压缩机和压力容器。土壤气抽提系统包括控制阀、取样端口、空气/水分离器、空气处理设备。

现场中试的曝气井设置应考虑还可以在后续工程中使用，一般曝气井是直径为 0.025～0.127 m 的垂直井，井底开口位于最大污染深度 1.5 m 以下。土壤气监测点应在毛细带上方设置，最大间隔为 0.3～0.6 m。

在地下水曝气井周围布设的土壤气监测点应该在空间上覆盖注入空气所能迁移到的所有区域。在大多数情况下，土壤气监测点安装位置距离曝气井不应超过 103 m，数量不少于 10 个，以获得足够的数据来表征注入空气的分布。地下水监测井设置于曝气井周边距离不超过 6 m 的位置。

地下水曝气的关键工艺参数包括注气井和抽提井设置等。地下水曝气法常结合土壤气相抽提，一般先单独进行中试，再同时进行两种方法的中试。较大型污染地块建议进行中试，以获取现场设计所需的参数。

2）关键参数的取得

①影响半径

影响半径是地下水曝气系统设计中确定曝气井数量和井间相互位置的重要参数。影响半径一般根据中试试验结果确定，包括溶解氧浓度、水位变化情况、监测井中的气泡等。

a）溶解氧

溶解氧浓度是在试验前在各监测井内进行测量。试验开始时，先以最小的注气压力进行，按 10 min、30 min、1 h、2 h、3 h 的时间间隔观测各监测井内的溶解氧。若 3 h 后仍无法观测到溶解氧的变化，再调高注气压力。监测溶解氧时建议采用水下传感器，避免采集水样至地面量测，因为在采集水样时可能会造成扰动使得溶解氧升高而造成误导。当溶解氧变化幅度超过 50%或是达到水中饱和溶解氧浓度时，一般可视为在影响半径内。

b）水位变化

在地下水层中注入空气后，会对水位产生抬升的作用，因此可用水位变化情形来判定注气影响圈半径。在透水性良好的砂层中，水位变化情形会比较明显，在周围监测井内的水位可能上升达到 1 m，但在透水性较差的粉土中，水位变化会较低。一般而言，水位变化在 0.1 m 以上，即可视为在影响圈半径内。

在进行中试时，同样应该先以最小的注气压力进行，但是监测频率要比溶氧多，可依据 1 min、10 min、20 min、30 min、1 h 的频率观测各监测井内的水位，因为水位的变化一般会比溶氧快得多。

c）气泡产生量

在空气注入地下水层后，会在周围的监测井内产生气泡。一般当监测井内观察到每秒一个气泡上浮，并且稳定产生时，可视为注气影响圈的外围。观测频率可比照水位测量的频率。

②空气注入压力

地下水空气注入压力必须大于注入区域的静水压力和毛细压力之和，具体空气注入压力需要根据具体场地情况而定。空气注入压力不宜过大，避免地层发生裂隙形成固定空气通道，降低地下水空气注入修复效果。

地下水空气注入压力（产气流压力）P_{min} 和含水层产生的裂隙压力 P_f 分别由式（4-38）和式（4-39）进行计算：

$$P_{min} = 0.0097H_h + P_p + P_a \tag{4-38}$$

$$P_f = 0.0165D \tag{4-39}$$

式中，P_{min}——最低注入压力，MPa；

H_h——曝气井花管上部至地下水位的距离，m；

P_p——曝气井填料空气进入压力，MPa；

P_a——含水层空气计进入压力，MPa；

P_f——含水层产生的裂隙压力，MPa；

D——曝气井花管上部至地面距离，m。

在实际应用计算中，P_p、P_a 与静水压力相比很小，不是主要考虑的因素，但在渗透性较差的地层中，如黏性土中，由于毛细作用，空气进入含水层介质的压力会增大，计算时需要考虑。

③曝气流量

一般每个曝气井的空气注入量为 0.08～0.71 m^3/min，渗透性良好的地层中空气注入量应该大些，在粉质黏土等渗透性差的地层中，需要采用较低流量。因此在渗透性差的地层中，曝气井的影响圈半径会小，所需的注气井密度也会比渗透性良好的砂层要高。

进行试验时，需要同步记录气流量及所对应的注气压力。表 4-19 是常见的注气设备操作气流量及压力。

表 4-19　注气设备操作气流量及压力

注气设备形式	操作条件案例	特色
往复式活塞空气压缩机	1.5 kW 0.28 m^3/min，16 psi 0.20 m^3/min，100 psi	● 适用于较深的地层、透水性较差的地层 ● 设备使用周期长 ● 噪声高 ● 气流量较低 ● 气流会有脉冲现象 ● 注气压力高
旋转螺杆式空气压缩机	5.6 kW 0.90 m^3/min，100 psi 0.65 m^3/min，150 psi	● 适用于较深的地层、透水性较差的地层 ● 在高压时仍可产生较高的气流量 ● 噪声较低
旋涡风机	3.7 kW 1.7 m^3/min，5 psi 1.0 m^3/min，8 psi	● 注气压力低 ● 气流量高 ● 成本低 ● 设备使用周期长
旋转叶片鼓风机	3.7 kW 3.6 m^3/min，6 psi 1.7 m^3/min，10 psi	● 注气压力与气流量较为稳定 ● 气流量只能通过改变发动机或皮带驱动来改变

注：1 psi=6.89 kPa。

可见，空气注入流量的选择需要提供足够大的影响范围，以促进有机物在气/液相间传输，典型的空气注入量为 0.08～0.71 m^3/min。通常情况下，地下水空气注入速率应小于土壤气相抽提速率，一般抽提速率为20%～80%。

4.2.3.6 监测与过程控制

（1）监测

监测与控制计划应包括系统启动运行和长期运行两个阶段。在启动运行中，应仅从系统的土壤气抽提部分开始。土壤气相抽提系统调整好后，再启动空气注入系统。启动运行应包括7～10 d的歧管阀门调整，用来平衡空气注入速率和优化流量。在初始运行时，每小时应记录气体注入和抽取速率、压力、地下水埋深、水力梯度和VOC浓度，直到流量稳定。每天监测气体注射速率。若附近有公用线路、地下室或其他地下密闭空间，应监测蒸汽浓度。

在长期运行过程中，长期监测应包括地下水、蒸汽井和鼓风机排气口的污染物浓度、流量和压力测量、蒸汽浓度等，在系统运行期间，应每两周或每月进行一次测量。

本技术结合土壤气相抽提系统时，监测项目包括：注入压力与真空压力、地下水位、空气流量、地下水的溶解氧及污染物浓度、抽出气体或土壤蒸气中的O_2、CO_2及关注的污染物。监测详细内容包括：监测项目、监测目的、监测对象、分析项目及监测频率。

本技术的地下水曝气作用可能造成含水层的扰动，因此应遵照设计操作参数进行操作。修复系统如安装土壤气相抽提设备，抽出气体的排放应符合相关大气污染防治规范的要求。

（2）过程控制

工程运行一段时间后，污染物的去除率会开始降低，为提升去除率，系统将会转换成不同的运行模式，如采用脉冲操作的模式，即将空气注入设备关闭一段时间，仅进行抽气，再开启空气注入设备的操作方式。由于含水层气体通道的不断变化，可促使地下水与空气充分混合，提高挥发性有机物的去除率。

表4-20 地下水曝气法/土壤气相抽提系统运行效果监测

项目	注气、抽气设备	尾气处理系统	空气注入系统
监测目的	设备调整至优化	尾气处理设备评估	评估系统修复性能
监测对象	注气井、抽气井、歧管、鼓风机、排放管	排放口	监测井
分析项目	注入压、真空压、气体流量	有机气体浓度	污染物项目、土气浓度、溶解氧、氧化还原电位、pH、生物降解产物（如CO_2）、水位

项目	注气、抽气设备	尾气处理系统	空气注入系统
监测频率	①第一周每日至少测量 1 次，之后第一个月每周至少测量 1 次； ②正式运转期间，每月至少测量 1 次	①便携式检测设备，第一周每日至少测量 1 次，之后第一个月每周至少测量 1 次；正式运转期间，每月至少测量 1 次； ②试行阶段至少进行 1 次实验室检测，正式运转期间每月或每季 1 次	地下水污染物项目：定期（如每月或每季）采样，送实验室进行分析
备注	①试行阶段，应测量个别注气井、抽气井、歧管、鼓风机、排放管的压力、气体流量，并同时测量监测井，以评估有效处理范围； ②试行阶段应每日测量地下水位，以评估注气造成水位隆起的状况	①利用便携式检测设备，如火焰离子化检测器（FID）或光离子检测器（PID）进行检测； ②应于试行阶段采集气体样品送实验室，针对特定 DNAPLs 污染物项目进行检测	①修复系统完全关闭后进行； ②土壤气浓度、溶解氧、氧化还原电位、pH 与地下水位于现场进行检测

4.2.3.7　实施周期及成本

地下水曝气修复的处理周期与场地水文地质条件和污染物性质密切相关，一般需要通过中试确定。地下水原位曝气修复的主要费用是初始投资成本和运营维护成本。初始投资成本包括场地调查，现场中试、设计和系统构建；运营维护成本包括监控、抽出气体的处理，以及场地平整的费用。虽然系统设计和安装成本可能与其他类似技术相当，但因为周期短，运营维护成本可能会降低。

地下水曝气修复的处理成本与污染物浓度及工程规模等因素有关，具体成本包括建设施工投资、设备投资、运行管理费用等。一般情况下，在国外采用地下水曝气修复的成本为 225～525 美元/m^2。根据在国内的实施经验，修复成本为 300～500 元/m^2。

4.2.3.8　常见问题与解答

Q1：地下水曝气中排放标准和监测要求？

A1：曝气设计过程中需要考虑外排空气的浓度，必须满足当地空气质量排放标准，并在排放过程中定时监测，分析其是否需要进行尾气处理。

4.2.4　原位化学氧化/还原

4.2.4.1　技术名称

原位化学氧化/还原，in situ chemical oxidation/ reduction。

4.2.4.2 技术介绍

（1）技术原理

原位化学氧化/还原技术是通过注入设备向土壤或地下水的污染区域注入氧化剂/还原剂等化学制剂，使化学制剂在地下扩散，与土壤或地下水中的污染物接触，通过氧化/还原反应，使土壤或地下水中的污染物转化为无毒或低毒的物质，从而有效降低土壤和地下水污染的风险。

（2）技术分类

原位化学氧化/还原技术按注入方式可分为注入井注入、直推式注入、高压旋喷注入和原位搅拌。不同注入方式下的原位化学氧化/还原关键技术参数及指标详见 4.2.4.5。

（3）系统组成

原位化学氧化/还原系统组成包括药剂配置单元、药剂注入单元、监测单元等，以及供电单元、过程控制等辅助单元。其中，药剂配置单元一般由药剂罐、搅拌机构成，当氧化剂为臭氧时，药剂配置单元为臭氧发生器。药剂注入单元一般由注药泵和注入井组成，直推注入方式的药剂注入单元由直接推进式钻机、注射泵等组成；高压旋喷方式的药剂注入单元由高压注浆泵、空气压缩机、旋喷钻机、高压喷射钻杆、药剂喷射喷嘴、空气喷射喷嘴等组成；原位搅拌方式的药剂注入单元由搅拌头或搅拌桩机、挖掘机等组成。监测单元由监测井、地下水采样监测设备组成。

4.2.4.3 适用性与优缺点

（1）污染物

原位化学氧化技术适用于污染土壤和地下水中的苯系物、氯代烃、多环芳烃、甲基叔丁基醚、酚类、农药等多种有机污染物。原位化学还原技术适用于氯代有机物、六价铬、硝基化合物、高氯酸盐等。当该技术用于地下水污染修复时，主要适用于地下水残余污染源区，当成本合适时也适用于中等浓度污染地下水。不同药剂对典型污染物的适用性见表 4-21。

（2）水文地质条件

原位化学氧化/还原技术适用于土壤渗透系数大于 10^{-6}cm/s 的地块，当存在 NAPL 时使用该技术具有较大的难度。

（3）优缺点

原位化学氧化/还原技术的优点：①可去除多种污染物；②修复周期短，效率高；③水相、吸附相和非水相的污染物可以被转化，能促进污染物解吸和 NAPL 的溶解等。

原位化学氧化/还原技术的缺点：①一些氧化剂的稳定性较差或反应速度过快，可能出现氧化剂传输困难和传输不均匀等问题；②土壤中存在有机质、还原性金属等物质，会消耗大量氧化剂，影响修复效率；③存在降解副产物问题，可能会造成二次污染。

表 4-21　氧化剂对污染物的适用性

污染物	过氧化氢/芬顿试剂	高锰酸盐	过硫酸盐（活化）	臭氧	臭氧/过氧化氢
苯	高	低	高	中	—
苯系物（TEXs）	高	高	高	高	高
甲基叔丁基醚	高	—	高	高	高
叔丁醇	高	—	高	高	高
氯乙烯	高	高	高	高	高
二氯乙烯	高	高	高	高	高
三氯乙烯	高	高	高	高	高
四氯乙烯	高	高	高	高	高
四氯化碳	中	低	—	低	中
三氯甲烷	低	低	—	低	低
二氯甲烷	中	—	—	中	中
三氯乙烷	高	低	—	低	高
二氯乙烷	中	—	—	中	中
1,2,3-三氯丙烷	低	低	中	低	低
氯苯	高	—	高	高	高
二噁烷	高	—	高	—	高
多氯联苯	中	低	低	低	中
多环芳烃	中	高	中	中	中
有机磷农药（如敌敌畏）	低	中	中	低	低
有机氯农药（如 DDT 和六六六）	低	中	中	低	低
酚	高	高	高	高	高
爆炸物	高	高	中	高	高

4.2.4.4　技术应用流程

原位氧化/还原的工艺流程为：通过小试/中试确定注入药剂配方，筛选确定注入方式、影响半径和注射深度，确定点位布设。药剂制备后，利用药剂注入单元向目标污染区域的土壤或地下水中注入药剂，通过监测注入井或注入点的压力、温度等参数进行药剂流量控制。药剂注入后需开展运行监测，自检达标后进入下一阶段修复工作或修复效果评估环节（图 4-28）。

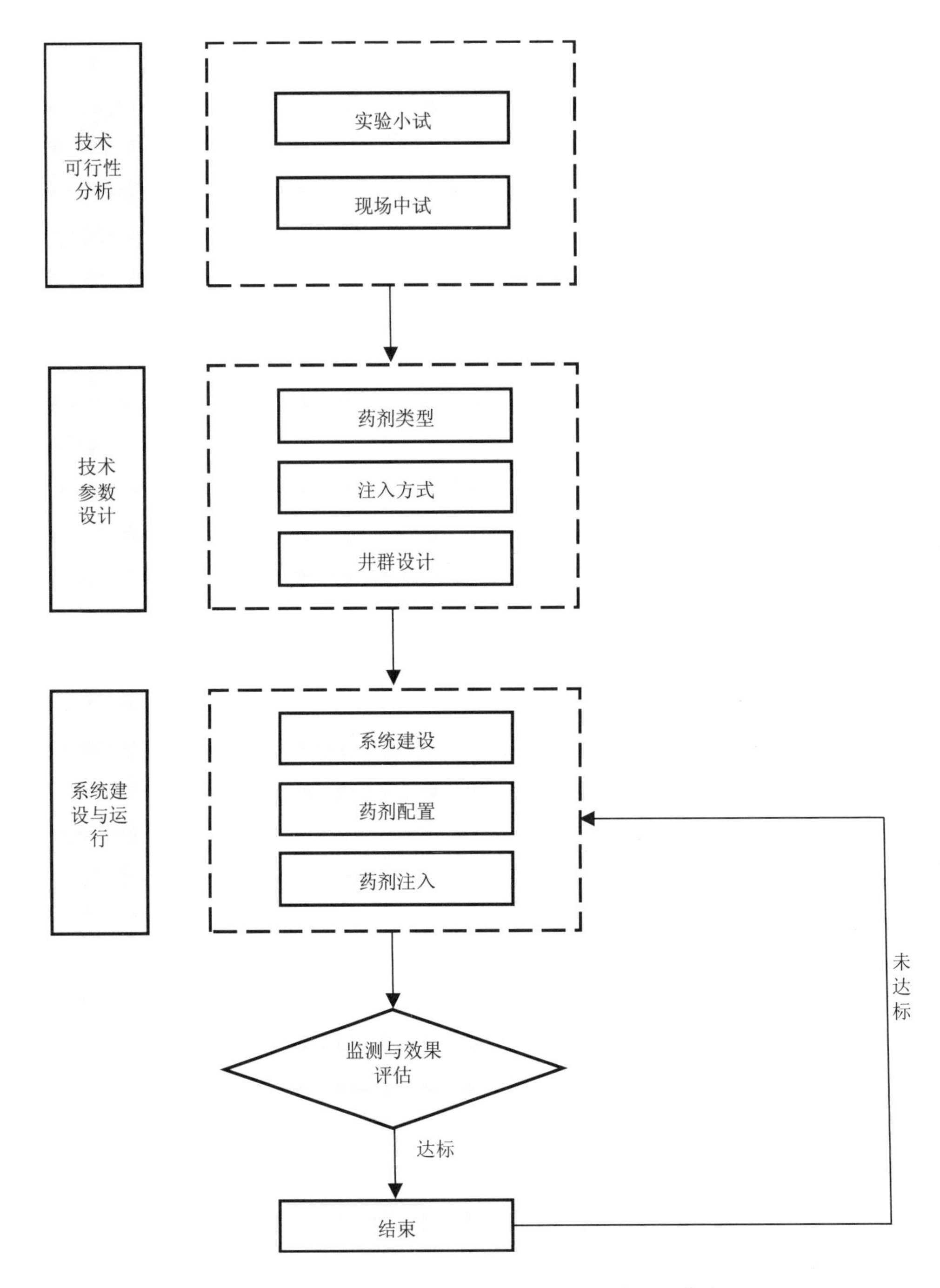

图 4-28 污染地下水原位化学氧化/还原修复工艺流程

4.2.4.5 关键技术参数

（1）药剂类型及选择

常用的氧化剂有过氧化氢（H_2O_2）/芬顿试剂、高锰酸盐（MnO_4^-）、过硫酸盐（$S_2O_8^{2-}$）、臭氧（O_3），氧化剂的应用特性见表 4-22。

表 4-22　氧化剂的物理化学性质、活化方式及应用特性

性质	过氧化氢/芬顿试剂	高锰酸盐	过硫酸盐	臭氧
物理性质	液体	高锰酸钠，液体（900 g/L，20℃） 高锰酸钾，固体（65 g/L，20℃）	过硫酸钠，固体（550 g/L，20℃）	气体
标准氧化电位	1.8 V	1.7 V	2.0 V	2.1 V
药剂稳定性	数分钟至数小时	＞3 个月	数小时至数周	数分钟至数小时
活化剂和活化方式	过渡金属（Fe^{2+}） 天然矿物	—	碱活化 热活化 过渡金属（Fe^{2+}） 螯合剂-过渡金属	双氧水活化
作用自由基	羟基自由基（2.8 V）	—	硫酸根自由基（2.5 V）	羟基自由基（2.8 V）
氧化剂应用局限性	反应较剧烈，需要考虑安全性问题；对 pH 要求较高（pH 为 5 左右）	生成二氧化锰造成含水层空隙堵塞；造成地下水色度问题；应用时需要考虑其可获取性	碱活化对 pH 要求较高（pH 为 10～12）；产生硫酸盐，造成二次污染	需现场制成

常见的还原剂包括连二亚硫酸钠、亚硫酸氢钠、多硫化钙、硫酸亚铁和零价铁。

以过渡金属（Fe^{2+}）作为 H_2O_2 或 $S_2O_8^{2-}$ 的活化剂时，随着氧化反应的进行，因氢氧化铁沉淀的产生，会出现 Fe^{2+} 失效现象。添加螯合剂可有效避免这一问题。常用的螯合剂有柠檬酸、环糊精和乙二胺四乙酸（EDTA）等。

药剂初步筛选可参考表 4-21，结合实验室小试初步确定，在此基础上进行现场中试验证。实验室小试和现场中试需考虑药剂对目标污染物的降解效果以及可能产生的二次污染物。例如，甲基叔丁基醚降解过程会产生甲酸叔丁酯和叔丁醇且毒性比甲基叔丁基醚本身更大。含氯有机农药（HCHs 和 DDT）化学还原过程中会产生氯苯类和双-（对氯苯基）-乙酸。

原位化学氧化/还原现场中试和施工开展之前，需要实验室研究原位注入药剂的反应机理、反应效果和反应条件，初步确定反应技术参数。影响药剂降解效果的因素包括：环境 pH、温度、反应时间、辅助药剂（活化剂等）和注入药剂类型与添加剂量。小试试验可通过采集地块含水层介质，设计模拟地块条件的反应体系，向体系中添加不同种类浓度的药剂进行降解试验，分析污染物浓度、药剂浓度随时间变化规律，从而确定不同药剂对污染

物的降解效果和药剂投加比。

现场中试能验证药剂在实际土壤和地下水环境中的修复效果，在规模较大或场地条件较为复杂的情况下建议开展中试，现场中试应注意以下几点。

①需要在现场选择具备代表性地块，现场实验地块面积选择 100～500 m^2 为宜。

②药剂的注入可以使用已有的注入井或新建注入井，确定所选择注入方式的影响半径、注入流量、注入压力、药剂用量等。

③在注入井（孔）、原位搅拌区域附近或地下水下游方向布设监测井，距注入井（孔）不同距离需设监测井，以观测氧化剂的扩散，同时监测中试地块外的污染羽情况。

（2）药剂注入用量确定

确定药剂注入用量需考虑以下因素：天然还原性物质（如有机碳、还原性金属、还原性矿物质和碳酸盐）的含量；溶解相、吸附相和非水相（NAPLs）污染物本身所需的氧化剂；氧化剂反应速率和在含水层中的稳定性；所需的影响半径。

氧化剂用量需要通过小试和中试确定，不同类型药剂注入浓度经验值见表 4-23。通常情况下，过氧化氢的注入浓度多选择在 3%～35%（质量百分比，下同）。3%的双氧水一般用在反应初始阶段或与生物修复联用，高浓度的双氧水一般用于存在 DNAPLs 的地块修复。当以 Fe^{2+} 为活化剂时，一般要求 pH 维持在 3.5～5 以保证反应效果。高锰酸盐的浓度一般选择在 1%～40%。选择高锰酸钾或高锰酸钠主要从经济角度考虑，高锰酸钾的单价要远远低于高锰酸钠，但高锰酸钾的溶解度很低。在设计高锰酸盐浓度时需要重点考虑土壤有机质和还原性金属对其消耗作用。用氧气制臭氧时浓度一般为 5%～10%，用空气制臭氧时浓度一般为 1%。臭氧具有较强的活性和腐蚀性，因此应用时必须现场制备。

表 4-23　常用药剂注入浓度经验值

药剂类型	一般注入浓度
过氧化氢/芬顿试剂	3%～35%（质量百分比）
过硫酸盐	—
高锰酸盐	1%～40%（质量百分比）
臭氧	5%～10%（质量百分比）
零价铁	以安全系数 5～10 进行乘算

还原剂的用量分为污染物还原剂消耗量和药剂的额外损耗量。需要注意的是，实际的药剂用量需要通过现场中试进一步确定。以零价铁还原剂为例，其用量不仅与目标污染物浓度有关，还受地下水其他电子受体（如氧、亚硝酸盐、硫酸盐和有机质等）影响。零价

铁的浓度可根据电子受供体之间的电子转移进行计算，并用安全系数（一般为 5～10）进一步核算。

（3）药剂注入方式的选择

原位化学氧化/还原注入方式需综合考虑污染地块的水文地质条件、污染物特征、污染深度、药剂性质、修复费用等。常见的药剂注入方式有注入井注入、直推式注入、高压旋喷式注入和原位搅拌等，不同的药剂注入方式见表 4-24。

表 4-24　不同药剂注入方式的适用性

注入方式	适用性	优点	缺点
注入井注入	适用于渗透系数较好的含水层介质；适用于可能需要重复注射的场地	药剂可重复注射；可适用于大于 30 m 深度的地下水污染修复	注入点后续无法调整优化；注入深度不易调整；成本较高
直推式	适用于需多层注射的地块；不适用于存在基岩、碎石的地层	注入孔及注入深度可在施工中调整优化；浅层修复工艺成本较低	注入点药剂使用量不能过大；影响半径小
高压旋喷	可适用于不同渗透性的含水层介质	可用于低渗透性含水介质	成本较高；对地层扰动性较大；具有安全隐患
原位搅拌	一般适用于地下水埋深小于 2 m 的场地	药剂和污染介质充分接触	地下水埋深较深时应用受限；对土层扰动性较大

1）注入井注入

注入井注入是通过固定井向目标地下水污染区域注入药剂，使药剂在地下扩散并与地下水中污染物接触。进行注入井注入设计时，需重点考虑药剂注入量、注入点和监测点布设、注入深度、注入流量/压强等（图 4-29）。

根据收集的地块信息可对理论注入的流量/压强进行计算。

注入井药剂注入的难易程度以及药剂的水平迁移显著受到垂直注入压强的影响。最大垂直注入压强可以通过土壤干重密度、湿重密度、渗流层顶板以及含水层顶板距注射点的距离等估算而得：

$$P_{max} = (\rho_{dry} \times g \times h_{dry} + \rho_{sat} \times g \times h_{sat}) - \rho_{water} \times g \times h_{sat} \tag{4-40}$$

式中，P_{max}——最大垂直注入压强，Pa；

ρ_{dry}——含水层土壤干重密度，g/m^3；

ρ_{sat}——土壤湿重密度，g/m^3；

ρ_{water}——水的密度，g/m^3。

g——重力加速度，m/s^2；

h_{dry}——渗流层顶部到注入点的距离，m；

h_{sat}——含水层顶部到注入点的距离，m。

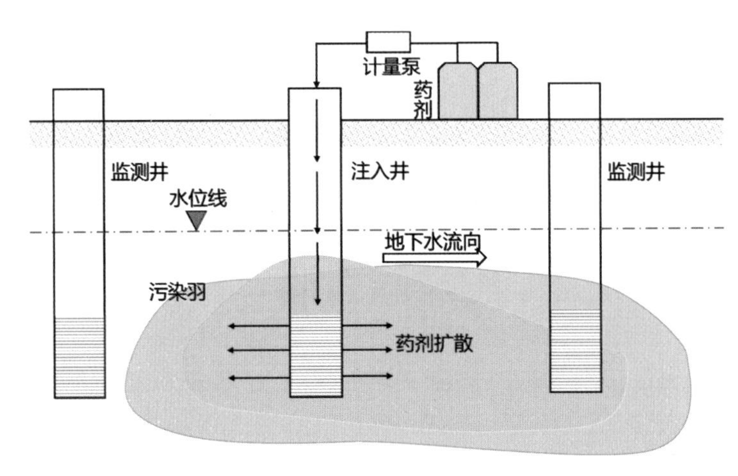

图 4-29 注入井注入示意图

由于地下情况复杂以及注入过程是一个动态的反应过程，仅通过污染地块的水文地质条件来设计注入系统不够准确，需进行现场中试进一步确定和优化设计参数。

2）直推式注入

直推式注入是指依靠直推式注入设备将氧化剂以一定压力直接注入污染土壤和地下水中的方式。进行直推式注入设计时，需重点考虑药剂注入量、注入点和监测点布设、注入流量/压强、注入深度、注入次序（通常从污染羽外围向污染中心区域进行）、直推注入设备参数设计（表 4-25）等。

表 4-25 直推式注入参数（部分）

参数	建议范围
注入深度间距/m	0.3～1.5
最大注入深度/m	30
初始压强（黏土层）/（kg/cm^2）	3～7

直推式注入可以由表层到深层或由深层到表层连续注入，注入间距深度通常在 0.3～1.5 m。直推式注入探头一般推进至与污染区域同样深度或者更深的位置。直推式注入最多可以推进至 30 m 左右的深度，最大深度可能由于坚硬的基岩、建筑垃圾或者碎石的存在而减小。适当增加药剂溶液的注射压力或注射速率可以在地下发生破裂反应增强药剂的作

用范围，但注入压力过高则会造成冒浆或形成过大的裂隙，导致药剂向非目标区域扩散。以目标层为黏土层为例，为了使药剂能进入目标区域，同时避免黏土层结构被破坏，可使用 3 kg/cm^2 左右的较低初始压强。

直推式注入设备的参数主要包括设备质量、地面压力、地面速度和尺寸参数、发动机参数和液压系统参数。其中，设备的转运高度、转运宽度、转运长度、向下液压系统压强（最大）、液压系统流速、左前侧或后侧的辅助液压接头流速（最大）和右前侧辅助液压接头流速（最大）为设备选型时需要考虑的主要参数，可根据注入孔布置情况进行设备的选型。

3）高压旋喷式注入

高压旋喷式注入是利用钻机把带有喷嘴的注浆管钻进土层的预定位置后，用高压设备使药剂浆液或水（空气）形成 20～40 MPa 的高压射流从喷嘴中喷射出来，冲切、扰动、破坏土体；同时钻杆以一定速度逐渐提升，将药剂浆液与土粒强制搅拌混合，由于注射压力高，药剂溶液进一步在含水层中扩散，其扩散半径较大。根据喷射方法的不同，高压旋喷式注入法可分为单管法、二重管法和三重管法。进行高压旋喷注入设计时，需重点考虑药剂注入量、注入点、监测点布设和高压旋喷注入设备参数等。高压旋喷注入设备主要参数如表 4-26 所示。

表 4-26　高压旋喷机主要参数

技术参数	参数范围
最大钻孔深度/m	50～60
钻杆直径/mm	ϕ50、ϕ60、ϕ73、ϕ89、ϕ102、ϕ114
旋喷施工方式	单管、双重管、三重管
钻塔高度/m	3.5～22
一次装接杆长度/m	3、7、12、17、22
钻孔倾角	左右±10°、前后-10°～100°
动力头转速/（r/min）	0～180
钻杆提升速度/（mm/min）	0～450
整机质量/kg	980～3 500

4）原位搅拌

原位搅拌借助大直径（通常为 1～3.5 m）的螺旋钻，通过螺旋输送器中的配料系统，将药剂添加到土壤/含水层介质中，使土壤/含水层介质与药剂混合。该技术的优点是可确保受污染的土壤/含水层介质与药剂之间充分接触，缺点是其应用成本随着修复深度的增加而呈明显增长，该技术典型的应用深度为 15 m 以内。此外，该技术对土壤环境的扰动较大，可能使土壤结构和性质发生改变而影响土地利用。应用该技术时，还可以清挖出一部分污染源区的土壤，将药剂以粉末或泥浆的形式投入后进行原位混合。

（4）影响半径的确定

药剂影响半径（有效扩散半径）主要与药剂注入方式、注入压力、药剂类型、注浆量、地层岩性、密实度、地层饱和度、地下水流速、药剂在地层中有效反应时间等多种因素有关。例如，高压旋喷的影响半径受注射法（单管法、二重管法和三重管法）影响较大。单管法仅注射药剂，影响半径较小（一般为 0.3～0.8 m）。二重管法在注射药剂的同时注射高压空气，可冲击破坏土体，加速药剂的扩散并加大药剂的作用范围，最大作用半径可达 0.8～1.0 m。采用三重管法可使药剂的影响半径达到最大。在实际工程中需根据现场中试确定影响半径。

一般情况下，对于均质含水层的饱和区，注入的液体药剂会从土壤介质孔隙中置换出相同体积的水。孔隙度是土壤介质孔隙空间的常用度量：

$$\text{孔隙度}(\eta)=\frac{\text{土壤介质孔隙体积}(V_{\text{void}})}{\text{土壤介质总体积}(V_{\text{total}})} \tag{4-41}$$

在各向同性的均匀介质中，药剂处理区域可用圆柱体表示（图 4-30）。根据圆柱体的半径和高度，可以确定待处理区域的理论土壤总体积。将该土壤总体积乘以孔隙度即可确定排出水的体积。

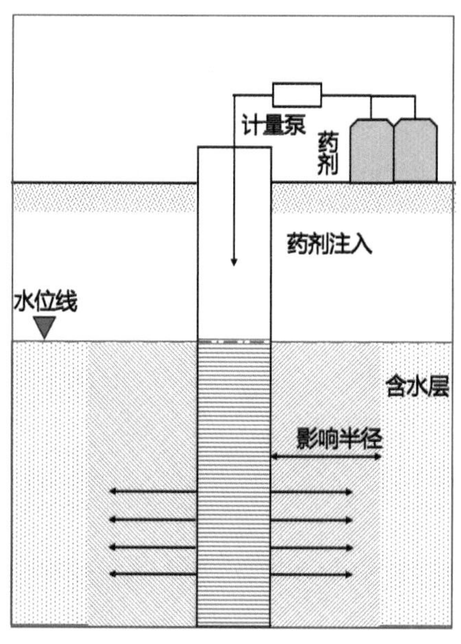

图 4-30　各向同性均匀介质处理区域示意图

地层水平和垂直方向渗透系数的差异决定了药剂扩散的特点。在很多情况下，垂直方向的渗透系数明显低于水平方向，导致药剂传输范围主要在注入井筛管区域内。

药剂注入地下后的影响半径基本计算公式：

$$R_{\text{inj}}=\sqrt{\frac{V_{\text{inj}}}{\pi h\eta}} \tag{4-42}$$

式中，R_{inj} ——药剂影响半径，m；

V_{inj}——注入药剂体积，m^3；

η——处理区域介质孔隙度，%；

h——处理区厚度，m。

在实际场地中，除考虑注入药剂溶液置换出的地下水体积以外，还需考虑药剂注入后的混合、扩散和弥散等一系列复杂过程。

（5）注入点与监测点的布设

1）注入点

药剂在地下系统中传输的影响半径决定了注入井（孔）的间距和分布情况。一般而言，注入井（孔）在整个修复区域的布设应当使药剂可以通过足够多的注入井（孔）形成水平或垂直方向上的重叠区域，从而保证药剂与污染物充分接触。可先根据经验值设计初始间距，再根据场地中试结果最终确定。对于注入井（孔）注入，初始注入间距可设定为影响半径的 2 倍左右。直推式注入的初始间距可设定为影响半径的 1.5～2 倍。由于直推式注入技术具有灵活性高、效率高等特点，因此可以根据每个点位的不同情况，现场调整注入井（孔）位以保证修复效果。

此外，在注入井（孔）布设设计时，需要考虑地层的非均质性导致影响半径在水平和垂直方向上的差异（图 4-31）。

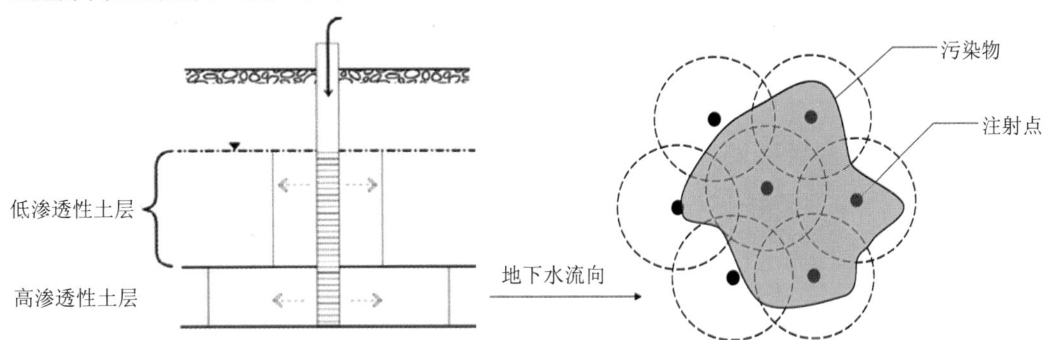

图 4-31　地层异质性对影响半径的作用

2）监测点

根据地块地质与水文地质条件、地下构筑物情况和地下水污染特征，进行修复监测井的布设，设置对照监测井、内部监测井和控制监测井，可充分利用地块环境调查设置的监测井。对照监测井、内部监测井和控制井的布设要求可参考 HJ 25.6—2019。

4.2.4.6 监测与过程控制

当地层的非均质性较强或存在透镜体的情况下，由于污染物的反向扩散作用，修复拖尾和污染物浓度反弹的情况较为常见，因此可以分批次进行氧化剂的注入，每个批次的注入点可以根据系统运行和监测的情况进行调整。

原位化学氧化/还原监测分为背景监测、系统运行阶段监测以及修复效果评估监测，涉及的监测指标和监测频次如表 4-27 所示。系统运行与监测按照 HJ 25.6—2019 执行。

表 4-27 修复过程监测项目与监测频次一览表

监测项目		工程运行监测	
		是否监测	频次
地下水水位		√	选择代表性点位定期监测，监测频次宜根据系统运行时间和运行效果调整
污染物浓度		√	
地下水中药剂浓度		○	
水质指标	pH	√	
	溶解氧	√	
	温度	√	
	氧化还原电位	√	
	阴离子*	○	
	阳离子*	○	
二次污染指标*	重金属（Cr^{6+}/As/Hg 等）	√	
	降解副产物	√	

注：√表示监测项目为必测，○表示监测项目为选测；阴离子包括 NO_3^-、NO_2^-、SO_4^{2-}等；阳离子包括 Fe^{2+}、Mn^{2+}等；表示二次污染指标根据注入药剂类型和地下水成分选择性必测。

原位化学氧化/还原系统运行期需对注入药剂浓度以及注入药剂引起的二次污染指标（如重金属和降解副产物，详见表 4-22）进行监测，从而确定药剂是否到达修复目标层、药剂是否扩散覆盖修复范围以及修复过程是否造成二次污染等内容。

4.2.4.7 实施周期及成本

原位化学氧化/还原技术的成本投入与地下水修复量、药剂注入系统类型、修复药剂种类及其用量、修复目标等因素相关。在不存在污染反弹的情况下，运用化学氧化/还原的修复期一般在 1 年以内，具体时间需要根据监测过程中地下水质达到修复目标且不再反弹进行确定。原位化学氧化/还原技术的成本主要包括：①药剂配置部分（药剂原料费用、药剂混合/生产费用等）；②药剂注入部分（注入管道/井、药剂注入设备等）；③监测部分（监测井建设、取样、分析等）；④其他部分（电费、人工费用等）。根据国外相关经验，使用原位注入技术修复污染地下水的处理成本为 50～150 美元/m³。根据国内现有工程统计数据，原位化学氧化/还原技术成本为 400～700 元/ m³。国内外已有场地修复案例成本总结见表 4-28。

表 4-28　国内外原位化学氧化/还原技术案例成本分析

案例编号	地块规模*	含水层岩性	目标污染物	污染物最大浓度/（μg/L）	药剂类型	注入方式	平均成本
国外-案例 1	小型	细沙、粉质砂土	二氯乙烯、三氯乙烯	1.65×10^4（三氯乙烯）	过硫酸盐	循环井	250 美元/m³
国外-案例 2	小型	黏土、粉土、砂土和砾石	二氯乙烯、三氯乙烯	5.20×10^4（三氯乙烯）	过硫酸盐	直推式	76 美元/m³
国外-案例 3	小型	砂土和粉土夹杂黏土	三氯乙烯、1,1-二氯乙烯	450（三氯乙烯）、700（1,1-二氯乙烯）	高锰酸钾	注入井	68 美元/m³
国外-案例 4	中型	填埋物、粉土和砂土	氯乙烯	380	过硫酸盐	注入井	50 美元/m³
国外-案例 5	中型	粉质沙土、黏质粉土	苯系物、石油烃	2 000（苯）、6.50×10^4（总石油烃）	芬顿试剂	注入井	90 美元/m³
国内-案例 1	中型	杂填土、粉质黏土、粉细砂、粉质黏土	三氯乙烷、二氯乙烷、二氯乙烯、氯乙烯		碱活化过硫酸盐	高压旋喷	550 元/m³
国内-案例 2	大型	粉黏土、亚黏土、粉质砂土	石油烃、4,6-二硝基-2-甲酚、偶氮苯、苯、甲苯等	3.08×10^5（总石油烃）2 420（4,6-二硝基-2-甲酚）、4 170（偶氮苯）		高压旋喷	550 元/m³
国内-案例 3	大型	细、中砂层	1,2 - 二氯乙烷、氯仿、氯乙烯	8.33×10^6（1,2–二氯乙烷）7.30×10^4（氯仿）1.19×10^5（氯乙烯）	零价铁+缓释碳源	原位搅拌、注入井、高压旋喷	/

注：场地规模根据污染介质方量划分，小型小于 5 000 m³，中型为 5 000～30 000 m³，大型大于 30 000 m³。

4.2.4.8　常见问题及解答

Q1：通常在什么情况下选用原位化学氧化/还原技术进行地下水修复？

A1：通常选择原位化学氧化/还原技术来修复污染物易于氧化还原降解的污染源区域，且工期要求相对较短的情况。

Q2：原位化学氧化/还原技术的修复周期有多长？其影响因素有哪些？

A2：原位化学氧化/还原技术对污染源区域的修复较快，修复周期通常为数月。实际的修复周期取决于场地特性。对于有如下特征的场地，修复周期会更长：

①污染源区域大，污染物浓度高；

②非均质性地层或地下建筑物阻碍氧化剂快速均匀地扩散；

③地层渗透性低；

④修复目标严格。

Q3：原位化学氧化/还原技术实施时是否存在安全隐患？

A3：技术人员在处理药剂时应穿防护服，可在正确处理药剂的情况下，对环境或技术实施人员实现风险可控。当使用过氧化氢等反应较剧烈的氧化剂时，应注意药剂反应过程产热、产压带来的安全风险。

Q4：原位化学氧化/还原技术实施期间对周边居民和环境的影响有哪些？

A4：周边居民可能会看到药剂运输、配制、注入等施工过程。在药剂注入期间，周边居民会受到钻井平台、泵和其他设备的运行声音的影响。如果防控不当，注入的药剂或降解副产物可能会扩散影响周边地下水环境。在药剂注入后，除了技术实施人员在现场定期进行的地下水取样及监测，修复过程主要在地下水环境中进行，对周边居民几乎不产生其他影响。

4.2.5 多相抽提

4.2.5.1 技术名称

多相抽提，multi-phase extraction。

4.2.5.2 技术介绍

（1）技术原理

多相抽提是通过使用真空提取手段，同时抽取地下污染区的土壤气、地下水和 NAPL 到地面进行相分离、处理，以去除目标污染物的修复技术。

多相抽提技术结合了气相抽提和抽出处理的特点，通过气相和液相的抽提，使区域地下水水位下降，抽提井区域气压下降，促进毛细带和饱和带中污染物的相迁移和地下水向抽提井汇聚。

（2）技术分类

根据抽提结构，多相抽提系统可分为单泵抽提系统和双泵抽提系统。在单泵抽提系统中，将土壤气流、地下水和 NAPL 通过单个真空源（真空泵或鼓风机）从抽提井中输送到地面；在双泵抽提系统中，土壤气流、地下水和 NAPL 通过独立的泵或真空系统从对应的导管中抽提到地面。

（3）系统组成

多相抽提系统主要包括抽提单元、相分离单元和污染物处理单元，单泵系统和双泵系统的系统配置分别如图 4-32 和图 4-33 所示。

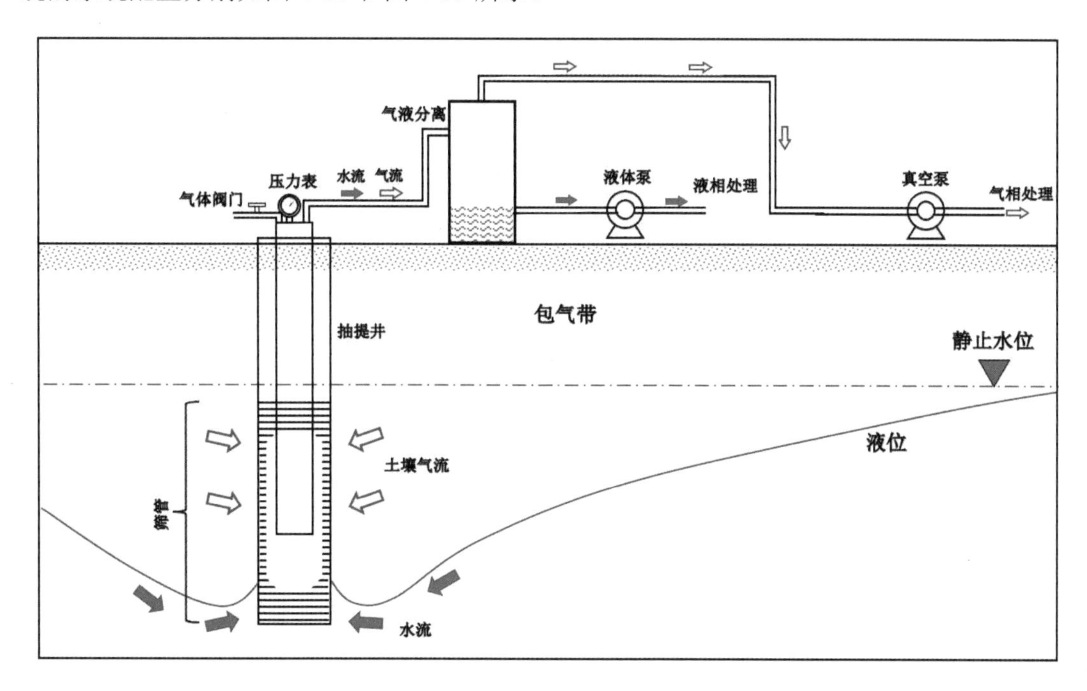

图 4-32　多相抽提系统配置（单泵）

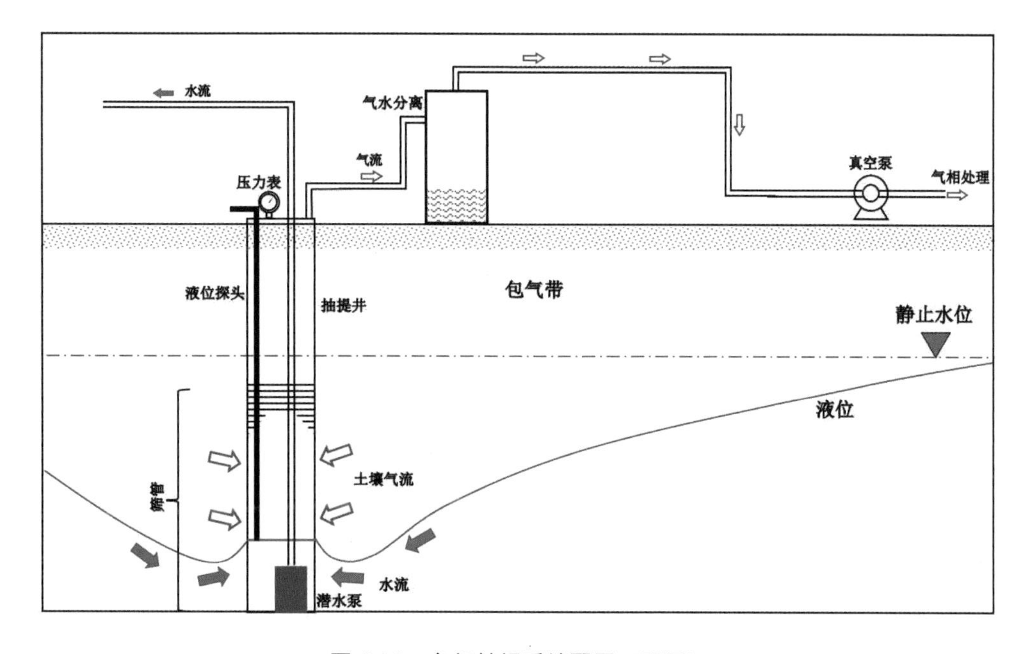

图 4-33　多相抽提系统配置（双泵）

抽提单元是多相抽提系统的核心部分，包括抽提井、抽提设备和管路等，作用在于同时抽取污染区域的污染介质（包括土壤气流、地下水和NAPL）至地面处理系统中，单泵抽提系统仅由真空设备提供抽提动力，双泵抽提系统则由真空泵和抽提泵共同提供抽提动力。

相分离单元完成抽出物的气-液分离及分离出的液相的油-水分离，经过相分离后，抽提出的含有污染物的流体被分为气相、液相和油相等形式。

污染物处理单元包括废气处理设备和废水处理设备，用于相分离后含有污染物的废气和废水的处理，分离出的油相物质收集后一般作为危险废物处置。

4.2.5.3 适用性与优缺点

（1）污染物

多相抽提技术适用于处理易挥发、易流动的溶解相、自由相和气相污染物（如石油类、有机溶剂等），详细参数见表4-29。

表4-29 多相抽提关键参数

污染物关键参数	适宜参数范围或特性
类别	卤代VOCs、芳香族VOCs、石油烃、LNAPLs
饱和蒸气压/ mm Hg	＞0.5～1（20℃）
亨利常数（量纲一）	＞0.01（20℃）
LNAPLs厚度/cm	＞15
LNAPLs黏度/cP	＜10

（2）水文地质条件

多相抽提技术适用于处理土壤类型在沙土至黏土范围且水位较低的污染场地，不宜用于渗透性很差或者地下水水位变动较大的污染场地，详细参数见表4-30。

表4-30 水文地质关键参数

水文地质关键参数	适宜参数范围或特性
土壤类型	砂土
渗透系数/（cm/s）	＞10^{-5}
渗透率/cm^2	10^{-10}～10^{-8}
空气渗透系数/（cm/s）	＜10^{-8}
地层特征	低渗透性的裂隙介质、饱和带厚度有限、水位较浅、毛细区较厚（可达1 m）、存在上层滞水或滞留的NAPL相
土壤异质性	均质
土壤含水率（饱和持水量）/%	40～60
氧气含量（好氧降解）/%	＞2

（3）优缺点

相比于传统修复技术，多相抽提的优点包括：

①可以同时处理气相、溶解相和非水溶相的污染物；

②降低地下水水位，使更多的含水层暴露于气相中，便于污染物的气相抽提；

③与传统抽提系统相比，抽提半径更大；

④和传统抽出处理相比，可以在渗透性较低的土壤中采用；

⑤有利于 NAPL 污染的清除和回收；

⑥有效地修复毛细区的 NAPL；

⑦修复时间较短。

缺点包括：

①与传统抽出系统相比，系统结构复杂，操作难度较大；

②随着系统运行，修复效率下降；

③部分多相抽提系统的应用深度受限制，不适用于渗透性很差的污染场地；

④修复能力有限，可能无法在规定时间内达到修复终点。

4.2.5.4　技术应用流程

多相抽提修复技术应用流程如图 4-34 所示，主要包括场地中试、多相抽提系统设计、场地建设、运行监测和修复效果评估。

4.2.5.5　关键技术参数

（1）抽提井结构

抽提井的井管滤管段应覆盖污染深度，对于存在 DNAPL 的场地，抽提井的滤管深度应达到隔水层顶部。

抽提井管直径不宜小于 80 mm，管材可采用聚氯乙烯材质，如果井内存在高浓度的有机污染物，井管宜采用不锈钢材质。抽提井安装钻孔直径宜比井管直径大 10～15 cm，井管滤管段宜采用切缝式，并根据地层特性和滤料等级设计切缝大小，井管外包滤网，再填充滤料。滤料安装高度应高于滤管顶部 0.6 m，井管安装好后宜布置 0.6～1.0 m 厚度的膨润土并封于滤料之上，抽提井安装好后应进行洗井。

（2）抽提参数

多相抽提系统中的各项抽提参数需要通过中试以及后续的计算模拟进行确定。

在正式开展多相抽提修复之前，进行现场中试，根据中试试验可以确定井头真空度、流体抽提速率等抽提设计参数。抽提单元施加的井头真空度可根据场地地质与水文地质条件、要求的影响半径及井内水位降深确定，选取范围宜在 10～60 kPa。抽提单元中单井抽提速率包括气体抽提速率和单井液体抽提速率，气体抽提速率应控制在 0.05～10 m^3/min，单井液体抽提速率应控制在 0.001～0.5 m^3/min。

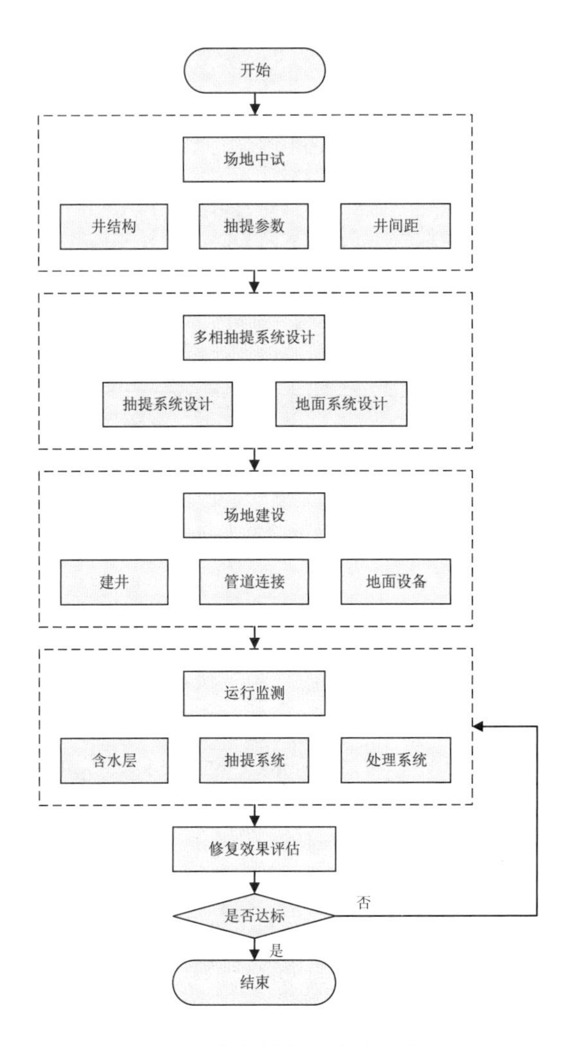

图 4-34 多相抽提技术应用流程图

抽提单元的真空设备可选用干式真空泵、液环式真空泵或射流式真空泵，其规格应满足井头真空度、系统真空度及抽提速率的要求。抽提单元的提升泵宜选用潜水泵，其规格应满足液体抽提速率及抽提高度的要求。

在通过中试试验获取资料信息后，可通过式（4-43）和式（4-44）分别确定抽水过程和抽气过程中的影响半径，并结合修复场地的水文地质条件和污染物的空间分布等因素确定多相抽提井的影响半径。

通过抽水过程确定影响半径，经验公式如下：

$$\mathrm{ROI}=\left(\frac{2.25Kbt}{S_{\mathrm{y}}}\right)^{\frac{1}{2}}\left(\frac{1}{10^{h_0-h}}\right)^{\frac{2\pi Kb}{2.3Q_{\mathrm{w}}}} \tag{4-43}$$

式中，ROI —— 影响半径，m；

h_0-h —— 多相抽提井内地下水降深，m；

K —— 渗透系数，m/s；

S_y —— 给水度；

Q_w —— 地下水抽提速率，m^3/s；

b —— 地下水厚度，m；

t —— 水位从静止到达抽提平衡所需时间，s。

通过抽气确定影响半径，经验式（4-44），可依据现场试验资料，绘制不同监测井内的压力降与多相抽提井的径向距离的对数变化曲线，确定影响半径。

$$P_r^2 - P_w^2 = \left(P_{ROI}^2 - P_w^2\right)\frac{\ln\left(\dfrac{r}{R_w}\right)}{\ln\left(\dfrac{ROI}{R_w}\right)} \tag{4-44}$$

式中，P_r —— 距离多相抽提井的距离为 r 处监测井的压力，Pa；

P_w —— 多相抽提井内的压力，Pa；

P_{ROI} —— 最佳影响半径处的压力（25 Pa）；

r —— 不同监测井与多相抽提井的距离，m；

ROI —— 影响半径，m；

R_w —— 多相抽提井的半径，m。

（3）抽提井布设

通过中试能够得到单口抽提井的影响半径，通过影响半径可以确定整个场地的抽提井的分布，如图 4-35 所示，图中灰色区域为污染物分布范围，蓝点为多相抽提井布设点，圆圈为多相抽提的影响半径对应的影响范围，多相抽提井点位的布设，应保证其影响范围能将污染物分布范围全覆盖，同时在此基础上尽量减少重复覆盖的面积。在布井过程中，井间距应在影响半径范围内。对于有 DNAPL 存在的地块，抽提井的深度应达到隔水层顶部。

（4）地面处理

地面处理过程主要由相分离单元和废水、废气处理单元构成。

相分离单元包括气液分离器和油水分离器。气液分离器宜安装在地面真空泵和抽提井之间，且设计壁厚和材质应能承受真空泵所产生的最大真空度。如抽提混合液中存在油相的污染物，应在气液分离器和后续的废水处理系统中设置油水分离器。气液分离器一般采用重力式、惯性式或者离心式设计，油水分离器一般采用重力式设计。

废水、废气处理单元的处理能力要同时满足预期的最高污染负荷和废气、废水排放限值要求。设计废水处理单元时应考虑抽提液的乳化问题，设计废气处理单元时应考虑进气的高湿度问题。此外，分离后的油相污染物一般作危险废物处理。

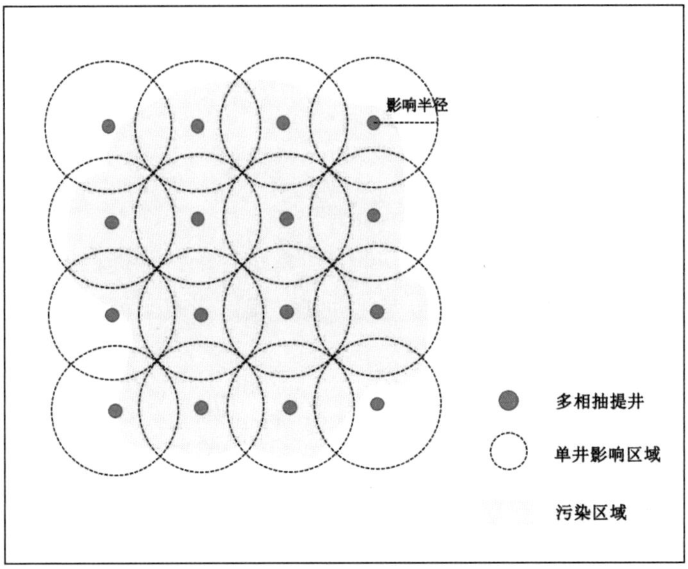

图 4-35 多相抽提系统抽提井布设示意图

4.2.5.6 监测与过程控制

在多相抽提系统运行过程中，可对含水层、抽提系统以及处理系统进行监测，从而对地下污染物迁移和地上污染物处理进行控制，调整参数以达到修复系统最优运行状态。

（1）含水层监测

含水层监测可用于评价场地条件对修复系统性能的影响，监测的数据主要包括水文地质参数和污染物分布状况参数等。水文地质参数间接反映场地环境对多相抽提系统运行过程的响应或直接影响修复效果，而污染物分布状况参数直接表征多相抽提系统的修复效果。场地水文地质参数主要有土壤渗透性、土壤含水率、地下水水位、NAPL 层厚度等；污染物分布状况参数主要有土壤气污染浓度、地下水污染物浓度（NAPL 组成）、土壤污染分布等。

（2）抽提系统监测

抽提系统监测的监测数据主要有真空度、地下水水位和浮油层厚度、抽提流量等。抽提井、包气带和真空泵的真空度直接反映抽提动力，需要在运行过程中控制在一定范围内；地下水水位和浮油层厚度变化用于抽提流量控制及运行中止的决策，可根据监测结果调节抽提井内结构、设备参数及运行模式；气相/液相抽提流量间接反映着抽提效果，从而确定污染物的去除过程。

（3）处理系统监测

处理系统监测包含在污染物被抽出后分离处理全过程的监测。

分离过程监控因子主要有分离系统进出口流量、气相/液相污染物浓度、自由相收集量、分离器中液位、分离废气温度/湿度等。分离系统进出口流量用于计算分离过程流量平衡。气相/液相污染浓度和自由相收集量用于验证相分离效果，计算分离过程质量平衡。气-液/液-液分离器中设置液位传感器和控制器，根据液位判断并控制分离系统运行启停。分离废气温度/湿度影响后续废气处理单元处理效果，需进行监测控制。

处理过程监控因子主要有气液相污染物排放浓度、处理后废气废水排放流量。气液相污染物排放浓度的监测验证二次污染防治效果。处理后废气废水的排放流量可分析污染物质量平衡，计算污染处理效率。根据各单元污染浓度监测结果和排放量可进行气态、液态、NAPL 态污染物去除量计算，作为评估和调整多相抽提运行参数的依据。

4.2.5.7 实施周期和成本

多相抽提技术的处理周期和成本与地块水文地质条件、污染场地面积以及污染物性质和浓度密切相关，一般需通过现场中试试验确定。应用该技术清理污染源区的效率较高，实施周期要根据监测井中的污染物浓度是否达到了设计浓度和去除率的要求而确定，一般需要 1～24 个月。该技术的成本主要包括：①抽提井部分（打井、建井、潜水泵、真空泵、气压表等）；②管道部分（井内抽水抽气管道、地面传输管道等）；③地面处理部分（气液分离设备、液液分离设备、尾气处理设备、废水处理设备、NAPL 处理设备、干燥设备等）；④监测部分（监测井建设、取样、分析等）；⑤其他部分（电费、人工费用、尾气废水处理药剂费用等）。该技术在国外应用较多，国内应用以中试规模为主。根据国外经验，其处理成本约为 35 美元/m^3 水，国内应用案例较少，尚处于中试阶段。国外已有场地修复案例成本总结见表 4-31。

表 4-31 国外已有场地修复案例成本总结

案例编号	地块规模	含水层岩性	目标污染物	污染物最大浓度/（μg/L）	系统类型	平均成本
国外-案例 1	大型	粉土、细砂、粗砂	氯化溶剂，主要为四氯乙烯（PCE）和三氯乙烯（TCE）	3 300（四氯乙烯） 890（三氯乙烯）	双泵系统	8 美元/m^3 水
国外-案例 2	中型	黏土、粉砂、砾石	三氯乙烯（TCE）	37 000	双泵系统	69 美元/m^3 水
国外-案例 3	中型	中砂、细砂	四氯乙烯（PCE）和三氯乙烯（TCE）和苯系物（BTEX）	42 000（总 VOCs）	双泵系统	222 美元/m^3 水
国外-案例 4	大型	粉土、细沙、粗砂	炼油厂 LNAPL	NAPL	双泵系统	0.5 美元/L LNAPL
国外-案例 5	小型	黏土、粉土	炼油厂 LNAPL	NAPL	单泵系统	320 美元/ L LNAPL

注：场地规模根据污染介质方量划分，小型小于 5 000 m^3，中型为 5 000～30 000 m^3，大型大于 30 000 m^3。

4.2.5.8 常见问题及解答

Q1：在什么情况下采用单泵系统？什么情况下采用双泵系统？

A1：场地的特点，如土壤特性、污染物的初始浓度和处理需要达到的浓度以及地下水的深度将会影响单双泵系统的选择。与单泵系统相比，双泵系统可以更有效地测量和控制抽提井中液体和气体的流量，以适应整个处理区域土壤特性的差异。此外，当井内液面距离地面的深度过高（一般认为是 9.1 m），单泵系统可能无法将地下水抽提出来，而双泵系统由于使用潜水泵对井内液体进行抽提，不会受到液面高度的影响。但相比于单泵系统，双泵系统需要在每一口井中都放置两个抽水泵，其成本更高。因此单双泵系统的选择需要根据场地、污染物、预算等情况综合考虑。

Q2：多相抽提技术是否可与其他技术联用？

A2：多相抽提技术可以与其他技术联用，如可以与氧化还原技术、热处理技术、微气泡技术等联用。对于氧化还原技术，可以增加注入井，在注入井中增加氧化药剂，由于抽提作用，氧化药剂能够在污染区域迅速迁移，增加去除率；对于热处理技术，可以在抽提井周围增加加热装置，从而使 NAPL 相加速挥发，以气体的形式被抽出；对于微气泡技术，可以增加注入井，在注入井中释放微气泡，由于抽提作用，微气泡在污染区域迅速为水体提供高含量的溶解氧，同时与特定的污染物相互作用，从而提升去除率。

4.2.6 地下水循环井修复

4.2.6.1 技术名称

地下水循环井修复，groundwater circulation well。

4.2.6.2 技术介绍

（1）技术原理

地下水循环井一般由外井、内井、上下花管、曝气系统和气体抽提系统组成。通过井管的特殊设计，分上、下两个过滤器（上下筛管），其工作原理是通过在井内曝气/抽注水，造成井内水位抬升形成水力坡度，由上部筛管流出，在循环井的下部，由于曝气/抽水瞬间形成的井内外流体密度差异，周围的地下水不断流入循环井，在循环井上下筛管间形成地下水的三维垂向循环流场，气相污染物则经气水分离器排出（图 4-36）。

在上述过程中，通过气、水两相间传质，地下水中的挥发和半挥发性有机物由水相挥发进入气相，通过曝气吹脱作用去除；同时空气中携带的氧气溶解进入水相，并在浓度梯度作用下不断扩散，在循环井周围形成一个强化原位好氧生物降解的区域。吸附或残留在介质孔隙中的有机物通过垂直水力冲刷作用下逐渐解吸或溶解进入水相，通过物理化学方法或生物降解去除。

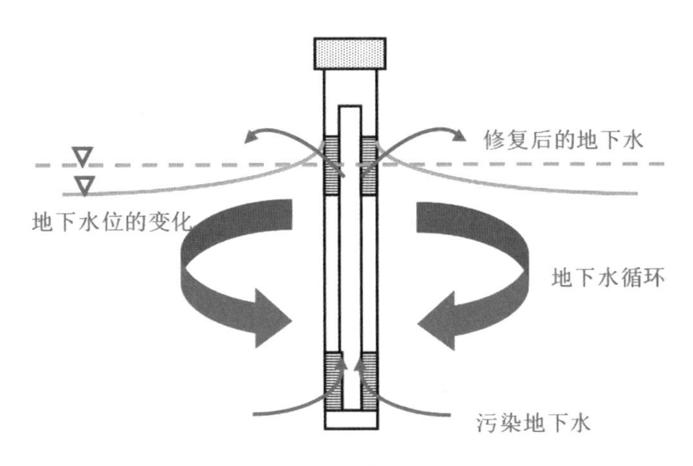

图 4-36　地下水循环井工作原理示意图

（2）技术分类

循环井技术主要分为曝气驱动和机械抽注水驱动两类。以曝气驱动为例（图 4-37），循环井的主体功能单元由内井管和外井管组合嵌套而成，在外井上下部各有一定高度的穿孔花管，曝气头通过曝气管和曝气泵连接，在循环井上部安装气水分离装置。通过地下水循环井周围区域形成的三维环流冲刷扰动作用，捕获含水层中污染物进入内井，并通过曝气吹脱去除。地下水在循环井驱动下，在井内与井外形成两个主要有机物去除单元，即井中气提和井外强化原位生物降解。地下水循环井修复技术垂直的水力坡降能加速吸附于孔隙中的污染物释出，可以维持抽水量与回水量平衡，缩短修复时间及节省修复费用。

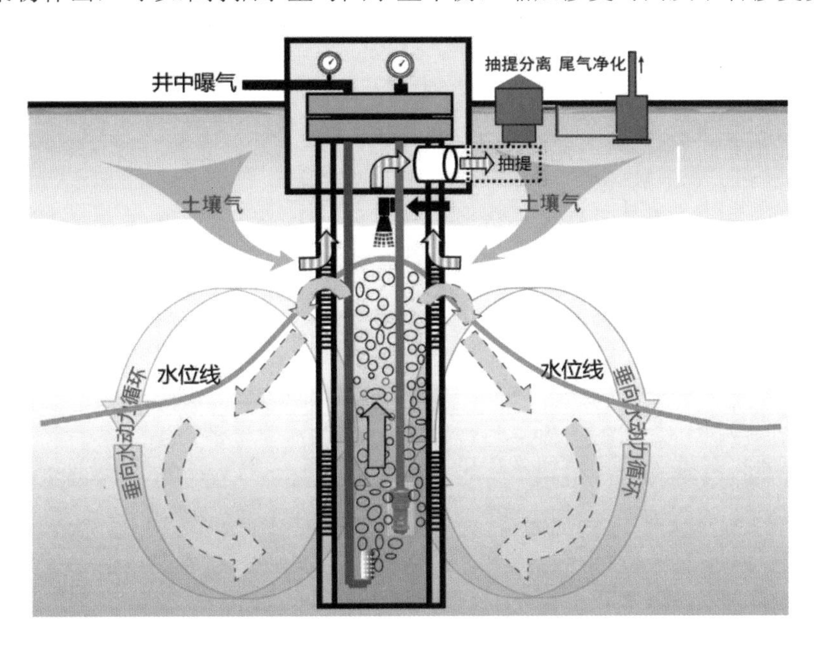

图 4-37　循环井基本结构示意图

循环井曝气系统通过内井管对地下水进行曝气，使地下水溶解氧含量升高、密度降低、水位上升，发生相间传质作用。地下水中的挥发性和半挥发性有机物由水相进入气相，随后通过吹脱去除。空气中的氧气则由气相进入水相，进而提高循环井内井地下水中的溶解氧含量。同时，在地下水的流动和地下水溶解氧浓度梯度双重作用下，扩散至循环井的影响区域内，进而强化原位好氧微生物的降解作用。地下水循环井技术的传质机理主要是有机物在气、水两相间的挥发、有机物在介质上的吸附/解吸及有机物的溶解，而迁移过程主要受对流弥散、分子扩散等作用的影响。曝气过程提高了地下水中溶解氧含量，强化了原位好氧微生物降解，多种作用共同决定了污染物的去除率。

循环井技术按驱动方式可分为曝气驱动和水动力驱动。按循环井的水流方向分为正循环（向上）和逆循环（向下）两种循环模式。随着技术不断地发展，多滤层循环井的出现有了更多的水流循环模式可选择（图 4-38）。

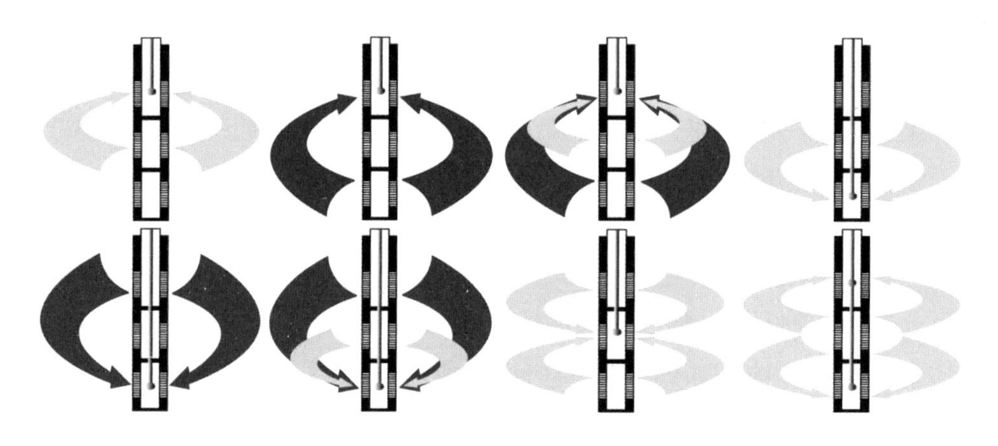

图 4-38 多滤层循环井循环模式

（3）系统组成

地下水循环井由内井、外井组合嵌套而成，外井上部和下部分别设有穿孔花管，外井上方设有排气口，内井通过固定装置和外井相连，并在内外井之间、外井上部花管位置处密封，使内井与外井隔断。内井上端高出外井上部花管上沿，同时内井下端高于外井下部花管上沿。

循环井循环模式确定取决于地下水污染物的类型和分布特征，以及水文地质特征参数等因素。地下水循环井处理系统通常由地下水水力控制系统、污染物处理系统和地下水监测系统组成。地下水水力循环控制主要包括抽水泵、注水泵、监测仪表、井管、封隔器、滤网、空压机、真空泵等构成。污染物处理系统包括 NAPL 相抽提管路、动力设备、仪器仪表、污水处理设备、尾气处理设备等。地下水监测系统包括地下水水位仪、地下水水质在线监测设备、流量计等仪器仪表。主要工艺设备包括建井机械、抽水泵、封隔器、流量计、地下水水位仪、地下水水质在线监测设备、尾气净化处理设施等。

4.2.6.3　适用性与优缺点

（1）适用污染物

地下水循环井修复技术广泛适应于去除溶解相、残余相及可生物降解的有机污染物，如石油烃、苯系物、多环芳烃、卤代烃、各种有机农药等。对于地下水中的自由相、非水相液体（DNAPL 和 LNAPL）的分布不规则问题，利用地下水的流动来夹带（如果有大量 NAPL，需要通过与其他技术结合处理，需要单独移除）和去除自由相、DNAPL 的方法都会导致一定程度的拖尾现象，需要结合其他技术（如抽提）来协同处理，将大部分污染物移除后，再通过地下水循环井系统的水流循环进行强化处理。此外，还需要考虑含水层中污染物的溶解度和传质特性。

循环井系统可以耦合吹脱、空气注入、气相抽提、强化生物修复以及化学氧化等多种修复技术（概念示意图如图 4-39 所示），能够在地下含水层中传输和循环有利于污染物修复的各种药剂，如化学氧化药剂、表面活性剂和微生物营养物质等。而且，可同时修复土壤、地下水和毛细边缘区，实现土壤地下水污染协同治理。

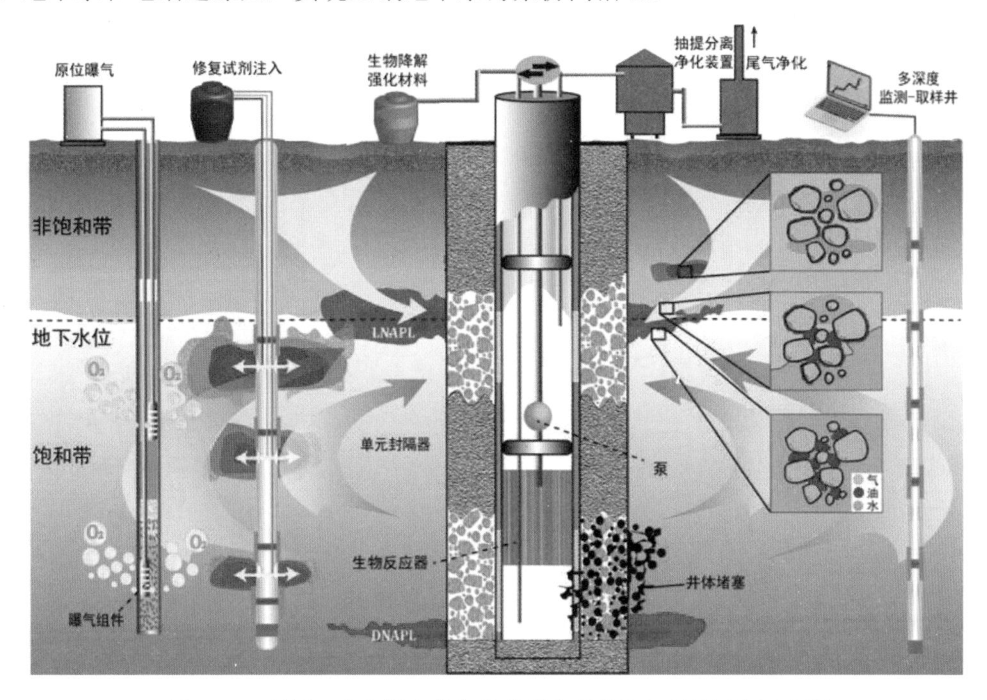

图 4-39　以循环井为核心的多技术耦合原位修复系统概念示意图

地下水循环井技术不仅是一种污染修复技术，也是一种水力拦截技术。通过地下水的抽注循环，地下水中溶解相污染物可得到有效去除。对污染物的扩散也可以得到有效控制，避免污染羽的进一步扩大。由于水循环系统越大所需时间越长，因此对于较厚的含水层，可将多个地下水循环井联用，以减小水循环范围，缩短修复所需的时间。

（2）适用水文地质条件

表 4-32 列出了地下水循环井修复技术在不同水文地质条件、不同污染物等情况下的适用性，适用性等级可用于参考筛选循环井技术。

表 4-32 地下水循环井修复技术的适用范围与条件

项目		适用性等级
污染物类型	挥发性有机物	★★★★★
	半挥发性有机物	★★★★
	重金属	★★★
	放射性核素	★★★
修复策略	遏制	N
	污染羽处理	★★★★★
	减少羽流	★★★★
	羽流拦截	★★★
非饱和带厚度/m	＜1.5	★★★
	1.5～300	★★★★
饱和带厚度/m	＜1.5	★★★
	1.5～35	★★★★★
	＞35	★★★
含水层特征	多孔介质	★★★★★
	裂隙介质	★★★★
	喀斯特介质	★★★★
地下水流速/（cm/d）	低（$<3\times10^{-6}$）	★★★★★
	中（$3\times10^{-6}\sim3\times10^{-3}$）	★★★★
	高（$>3\times10^{-3}$）	★★★
渗透系数/（cm/d）	低（$<9\times10^{-5}$）	N
	中（$9\times10^{-5}\sim3\times10^{-3}$）	★★★★
	高（$>3\times10^{-3}$）	★★★★★
水平与垂直水力传导率之比（H：V）	各向同性（＜3）	N
	各向异性（3～10）	★★★★★
	高度各向异性（＞10）	★★★★
含水层化学性质	高铁含量	★★★
	高钙含量	★★★
	高锰含量	★★★

项目	适用性等级
适用性说明	
★★★★★	很适用
★★★★	较适用
★★★	一定条件下可用
N	不适用/限制使用

（3）优缺点

技术优点：①循环井结构简单，设备操作维护容易；②对含水层地下水流向和局部水位影响小；③循环井技术可以是污染控制和去除技术，也可以作为水力拦截技术；④循环影响区域内形成的地下水垂向冲刷，可能用于处理低渗透性地层污染；⑤地表设施可全部安装于地下，对地表扰动小，适用于在产企业和地表修复空间狭小场地的工程实施；⑥特殊的井结构设计，可搭配化学或生物等多种修复技术，作为其他修复技术联合使用的平台；⑦修复周期短，在系统设置后 3～6 个月即可看出修复效果。

技术不足：饱和含水层厚度小于 3 m 或埋深小于 1 m 时，修复经济性较差；有大量 NAPL 相和非溶解相污染物存在的场地，需要通过与其他技术结合处理，先移除自由相；地下水流速过快（＞10 m/d）、渗透系数小于 10^{-5} cm/s 的场地不适宜选用；含水层中的铁、镁、钙的含量过高时，易化学沉淀结垢堵塞。

4.2.6.4　技术应用流程

循环井修复系统的设计与运行效果受到含水层特性（饱和带区厚度、区域流态、水平和垂直渗透系数）、修复要求（最终允许的 VOC 浓度、修复时间）以及地下水循环井主体的设计参数（上下花管间距、曝气量、抽提速率）等因素的影响，在应用过程中应充分考虑这些因素。

（1）初步设计

①概念模型开发：将所有有关特定场地和污染物的时空分布特征的数据汇总到设计系统中，通过计算来模拟与现场水文地质和污染物特征相符的地下水循环井处理方案。

②设计估算：初步设计计算，以估算所需的抽水速率、井数、修复时间和分析对含水层的影响，优化系统设计参数，以最大化地下水循环井的修复区域。

③模型的选择和构建：将数值模型所需的信息类型和所需的设计信息以及可用的场地信息相匹配，根据现场实际勘察数据、建模结果和修复需求优化处理方案。

（2）中试测试

主要包括地下水循环井的安装和现场测试。

（3）详细设计

①模型校准和执行：使用现场数据调整模型输入并预测地下水循环井性能。

②井位：使用模型和现场数据来确定适当的地下水循环井位置。

③系统组件选择：根据修复目标选择特定的系统功能组件。

④监测网络：选择地下水循环井中监测设备的类型和安装位置。

（4）地下水循环井建设与运行

①安装地下水循环井系统和监测设备。

②运行地下水循环井系统，进行监测和调试，确保修复过程正常运行。

4.2.6.5 关键技术参数

（1）循环井建设

采用水井钻机进行钻孔，循环井的开孔孔径一般不小于 500 mm。井深到达预定深度后，先下入外井管，井管材质可选用 PVC 或钢质井管。外管的筛管段分为上段和下段。各段筛管处均以石英滤砂封填至井筛顶端上 1 m，其上方和下方投加膨润土球，并压实，投加至地表。

当建设包括内井和外井两层井管的循环井时，完成外井管安装后再下入内井管，内井管的外径约为井管开孔孔径的 1/2，内井管的下缘高于外井下部花管上沿，并通过固定装置和外井相链接和隔断。内井上端高出外井上部花管上沿和地下水位，以便将内井中的地下水抽出处理（图 4-40）。

地下水循环井建设完成后则需要进行井位和井口高的测量，并进行洗井作业，一般采用气提法洗井。

地下水循环井中根据设计需要下入潜水泵、气提管、药剂注入管、抽气管和地下水位传感器。潜水泵和气提管下入内管中的下层筛管位置，抽气管穿过井口保护装置，下入到井口位置。地下水位传感器要安装两套，分别对内管水位和外管水位进行监测。潜水泵抽出的水可以通过输水管注入污水处理或储存设施，药剂注入管连接药剂储罐和加药装置，气提管连接空气泵。

（2）监测系统建设

监测系统包括地下水循环井中的监测装置，地下水循环井外围的监测井和监测装置，以及采样和数据采集记录装置。地下水循环井外围设置的水位观测井口径应不小于 110 mm，每 1 组监测井包括 1 口浅层井及 1 口深层井，浅层井的筛管深度与地下水循环井的上层筛管位置相同，深层井的筛管深度与地下水循环井深层筛管的深度相同。

4.2.6.6 监测与过程控制

地下水循环井系统启动后，抽出的污染地下水利用厂区内已建成的污水处理设施进行处理后排放，同时将干净的水通过地表装置与抽出水量平衡后，通过注入井注入地下，也可以将抽出的水进行曝气和加药后直接注入地下。抽出的气体经分离净化装置处理达标后排空。

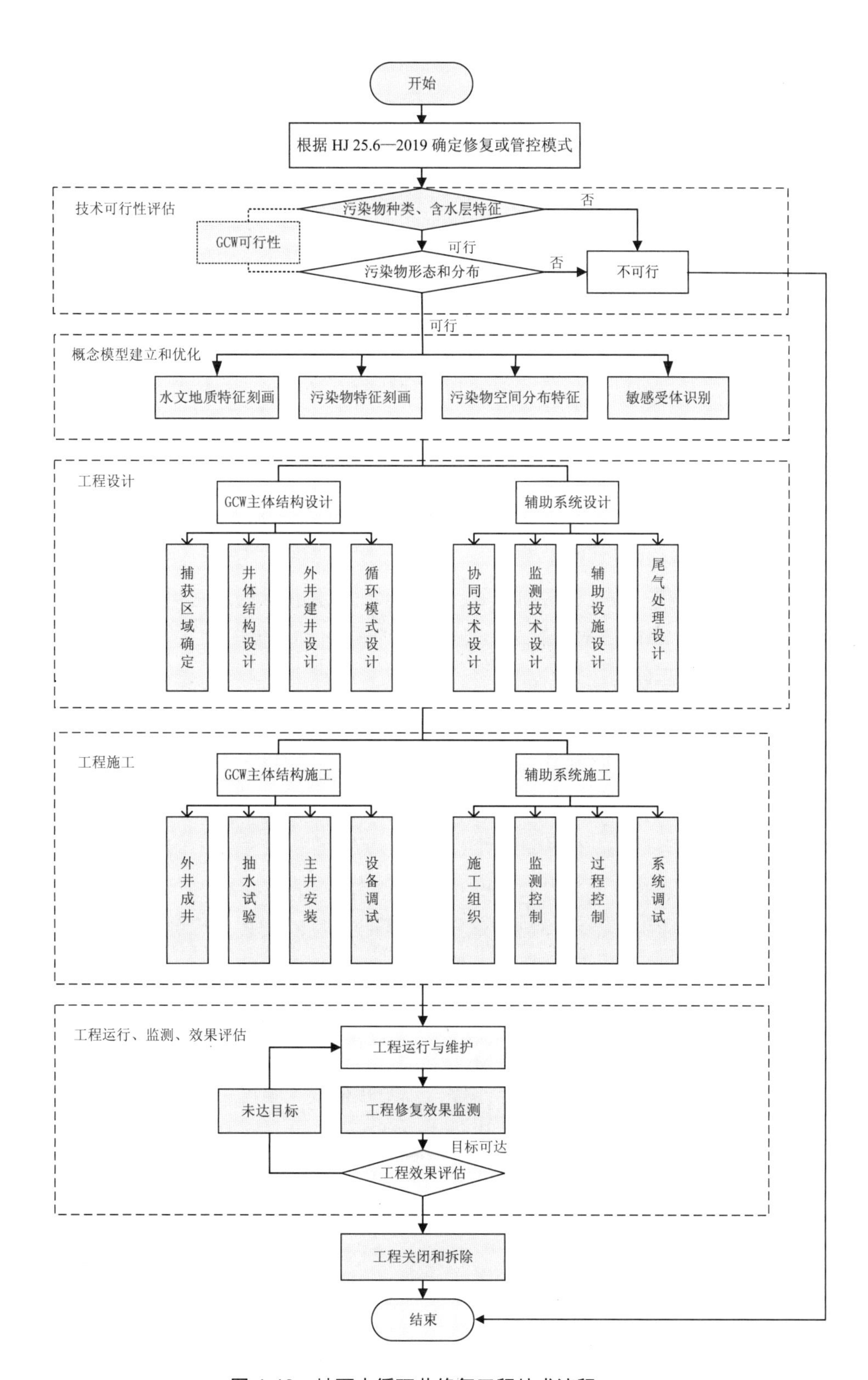

图 4-40　地下水循环井修复工程技术流程

地下水循环井系统试运转期间进行过程监测，为确认区域范围内是否因循环井系统运转有效降低了地下水污染物浓度，应于系统运转前定期针对监测井进行地下水采样分析工作，并在注药后以大约每月一次的频率定期进行地下水质监测，检测项目含现场水质参数（溶氧、氧化还原电位、电导率等）及目标污染物。后续若需增设地下水循环井系统，其数量及位置将依据工程运行监测结果确定。

地下水循环井系统运行至污染物浓度满足修复目标值并稳定后，停止运行设备，再由效果评估单位进行验收。

4.2.6.7 实施周期及成本

地下水循环井修复技术的处理周期与场地的水文地质条件、污染物类型和分布特征、井群分布和井群数量密切相关。该技术既可以用于短时期的应急控制，也可作为场地污染治理的长期手段。

地下水循环井修复技术投入主要是初期建井和循环井设计制造成本，不同地域差异较大，循环井系统运行和日常维护费用低。运行费用主要是人工费、能源消耗、化学药剂费用、尾气净化处理费用以及设备损耗等。地下水循环井技术处理费用为 15～75 元/m^3，综合处理费用为 45～150 元/m^3。循环井设备国产化后修复成本可进一步降低。

4.2.6.8 常见问题与解答

Q1：循环井技术与其他修复技术相比主要优势在哪里？装备的国产化程度如何？

A1 循环井技术发源于德国、兴起于美国，在挥发性和半挥发性有机污染地下水修复中有着广泛的应用，是在原位曝气技术和抽出处理技术基础上的改进技术。地下水循环井技术早期称为“井中曝气”技术，雏形出现于 1974 年雷蒙德博士的井中曝气试验。德国 IEG 公司在此基础上增加了井内处理单元，研发出特殊的过滤器用于减缓堵塞，并于 1980 年在欧洲实现商业应用。循环井技术充分利用了井内空间安装处理装置，有效避免了传统抽出处理技术能耗高、扰动大的缺陷，为地下水原位修复开辟了新思路。随着地下水循环井技术的发展，循环模式和修复功能从最初单一的气驱动/水驱动，逐渐演化到与真空汽化、密度驱动对流及生物强化等新兴修复技术的耦合改进。

循环井系统可以耦合吹脱、地下水曝气、气相抽提、强化生物修复以及化学氧化等多种修复技术，实现地下水中溶解相有机物、LNAPL（轻非水相液体）、DNAPL（重非水相液体）、气相有机物及部分无机物的同步去除，具有修复成本低、环境扰动小、能耗低等显著优点，有效避免了传统抽出处理技术能耗高、地表扰动大的缺陷，可适用于在产企业和地面空间狭小的建筑物保留区域。与其他地下水修复技术相比，兼具抽、注水及原位修复功能的循环井技术有着巨大的发展潜力和广阔的应用前景。

由于国外机构对循环井技术和装备的专利垄断，国内现有循环井修复案例大多依靠国外直接引进技术和设备。我国地下水循环井技术的研究和应用尚处于起步阶段，实际工程修复经验相对匮乏。近年来，成都理工大学、吉林大学等优势科研院所的科研人员开展了系列循环井相关研究，国家重大科技计划专门立项国产化循环井成套设备研发攻关，具有国内自主知识产权的循环井技术及配套装备可以适应国内场地地下水修复的未来需要。

Q2：针对地下水污染物的拖尾、反弹现象，可否选用地下水循环井修复技术？

A2：由于地层组成的非均质性，在地下水修复过程中往往出现污染物拖尾、反弹现象。地下水循环井在修复目标周围能够形成水力环流，对比传统的抽出处理技术，增加了垂向水力坡降，可促进水流垂向穿过低渗透区。在持续的水流冲刷作用下，使吸附于孔隙中的污染物加速释出，增大污染地下水的“抽出捕集”效率；同时水流也能带动溶解氧和营养物质到地层中，强化微生物的原位修复能力，可最大限度地解决地下水修复过程中存在的拖尾和反弹现象。

Q3：对于地下水位剧烈波动场地，地下水循环井技术是否适用？

A3：地下水循环井技术的运行原理是通过曝气或调节抽注水流量，实现井中水位的抬升，从而在井周围创建循环流场。在曝气或抽注水过程中自身会对周围地下水位产生一定程度的扰动。以欧洲某化工场地为例，循环井运行一段时间后垂直方向上水位的变化达到 4 m，远大于自然条件下的地下水水位波动。因此，即使场地地下水水位不稳定，也可在循环井的作用下形成循环流场，实现地下水中污染物的去除。

Q4：对于非均质地层，设计循环井时需要注意什么？

A4：对于非均质地层，首先要看地层的非均匀程度，如果仅存在小范围的透镜体，循环井形成的地下水绕流可以实现修复目标；如果低渗透区域的范围和厚度较大，甚至形成了隔水层，需要设计多段井筛的多滤层循环井进行分层多向循环修复。此外，循环井的底部要与隔水层接触，当地层厚度不均匀时，不同位置的循环井的设计长度也不一致。因此，在设计循环井前要明确场地不同位置处含水层的厚度、非均质程度，开展场地的详细水文地质调查和污染羽的精细刻画非常关键。

Q5：针对复杂地层的地下水循环井设计，如何获取设备制造工艺参数？

A5：地下水循环井设备具有定制化特点，设计制造前需要获取准确的基础水文地质条件和污染物空间分布情况。一般而言：①以系列物理模拟实验研究成果为基础，设定不同井筛长度、井筒直径、筛管位置、水动力运行方式、时间、启闭间隔等工艺技术参数；②采用优化耦合方法，以循环井技术工艺参数、影响半径、污染物去除率等作为决策变量，以循环井动力系统运行总成本及时间需求作为目标函数，优化确定经济高效的场地污染循环井修复技术参数及布井方案；③通过中试试验优化设备的工艺参数，实现参数的放大设计。④循环井技术修复效果好、成本低，但工程应用的技术门槛较高，需要专业从事循环井技术支撑的团队来实施。

4.2.7 热脱附

4.2.7.1 技术名称

热脱附，in situ thermal desorption。

4.2.7.2 技术介绍

（1）技术原理

热脱附是通过向地下输入热能，加热土壤、地下水，改变目标污染物的饱和蒸气压及溶解度，促进污染物挥发或溶解，并通过土壤气相抽提或多相抽提实现对目标污染物的去除。

（2）技术分类

根据加热方式的不同，常见的热脱附技术可分为热传导加热、蒸汽强化抽提、电阻加热 3 类。

①热传导加热（Thermal Conductive Heating，TCH）是热量通过传导的方式由热源传递到污染区域从而加热土壤和地下水的原位热脱附技术。热传导通常包括燃气加热和电加热两种方式。热传导技术的加热上限温度为 750～800℃，图 4-41 为热传导加热的示意图。

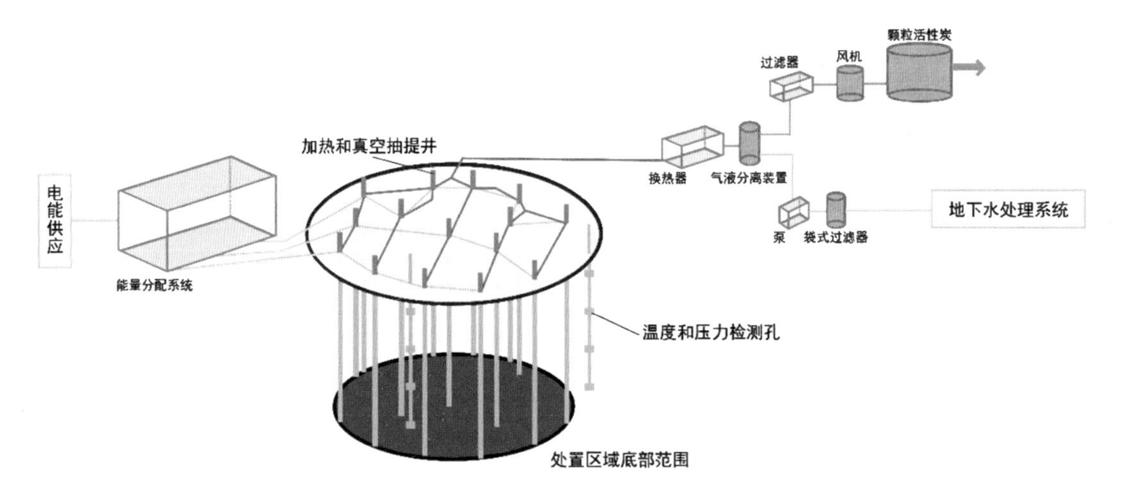

图 4-41 原位热传导加热示意图

②蒸汽强化抽提（Steam Enhanced Extraction，SEE）是通过将高温水蒸气注入污染区域，加热土壤和地下水，从而强化污染物抽提效果的原位热脱附技术。蒸汽强化抽提技术的加热温度通常不超过 170℃，图 4-42 为蒸汽强化抽提技术的示意图。

③电阻加热（Electrical Resistance Heating，ERH）是将电流通过污染区域，通过电流的热效应加热土壤和地下水的原位热脱附技术。电阻加热技术的加热上限温度为 100～120℃，图 4-43 为电阻加热技术的示意图。

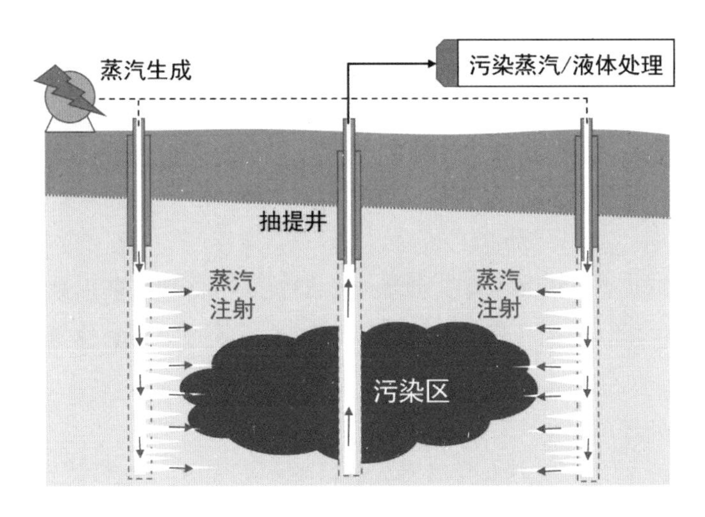

图 4-42　蒸汽强化抽提技术示意图

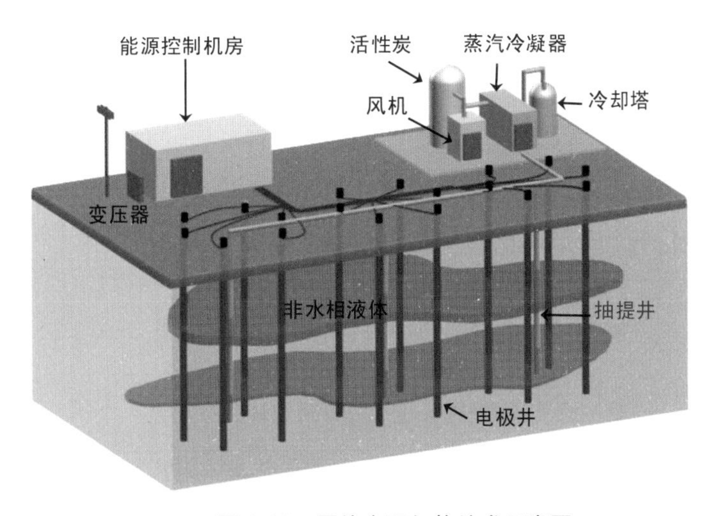

图 4-43　原位电阻加热技术示意图

（3）系统组成

热脱附技术系统主要包括加热单元、抽提单元、废水和废气处理单元、监测及控制单元，此外还包括供能单元、阻隔、给排水和消防等辅助工程。

①加热单元

加热单元包括供能系统和地下加热单元。根据现场及周边能源供应条件确定供热能源，能源需求量可通过能量平衡计算确定。电加热可选用工频交流电；燃气燃油加热可选用管道天然气、压缩天然气、液化天然气、液化石油气、丙烷、柴油等；蒸汽强化抽提可采用高温蒸汽，优先选用周边满足要求的蒸汽源。现场自行生产一般采用蒸汽锅炉，参照

《锅炉安装工程施工及验收规范》（GB 50273—2009）等标准的要求，锅炉污染物排放需满足《锅炉大气污染物排放标准》（GB 13271—2014）要求。

热传导的加热单元为加热井，电阻加热的加热单元为电极井，蒸汽强化抽提的加热单元为蒸汽注入井。根据污染物的浓度与理化属性、污染范围、含水层的渗透性与导热系数、修复时间、修复目标要求等，确定加热井的数量及位置。

②抽提单元

抽提单元包括抽提井、管路、动力设备、仪器仪表等。抽提井的数量及位置需根据污染物的浓度与理化性质、污染范围、含水层的渗透性与导热系数、修复时间、修复目标要求等确定。

③废水和废气处理单元

废水和废气处理单元包括冷凝、气液分离和废水废气处理等。

④监测及控制单元

监测及控制单元用于实现对温度、压强等运行参数的监测，以及对各生产工艺参数如温度、压力、流量、液位等的控制。

4.2.7.3 适用性与优缺点

（1）适用污染物

原位热脱附技术主要适用于处理污染土壤和地下水中的氯代溶剂类、石油烃类、多环芳烃类、持久性有机污染物（POPs）等挥发半挥发性有机物，特别适用于处理高浓度及含有非水相液体（NAPL）的低渗透地层。NAPL/水混合物的沸腾温度往往低于其中任一组分的沸点，表 4-33 总结了部分 NAPL 化合物的沸点和液体混合物（NAPL/水）的共沸温度。

表 4-33 部分 NAPL 化合物的沸点和共沸温度

NAPL	沸点/℃	共沸温度/℃
水	100	—
苯	81.1	69.4
四氯化碳	76.8	66.8
氯苯	132	91.3
氯仿	61.2	56.3
1,2-二氯乙烷	83.5	72.0
1,4-二氧己环	101.3	87.8
己烷	69.0	61.6
苯乙烯	145.2	93.9
四氯乙烯	121	88.5

NAPL	沸点/℃	共沸温度/℃
甲苯	110.6	85
1,1,2-三氯乙烷	121	88.5
三氯乙烯	87.1	73.1
二甲苯	139.1	94.5

（2）水文地质条件

原位热脱附技术应用时需综合考虑介质含水率、渗透性和导热导电特性，以及地下水位、流向等水文地质条件。

热传导技术的加热温度通常在水的沸点以上；当地下水流速较大（大于 10^{-4} cm/s）、影响到修复区域加热时，应考虑地下水阻隔。

电阻加热技术的加热温度通常在水的沸点以下；为保证加热区域良好的导电条件，土壤的含水量宜保持在 20%以上。

蒸汽强化抽提技术的加热温度通常不超过 170℃；为保证蒸汽传输和加热效果，适用于含水层渗透系数在 10^{-4} cm/s 以上的场地。

以上三种原位热脱附技术的适用范围如表 4-34 所示。

表 4-34　三种原位热脱附技术适用范围

加热方式	最大温度/℃	适用介质	适用条件	不适用条件
电阻加热	100～120	粉砂、粉土、壤土、黏土	①适用于 VOCs、含氯有机物和石油类等 SVOCs； ②适合于各种地层，特别是低渗透污染区域； ③可用于饱和、非饱和介质	①不适用于基岩和裂隙等含水层； ②地下有绝缘体构筑物时，对修复效果影响较大； ③土壤含水率过低时，需进行补水； ④地下水流速较大的污染区域通常需要进行阻隔
蒸汽强化抽提	170	砂砾、砂土、粉砂	①适用于 VOCs 污染源区及污染程度重的区域； ②可用于饱和、非饱和介质	①不适用于含水介质渗透系数较小（小于 10^{-4} cm/s）的区域； ②不适用于地层均质性差的污染区域； ③污染深度浅及污染范围大时，由于热量损失过大及蒸汽注入压力受限，限制应用； ④地下水流速较大的污染区域通常需要进行阻隔

加热方式	最大温度/℃	适用介质	适用条件	不适用条件
热传导	750～800	粉砂、粉土、壤土、黏土、基岩裂隙	①适用于石油类、氯代溶剂类、苯系物、苯酚类、多环芳烃、农药及持久性有机污染物等VOCs/SVOCs；②适用于各种地层，特别是低渗透及均质性差的污染区域；③不受介质含水率限制，可用于饱和、非饱和介质；④可以实现定深加热和不同深度分段加热	地下水流速较大的污染区域通常需要进行阻隔

（3）优缺点

相比于传统修复技术，原位热脱附技术的优点包括：①无须对污染区域进行挖掘和转运，降低污染物暴露风险；②污染物适用范围广，可同时处理多类型、多相态污染物（同时去除气相、溶解相和非水相污染物），适用于高浓度有机污染；③可同步处理受污染的土壤与地下水；④修复效率高，修复周期短且修复污染物彻底；⑤地质条件适用范围广，对低渗透及非均质污染区域有较强适用性。

缺点为修复成本较高，每立方米的修复成本在几十美元到几百美元。

4.2.7.4 技术应用流程

原位热脱附技术应用流程如图4-44所示，主要包括场地中试、热脱附技术系统、场地建设、运行监测和修复效果评估。

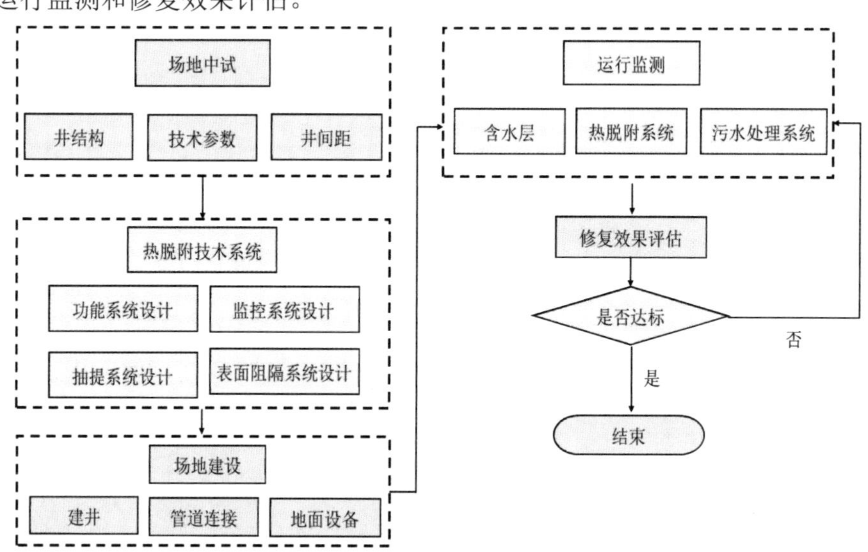

图4-44 原位热脱附技术应用流程

4.2.7.5　关键技术参数

（1）目标处理温度

通过污染物的物理特性（如熔点、沸点、蒸汽压曲线等）或根据中试结果确定目标处理温度。可参考相同或类似目标污染物的地下水热脱附应用案例中的目标处理温度。

（2）加热井/抽提井井距和井位

根据场地污染特征布置加热井，加热井的间距由热输入与热损失的比率、目标温度、期望的处理时间，以及待处理地层厚度等决定，热传导加热和电阻加热的加热井间距一般为 2～6 m，蒸汽强化抽提的蒸汽注入井间距一般为 6～15 m。

根据加热井和抽提井的配置方式，抽提井可与加热井设置在同一点位或靠近加热井设置，也可布设在以加热井为顶点构成的正六边形或正三角形的中心位置。加热井和抽提井的数量比例宜在 4∶1～1∶1。一般按正三角形和正六边形设计（图 4-45 和图 4-46），对于 SEE，也可采用正方形设置。对于给定的加热器功率，加热井间距越小，介质单位体积能量密度越大，修复周期越短。增加加热井间距将减少材料需求，但会延长中心位置达到目标处理温度所需时间，并增加目标区域上下的热损失量。

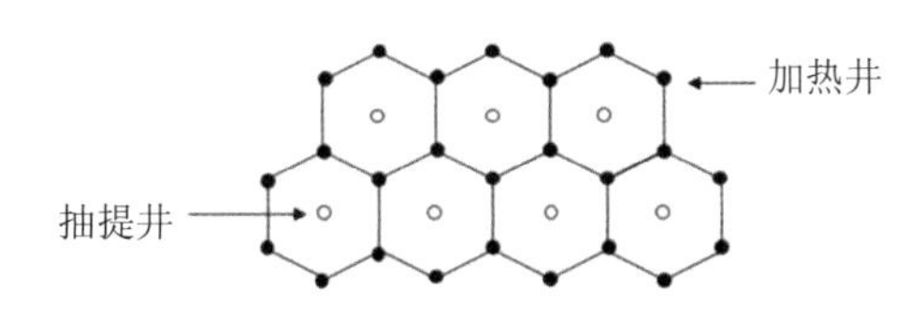

图 4-45　正六边形加热井/抽提井布设示例

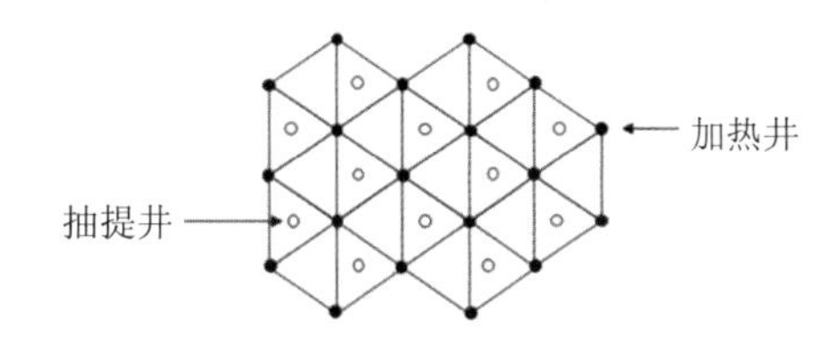

图 4-46　正三角形加热井/抽提井布设示例

考虑到加热的边际效应（上下边缘及四周热量损失），有效加热及抽提范围应在水平及垂直方向上完全覆盖目标修复边界，并适度扩展，以确保达到修复效果。此外，为减少修复区域上部的热量损失，建议添加水平表面阻隔层。水平表面阻隔层的面积应大于抽提处理区域，阻隔材料应具有良好的隔热及防渗性能。一般从下至上依次为防渗层和混凝土层。混凝土隔热层的厚度一般在 10～60 cm。针对高温热脱附施工可能造成的高温灼伤和地下保温要求，应建设地上隔热保温层。地表温度应不高于 60℃。采用电加热时，应在防渗层和混凝土层之间设置等电位层。

（3）地下加热单元构造及安装

热传导的加热单元为加热井，一般由加热元件和密封套管构成。燃气热传导的加热元件由燃烧器、送气模块、点火模块、监测模块和电控模块等组成。加热井构造示意图如图 4-47（a）所示。电热传导的加热井由底部密封的金属套管内安置加热元件组成，构造示意图如图 4-47（b）所示。电阻加热的加热单元为电极井，由电极、电缆、填料和补水单元等组成。电极井结构示意图如图 4-47（c）所示。蒸汽强化抽提的加热单元为蒸汽注入井，由底部密封、中部开筛的不锈钢井管构成，结构示意图如图 4-47（d）所示。蒸汽注入压力主要根据地层渗透性、加热温度要求、井间距等综合确定。

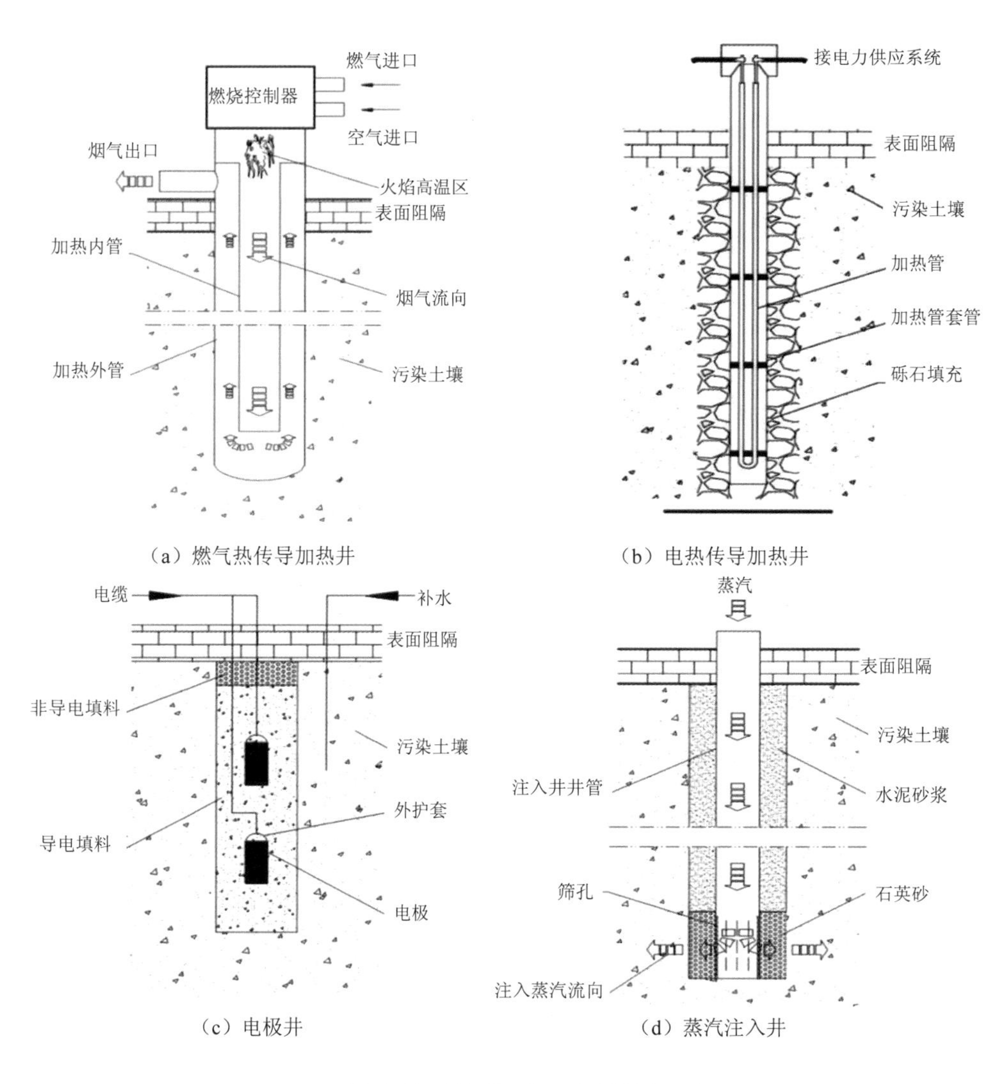

图 4-47　地下加热单元构造示意图

加热井、电极井和蒸汽注入井的直径、厚度以及材料根据安装方法、深度、工作温度和场地污染特征进行确定。加热井、电极井和蒸汽注入井可采用先成孔再置入的方式或直推置入的方式进行安装。

（4）抽提单元设计

抽提单元包括抽提井、管路、动力设备、仪器仪表等。抽提井包括垂直抽提井和水平抽提井。抽提井由井口保护装置、井管、滤网构成，根据污染深度设置井管筛孔的位置。井管可外包金属滤网，再填充滤料。井口宜高出地面 0.2～0.5 m。抽提井井管采用耐高温、耐腐蚀的无污染材质，井管之间连接可采用丝扣或焊接方式，不能使用有污染的黏结剂，井口地面需采取防渗措施。

垂直抽提井的钻进方式可采用螺旋钻进、冲击钻进、清水/泥浆回转钻进、直接贯入钻井成孔等，水平抽提井的钻进方式可采用人工开挖、机械开挖、水平定向等。

根据污染物的性质、修复面积及深度、含水层介质渗透性等，确定抽提所需的真空度及抽气速率，进而选取合适的真空设备。蒸汽强化抽提系统中抽提速率一般为注入速率的1～3倍，抽提气真空负压系统根据蒸汽注入速率来确定，一般为 20～60 kPa（0.2～0.6 atm）。

抽提泵及管道等的设计安装满足《压力管道规范　工业管道》（GB/T 20801—2006）。抽提单元需维持一定温度水平，或采取增加流速、增加刮板等其他措施，以防止污染物在管路中大量冷凝对抽提系统造成影响。

抽提单元需保证污染气体不外泄至大气造成二次污染，可采取的措施包括：在井口地面采取阻隔防渗措施、进行负压设计以保障在抽提单元运行过程中处于负压状态、保证抽提单元的动力设备稳定运行、抽提管道全密封等。

（5）废气处理单元

原位热脱附工程的废气处理单元主要对热脱附抽提废气、废水吹脱处理等环节产生的有组织工艺废气进行处理。废气处理工程设计及施工应符合《大气污染治理工程技术导则》（HJ 2000—2010）、《环境保护产品技术要求　工业有机废气催化净化装置》（HJ/T 389—2007）等标准的相关规定，废气排放应符合《环境空气质量标准》（GB 3095—2012）、《大气污染物综合排放标准》（GB 16297—2017）、《工业炉窑大气污染物排放标准》（GB 9078—1996）、《恶臭污染物排放标准》（GB 14554—1993）及相关行业和地方标准要求。

废气处理单元的处理能力要同时满足预期的最大废气产生量、最高污染物负荷和尾气排放限值要求。设计的废气产生量应大于土壤和地下水中产生的污染物蒸汽和水蒸气产生量。通过抽提系统收集到地面的废气经过气体冷凝、气液分离、油水分离等处理后，得到的尾气、冷凝水、废油分别进行处置。尾气处理可采用吸附法、氧化法和燃烧法等。吸附法参照《吸附法工业有机废气治理工程技术规范》（HJ 2026—2013），催化燃烧法参照《催化燃烧法工业有机废气治理工程技术规范》（HJ 2027—2013）。废气处理单元产生的废油有回收利用价值时宜进行回收，否则应按照固体废物鉴别相关要求进行鉴别后再处理。

（6）废水处理单元

原位热脱附工程废水处理单元主要对抽出的污染地下水和热脱附抽提废水等进行集中处理。废水处理设计施工按照《水污染治理工程技术导则》（HJ 2015—2012）、《给水排水管道工程施工及验收规范》（GB 50268—2008）等标准规范的规定执行。废水排放应符合《污水综合排放标准》（GB 8978—2002）、《地表水环境质量标准》（GB 3838—2002）、《地下水质量标准》（GB/T 14848—2017）、《污水排入城镇下水道水质标准》（GB/T 31962—2015）及相关行业和地方标准要求，废水处理的技术工艺通常包括油水分离、混凝、吹脱、高级氧化、活性炭吸附等。油水分离技术参照《油污水分离装置》（GB/T 12917—2009）、《含油污水处理工程技术规范》（HJ 580—2010），混凝法参照《污水混凝与絮凝处理工程技术规范》（HJ 2006—2010），吹脱法参照《污水气浮处理工程技术规范》（HJ 2007—2010），高级氧化法参照《芬顿氧化法废水处理工程技术规范》（HJ 1095—2020）。废水处理单元产生的废油有回收利用价值时宜进行回收，否则应按照固体废物鉴别相关要求进行鉴别后再处理。废水处理产生的污泥应按危险废物进行管理。

（7）地下水控制

当地下水入渗影响修复区域的加热温度及修复效率时，应对修复场地进行地下水控制。地下水控制可采用阻隔或地下水位控制等方法。阻隔控制可在修复场地边界外布设止水帷幕、拉森钢板桩等阻隔设施，地下水位控制可采用井点降水或井管降水等方法。一般当地下水流速较大（大于 10^{-4} cm/s）时考虑地下水阻隔。

4.2.7.6 监测与过程控制

（1）监测

1）燃气热传导技术。使用天热气或液化石油气作为能源，在燃烧器中燃烧以产生高温燃气，进而注入加热井中对待修复土壤和地下水进行加热，使目标污染物受热解吸并分离，利用抽提系统将分离的含污染物蒸汽和废水抽提至地表处理。该技术实施过程中的主要监控指标包括：

①燃烧器中的燃气流量。燃气流量应能满足该场地的能耗和加热目标需求。

②燃气输送管道内压力。燃烧器进口处的管道压力至少大于 3.4 kPa。

③燃烧器出气温度和一氧化碳含量应进行实时在线监测，确保燃烧充分。

④加热区地下温度、压力。可使用热电偶线和配套仪表进行温度、压力监测。

⑤地上废气、废水抽提总管及部分抽提井口的温度、压力、目标污染物浓度。

⑥废水、废气排放口的污染物浓度。

2）电加热热传导技术。使用安装在加热井中的电加热棒产生热量，后续污染物去除机制与燃气热传导技术类似。该技术实施过程中主要监控指标应包括：

①加热棒温度。

②加热电流。

③地下温度、压力。

④地上废气、废水抽提总管及部分抽提井口的温度、压力、目标污染物浓度。

⑤废水、废气排放口的污染物浓度。

3）电阻加热技术。通过对安装在电极井中的电极上通电，使电流通过电极间土壤和地下水，进而对土壤和地下水进行加热。该技术实施过程中主要监控指标应包括：

①各电极的加热电流。

②地层电阻率。

③加热区地表电压。

④地下温度、压力。

⑤地上废气、废水抽提总管及部分抽提井口的温度、压力、目标污染物浓度。

⑥废水、废气排放口的污染物浓度。

4）蒸汽强化抽提技术：通过将高温水蒸气经蒸汽注入井注入待修复土壤和地下水，强化对污染物的抽提效果。该技术实施过程中主要监控指标应包括：

①蒸汽注入井入口处的蒸汽温度、蒸汽压力。

②蒸汽锅炉、蒸汽输送管道、蒸汽注入井中的蒸汽流量。

③地下温度、压力。

④地上废气、废水抽提总管及部分抽提井口的温度、压力、目标污染物浓度。

⑤废水、废气排放口的污染物浓度。

地下温度监测点应设置在不同位置及不同深度上。通常设置在加热井内或周边、相邻加热井中间以及修复区域边缘，应在加热井的远点、冷点位置设置温度监测点。纵向上监测点的设置间隔应保证每个点位上有3～10个监测点。

地下温度需进行连续监测。可通过热电偶、光纤分布式温度传感器以及电阻层析成像技术等方式获取。通过对温度数据进行分析，适时对加热工况进行调整，确保加热效果符合设计要求。

地下压力监测传感器可安装在加热井、抽提井的井口或井管内，也可安装在加热井和抽提井之间。地下压力监测点的安装位置及设置数量由监控目的、场地特征等确定。

在修复工程实施过程中，需对排放的废气进行日常监测。废气采用活性炭吸附等工艺处理时，可在废气排放口采用火焰离子检测器或光离子检测器进行检测。废气采用热催化氧化工艺处理时，宜设置连续排放监测系统。定期对尾气排放口、加热区内及周边等开展无组织大气污染排放监测。监测指标包括特征污染物、颗粒物、非甲烷总烃等。

原位热脱附运行过程中，根据现场条件，需对修复区域及周边的土壤、地下水进行取样监测。采样、制样及送检过程中应采取措施防止污染物在高温作用下逸散，并防止人员烫伤。

对修复区域的土壤进行热采样时，宜采用钻孔方式进行，可根据土层特征和钻探作业条件选择合适的土壤机械钻探设备或土壤小型轻量钻探设备。钻探过程应使用耐高温的钢制套管。取土管应立即置于预先准备好的冰浴槽中急冷降温，然后再进行取样和分样。

地下水进行热采样时，受热部分采样管应与置于冰浴槽内的不锈钢换热盘管连接，不锈钢换热盘管出口与出水管连接，从出水管出口直接采集水样。不锈钢换热盘管长度以出水温度不超过环境温度为宜。

（2）过程控制

监测系统应实时监测地下土壤和地下水的温度并传输到控制系统。控制系统完成对各工艺参数的采集、显示、报警，同时执行生产的过程控制和顺序逻辑控制。

控制系统对各生产工艺参数如温度、压力、流量、液位等进行监测和数据处理，同时对生产设备工作状态进行画面监测和控制。

控制系统应配有安全联动装置，在发生突发情况时，可以关闭加热系统。

控制系统可采用中控室集中控制系统或分站就地控制系统。

4.2.7.7 实施周期和成本

热脱附技术修复实施周期和成本受处理规模、地块水文地质特征、污染物类型及初始浓度、目标加热温度、废水处理方式、尾气处理方式、地块周边现状、环境管理要求、修复目标以及统计方式等因素影响。对于不同场地，热脱附技术修复周期可能是几个月至几年，每立方米的修复成本可能从几十美元到几百美元。以污染物类型为例，对于沸点较低的挥发性有机污染物（如氯代烃），可采用电阻加热技术，目标温度可设为 100℃，处理成本及处理周期均较低；而对于沸点较高的有机污染物（如多氯联苯），往往需要加热至 300℃甚至更高的温度，处理成本及处理周期均较高。具体项目成本要综合考虑各种因素确定，整体可分为设计费用、准备及建设费用、运行及维护费用和监测费用四部分。具体内容可参考表 4-35。

表 4-35 费用分析的主要考虑因素

设计费用	准备及建设费用
人力投入 实验室研究 模型设计 电力控制系统设计 场地调研 设备及材料采购	人力投入 设备运输 监测井及加热井建设 管路布设 热脱附系统建设 地面处理系统建设 辅助工程及配套设施搭建 废物管理与处置
运行及维护费用	**监测费用**
人力投入 电能或燃气 零件和材料替换 废气及废水处理	人力投入 定期取样、采样、制样和送检 数据与项目管理

4.2.7.8　常见问题及解答

Q1：在原位热传导加热过程中，地下水的水位、流速等都会影响热传递的效果。当污染源位于地下水位以下，或地下水补给速率过快时，相对较低的热扩散速率、相对较大的蒸发潜热以及相对较高的地下水量三者相互作用会导致形成热沉，不利于热量在污染区域内的累积与传递。工程实施中是如何解决这一问题的？

A1：目前主要有两种手段可以解决这个问题。一是在修复前的场地边界安装深度至黏土层的水力挡板；二是在工程实施时预抽提地下水。这两项措施都可以降低地下水对加热的影响。

Q2：传统的聚氯乙烯（PVC）或玻璃纤维在高温条件下容易变形，如何选择材料使其能在热处理的温度下持续作业？

A2：为应对工程实施过程中可能出现的压力和热膨胀，可选用不锈钢类材料作为套管和筛管材料，并对井进行灌浆处理。在某些情况下，可以用二氧化硅或硅粉来改善浆液的温度稳定性，用氯化钠来提高浆液的膨胀能力。

Q3：电阻加热修复技术中，如何避免电极电压击穿现象？

A3：可以采用注水来保持良好的电接触，防止过度干燥或电极电压击穿，也可以在水中加入低浓度的盐增加电极周围土壤电导率。

Q4：对于 VOCs 类污染场地，在挖掘、打井的过程中如何做好个人防护？

A4：首先，井的挖掘位置要事先进行调查，确保钻孔点不在 VOCs 污染物的超富集区或者土壤地质结构脆弱的地区。对于场地附近存在地表水的情况，尽量在地表水 35 m 以外的范围进行挖掘，注意避开敏感受体的主导风向。距挖掘点 0～5 m 范围内为重度风险区，此区域内作业需保证严密防护并控制连续暴露时间不多于 15 min，在此过程中持续关注 VOCs 浓度变化，一旦超过警戒值立即停止作业。距挖掘点 5～13 m 范围内为中度风险区，此区域内作业需保证严密防护并控制连续暴露时间不多于 30 min。距挖掘点 13～25 m 为轻度风险区，此区域内需要一般防护，并控制持续暴露时间不多于 60 min。

4.2.8　监测自然衰减

4.2.8.1　技术名称

监测自然衰减，monitored natural attenuation（MNA）。

4.2.8.2　技术介绍

监测自然衰减指通过实施有计划的监控策略，利用污染区域自然发生的物理、化学和生物过程，如对流—弥散、吸附、挥发、沉淀、化学反应、生物转化等，降低污染物的浓度、数量、体积、毒性和迁移性等，控制环境风险处于可接受水平。

从作用结果看，自然衰减可分为非破坏性作用和破坏性作用。非破坏性作用指不破坏污染物分子结构的对流—弥散、吸附、挥发、沉淀等物理作用，污染物仍然存在。破坏性作用指能破坏污染物分子结构的化学作用和生物转化作用，将污染物转为无害物质，为真正去除污染物的作用。纯化学作用比较少见，过程也很缓慢；微生物参与的生物转化作用更为常见，是重要的自然衰减作用。

4.2.8.3 适用性与优缺点

（1）适用污染物

目前通过实践发现，适合使用监测自然衰减技术的污染物主要包括碳氢化合物、氯代烃、重金属、放射性核素等（表 4-36）。

表 4-36 污染物的自然衰减能力

污染物	主要衰减作用	场地统计的衰减能力
（含氧）碳氢化合物		
苯系物	生物转化	高
石油烃	生物转化	中
非挥发性脂肪族化合物	生物转化、迁移性降低	低
多环芳烃	生物转化、迁移性降低	低
低分子的醇、酮、酯	生物转化	高
甲基叔丁基醚	生物转化	低
氯代脂肪烃		
四氯乙烯、三氯乙烯、四氯化碳	生物转化	低
三氯乙烷	生物、非生物转化	低
二氯甲烷	生物转化	高
氯乙烯	生物转化	低
二氯乙烯	生物转化	低
氯代芳香烃		
多氯联苯、四氯二苯并呋喃、五氯酚、多氯苯	生物转化、迁移性降低	低
二噁英	生物转化	低
氯苯	生物转化	中
硝基芳香烃		
2,4,6-三硝基甲苯	生物、非生物转化、迁移性降低	低
重金属		
铬	生物转化、迁移性降低	中—低
汞	生物转化、迁移性降低	低
镍	迁移性降低	中
铜、锌	迁移性降低	中
镉	迁移性降低	低
铅	迁移性降低	中

污染物	主要衰减作用	场地统计的衰减能力
	类金属	
砷	生物转化、迁移性降低	低
硒	生物转化、迁移性降低	低
	含氧阴离子	
硝酸盐	生物转化	低
过氯酸	生物转化	低
	放射性核素	
钴-60	迁移性降低	中
铯-137	迁移性降低	中
氚	衰变	中
锶-90	迁移性降低	中
锝-99	生物转化、迁移性降低	低
钚-238，239，240	迁移性降低	低
铀-235，238	生物转化、迁移性降低	低

注：场地统计的衰减能力等级划分：①高，表示已有足够的证据及科学研究证实，75%以上的污染场地可利用自然衰减作用，将环境风险控制于可接受水平；②中，表示约50%的污染场地可利用自然衰减作用，将环境风险控制于可接受水平；③低，表示少于25%的污染场地可利用自然衰减作用，将环境风险控制于可接受水平，或机理研究证明其衰减能力较差。

（2）适用的水文地质条件

从地下水埋藏和分布、含水介质和含水构造等水文地质条件考虑，以自然衰减能力和现有监测技术可实施性为依据，判断水文地质条件适用性如下：

①考虑埋藏和分布条件，通常潜水自然衰减能力高于承压水。

②考虑含水介质条件，自然衰减技术在孔隙水、裂隙水、岩溶水中的适用性及监测技术可实施性依次为高、中、低。

（3）不能单独使用的情景

监测自然衰减技术作为一种被动修复技术，可以单独使用，也可与其他修复技术联合使用。当存在下列状况时，监测自然衰减不能作为单一使用的修复技术，需要与其他修复技术联用，包括：

1）污染羽处于扩展阶段。若存在持续泄漏的污染源、自由相或残留相时，污染羽可能会向外继续扩展，扩展的污染羽表明污染物的释放超过自然衰减的能力。

2）复杂的水文地质条件。存在复杂的水文地质系统，如裂隙或岩溶地层，较难监测污染物迁移和自然衰减过程。这种情况下可能限制监测自然衰减的使用，因为难以保障潜在受体不受影响。此外，在基岩中自然衰减过程的有效性评价尚未充分建立，吸附、阳离子交换、生物降解、水解等衰减过程在裂隙环境中较弱。

3）存在较高的环境风险。通过分析地下水污染趋势，污染物在短时间内会对人群或环境受体造成威胁。

（4）优缺点（表 4-37）

表 4-37 MNA 技术的优点与缺点

优点	缺点
对环境危害小。修复过程中产生的二次污染物较少；与异位处理比较，可降低不同介质间的交叉污染；能降低对敏感受体的风险	相较于其他修复技术，监测自然衰减技术达到修复目标所需的时间较长
地面设施少，对外界造成的影响较小	必要时需采取其他相应的管控措施
根据场地状况及修复目标，自然衰减技术可以单独使用或与其他修复技术联合使用	若污染物没有真正去除，会存在持续移动现象，甚至在不同介质间转移
相较于其他修复技术，监测自然衰减技术成本较低	水文或地球化学条件可能随时间改变，使已稳定或缩减的污染羽重新扩展，对修复效果产生不利影响

4.2.8.4 技术应用流程

监测自然衰减技术应用流程主要包括自然衰减可行性评价、监测井网布设、监测计划设计与实施、自然衰减能力评估和紧急备用方案制订。

（1）自然衰减可行性评价

自然衰减可行性评价主要由场地概念模型构建、自然衰减证据分析、土地和地下水开发利用情景设定、污染物数值模拟等部分组成。通过构建场地概念模型，定性判断现有暴露途径下污染物对目标受体是否存在风险。通过自然衰减证据分析，确定污染物发生的自然衰减作用。通过设定土地和地下水开发利用等情景，预见未来几年可能的暴露途径。通过污染物数值模拟，在场地—区域跨尺度条件下，预测污染物的扩散趋势。

（2）监测井网布设

监测井网布设由场地环境详细调查、监测井网布置、监测井设计、监测井施工等组成。场地环境详细调查和监测井设计，应保证能够确定地下水中污染物在水平和垂向的分布范围，圈定完整的污染羽。监测井网布置，其范围能涵盖完整污染羽及目标受体，以确定污染羽是否呈现稳定、缩减或扩展状态，同时能预警对敏感受体造成的影响；其密度（位置与数量）根据场地水文地质条件、现有污染羽范围、污染羽（时空）动态特征而确定，且能够满足统计分析上可信度的要求。监测井建造的建井材料应具有防污染腐蚀、无二次污染的特性，满足 5 年以上长期监测的要求。

（3）监测计划设计与实施

监测计划设计与实施包括确定监测项目、监测频次等部分。确定监测项目时，需集中在污染物及其降解产物上。在监测初期，所有监测区域均需要分析污染物、污染物的降解产物及完整的地球化学参数，以充分了解整个场地的水文地质特征与污染分布。在后续监测过程中，可依据不同的监测区域与目的，做适当的调整。确定监测频次时，在开始的前两年至少每季度监测一次，以确认污染物季节性变化的情形，但有些场地可能需要监测更长的时间（大于 2 年）以建立起长期性的变化趋势；对于水位变化差异较大的场地，或是易随季节有明显变化的地区，需要更密集的监测频率，以掌握长期的变化趋势；在监测 2 年之后，监测的频率可以依据污染物迁移时间以及场地其他特性做适当的调整。监测技术的选择，需根据污染特点，以现场观测与实验室测试相结合的方式，尽量实现原位数据的获取（图 4-48）。

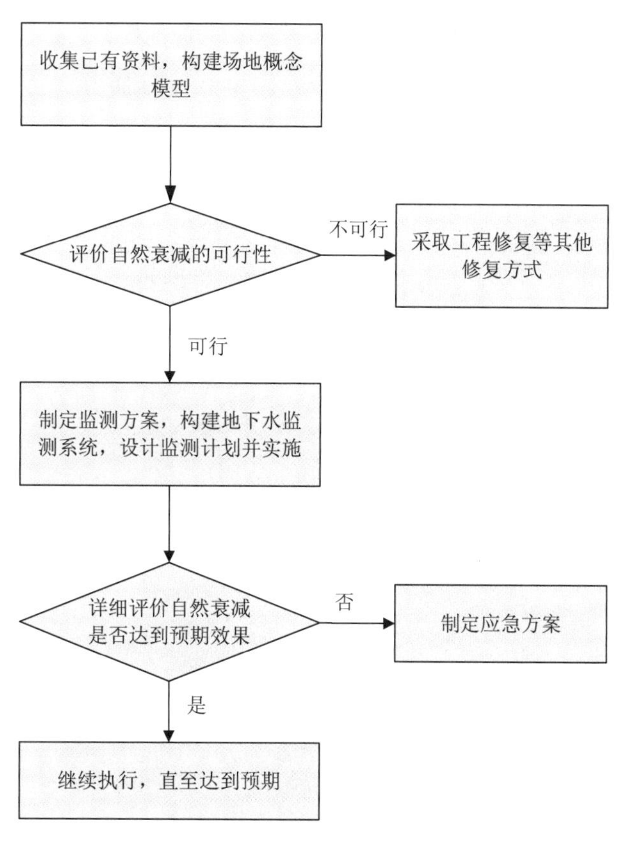

图 4-48　自然衰减工作流程

（4）自然衰减性能评估

自然衰减性能评估包括污染羽状态评估、生物降解能力评估、衰减主控因子评估等，各有侧重，交叉互补。其中，污染羽状态评估，以判定监测自然衰减程序是否如预期方向进行为主；生物降解能力评估，以计算自然衰减对污染改善的成效为主；衰减主控因子评估，以识别产生成效的主控因子为主。三者结合评估，可实现破坏作用（降解、转化）和非破坏作用（吸附、沉淀等）的量化区分，并通过对场地概念模型的修正和污染物数值模拟的校准，为紧急备用方案制订提供理论依据和方法支持。

（5）紧急备用方案制订

紧急备用方案制订主要涉及自然衰减可行性评价及自然衰减性能评估两部分中的场地概念模型、污染物数值模拟、污染羽状态评估、生物降解能力评估、衰减主控因子评估等流程。当自然衰减性能评估发现，仅自然衰减无法达到预期目标；或当场地条件恶化时，污染羽可能会呈现扩展趋势。需依据衰减主控因子评估，更新场地概念模型，开展污染物数值模拟，指导筛选其他修复技术，满足防止目标受体受到危害的要求。

4.2.8.5 可行性评估关键步骤

（1）初步构建场地概念模型

场地概念模型是以文字、图、表等方式综合描述水文地质条件、污染源、污染物迁移途径、人体或生态受体接触污染介质的过程和接触方式等。

场地概念模型一般包括下列信息：

①地质与水文地质条件：地层分布及岩性、地质构造、地下水类型、含水层系统结构、地下水分布条件、地下水流场、地下水动态变化特征、地下水补径排条件等。

②地下水污染特征：污染源、目标污染物浓度、污染范围、污染物迁移途径、非水溶性有机物的分布情况等。

③受体与周边环境情况：结合地块地下水使用功能和地块规划，分析污染地下水与受体的相对位置关系、受体的关键暴露途径等。

收集的资料主要包括地质与水文地质条件、地下水污染特征、受体与周边环境情况等，具体如表 4-38 所示。

表 4-38 收集资料清单

类别	详细资料
1. 地质与水文地质条件	1-1 地下水和土壤的化学性质
	1-2 地层岩性
	1-3 土壤粒径分布（砾石、砂、粉土和黏土等）
	1-4 含水层渗透系数，包括垂直和水平方向
	1-5 隔水层特征
	1-6 地下水水力梯度、地下水水位（丰、枯水期）
	1-7 补径排条件
2. 地下水污染特征	2-1 污染（泄漏）历史。一次污染事件或持续性排放污染，单一或多个污染源；单一或混合污染物
	2-2 污染物化学和物理性质

类别	详细资料
2. 地下水污染物特征	2-3 污染物的溶解相和残留相迁移及分布情况
	2-4 污染范围、深度及总量
	2-5 污染物水平及垂直变化趋势
	2-6 污染物的生物降解可能性
	2-7 因污染物自身衰减作用，使环境中污染物毒性及迁移性增加的可能性
3. 受体与周边环境情况	3-1 地下水水源保护区、地下水饮用或供水井抽水影响范围
	3-2 任何可能影响到地表水或其他生态系统的途径
	3-3 是否存在其他蒸气入侵
	3-4 场地周围或下游地区可能的潜在受体
	3-5 邻近地区是否有抽水行为

（2）自然衰减证据分析

主要利用现有数据评估监测自然衰减能否在适当的时间内，使地块污染物浓度达到修复目标。

对于重金属污染场地而言，自然衰减的可行性评价首先要确定污染羽状态（如扩展、稳定或缩减），以及污染羽是否影响地下水的利用，其次要明确污染羽内重金属在含水层中发生的生物地球化学反应。若是污染羽内自然衰减作用持续进行，含水层中重金属含量会逐渐变化，可根据地球化学参数（如 pH 或离子含量）进行判断。

对于有机物污染场地，生物降解是有机物自然衰减的主要作用，要对自然条件下场地内是否具有生物降解的可能性进行评估，以确定场地中的污染物是否具有生物降解的趋势，从而决定监测自然衰减是否可以作为场地的修复技术。若自然衰减是造成污染降低的重要机制，且监测自然衰减评估结果准确，则应继续进行更详细的场地环境调查；若无生物降解（或其他衰减机制）发生的充分条件，或污染羽尚未达到稳定或缩减的必要条件，表示监测自然衰减不适合该场地，而应考虑其他的修复技术；若污染物没有生物降解现象（或降解速率太慢），但可以证明有其他衰减机制使污染物发生自然衰减，使场地可以在合理的时间内达到修复目标，则可继续进行可行性评估；若场地发生自然衰减，但无法在可接受的时间内达到修复目标，则需考虑搭配其他的修复技术，以提高修复效率。

通过第一步建立的场地概念模型，由污染分布图可以分辨出污染源、污染羽、污染羽上下游以及背景区域等。此时，可采用污染羽内中心线或地下水流向上监测点的污染物数据，计算自然衰减速率。若收集的污染物数据不能确定是否发生自然衰减，则需补充收集；若污染物数据充足，仍需结合场地的地球化学条件，进一步确认自然衰减是否发生。

1）衰减机制与评估参数的选择

自然衰减的机制包括生物和非生物两种，在评估自然衰减时，需要根据污染物的衰减机制选择参数进行评估。以重金属铅为例，其在环境中的主要降解机制为甲基化、沉降与阳离子交换以及吸附与固定等。当地下水受到铅污染时，评估参数可选择水文地质参数、污染物特性、污染物浓度、总有机碳、氧化还原电位、pH 与有效性铁氢氧化物的浓度。

2）自然衰减证据的判定方法

①证据Ⅰ：本证据为判断自然衰减是否发生的证据，重要性超过证据Ⅱ和证据Ⅲ。当沿着地下水流平行方向或主要迁移途径的中心线，以污染源为起点，若污染物浓度随距离增加而降低，则表明自然衰减可能已经发生，但无法确认是生物还是非生物作用机制。

②证据Ⅱ：利用地球化学与化学数据，采用质量守恒法分析污染物、电子受体/供体以及降解产物浓度之间的关联性，计算质量/浓度损失。一般而言，若污染物的浓度降低，而降解产物的浓度上升，则代表场地内发生了自然衰减。

③证据Ⅲ：当证据Ⅰ和证据Ⅱ均无法判断自然衰减是否发生时，可以此项证据为判断依据。主要采用微生物或同位素的方法，如是否有相关降解微生物出现，或目标污染物的同位素值发生显著变化，来判断场地是否发生自然衰减。

（3）地下水污染数值模拟

在第一步建立场地概念模型的基础上，对场地地下水污染进行数值模拟，包括地下水污染现状模拟和地下水污染趋势预测两部分。地下水污染现状模拟是依据概念模型，对地下水水流和污染物的迁移与反应进行模拟，并校验模型的可靠程度。地下水污染趋势预测是依据地下水污染现状模拟、土地和地下水开发利用情景来预测地下水污染在时间和空间上的变化趋势和分布特征，以及可能的污染途径，进而评估污染扩散的速率和范围、污染受体的受影响程度等。地下水污染数值模拟可分为以下几个步骤：

1）在概念模型的基础上确定模型范围和边界条件。模型范围应确保包含污染源、污染途径和污染受体。

2）设置参数。在确认场地有足够的条件发生自然衰减后，需进一步利用相关参数，模拟地下水的水流及污染物的迁移与反应，预测污染羽的变化趋势。地下水污染数值模型的数据需求一般包括以下两部分：

第一部分为水流模型、污染物迁移及反应模型需要输入的基本数据。

①模型空间信息参数：如模型边界的位置、地质单元的厚度以及现有污染羽的范围等。

②模型动力学参数：如渗透系数、储水系数、给水度、孔隙度、弥散度、流速以及生物、化学反应参数等。

③与源汇项有关的参数：如污染物进入量和排出量，或注水和抽水量。

第二部分数据包括监测点的观测水头、流量、污染物运移时间、溶质浓度等。

3）明确初始条件。初始条件包括地下水流场和污染物浓度分布情况等，非稳定流模型需设置初始条件，初始条件一般采用某一时间的监测结果。

4）模型计算。结合地下水水流模型、污染物迁移及反应模型，设定不同的土地开发和地下水利用情景，分析若干年后自然衰减作用对地下水流场和污染物浓度时空分布的影响，预测污染物的去除效果和反应速率，评估自然衰减的可行性和可靠性。

5）模型校准与验证。通过调整模型输入参数的取值或参数结构，使模型输出变量与野外观测值的误差达到一定的精度要求，表征模型可以基本准确地反映客观实际。模型输出变量可为水头、流量、浓度、污染物运移时间、污染物去除率等指标。

6）敏感性分析。在合理的范围内改变模型输入参数，并观察模型结果的响应程度，筛选出对模拟结果影响相对显著的因子，以提高模型校准工作的方向性。分析模型响应程度的指标主要包括水头、流速、污染物浓度等。

（4）自然衰减可行性等级

当确定了污染物的衰减机制及该场地存在自然衰减的证据后，可通过表 4-39 确定监测自然衰减的可行性等级。若判断可以实施监测自然衰减，则需开展更详细的场地特征调查，以取得更适用于场地的参数条件，作为后续修正先前所建立的场地概念模型的重要依据。在执行监测自然衰减期间，应定期审查并修正场地概念模型，以便能够更精确地评估及预测自然衰减发生情形，并评估其性能。

表 4-39　监测自然衰减可行性等级评估

评估参数	可行性		
	高	中	低
A. 技术因子			
A1. 地下水污染源	已移除或部分移除	正在去除或消耗	继续释放
A2. 污染羽界定	可明确	—	不明确
A3. 污染羽状态	缩减	稳定	扩展
A4. 自然衰减发生环境条件区间	区间内	边界值附近	区间外
A5. 污染物在环境中的持续性	现有场地条件易衰减	现有场地条件不易衰减	衰减作用不了解
A6. 优势衰减机制	不可逆或破坏性反应	—	可逆或非破坏性反应
A7. 污染物可迁移性	中	低	高
A8. 副产物的污染风险	比目标污染物低	与目标污染物相同	比目标污染物高

评估参数	可行性		
	高	中	低
A9. 多种污染物联合效应	无联合效应（各组分独立衰减）	—	具有联合效应
A10. 含水层非均质性和各向异性	均质各向同性	—	非均质各向异性
A11. 地下水流速	慢	中	快
A12. 受体	无环境受体	有受体（低风险）	有受体（高风险）
A13. 与地下水饮用水水源保护区的位置关系	在保护区外	位于准保护区	位于一级、二级保护区内
A14. 地下水利用现状和预期	利用率低	利用率中	利用率高
A15. 监测数据	监测数据完整且大于 2 a	—	无完整监测数据或监测数据不足 2 a
A16. 污染物分布刻画水平	高，如水溶相污染组分，分布在较浅的含水层	—	低，如存在非水溶相液体，分布在较深的含水层
B. 限制性筛选因子			
B1. 管理者与制度可接受性	不违反现有政策，目前技术可行	不违反现有政策，但目前技术有所欠缺	违反现有政策，或有较大技术缺口
C. 可实行性与经济限制			
C1. 场外区域监测	场外监测易实现	场外监测可能实现	场外监测条件不允许或受限
C2. 经费来源	有长期专门经费支持	有长期经费来源，但无专门经费支持	无长期经费支持
C3 修复时间	长期（>10 a）	中期（3～10 a）	短期（<3 a）
总体可行性	所有参数均为“高”或“中”，无“低”	参数可为“高”“中”或“低”，但“A1”“A4”不能为“低”且“A13”不能位于“一级和二级保护区”	符合下列任一条： (1)“A1”或“A4”为“低”，或“A13”位于“一级和二级保护区” (2) 无任何参数为“高”

（5）更新地块概念模型

①模型校准与验证

在取得更多或更新的现场数据后，利用数值模型进行模拟，并以实际场地特征调查结果进行验证，修正先前所建立的场地概念模型，如果场地差异性较大，可适当修正模型所有的相关参数，并重新进行模拟。在后续执行监测自然衰减过程中，如取得最新的监测数据资料，也应及时修正场地概念模型，以便能更精确评估和预测自然衰减产生的效果。

②暴露途径与受体分析

在完成初步评估、污染数值模拟之后，需要进行潜在受体暴露途径分析。分析内容包括：需要界定出潜在的人体与生物受体或其他敏感受体，结合现有与未来的土地和地下水使用功能，分析其可能产生的危害风险。通过对场地的风险评估，明确人体健康风险，人体健康致癌风险应小于 10^{-6} 或者危害商小于 1。

在进行场地初步评估时，某些污染较为严重的场地可能会被列为不适合采用监测自然衰减的场地，但是若能去掉危害因子，如将污染源开挖移除，或是采取隔离措施等，均可以降低达到场地特定修复目标所需要的自然衰减时间，或是使监测自然衰减成为场地修复的技术方案之一。此外，尚有许多其他的工程技术可以有效降低污染物的浓度，也可以根据场地的特性要求组合实施。如果已建立了场地的污染数值模型，可通过对污染羽进行修正，得到去除污染源或移除高污染区域后的影响结果，并重新评估暴露途径。在一些需要将含水层的水质恢复到饮用水标准或是需要防止污染物进入敏感区域的场地中，若已经建立了场地的污染数值模型，即可以预估利用自然衰减将地下水水质恢复到饮用水标准以及降低污染物对敏感受体的影响所需要的时间，来评估执行污染源移除或污染控制所带来的效益。

4.2.8.6　监测与过程控制

（1）长期监测计划的建立

如果更新概念模型后，暴露途径分析结果表明对于人体健康及自然环境并无危害的风险，且能够在合理的时间内达到修复目标，则开始设计长期监测计划。适当的修复时间最好不超过 20～30 a。长期监测计划的目的：①掌握污染羽的浓度、范围和风险等变化情况，以证实自然衰减确实在场地内发生；②确定实际发生的自然衰减速率，且其足以在确定的时间内实现修复目标（经管理部门核定，修复目标可能是污染物的体积、浓度或毒性等）；③确保污染物在衰减过程中不会对环境受体造成危害或预期之外的风险；④监测数据可以随时修正场地概念模型，过程中可不断重新评估修复期间对环境受体的危害风险等。当在监测过程中发现实际的自然衰减速率无法满足预期的目标，甚至对环境产生预期外的危害时，应对监测自然衰减的可行性进行重新评估，并启动备用的应变方案。

（2）自然衰减监测井设计

1）基本原则

通过地下水污染监测井监测数据，要能够确定地下水中的污染物在水平和垂向的分布范围，因此需监测场地内不同的地下水含水层以及相关的地球化学参数变化情况

（表 4-40），以评估场地的修复情况。通过监测得到数据资料，确定下列事项：

①污染羽呈现稳定、缩减或扩展的状态；

②衰减速率常数；

③对于敏感受体造成影响的预警作用。

表 4-40　监测计划中地球化学参数采样位置及目的

<table>
<tr><th rowspan="2">监测井位置</th><th rowspan="2">采样目的</th><th colspan="2">地球化学参数</th></tr>
<tr><th>最初采样</th><th>后续采样</th></tr>
<tr><td>污染羽上游处</td><td>背景水质</td><td rowspan="6">污染物、降解产物及地球化学参数</td><td rowspan="2">相关的地球化学参数</td></tr>
<tr><td>污染羽边缘处</td><td>背景水质</td></tr>
<tr><td>污染羽范围内</td><td>污染物浓度变化趋势</td><td rowspan="2">污染物、降解产物及地球化学参数</td></tr>
<tr><td>污染羽下游处</td><td>污染物或污染羽随时间变化情况</td></tr>
<tr><td>高浓度污染羽下游处</td><td>监测高浓度污染物的迁移</td><td rowspan="2">污染物及降解产物</td></tr>
<tr><td>污染羽警戒井</td><td>污染羽预警监测</td></tr>
</table>

2）监测井布设

监测井位置需要根据场地地质条件、水文地质条件、整个污染羽的大小、污染羽的范围、污染羽在空间和时间上的分布而定，且数量能够满足统计学分析对可信度的要求。

一般建议按照多层监测井的设置方式，依据地下水的流向，在平行及垂直地下水流方向的适当位置，进行地下水监测井的布设（图 4-49）。监测井在水平及垂直方向上的距离，需要依据场地水文地质非均质性而定，因其会影响污染物运移及其在空间中的分布。通过监测井网的设计方式，可以明确界定出污染物的分布范围及其在三维空间的分布，因此可以大幅度降低监测过程中的不确定性。而垂直方向井的设置方式，在水力梯度差异较大的场地中，可获得较好的监测结果。

3）监测井设计及施工

在监测井设计及施工中，筛管的设计会影响监测污染物在三维空间的分布。设置筛管最主要的目的，是要取得关注区间的地下水样品，而这一段区间长度的设计与场地的地层分层情况、污染物特性与地球化学特性等有关。

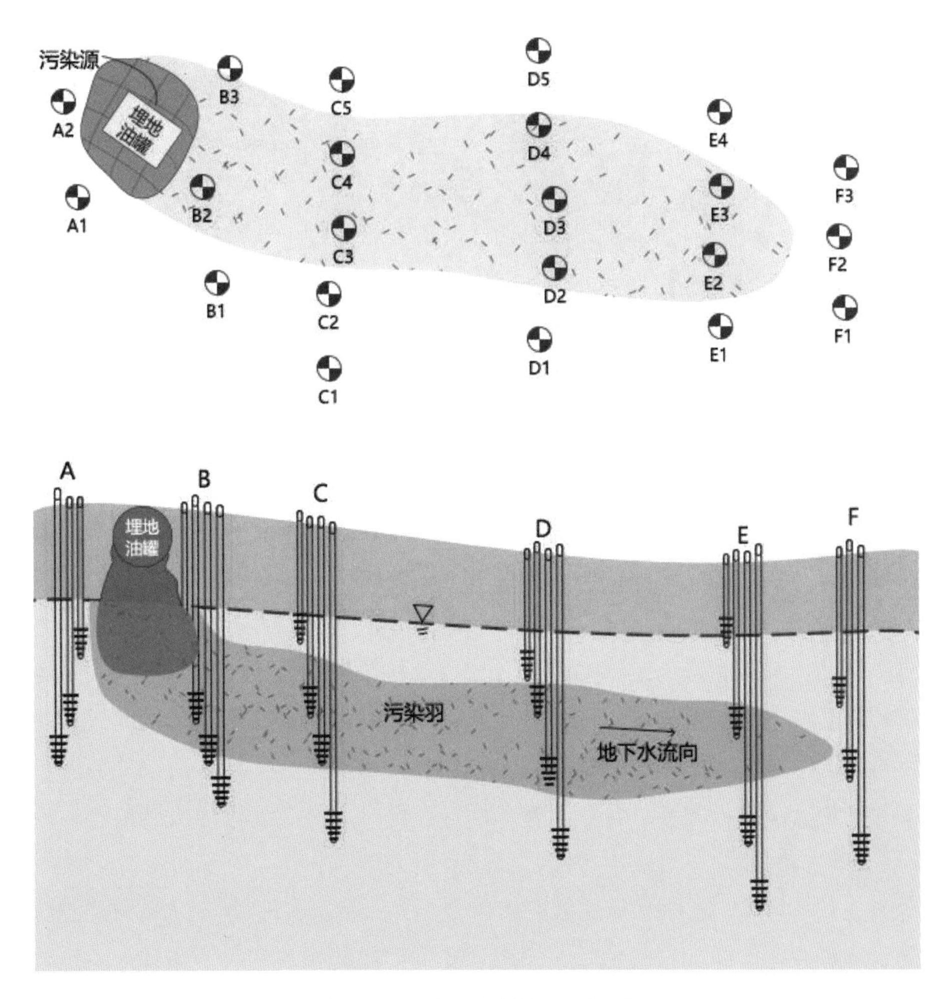

图 4-49　地下水监测井网设置

①地层分层情况

如果某一地层的分层渗透系数差别不大，且在这一地层间的地球化学参数或污染物的浓度差异并不大时，可以依据地层分层的厚度情况来设计井筛长度。若不同的地层分层之间差异极大，如砂层与黏土层，渗透系数差异极大，则其井筛长度应该有所不同，或可以设计多层位丛式或巢式井监测不同深度（或地层）污染物的浓度。

②污染物的特性

在同一场地内的地下水监测井井筛长度应尽量一样，并且需要根据场地污染物的特性进行设计。若是场地内监测井的井筛长度都不相同，则在估算衰减速率以及污染羽边界的界定上，可能会与实际情况产生极大的差异。井筛的深度也会影响对污染羽分布情况的判断。此外，针对 DNAPL 污染物，监测井的井筛应尽量布设在含水层底部；针对 LNAPL 污染物，监测井的井筛应尽量布设在含水层顶部。

③地球化学特性

如果场地内某一区域地层分层有特殊的地球化学性质，则可以针对此区域情况进行井筛长度的设计。由于部分污染物的衰减对地球化学环境非常敏感，在这种情况下，需要有针对性地设计井筛长度，便于精确识别地球化学环境。

4）监测周期和频率

地下水监测频率在开始前两年至少每季度监测一次，以确认污染物浓度随季节变化的趋势。对于水文地质条件变化差异性大，或是地下水水位易随季节变化明显的地区，需要增加监测频次；而在监测 2 a 之后，监测频率可以依据污染物迁移情况以及场地其他特性进行适当的调整。如果观测到非预期情况发生，需要适当增加监测频率。监测计划的期限应该持续监测达到修复目标为止，且在达到修复目标之后，仍需持续监测 1～2 a，以确定污染物浓度确实维持在修复目标值以下。而如果监测结果显示，采用监测自然衰减技术无法在合理时间内，将场地的污染物浓度降低到修复目标以下，此时需要启动紧急备用方案。

5）监测项目选择

在监测初期，所有的监测区域均需要分析目标污染物、污染物的降解产物及地球化学参数，以充分了解整个场地的水文地质特性与污染分布情况。在后续的监测过程中，可以依据不同的监测区域与目的，做适当的调整。例如，在污染羽上游，后续的监测项目以影响场地内污染物衰减过程的地球化学参数为主；在污染羽下游处因为需要监测污染羽迁移的情况，因此主要的监测项目需集中在污染物及其降解产物上。在石油烃化合物及含氯有机化合物的衰减过程中，采样分析的监测指标包括：挥发性有机化合物、总石油烃化合物、总有机碳、溶解性有机碳、二氧化碳、甲烷、挥发性脂肪酸、溶氧、硝酸盐、硫酸盐、二价铁离子、氯化物、氢气、pH、温度、氧化还原电位、电导率、碱度、硬度以及其他关注污染物等。如果有重金属污染物，亦应适当增加重金属项目的分析。需要监测的地球化学参数可以依据先前的场地环境调查结果，包括污染物种类、场地水文地质条件及主要反应衰减机制等确定。这些参数均可绘制成等浓度图，通过图形信息帮助了解场地内污染物浓度分布、迁移及降解的情形。

（3）紧急备用方案

1）紧急备用方案的启动

紧急备用方案是在监测自然衰减修复无法达到预期目标，或是当污染羽有持续扩散的趋势时，作为地下水污染修复的备用方案；紧急备用方案为采用其他修复技术，而不是仅以原有的自然衰减技术来进行场地的修复工作。当地下水中出现下列情况时，需启动紧急备用方案。

①地下水中污染物浓度大幅度增加，或监测井中出现新的污染物。

②污染源附近采样结果显示污染物浓度有大幅增加的情形，表示可能有新的污染源释放。

③在原来污染羽边界以外的监测井发现了污染物。

④影响到下游地区的潜在受体。

⑤污染物浓度下降速率不足以达到修复目标。

⑥地球化学参数的浓度改变，导致生物降解能力下降。

⑦因土地或地下水用途改变，产生新的污染暴露途径。

⑧场地发生新的污染事件。

2）紧急备用方案的确定

适用于地下水污染修复的工程技术相当多，在选择上，除了考虑工程技术的可行性、应用性、成熟度以及可能会增加的费用成本外，由于场地已实施监测自然衰减，也应同时考虑实施后可能会对监测自然衰减造成的影响。

4.2.8.7　实施周期及成本

美国采用监测自然衰减已完成修复的 20 个场地的修复经费为 9.41 万～127 万美元。其中石油烃污染的场地有 3 处，修复经费为 40 万～50 万美元，平均为 43.8 万美元；仅有氯代烃污染的场地有 12 处，修复经费为 12.69 万～127 万美元，平均为 31.74 万美元；同时有石油烃及氯代烃污染的场地有 5 处，修复经费为 9.41 万～23.86 万美元，平均为 13.92 万美元。

4.2.8.8　常见问题及解答

Q1：在监测自然衰减过程中，如果由于相邻地块抽取地下水，导致污染羽异常扩散怎么办？

A1：在监测自然衰减过程中，应当禁止在污染羽的水力影响范围内抽取地下水。如果出现了以上意外情况，应当在污染羽内部应急启动抽出处理措施，使异常扩散的污染羽得到控制或缩小。对于超出边界的污染地下水，可以采取原位化学氧化等其他工程手段进行应急修复。

Q2：如何能够准确地预测监测自然衰减所需年限？

A2：可根据已有监测数据，通过数值模型预测或数学统计方法进行污染物浓度变化趋势的评估。但由于监测期较长，期间可能会发生异常的降水、抽水、新污染源增加等变化，使污染羽衰减加速或减速。因此，应当在初期计算基础上，根据监测数据不断校正预测模型，才能获得比较准确的修复年限。

Q3：是否会出现污染物衰减到一定程度就不再衰减的情况？

A3：一个场地内的地下水污染物往往具有多种组分，有的易于被生物降解，有的难以生物降解，当大部分易于生物降解的组分完成降解后，只剩下难以生物降解的组分，如一些氯代烃和多环芳烃，降解速率较慢。这时可通过加入特有的降解菌、增加电子供体或电子受体等方法，加速这些组分的生物降解。

参考文献

[1] Agency. E P. Pump and treat groundwater remediation guide for decision makers and practitioners. [J]. Environmental Protection Agency，1996.

[2] Alleman B D. Groundwater Circulating Well Assessment and Guidance[R]. BATTELLE MEMORIAL INST COLUMBUS OH，1998.

[3] American Society for Testing Materials. Standard Guide for Remediation of Ground Water by Natural Attenuation at Petroleum Release Sites [R]. West Conshohocken：American Society for Testing Materials. 2015.

[4] Anonymous. Permeable Reactive Barrier：Technology Update[J]. Pollution Engineering，2011，43（10）：13.

[5] Balk M，F Mehboob，Gelder A，et al.（Per）chlorate reduction by an acetogenic bacterium，Sporomusa sp. isolated from an underground gas storage[J]. Applied Microbiology & Biotechnology，2010，88（2）：595-603.

[6] Bodi A. Long-Term Contaminant Management Using Institutional Controls. 2016.

[7] Bodi A. Remediation Management of Complex Sites. 2018.

[8] Cohen R M R M. Ground Water Issue Design Guidelines for Conventional Pump-and-Treat Systems [J].1997.

[9] Dolfing J，Eekert M V，Seech A，et al. In Situ Chemical Reduction（ISCR）

[10] Fiedler L. Engineered Approaches to In Situ Bioremediation of Chlorinated Solvents：Fundamentals and Field Applications[J].European Psychiatry，2000，29（2）：1.Field Applications[J]. European Psychiatry，2000，29（2）：1.

[11] Foreword I.Field Applications of In Situ Remediation Technologies：Ground-Water Circulation Wells U.S.Environmental Protection Agency[J].1998.

[12] Gavaskar A，Gupta N，Sass B，et al. Design Guidance for Application of Permeable Reactive Barriers for Groundwater Remediation.2000.

[13] Groundwater　B O F. Introduction to In Situ Bioremediation of Groundwater[J].2013.

[14] Huling S，Pivetz B.Engineering Issue Paper：In-Situ Chemical Oxidation.2006.

[15] Institutional Controls：A Guide to Planning，Implementing，Maintaining，and Enforcing Institutional

Controls at Contaminated Sites，OSWER 9355.0-89[R].EPA/540/R-09/001（Dec.2012）.

[16] ITRC，Technical and regulatory guidance for in situ chemical oxidation of contaminated soil and groundwater，2nd ed. [R]，2005.

[17] ITRC. Evaluating Natural Source Zone Depletion at Sites with LNAPL [R]. Washington D. C.：Interstate Technology and Regulatory Council，2009.

[18] Javandel I，Tsang C F.Capture-zone type curves：A tool for aquifer cleanup[J].Ground Water，1986，24（5）：616-625.

[19] Lofthouse A J，Artman V M. Groundwater Pump and Treat Systems Summary of Selected Cost and Performance Information at Superfund Financed Sites[J]. 2011.

[20] Mercer J W. Basics of pump-and-treat ground-water remediation technology[M]. Robert S. Kerr Environmental Research Laboratory，Office of Research and Development，US Environmental Protection Agency，1990.

[21] Mihaila M，Hotnog C，Theodor V，et al. In situ thermal treatment（ISTT） for source zone remediation of soil and groundwater[J]. British Medical Journal，2013，31（31）：482-484.

[22] Newell C J，Kueper B H，Wilson J T，et al. Natural Attenuation Of Chlorinated Solvent Source Zones[M].Springer New York，2014.

[23] OSWER Technical Guidance for Assessing and Mitigating the Vapor Intrusion pathway from Subsurface Vapor Sources to Indoor Air. US Environmental Protection Agency.

[24] Paolo Ciampi*，Carlo Esposito，Ernst Bartsch，Eduard J. Alesi，Marco Petrangeli Papini：3D dynamic model empowering the knowledge of the decontamination mechanisms and controlling the complex remediation strategy of a contaminated industrial site. Science of the Total Environment. 2021.148649

[25] Patricia M. Gallagher，Sabrina Spatari，Jeffrey Cucura. Hybrid life cycle assessment comparison of colloidal silica and cement grouted soil barrier remediation technologies[J]. Journal of Hazardous Materials，2013，250-251.

[26] Petrangeli Papini，M.，Majone，M.，Arjmand，F.，Silvestri，D.，Sagliaschi，M.，Sucato，S.，Alesi，E.J.，Bartsch，E.，Pierro，L.（2016）：First Pilot Test on the Integration of GCW（Groundwater Circulation Well）with ENA（Enhanced Natural Attenuation）for Chlorinated Solvents Source Remediation. Chemical Engineering Transactions，Vol. 49，2016.

[27] Pierro，L.，Matturro，B.，Rossetti，S.，Sagliaschi，M.，Sucato，S.，Alesi，E.J.，Bartsch，E.，Arjmand，F.，Petrangeli Papini，M.（2016）：Polyhydroxyalkanoate as a slow-release carbon source for in-situ bioremediation of contaminated aquifers：From laboratory investigation to pilot-scale testing in the field. New Biotechnology，Vol.37，July 2017，pp 60-68.

[28] Price W A，Errington J C . Guidelines for metal leaching and acid rock drainage at minesites in British

Columbia. 1998.

[29] Qian L，Chena Y，Ouyang D，et al. Field demonstration of enhanced removal of chlorinated solvents in groundwater using biochar-supported nanoscale zero-valent iron[J].Science of The Total Environment，2020，698：134215.

[30] Remediation Case Studies：Groundwater Pump and Treat（Chlorinated Solvents），Volume 9 [J].1998.

[31] Response E.A Citizen's Guide to Soil Vapor Extraction and Air Sparging.2001.

[32] SIEGRIST R L，CRIMI M，SIMPKIN T J. In situ chemical oxidation for groudwater remdiation [M]. London：Springer Science & Business Media，2011：136-198.

[33] Simon M，Saddington B，Zahiraleslamzadeh Z，et al. Multi-Phase Extraction：State-of-the-Practice [J].1999.

[34] Subramanian S，Ander M W，Meadows R . REMEDIATION OF PENTACHLOROPHENOL BY VACUUM SPARGING GROUNDWATER CIRCULATION WELL TECHNOLOGY.

[35] Technical and Regulatory Guidance for In Situ Chemical Oxidation of Contaminated Soil and Groundwater [J]. 2001.

[36] US Army Corps of Engineers. Engineering and design：Multi - Phase extraction[S].1999.

[37] US Army Corps of Engineers.Design：In Situ Thermal Remediation[M].2014.

[38] US Environmental Protection Agency. Multi phase extraction：state of the practice [R]. Washington DC：Office of Solid Waste and Emergency Response，1999：7-9.

[39] Usepa U. Institutional Controls：A Site Manage's Guide to Identifying，Evaluating and Selecting Institutional Controls at Superfund and RCRA Corrective Action Cleanups. 2000.

[40] Wilson J T. An Approach for Evaluating the Progress of Natural Attenuation in Groundwater. Zidkova L，Bumbac C，Cosma C. Degradation of HCH isomers，DDT and their degradation intermediates in highly contaminated soil[C]//BOOK OF PROCEEDINGS. 2012：96.

[41] Zidkova L，Bumbac C，Cosma C. Degradation of HCHs by thermally activated persulfate in soil system：Effect of temperature and oxidant concentration.[C]//BOOK OF PROCEEDINGS.2012：96.

[42] HG/T 20715—2020. 工业污染场地竖向阻隔技术指南.

[43] HJ 25.5—2018，污染地块风险管控与土壤修复效果评估技术导则[S].

[44] HJ 25.6—2019，污染地块地下水修复和风险管控技术导则[S].

[45] HJ 610—2016，环境影响评价技术导则　地下水环境[S].

[46] 陈崇希，等. 地下水动力学[M]. 北京：地质出版社，2011.

[47] 陈梦舫，钱林波，晏井春，等. 地下水可渗透反应墙修复技术原理，设计及应用[M]. 北京：科学出版社，2017.

[48] 陈文浩，任宇鹏，张严严，等. 污染场地围封阻隔技术研究[J]. 环境科学与技术，2019，42（S2）：

114-124.

[49] 范伟，章光新，李然然. 湿地地表水—地下水交互作用的研究综述[J]. 地球科学进展，2012，27（4）：413-423.

[50] 付晓刚，唐仲华，吕文斌，等. 基于随机模拟的地下水污染物最优水力截获量[J]. 中国环境科学，2018，38（9）：3421-3428.

[51] 顾栩，杜鹏，单慧媚，等. 水力截获技术在地下水污染修复中的应用——以某危险废物填埋场为例[J]. 安全与环境工程，2014，21（4）：52-58，68.

[52] 贾建丽，翟宇嘉，房增强，等. VOCs 污染场地修复过程典型环节风险控制[J]. 农业工程，2013，3（5）：55-59.

[53] 鞠晓明. 地下水污染场地水力控制优化方案研究[D]. 北京：中国地质大学（北京），2011.

[54] 康绍果，李书鹏，范云. 污染地块原位加热处理技术研究现状与发展趋势[J]. 化工进展，2017，36（7）：2621-2631.

[55] 康学赫，姚猛，秦传玉，等. 原位空气扰动技术影响因素研究——基于苯污染非均质含水层[J]. 中国环境科学，2018，38（7）：2580-2584.

[56] 李砚阁，雷志栋. 地下水系统保护研究[M]. 北京：中国环境科学出版社，2008.

[57] 李艳. 农业区地下水污染对地表水环境的影响研究——以千烟洲为例[D]. 阜新：辽宁工程技术大学，2012.

[58] 刘昊，张峰，马烈.有机污染场地原位热脱附：技术与应用[J]. 工程建设与设计，2017（16）：93-98.

[59] 马妍，董彬彬，柳晓娟，等. 美国制度控制在污染地块风险管控中的应用及对中国的启示[J]. 环境污染与防治，2018，40（1）：100-103，117.

[60] 马妍，董彬彬，谢云峰，等. 美国污染场地制度控制经验及实践应用[J]. 环境保护，2016（3）：98-101.

[61] 蒲生彦，王宇，王朋. 地下水循环井修复技术与应用：关键问题、主要挑战及解决策略[J]. 安全与环境工程，2021，28（3）：78-86.

[62] 任增平. 水力截获技术及其研究进展[J]. 水文地质工程地质，2001（6）：73-77.

[63] 万鹏，张旭，李广贺，等. 基于模拟—优化模型的某场地污染地下水抽水方案设计[J]. 环境科学研究，2016（29）：1608-1616.

[64] 王静，张峰，刘路. 多相抽提技术的发展现状与展望[J]. 广州化工，2019，47（8）：30-34.

[65] 王磊，龙涛，张峰，等. 用于土壤及地下水修复的多相抽提技术研究进展[J]. 生态与农村环境学报，2014，30（2）：137-145.

[66] 王朋，陈文英，蒲生彦. 地下水循环井原位强化生物修复技术研究进展[J]. 安全与环境工程，2021，28（3）：137-146.

[67] 徐绍辉，朱学愚. 地下水石油污染治理的水力截获技术及数值模拟[J]. 水利学报，1999，（1）：72-77.

[68] 郇环，王金生. 水力截获技术研究进展[J]. 环境污染与防治，2011（3）：83-87.

[69] 姚猛，王贺飞，韩慧慧，等. 表面活性剂强化空气扰动修复中不同介质曝气流量作用及变化规律[J]. 中国环境科学，2017，37（9）：3332-3338.

[70] 姚天强，石振华. 基坑降水手册[M]. 北京：中国建筑工业出版社，2006.

[71] 张峰，王唯实，刘昊. 拦截沟技术在污染地下水风险管控与修复中的应用[J]. 环境保护科学，2020，46（6）：167-172.

[72] 张佳. 某铬污染场地原位淋洗水力截获修复数值模拟研究[D]. 北京：中国地质大学（北京），2015.

[73] 张敏，张巍，郭彩娟. 污染场地自然衰减修复的原理与实践[M]. 北京：科学出版社，2019.

[74] 张祥. 多相抽提修复过程监控技术研究及应用[J]. 应用化工，2020，49（8）：270-274，280.

[75] 赵勇胜，王冰，屈智慧，等. 柴油污染包气带砂层中的自然衰减作用[J]. 吉林大学学报（地球科学版），2010（2）：389-393.

[76] 赵勇胜. 地下水污染场地的控制与修复[M]. 北京：科学出版社，2015.

[77] 中国地质调查局. 水文地质手册，2 版[M]. 北京：地质出版社，2012.

第 5 章　效果评估及后期环境监管

为判断地下水污染风险管控和修复的目标是否已经稳定达到，制订地下水污染风险管控和修复效果评估布点和采样方案，评估修复是否达到修复目标，评估风险管控是否达到工程性能指标和污染物指标要求。

对于风险管控效果，若工程性能指标和污染物指标均达到评估标准，则判断风险管控达到预期效果，可对风险管控措施继续开展运行与维护；若工程性能指标或污染物指标未达到评估标准，则判断风险管控未达到预期效果，应对风险管控措施进行优化或调整。当抽出处理技术与阻隔技术联用时，已经疏干的含水层可确认原地下水污染区域一直稳定为无污染地下水的状态，则不涉及地下水污染风险管控。若不能确认，则需要按照 HJ 25.6—2019 开展地下水污染风险管控。

对于地下水修复效果，当每口监测井中地下水检测指标持续稳定达标时，可判断达到修复的效果。若未达到评估标准但判断地下水已达到修复极限，可在实施风险管控措施的前提下，对残留污染物进行风险评估。若地块残留污染物对受体和环境的风险可接受，则认为达到修复效果；若风险不可接受，需对风险管控措施进行优化或提出新的风险管控措施。

5.1　更新场地概念模型

在资料回顾、现场踏勘、人员访谈的基础上，掌握地块风险管控与修复工程情况，结合场地地质与水文地质条件、污染物空间分布、修复技术特点、修复设施布局等，对场地概念模型进行更新，完善场地风险管控与修复实施后的概念模型。更新场地概念模型一般包括下列信息。

①地质与水文地质情况：关注地块地质与水文地质条件，以及修复设施运行前后地质和水文地质条件的变化、土壤理化性质变化等，运行过程是否存在优先流路径等。

②关注污染物情况：目标污染物原始浓度、运行过程中的浓度变化、潜在二次污染物和中间产物产生情况、地下水抽出处理情况、修复技术去除率、污染物空间分布特征的变化，以及潜在二次污染区域等情况。

③潜在受体与周边环境情况：结合地块规划用途和建筑结构设计资料，分析修复工程结束后污染介质与受体的相对位置关系、受体的关键暴露途径等。

④地块风险管控与修复概况：修复起始时间、修复范围、修复目标、修复设施设计参数、修复过程运行监测数据、技术调整和运行优化、修复过程中废水和废气排放数据、药剂添加量等情况。

地块概念模型可用文字、图、表等方式表达，作为确定效果评估范围、采样节点、布点位置等的依据。

5.2 地下水风险管控效果评估

5.2.1 采样频次

风险管控效果评估一般在工程完工 1 年内开展。污染物指标应至少采集 4 个批次的样品，原则上采样频次为每季度一次，两个批次之间时间间隔不得少于 1 个月。对于地下水流场变化较大的地块，可适当提高采样频次。工程性能指标应按照工程实施评估周期和频次进行评估。

5.2.2 布点数量与位置

地下水监测井设置需结合风险管控措施进行，在风险管控范围上游、内部、下游，以及可能涉及的二次污染区域设置监测井。

可充分利用地块环境调查、修复和风险管控实施阶段设置的监测井，现有监测井应符合风险管控效果评估采样条件。

5.2.3 检测指标

风险管控效果评估检测指标包括工程性能指标和污染物指标。工程性能指标包括抗压强度、渗透性能、阻隔性能、工程设施连续性与完整性等；污染物指标包括地下水、土壤气和室内空气等环境介质中的目标污染物及其他相关指标。

可增加地下水水位、地下水流速、地球化学参数等作为风险管控效果的辅助判断依据。风险管控技术常见的检测指标如下所述。

（1）阻隔技术

阻隔墙施工完成后对阻隔墙流出（污染）、阻隔墙流入（渗滤液）、埋设维护三个要素进行检测。检测因子包括地下水水质、水头、水压，物理取样和分析，以及地表水水质、土应力、阻隔墙移动等的测试。如发现异常，应确认出现异常的原因，并及时对其进行维护。

（2）可渗透反应格栅技术

可渗透反应格栅技术工程性能指标包括 PRB 的宽度、深度、厚度，反应格栅的渗透性能、防渗墙的阻隔性能，PRB 设施的连续性与完整性等。水质指标包括地下水的污染物和二次污染物。可增加地下水水位、地下水流速、地球化学参数等指标作为 PRB 效果的辅助判断依据。

5.2.4　风险管控效果评估标准和方法

风险管控工程性能指标应满足设计要求或不影响预期效果。

地块风险管控措施下游地下水中污染物浓度应持续下降，地下水污染扩散得到控制。

若工程性能指标和污染物指标均达到评估标准，则判断风险管控达到预期效果，可对风险管控措施继续开展运行与维护。

若工程性能指标或污染物指标未达到评估标准，则判断风险管控未达到预期效果，应对风险管控措施进行优化或调整。

5.3　地下水修复效果评估

5.3.1　评估范围

地下水修复效果评估范围应包括地下水修复范围的上游、内部和下游，以及修复可能涉及的二次污染区域。

5.3.2　采样节点

需初步判断地下水中污染物浓度稳定达标且地下水流场达到稳定状态时，方可进入地下水修复效果评估阶段。地下水修复效果评估采样节点如图 5-1 所示。

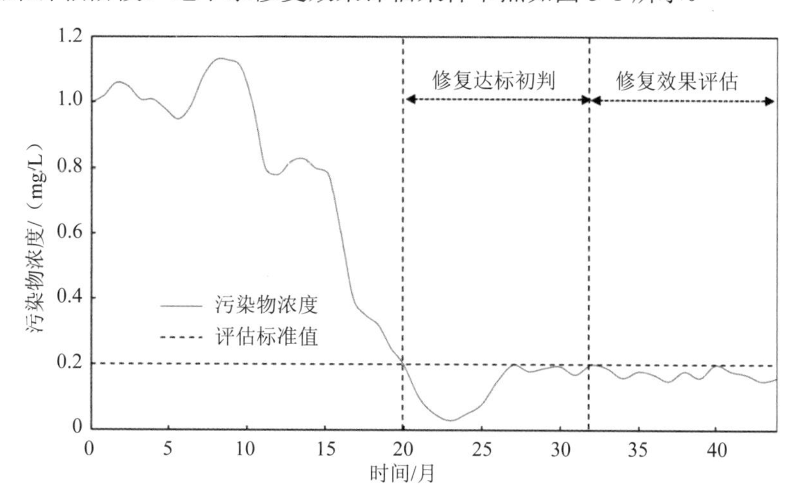

图 5-1　地下水修复效果评估采样节点示意图

原则上采用修复工程运行阶段监测数据进行修复达标初判，至少需要连续 4 个批次的季度监测数据。若地下水中污染物浓度均未检出或低于修复目标值，则初步判断达到修复目标；若部分浓度高于修复目标值，可采用均值检验或趋势检验方法进行修复达标初判，当均值的置信上限（upper confidence limit，UCL）低于修复目标值、浓度稳定或持续降低时，则初步判断达到修复目标。

若修复过程未改变地下水流场，则地下水水位、流量、季节变化等与修复开展前应基本相同；若修复过程改变了地下水流场，则需要达到新的稳定状态，地下水流场受周边影响较大等情况除外。

5.3.3 采样持续时间和频次

地下水修复效果评估采样频次应根据地块地质与水文地质条件、地下水修复方式（如水力梯度、渗透系数、季节变化和其他因素等）确定。

修复效果评估阶段应至少采集 8 个批次的样品，采样持续时间至少为 1 年。

原则上采样频次为每季度一次，两个批次间隔不得少于 1 个月。对于地下水流场变化较大的地块，可适当提高采样频次。

风险管控效果评估一般在工程设施完工 1 年内开展。

污染物指标应至少采集 4 个批次的样品，原则上采样频次为每季度一次，两个批次间隔不得少于 1 个月。对于地下水流场变化较大的地块，可适当提高采样频次。

工程性能指标应按照工程实施评估周期和频次进行评估。

5.3.4 布点数量与位置

原则上修复效果评估范围上游应至少设置 1 个监测点，内部应至少设置 3 个监测点，下游应至少设置 2 个监测点。

原则上修复效果评估范围内部采样网格不宜大于 80 m×80 m，存在非水溶性有机物或污染物浓度高的区域，采样网格不宜大于 40 m×40 m。

地下水采样点应优先设置在修复设施运行薄弱区、地质与水文地质条件不利区域等。可充分利用地块环境调查、工程运行阶段设置的监测井，现有监测井应符合地下水修复效果评估采样条件。

5.3.5 检测指标

修复后地下水的检测指标为修复技术方案中确定的目标污染物。化学氧化、化学还原、微生物修复后地下水的检测指标应包括产生的二次污染物，原则上二次污染物指标应根据修复技术方案中的可行性分析结果和地下水修复工程运行监测结果确定。必要时可增加地下水常规指标、修复设施运行参数等作为修复效果评估的依据。修复技术常见的检测指标如下所述。

（1）原位化学氧化/还原

化学氧化/还原技术常见二次污染物如表 5-1 所示。包括重金属（如 Cr^{6+}、As、Hg 等）、氧化/还原副产物（如四氯乙烯/三氯乙烯还原脱氯产生的氯乙烯）。

表 5-1 修复过程常见的二次污染物

目标污染物	反应机理	二次污染物
四氯乙烯/三氯乙烯	还原	氯乙烯
有机氯农药（HCHs 和 DDT）	还原	氯苯类和双-（对氯苯基）-乙酸
甲基叔丁基醚	氧化	甲酸叔丁酯和叔丁醇
—	氧化	六价铬*
—	还原	砷和汞*

注：含水层介质中铬、砷、汞的形态可能受氧化/还原作用转化。

（2）原位微生物修复

氯代烃生物降解时可能产生有毒的中间产物，如四氯乙烯生物降解时，可能产生三氯乙烯与氯乙烯，氯乙烯毒性比三氯乙烯更强。

硫酸盐还原的最终产物是硫化物，若无足够的溶解金属沉淀出硫化物，可能会产生有毒的硫化氢气体。

（3）监测自然衰减

监测自然衰减必须根据监测结果，判定污染羽的变化情况，来解决场地以 MNA 修复法作为场地修复方案的改善效果，可采用以下方法。

①浓度分布图

用浓度分布图显示污染羽的变化情形是比较容易判断的方式，可以利用的图有：不同时期的污染物等浓度分布图；监测井内污染物浓度随时间变化趋势图；沿地下水流向不同距离的监测井内污染物浓度变化趋势图。

将场地内不同时期的各个监测井中的污染物浓度绘制成等浓度图，通过不同的等浓度线范围，可以清楚地了解场地内不同区域的污染程度，包括高污染源区域、未污染区域及污染羽范围。在进行可行性评估的过程中，污染羽的等浓度分布图可以清楚地描绘污染物分布的情形，而在执行 MNA 修复过程中，将不同时期的监测结果均绘制成等浓度图，可以进一步了解污染羽的变化情形。在选取资料进行等浓度分布图绘制时，应尽量选取不同年份但同一季度的资料进行分析。

②数学统计法

通过监测井中污染物浓度随时间的变化关系分析污染物浓度是否下降是简单易行的方法，但当污染物浓度的变化趋势并不明显或数据资料较多时，往往无法直接由图形信息分析其浓度变化的趋势，可以通过数学统计法进行污染物浓度变化趋势的评估，如可采用 Mann-Kendall Test 方法进行评估。

5.3.6 地下水修复效果评估标准值

修复后地下水的评估标准值为地块环境调查或修复技术方案中目标污染物的修复目标值。若修复目标值有变，应结合修复工程实际情况与管理要求调整修复效果评估标准值。

化学氧化、化学还原、微生物修复产生的二次污染物的评估标准，原则上应根据修复技术方案中的可行性分析结果确定，也可参照 GB/T 14848—2017 中地下水不同使用功能对应的标准值执行，或根据暴露情景进行风险评估确定，风险评估可参照 HJ 25.3—2019 执行。

5.3.7 地下水修复效果达标判断

原则上每口监测井中的检测指标均持续稳定达标，方可认为地下水达到修复效果。若未达到修复效果，应对未达标区域开展补充修复。可采用趋势分析进行持续稳定达标判断：

①地下水中污染物浓度呈现稳态或者下降趋势，可判断地下水达到修复效果。

②地下水中污染物浓度呈现上升趋势，则判断地下水未达到修复效果。

在 95%的置信水平下，趋势线斜率显著大于 0，说明地下水污染物浓度呈现上升趋势；若趋势线斜率显著小于 0，说明地下水污染物浓度呈现下降趋势；若趋势线斜率与 0 没有显著差异，说明地下水污染物浓度呈现稳态。

同时满足下列条件的情况下，可判断地下水修复达到极限：

①地块概念模型清晰，污染羽及其周边监测井可充分反映地下水修复实施情况和客观评估修复效果。

②至少有 1 年的月度监测数据显示地下水中污染物浓度超过修复目标且保持稳定或无下降趋势。

③通过概念模型和监测数据可说明现有修复技术继续实施不能达到预期目标的主要原因。

④现有修复工程设计合理，并在实施过程中得到有效的操作和足够的维护。

⑤进一步可行性研究表明不存在适用于本地块的其他修复技术。

5.3.8 残留污染物风险评估

对于地下水修复，若目标污染物浓度未达到评估标准，但判断地块地下水已达到修复极限，可在实施风险管控措施的前提下，对残留污染物进行风险评估。残留污染物风险评估包括以下工作内容。

（1）更新地块概念模型

掌握风险管控和修复后地块的地质与水文地质条件、污染物空间分布、潜在暴露途径、受体等，考虑风险管控措施设置情况，更新地块概念模型，具体参照 HJ 25.5—2018 执行。

（2）分析残留污染物环境风险

地块内非水溶性有机物等已最大限度地被清除，修复停止后至少 1 年且有 8 个批次的监测数据表明污染羽浓度降低或趋于稳定，污染羽范围逐渐缩减，或地下水中污染物存在自然衰减。

（3）开展人体健康风险评估

残留污染物人体健康风险评估可参照 HJ 25.3—2019 执行，相关参数根据地块概念模型取值。对于存在挥发性有机污染物的地块，可设置土壤气监测井采集土壤气样品，辅助开展残留污染物风险评估。

若残留污染物对环境和受体产生的风险可接受，则认为达到修复效果；若残留污染物对受体和环境产生的风险不可接受，则需对现有风险管控措施进行优化或提出新的风险管控措施。

5.4 后期环境监管

5.4.1 长期监测

一般通过设置地下水监测井进行周期性地下水样品采集和检测，也可设置土壤气监测井进行土壤气样品采集和检测，监测井位置应优先考虑污染物浓度高的区域、受体所处位置等。

应充分利用地块内符合采样条件的监测井。

长期监测宜 1～2 年开展一次，可根据实际情况进行调整。

5.4.2 制度控制

制度控制包括限制地块使用方式、限制地下水利用方式、通知和公告地块潜在风险、制定限制进入或使用条例等方式，多种制度控制方式可同时使用。技术要点具体参见 4.1.4。

参考文献

[1] 生态环境部土壤生态环境司. 污染地块风险管控与土壤修复评估技术导则：HJ 25.5—2018[S]. 北京：中国环境出版集团，2018：1-15.

[2] 生态环境部土壤生态环境司. 污染地块地下水修复和风险管控技术导则：HJ 25.6—2019[S]. 北京：中国环境出版集团，2019：1-27.

[3] US EPA Recommended Approach for Evaluating Completion of Groundwater Restoration Remedial Actions at a Groundwater Monitoring Well[EB/OL]. 2014.

[4] US EPA.Close Out Procedures for National Priorities List Sites[EB/OL]. 2011.

下篇

第 6 章　地下水污染风险管控案例

6.1　化学品生产企业及工业集聚区

6.1.1　江苏某制造企业氯代烃污染风险管控

6.1.1.1　工程概况

项目类型：化工类。

项目时间：风险管控工程实施阶段为 2017—2018 年，于 2018 年 12 月 24 日完成效果评估。

项目经费：本项目建设成本主要包括原位阻隔施工成本（3 000～5 000 元/m^2）、地下水抽出处理成本（200～400 元/m^3）。

项目进展：已完成效果评估。

地下水目标污染物：氯代烃类（氯苯、二氯苯类、硝基氯苯类）。

水文地质：污染物存在于填土、粉砂和粉质黏土质潜水含水层，该含水层最大揭露深度为 45 m，未揭穿。

工程量：地块总面积为 169 620 m^2，按地块调查与风险评估划定的风险管控与修复的区域面积为 51 634 m^2、地下水环境风险管控与修复的范围约为 29 437 m^2。

风险管控目标：重污染区域纵向和横向阻隔材料渗透系数、强度、抗腐蚀性、抗老化性等，满足 12 年污染物无渗漏要求。阻隔到 11 m 以下，阻隔深度应超过粉砂层底部深度至少 1 m。

风险管控技术：高风险区采用“原位阻隔”，低风险区采取“抽出处理”。

6.1.1.2　水文地质条件

地块勘察最大揭露深度为 45 m，在此范围内，地块土层自上而下共分 9 个层次，本次勘察揭露土层如下：①层填土；②层可塑-硬塑状态粉质黏土；③层中密状态粉砂；④层可塑状态粉质黏土；⑤层可塑-硬塑状态粉质黏土；⑥层可塑-硬塑状态粉质黏土；⑦层中密-密实状态粉砂；⑧层粉质黏土夹粉土；⑨层硬塑状态粉质黏土。

地块地下水主要靠大气降水及地表径流补给，大气蒸发和地下水的侧向流出为其主要排泄通道。随季节与气候变化，水位有升降变化，正常年变幅在 0.5～1.0 m，历史最高水位埋深为 4.5 m，近 3～5 年来最高水位埋深为 4.2 m。微承压水主要赋存于第③、⑦层粉砂中，该层地下水主要靠大气降水垂直入渗补给，透水性较强、富水性一般。本工程实测③层粉砂承压水位标高约 3 m；⑦层粉砂承压水位标高约为−24 m。

6.1.1.3 地下水和土壤污染状况

（1）土壤污染状况

本项目地块调查有机污染物检测分析了 90 个土壤点位的 376 个样品，土壤取样深度最深达到 16.5 m。调查地块污染物间&对-二甲苯、氯苯、邻-硝基氯苯&对-硝基氯苯的检出率较高，分别为 65.53%、44.41%和 33.33%；污染物 1,2-二氯苯、4-氯苯胺、邻-二甲苯、间-硝基氯苯、1,4-二氯苯、乙苯、邻苯二甲酸（2-乙基己酯）检出率超过 10%。其中如氯苯、邻-硝基氯苯&对-硝基氯苯、1,2-二氯苯最大检出浓度达到 8 000 mg/kg 以上。

地块土壤样品铜、铬、镍、锌、铅、镉、汞含量处于正常范围内，均低于工业类用地土壤污染风险筛选指导值。地块砷含量为 0.4～35.6 mg/kg，平均值为 14.42 mg/kg，其中有 30 个土壤样品砷含量超过了江苏省 A 层土壤砷的环境背景值（95%分位数，15.3 mg/kg）。

（2）地下水污染状况

调查地块地下水监测井总计 27 口，井深 10.5 m。采集地下水样品 27 份，其中 17 口地下水井进行了 GB/T 14848—2017 中前 35 项指标检测，结果显示 17 口地下水井的水质综合评价结果均为极差。

地块部分地下水样品中有机污染物种类为氯苯、二氯苯类、硝基氯苯类等。氯苯检出率为 96.3%且最高浓度为 563 000 μg/L，1,3-二氯苯、1,4-二氯苯、二氯苯、1,2-二氯苯、间氯苯、间-硝基氯苯、邻-硝基氯苯&对-硝基氯苯检出率均超过 50%。

（3）污染区块划分

根据地块调查评估结果，对刺激性异味、生物毒性、健康风险较高的区域划分为高风险区，主要污染物为氯苯、邻-硝基氯苯&对-硝基氯苯、1,2-二氯苯、1,4-二氯苯、间、对-二甲苯、4-氯苯胺、邻-二甲苯、间-硝基氯苯、乙苯等；将仅有深层土壤存在有机污染物，且污染特征与源区域相关联的划定为低风险区域。低风险区域污染深度一般在 7.5 m 以下，污染物主要为二氯苯、邻-硝基氯苯&对-硝基氯苯。

高风险区包括 G1、G2、G3、G4 共 4 个区块，低风险区包括 G5、G6 共 2 个区块，高、低风险区块分布如图 6-1 所示。

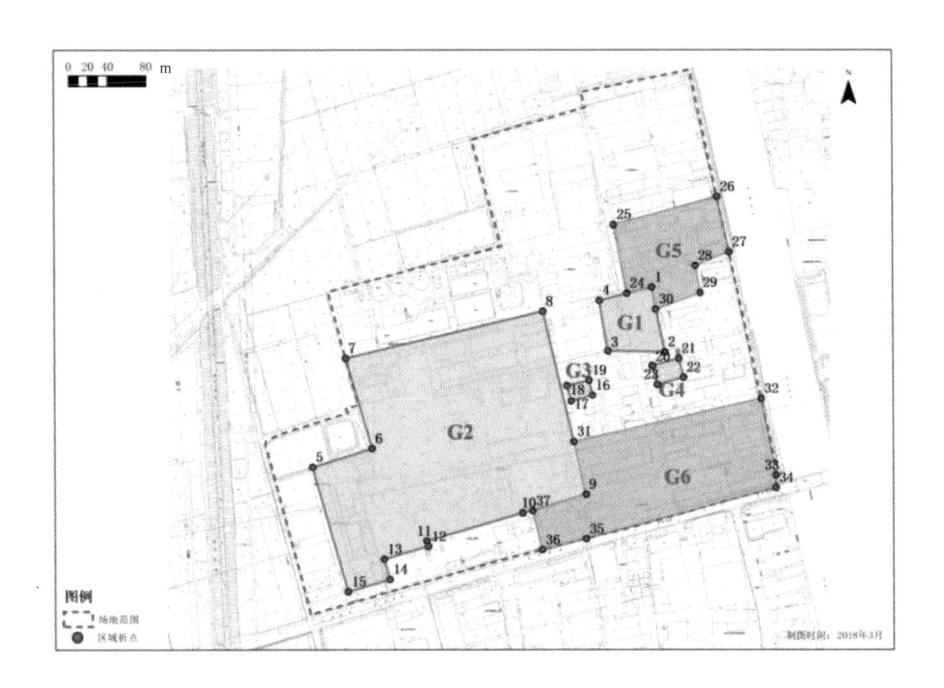

图 6-1　高风险区、低风险区分布

6.1.1.4　地下水污染修复或风险管控目标

根据招标文件要求，G1 和 G2 区域纵向和横向阻隔材料渗透系数、强度、抗腐蚀性、抗老化性等，满足 12 年污染物无渗漏要求，阻隔范围和深度满足如下要求。

（1）阻隔材料

要求选用的阻隔材料渗透系数要小于 10^{-7} cm/s，阻隔材料要具有极高的抗腐蚀性、抗老化性，具有强抵抗紫外线能力，使用寿命 50 年以上，无毒无害。阻隔材料应确保阻隔系统连续、均匀、无渗漏。

（2）阻隔系统深度

阻隔到 11 m 以下，阻隔深度应超过粉砂层底部深度至少 1 m。

（3）水平阻隔层厚度

如果采用黏土，对于黏土层通常要求厚度大于 300 mm，且经机械压实后的饱和渗透系数小于 10^{-7} cm/s；对于人工合成材料衬层，满足《垃圾填埋场用高密度聚乙烯土工膜》（CJ/T 234—2006）相关要求。

6.1.1.5　地下水和土壤污染修复或风险管控技术

2016 年 9 月，针对本地块土壤及地下水环境问题进行了环境调查及风险评估工作，并在此基础上施工单位编制了《地块土壤及地下水环境调查报告》《地块土壤及地下水环境风险评估报告》以及《地块土壤及地下水环境风险管控与修复建议》（以下简称《建议》）。

《建议》以“消除污染，恢复环境”为出发点，遵循“安全性、规范性、可行性、经济性”的原则，并结合当地实际情况提出了高风险区采用“原位阻隔”，低风险区采取“抽出处理”的以风险管控为主的技术路线。

施工单位根据针对方案及招标文件的要求，结合地块实际情况，制订的本地块土壤和地下水的风险管控修复技术路线如下。

①对高风险区域G1、G2区块，污染深度达11 m，其土壤和地下水修复采用四周柔性垂直阻隔技术+柔性衬垫水平阻隔技术，其中北侧靠近污水处理厂区域的污染土壤，转移到G2区块进行阻隔。

②对高风险区域的G3、G4区块，以及G2区域北侧3个区域，采用移除清理技术，转移至G2区块进行阻隔封存，原址基坑采用净土回填后，进行覆绿。

③对低风险区域的G5、G6区块，采用抽出处理技术，抽出的废水采用高级氧化+活性炭吸附进行处理，处理达标后，排放至附近污水处理厂。

本项目的总体技术路线如图6-2所示。

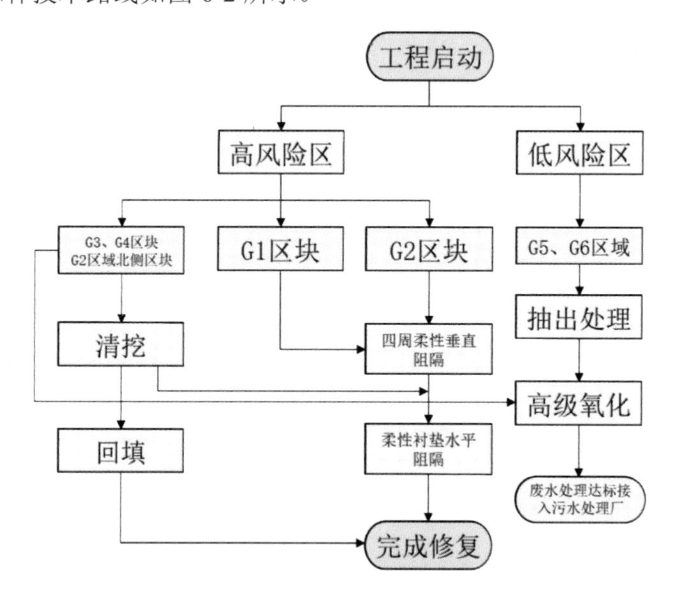

图6-2 总体技术路线

6.1.1.6 地下水和土壤污染修复或风险管控工程设计及施工

（1）G1、G2区块的柔性垂直阻隔施工

本地块高风险区柔性垂直阻隔施工范围如图6-3所示，施工范围为G1和G2区域四周。

柔性垂直阻隔工程采用开挖成槽并下插HDPE膜工艺，开槽宽度0.65 m，深度抵达开槽地段连续的相对不透水层，进入深度相对不透水层不小于2 m，阻隔深度确定为13 m，实际施工总长度约为1 204 m。

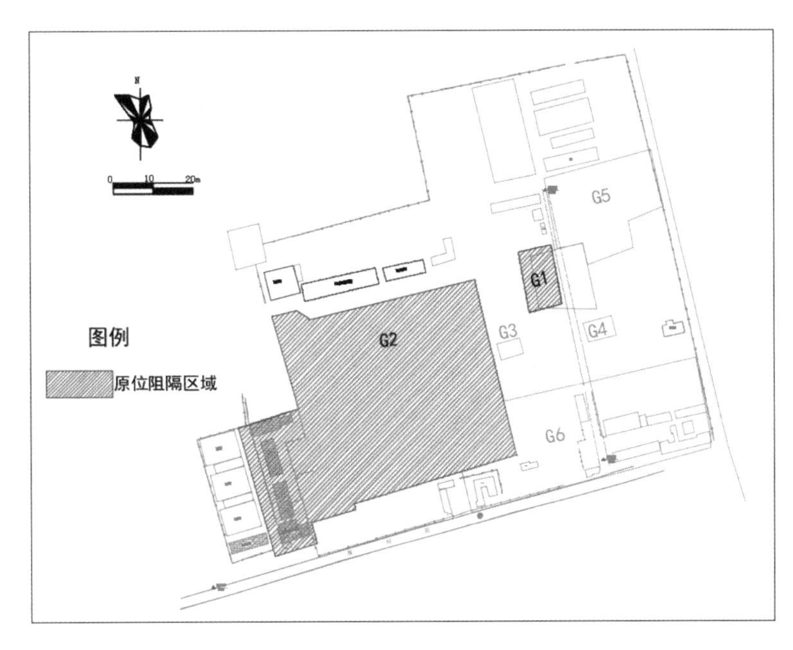

图 6-3　柔性垂直阻隔施工范围示意图

G1、G2 区块污染边界进行清理后在其四周进行支护，支护采用高压旋喷桩，达到一定强度后，再对 G1、G2 区块四周依次建设柔性垂直阻隔系统（图 6-4）。

图 6-4　柔性垂直阻隔施工流程

（2）柔性衬垫水平阻隔施工

对高风险区 G1 和 G2 区块水平范围内进行柔性衬垫水平阻隔，采用 600 g/m^2 的长丝无纺土工布+2.00 mmHDPE 膜+6.0 mm 复合土工排水网+30 cm 营养土+表面绿化的水平阻隔结构。

由于在覆绿过程中，需将 3 万 m^3 清洁土壤覆盖到污染区，将会增加后期修复难度和修复费用。为避免增加后期修复难度和修复费用，同时保证对项目整体管控效果无影响，经业主单位同意，对 G1、G2 区水平阻隔结构层进行设计变更，具体变更 G1、G2 区水平阻隔设计方案中覆绿变更为覆盖600 g/m²长丝针刺无纺土工布，同时不再进行覆绿施工（图6-5）。

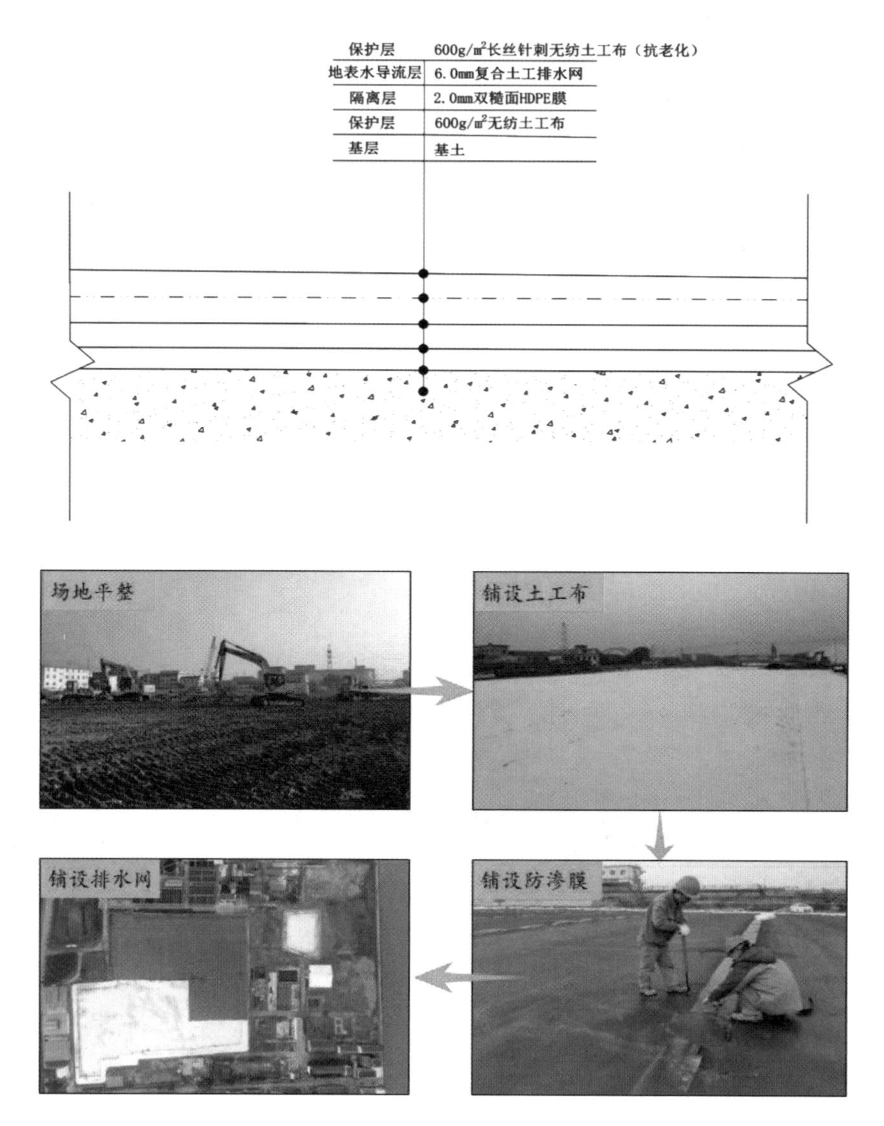

图6-5　水平阻隔层施工

6.1.1.7　效果评估情况

由于本项目于2018年完成，因此未按照HJ 25.6—2019进行效果评估。

（1）桩基工程的过程效果评估

对于高压旋喷桩和三轴搅拌桩施工，现场施工过程由监理全程旁站，并对关键材料、步骤进行抽检；施工单位同时进行自检措施，以保证工程的质量达标。

①施工管理人员每日对泥浆和压力进行检测，确保达到设计要求；

②施工完成后在监理见证下取桩芯后送检，检测结果显示，强度等指标均达到设计要求；

③对水泥、膨润土等主要材料进行取样送检，结果显示各项指标均达到要求。

图 6-6 泥浆、压力等自检

（2）柔性垂直阻隔施工过程效果评估

①防渗材料检测

本项目柔性垂直阻隔施工防渗材料包括 3 mm 双光面 HDPE 土工膜和 E 形锁扣，为保证防渗材料合格，在监理见证下对每批进场材料进行检测。根据国家化学建筑材料测试中心出具的检验报告，保证 HDPE 膜外观完好，防渗性能小于 1.0×10^{-13} cm/s，抗氧化性能、抗破坏性能等合格。

②成槽深度的检测

为保证成槽深度达到设计要求，每个槽段施工完毕后需报监理进行现场验槽，合格后方能进行下一步工序。

③密封剂回填深度检测

密封剂回填深度是保证垂直阻隔系统完整性的重要保障，每个槽段回填完成后由监理进行深度检测，合格后方能进行下一工序。

④密封剂密封效果检测

根据《底部密封防渗材料性能检测报告》，密封防渗材料渗透系数应小于 10^{-8} cm/s，并达到设计要求。

⑤柔性垂直阻隔完整性检测

柔性垂直阻隔施工完成后，由中国环境科学研究院进行完整性检测。根据出具的完整性检测报告，保证柔性垂直阻隔完整性良好，符合《地下防水工程质量验收规范》（GB 50208—2011）相关要求（图 6-7）。

图 6-7 柔性垂直阻隔完整性检测

（3）柔性衬垫水平阻隔施工过程效果评估

①防渗材料检测

本项目柔性垂直阻隔施工防渗材料包括 2 mm 双糙面 HDPE 土工膜、土工布和复合土工排水网，为保证防渗材料合格，在监理见证下对每批进场材料进行检测，根据国家化学建筑材料测试中心出具的检验报告，HDPE 膜外观完好，防渗性能小于 1.0×10^{-13} cm/s，抗氧化性能、抗破坏性能等合格。

②焊接质量检测

对 HDPE 土工膜的焊接质量检验有非破坏性检验（检漏实验）和破坏性检验两种。热合双焊缝的非破坏性检测常采用充气法，挤压熔焊单焊缝的检漏常采用真空法和电火花法。现场根据焊缝采用的焊接方式分别选择充气法和电火花法检测焊缝焊接质量。

（4）地下水抽出处理效果自检

①水处理设备出水自检

为保证出水水质达到设计要求，地下水抽出处理施工期间每周对清水池内待排污水进行取样送检，共计送检 8 批水样，检测结果显示清水池内水质始终满足要求。

②抽水井内水质监测

为掌握地下水抽出处理实施过程中地下水水质变化情况，指导抽出处理施工，根据地下水流向从 33 口抽水井中选取 7 口进行每日 COD 检测（图 6-8）。

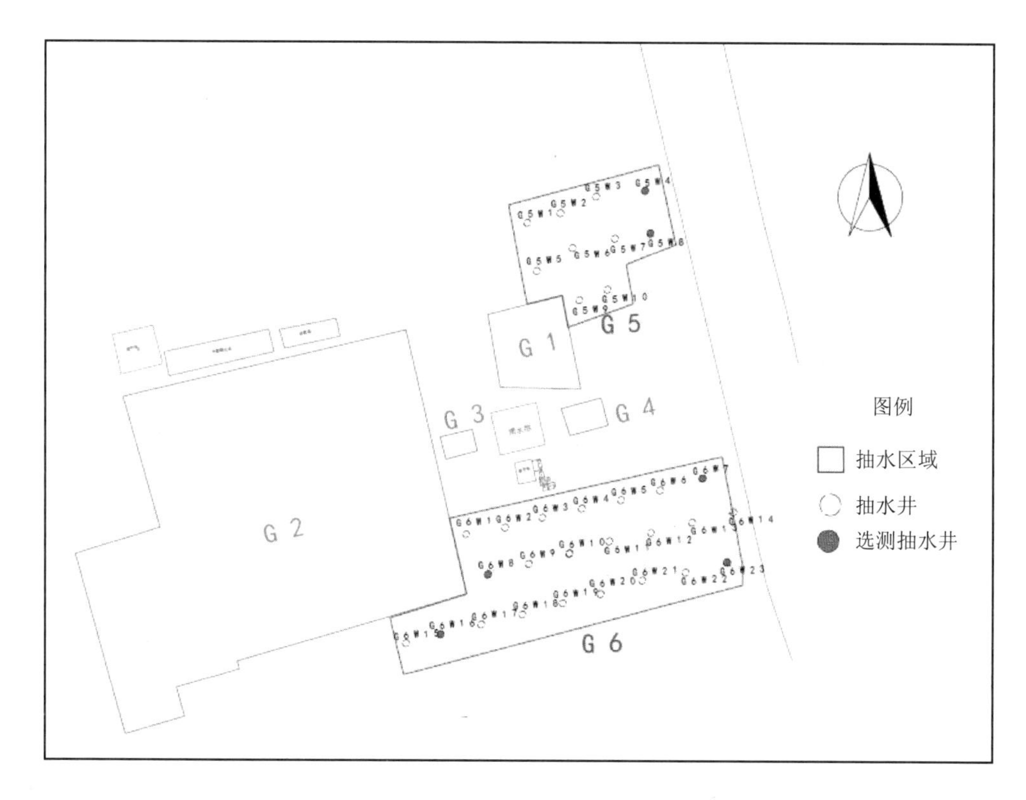

图 6-8　COD 选测抽水井位置

地下水抽出处理过程中，抽水井中 COD 有一定的波动，一般停止抽水后，再次进行抽水，COD 会略有上升，如果停止抽水时间较长，COD 会略有上升。7 口抽水井的平均值整体呈现下降趋势，并趋于平稳。

6.1.1.8　建设及运行成本分析

（1）建设成本分析

本项目建设成本主要包括原位阻隔施工成本、地下水抽出处理成本。原位阻隔施工成本按面积核算为 3 000～5 000 元/m^2，地下水抽出处理成本为 200～400 元/m^3。

（2）运行成本分析

本项目运行成本主要为阻隔系统的修补费用、地下水的监测费用等。

6.1.1.9　经验介绍

根据污染物的检测浓度、刺激性异味、生物毒性、健康风险等，将地块内污染区划分为高风险区和低风险区，风险管理较为突出。通过设计和论证，高风险区和低风险区采用不同的修复治理方式，分区管理较为科学。

①针对高风险区 G3、G4 的污染土壤，选用污染土壤全部清挖移除并安全填埋至高风险 G2 区的方式，既可以彻底的清除污染物，又避免了通过其他修复方式进行土壤治理产

生的土壤或地下水二次污染问题，同时大大节约了修复成本。

②针对于高风险区 G1、G2 的污染地下水，对区域进行原位阻隔，使污染地下水无流通、无扰动，污染源固存于某一特定区域，对周边环境不会产生污染。原位阻隔技术主要利用 HDPE 土工膜材料，施工成本较低，可控性较强，工期较短。

采用风险管控技术治理地下水和土壤既可节约修复成本，又可控制环境的二次污染，但要注意以下几点：

①若采用 HDPE 土工膜材料进行原位阻隔，地块后期管理单位需根据施工单位移交的位置资料做好防渗层的保护，避免大型机械等破坏防渗层，使管控效果降低。

②风险管控工作结束并不标志着污染地块修复工作的完结，后续地块责任单位需进行长期监测并尽快开展土壤修复工作，尽早恢复地块环境质量。

③由于风险管控后续将开展土壤和地下水修复工作，修复治理过程将不可避免地对阻隔系统造成破坏，建议修复工作开始前联系施工单位做好阻隔系统的修补方案。

6.1.2 湖南某场地铬污染风险管控

6.1.2.1 工程概况

项目类型：化学品生产企业。

项目时间：未提供。

项目经费：整体工程项目经费为 3.2 亿元。

项目进展：目前整体项目在施，但已完成样板段工程及质量检测。

目标污染物：六价铬。

水文地质：污染物存在于第四系冲积细砂、圆砾层和裂隙含水层，沉积层层底深度约为 17 m，裂隙含水层未完全揭露。

工程量：样板段长度为 42.5 m，深度为 38 m。整体长度约为 2 200 m，平均深度约为 38 m。

风险管控目标：切断污染源，阻断污染地下水向湘江排泄途径，保障湘江水质安全。

风险管控技术：柔性垂直防渗墙。

6.1.2.2 水文地质条件

项目区表层为杂填土地层，厚度变化较大，平均厚度为 7.27 m。杂填土下面为粉质黏土地层，仅在二期帷幕的西—西北—北部集中分布，厚度薄，有揭露孔的平均厚度为 4.17 m。再下层为黏质中粗砂—砾砂，含圆砾和中砂约为 20%，分选差，透水不含水，厚度为 1～7 m。再下层为圆砾层，砾石含量约为 60%，粒径以 0.5～2 mm 为主，砂泥质充填，含黏土约为 15%，在调查区普遍分布，为主要含水层。圆砾层下为强风化板岩，板状构造，成分主要为泥质，节理裂隙发育，含裂隙水。

潜水主要赋存于第四系冲积细砂和圆砾中，水位埋深为 5.60～14.80 m，水位年变幅 4～12 m。

6.1.2.3 地下水污染状况

（1）总体特征

根据 GB/T 14848—2017 Ⅳ类水标准，地下水污染呈现出向场外扩散的趋势。地下水六价铬污染浓度中心主要分布在厂区东部、中部。其中，第四系松散岩类孔隙含水层六价铬浓度为 0.74～1 380 mg/L，最高值超过 GB/T 14848—2017 中Ⅳ类水标准 13 799 倍，超标面积约为 15.85 万 m^2，超标地下水体积约为 16.64 万 m^3。基岩裂隙含水层六价铬浓度为 0.21～3 140 mg/L，最高值超过Ⅳ类水标准 31 399 倍，超标面积约为 14.95 万 m^2，超标地下水体积约为 12.47 万 m^3。

以 GB/T 14848—2017 Ⅳ类水为标准，地下水超标指标为六价铬、砷、锌和锰四项，六价铬超标最严重。

此外，第四系松散岩类孔隙水锰离子超标率为 19.6%，浓度为 0～16.3 mg/L，最大超标倍数为 10.87 倍；砷的超标率为 35.29%，浓度为 0～3.47 mg/L，最大超标倍数为 69.4 倍；锌只有 2 个点位超标，浓度为 0～12.1 mg/L，最大超标倍数为 24.2 倍。基岩裂隙水含水层锰离子超标率为 30.56%，主要分布于化工厂区域，浓度为 0～250 mg/L，最大超标倍数为 167 倍；砷的超标率为 22.22%，浓度为 0～2.16 mg/L，最大超标倍数为 43.2 倍；锌未检出。

（2）第四系孔隙含水层六价铬污染特征

根据实验室检测数据发现，厂区第四系地层中污染因子主要为六价铬，厂区部分区域地下水中锰、锌、砷等因子也超标，第四系地层中超标面积为 15.850 万 m^2。

厂区第四系孔隙含水层中六价铬超标严重，六价铬浓度为 0.74～1 380 mg/L，最大超标倍数为 13 799 倍，六价铬污染基本覆盖整个厂区，铬盐厂内地下水污染高值区主要分布在原铬盐厂矿粉库、铬酸酐红矾钠生产车间及浸出池浸出车间区域，浓度为 4.34～1 120 mg/L；厂区北部化工厂部分区域地下水受到污染，浓度为 0.1～100 mg/L；铬渣堆部分区域地下水受到污染，监测点最高浓度为 2.18 mg/L；厂区南部（包括部分锌厂区域）地下水也受到六价铬污染，污染浓度为 0.1～50 mg/L；厂区东边靠近湘江区域污染较重，污染浓度为 0.1～401 mg/L（图 6-9）。

图 6-9 松散岩类孔隙含水层六价铬浓度等值线

（3）基岩裂隙含水层六价铬污染情况

基岩裂隙含水层污染因子主要为六价铬，部分区域地下水中锰、砷也超标，基岩裂隙含水层中超标面积为 14.95 万 m^2。基岩裂隙含水层六价铬超标严重，浓度为 0.21～3 140 mg/L，最大超标倍数为 31 399 倍。裂隙含水层的六价铬高浓度污染中心基本与潜水层含水层的高浓度中心吻合，主要分布在矿粉库、铬酸酐红矾钠生产车间及浸出池浸出车间区域，浓度为 0.1～3 140 mg/L。裂隙含水层地下水中六价铬在化工厂污染面积较大，约占整个化工厂面积的 2/3，浓度为 0.1～169.8 mg/L。水文地质调查结果显示，厂区内局部裂隙较发育，在场地内监测孔 cw033、cw032、ew010 等钻孔发现少量碎裂的石英岩脉，认为在该区域存在北西向的张性裂隙，导致场内污染地下水运移扩散到化工厂，同时经过长期的水位监测，发现基岩含水层与湘江存在密切的水力联系，预计丰水期存在流场倒转，污染地下水可向化工厂迁移。场内的基岩裂隙含水层形成的污染羽形状与范围基本与第四系孔隙含水层重合，根据该区域水文地质调查，第四系松散岩类孔隙水与基岩裂隙含水层存在水力联系，基岩裂隙含水层的地下水污染主要源于第四系松散岩类孔隙水的污染（图 6-10）。

图 6-10　基岩裂隙含水层六价铬浓度等值线

（4）已过期的解毒铬渣堆地下水特征

根据厂区内铬渣堆分布状况共计布设地下水采样点 8 组，分析指标为锌、砷、锰与六价铬，分析结果表明厂区内铬渣堆未出现锌和锰污染，但是有 3 个点位出现六价铬污染，分别为 cw072-3、cw75-3、cw76-3，浓度为 0.646～2.18 mg/L，超标倍数为 5.46～20.8 倍。cw074-3 点位出现砷污染，超标倍数为 17.7 倍（图 6-11、图 6-12）。

图 6-11　铬渣堆六价铬污染点位分布

图 6-12 已过期的解毒铬渣堆砷污染点位分布

6.1.2.4 地下水污染风险管控目标

项目总体风险管控目标为阻断污染地下水向湘江排泄途径，保障湘江水质安全；样板段工程的工作目标为验证建设深度达 38 m 的垂直防渗工程技术与经济的可行性，为后续工程实施提供施工参数。

6.1.2.5 地下水污染风险管控技术

地下水污染风险管控技术主要采用垂直开槽下膜技术、柔性垂直防渗膜的围护结构，针对典型施工段，选择合理设备和施工方法，以满足质量、工期等要求。

柔性 HDPE 垂直阻隔技术被认为是目前最为安全有效的地下污染源阻隔技术。该防渗技术是在传统的垂直阻隔技术基础上发展而成的，利用 HDPE 膜卓越的防渗性能（$K \leqslant 1.0\times10^{-12}$ cm/s）、抗化学腐蚀性能和使用寿命长（≥100 年）等特点，与传统矿物防渗材料的高吸附性能和自愈合性能相结合，形成一种很好的垂直阻隔效果，从而对地下污染源实现有效的封堵。材料为光面、厚度为 3 mm 的 HDPE 土工膜，工程垂直防渗系统所用的材料主要有（高密度聚乙烯）HDPE 膜、锁扣、止水条及底端密封材料，在采购和使用前应有质量合格证书、检测报告和出厂证明。为了确保垂直柔性防渗系统质量要求，所选 HDPE 光面膜应为平挤工艺生产、性能指标应满足设计和招标文件的技术参数要求，并提供国内权威检测机构出具的检测报告原件，以保证主要防渗材料的质量。根据区域岩层渗透系数分布情况，以及阻隔设计要求、阻隔施工技术能力，本次选择吕荣值在 1～3 lu 的中风化板岩为膜插入的基层，插入深度不小于 2 m。

6.1.2.6　地下水污染风险管控工程设计

项目总建设内容包括（图 6-13）：

①原铬盐厂和化工厂污染区域四周建设封闭式 HDPE 膜垂直防渗墙（以下简称“核心污染区封闭式 HDPE 膜垂直防渗墙”）；

②铬渣堆污染区域四周建设封闭式 HDPE 膜垂直防渗墙；

③铬渣堆污染区域顶部生态封场绿化。

图 6-13　垂直防渗墙施工顺序

6.1.2.7　效果评估情况

中试工程质量效果评估结论如下所述。

（1）成桩质量

高压旋喷灌浆水泥采用抗硫酸盐硅酸盐水泥，强度等级为 42.5，水泥掺量不小于 32%，满足设计参数要求；高压旋喷桩在圆砾层以上成桩质量良好，且作为开槽支护手段，超过 30 d 没有出现塌槽现象；没有影响现场正常下膜施工进度。

（2）成槽质量

根据施工及资料核对情况，样板段柔性垂直防渗墙开槽质量能够达到垂直防渗墙设计，即深度达到中风化板岩层顶面高程 2 m 以下要求。

（3）密封剂回填

槽底密封剂可以达到回填深度至少 3 m 的设计要求。

（4）下膜深度

样板段柔性垂直防渗墙完成下膜共计 7 幅，分别为膜宽 7.5 m 的 3 幅，膜宽 5 m 的 4 幅，共计完成 42.5 m，开槽下膜平均深度为 38 m，目前整个工程处于在施工阶段。

6.1.2.8　建设及运行成本分析

本项目建设及运行成本主要用于支出在铬盐厂和化工厂污染区域、原已解毒的铬渣污染区域四周建设封闭式 HDPE 膜垂直防渗墙，并对铬渣堆污染区域顶部生态封场绿化，以控制污染物扩散，达到风险管控的目的。设计内容主要包括铬盐生产区域和铬渣堆污染区域四周封闭式柔性垂直防渗系统（含柔性垂直帷幕、施工导墙、施工便道、降水井、地下堆体整形、覆盖系统建设、地表水导排、绿化等）及辅助工程。工程概算总金额约 3.2 亿元。

6.1.2.9 经验介绍

（1）防渗墙两侧采用高压旋喷桩进行槽壁加固

根据垂直防渗墙设计深度，最大深度达到44.5 m，且防渗墙位置从上到下穿越土层分别为杂填土、粉质黏土、细砂、圆砾、强风化板岩、中风化板岩。为了防止开槽施工可能存在的槽壁坍塌的情况，需进行槽壁加固，以确保槽壁的稳定性。

（2）采用多种成槽设备组合施工

垂直防渗墙先后穿过强风化板岩、中风化板岩、中风化板岩，入岩成槽深度约为20 m，使用单一成槽设备难以保证成槽质量及效率。因此本项目针对不同岩层采用不同成槽设备。

（3）采用槽壁加固措施防止HDPE膜破损

为了防止开槽施工可能存在的槽壁坍塌的情况，对槽壁进行加固，以确保槽壁的稳定性，避免因槽壁不平整从而在膜的下放铺设过程中造成HDPE膜破损。

6.2 矿山开采区

6.2.1 美国佛蒙特州某矿山开采区重金属污染风险管控

6.2.1.1 工程概况

项目类型：矿山类。

项目时间：2003—2012年。

项目经费：480万美元。

项目进展：已完成效果评估。

目标污染物：砷、钡、镉等重金属。

水文地质：砾石/砂/碎屑薄层，含水层厚度为0.3～0.9 m。

风险管控目标：减少酸性废水产生，阻断酸性废水进入地下水的途径，使周边地下水达到相关标准值。

风险管控技术：阻隔、制度控制、监测自然衰减等。

6.2.1.2 水文地质条件

尾矿库下垫面为砾石、砂、碎屑薄层，含水层厚度不超过0.3～0.9 m，下方是冰碛层，厚度为22.8 m，冰碛层下伏不透水基岩地层；在尾矿库外围，冰碛层上覆盖有薄层砂砾石。矿山和工厂位于可佩拉山的东侧，海拔为259～426 m（图6-14）。

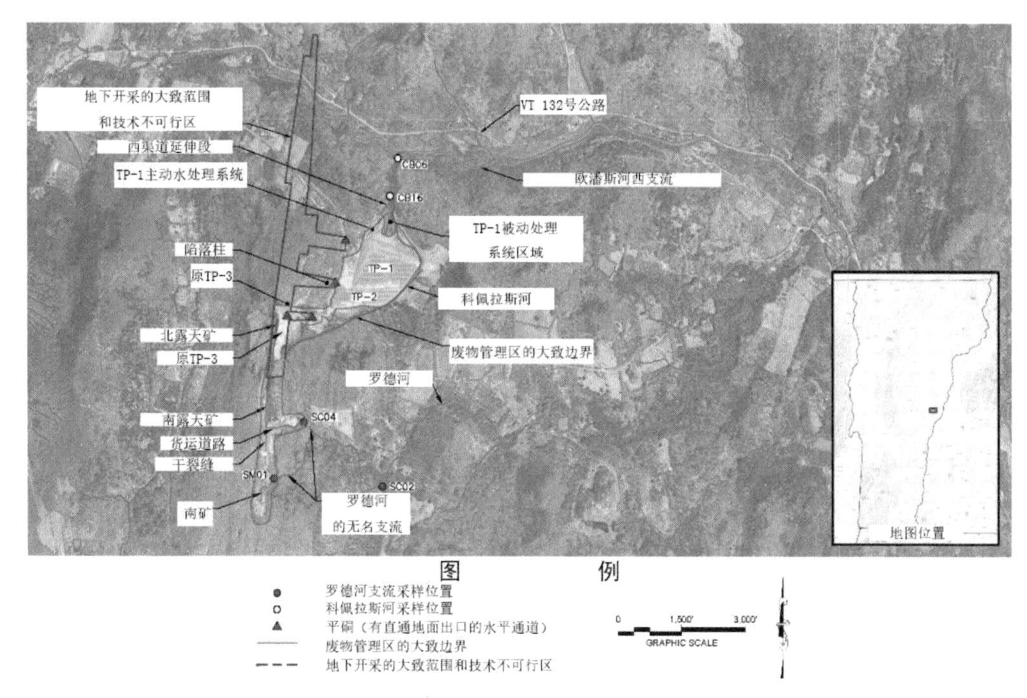

图 6-14　场地概况

6.2.1.3　地下水污染状况

该矿山为废弃的铜矿，位于美国佛蒙特州东部的奥兰治县，坐标为 43°48′46″N，72°20′06″W。矿床于 1793 年被发现，主要由黄铁矿和黄铜矿组成。19 世纪初开始露天开采，1886 年开始地下开采。伊丽莎白铜矿于 1958 年 2 月关闭。该场地在 2000 年 12 月被提议列入美国国家优先治理污染场地顺序名单（NPL），于 2001 年 6 月 14 日加入该名单。

伊丽莎白铜矿包括 3 个露天矿（北露天矿、南露天矿及南矿）、2 个尾矿库［编号为 TP-1（0.12 km^2）和 TP-2（0.02 km^2）］、废矿石和废石堆［编号为 TP-3（0.048 km^2）和 TP-4］、地下矿井和隧道、通风井、矿山建筑物等。

采矿活动留下的矿山废弃物含有大量硫化物，在氧化条件下产生酸性矿山排水和酸性岩石排水，通过地球化学反应产生低 pH 的酸性渗滤液，使得矿石和土壤中的金属溶解到渗滤液中，迁移至周边地表水和地下水。尾矿（TP-1 和 TP-2）的地下水补给受地表水入渗的影响，尾矿库（TP-1 和 TP-2）和废矿石（TP-3）下方及附近的地下水受到一定程度的污染。

2002 年监测地下水发现，位于废矿石（TP-3）边缘的居民水井的地下水质超过了联邦饮用水标准以及美国环保局的铜、镉、铝及硫酸盐标准。

6.2.1.4 地下水污染风险管控目标

通过减少酸性矿坑水的产生，阻断酸性矿坑水迁移进入地下水，确保地下作业区、尾矿库（TP-1 和 TP-2）及废矿石（TP-3）下方和周边附近的地下水水质要低于《联邦安全饮用水法》污染物最大浓度（MCL）、污染物最大浓度目标值（MCLGs）或佛蒙特州地下水质量标准的特定污染物浓度，以较低者为准。

对于没有标准的地下水污染物，以健康风险评估确定地下水修复目标值，其中危害商为 1，或致癌风险为 1×10^{-6}（表 6-1）。

表 6-1 地下水污染风险管控目标 单位：μg/L

指标	限值	指标	限值
砷	10	锰	300
钡	2 000	汞	2
镉	5	镍	100
钴	6	铊	2
铜	1 300	钒	89
铁	14 000	锌	3 130
铅	15		

6.2.1.5 地下水污染风险管控技术

地下水污染风险管控工作分区域开展，分为尾矿库和废石堆周边、铜工厂及周边环境受体，具体如图 6-15 所示。

（1）尾矿库和废石堆

1）第一阶段

①建设地表水和地下水导流沟。在尾矿库（TP-1、TP-2）及废石堆（TP-3）周围设置导流沟，以拦截和导流尾矿堆、废石堆等周围未受污染的水，防止未受污染的水接触含硫化物，阻断可能进入尾矿堆的浅层地下水。

②稳定边坡。按照尾矿库（TP-1、TP-2）陡坡稳定度的要求修建工程设施。

③收集和处理尾矿库（TP-1）坡底部的渗流。安装收集系统以收集沿尾矿库（TP-1）底部的渗流，结合好氧和厌氧生物处理系统处理渗出水。

④清除尾矿。清除尾矿库（TP-1）以下区域的尾矿，修建约 265.18 m 的新河道（图 6-16）。

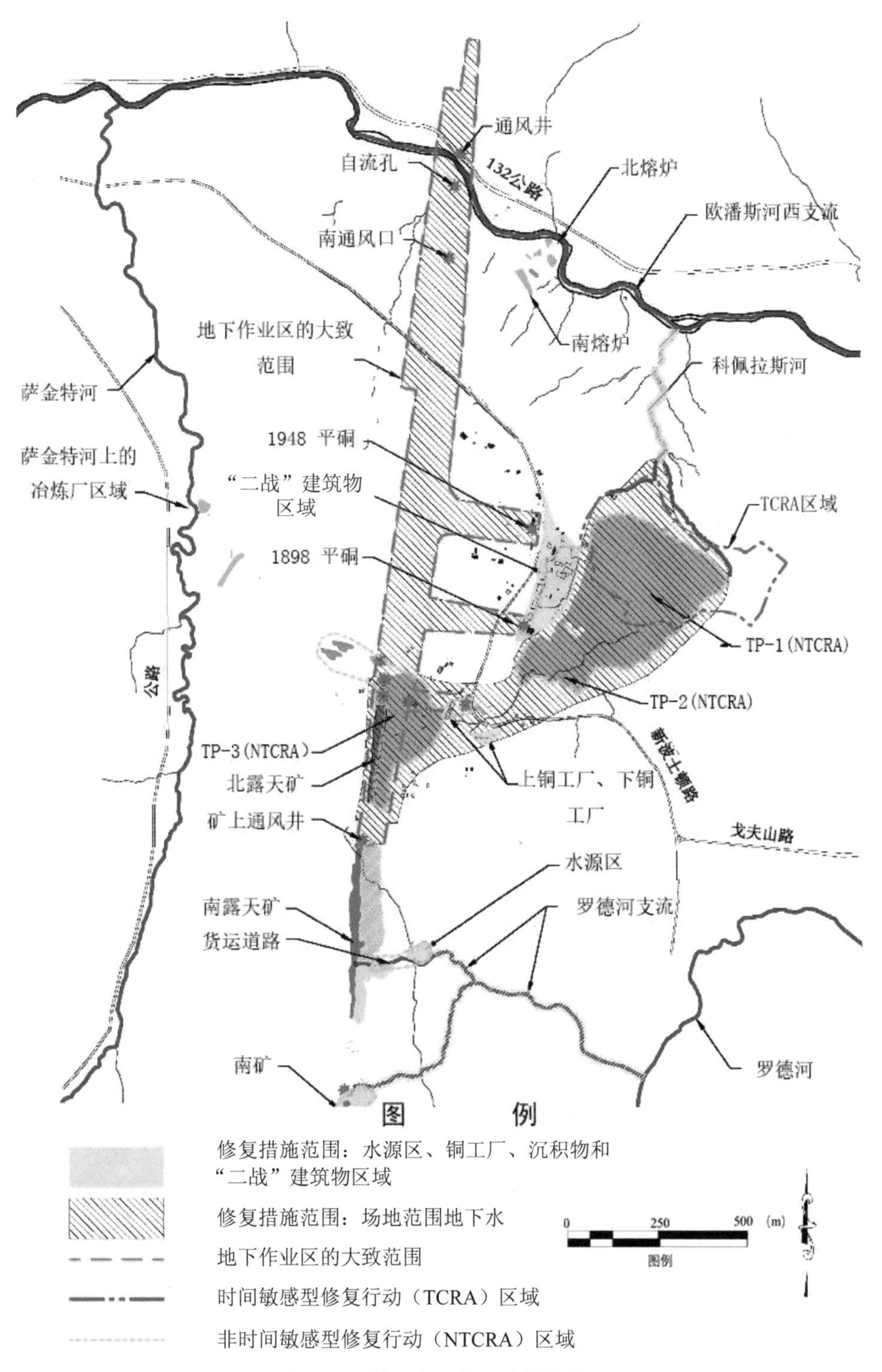

图 6-15　地下水污染风险管控范围

图 6-16 倾斜溢洪道（2013 年 10 月）

2）第二阶段

①清理废石。包括去除废矿石和废石堆的废料堆，以及南部矿山、露天矿的废矿，将废料移至尾矿库（TP-1 和 TP-2），其他废料包括来自铜工厂关闭区域的铅污染土壤、从“二战”时期建筑物东侧区域开采的受石油污染的土壤及周围的废石都转移至尾矿库（TP-1）。

②场地修复。在 2012 年和 2013 年分别开展了场地修复活动，包括拆除临时便道、更换损坏或拆除监测井、恢复取土区、修复不稳定的斜坡区、稳定剩余的土方石堆等。

③建设渗透屏障覆盖系统。在尾矿库（TP-1 和 TP-2）处安装渗透屏障覆盖物，由土壤、植被层、排水层、一级屏障及二级屏障组成，防止水和氧气接触尾矿，从而将尾矿库（TP-1）坡脚处渗流产生的酸性废水降至最低（图 6-17）。

④建设了水处理系统，在尾矿库（TP-1）的渗滤液排放到河流之前，去除渗滤液中的铁并减少酸性废水影响。水处理系统分别于 2008 年、2012 年 4—11 月、2013 年 5—11 月运行，直到第三阶段最终被动处理系统建成（图 6-18）。

3）第三阶段

安装最终被动处理系统，以处理尾矿库的排放。

（2）铜工厂及周边环境受体

第二次修复工作主要针对其余未开展治理的 5 个区域，分三个阶段进行。

图 6-17　尾矿库（TP-1 和 TP-2）覆盖屏障区域（2013 年 10 月）

图 6-18　水处理系统

1）第一阶段

针对铜工厂，在铜工厂内及其周围的铅污染土壤上铺设 60 cm 厚的土壤、石块，消除人类接触风险。2008 年 9 月，美国环保局修订了 2006 年发布的修复决策文件，铜工厂挖掘的部分铅污染土壤将转运至尾矿库（TP-1 或 TP-2）安装的覆盖系统下。

2）第二阶段

针对地表水，目的是尽量减少南露天矿、南矿的酸性废水排放到矿区的地表水中，以达到联邦和州的地下水水质标准。内容包括将矿坑湖周围的地表水改道；通过废物的固化和覆盖，缓解矿坑湖和周围废石产生的酸性废水；填充和覆盖部分矿坑湖；恢复场地。

3）第三阶段

针对沉积物、“二战”建筑物区域及场地范围地下水开展风险管控，其中沉积物采用监测自然衰减技术，直到沉积物不会影响地表水超过州 B 类水质标准。同时开展地表水、沉积物和生物监测计划，对地表水、沉积物和生物群落进行长期监测。针对“二战”建筑物区域，采用水质监测、土地使用情况监管并采取限制等措施。

针对场地范围地下水，包括尾矿库（TP-1、TP-2）和废石堆（TP-3）相关的地下水污染，以及地下工作区内受污染的地下水。内容包括：监测地下水水质；制定土地使用限制措施，阻断地下水暴露途径；定期监测限制措施的遵守情况，防止在地下工作区内安装供水井。每 5 年审核一次风险管控措施实施情况（图 6-19）。

图 6-19　湿地恢复区（2013 年 10 月）

6.2.1.6　地下水污染风险管控工程设计及施工

（1）工程设计

工程中边坡稳定、渗透屏障覆盖系统及好氧和厌氧生物系统的设计情况如下所述。

1）边坡稳定，设计尾矿库（TP-1 和 TP-2）边坡需要稳定的程度。设计期间考虑的因素包括：尾矿库和覆盖系统的稳定性、侵蚀最小化、酸性废水的减少量、工业遗址保护和场地的未来使用。

2）渗透屏障覆盖系统。在尾矿库（TP-1 和 TP-2）安装渗透屏障，从上到下依次是：

①土壤/植被层。该层为植被提供支撑，保护屏障层，允许植被保留和利用水分。包括 0.15 m 的表土和 0.3 m 的植物营养土。

②排水层。排水层提供了一个管道，将水从屏障层上排走，保证雨水等不会在屏障层上累积。

③屏障层：该层防止雨水等进入尾矿内部。顶部屏障采用土工膜。在设计过程中，评估是否需要第二个屏障层。如有必要，第二层屏障可采用土工合成黏土衬垫。在设计过程中，还将评估陡坡是否需要屏障层。如果设计研究表明，使用替代覆盖配置可以达到同等程度的减少侵蚀和渗流，美国环保局将考虑使用替代覆盖（如简单土壤覆盖或石头覆盖）设计，以保护尾矿库（TP-1 和 TP-2）边坡。

根据实际情况，最终施工完毕时，覆盖系统由防渗土工膜、排水土工复合材料、0.46～0.61 m 的植物营养土、排水功能层、0.15 m 表土及永久通道等构成。

（2）水处理技术。利用有机材料和石灰石进一步中和酸性矿坑水，降低金属浓度；通过湿地去除重金属。

（3）运行维护。对渗透屏障覆盖系统和被动处理系统进行长期维护，以保持修复的有效性，内容包括覆盖系统的草地修剪和侵蚀修复、导流沟的清洁、被动处理系统的取样和维护以及被动处理系统的定期更换（图 6-20）。

6.2.1.7　效果评估情况

根据 2019 年的审查报告，检查组走访了该场地的风险管控区域，确定风险管控措施得到良好执行，措施切实有效，未发现对人体健康造成不可接受的危害。

地下水污染方面，仅有邻近废水堆（TP-3）的区域发现存在地下水污染，主要污染物是钴和锰。

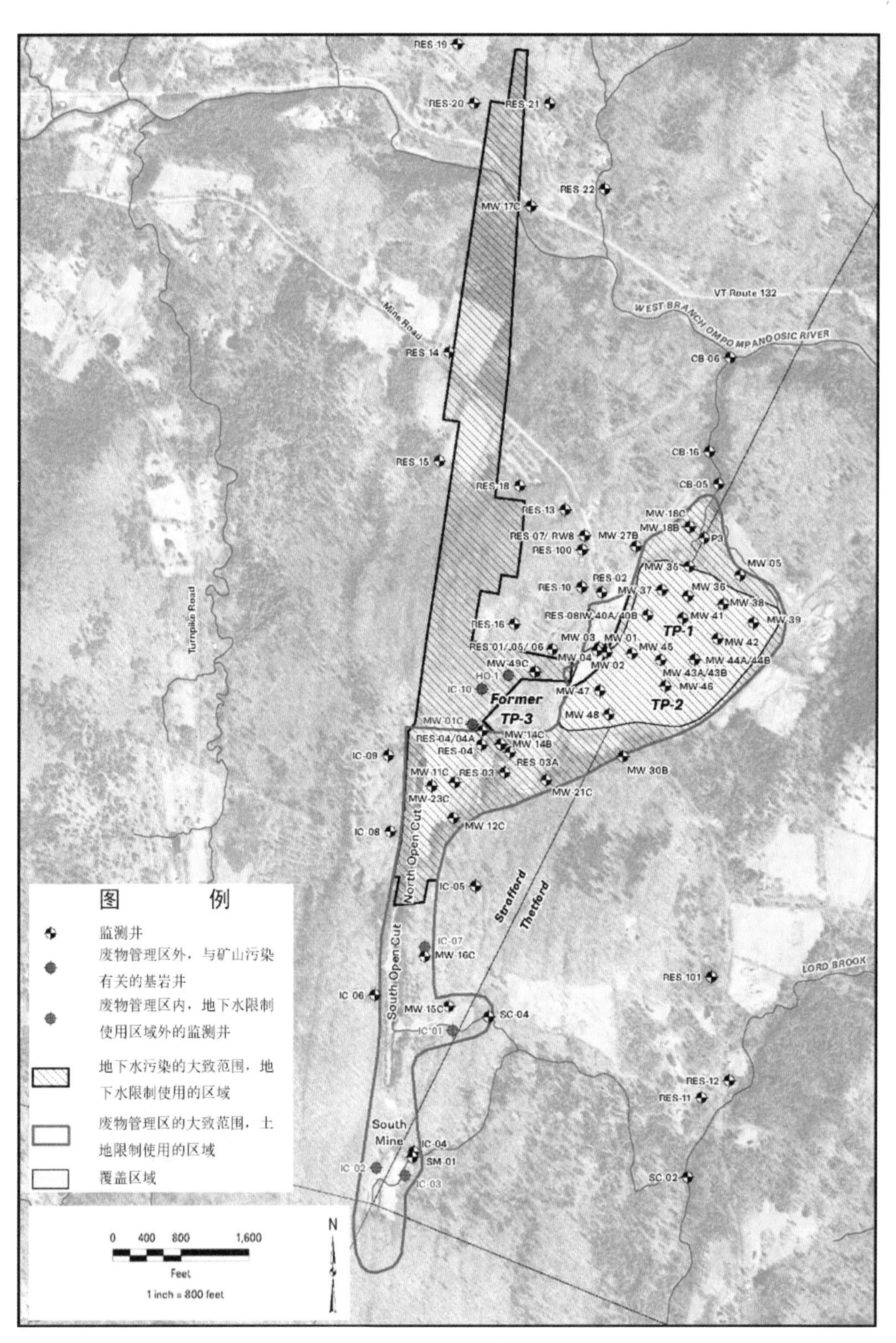

RES 19
RES 20
RES 21
RES 22
MW 17C
VT Route 132
WEST BRANCH OMPOMPANOOSIC RIVER
Mine Road
RES 14
CB 06
RES 15
CB 16
RES 18
CB 05
RES 13
MW 18C
MW 18B
RES 07/ RW8
MW 27B
P3
RES 100
MW 05
RES 10
RES 02
MW 35
MW 36
MW 37
MW 38
Turnpike Road
RES 16
RES 08
MW 40A/40B
MW 41
MW 39
TP-1
MW 03
MW 01
MW 42
RES 01/05/06
MW 45
MW 49C
MW 04
MW 44A/44B
HD-1
MW 02
MW 43A/43B
MW 46
IC 10
MW 47
Former
TP-3
TP-2
MW 01C
MW 48
MW 14C
RES 04/04A
MW 14B
RES 04
IC 09
RES 03A
MW 30B
MW 11C
RES 03
MW 23C
MW 21C
MW 12C
IC 08
North Open Cut
IC 05
Strafford
Thetford
IC 07
MW 16C
South Open Cut
RES 101
LORD BROOK
IC 06
MW 15C
SC 04
IC 01
RES 12
RES 11
South
Mine
IC 04
SM 01
IC 02
IC 03
SC 02
图 例
监测井
废物管理区外，与矿山污染有关的基岩井
废物管理区内，地下水限制使用区域外的监测井
地下水污染的大致范围，地下水限制使用的区域
废物管理区的大致范围，土地限制使用的区域
覆盖区域
0 400 800 1,600
Feet
1 inch = 800 feet
N

图 6-20 监测井位置

6.2.1.8　建设及运行成本分析

伊丽莎白铜矿的风险管控工程建设及运行成本如表 6-2 所示。

表 6-2　建设及运行成本

区域名称	建设成本/万美元	现值/万美元	年运行维护成本/美元
铜工厂	60	70	10 830
水源区	370	410	24 600
沉积物区	10	40	9 750
“二战”建筑物区域	0	25	17 850
场地范围地下水	40	60	12 450
合计	480	605	75 480

6.2.1.9　经验介绍

①结合场地实际情况，采用就地消纳的方案，降低风险管控的二次风险和成本。在设计、施工及维护过程中均充分结合了当地的实际情况，将场地周边分散的污染土壤转移至尾矿库存放，在尾矿库上覆盖水平防渗层，从源头上减少酸性污染水的产生，阻断进入地下水的污染途径。在建设尾矿库（TP-1、TP-2）覆盖层时，尽量减少填充材料用量，同时减少不必要的覆盖层。

②采用多要素—多手段风险管控措施，保证地下水达到水质目标要求。针对不同区域和类型设定风险管控目标，沉积物采用监测自然衰减技术，直到沉积物不会影响地表水超过州 B 类水质标准。开展风险管控监管，定期监测限制措施的实施情况，防止在地下工作区内安装供水井。每 5 年审核一次风险管控措施实施情况。

6.2.2　四川朝天区关口矿井涌水污染风险管控

6.2.2.1　工程概况

项目类型：矿山开采区。

项目时间：2019 年 12 月—2020 年 6 月。

项目经费：建设费用 408 万元，运行费用约 300 元/d。

项目进展：工程已完成，正在运行。

地下水目标污染物：铁、pH。

水文地质：地下水类型主要为碳酸盐岩岩溶水，其次为碎屑岩裂隙水，含水岩组主要为二叠系下统栖霞茅口组（P_1^{q+m}）灰岩，隔水层主要为二叠系上统吴家坪组（P_2^{w}）及下统梁山组（P_1^{l}）页岩夹煤地层。

工程量：运行期间日均处理量为 10 000 m^3/d。

风险管控目标：改善矿区地下水及地表水生态环境。

风险管控技术：封隔回填，多级次曝气沉淀。

6.2.2.2 水文地质条件

（1）地质构造及地层岩性

关口煤矿位于龙门山边缘坳陷褶皱的东部边缘，区内褶皱、断层发育。开采区所在山体为小型背斜构造——关口背斜，背斜自北东向南西倾伏，倾伏角 22°～27°；南东翼地层急转较陡，倾角 50°～72°，北西翼地层较缓，倾角 14°～27°。背斜核部出露二叠系栖霞茅口组（P_1^{q+m}）灰岩。关口煤矿位于背斜南东翼，主要开采二叠系上统吴家坪组（P_2^{w}）及下统梁山组（P_1^{l}）煤层，地层中均多含黄铁矿。

（2）地下水类型及其富水性

根据区域水文地质情况及现场勘察，关口煤矿所在区域地下水类型主要为碳酸盐岩岩溶水，次为碎屑岩裂隙水。

①岩溶裂隙水：富水性较强的岩溶含水岩组主要为二叠系长兴组（P_2^{c}）及茅口、栖霞组（P_1^{q+m}）灰岩，地下水径流模数 10～14 L/（s·km^2）。富水性中等的含水岩组为泥盆系中统观雾山组（D_2^{g}）上段白云质灰岩和泥质灰岩，地下水径流模数 4～7 L/（s·km^2）。

②基岩裂隙水：以碎屑岩裂隙水为主，含水岩组主要为三叠系下统飞仙关组（T_1^{f}）泥页岩夹砂岩、泥质灰岩，泉流量 0.01～0.1 L/s，地下水径流模数 0.5～1.0 L/（s·km^2），富水性弱。

（3）地下水补径排特征

关口煤矿所在区域内岩溶发育强烈，发育形态以数量较多的漏斗和溶洞（包括岩溶管道）为主，同时发育少量大泉、暗河。这些岩溶地貌的发育对地下水赋存和运移、岩石富水性等都有较强的影响。

地下水补给区集中分布于关口背斜轴部等区域。受控于地质构造、地层岩性及地形地貌特征，项目区内地下水分水岭与地表水分水岭基本一致。项目区内地下水在背斜核部接受大气降水补给，沿溶洞和漏斗等垂直岩溶形态渗入补给地下水，主要由北东向南西径流，排泄于侵蚀基准面附近的西北河，少量沿可溶岩与非可溶岩接触面排泄。在关口煤矿等矿区开采后，矿井成为地下水排泄的优势通道；地下水补给径流均较短，水循环交替作用较强（图 6-21）。

（4）地下水动态特征

项目区内岩溶地下水动态变化显著受降水影响，在丰水期其流量及浊度均有明显增大。根据区域水文地质资料，项目区岩溶地下水的降雨补给入渗系数可达到 0.5 左右。

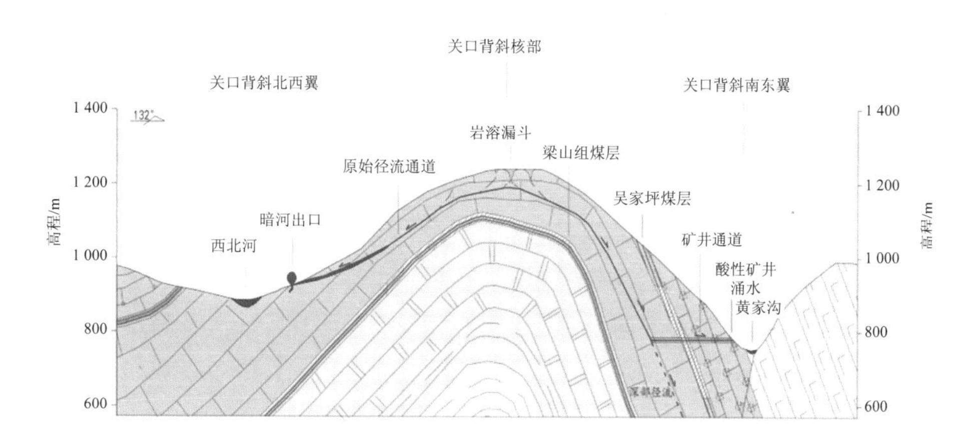

图 6-21　关口煤矿区域水文地质剖面示意图

6.2.2.3　地下水污染状况

自 2014 年矿山政策性关闭后，关口煤矿废弃矿井常年涌出的酸性矿井水经黄家沟汇入西北河，最终流入嘉陵江，影响流域生态环境及民众生活生产（图 6-22）。关口煤矿矿井涌水水质特征见表 6-3。

图 6-22　关口煤矿矿井涌水对下游地表水环境的影响

表 6-3　朝天区关口煤矿矿井涌水水质特征统计

涌水矿井名称	pH	总 Fe/（mg/L）	总 Fe 最大超标倍数	最大涌水量/（m^3/d）
关口 2#	2.72	970	161.7	130
关口 3#	4.66	139	23.2	39 700
关口 4#	3.88	250	41.7	2 160

6.2.2.4 地下水污染风险管控目标

通过采取清污分流、涌水矿井封隔、综合风险管控以及跟踪监测等多项措施，改善矿区内地下水及地表水生态环境质量，保障民众生产生活用水。

6.2.2.5 地下水污染风险管控技术

（1）基本思路

在对酸性矿井水成因的系统性分析基础上，依靠生态环境系统的自我调节能力并辅以针对性的人工措施让酸性矿井水向自我修复方向演化，最终在保障人体健康的基础上完成生态环境系统的逐步恢复。

（2）适用条件

主要适用于末端治理难度大、经济性差、后期缺乏运维费用且受影响的环境敏感点相对较少、具有适宜的地形地貌条件的酸性矿井水治理。多用在具有久远开采历史的山区。

（3）治理原则

①系统控制。根据当地酸性矿井涌水的形成机理和污染特点，结合水文及工程地质条件，因地制宜地在源头、途径、末端采用综合治理或控制手段。

②因地制宜。通过各种技术方案比选，因地制宜地选取经济合理的治理方案；最大限度地减少污染物排放量和降低污染物浓度。

③循序渐进。作为地下水污染治理试点项目，在实施后持续进行跟踪监测和效果评估，总结治理经验，促进酸性矿井涌水治理技术的发展。

（4）技术要点

技术要点可总结为："五个基本治理步骤，四项主要治理措施"。

1）五个基本治理步骤

①环境水文地质调查：查明酸性矿井涌水环境风险大小和成因，为治理方案比选提供依据。

②工程地质勘察：进行岩土工程勘察及安全风险评价，为方案比选提供依据。

③方案比选设计：根据调查和勘察结果，经济有效、因地制宜地确定治理方案。

④动态施工：高质、安全、环保科学施工，根据现场情况动态调整方案。

⑤跟踪监测：通过跟踪监测保障工程长治有效，循序渐进推进酸性矿井涌水治理。

2）四项主要治理措施

①清污分流，减少补给。

水是酸性矿山涌水不可缺少的因素之一，水源补给的同时会带入氧气。因此，在分析水文地质条件、矿井开采历史等基础上，通过修建截排水沟、建井抽排、矿硐内清污分流等方式对酸性矿山涌水补给源进行"改道、引流"，减少进入矿井的水量，有效实现清污分流，从源头上削减酸性矿井涌水量（图 6-23）。

图 6-23　矿井上部补给源疏排示意图

适宜条件为：a）适宜的水文地质条件：能够找到较大的补给源，如地表的溪流等，地下的岩溶管道、裂隙涌水等；b）合理的经济效益比：分流后产生的效益应大于所需要的费用，如能自流分流，或分流后的水能解决当地实际需求。

②封隔矿井，抑制氧化。

指对于具有封堵条件的矿井、风井，在井内寻找完整基岩断面，采用“隔水黏土+混凝土”进行封闭。通过封隔矿井不仅能从物理上起到酸性矿井水减量的效果，其形成的水封作用可进一步隔绝矿层与空气的接触，从源头上抑制酸性矿井水的产生，最终达到标本兼治的效果（图 6-24）。

图 6-24　矿井封隔示意图

适宜条件为：a）适宜的水文地质条件：涌水通道较为单一，封闭后不会产生二次渗漏；b）工程地质条件：矿井内封隔段岩性完整，周边不存在次生灾害点。

③风险管控，降低影响。

对一些源头控制成本高，经评估环境风险小且风险可控的酸性矿井水，可在环境影响范围内采取监测自然衰减技术、曝气沉淀等简单的处置方式实施综合管控，进一步降低环境风险，确保水环境和健康风险可控（图 6-25）。

图 6-25　风险管控示意图

适宜条件为：a）风险相对较小：酸性矿井水污染物浓度较低且下游敏感点少，通过采取风险管控措施可以保障民众生产生活及恢复生态环境。b）适宜的场地条件：地面应有一定的面积和地形坡度，以便通过自然跌水曝气沉淀削减污染物浓度；河道内应有一定的缓冲距离，以便发挥流域生态系统自我调节能力，可适当辅以工程措施。

④跟踪监测，产研结合。

酸性矿井涌水经济有效的治理是世界性的环境难题，特别是因地质条件和开采历史的差异，酸性矿井涌水的形成具有独特性和复杂性；酸性矿井涌水治理工程需要跟踪监测进行评测及完善。跟踪监测要求地表水与地下水协同监测、项目全过程监测、环境安全监测。

6.2.2.6 地下水污染风险管控工程设计及施工

本项目主要治理对象为有常年涌水的关口煤矿 2#、3#及 4#矿井，其中 2#、4#矿井采取封隔回填，3#矿井采取多级次曝气沉淀（图 6-26）。

（1）涌水矿井封隔

2#及 4#平硐主要采取“砖砌体+黏土隔水+砖砌体+混凝土+砖砌体+黏土隔水+砖砌体+混凝土封堵井口”进行治理。

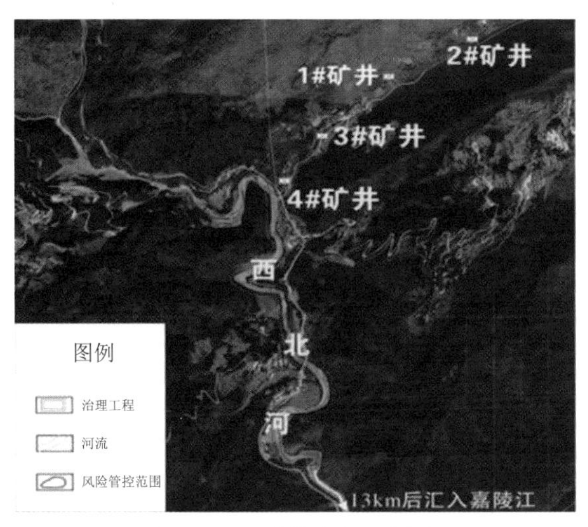

图 6-26　矿井分布示意图

2#矿井涌水 pH 为 2.72～3.88，总铁含量最大值为 970 mg/L、超标 160.7 倍，涌水量约为 100 m^3/d。4#矿井涌水 pH 为 3.42～3.88，总铁含量最大值为 250 mg/L、超标 41.7 倍，涌水量 400～2160 m^3/d。考虑 2#矿井及 4#矿井涌水水量相对较小、超标倍数较大的特点采取封隔回填进行治理，封隔回填的目的：一是阻隔氧气补给，抑制氧化反应的发生；二是尽量减少或避免涌水排出，促使地下水流场及水质逐步得到恢复。工程主要包括矿井内的封隔回填段及井口周围裂隙注浆区两部分。2#矿井及 4#矿井封隔长度分别为 38 m 及 41 m，并在井口设置压力计及应急阀，可实时监测矿井内水位变化，应对突发情况（图 6-27、图 6-28）。

图 6-27　封隔界面岩质完整

（通过调查和勘察寻找完整的岩质界面，避免封隔后的侧向渗漏）

图 6-28 平硐封隔+周边裂隙加固

（2）风险管控

3#矿井涌水水量、水质随季节性变化较大，pH 为 4.66～7.95，总铁含量最大超标 23.2 倍，最大涌水量近 40 000 m^3/d。考虑到 3#矿井涌水量大，水质超标程度较低，主要为季节性铁超标，其对黄家沟及下游地表水环境影响较小，风险可控。

同时 3#矿井存在适宜的地形、场地及河段区间等特点，可采用多级曝气沉淀的风险管控技术进行治理。目的是加快酸性矿井涌水在风险管控区内的氧化沉淀作用，削减进入西北河的污染负荷，改善地表水环境质量。

3#矿井风险管控范围划分三个区段：一区段为洞口至平台，管控工程包括引水渠、跌水坎、曝气池、沉淀池；二区段为平台以下至黄家沟与西北河交汇处的 450 m 河段，利用其无敏感点、落差 75 m 的特点，共设置 9 道曝气跌水坎及沉淀段；三区段为黄家沟与西北河交汇处至下游 2 km，因区段内无集中式饮用水水源地，将其作为风险管控区。

其中一区段充分利用地形坡度设计了大小跌水坎，跌水曝气后进入曝气池再次曝气，曝气池完全由太阳能板及利用水力落差的水力发电机发电提供动力，在同等治理效果下，极大地降低了运行成本。经曝气池后端的沉淀池沉淀后进入黄家沟二区段，再经 9 道曝气沉淀后进入西北河三区段（图 6-29、图 6-30）。

图 6-29　一区段跌水曝气及沉淀设施

图 6-30　二区段黄家沟九道坎跌水沉淀段

（3）跟踪监测

为了持续关注项目实施后地表水环境改善及地下水环境恢复情况，针对性地布设了 6 个地下水监测点（表 6-4、图 6-31），10 个地表水跟踪监测点位。

表 6-4　跟踪监测点位基本信息统计

监测点类型	监测点编号	监测点位置	监测点性质
地下水监测点	SZK01	涌水矿井上游	上游水质对照监测点
	SZK02	2#矿井上方	封堵后矿井水质水位监测
	SZK03	黄家沟小断层处	监测封堵后地下水异常变化监测
	SZK04	4#矿井上方	封堵后矿井水质水位监测
	SZK05	矿井下方	下游水质水位监测点
	SZK06	矿井下方	下游水质水位监测点

监测点类型	监测点编号	监测点位置	监测点性质
地表水	HJG01	矿井上方	对照监测点
	HJG02	汇入西北河前	风险管控地表水质监测点
	XB01	黄家沟汇入西北河前	
	XB02	黄家沟汇入西北河以后	
	XB150	黄家沟汇入西北河后 150 m	
	XB200	黄家沟汇入西北河后 200 m	
	XB400	黄家沟汇入西北河后 400 m	
	XB600	黄家沟汇入西北河后 600 m	
	XB800	黄家沟汇入西北河后 800 m	
	XB1000	黄家沟汇入西北河后 1 000 m	

图 6-31 地下水监测点位置示意图

（4）项目建设工期

详细水文地质勘察、工程地质勘察 3 个月，现场施工 2 个月，后期跟踪监测 1 年。

6.2.2.7 效果评估情况

监测数据显示，实施关口煤矿酸性矿井涌水试点治理工程后取得了良好的生态效应、经济效应和社会环境效应：

①生态效应方面。矿区内地下水水位得到恢复，矿井内水质逐步改善，削减了大量污染负荷，地表水受影响范围减小。

②经济效应方面。在直接效应上，试点工程治理费用相对于国内外末端水处理技术具有投资省、运维成本低的特点；在间接效应上，项目的实施也会弥补因水环境污染对下游

造成的生态环境损害。

③社会效应方面。项目治理成效满足了下游群众对酸性矿井涌水治理的迫切需求，保障了民众生产生活用水；缓解了舆论压力，起到了良好的宣传效果。

通过矿井封隔回填，井口无酸性水涌出或渗出。$2^{\#}$矿井及 $4^{\#}$矿井内水位经过一段时间持续抬升后，稳定于一定位置，且矿井内水质 pH 逐步从酸性上升为弱碱性，铁含量明显降低（图 6-32～图 6-34）。下游监测点 SZK03 及 SZK05、SZK06 水质、水位没有明显改变。

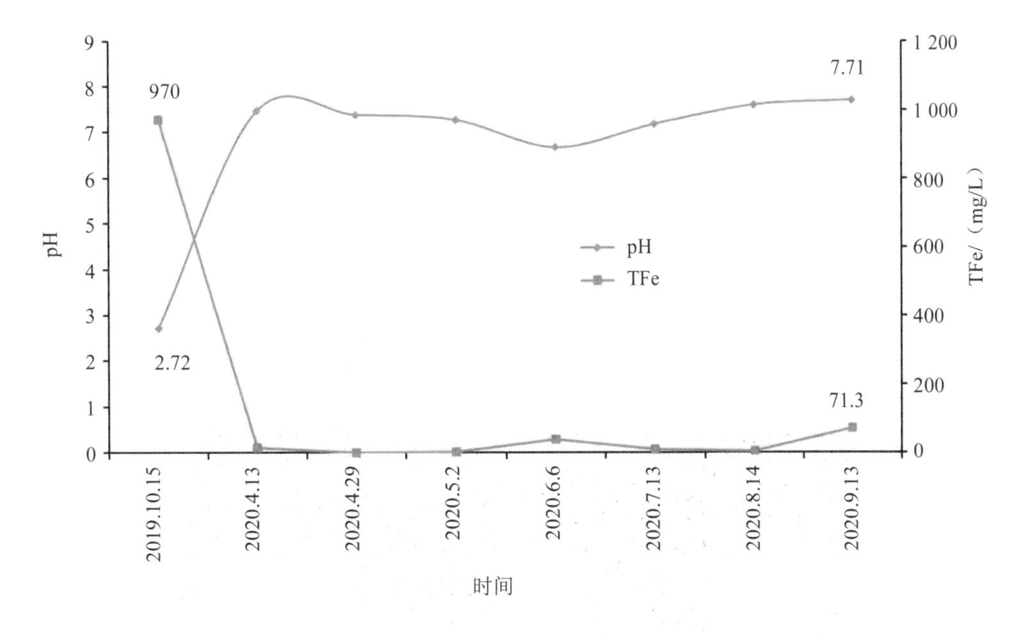

图 6-32　$2^{\#}$矿井水质变化特征

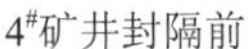
$4^{\#}$矿井封隔前

$4^{\#}$矿井封隔后

图 6-33　矿井封隔前后对比

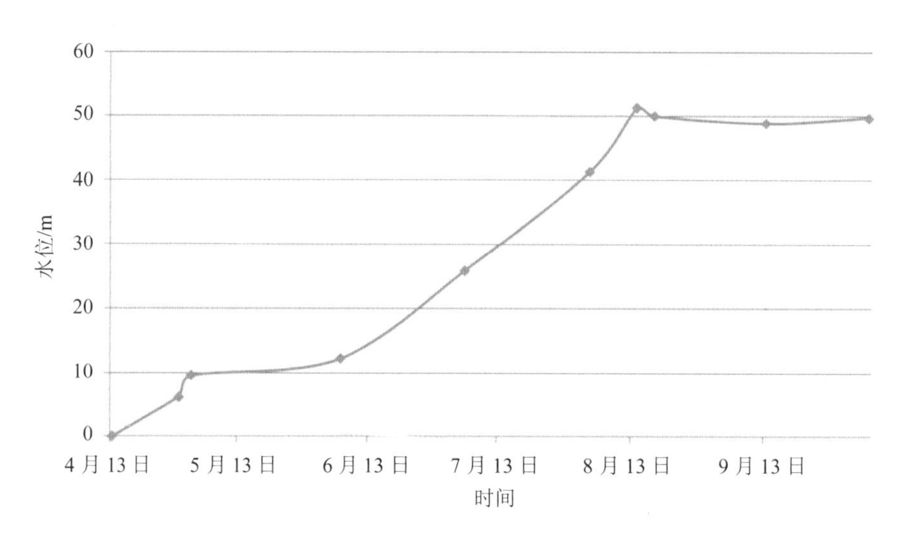

图 6-34　4#井治理后矿井内水位变化特征

通过跌水、曝气等一系列风险管控措施，自黄家沟至西北河下游的地表水水质有较大的提升（图 6-35、图 6-36），特别是地表水中铁含量有明显的降低。

图 6-35　跌水曝气前后水质对比

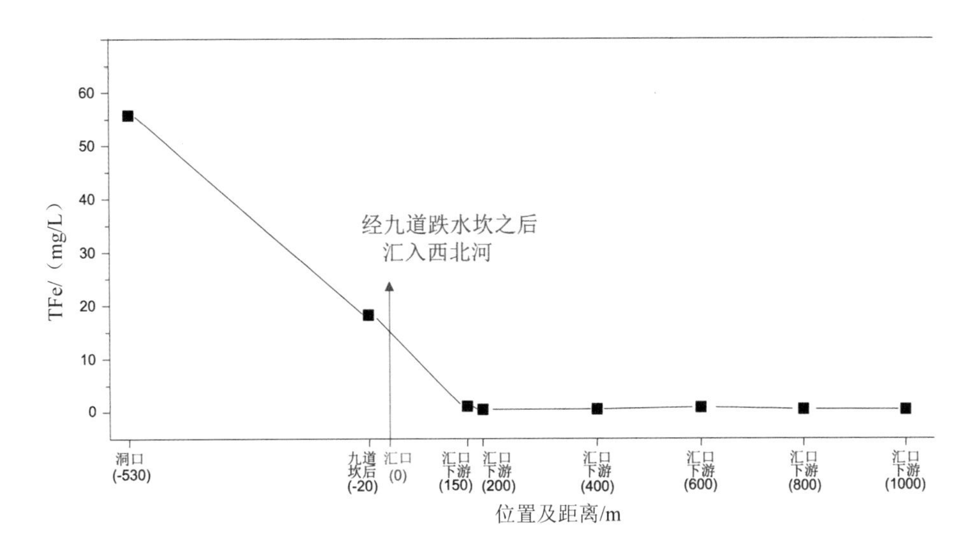

图 6-36 治理后地表水水质变化特征

6.2.2.8 建设及运行成本分析

项目建设及运行成本如下：

（1）项目建设投资

项目工程建设总投资 408 万元，包含了 2#、4#矿井封隔回填及 3#矿井风险管控措施的修建。

（2）项目运营成本

涌水矿井封隔后无其他运营成本，仅风险管控需要开展淤泥清掏、太阳能板及小型发电机的维护。预估运营成本约为 0.03 元/t，按照 3#矿井平均涌水量 10 000 m^3/d 估算，预估运营费用为 300 元/d。

6.2.2.9 经验介绍

①始终把握系统控制、经济有效、循序渐进的治理原则。

②准确把脉：治理前应开展系统全面的环境水文地质工作，主要目的为调查酸性矿井水成因、评估酸性矿井水风险、预估治理后地下水环境变化。在尺度上，既注重区域又注重矿井，务必做到“一井一策”。

③安全开方施策：考虑酸性矿井水治理涉及复杂的地质安全，治理中应开展工程地质勘察、地质灾害排查和安全评估，做好安全措施及预案，科学防止次生地质灾害；治理后设置安全管控区域，做好安全宣贯和监测。

④持续跟踪监测：治理后，通过持续监测和分析地下水、地表水环境变化情况，评估工程措施实施效果，优化完善技术参数，循序渐进地推动酸性矿井水生态修复技术的科学发展。

6.2.3 贵州观山湖区石硐煤矿酸性矿坑水污染风险管控

6.2.3.1 工程概况

项目类型：矿山开采区。

项目时间：2017 年 3 月—2017 年 8 月。

项目经费：建设费用为 260 万元，运行维护费用约为 2 万元/a。

项目进展：工程已完成，正在运行。

地下水目标污染物：铁、锰。

水文地质：含水层主要为三叠系下统大冶组（T_1^d）和二叠系乐平统长兴—大隆组（P_3^{c-d}）碳酸盐岩地层，岩性以白云岩和灰岩为主，隔水层主要是煤系地层龙潭组（P_3^l）地层。

工程量：设计处理规模为 500 m^3/d，运行期间日均处理量约为 300 m^3（丰水期约为 500 m^3/d，枯水期约为 200 m^3/d）。

风险管控目标：出水目标为 Fe≤0.3 mg/L，Mn≤0.1 mg/L，pH 为 6～9。

风险管控技术："多级中和反应+沉淀+人工湿地"被动处理技术。

6.2.3.2 水文地质条件

（1）地层与构造

①出露的地层由新至老分述如下所述。

第四系（Q）：分布于南西侧，为冲积砂砾、红黏土、碎石黏土，厚度 0～20 m。

三叠系下统大冶组（T_1^d）：第三段为浅灰色、清灰色薄层及板状泥—细晶灰岩、泥质灰岩、夹紫红色板片状灰岩。第二段为浅灰、深灰色薄层状（叶片状）及薄至中厚层状泥—细晶灰岩、泥质条带灰岩，时夹鲕粒灰岩、泥灰岩及黏土岩，底部夹油页岩。第一段为灰绿、黄绿色黏土岩为主，夹少量灰色薄层泥晶灰岩、泥灰岩，偶夹钙质粉砂岩。

二叠系乐平统长兴—大隆组（P_3^{c-d}）：为灰、深灰色薄至中厚层硅质岩、含硅质团块生物屑泥晶灰岩，夹页岩。

二叠系乐平统龙潭组（P_3^l）：下部为深灰色厚层燧石灰岩，底部为铁质黏土页岩，厚 0～72 m；上部为砂岩、黏土岩夹硅质岩及 5～15 层煤（煤层最厚 5 m），厚 160～272 m。

②构造：区内无大的断裂构造及褶皱发育，中部发育一穹隆构造，面积约为 1 km^2，涌水点 LD1 和 LD2 出露地层为二叠系龙潭组煤系地层，穹隆之外地层整体向西倾斜，岩层为南北向展布。

（2）地下水类型及含水岩组

①地下水类型

地下水类型可划分为碳酸盐岩类岩溶水和碎屑岩类基岩裂隙水两大类。

②含水岩组与富水性

纯碳酸盐岩含水岩组：包括 $T_1{}^d$、$P_3{}^{c+d}$ 地层中的白云岩和灰岩，含水介质空隙类型以岩溶管道、溶洞、溶蚀裂隙为主，含水性不均匀—较均匀，富水性中等—强，地下水多以岩溶泉的形式出露。

碎屑岩类基岩裂隙水含水岩组：主要为 $P_3{}^l$ 地层中的粉砂岩、泥岩、页岩、黏土岩、砂岩等。含水介质类型为风化裂隙、成岩裂隙以及构造裂隙等，含水性弱，地下水富集于地势低洼的槽谷中，少量以泉点分散排泄。

③含水层与隔水层

含水层主要为 $T_1{}^d$ 和 $P_3{}^{c+d}$ 碳酸盐岩地层，岩性以白云岩和灰岩为主，隔水层主要是龙潭组（$P_3{}^l$）煤系地层。

（3）矿井水文地质特征

项目区地下水埋深 0～50 m，地下水化学类型为 HCO_3^-－Ca^{2+}型。龙潭组（$P_3{}^l$）地层入渗率低，而主要出水老硐（LD1）流量在丰水期（6 月底）可达 810.4 m^3/d，这与该地层的径流模数存在极大的差异，在 LD1 标高之上，与矿区相连的强富水岩层主要为东部的灰岩含水层。地下水受大气降水和地层侧向补给明显（来源于庙山一带的灰岩含水层）。长期以来的煤矿开采活动导致各个矿井之间基本连通，叠加采动裂隙及采空区塌陷，致使矿区北东侧的碳酸盐岩含水层与矿区巷道系统连通，通过矿井废弃巷道系统，形成由北东部的庙山一带穿过隔水层进入百花湖方向的优势通道。北东部的庙山一带碳酸盐岩含水层成为矿井涌水的主要补给源，充入巷道及采空区的地下水与煤系地层中含硫化矿物反应形成含铁及硫酸根较高的酸性废水，最终从地势低洼的 LD1、LD2 流出。

（4）矿井水补给、径流、排泄条件

煤矿开采形成大面积采空区及采动裂隙带，破坏隔水地层，连通碳酸盐岩含水层，形成地下水运移快速通道；同时采动冒落裂隙带也为大气降水快速进入煤矿巷道及采空区提供通道。煤矿开采后的补给、径流、排泄条件如下所述。

①补给：北东侧煤系地层与碳酸盐岩接触带碳酸盐岩含水层侧向补给为重要补给水源，大气降水则在全区范围内补给地下水。

②径流：采煤形成的巷道、采空区、采动裂隙系统是地下水的主要径流通道，径流方向受最低的巷道排水口的控制。

③排泄：区域地下水的主要排泄点为老硐 LD1、LD2，其次为季节性出水的老硐 S4，丰水期调查的总排泄量为 870.88 m^3/d。少量地下水则通过老硐附近碎屑岩风化、裂隙带及第四系向下游渗流排泄。

6.2.3.3　地下水污染状况

区域内采矿活动久远，持续时间长。据调查，具明显开采痕迹的老硐有 18 处，主要沿煤矿出露地层分布。区域内存在的大小新老煤窑经过后期的变形已基本形成贯通裂隙。其中 LD1 所处位置最低，其次为 LD2，因此整个矿区巷道中的地下水最终汇集到 LD1、LD2 流出地表。其余位置相对较高的老硐仅季节性有一定量的浅部巷道水流出。现阶段常年有地下水涌出地表的老硐为 LD1、LD2，季节性涌水的老硐为 S4，其余 15 处废弃老硐未发现明显涌水。

LD1、LD2 老硐：位于石硐煤矿区地势最低位置，标高约 1 200 m，其中 LD2 略高 1 m，两者间距约为 118 m。丰水期实测 LD1 流量 9.38 L/s（810.4 m^3/d），由 LD2 进入污水处理站的水量 0.2 L/s（17.28 m^3/d），共计 827.68 m^3/d。根据 2016 年 6 月底水质取样分析结果，水体 pH 为 6.28，呈弱酸性，硫酸根浓度 1 847.56 mg/L，总铁浓度为 54.4 mg/L。

S4 老硐：为林东矿务局石硐煤矿主井，井口已封，井口附近仍在季节性涌出废水，流量为 0.5 L/s（43.2 m^3/d），丰水期取样分析结果显示，水体 pH 为 6.64，呈弱酸性，硫酸根浓度为 2 059.45 mg/L，总铁浓度小于 0.01 mg/L。

综上所述，巷道内及其采空区酸化了的地下水严重威胁周围地下水和地表水，6 月最丰期通过石硐煤矿区污染废水进入外环境的总铁约为 38.99 kg/d，硫酸根约 1 618.22 kg/d（图 6-37、图 6-38）。

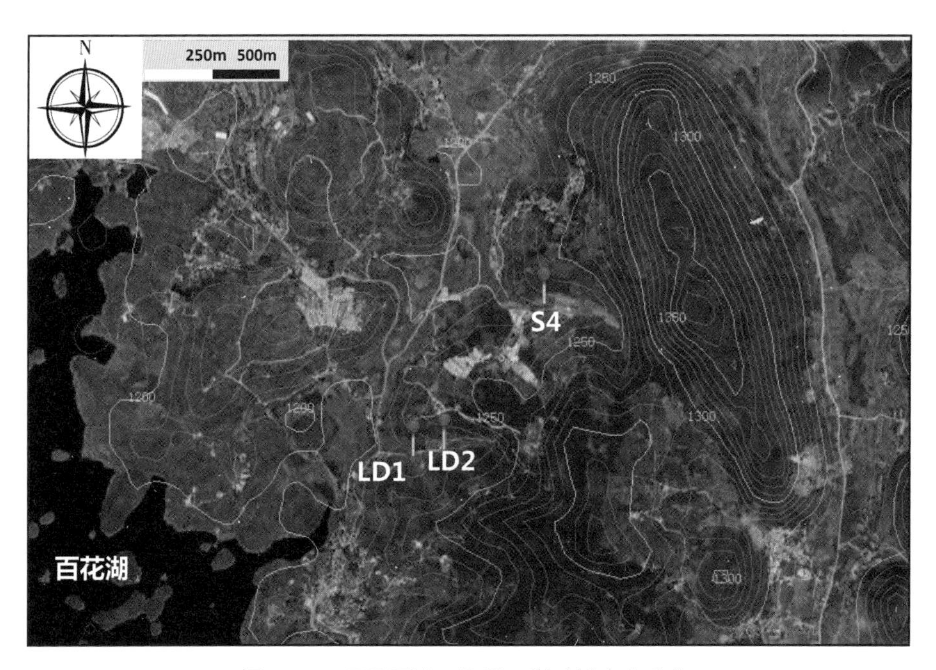

图 6-37 项目区地理位置及煤矿排水点分布

图 6-38　项目区全貌及污染状况

6.2.3.4　地下水污染风险管控目标

石硐煤矿位于贵阳市百花湖流域茶饭村，煤矿出水经龙滩路侧水塘后进入百花湖饮用水源二级保护区域。石硐煤矿污染地下水过程机理如图 6-39 所示。根据石硐煤矿排水水质特征及所在地水环境敏感程度，石硐废弃煤矿排水处理系统出水目标为 Fe≤0.3 mg/L，Mn≤0.1 mg/L，pH 为 6～9，需达到 GB 3838—2002 表 2 中对铁、锰的水质要求。

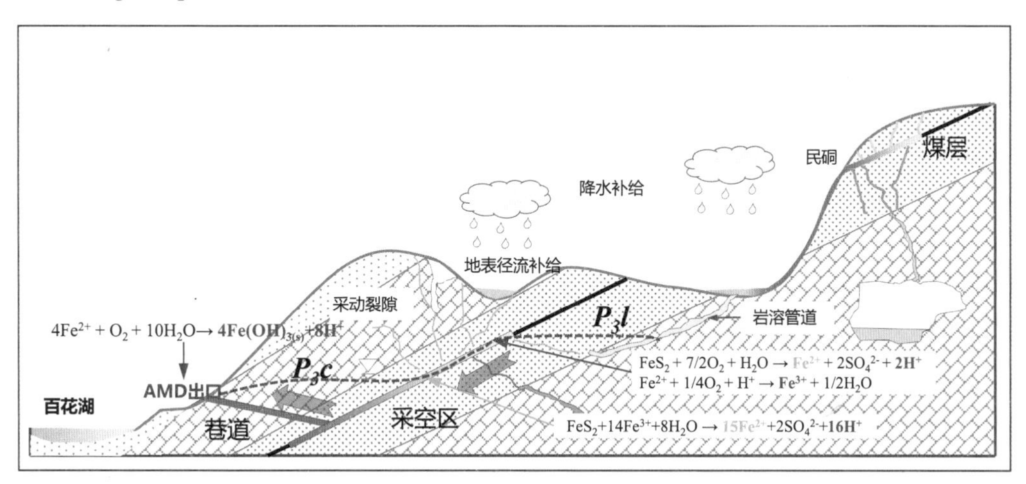

图 6-39　石硐煤矿地下水污染过程示意图

6.2.3.5　地下水污染风险管控技术

石硐煤矿充分利用煤矿出水口与水源地间的地形地貌、天然沟渠等自然条件，构建基于自然营力的多级反应系统和湿地自然净化系统，对矿井排水进行综合治理。

（1）源头减量与井巷填充技术

在详细水文调查基础上，通过工程措施引流地表水以阻断其向采空区或巷道补给，从而达到矿井水减量的目的。井巷填充主要是将碳酸盐岩填入已有井巷内，利用碳酸盐岩的溶解来提高废水的碱度。在缺氧及 pH＜8.0 的条件下，Fe^{2+}很难形成 $Fe(OH)_2$ 沉淀，碳酸盐岩不会被铁的氢氧化物覆盖或包裹。井巷填充可将酸性矿山废水转化为碱度相对较高的中性水体。

（2）碳酸盐岩反应墙技术

废水水平流过碳酸盐岩填料层，在自由水面进行自然复氧，在填料层内通过 Fe 氧化沉淀、酸碱中和等过程，提升废水 pH，促进 Fe^{2+}向 Fe^{3+}转化，形成沉淀脱离水相。因反应墙墙体较薄，反应产物可部分带出至无填料区沉淀，减少反应区堵塞频率。此技术可用于坡度较缓、拥有较大可用面积、水力条件较差的场地内。

（3）多级复氧反应系统（升流式反应池+沉淀池）

反应池水流采用下进上出形式，碳酸盐岩填料放置于多孔结构的支撑板上，废水经支撑板后进入填料区，在区内通过 Fe 氧化沉淀、酸碱中和等过程，提升废水 pH，促进 Fe^{2+}向 Fe^{3+}转化，形成沉淀从系统中去除。该系统水深较浅，可充分利用大气复氧促进 Fe^{2+}向 Fe^{3+}的转化，并以 $Fe(OH)_3$ 形式实现总铁的去除。反应池和沉淀池沉淀的污泥多以 $Fe(OH)_3$ 和 $CaSO_4$ 为主。

（4）人工湿地技术

人工湿地是模拟自然湿地的人工生态系统。人工湿地技术是一种利用土壤、人工介质、植物、微生物的物理、化学、生物三重协同作用，持续对废水进行综合处理的方法，具有建设费用低、操作简单易管理、工艺流程简捷等优点，处理后的水可回用或用于农田灌溉，能有效的改善和美化环境。人工湿地需设置于系统末端，经过前端系统的处理，水中污染物大幅降低，在水中溶解氧含量较高的情况下，通过人工湿地对水中残留的 Fe、Mn 等污染物进行持续去除。

6.2.3.6 地下水污染风险管控工程设计及施工

（1）工程设计问题分析

①水质水量变化特征

本项目矿井出水较清澈，悬浮物含量低，污染指标存在一定波动。除项目启动前水质监测以外，在项目运行后的长期监测中显示，LD2 主要污染指标为 Fe、Mn、pH 及 SO_4^{2-}。其中，Fe 主要以 Fe^{2+}形式存在，其浓度超过 GB 3838—2002 中集中式生活饮用水地表水源地补充项目限值约 150 倍，是导致下游水塘水体呈浑黄色的主要因素；Mn 浓度超过 GB 3838—2002 中集中式生活饮用水地表水源地补充项目限值约 20 倍；pH 呈弱酸性，SO_4^{2-}超 GB 3838—2002 中集中式生活饮用水地表水源地补充项目限值 8 倍。LD2 出水点水质指标见表 6-5。

表 6-5　石硐煤矿废水主要水质指标

	pH	Ec/（mS/cm）	Eh/mV	Fe^{2+}/（mg/L）	Mn^{2+}/（mg/L）	SO_4^{2-}/（mg/L）
最大值	6.74	3.27	−7	54.88	3.27	3 341.94
最小值	5.45	3.03	−85	41.78	1.84	1 611.77
平均值	6.36	3.13	−46.92	47.84	2.44	2 069.65

项目区受煤矿开采形成大面积采空区及采动裂隙带，隔水地层被破坏，连通上覆灰岩、白云岩含水层，形成地下水运移的快速通道；大气降水经快速通道进入采空区，由出水点排出，停留时间短，受降雨影响剧烈，出水水量波动明显。枯水期出水量约为 200 m^3/h，丰水期不同时段水量差异大，雨季部分监测时段水量达 800 m^3/d。但因项目为改造工程，在原有基础上进行处理水量的提升较为困难，因此本系统设计处理水量仍定为 500 m^3/d。

②取水点位置确定

项目区共有两处出水点，LD1 常年有水流出，LD2 间断出水，出水量与降雨量具有明显相关性。LD2 水位较原有处理系统高，出流废水可不经提升直排进入原有反应池系统，LD1 由于水位较低，出流废水不能进入反应池系统，只能直排进入处理系统下游水塘，合理确定取水点将对系统稳定运行、节能降费有重要作用。

③进出水水力落差较小

原处理系统已完成建设，两座大型水池落差为 0.5 m，各水池内部池底标高相同，池体高度相同，池深 1.5 m，进出水几乎无落差。内部分隔较多，形成多个串联小型水池，对水力落差需求高，降低各单元阻力损失，是保证系统正常运行的关键。

（2）优化处理系统进水

由于项目区内的两处出水点 LD1、LD2，地下部分有井巷连通，存在一定水位差。LD1 水位较低，出水不能直接进入反应池，LD2 流出废水可直接进入反应池系统。通过下游 LD1 外围修建高于 LD2 的围堰，阻止向外排水，使矿井废水只能由 LD2 排出，由 LD2 排出后的废水直接进入处理系统。进水系统优化示意图如图 6-40 所示。

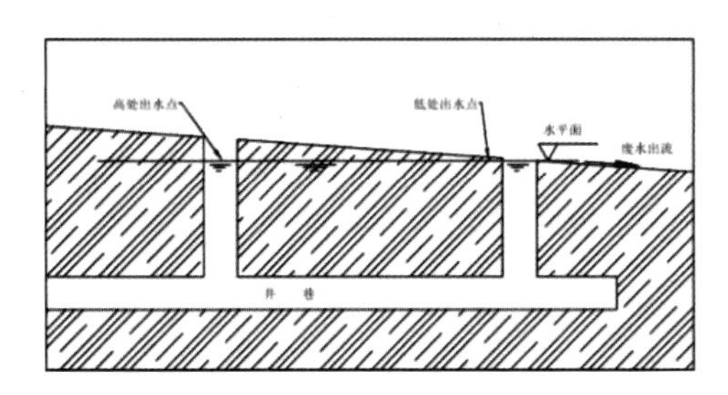

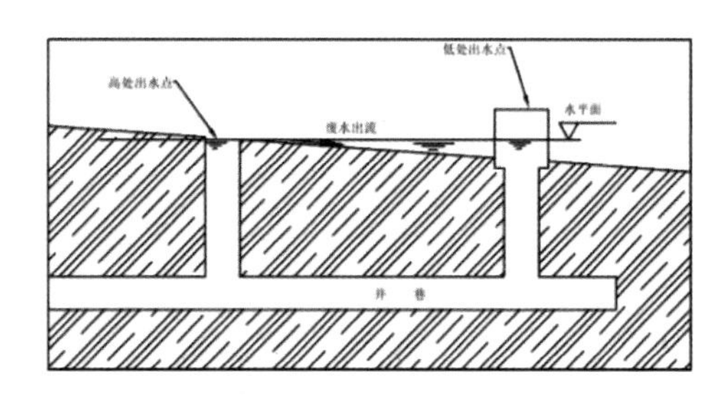

图 6-40　石硐煤矿进水系统优化示意图

（3）增设截洪沟与溢流系统

由于丰水期煤矿排水受降雨影响明显，处理系统的水力落差不足以支持其在大流量下的稳定运行。因此，在出水点及处理系统周边增设截洪沟，将周边地表水导排至系统下游，避免其进入系统。系统进水端增设溢流口，使极端天气下产生的超过处理能力的矿井废水溢流，确保系统持续稳定运行。

（4）处理工艺与单元组成

系统主要处理单元可用落差较小，项目工艺流程采用反应墙、反应池、沉淀池及人工湿地等多种治理单元组成处理系统，利用反应墙、沉淀池的低水力损失结合反应池及人工湿地的高去除率，使系统在满足治理需求的同时，降低系统水力损失，降低因系统自身可用水力落差小带来的不利影响。

系统涵盖了反应墙系统、升流式反应池及湿地系统等被动处理技术（图 6-41）。共形成 6 套平行处理系统，在反应墙前端增设配水渠，以实现 6 套平行单元的均匀进水，末端各系统处理水单独排放，进入处理系统后端的天然水塘。

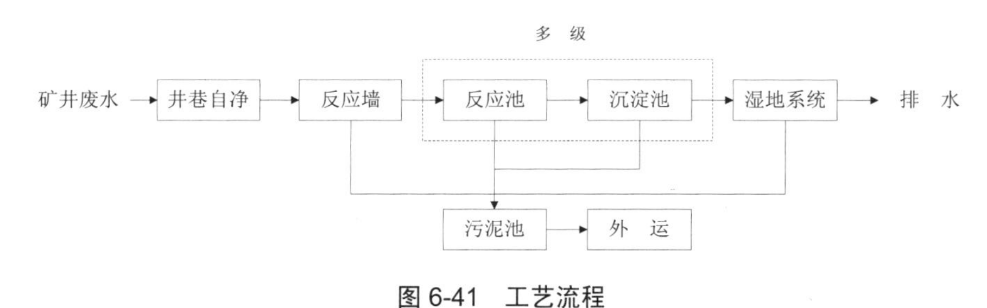

图 6-41 工艺流程

同时，在系统北面靠山一侧，修建截排洪沟，减少进入 LD2 的山洪水（图 6-42）。

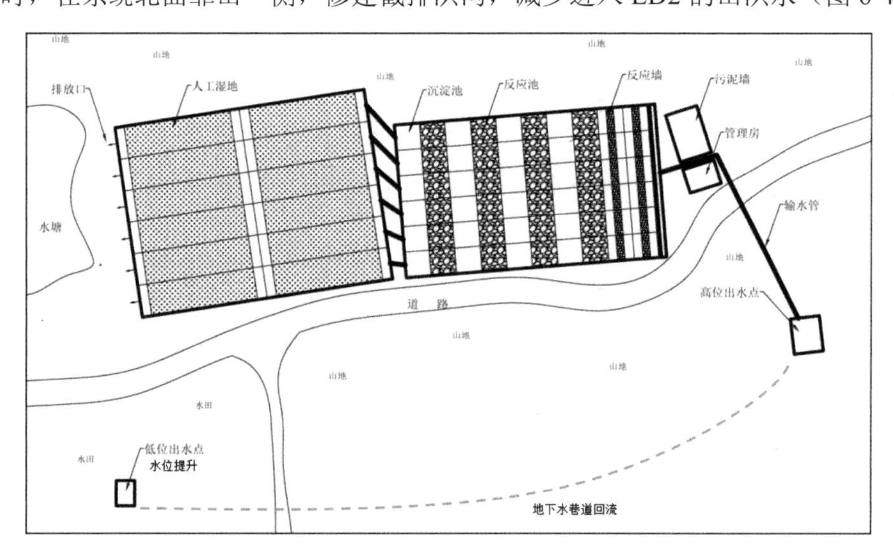

图 6-42 石硐煤矿处理系统平面布置图

①反应墙单元

反应墙系统具有系统阻力损失较小的特点，且通过墙顶高度控制，可有效减少池顶翻水现象的发生。在废弃水池的前两级内建设碳酸盐岩反应墙，让废水横向穿过反应墙，提升废水 pH 并进行自然复氧，使 Fe^{2+}向 Fe^{3+}转化，生成 $Fe(OH)_3$ 沉淀，在填料区及空池区形成沉淀，定期予以清除。

②反应沉淀单元

反应沉淀单元由反应池与沉淀池共同组成，设置 4 级反应沉淀单元。在反应池底部埋设进水管，池内填充碳酸盐岩填料，本区域填料使用量较反应墙多，反应效率更高，废水在反应池内继续进行 pH 提升，并利用池面进行大气复氧促进 Fe^{2+}向 Fe^{3+}的转化，生成 $Fe(OH)_3$ 沉淀（图 6-43），减少反应池内的絮体沉淀量。反应池及沉淀池内的沉淀污泥以 $Fe(OH)_3$ 和 $CaSO_4$ 为主，待污泥量达到一定规模后，由人工进行清掏并送至污泥池。

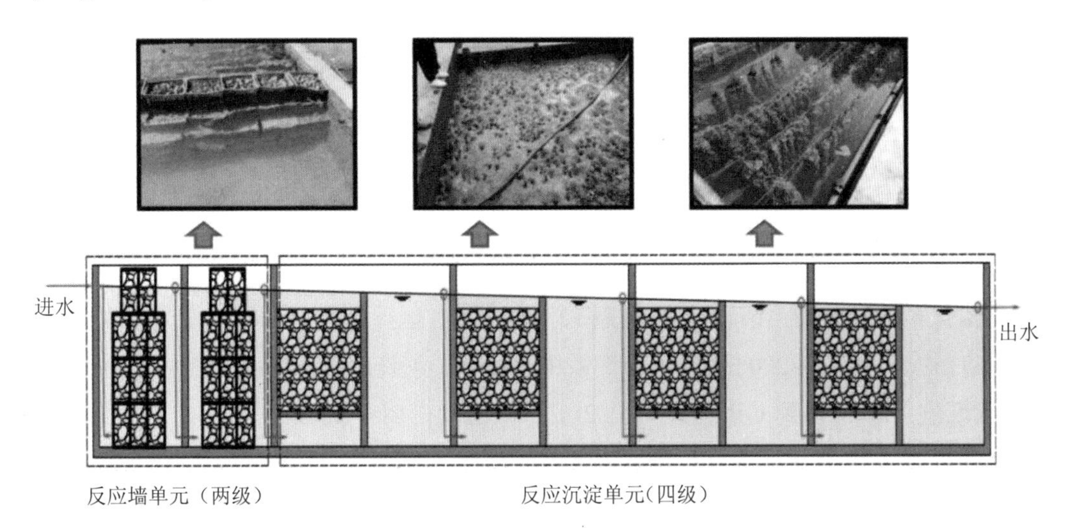

图 6-43　反应墙与反应沉淀单元示意图

③湿地系统

湿地是一种利用土壤、人工介质、植物、微生物的物理、化学、生物三重协同作用进行污染物治理的人工生态系统。由于本项目进入湿地系统（图 6-44）的废水中铁含量已大幅降低，剩余铁可持续在池内通过物理化学吸附及生物吸收等作用得以去除，同时湿地还对废水中 Mn^{2+}的去除有很好效果。由于湿地进水 pH 较高，污染物浓度较低，主要选择成活率高、可四季生长的菖蒲、灯心草和景观常用的梭鱼草等作为湿地植物。

进水

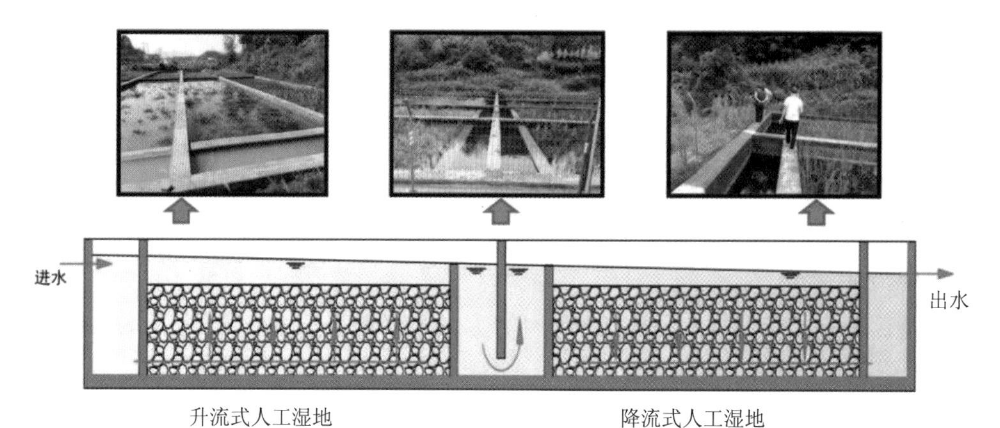

图 6-44 人工湿地系统示意图

④反应介质

反应墙、反应池和人工湿地中所用反应填料均采自大冶组灰岩碳酸盐岩颗粒，主要矿物组成为较纯的方解石。反应墙、反应池中的填料粒径为 2～4 cm，人工湿地中的填料粒径为 1.5～3 cm，化学成分主要为 CaO 和 MgO，其百分含量分别为 50.0%和 2.06%。

6.2.3.7 工程运行及监测情况

（1）系统综合治理效果

石硐煤矿废水处理系统设计处理规模为 500 m^3/d，运行期间日均处理量为 300 m^3/d（丰水期 500 m^3/d，枯水期 200 m^3/d）。处理系统运行后，系统出水 pH 可稳定达到 GB 3838—2002 标准值；Fe 能达到 GB 3838—2002 要求（运行初期≤1.0 mg/L，后期≤0.3 mg/L）；出水 Mn 长期未检出或小于 0.1 mg/L。本系统年处理水量为 11 万 m^3，每年可有效减少进入百花湖二级水源保护区的 Fe 4.95 t、Mn 0.28 t。石硐煤矿废水处理系统进出水水质见表 6-6。

表 6-6 石硐煤矿废水处理系统进、出水水质

位置	pH	Fe/（mg/L）	Mn/（mg/L）	Eh/mV
进水	5.45～6.88	41.8～54.9	1.84～3.27	−85～−28
出水	6.37～7.76	0～0.3	<0.03 L	87～186
地表水环境质量标准（GB 3838—2002）	6～9	≤0.3	≤0.1	—

（2）各单元主要污染物去除效果

①pH 变化特征

pH 对重金属离子在煤矿酸性废水中的存在形态有重要的影响，是影响重金属环境行为的重要因素之一；水体的氧化还原条件决定了重金属离子的化合价态和变化趋势，影响其在水中的存在形态和迁移速率。很多金属元素都能通过形成氢氧化物沉淀的形式从水中除去；处理系统各单元 pH 的变化如图 6-45（a）所示。煤矿废水进水的 pH 为 5.60～6.58，呈弱酸性。由于反应墙、反应池和人工湿地中碳酸盐岩主要成分为 $CaCO_3$，可以与水中的 H^+反应，碳酸盐岩溶解，H^+被消耗，因此煤矿废水流经填充碳酸盐岩的处理系统后 pH 明显提高。经过本项目处理后出水 pH 上升到 6.37～7.45，pH 提高了 0.5～1，且 pH 沿处理流程呈现逐步升高的趋势。

②Eh 变化特征

各级反应池中 Eh 变化如图 6-45（b）所示。沿程 Eh 逐渐升高，从进水的−76～−15 mV 提升到出水的 98～159 mV，由还原环境逐渐转化为氧化环境。进出水 Eh 波动较大，在反应沉淀池中 Eh 沿工艺流程逐渐升高。系统主要利用废水流动过程中的大气复氧，逐渐将废水由还原环境转化为氧化环境，使 Eh 逐渐升高。

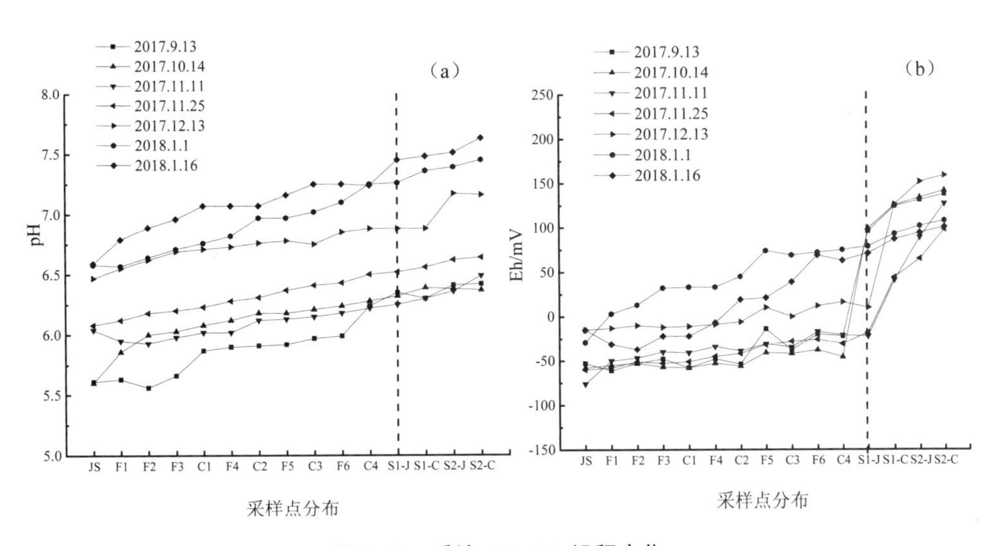

图 6-45 系统 pH、Eh 沿程变化

③Fe 变化特征

Fe^{2+}浓度沿程变化如图 6-46 所示。Fe^{2+}进水浓度为 40.5～49.5 mg/L，经 4 个月运行后，系统出水含 Fe 量均≤0.3 mg/L，系统出水，多次显示未检出，去除率接近 100%。进水的铁主要为 Fe^{2+}，在废水流动过程中，反应沉淀池段水深较浅，池面面积较大，可充分利用大气自然复氧促进 Fe^{2+}向 Fe^{3+}的转化。

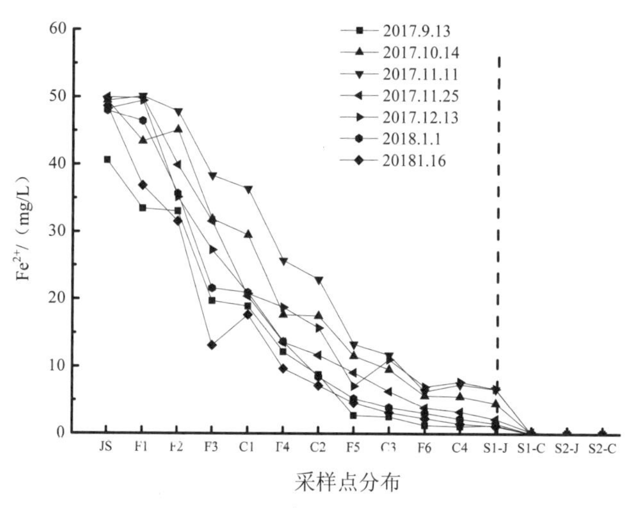

图 6-46　系统 Fe^{2+}浓度沿程变化

④Mn 变化特征

Mn 浓度沿程变化如图 6-47 所示。进水 Mn 浓度为 1.86～3.14 mg/L，经过多级复氧反应池后，对 Mn 的去除率为 9.3%～40.3%，去除效果一般。因为煤矿酸性废水中的 Mn 主要以 Mn^{2+}的形式存在，其去除条件要求较高，pH 较低的条件下难以被氧化，当 pH 较高时 Mn^{2+}才能被迅速氧化生成沉淀被除去。随着系统运行时间的增加，由于反应池中的铁、铝氢氧化物逐渐增加，加强了对 Mn 的吸附、共沉淀作用，同时锰氧化细菌对 Mn 也有一定的催化氧化作用，从而提高 Mn 的去除率。流经人工湿地后废水 Mn 的去除率显著升高，达到 69.8%～100%，去除效果较好。系统运行 3 个月后人工湿地出水 Mn 浓度低于《生活饮用水水源水质标准》（CJ 3020—1993）一级标准（Mn≤0.1 mg/L）。

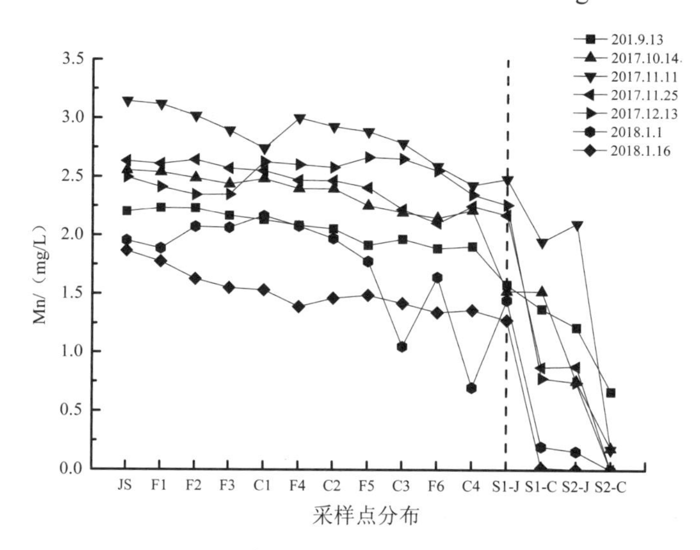

图 6-47　系统 Mn 浓度沿程变化

⑤其他重金属离子变化特征

酸性煤矿废水由于具有较低 pH，常常会伴随着大量的重金属溶解到水中。对其他重金属离子（Cu、Zn、Cd、As、Pb、Cr）的进、出水浓度进行测定，其浓度及去除率如表 6-7 所示。废水流经系统处理后各重金属离子浓度都有所降低，Cu、Zn、Cd、As、Pb、Cr 的平均去除率分别为：37.61%、33.44%、9.38%、81.82%、66.67%、50.88%。

重金属在以碳酸盐岩为反应介质的煤矿废水治理过程中，主要通过沉淀、吸附、共沉淀、交换沉淀和生物作用等方式去除，是一个复杂的物理、化学及生物过程。金属首先形成碳酸盐、硫酸盐和氢氧化物沉淀，在沉淀的过程中体积逐渐变大，对水中重金属进行吸附及共沉淀，之后还可通过氧化和水解作用形成难溶物沉淀；同时，在微生物硫酸盐还原作用下，二价的重金属（Zn、Pb 等）能形成硫化物沉淀。此外，特定微生物还可以利用重金属为代谢原料使其从水中有效去除。石硐煤矿处理系统进、出水重金属含量统计见表 6-7。

表 6-7　重金属进出水平均浓度及去除率　　单位：μg/L

	Cu	Zn	Cd	As	Pb	Cr
进水浓度	1.17±0.13	45.64±2.69	0.032±0.01	1.65±0.25	0.33±0.02	0.57±0.05
出水浓度	0.73±0.04	30.38±0.97	0.029±0.01	0.30±0.02	0.11±0.01	0.28±0.02
去除率/%	37.61	33.44	9.38	81.82	66.67	50.88

6.2.3.8　建设及运行成本分析

该处理系统建设费用为 260 万元，建设成本为 0.52 万元/m^3（每天排水量）；系统总占地面积为 2 400 m^2，吨水建设占地面积为 4.8 m^2/m^3。运行期间为避免系统堵塞，需委托当地村民定期排放沉淀污泥和检查系统运行状况，运行维护费用约为 2 万元/a（含人员费和材料更换费等）。

6.2.3.9　经验介绍

（1）项目开展前期应进行区域内详细水文地质调查，同时对煤矿排水水质和水量进行两期水质监测（丰水期和枯水期），详实掌握煤矿排水水质和水量的变化特征以便于确定合理的处理规模。根据煤矿排水受纳水体功能区要求，确定煤矿废水污染治理目标，本项目排水下游为贵阳市百花湖饮用水源二级保护区，故污染物（铁和锰）排放标准执行 GB 3838—2002 中表 2 标准。

（2）根据场地可利用面积和煤矿排水水质参数选择合适的污染防控技术。本项目区域为碳酸盐岩地层，可通过改变出水口位置增加 AMD 在地下含水层停留时间，从而降低排水中污染物的浓度，达到源头削减的目的。该工程为改造项目，进出水的地形落差较小，可通过改变反应填料（碳酸盐岩）配比和水动力条件进行系统设计，使其在满足治理目标和达标需求的同时，尽可能减小水力损失和占地面积。

（3）被动处理工艺日常运行中不需向系统持续投加反应介质，仅需在碳酸盐岩大量消耗后进行适当补充，因此运行费用极低。但由于反应系统中生成的铁氧化物容易包裹碳酸盐岩减缓其反应速率，故需要定期对其进行反冲洗，主要利用人力可控的风机、水泵进行维护，维护操作简单，技术含量低，可就近聘请当地村民进行维护操作，运维难度大幅降低。

（4）煤矿排水水量通常受降雨影响剧烈，出水量人为控制困难，需在系统前端设置溢水口，对极端天气产生的超处理能力的矿井排水进行溢流，避免造成对处理系统的严重冲击；此外，完善的清污分流措施可有效减少丰水期的清水混入量，降低系统处理负荷。

6.2.4 贵州三都县锑矿锑污染风险管控

6.2.4.1 工程概况

项目类型：矿山开采。

项目时间：工程建设时间为 2019 年 5—12 月。

项目经费：建设费用 452.30 万元，建设成本为 0.18 万元/m^3。

项目进展：完成工程建设，运行中。

地下水目标污染物：锑。

水文地质：矿区处于山区，单元内分布青白口系下江群变质岩，岩石致密，属相对隔水层。大气降水主要以散流和面流的形式汇集于沟谷向下游径流，少量降水渗入地下，赋存于沟谷第四系孔隙地层与变质岩裂隙中。径流方向大致由南向北，单元内局部可见变质岩基岩裂隙中有极少量的地下水渗出，大气降水和渗出地表的地下水均沿冲沟向相邻河流汇集，分别进入坝辉河和坝街河，最终进入都柳江。

处理规模：处理量为 2 500 m^3/d。

风险管控目标：pH 达到 6～9，锑浓度小于 500 μg/L。

风险管控技术：多吸附材料串联耦合的井巷填充+人工湿地强化处理技术。

6.2.4.2　水文地质条件

（1）矿区水文地质概况

由于地形切割，矿区地下水分为坝辉河和坝街河次级水文地质单元。单元内分布青白口系下江群变质岩，岩石致密，属相对隔水层，富水性及透水性弱。地下水可分为变质岩基岩裂隙水和第四系孔隙水，矿区地下水总体流向都柳江。大气降水大部分以散流和面流的形式汇集于沟谷向下游径流，少量降水渗入地下，赋存于裂隙空间，形成地下水。径流方向大致由南向北，单元内局部可见变质岩基岩裂隙中有极少量的地下水渗出，大气降水和渗出地表的地下水均沿冲沟向相邻河流汇集，分别进入坝辉河和坝街河，最终进入都柳江。

（2）矿区地层富水性

基岩裂隙水含水岩组：矿区出露地层从老到新地层有青白口系下江群平略组（Pt_3^1dp）第一、二段；隆里组（$Pt_3^1dl_1$）第一段至第四段。地层岩性为粉砂质板岩、变余泥质粉砂岩、含粉砂质绢云母板岩、变余细砂岩等变质岩组成，厚度大于 3 000 m，富水性及透水性弱，属弱含水层。

孔隙水含水岩组：主要为第四系（Q），河床及山间残坡积物，黏土及岩石碎块。分布零星，整体厚度较小、分布不连续，富水性弱。

（3）地下水补给、径流和排泄条件

矿区地下水补给来源主要为大气降水，补给量受季节控制明显。地下水的流向受构造及岩性的控制。坝辉—火烧寨—照寨分水岭以北的地下水向坝辉河排泄，以南向坝街河排泄，排泄条件良好。

6.2.4.3　地下水污染状况

老八井废弃锑矿开采有十多年历史，2016 年当地政府曾对该废弃矿井进行封堵，但由于岩溶地区裂隙发育，矿硐仍有大量含锑废水涌出，丰水期涌水量约为 2 500 m^3/d，锑含量约为 7 525 μg/L。矿井排水均未经处理直接排入附近沟渠，最后汇入坝辉河直接影响下游都柳江流域（饮用水水源）水质（图 6-48、图 6-49）。

贵州省内锑矿多为构造成矿，矿体沿控矿断层（裂隙带）产出，成矿层通常水力传导性好；同时采矿活动形成大面积采空区及裂隙带，贯穿地表，形成大气降水及地表径流快速入渗通道。携带氧气的地表水入渗采空区后，与辉锑矿及氧化矿发生水解和氧化反应，析出锑酸根，通过废弃井巷或采矿破碎带排出矿区，或通过地层裂隙通道渗入临近排泄点（都柳江），造成流域锑污染。详细污染过程如图 6-50 所示。

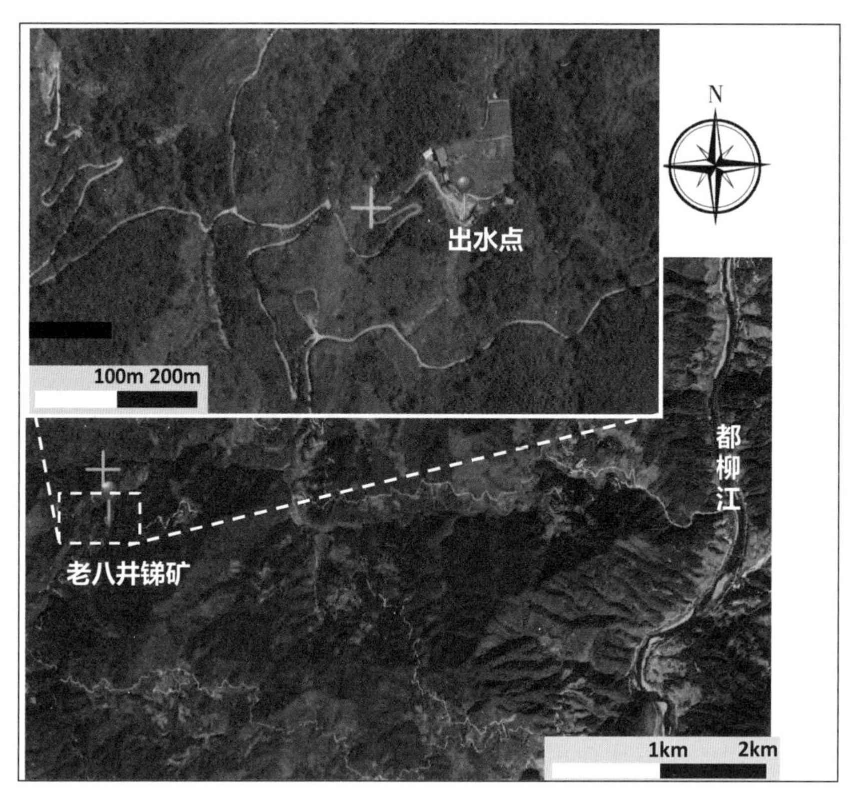

图 6-48 项目区废弃锑矿排水点地理位置

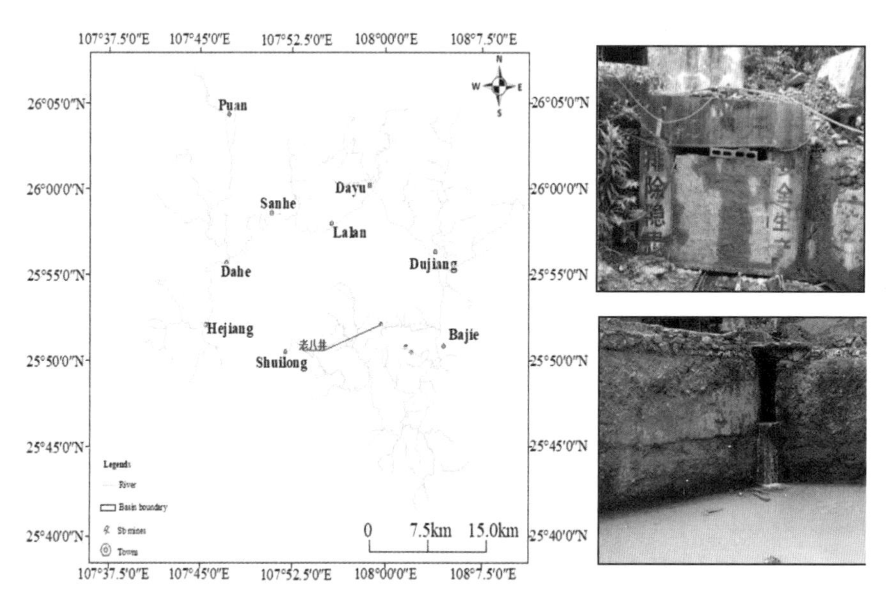

图 6-49 项目区流域图及工程治理前污染现状

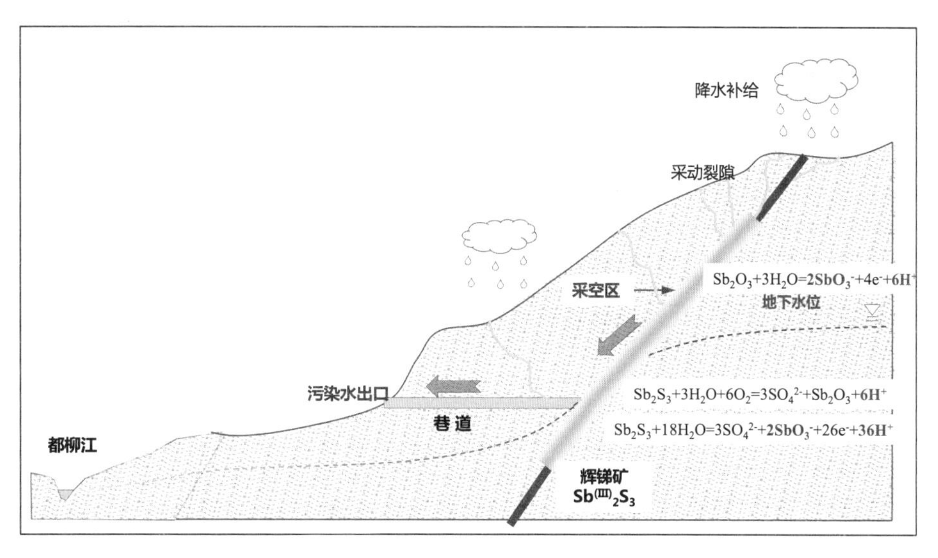

图 6-50　锑矿山污染过程示意图

2015 年 6 月，对老八井废弃锑矿区及附近地下水开展监测，监测指标共 17 项（pH、总硬度、TDS、COD_{Mn}、硫酸盐、NH_3-N、Hg、Cu、Fe、Mn、As、Pb、Zn、Sb、挥发性酚、Cd、Cr^{6+}）。监测结果显示，除矿硐排水口的水中锑和砷超标以外，其他指标均未超过 GB/T 14848—2017 中Ⅲ类标准。此外，本工程项目在实施前对锑污染物开展多次采样监测，监测结果见表 6-8。项目实施前老八井废弃锑矿井出水锑浓度为 6 596～10 858 μg/L，平均浓度为 7 779.58 μg/L。

表 6-8　老八井矿硐排水监测结果

监测时间	锑/（μg/L）	排放标准	标准限值/（μg/L）
2017 年 4 月 28 日	7 525	《地下水质量标准》（GB/T 14848—2017）	5
2019 年 5 月 15 日	8 702		
2019 年 5 月 15 日	7 877		
2019 年 5 月 15 日	7 156		
2019 年 5 月 28 日	6 596	《锡、锑、汞工业污染物排放标准》（GB 30770—2014）	300
2019 年 5 月 28 日	7 291		
2019 年 6 月 19 日	6 898		
2019 年 6 月 19 日	7 129		
2019 年 6 月 20 日	7 140	贵州省环境污染物排放标准（DB 52/864—2013）	500
2019 年 6 月 20 日	8 089		
2019 年 6 月 26 日	10 858		
2019 年 6 月 26 日	8 094		
平均锑浓度	7 779.58		

6.2.4.4 地下水污染风险管控目标

老八井废弃锑矿废水为自然地下涌水，通过现场调查、水质分析与水量测算，设计废水处理量为 2 500 m^3/d。该工程实际监测进水水质：Sb 浓度为 6 596～10 858 μg/L；设计进出水水量、水质见表 6-9。

表 6-9 系统设计进出水水质指标

项目	pH	锑/（μg/L）
流量/（m^3/d）	2 500	
设计进水指标	5～8	≤10 000
设计出水指标	6～9	＜500

6.2.4.5 地下水污染风险管控技术

（1）采空区厌氧环境构建技术

通过巷道的长距离充填，井口建设液封系统，减少采空区含氧量，构建采空区厌氧环境，抑制含锑硫化物的氧化作用，以减少高浓度含锑废水的产生。同时，经过长距离巷道充填与液位抬高，增加过水断面面积，降低采空区地下水流速度，增加废水在厌氧环境中的水力停留时间，加速水中的溶解性锑向黄锑华、三氧化二锑等次生矿物转化并形成沉淀，从而降低水体中锑的浓度，减少锑的排放量。

（2）多吸附材料串联耦合的井巷填充技术

充分利用巷道空间，在改性碳酸盐岩为主要充填材料的系统中将改性石灰石、凹凸棒土、铁粉、活性炭和基质包等多种吸附材料进行耦合串联布置，而较低的水流速度与较长的水力停留时间有利于延长水岩反应时间，同时有利于固体颗粒的沉降和吸附作用的发生，使水中溶解性锑被充填材料吸附，转化后形成的固体颗粒易于沉淀在材料表面，从而达到废水中锑污染物在井巷中净化的目的。

（3）人工湿地强化处理技术

在传统人工湿地系统基础上，结合场地条件，构建垂直流人工湿地除锑系统，利用人工湿地内的微生物降解废水中有机污染物，土壤层拦截废水中的颗粒物，同时利用湿地中基质的吸附作用和植物的吸收作用去除废水中残存的溶解性锑。通过系统中物理、化学、生物的协同作用，进一步去除水中残留的锑，达到水体水质持续改善的目的。

6.2.4.6 地下水污染风险管控工程设计及施工

项目工艺主要包含巷道充填（渗透反应）和人工湿地等被动处理技术。项目主体工程包括主巷道（40 m）、左侧副井（120 m）、右侧副井（40 m）、人工湿地（400 m^2）。项目建设工艺流程及平面布置如图 6-51 和图 6-52 所示。

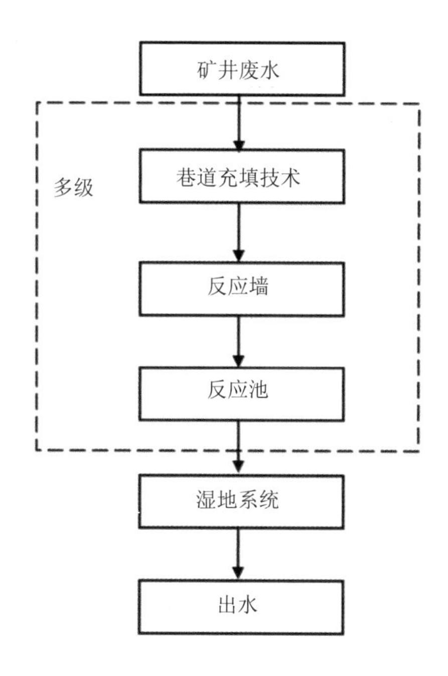

图 6-51　老八井锑矿废水处理工艺流程

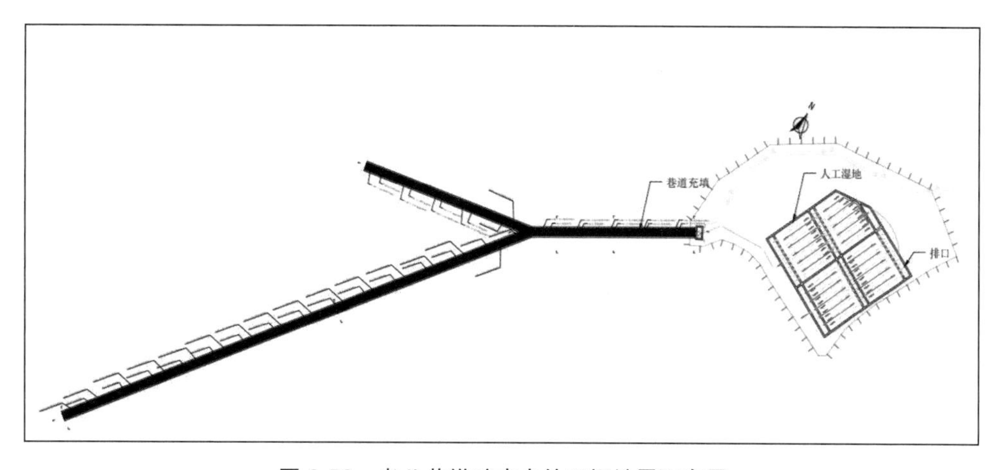

图 6-52　老八井锑矿废水处理场地平面布置

（1）巷道充填

根据矿井内不同水质变化情况，设置多级反应墙和反应池的串联组合（图 6-53），利用可渗透反应格栅的碱性材料中和、吸附废水中的悬浮物、重金属离子并降低溶解氧含量。连续反应池自上而下包括水层、有机物层和碱度层，废水流入水层，依次经过有机物层和碱度层后排出。废水经过有机物层，利用有机物层中的硫酸盐还原菌将废水中 SO_4^{2-}转化为 S^{2-}，S^{2-}与重金属离子结合后易形成金属硫化物沉淀；同时石灰石等反应材料可与水中

H^+发生中和反应，维持废水 pH 处于中性区间，有利于金属硫化物的沉淀去除。

巷道充填平面布置如图 6-54 所示。其中：主巷道、左侧副井和右侧副井分别设置反应池 5 组、15 组和 5 组，单座反应池外形尺寸为 8 m×1.8 m×1.8 m，有效水深 0.5 m，主要填料有复合有机物料、微生物菌剂、复合酸缓冲物料、吸附材料等。

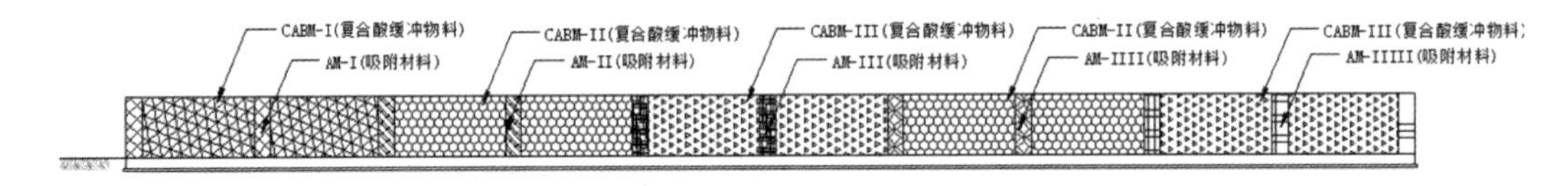

图 6-53 巷道充填材料串联组合设计示意图

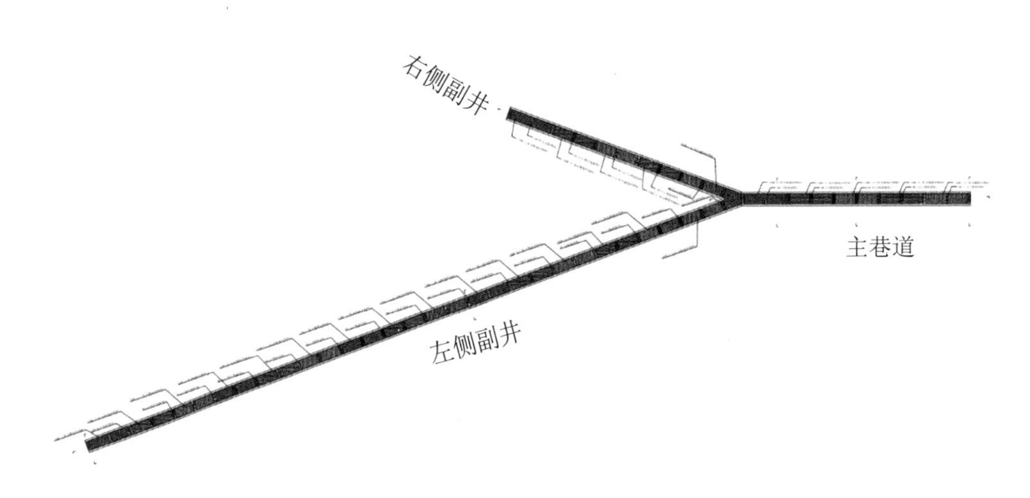

图 6-54 巷道充填平面布置

（2）人工湿地系统

通过多级多段渗透反应墙（巷道填充）处理后的废水中锑含量大幅降低，矿井出水进入垂直流人工湿地系统。结合项目水量及工艺要求，反应池分四组，每组由上行流湿地和下行流湿地串联而成，每组湿地外形尺寸为 20 m×16 m×1.5 m，有效水深 1.4 m（填料层 1.2 m，自由水层 0.2 m），湿地基质由石灰石、生物秸秆、活性炭、铁粉等吸附剂组成。池底采用穿孔管布水方式，池结构为砖混结构。人工湿地结构如图 6-55 所示。

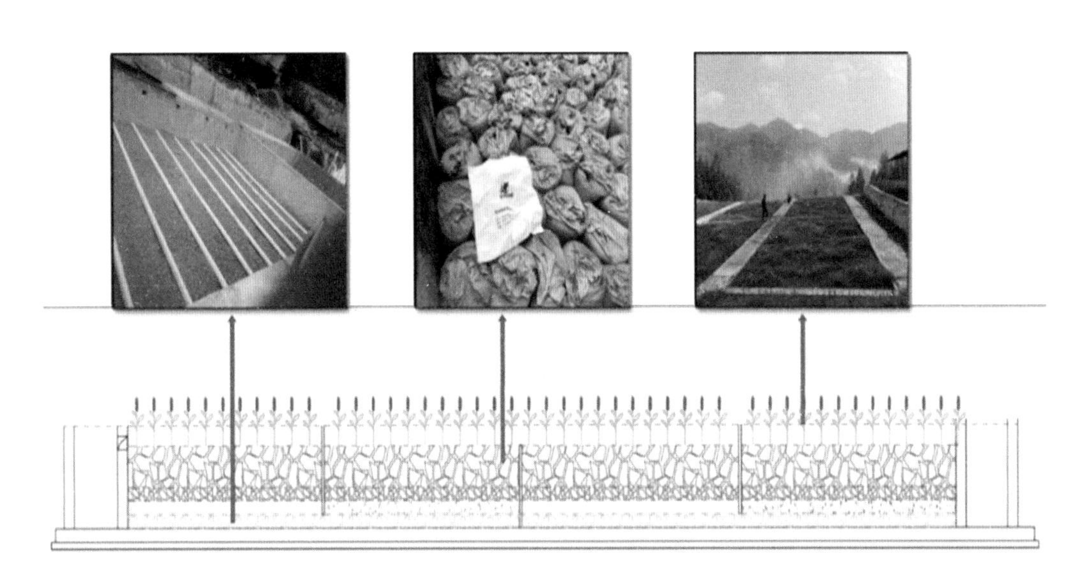

图 6-55　人工湿地结构示意图

（3）注浆固化

通过水文地质调查工作明晰矿区水文地质条件，确定地下采空区、顶板垮落带、导水裂隙带、地表弯曲带等的位置特征。分别确定地下水通过顶板垮落带和导水裂隙带进入地下采空区的补水方式。通过区域注浆，浆液固化后形成的封墙面层，减少大气降水对矿区内废弃矿井地下采空区的地下水补给量，从源头减少含锑废水的产生量。

（4）截洪沟

在矿区内补给水源周边修建引流渠收集系统，阻断地表径流进入矿硐，地表径流流经排水沟后排入周边河流，实现雨污分流。

（5）主要施工流程

巷道工序：基槽渣土清理—基础垫层—钢筋绑扎—模板安装—混凝土浇筑—填料回填。

人工湿地工序：基坑开挖—基础垫层—钢筋绑扎—模板安装—混凝土浇筑—池壁砖砌体—防水施工—管道安装—填料回填—种植水生植物。

其他工序：截洪沟/注浆固化—排水沟—排水管道—基础土方回填—种植土回填—种植绿化树、草。

施工过程中部分图片如图 6-56 所示。

人工湿地配水槽

人工湿地卷材防水

人工湿地填料施工及管道安装

巷道底板及钢筋

巷道壁混凝土浇筑

巷道填料施工

排水沟

人工湿地植物

图 6-56 项目工程施工

6.2.4.7 运行监测情况

该项目 2019 年 12 月建成，运行期间定期开展出水监测。根据监测报告，系统日均处理水量 2 500 m^3，出水 pH 可稳定达到 6.5～8.0，经系统处理后出水锑浓度小于 0.5 mg/L。系统出水水质良好（表 6-10），锑检测结果未超过《贵州省环境污染物排放标准》（DB 52/864—2013）标准限值。工业场地生态环境明显改善，治理前后效果如图 6-57 所示。

表 6-10 工程项目运行期间进出水水质对比

	监测日期	pH	Sb/（μg/L）	As/（μg/L）
治理前（进水）	2019.5—6	7.25	8 080	60
治理后（出水）	2020.3.12	7.50	83	35
	2021.1.15	7.51	448	—
排放标准（DB 52/864—2013）		6～9	500	50

图 6-57　项目治理前后对照

6.2.4.8　建设及运行成本分析

工程项目建设费用为 452.30 万元，建设成本为 0.18 万元/m^3；系统总占地面积为 400 m^2，主要为人工湿地，实际日均处理量约为 2 000 m^3/d（丰水期 2 500 m^3/d，枯水期 1 500 m^3/d）。目前该工程暂无运行维护费用。

6.2.4.9　经验介绍

（1）在区域内开展详细水文地质调查和矿区废弃巷道安全评估的基础上，合理确定矿井排水污染治理思路。本项目污染物单一（锑），污染通道清晰，治理方案充分结合场地面积，采用“巷道充填+人工湿地”技术联合处理。巷道充填技术主要是利用矿井内部废弃的主巷道、副井等对矿井水处理（源头或过程控制），排出地表后利用矿洞前空地修建人工湿地进行深度处理。

（2）巷道填充材料的有效组合是实现井巷自净的关键技术。充分利用矿山原有巷道空间，对酸性中和碱性材料、有机质、高效吸附剂等填充材料进行有效组合和耦合串联布置，在保证巷道水流通量的前提下，构建厌氧环境，抑制含硫矿物的氧化产酸过程，并通过沉淀作用、吸附共沉淀作用等有效去除溶解性重金属污染物，从而达到含重金属矿山废水在井巷中净化的目的。

（3）被动处理工艺运维简单、费用低廉、可基本实现无人值守。贵州废弃矿山多位于偏远山区，矿山废水的主动处理技术后期运行成本较大，难以长久维系。而被动处理工艺主要选用天然无污染的缓释材料作为反应介质，日常运行过程中不需向系统持续投加，原则采用“一次投入，不需运维”的治理思路。

6.2.5　贵州凯里市大风洞镇龙洞泉酸性矿坑水污染风险管控

6.2.5.1　工程概况

项目类型：矿山开采。

项目时间：2018 年 4 月—2021 年 9 月。

项目经费：工程建设成本为 5 000 万元，水处理成本约为 1.5 元/t，运维费用为 27 万元/a。

项目进展：工程运行维护中。

地下水目标污染物：铁。

水文地质：污染源为二叠系梁山组煤系地层中采矿活动引起的废弃煤矿酸性水，埋深为 150～200 m，梁山组废弃煤矿酸性水顶板为二叠系中统茅口—栖霞岩溶地下水，底板为泥盆系上统尧梭组岩溶地下水。

处理规模：按平水年计算，水处理量 18 万 m^3/a。

修复目标：地下水质量III类水标准。

修复技术：抽出处理，封堵回填。

6.2.5.2　水文地质条件

（1）地层岩性

泉水形成受地层岩性控制，当强含水岩组与弱透水层或隔水层接触时，在接触部位即有泉点出露。研究区地层由老至新依次为寒武系中、上统娄山关群、泥盆系上统尧梭组、二叠系中统梁山组、栖霞组、茅口组以及第四系松散层。具体地层关系见表 6-11。

根据水文地质调查初步划分研究区地层含、隔水岩组。其中含水岩组包括二叠系茅口组 P_{2m}，泥盆系上统尧梭组 D_{3y}，寒武系中上统娄山关群$\in_{2\text{-}3l}$。弱含水岩组为二叠系栖霞组 P_{2q}。隔水岩组为二叠系梁山组 P_{2l}，分述如下：

二叠系茅口组：地层岩性为灰岩，上覆黏土层，在研究区内大量出露，因喀斯特地区降雨量大，气候湿润，茅口组岩溶发育强烈，经探查研究区内部存在大量的溶洞、岩溶管道、裂隙，为强岩溶含水岩组。

表 6-11 研究区地层层序

地层系统				厚度/m	主要岩性
新生界（C_z）	第四系（Q）			0～20	黏土、亚黏土
上古生界（P_{z2}）	二叠系（p）	中统（P_2）	茅口组（P_{2m}）	40～50	浅灰、灰色灰岩
			栖霞组（P_{2q}）	50～80	深灰色灰岩、泥灰岩
			梁山组（P_{2l}）	4.8～17.2	煤层、炭质页岩、石英砂岩、粉砂岩、铝土岩、黏土质页岩、铝土质页岩、菱铁矿
下古生界（P_{z1}）	泥盆系（D）	上统（D_3）	尧梭组（D_{3y}）	50～80	白云质灰岩
	寒武系（∈）	中、上统（$∈_{2-3}$）	娄山关群（$∈_{2-3l}$）	＞300	白云岩

泥盆系上统尧梭组：地层岩性为白云岩，出露于研究区西部，经实地调查，泥盆系溶洞发育强烈，为强岩溶含水岩组。

寒武系中上统娄山关群：地层岩性为白云岩，广泛出露于研究区东部，经调查研究区内寒武系有泉水出露，暂定其为岩溶含水岩组。

二叠系栖霞组：地层岩性以灰岩及泥质灰岩为主，广泛出露于研究区西部，F_1 断层左侧，岩溶发育较茅口组差，为相对弱岩溶含水层。

二叠系梁山组：地层岩性复杂，以煤层、炭质页岩、石英砂岩、粉砂岩、铝土岩、黏土质页岩、铝土质页岩、菱铁矿为主，为隔水层。

（2）地质构造

地质构造的性质、形态对泉水的成因、模式及补给等有重要的控制作用。研究区内构造主要呈北东向展布，北西向次之。构造形迹以断层为主，褶皱次之，现将研究区构造对泉水控制作用分述如下。

①褶皱控制

大风洞向斜：位于研究区北西侧，走向 N19°E，区内延伸长约为 22 km。岩层倾角较缓，北西翼岩层产状为 118°∠29°，南东翼为 290°∠10°。向斜核部出露地层为茅口组，北西翼为二叠系茅口—栖霞组和泥盆系上统尧梭组，南东翼出露地层为寒武系中上统娄山关群，地下水沿地层倾向径流，顺层而下，在向斜核部与南东翼寒武系中上统娄山关群交接处排泄，形成泉水。褶皱对泉水控制作用剖面示意图如图 6-58 所示。

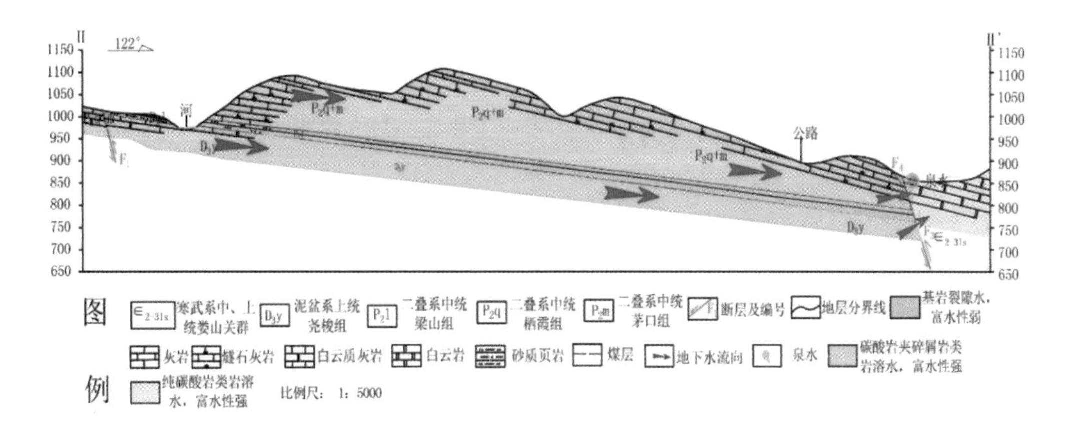

图 6-58　褶皱对泉水控制作用剖面示意图

②断裂控制

研究区出露断层共 6 条，其中北东—南西向断层 3 条，编号 $F_1/F_2/F_3$；北北西—南南东向断层 2 条，编号 F_4/F_6；东西走向断层 1 条，编号 F_5；分述如下：

F_1 断层：位于研究区西部，苦李井—凉水井一带，走向北东—南西，倾向 105°，倾角 77°，区内延伸长度达 2.9 km，破碎带宽 0.8～2.0 m，断距 4～8 m，正断层下盘为栖霞组，上盘为泥盆系上统尧梭组、栖霞组、梁山组，为导水断层。下盘接受大气降水及地下水补给，在 F_1 断层附近以泉的形式出露；泉水及地表水汇入大风洞溪流，继续补给上盘，因此 F_1 断层为导水通道，下盘为岩溶泉群补给区。

F_2 断层：发育在研究区北西部后洞—晒坝一带，走向北东—南西向，倾向 275°，倾角 82°，延伸长度约为 700 m，平移断层，断层附近有泉点出露，为导水断层。

F_3 断层：区域性断层，经过矿区南东部罗灯哨—大风洞镇等地，走向北东—南西，倾向南东，倾角 70°，属逆断层。上盘地层为二叠系中统茅口—栖霞组，下盘为寒武系中、上统娄山关群。沿途发育数量众多流量不同的泉，说明断层为局部导水断层，断层下盘导水性较差，造成地下水出露。

F_4 断层：发育于罗灯哨北，走向北北西—南南东，延伸长度为 670 m，断层末端接近 F_3 断层，两盘地层均为 P_{2q+m}。

F_5 断层：位于研究区中部偏北，近东西走向，延伸长度为 580 m。两盘地层均为二叠系中统栖霞组、梁山组和泥盆系上统尧梭组。

F_6 断层：发育于白腊冲，延伸长度为 540 m，走向北西西—南东东，两盘都为二叠系中统栖霞组地层。

研究区地下水整体沿地层倾向径流，其中 F_1 断层为导水断层，将下盘茅口—栖霞地下水导通至上盘泥盆系上统尧梭组地层，地下水沿地层倾向流动至 F_3 断层，由于 F_3 逆断层局部导水，下盘导水性较差，地下水在 F_3 断层处涌出，形成泉水；F_4/F_5 断层破碎带处，为地下水导水通道。

（3）地下水补径排条件

研究区龙洞泉的形成受构造、地层岩性、地形地貌的共同作用，其中以构造控制为主；大风洞向斜核部为地下水汇水区域，为龙洞泉的形成提供有利地质条件；F_4 断层为导水通道，将茅口—栖霞组地下水导通至 F_3 断层处，为龙洞泉提供补给水源；区域性 F_3 逆断层切割地层，局部导水，为龙洞泉出露提供平台，断层右侧为寒武系白云岩，岩溶发育程度较泥盆系白云岩发育程度差，导致地下水排泄至地表，形成龙洞泉。结合上述龙洞泉成因，对龙洞泉补径排条件进行分析，龙洞泉补给水源为大气降雨，在龙洞泉泉域水文地质单元内，大气降雨沿岩溶发育带下渗至岩溶含水层，为龙洞泉提供补给水源；龙洞泉径流区为 F_1 断层和 F_3 断层之间地表分水岭东南部，地下水以岩溶管道流的形态沿地层倾向流动。

6.2.5.3 地下水污染状况

（1）龙洞泉污染调查

于 2017 年 7—8 月、2017 年 11—12 月和 2018 年 4 月—2019 年 4 月间分别在龙洞泉开展了地下水环境调查和水文地质勘查，范围覆盖了整个龙洞泉水文地质单元。重点调查煤矿分布、煤矿矿井涌水排水、工矿企业等可能污染源，采用遥感地质调查、水文地质调查、取样化验、钻探、物探等手段，获取了相应的资料。

据调查，20 世纪 80 年代初期试点区大规模开采煤炭资源，个人私挖乱采现象严重，地下煤巷及开采情况错综复杂，形成大面积采空区，导致含煤地层采空区与上覆的碳酸盐岩联通，上部岩溶水进入矿井，补给采空区，与煤层及煤矸石等产生物理、化学反应，在水体中产生了富铁、锰离子的矿井废水。井巷废水达到一定标高后，通过导水裂隙带进入岩溶管道，混入龙洞泉，导致龙洞泉污染。

（2）龙洞泉水体污染问题诊断

1）污染源分析

根据水质化验结果，泉水污染物特征项主要为 Fe 离子和 pH，泉水呈黄色。基于此，对青杠林村龙洞泉周边可能存在的污染源开展调查，特别是对附近工矿企业进行调查走访。该区共调查煤矿 2 座，采石场 2 处，再无其他工矿企业。泉水与煤矿相对位置如图 6-59 所示。

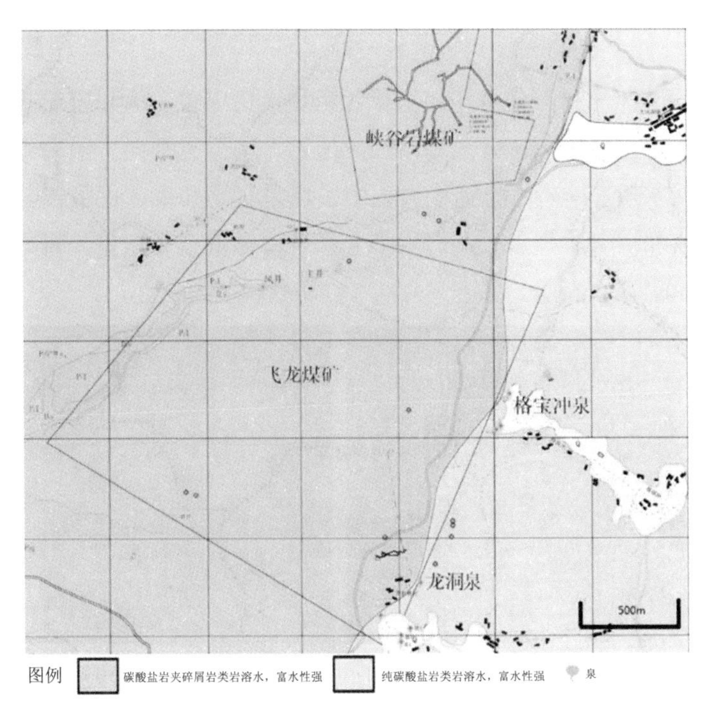

图 6-59　泉水与煤矿相对位置

根据初步调查结果，泉水中铁、锰、硫酸盐超标；泉水污染受丰枯水季节影响，丰水季污染较严重，枯水季污染较轻。初步判断龙洞泉污染源为闭坑煤矿酸性水。

①飞龙煤矿

煤矿生产时持续排水，矿井内积水相对较少，积水区水位较低，关停后矿井水不再抽排，矿井内积水开始增多，强降水过后，岩溶水在采空区附近构造薄弱部位或顶底板破坏带迅速补给采空区，使采空区积水水位上升，沿某导水通道与龙洞泉联通，导致泉水污染。枯水期降雨量较小时，矿井采空区积水水位较低，位于导水通道以下，采空区积水不能进入岩溶裂隙或管道中，此时泉水不污染或污染程度较低。飞龙煤矿所处位置在龙洞泉补给水源的径流区，大概率由于采矿活动破坏原有地下水径流方式，导致泉水发生污染。飞龙煤矿于 2017 年 3 月关闭，龙洞泉首次污染为 2017 年 7 月强降雨过后，从时间节点来看，龙洞泉污染源大概率为飞龙煤矿采空区酸性水。

②峡谷岩煤矿

据图 6-59 分析，飞龙煤矿和峡谷岩煤矿间存在大风洞沟，该沟为区内侵蚀基准面，峡谷岩煤矿南部地下水若出流，需汇入大风洞沟，之后自西南向东北沿大风洞沟向大风洞镇方向排泄。龙洞泉首次污染为 2017 年 7 月，此时峡谷岩煤矿并未关停，因此峡谷岩煤矿污染龙洞泉可能性较小。

③采石场

两处采石场只开采石材，基本不加工或者粗加工后出售，从开采工艺和现场调查情况来看，开采过程中可能会破坏该区地下水径流通道，调查见垂向岩溶裂隙发育，会增大降雨入渗强度，但对水质影响较小。调查过程中发现采石场开采过程中接触地层岩性均为灰岩和白云岩，灰岩和白云岩与水接触后均不会产生铁锰重金属污染，因此采石场不是龙洞泉污染源（图 6-60、图 6-61）。

图 6-60 飞龙煤矿主井口

图 6-61 飞龙煤矿排水沟

2）污染机理分析

煤矿生产时持续排水，矿井内积水相对较少，积水区水位较低；关停后矿井水不再抽排，强降水过后，矿井水在某些部位获得快速补给使采空区积水水位上升，沿导水通道与龙洞泉联通，导致泉水污染。而当枯水期或降雨量较小时，矿井采空区积水水位较低，位于导水通道以下，采空区积水不会进入岩溶裂隙或者管道中，一般不会污染泉水（图 6-62）。

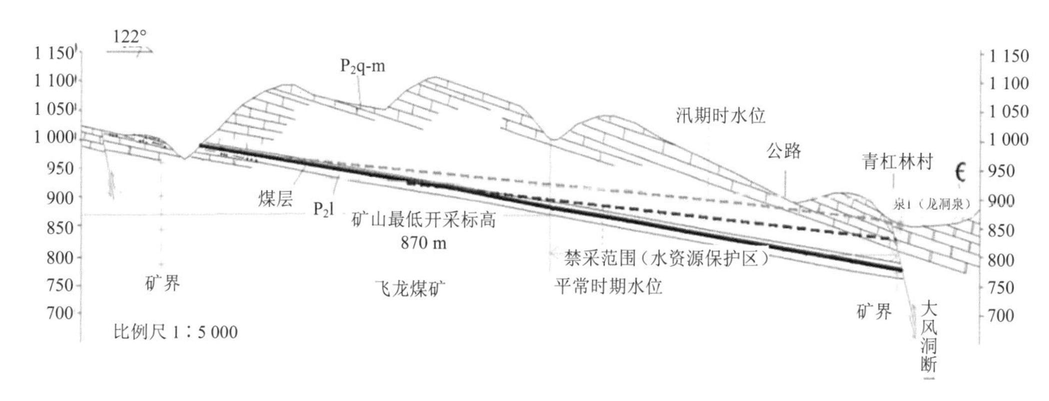

图 6-62 飞龙煤矿矿井水流入泉

3）污染通道分析

①物探勘查成果

综合分析瞬变电磁法各类图件，包括根据底板等高线抽取相应层位的顺层视电阻率等值线平面图，结合水文地质资料以及视电阻率变化情况综合分析，圈定疑似采空及采空积水的电性异常区。

②洞穴探测

由连通试验证明落水洞 5 与龙洞泉连通，且至龙洞泉其间可能存在污染通道，因此，通过落水洞和龙洞泉分别从下游追溯和上游探查结合查找污染通道位置。落水洞 5 在青杠林村口 S308 省道旁（图 6-63）。

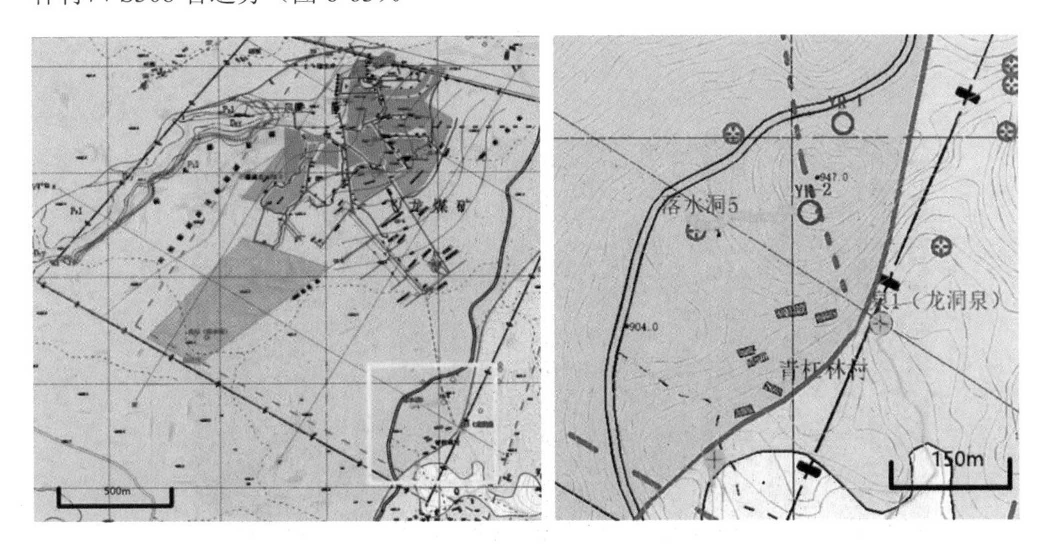

图 6-63　落水洞及龙洞泉 5 分布

落水洞 5 为塌陷竖井，下方呈锥形，深度约为 15 m，其形态如图 6-64 所示。

在落水洞 5 探查过程中 D 点水面下 6 m 发现污染的黄色水体，说明龙洞泉与落水洞之间的 D 点附近为其通道。同时对落水洞 5 及龙洞泉的流量进行了同时间的对比，发现龙洞泉的流量大于落水洞 5 的流量，并且落水洞 5 的流量对龙洞泉的贡献量大约占 70%，所以推断龙洞泉在下雨后混入了大约 30%的煤矿酸性废水。

4）龙洞泉污染诊断结论

据调查和精细勘查结果可得出：

①龙洞泉污染源为飞龙煤矿采空区酸性废水，其主要补给源为大风洞沟飞龙煤矿主井附近地表水渗漏。从而确定主井为源头封堵回填区域，从矿井水源头减少补给；

②龙洞泉污染通道自飞龙煤矿 CK1 钻孔至落水洞 5 的 D 点至龙洞泉。确定该区内井巷为污染关键点封堵回填区域；

③龙洞泉污染途径为采空区水位蓄积至 908 m 标高后沿岩溶管道混入龙洞泉。确定水动力场控制水位。

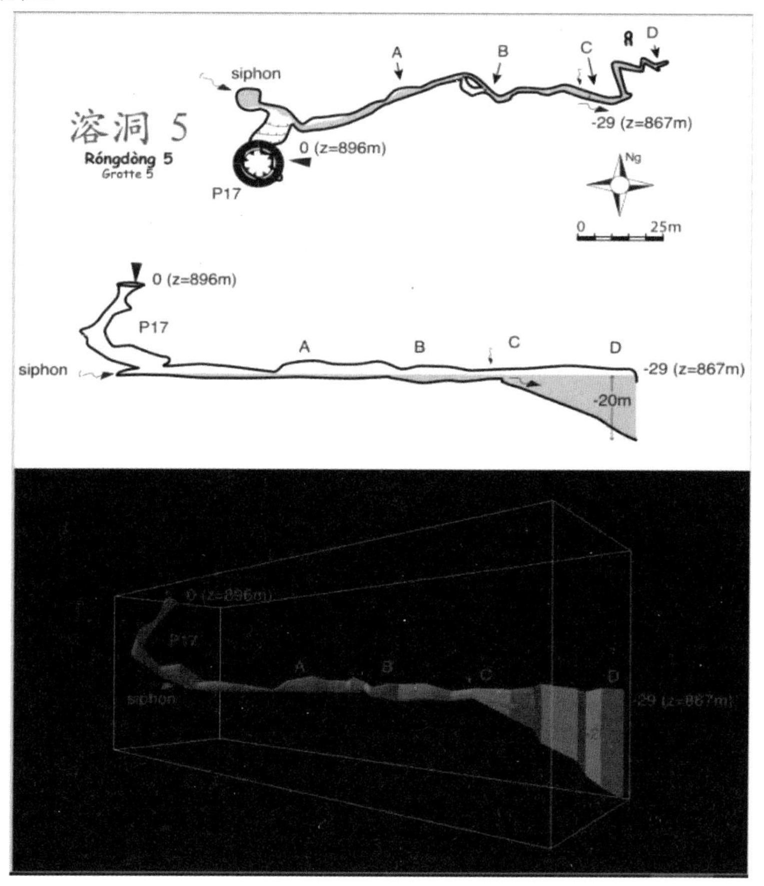

图 6-64 落水洞 5 平面及立体展布图

6.2.5.4 地下水污染修复目标

龙洞泉恢复地下水III类水质标准，恢复饮用水功能。

6.2.5.5 地下水污染修复技术筛选

对受污染的泉水实施污染源源头治理工程。总体技术思路采用源头减量+过程控制；通过源头减量工程，减少采空区补给水源、封堵污水涌出关键通道；地下水动力场控制工程作为应急响应工程，防止强降雨后二次污染的发生。

（1）技术路线

根据地下水污染状况采用以下技术路线开展治理工作。

精确定位污染源和污染通道位置，建立灌浆系统，分别对采空区积水水源集中补给处主井进行回填封堵，再对井巷中部关键污染点进行封堵，最后对采空区污染浓度较低的区域进行抽出处理工程，防止强降雨条件下发生二次污染。技术路线如图 6-65 所示。

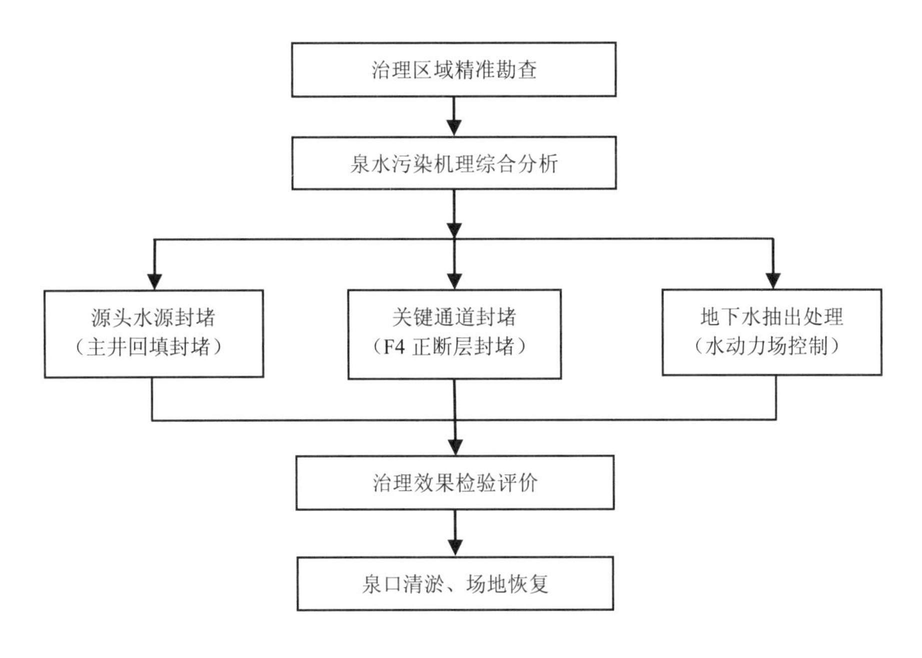

图6-65　技术路线

（2）技术路线的可达性

根据龙洞泉污染补径排条件，按照源头巷道回填封堵、中部关键污染点封堵和末端井巷局部回填阻断及应急防控的技术路线可有效实现清污分流，实现泉水恢复清澈的目标。

1）源头主井巷道回填封堵

工程布置于飞龙煤矿主井附近，通过实施回填封堵，实现阻隔大风洞沟地表河下渗的目的，减少进入飞龙煤矿井巷的补给量，从源头上削减酸性废水的量。

2）中部关键污染点井巷封堵

工程布置于飞龙煤矿中部巷道附近，通过实施充填灌浆，实现覆盖污染源和削减酸性废水进入龙洞泉的量。

3）中部关键污染点疏排

工程布置于关键污染点一带，有两个作用：一是可实现污染源的减量；二是使地下水由“动水”变为“静水”，为灌浆提供基础条件。

4）末端井巷局部回填及应急防控

工程布置于龙洞泉和酸性废水末端井巷一带，进一步对巷道末端进行回填，保证酸性废水通过地层自净和天然消耗，最终实现“清污分流”的目标。

应急防控布置于泉口附近，如遇到特大暴雨，水质出现反弹，通过监控，及时启动应急措施，将溢出污水引入应急处理系统进行处置，保障工程治理效果。

（3）技术的先进性

1）治理区域精细化探查综合技术

通过水文地质调查、水文地质物探、钻探、潜水洞穴探测、跨孔层析成像技术等综合勘查技术体系对泉水污染水源和通道进行了精细化探查，对污染区域和通道进行了细致刻画。

①水文地质调查

调查路线根据地质、地貌条件，穿越法与追索法相结合，不遗漏重要水文地质现象。为治理工程的物探、勘查、注浆封堵等工程的实施提供水文地质基础资料和依据。调查以收集资料、现状调查为主，以水化学分析为辅。

主要调查任务：a）调查地层层序、接触关系，含水层层位、岩性厚度、含水性及岩溶裂隙发育情况，对地下水露头点进行描述。调查水井、泉、落水洞、岩溶洼地、暗河、水库、塘坝等形态、大小、发育层位及水井、泉流量、标高等；b）调查区内断层等地质构造；c）调查区内的工矿企业等可能污染源。

②水文地质物探

目的是探测泉水污染通道和水源，具体地质任务为：a）基本查明勘探区范围内的煤层采空区分布情况；b）基本查明采空区上部岩溶裂隙发育情况；c）基本查明岩溶展布情况，分析泉水补给通道；d）为治理方案提供依据。

③钻探

探查区内地层岩性组合，验证物探成果，为各类监测和试验提供基础。具体地质任务为：a）查明地层岩性、岩溶发育特征；b）基本查明区内煤层厚度、底板标高，验证物探探测采空区或巷道；c）控制岩溶水、采空区积水流场，为动态监测提供基础。

④测井

探查地层岩性，确定煤层或采空区位置，采用井中电视探查导水裂隙带发育高度。

⑤连通试验

探查污染通道。具体地质任务为：a）分析岩溶地下水水力联系；b）判断岩溶管道及结构特征。

⑥潜水洞穴探测

为通道和水源探查提供依据。具体地质任务为：a）探查溶洞形态、规模、走向，绘制溶洞平面和垂向投影图；b）探查溶洞中清污分流位置，确认污水径流位置。

⑦水化学分析

为污染源判断提供依据。具体任务为：采集区内各类地表水、地下水、采空区积水及龙洞泉泉水，对其水化学进行对比分析，判断各类水体联系。

⑧跨孔层析成像技术

探测目的是根据钻孔揭露情况，利用跨孔层析成像（电阻率或地震波）和井地物探新技术探测周围采空区发育情况，依据物探成果探明采空区的空间发育形态。为采空区治理提供参考资料。

2）回填封堵技术的先进性

项目中回填阻断控污封堵技术集成主要特点是高速高压、自动化程度高。主要由5部分组成，分述如下。

①储料送料设备

储料送料设备主要由储料装置、螺旋送料装置及辅助设备组成，为注浆系统前端物料投送端。

②制浆系统

制浆系统为注浆系统集成的核心设备，采用了具有自主知识产权的自动化制浆控制系统。主要由自动化控制平台、自动化采集系统、自动制浆设备和一体化控制柜组成。为整套注浆设备的大脑，由若干信号传感器和控制电路采集各类信号传输至采集系统，由采集系统发送指令，通过控制平台完成全套注浆操作。

③高分散搅拌系统

高分散搅拌系统主要由搅拌池、电机和搅拌叶轮组成。在注浆系统制浆完成后进一步通过机械扰动，达到浆液均匀的目的。

④注浆系统

注浆系统主要由注浆设备和注浆高压管线组成。负责将调配好的浆液吸取注入拟注空间。

⑤其他设备

其他设备主要包括高压注浆防喷装置和压力监测装置。高压注浆防喷装置安置于拟注浆空间，封闭其空间入口，实现升压和注浆安全；压力监测装置主要应用于注浆系统和高压注浆防喷装置，随时监测主要系统注浆压力，可根据监测数据按需对注浆参数进行调整。

6.2.5.6　地下水污染修复工程设计及施工

（1）源头主井回填封堵

1）钻孔布置

在平面上分布于主井车场水仓附近，地面位于CK-7孔附近，范围80 m×20 m。钻至目的巷道，钻至巷道底板2 m，对巷道充填灌浆，形成堵水墙。

①钻孔终孔层位。钻至煤层标高以下 2 m 终孔，钻孔过煤层顶板巷道冒裂带层位后（煤层顶板以上20 m）进行止水，下部裸眼钻至煤层底板以下2 m终孔，探测垂向

埋深约 150 m。

②钻孔间距。灌浆钻孔间距根据灌浆浆液扩散半径确定，保证灌浆液扩散不留空隙，灌浆钻孔间距按照扩散半径 1.5 倍设计。浆液扩散半径 r_1 是一个重要的参数，它对灌浆工程量及造价具有重要的影响，通过经验公式进行估算。每巷道布 2 排孔每排 7 孔（图 6-66）。

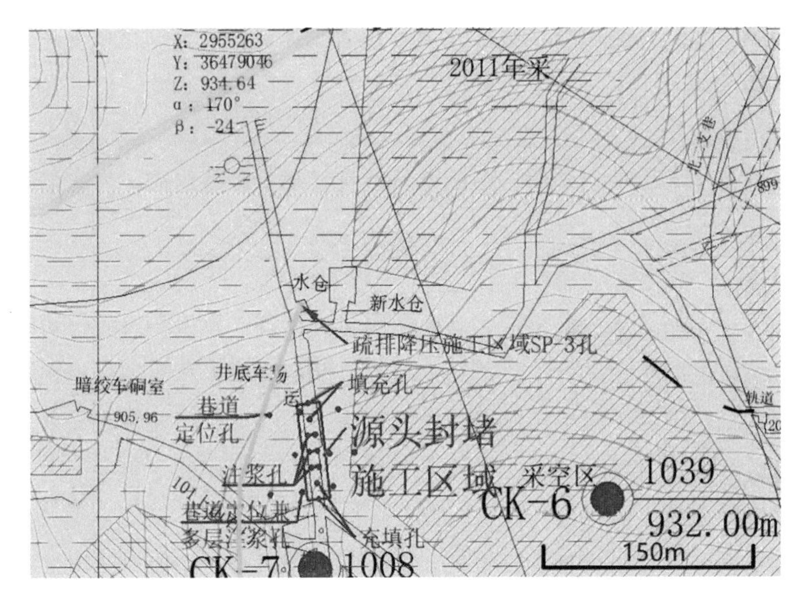

图 6-66 源头主井回填封堵布置图

2）钻孔结构

①灌浆钻孔结构

设计灌浆管 89 mm×6 mm，一开 133 mm 下 127 mm 表套，二开 113 mm 遇复杂地层不可钻进时下 108 mm 管护壁后改 93 mm 钻进，到灌浆层位后下 89 mm 灌浆管，地层正常则在接近灌浆层位前 20 m 变孔径为 93 mm 钻进。套管内不留变径，不宜有明显台阶，管底直接下于灌浆、投料位置顶端，上端悬挂于地表，保留套管丝扣连接灌浆、投料接头。

②充填钻孔结构

投料、灌浆钻孔施工应注意两点：一是充填管内径一致性，不能有变径或明显的台阶，以免造成骨料堵塞；二是管外止水，避免岩溶水流入采空区。因此在施工过程中采用先成孔，钻进到目的层位后一次性下入套管，将灌浆管、投料管直接下入采空或巷道顶部。套管外用遇水膨胀橡胶做同径止水。投料钻孔结构见表 6-12。

表 6-12　钻孔结构

钻孔类型	一开		二开		三开	
	孔径/深度/（mm/m）	套管/mm	孔径/深度/（mm/m）	套管/mm	孔径/深度/（mm/m）	套管/mm
灌浆孔	133/10	127	113/150	108	93/160	89×6
巷道定位探孔	133/10	127	113/150			
充填孔	275/10	244.5	216/150	168×6		

注：骨料为砂，采空区、巷道填充粒径不超过 10 mm；裂隙填充以水泥为主，骨料粒径不大于 1 mm，不建议填骨料。

（2）关键通道封堵工程

关键污染点井巷填充共两条巷道，各填充 30 m。下游投料，投料钻孔间距 6 m，共 30 m 过滤墙挡水，上游灌浆，钻孔间距 6 m。

在平面上分布于中部关键污染点，地面位于 CK-3、CK-5 孔附近，范围 180 m×80 m。在该通道破碎带的前端封堵，钻至目的巷道底板 2 m，对巷道充填灌浆，形成挡水墙。

①钻孔终孔层位

采空区水补给岩溶水通道，钻至煤层底板标高以下 20 m 终孔，钻孔过煤层顶板巷道断裂带层位后（煤层顶板以上 20 m）进行止水，下部裸眼钻至煤层底板以下 20 m 终孔，探测垂向埋深约 170 m，治理层位于煤层底板标高以下 20 m。每个巷道设计 10 个孔形成 30 m 堵水墙，结合东侧巷道与断层交汇位置，东侧增加 30 m，即其长度为 60 m。

②钻孔间距

灌浆钻孔间距根据灌浆浆液扩散半径确定，保证灌浆浆液扩散不留空隙，灌浆钻孔间距按照扩散半径 1.5 倍设计。

浆液扩散半径 r_1 是一个重要的参数，它对灌浆工程量及造价具有重要的影响，通过经验公式进行估算。

$$r_1 = \sqrt[3]{\frac{3kh_1r_0t}{\beta n}} \tag{6-1}$$

式中，r_1——浆液的扩散半径，cm；

k——砂土的渗透系数，cm/s；

h_1——灌浆压力，以“cm 水柱”高表示，用“Pa”表示时，单位为 100 Pa；

r_0——灌浆管半径，cm；

t——灌浆时间，s；

β——浆液黏度对水的黏度比；

n——孔隙率。

以岩溶裂隙、构造破碎带的渗透系数 k 为 10^{-1} cm/s，灌浆压力 h_1 为 0.5 MPa（折合约 50 m 水头），灌浆管采用 ϕ 127 mm×6.00 mm 钢管，内壁半径 r_0 为 5 cm，浆液黏度对水的黏度比 β 为 4，岩溶裂隙、构造破碎带的孔隙率 n 为 50%，则灌浆 25 min（1 500 s）后浆液的渗入半径，即关键通道封堵钻孔间距为 6 m。

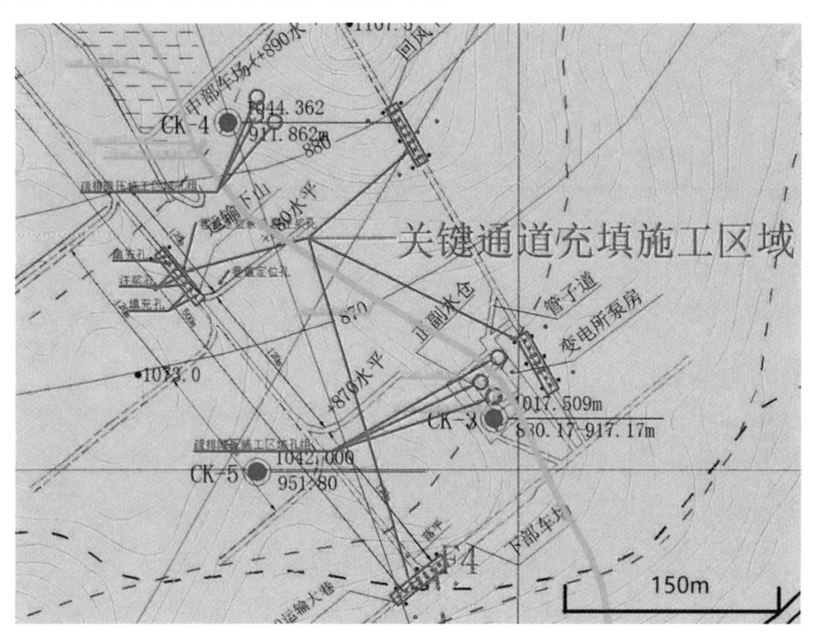

图 6-67　关键污染点封堵工作布置示意图

（3）水动力场控制工程

1）抽出工程

飞龙煤矿采用下行开采的非近水平煤层，没有规划整齐的工作面，主要采用巷采，相邻采空区在上一邻近采空区采用排水沟抽水疏放采空区积水，根据物探探查采空区之间水力联系不够通畅，矿井为独特的单斜构造，使每个采空区的东南角成为高程值最低的区域，采用分区钻进成孔形式疏排相邻采空区积水的方法，分别抽排采空区积水最终实现疏排采空区积水的目的，并分别设计 3 个疏排孔（图 6-68）。

①钻孔终孔层位

探测垂向埋深根据孔位不同，深度为 120～180 m，施工按照直孔设计。

②钻孔结构

采用二开结构，一开 311 至基岩面下 2 m，下 273 mm 管护壁后，二开 241 至煤层底板下 2 m，通天管 219 mm 管，保障排水泵起、下不受影响，套管内不留变径（表 6-13）。

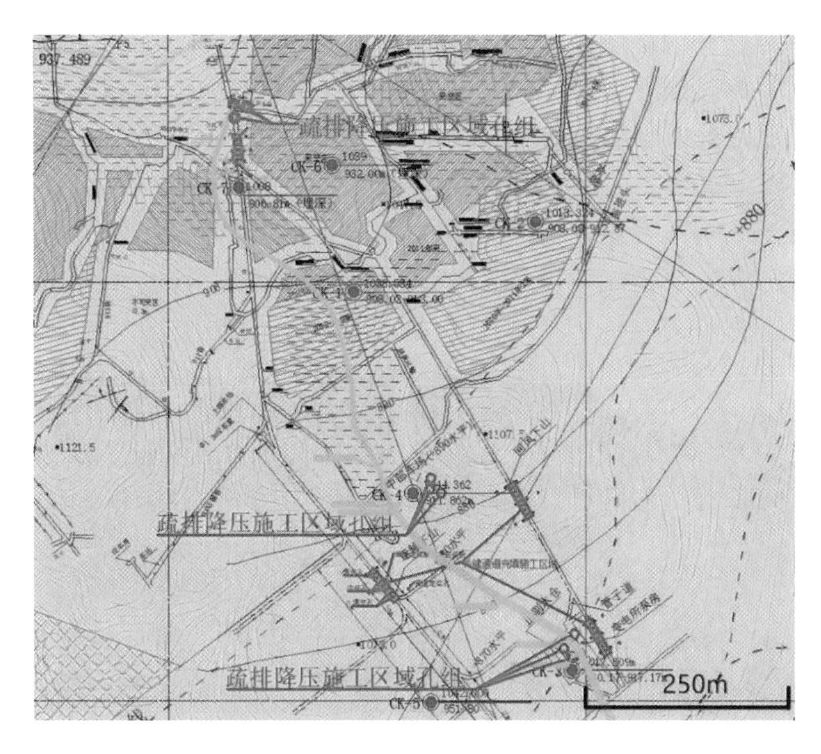

图 6-68　设计疏排孔位置图

表 6-13　钻孔结构　　单位：mm

钻孔类型	一开		二开	
	孔径	套管	孔径	套管
排水孔	311	273×5	241	219×6

2）处理工程

处理工程选择在山顶废弃场地搭建物—化—生组合处理系统。

通过在井口废弃场地施工酸碱中和池、沉淀池、除氧复氧池、石灰石氧化沟、酸性水处理技术削减煤矿酸性废水中铁、锰等有害金属元素的含量及酸度；通过在开阔场地构建人工湿地，并协同微生物处理技术，开展物、化、生组合酸性水处理技术削减酸性水中铁、锰等有害金属元素和无机盐的含量及酸度，改善水体水质，水质达标排放。

全流程包括 3 部分：

①酸碱自平衡+沉淀除泥段：通过酸碱自平衡系统控制 pH，去除大部分的悬浮物，同时去除铁、锰。沉淀池采用斜板沉淀，使悬浮物下沉。

②反应渠处理段：利用反应渠进行处理，进一步截留没有去除掉的悬浮物，在提高 pH 的同时降低出水的铁、锰浓度。

③湿地处理单元：利用平整场地构建人工湿地，采用生态集成技术结合物化技术强化处理酸性废水，出水达标排放。

6.2.5.7 监测运行情况

（1）泉水感官指标

龙洞泉于2019年8月开始实施治理工作，9月初泉水初步恢复清澈，现阶段已恢复至地下水III类水质标准，已恢复饮用水功能。泉水污染及治理后清澈照片如图6-69、图6-70所示。

图6-69 泉水污染照片

图6-70 泉水恢复清澈照片

（2）水位水质关系

治理后水位水质关系图如图6-71、图6-72所示。

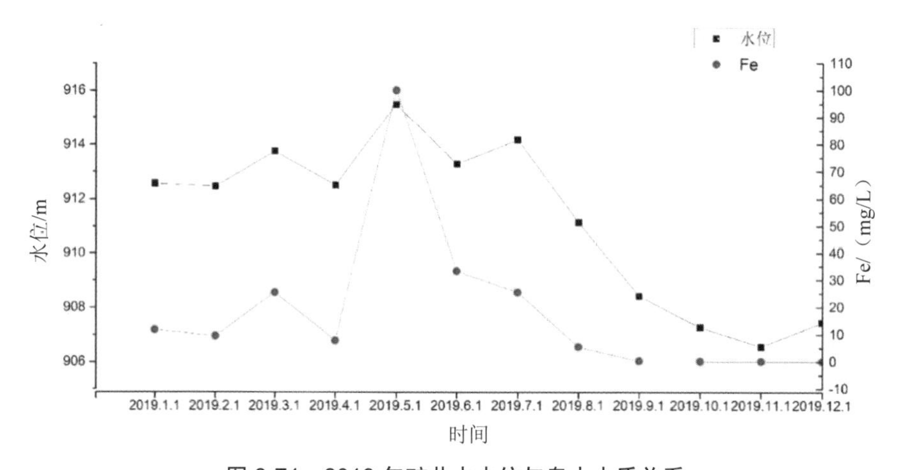

图6-71 2019年矿井水水位与泉水水质关系

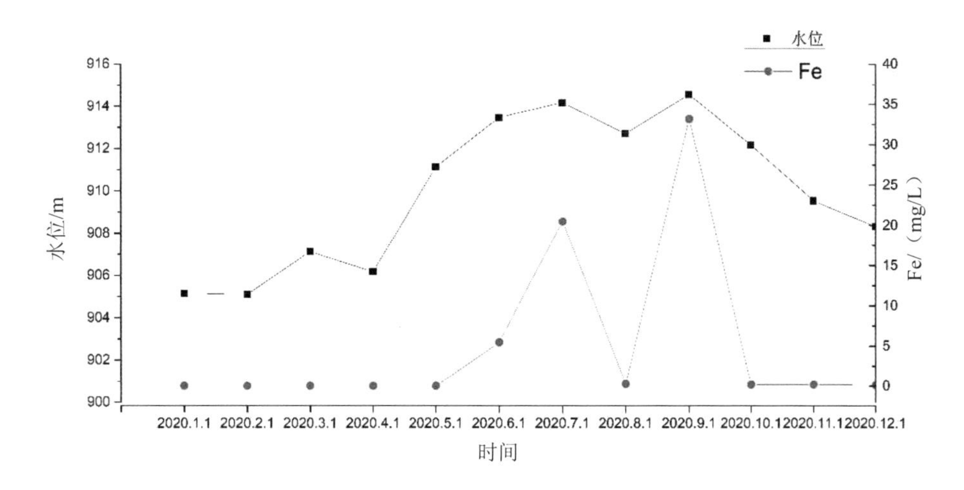

图 6-72　2020 年矿井水水位与泉水水质关系

据图 6-71、图 6-72 可知：①治理前，2019 年 1—8 月水位均超过 908 m，泉水持续污染；治理后，2019 年 8 月至 2020 年 6 月，水位上涨至 913 m 之前泉水未发生污染。②治理前，全年污染 8～10 个月；治理后，百年一遇降雨泉水 3 个月污染。③治理前，铁离子最高浓度为 99.6 mg/L；治理后，铁离子最高浓度为 33.27 mg/L。综上，源头减量工程初见成效，污水去除率达 80%。

于 2020 年 9 月 1 日启动水动力场控制工程，累计抽水 15 d，累计抽水 1.8 万 m^3；自 2020 年 9 月 1 日至今，泉水仍保持清澈。

6.2.5.8　建设及运行成本分析

该工程建设成本为 5 000 万元，运行成本按平水年计算，累计抽水约为 18 万 m^3，水处理成本约为 1.5 元/m^3，运维费用为 27 万元/a。

6.2.5.9　经验介绍

通过封堵关键通道+抽出处理可以有效降低酸性废水水量、水质以及运维成本。通过水文地质综合探查技术，探明废弃煤矿酸性水污染岩溶地下水的污染机理后，针对性开展采空区源头水源封堵工程、采空区酸性水污染岩溶地下水的关键通道封堵工程及地下水水动力场控制工程（抽出处理工程）可有效地降低酸性水水量及水质，进一步降低其运维成本。

6.2.6　广西某冶炼渣场重金属污染风险管控

6.2.6.1　工程概况

项目类型：有色金属冶炼。

项目时间：2020 年 4 月—2021 年 12 月。

项目经费：总建设及运行成本为 1 000 万元，地下水修复费用平均为 67 元/ m^3。

项目进展：正在实施。

地下水目标污染物：镉、铅等重金属。

水文地质：含水层为第四系（Q^l）、石炭统上统南丹组（C_2^{Pn}），地下水类型为松散岩类孔隙水、碳酸盐岩类裂隙溶洞水。

工程量：地下水风险管控范围为 8.5 万 m^2，修复体积 15 万 m^3。

风险管控目标：GB/T 14848—2017 Ⅳ类水标准。

风险管控技术：微生物原位修复技术、监测自然衰减技术。

6.2.6.2 水文地质条件

调查场地的南侧、东侧为低洼地带，其中东南侧和东侧为龙洞河，该河流为自南西向北东流入红水河。调查期间对各潜水层监测井及岩溶水监测井的水位进行了两次观测，最终采用后期稳定水位数据，潜水层监测静止水位埋深 1.05～11.23 m，相当于标高 75.41～85.74 m，各岩溶水监测静止水位埋深 6.23～11.46 m，相当于标高 75.39～79.12 m，期间东侧地表水水位为 70.81 m。

（1）含水层组

场地埋深约为 50 m 深度范围内地层按成因年代可分为以下 3 层。

①人工填土（Q^{ml}）

素填土：厚度为 0.3～7.1 m，场地内 A～G 地块均有分布，其中 B 地块和 C 地块分布厚度较大，呈杂色，成分主要为黏土，硬塑～可塑状态，无层理，含少量灰渣、砖渣、石子及植物根系等。该层下部局部地段夹黑褐色、灰白色矿渣，局部地段下部夹有少量浅灰色淤泥（B 地块）。

②碳酸盐岩溶余堆积层（Q^l）

含角砾黏土：钻孔揭露厚度为 13.8～21.5 m，呈黄褐色、褐黄色或棕黄色，可塑—软塑状态，无层理，含铁质，压缩系数为 0.31～0.41，属中压缩性土。全场地均有分布，夹有灰岩角砾，含量为 10%～40%。该层底部含水量较高，一般呈软塑状，可搓成条。

③石炭统上统南丹组（C_2^{Pn}）

灰色、灰白色厚层—巨厚层状泥晶灰岩夹白云质灰岩，隐晶质结构，局部含硅质条带，为厂区下伏基岩，厂区内未见基岩出露，周边为在厂区东侧、东南侧及南侧有基岩出露，其中厂区东侧、东南侧基岩出露地段为河岸下部，厂区南侧基岩出露地段为灰岩山体，钻孔揭露未见层底。

（2）地下水类型

按地下水在含水岩组中的赋存条件、含水介质特征，可划分为松散岩类孔隙水和碳酸盐岩类裂隙溶洞水两种类型。

①松散岩类孔隙水

场地处溶蚀堆积—残峰残丘平原区内，地表为第四系松散层所覆盖，其松散层由溶蚀堆积的褐黄色、棕黄色、灰黄色含角砾黏土组成，厚度为 18.3～21.5 m。

本次在老渣场 A-G 地块布置的 18 个浅层地下水监测孔均揭露第四系松散层孔隙水，所观测到的钻孔水主要赋存于素填土的孔隙中或溶余堆积层孔隙中，素填土或溶余堆积层中的孔隙水往往分布于碎石含量较高地段，该层水量贫乏，主要由雨水的垂向渗透补给，仅在少部分钻孔中遇初见水位，终孔后测得孔内稳定水位标高为 75.41～85.74 m，水位埋深差别大，不具有统一、连续的地下水位面。

本次在调查场地内选择 2 个地点进行试坑双环渗水试验，另外取 6 组钻孔土样进行室内渗透试验。经过计算分析，填土层土体垂向渗透系数为 1.69×10^{-4} cm/s（0.146 m/d），渗透性中等；溶余堆积层黏土渗透系数为 2.21×10^{-6}～2.05×10^{-5} cm/s（0.001 9～0.017 m/d），渗透性为较差，考虑到试坑双环渗水试验所获取的土层渗透系数，代表的是土体的垂向渗透性，而本区土体的水平渗透性远低于垂向渗透性，表明第四系松散层含水性及渗透性均较差。

②碳酸盐岩类裂隙溶洞水

由石炭统上统南丹组（C_2^{Pn}）灰岩和白云质灰岩等组成的碳酸盐岩含水岩组，地下水赋存于溶蚀裂隙和溶洞中，其富水性好。老渣场 A-G 地块水文地质勘探的 6 个水文地质钻孔中，有 5 个钻孔揭露岩溶水含水层都赋存有地下水，且地下水具有承压性，其自由水面高出岩土界面 5～10 m。

根据非稳定流抽水试验，涌水量 26.26～53.39 m^3/d，钻孔单位涌水量 0.026～0.064 L/(s·m)，承压含水层渗透系数 0.138～1.255 m/d（图 6-73）。

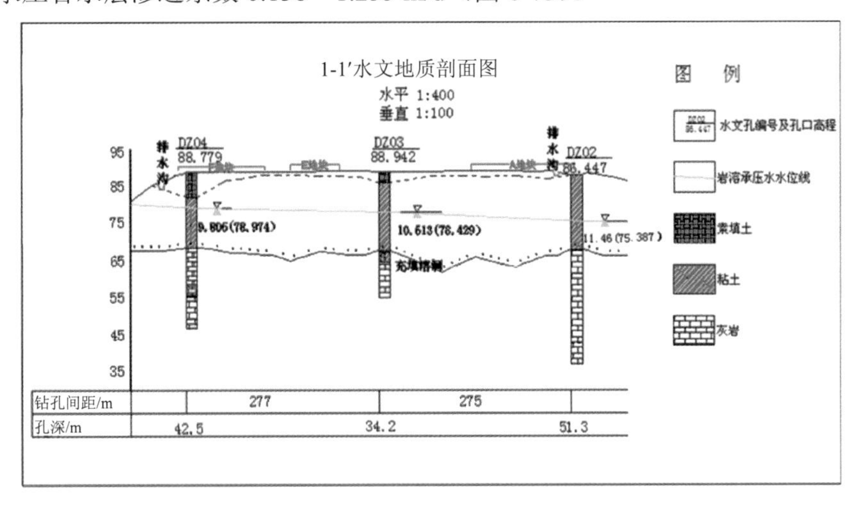

图 6-73 调查地块水文地质剖面

（3）地下水补径排条件

该区域地下水以泉的形式出露地表后排入龙洞河，龙洞河西侧地下水总体向东流动，东侧地下水总体向西流动，最终向北部红水河排泄。

场地黏土层弱透水—微透水，松散岩类孔隙水主要接受大气降水补给，其没有明确的流向性，排泄渠道主要是通过地块周围排洪排污沟排到厂区污水厂处理，少部分通过地表蒸发，其表现为入渗—排泄—蒸发动态变化，地下水位随季节有所变化，一般年变幅在0.2～1 m。

调查期间场地内岩溶水监测井静止水位标高为 75.387～79.116 m，场地地下水流向为由西北流向东南，向龙洞河排泄，场地岩溶水补给来源主要为场地西侧、西北侧水头较大的岩溶地下水，其水位最大高差 4 m，水力梯度为 6.6‰。

6.2.6.3 地下水污染状况

（1）重金属

项目场地内地下水 pH 为 2.53～7.65，普遍成弱酸性，其中共有 8 口监测井的 pH 超出《地下水质量标准》（GB/T 14848—2017）Ⅳ类限值。

在调查过程中地下水部分涉及 18 口地下水环境监测井和 4 口水文地质观测井，以及上游的 2 眼泉，共计 24 个地下水点位，其中地下水环境监测井中铁、锰、铜、铅、镉、锌及镍超标，除 2 口监测井未检出重金属以外，其余监测井均有超标物质；4 口水文地质观测井中超标的指标有锰、镉及锌，超标点位 2 个；2 处上游的泉眼水样未出现超标物质。地下水中超标率最严重的指标为镉，其次是锰、锌；镉的最大超标倍数为 33.2 倍，锰、锌的超标倍数均达到 320 倍，镍的最大超标倍数是 38.48 倍。

（2）有机物

根据检测结果，三氯甲烷、四氯化碳、苯及甲苯在各监测井中均未检出，检出的指标有挥发性酚类、阴离子表面活性剂和石油类，其中挥发性酚类和阴离子表面活性剂未超过 GB/T 14848—2017 中的Ⅳ类标准。由于场地规划为工业用地，地下水不作为饮用水，地下水中石油类参考地表水环境质量标准的Ⅳ类标准，地下水中石油类检出率为 53.57%，最大值为 1.25 mg/kg，仅有一个点位超标。

（3）其他常规指标

场地中无机盐类物质超标较为严重，其中硫酸盐、氟化物、氨氮、总硬度以及溶解性总固体均超标，且超标率较大。A 区中硫酸盐、总硬度以及氟化物超标；B 区中的 3 口井均出现了超标，最大超标指标是氨氮、硫酸盐及总硬度，氨氮最大超标倍数为 23.33 倍；C 区中仅有 1 口井未超标，其余两口井均超标；E 区监测井均超标，超标最为严重；F 区超标较少，4 口井中仅有 1 口井超标；G 区仅 3 口水文地质观测井超标；上游 2 处泉眼氟化物浓度达到标准限值 2 mg/L。

6.2.6.4　地下水污染风险管控目标

根据 GB 14848—2017，Ⅳ类水标准“以农业和工业用水质量要求以及一定水平的人体健康风险为依据，适用于农业和部分工业用水，适当处理后可用作生活饮用水”。根据规划，本场地地下水不作为生活饮用水，且场地的污染主要是无机类物质，未出现有机物污染，而Ⅳ类水标准以一定水平的人体健康风险为依据制定，但考虑到地下水的流动性，因此，本场地地下水风险管控目标为地下水Ⅳ类标准。

表 6-14　地下水污染风险管控目标

序号	污染物	风险管控目标
1	硫酸盐/（mg/L）	＜350
2	总硬度/（mg/L）	＜650
3	溶解性总固体/（mg/L）	＜2 000
4	氰化物/（μg/L）	＜100
5	氨氮/（μg/L）	＜1 500
6	铁/（μg/L）	＜2 000
7	锰/（μg/L）	＜1 500
8	铜/（μg/L）	＜1 500
9	镉/（μg/L）	＜10
10	铅/（μg/L）	＜100
11	锌/（μg/L）	＜5 000
12	镍/（μg/L）	＜100

6.2.6.5　地下水污染风险管控技术

该项目风险管控技术为监测自然衰减技术。根据规划，该场地地下水不作为生活饮用水，该场地地下水以风险控制为主。为实现既定管理目标，根据制定的总体管理思路，将结合表层土壤的风险管控实现污染源清除，同时设置地下水监测井采用监测自然衰减技术进行管控。

该项目采用重金属污染微生物原位成矿修复技术阻断污染物向地下水迁移。微生物原位修复技术简单实用，针对重金属污染较轻的区域采用微生物原位成矿技术，其主体工艺实施主要包括微生物扩大培养、翻耕混合和表层微生物喷淋三部分；主体施工工艺包括微生物菌液的培养、各区域挖掘机先翻土，然后进行旋耕犁同步菌剂喷淋的操作，再后面是喷淋管道的建设、现场筛分喷淋、继续表面菌液喷淋、还原密封层构建、表层生态恢复等部分。该处理工艺的核心是利用微生物将矿区广泛存在的 SO_4^{2-}与 Fe^{3+}还原为 S^{2-}和 Fe^{2+}，使土壤与地下水中的重金属固化生成硫化物矿物；微生物修复不仅可抑制酸性矿山废水的产生，还可有效维持复杂体系中的低电位，促进了重金属长效稳定矿化，减缓了重金属污染的迁移转化。针对场地中的重污染区域，在微生物还原成矿的基础上采用了微生物与硫基化合物协同修复，强化生物还原矿化作用，将矿区高氧化态的砷还原成低氧化态或还原态的砷，将高氧化态的硫还原成还原态的硫，同步将重金属固化重新形成低溶解度硫化物矿物，表层修复后可种植草木，实现生态恢复的目标。

6.2.6.6 地下水污染风险管控工程设计及施工

（1）地下水长期监测自然衰减

通过对场地土壤的风险管控，利用土壤和地下水中污染物的自然稀释作用，分析其自然衰减的能力，使其逐渐恢复用水功能。地下水长期监测井则充分利用前期调查及地下水详细调查时所建立的监测井，以节约成本，避免浪费。

①监测周期与频率

监测周期根据地下水中污染物浓度变化趋势确定，不低于 2 年。如果连续 2 年的监测结果显示地下水中污染物浓度为逐渐降低，且污染羽面积在逐渐减小，可结束监测。否则，应继续监测，直至有连续的数据表明上层滞水中污染物的浓度及其污染羽面积持续降低。监测频率初期 3 个月按每个月 1 次，后按每个季度 1 次。待验收合格后，每年枯水期和丰水期各监测 1 次。

②监测指标和方法

监测指标重点关注现阶段调查显示有检出及超标的污染物，具体包括 Cd、Zn、Pb、Cu、As、Ni。

③自然衰减能力分析

根据对原场地内地下水的长期监测结果，分析地下水中重金属污染物的自然衰减情况，并结合场地水文地质条件判断地下水中污染物的未来衰减和扩散趋势。

（2）微生物原位修复工艺流程

①施工准备。按施工平面布置临时建筑、供水、供电线路的敷设；开展场地清理与修建施工道路等；以原采样坑为中心，测量放样、设控制桩确定该修复区施工的范围和工程量；工程物资包括专利培养基和培养设备入场；机械设备包括挖掘机、运载车辆等。

②微生物原位修复系统。取生化特性稳定的微生物菌种作为现场扩大的微生物母液，投加至专利培养容器中扩大培养。在现场实验场地搭建菌液培养装置，通过连续放大培养 1～2 个月并定期监测，获得稳定性能的菌剂。

③表层剥离、下层翻耕同步菌剂喷淋，修复区布置水泵和布液系统喷淋微生物菌液，持续喷淋 6 个月、定期监测监测井数据，调整生物喷淋量，查到土壤外渗液与监测井中水质达标。

④强化微生物还原修复系统。修复区喷淋微生物后，在表层加入不同配比的材料，包

括强还原矿化的矿物材料、密封作用的矿物材料，定期监测监测井相关指标，调整生物喷淋量，最终土壤外渗液与监测井中水质达标（图6-74～图6-78）。

图6-74 表土剥离施工

图6-75 布管施工

图 6-76　菌液培养

图 6-77　现场喷淋

图 6-78　跟踪采样

6.2.6.7　运行监测情况

该项目于 2020 年 4 月启动微生物原位风险管控现场工程实施工作，根据项目要求监测了镉、砷、铅、锑等重金属修复 180 d 的地下水指标，地下水中重金属浓度出现逐渐衰减的趋势，达到了风险管控的预期效果。

通过微生物原位矿化技术，地下水中重金属以硫化物矿物的形式固定下来，有效地抑制了重金属的迁移转化，降低了重金属的溶出浓度。协同恢复表层生态系统，不仅增加了有机质的产生，为微生物矿化提供了强还原的条件，并在强还原条件下促进了重金属生成致密矿物层，有效地抑制了重金属向下迁移，逐步形成了自然衰减的趋势与规律。2020 年 5 月底受南方暴雨影响，即修复 1 个月后，因我国西南地区出现了强降雨，表层土壤中除了可迁移态的重金属，碳酸盐形态的重金属大量淋溶进入地下水中，导致地下水中重金属浓度升高。修复半年后，各场地地下水中砷、镉、铅、锑浓度呈现稳中有降的趋势，且均低于地下水Ⅳ类标准（图 6-79）。

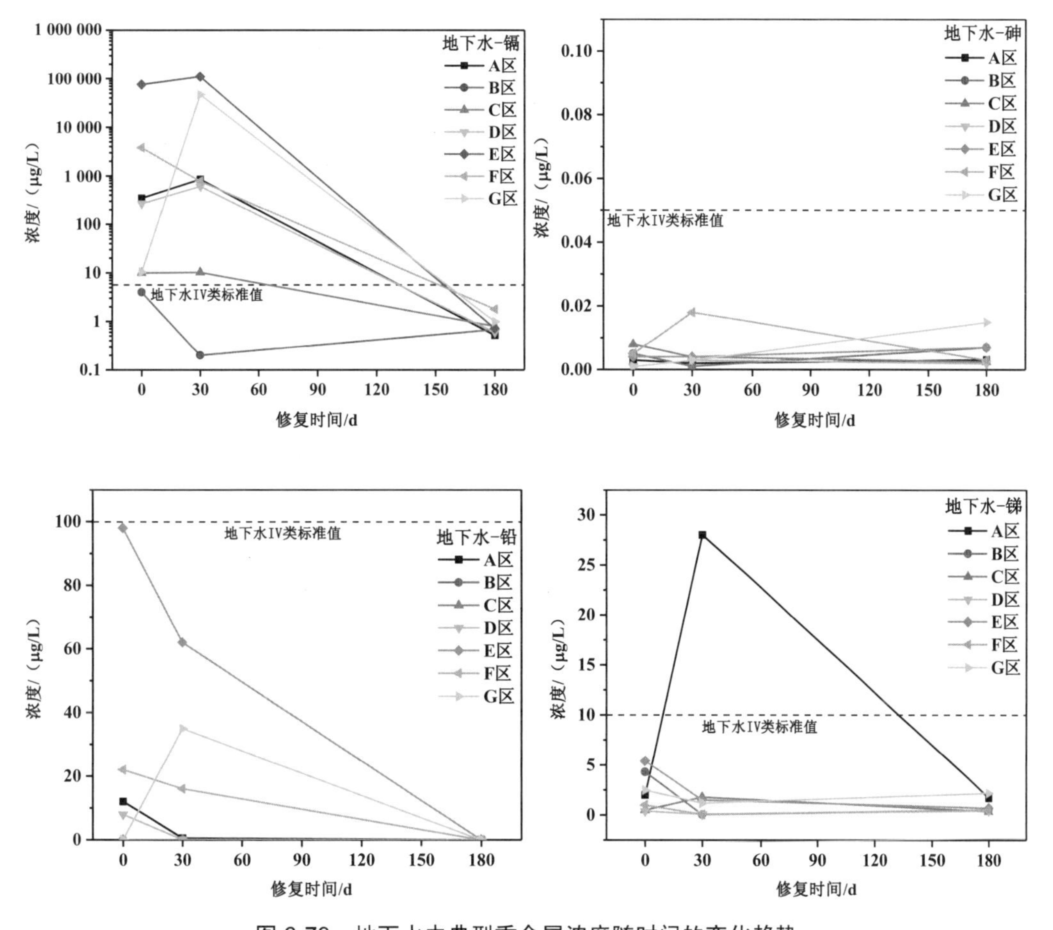

图 6-79　地下水中典型重金属浓度随时间的变化趋势

6.2.6.8 建设及运行成本分析

该项目地下水风险管控范围为 8.5 万 m^2，修复体积 15 万 m^3。利用微生物原位修复技术和监测自然衰减技术协同修复土壤与地下水，总建设及运行成本为 1 000 万元，平均地下水修复费用 67 元/m^3，协同修复土壤 6.7 万 m^3，土壤生态改良 8.7 万 m^2，均达到了修复目标值。建设及运行成本见表 6-15。

表 6-15 建设及运行成本分析

序号	项目名称	合计/万元
1	测量定位与土地整理	20
2	生物修复工程	90
3	设备购置、租赁	50
4	药剂及材料	800
5	监测工程	40
总计		1 000

6.2.6.9 经验介绍

（1）微生物原位修复工程措施少、成本低廉

本技术采用表面喷淋的方式，减少了大型设备的使用。而对于土壤污染深，施工时间短，菌液短期内无法完全渗入待修复区，或因土层条件等原因致使菌液无法向下迁移流动等，采用深层渗管法进行施工。传统技术主要适用于无新的重金属污染源污染场地的末端治理，难以应用于重金属源源不断溶出的污染场地，易造成二次污染，无法实现长期可持续治理效果，且成本较高。微生物修复技术是源头重金属污染控制技术，修复成本低，无二次污染。微生物可在修复环境长期存活，修复效果稳定、可持续。

（2）微生物修复技术有效降低土壤渗透性，同步实现地下水的风险管控

实现地下水的修复与风险管控需要控制污染土壤中重金属的迁移转化。通过微生物修复生成的硫化物矿物层，可以降低尾矿库土壤对水的渗透，减少雨水和氧气的渗入，从而减少重金属离子的溶出，降低地下水中重金属的含量。随着修复时间延长，修复效果越好，与之相对的是，化学固化法容易造成重金属返溶，本技术可实现土壤、地下水的长效稳定修复。

（3）微生物修复有效强化多金属复合污染治理，同步恢复地表生态系统

矿区重金属污染为阴阳离子共存的多金属复合污染。尽管国内外对重金属复合污染修复技术研究已取得阶段性进展，但依然存在修复材料协同效果差、长期稳定性缺乏等问题。本技术通过多种微生物的协同作用，调控重金属矿化的氧化还原电位，使得铅锌等阳离子、

砷锑等阴离子以硫化物的形式沉淀固化，降低重金属的迁移转化效率；恢复地表生态，增加了有机质的产生，为微生物矿化提供了强还原的条件，且在强还原条件下促进了重金属生成致密矿物层，有效地抑制了重金属向地下水迁移。

6.3　垃圾填埋场

6.3.1　美国特拉华州多佛市某垃圾填埋场有机物污染风险管控

6.3.1.1　工程概况

项目类型：垃圾填埋场类。

项目时间：1991 年 7 月—1999 年 6 月。

项目经费：540 万美元。

项目进展：已完成效果评估。

目标污染物：有机物和重金属。

水文地质条件：潜水层由中砂、粗砂组成，厚度为 15～23 m。

风险管控目标：阻断暴露途径，降低人群和生态受体风险。

风险管控技术：制度控制、阻隔。

6.3.1.2　水文地质条件

该场地位于郊区，包括住宅开发、商业物业、农田和沼泽等用地类型，南至林区和湿地，东至圣琼斯河（The St. Jones River）。上层地下水流向是由河流向填埋场方向流动，下层为反方向流动，但是，局部流向会受当地地形特征的影响。

场地下的水文地质单元是表层的哥伦比亚组和切萨皮克群的卡尔弗特组内的两个主要砂岩含水层，弗雷德里卡含水层和下伏的切斯沃尔德含水层。切斯沃尔德含水层由中砂、粗砂组成，在场地附近的厚度为 15～23 m。弗雷德里卡含水层由中砂、粗砂组成，上面有一层由砾石到粉砂的渐变层。

6.3.1.3　地下水污染状况

垃圾填埋场占地 17.8 hm^2，位于特拉华州多佛市因肯县圣琼斯河西岸（Dover，Kent County，Delaware），距离多佛市东南约为 4 km。1962—1973 年，垃圾填埋场接收市政和工业废物。在运营过程中，该设施经常违反监管机构颁发的运营许可，场地土壤、地表水和地下水被污染。1982 年 5 月进行了场地初步调查，1982 年 12 月该项目被列入美国国家优先治理污染场地名单。

1982 年，对该场地进行了初步调查，发现地下水和地表水中存在重金属污染。1983 年，该场地被列入到超级基金的国家优先治理污染场地名单。特拉华州自然资源与环境部于 1984 年 10 月开始了场地 OU1 单元的风险管控调查和可行性研究。1988 年 9 月对 OU2 赛马场池塘开始调查和风险管控，开展了人类健康和生物风险评估。评估结果表明，污染的地下水和土壤对人群存在健康风险，主要结论如下所述。

①垃圾填埋场内的地下水主要污染物为重金属和有机污染物。

②垃圾填埋场内存在高浓度有机危险废物。

③垃圾填埋场东南部的浅层含水层中发现无机污染物，垃圾填埋场外的浅层含水层中发现有机污染物。

④填埋场西北方池塘中的地表水和沉积物被污染，主要来自垃圾填埋场的无机污染物，未发现有机污染物。

⑤位于场地的西边或西南边附近的家庭和商业水井未受到垃圾填埋场影响，但西南区域水井未来可能容易受污染影响。

⑥在西北池塘附近发现渗滤液，可能对人类健康造成影响。

⑦周边 11.7 hm^2 的湿地环境受到破坏。

6.3.1.4 地下水污染风险管控目标

美国环保局于 1988 年 6 月 29 日发布了场地单元 OU1 的修复决策记录文件。文件提出了 OU1 的风险管控目标：

①防止公众直接与垃圾填埋场垃圾接触。

②限制圣琼斯河对填埋场侵蚀。

③尽量减少垃圾填埋场对生物敏感区的环境影响。

④确定未来垃圾填埋渗滤液对地下水和地表水的影响。

同时美国环保局于 1988 年 11 月 28 日发布了场地 OU2 单元，指定了以下风险管控目标：

①尽量减少或消除污染对西北池塘生物群的影响。

②在西北池塘区域，最大限度减少或消除人群和生物的暴露途径。

6.3.1.5 地下水污染风险管控技术

场地 OU1 单元选择的风险管控措施包括：

①通过控制措施防止，并阻止可能干扰场地风险管控的活动。

②替换位于浅层含水层的两个商业井（D8 和 D10）。

③对裸露的垃圾填埋场、荒地和渗滤液池塘进行覆土和植被恢复。

④放置警示标志，防止干扰表层土。

⑤监测场地的地下水下降程度，识别场地污染物释放的变化。

⑥在垃圾填埋场地下水排泄区安装浅层监测井，以确保排泄区的地下水水质符合联邦水质标准。

针对场地 OU2 单元选择的风险管控措施包括：

①使用现有的排水沟排出西北池塘的水。在排水之前，对水质进行分析以确保符合联邦水质标准。然后把水排入场地以北的圣琼斯河。

②将西北池塘 1 hm^2 的地表水域填充至高出地面 0.9～1.2 m。目的是形成一个稳定的坡度和植物覆盖层，促进湿地型植被生长。填充材料的最高厚度被设计为能够支持植被生长。

③在未受垃圾填埋场影响的场地区域建造一个新池塘。池塘水域面积至少 1 hm^2 的地表水面积，池塘设计满足适当的水深、植物类型、过渡区面积等条件。

④在新池塘的上游建造一个监测井，确保新池塘不受垃圾填埋场的影响。

6.3.1.6　地下水污染风险管控工程设计及施工

OU1 单元在 1991 年 7 月—1992 年 9 月进行了风险管控设计和施工，其中包括：

①清除垃圾填埋场的杂物和铁桶，进行异地处理。

②建设垃圾填埋场基础设施。

③在新的土壤覆盖层上进行两轮播种以恢复植被。

④清除场地发现的其他金属和有机污染物。

⑤新建监测井。

OU2 单元在 1991 年 8 月—1992 年 9 月间进行了风险管控设计和施工，其中包括：

①对西北池塘进行抽水排干。

②将经过清洗的石材填充物铺在抽水区域上。

③在洗过的石材填充物上覆土。

④挖掘新的赛马场池塘。

⑤沿赛马场池塘周边安装路堤。

⑥在赛马场池塘中种植水生植物。

在施工过程中，采取了适当的措施，包括空气和粉尘监测及粉尘抑制，以确保被污染的材料没有在空气中传播。污染物浓度不超过健康标准，同时实施了移民安置行动计划，实施了州政府和美国环保局的预施工检查。

1989 年 8 月 7 日，州政府发布同意令，要求委托人在填埋场施工期间进行取样和分析，并在此后的两年内进行取样和分析，直到地下水无重大不利变化为止。施工期间，监测空气、土壤和地下水，以期达到保护场外公众、保护现场工人、确认符合风险管控目标的目的。

工程竣工后，研究人员于 1992 年 10 月—1994 年 9 月进行了为期两年的地下水监测。美国环保局对取样结果进行了评估，并确定地下水对人体和环境不存在风险。

6.3.1.7　效果评估情况

通过对 OU1 和 OU2 的风险管控，减少了垃圾填埋场污染物和西北池塘中的沉积物对场地构成的威胁，消除了垃圾填埋场对圣琼斯河的影响。在填埋场附近对地下水进行监测，以确保填埋场风险管控措施的有效性。

现场检查、文件审核和风险评估结果表明，场地 OU1 单元风险管控措施已按照场地决策文件的规定实施。由于受污染的材料被包含在填埋场土壤盖层之下，受影响的地下水没有被用作饮用水水源，因此场地没有已知的危险物质或污染物的暴露。场地 OU2 单元风险管控措施已按照现场决策文件的规定实施。风险管控措施已于 1999 年 6 月 18 日完成。

该场地符合《国家优先项目清单场地结案程序》中规定的场地竣工要求。决定记录中指定的所有操作都已实现。所有标准均已达到。该地点不再对人类健康或环境构成威胁。

6.3.1.8 后期环境监管

场地自 1992 年完成初步风险管控计划以来，继续实施场地运营和维护，每五年进行一次场地审核，并在 1999 年完成场地的风险管控工作，并进行报告撰写。

（1）2001 年五年审核报告

2001 年五年审核包括对现场文件的审核、现场访问、地下水采样、与附近居民和商人的非正式访谈、审核当前和历史地下水数据。审核报告包括以下内容。

①风险管控行动目标的审核：依据场地的现状，对照法律法规以及行业标准和规范，确定在风险管控措施中采用的标准仍然适用。

②数据审核：审核风险管控措施中总结的历史数据。包括风险管控措施之后收集的所有现场数据，包括现场地下水数据，以及美国环保局收集到的现场和周边的地下水数据。

2001 年审核报告结论表明，风险管控措施目标仍然符合要求。如果要实现风险管控目标，需要继续进行运营和维护，并保持制度控制。风险管控措施中的制度控制和运行维护尚未完全实施，因此尚未按设计有效运行。美国环保局对场地内和场外地下水进行监测，以确保公共安全。美国环保局的抽样结果表明需要继续进行监测，但不需要采取任何措施。

（2）2002 年结案报告

工程竣工后，研究人员于 1992 年 10 月—1994 年 9 月进行了为期两年的地下水季度监测。美国环保局评估了监测结果，确定地下水中不存在任何实质性和不利的变化，委托人已按照风险管控措施完成风险管控工作。

（3）2007 年第三次五年审核报告

这项审核是法规要求的。这是该场地的第三次五年审核。之前的两次审核已经完成并签字：第一次是 1996 年 8 月 26 日，第二次是 2001 年 10 月 25 日。由于场地目前危险物质、污染物仍超过允许无限制使用和无限制暴露的水平，因此特别启动场地的五年审核。

回顾过去五年的监测、运行和维护数据，数据表明，与地下水相关的污染物很少，在目前的土地利用和协议上，场地不会对人体健康或环境造成不可接受的风险。

（4）2012 年 6 月第四次五年审核报告

该场地的 2007 年的五年审核报告提出，由于所有单元的风险管控措施都是保护性的，因此该场地可以保护人类健康和环境。2007 年的五年审核报告并未在场地上发现任何问题，除继续与场地所有者协调以及对场地进行监管以外，没有其他具体建议。

美国环保局于 2003 年 3 月 14 日从国家优先治理污染场地名单中删除了该场地。目前还没有监控和维护计划来解决场地从名单中删除后的长期监控和维护问题。

（5）2017 年 6 月第五次五年审核报告

自上一个五年审核报告以来，本场地上新建了有步行和跑步小道的自然公园，整个场地种植了树木。

6.3.1.9　建设及运行成本分析

场地建设总费用为 540 万美元。其中，超级基金支付的费用为 440 万美元。每年的运行和维护费用为 7 000 美元，包括取样、分析、检查和报告的费用。

6.3.1.10　经验介绍

（1）程序化

对填埋场的风险管控，首先是制订场地风险管控的可行性研究报告，根据土地利用类型进行风险管控计划的制订，针对场地制订风险管控单元，然后确定不同的风险管控计划，在完成风险管控工程后由国家政府和州政府共同参与风险管控结果评估，并针对风险管控中存在的问题制订后续计划，在完成风险管控工程后进行五年一次的审核工作并形成报告。

（2）标准化

针对填埋场风险管控工程，美国政府和州政府都有其法律法规、技术标准，涉及环境和人类健康方面的更加严格，以确保在场地风险管控过程中的材料使用符合行业标准、风险管控技术符合州政府制定的规范，确保不会对自然和居住地造成威胁以及确保风险管控结果达标。

（3）参与主体广泛、各司其职

在此过程中，美国环保局、州政府的自然资源与环境控制部参与其中。根据场地污染程度将风险管控场地列入国家优先项目清单，明确委托人、供应商的责任，周边居民积极参加风险管控实施和效果评估。

第 7 章　地下水污染修复案例

7.1　化学品生产企业及工业集聚区

7.1.1　北京某化工厂苯污染修复

7.1.1.1　工程概况

项目类型：化学品生产企业

项目时间：2018 年 6—10 月

项目经费：1 000 万元

项目进展：已完成。

地下水目标污染物：苯。

水文地质：污染物主要存在于潜水含水层，含水层岩性为中砂、细砂，含水层层底埋深 18～20 m，隔水底板为 2～4 m 厚的粉质黏土层。

工程量：修复面积 800 m^2，修复厚度 10 m。

修复目标：地下水中苯浓度低于 1 mg/L。

修复技术：气相抽提（SVE）、多相抽提+原位化学氧化（MPE+ISCO）修复技术。

7.1.1.2　水文地质条件

根据项目现场钻探及室内试验结果，可将中试区自然地面以下 20 m 深度范围内的地层按沉积成因与年代划分为人工堆积层、新近沉积层和第四纪沉积层 3 大类，并可按地层岩性及赋水特性自上而下划分为 4 个大层及亚层。将各地层的岩性及分布特征概述如下。

（1）人工堆积层

该层在工程场区表层普遍分布，厚度变化较大，主要包括厚度 1.40～3.10 m 的人工堆积之砂质粉土素填土、黏质粉土素填土①层及杂填土$①_1$层、粉砂素填土$①_2$层。

（2）新近沉积层

人工堆积层以下为新近沉积层，具体分层如下：

标高 16.60～18.32 m 以下为粉砂、细砂②层，粉质黏土、重粉质黏土$②_1$层，黏质粉土、砂质粉土$②_2$层。该大层厚度为 2.10～3.90 m。

标高 14.18～15.06 m 以下为细砂、粉砂③层。该大层厚度为 4.50～5.40 m，该层为地下水赋存层位。

（3）第四纪沉积层

新近沉积层以下为第四纪沉积层，具体分层如下：

标高 9.53～9.78 m 以下为细砂、中砂④层。该层为地下水赋存层位。

具体地层空间分布情况如图 7-1 所示。

根据已有水文地质资料，本项目场区地表以下约 20 m 深度范围内主要分布 1 层地下水，地下水类型为潜水。该层地下水在场区范围内连续分布，主要赋存于新近沉积的粉砂、细砂层中，地下水位埋深约 5 m。该含水层底板为粉质黏土$④_1$层。

潜水含水层渗透性较好，根据区域资料推测经验渗透系数为 40～50 m/d。

7.1.1.3　地下水污染状况

场地土壤和地下水污染物为以苯为主的有机污染物，场地潜水含水层为埋深为 5～20 m 的中砂、细砂层。需要进行修复的地下水深度为 5～15 m。

该项目设计将同时对上部含水层和下部含水层水质进行监测，避免过程中对地下水的抽出、回灌造成地下水污染扩散，导致下部含水层污染物超过修复目标值。同时，该项目也将对地下水的抽出、回灌是否影响下部含水层水质进行验证。

7.1.1.4　地下水污染修复目标

根据前期风险评估报告及技术方案确定的场区地下水目标污染物及其浓度范围、修复目标值如表 7-1 所示。

表 7-1　项目主要目标污染物浓度范围及修复目标值

区域	污染物	浓度范围（地下水）/（mg/L）	地下水修复目标值/（mg/L）
地下水修复区	苯	1.58～123	1

7.1.1.5　地下水污染修复技术筛选

对国内外地下水修复技术进行了调研，在 1 509 个技术应用统计的基础上，根据场地水文地质条件及地下水污染特征，初步筛选了多相抽提、原位化学氧化、原位强化生物修复、监测自然衰减技术作为地下水修复技术。进一步推荐多相抽提和原位化学氧化作为本项目地下水修复技术，并开展了多相抽提和原位氧化中试对推荐的修复技术进行了验证。

根据项目技术方案，该项目对重度污染土壤区域主要修复地面 0～5 m 深度的污染土壤和 5～15 m 深度的污染地下水，其中采用气相抽提技术（SVE）修复污染土壤，采用多相抽提+原位化学氧化技术（MPE+ISCO）修复污染地下水。

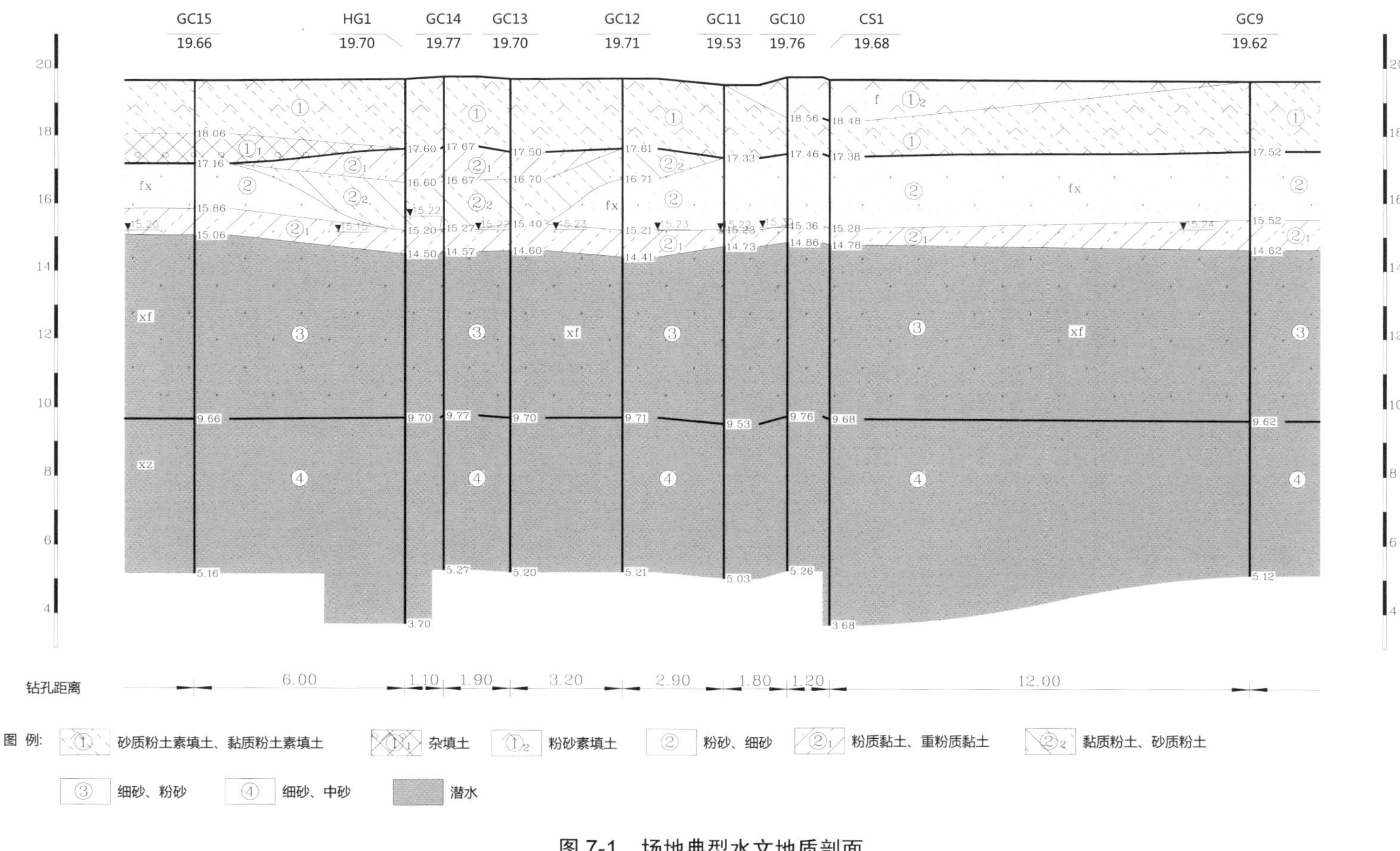

图 7-1 场地典型水文地质剖面

7.1.1.6　地下水污染修复工程设计及施工

（1）工程设计

工程设计既要考虑获得场地修复设计相关参数，又要验证多种修复技术在本场地土壤及地下水修复综合的应用效果。总体方案设计如下所述。

①将场地划分为四个功能区，占地面积为 1 800 m^2，其中参数测试区占地面积为 250 m^2。修复区占地面积为 800 m^2，尾水、尾气处理区占地面积为 400 m^2，其他区域占地面积为 350 m^2。

②总体方案设计：首先针对区域开展污染场地调查、水文地质勘探工作查明土壤及地下水污染程度及水文地质条件，之后在参数测试区进行系列试验，明确设计所需要的相关参数，最后根据获得的相关参数开展设计工作，在试验区设计原位气相抽提（SVE）、多相抽提+原位化学氧化技术（MPE+ISCO）系统并施工运行，在运行工程中及运行结束后及时评估污染土壤、地下水的修复效果。同时，评估修复过程可能对下部含水层地下水水质造成的影响。

③参数测试区设计进行的试验：单井完整井带监测井抽水试验、抽水回灌试验、多相抽提（MPE）试验、氧化药剂注入（ISCO）试验、气相抽提（SVE）试验。抽水试验是针对整个潜水含水层进行的试验，需要设置在试验区以外、土壤及地下水修复区域以外位置开展，避免影响含水层下部地下水水质。

④利用获得的试验参数对方案进行设计调整，采用原位气相抽提技术对 0～5 m 污染土壤进行修复，采用多相抽提+原位化学氧化技术对上部含水层（5～15 m 潜水含水层）进行修复。运行设计周期后，评估修复效果及修复过程对下部含水层（15～20 m 潜水含水层）地下水水质的影响。

⑤尾水尾气处置区布设尾水尾气处理设备，对试验抽提产生的污染地下水及土壤气进行处置，尾水处理达标后添加氧化药剂回灌同层含水层，尾气处理达标后排放，油相统一收集后外送危废处置（图 7-2）。

（2）地下水污染修复工程施工

1）场地平面布置

区域场地包含现场办公区、SVE 区、MPE 区、SVE 影响半径测试区、集成设备区。整个区域周边设置围挡，围挡至道路中间绿化，现场实行封闭化管理（图 7-3）。

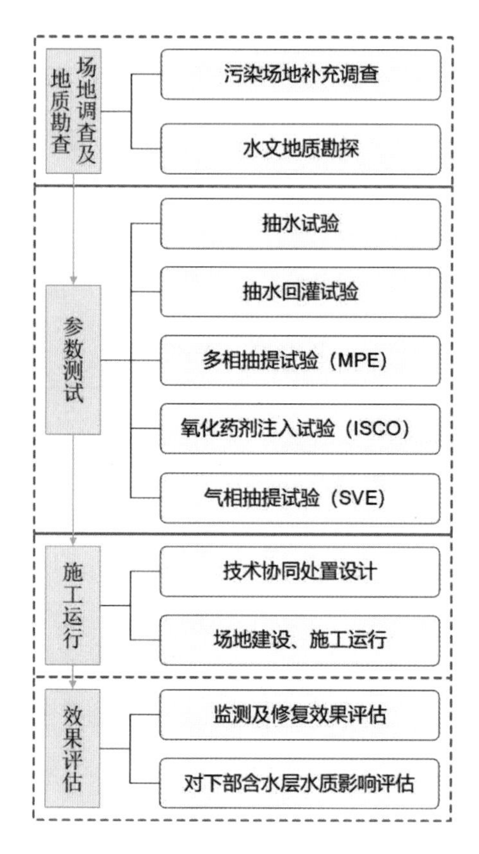

图 7-2 设计总体路线

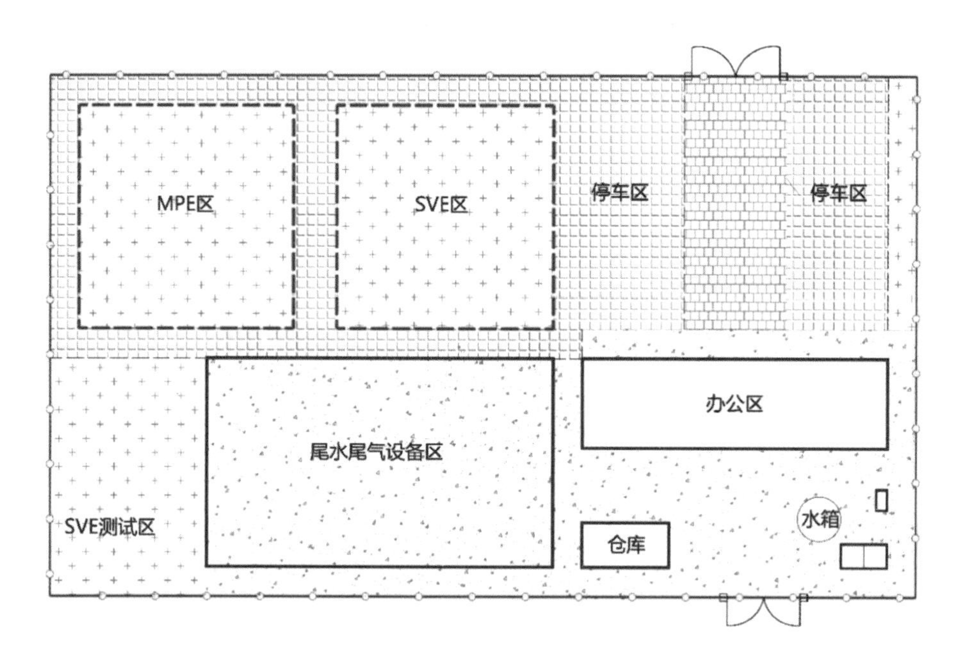

图 7-3 场地平面布置

2）修复分区

修复区分为3个部分，SVE影响半径测试区、SVE区和MPE+ISCO区。

①SVE影响半径测试区布设1口抽气井CQ1，在距抽气井不同方向、不同间距本别布设8口监测井JC1-JC8，表面铺设一层厚HDPE膜作为覆盖层，防止地表空气短路、雨水入渗。

②SVE区根据SVE试验区测试影响半径设置8口抽气井（CQ2-CQ9），表面铺设一层厚HDPE膜作为覆盖层，防止地表空气短路、雨水入渗。通过抽气井进行气相抽提，将土壤空隙中的含苯蒸气抽提至尾气处置装备中进行处置。

③MPE+ISCO区设置2口抽提井（CS1，CS2），4口回灌井（HG1-HG4），其中2口回灌井作为备用井（HG3，HG4），另外设置22口监测井（GC1-GC22），用于监测水位或水质。从抽水井通过水泵和水井将污染地下水抽取上来，然后利用地面设备处理。添加氧化剂后回灌。

3）集成设备区

本项目设备采用了撬装化、模块化设计，集尾气处理、尾水处理、氧化剂注入等功能于一体，整体装备共由10个撬块组成，设备区占地面积为200 m^2。设备主要功能如下所述。

①尾水处理。采用吹脱—氧化—石英砂过滤工艺，地下水通过深井泵提升至隔油池，在隔油池内进行油水分离，除油后的水通过提升泵泵送进吹脱塔，大部分苯等挥发性有机物在吹脱塔内得以从水相中解吸，气相苯通过引风机进入活性炭罐进行吸附，干净的气体通过烟囱排出。吹脱后的水通过泵输送进氧化沉淀单元，完成进一步的有机物降解、悬浮物去除及沉淀。

②尾气处理。采用气液分离—活性炭吸附工艺。抽出的土壤气通过引风机输送至气液分离罐，经气液分离后的废水泵送至尾水处理单元的隔油池，经气液分离的废气通过活性炭罐达标排放。

③氧化剂注入。抽出后的地下水经吹脱、沉淀、砂滤处理后，添加氧化剂回灌至地下，强化修复地下含水层中的污染地下水。

4）气相抽提运行情况

鉴于系统的压力及风量可满足8口抽提井的运行需求，SVE动力撬块连接8口抽气井，启动SVE动力撬块，调节系统压力至−5～30 kPa，记录系统流量及各抽提井压力。系统运行共计20 d。

5）多相抽提系统运行情况

该项目多相抽提井设计可同时实现对地下水、土壤气及LNAPLs的抽出。

①地下水抽出。多相抽提系统运行可划分为试运行阶段、设备调试阶段、正式运行阶段3个阶段。根据地面水处理设备处理能力，将总抽水流量限定在20 m^3/h，则设计单井

抽水流量为 8～10 m^3/h。

②土壤气抽出。通过多相抽提井抽提土壤气总时长约为 50 h，2 个多相抽提井（CS1、CS2）抽出气体总流量为 15～20 m^3/h，总抽出气体约为 1 000 m^3，抽提真空度较稳定，为 10～40 kPa。

7.1.1.7 工程运行及监测情况

（1）0～5 m 非饱和污染土壤修复效果分析

该项目气相抽提试验对试验区 8 口土壤气体抽提（SVE）试验井同时进行抽提，间歇式运行。经过 20 d 的间歇抽气后，在试验区范围内 S1 及 S2 点位进行采样并检测土壤样品中污染物苯的浓度，每隔 7 d 检测 1 次。每个点位分 3 个深度采取土壤样品，分别是浅层（1.5 m）、中层（3.0 m）和深层（4.5 m）。

经过 20 d 间歇式修复，现场测试效果表明土壤浓度持续降低，已从最高 5 940 μg/kg 的浓度降低至最低 206 μg/kg 的浓度，由于土壤的异质性，土壤中苯的去除率为 31.6%～93.6%。浅层污染土壤修复效率较高，去除率为 93.6%～95.4%；中层污染土壤修复效率略低，去除率为 81.0%～82.6%；深层污染土壤修复效率最低，去除率为 31.6%～59.4%。

（2）5～15 m 含水层地下水修复效果分析

根据该项目场地水文地质条件，地面下 20 m 深度范围内分布地下水，地下水类型为潜水，含水层岩性以细砂、中砂为主。由于地下水中污染物分布有自上而下浓度递减的规律，因此将潜水含水层人为划分为上部和下部 2 个含水层。其中上部含水层为本项目修复目标含水层，分布深度为地面下 0～15 m 深度范围内；下部含水层为上部含水层之下至潜水含水层底板的区域，为地面下 15～20 m 深度范围，下部含水层不属于地下水修复范围。

该项目对目标含水层进行了多相抽提+原位氧化药剂注入修复，地下水修复试运行期间对 CS1（运行后改为距其 1 m 位置 GC10 井）、浅层监测井 GC9 连续采取地下水样品检测污染物苯浓度，每 2 d 采样监测 1 次。

在项目试运行期间，浅层监测井苯的浓度为 2 d 内从 28.1 mg/L 快速降低至 9.3 mg/L，其间设备停运调试，地下水中苯的含量开始反弹，5 d 后浓度超过 23.3 mg/L，之后系统继续运行，地下水中苯的浓度存在一定反复，从第 8 d 再次开始降低，最终苯的浓度降低至 13.7 mg/L，运行 13 d，浅层地下水苯去除率达到 51.2%。

地下水修复后期，地下水中苯的浓度迅速降低，远低于本项目修复目标值（1 mg/L），始终保持较低的浓度水平。

7.1.1.8 建设及运行成本分析

项目建设及运行成本包括修复设施建设、设备费、运行费用、措施费等，共计 1 000 万元。

7.1.1.9　经验介绍

①针对渗透性较好的砂类土含水层，多相抽提或双相抽提技术可有效降低地下水有机污染浓度。

②多相抽提和原位氧化技术联合应用可缩短修复周期、降低修复成本，提高修复效率。其中多相抽提技术有助于快速降低高浓度污染地下水污染物浓度，而原位氧化技术修复低浓度污染地下水具有更好的经济性。同时，多相抽提和原位氧化技术联合应用也可有效地解决拖尾问题。

③在设计地下水修复方案前，应开展必要的水文地质试验、地下水修复中试，保证方案的合理性和可行性。

④通过设置回灌井将处理后地下水回灌，可以在多相抽提工艺基础上实现原位冲洗的效果，提高修复效果，也可一定程度地节约地下水资源。

⑤开展模拟计算，合理布设抽出井和回灌井，设计抽出、回灌计划，可以有效避免修复过程中的污染扩散问题。

7.1.2　北京某化工企业氯代烃污染修复

7.1.2.1　工程概况

项目类型：化学品生产企业。

项目时间：2018 年 8—12 月。

项目经费：约 3 000 万元。

项目进展：正在开展效果评估。

目标污染物：1,2-二氯乙烷、氯仿、氯乙烯。

水文地质：污染物所在含水层包括 2 层，砂和砾卵石类潜水含水层，平均埋深 11.74 m；细砂、粗砂和卵石类承压含水层，静止水位埋深为 14.20 m。

工程量：地下水修复面积为 14 900 m^2，含水层工程量为 59 600 m^3。

修复目标：地下水中 1,2-二氯乙烷浓度低于 3 500 μg/L，氯仿浓度低于 1 500 μg/L，氯乙烯浓度低于 750 μg/L。

修复技术：原位化学还原技术。

7.1.2.2　水文地质条件

该场地位于永定河冲洪积扇中下部，第四系沉积厚度一般大于 100 m，为黏性土、粉土与砂类土、卵石层交互沉积。按土层岩性及赋水特征，场地所在区域埋深 50 m 内的地层主要分布特征为：

- 埋深 7 m 以内主要为粉土或砂类土；
- 7～10 m 主要为黏性土；

- 10～20 m 主要为细、中砂层，从颗粒组成及其赋水特征来看，该地层为相对含水层；
- 20～25 m 主要为黏性土层；
- 25～40 m 主要为砂卵石层，从颗粒组成及其赋水特征来看，该地层为相对含水层；
- 40～50 m 主要为黏性土层。

场地所在区域位于永定河冲洪积扇中下部，第四纪沉积旋回较多，存在多个含水层。依据场地所在区域地层资料及地下水分布资料进行分析，近年来，地面以下 40 m 深度范围内主要分布 2 层地下水。第一层地下水主要赋存于埋深为 10～20 m 的砂、卵砾石层中，地下水类型属潜水，局部为承压水，自西向东，水位标高明显呈现降低趋势，其地下水类型由潜水逐渐过渡为承压水。第二层地下水主要赋存于埋深为 25 m 以下的砂、卵砾石层中，其地下水类型属承压水，水位标高自西向东明显呈现出由高到低的变化规律。从区域范围来看，本地区第一层地下水的天然动态类型属渗入—径流型，以越流、地下水侧向径流和“天窗”渗漏补给为主，排泄方式主要为侧向径流、越流和人工开采；第二层地下水的天然动态类型属渗入—径流型，补给方式为地下水侧向径流和越流，并以侧向径流、人工开采为主要排泄方式，受人为因素影响，该层地下水水位变化较大。

根据场地勘探期间揭露的地层及地下水分布情况，场地地面以下 35.50 m 深度（最大勘探深度）范围内主要分布有 2 层地下水。

（1）第一层地下水（潜水）

根据场地勘察期间揭露的地层及地下水分布情况来看，该层地下水在场内普遍分布，主要赋存于第 4 大层砂和砾卵石中，地下水类型为潜水。潜水静止地下水水位埋深为 11.51～13.02 m，平均埋深 11.74 m，相应水位标高为 21.20～23.38 m。

（2）第二层地下水（承压水）

该层地下水主要赋存于标高 9.77 m（埋深为 24.80 m）以下的细砂层、粗砂层和卵石层中，2009 年 7 月 16 日于地下水监测井中测量的该层地下水静止水位埋深为 14.20 m，静止水位标高为 20.37 m。

7.1.2.3 地下水污染状况

（1）第一阶段调查结论

场地潜水污染物主要为 1,2-二氯乙烷和氯乙烯，均超荷兰地下水修复干预值 1 000 倍以上，其次为氯仿、1,1-二氯乙烯、顺-1,2-二氯乙烷和 1,1-二氯乙烷等污染物，一般超荷兰地下水修复干预值几十至上百倍。场地潜水重金属污染物为砷，超过荷兰地下水修复干预值 8 倍，超标比例为 20%，主要污染区域为原氯碱车间区域。场地承压水除受到 1,1-二氯乙烯和四氯乙烯轻微污染外（超标倍数仅为 0.23 倍和 0.82 倍），未受到其他污染物的污染。

与荷兰地下水修复干预值相比较，本场地地下水1,2-二氯乙烷的污染范围主要位于厂区东半部，为地下水流向的下游，污染面积约21.5万m^2；氯仿对地下水的污染主要位于厂区的东北角，污染区域全部落在1,2-二氯乙烷的污染范围内，因此对1,2-二氯乙烷污染地下水进行修复可同时实现对氯仿污染地下水的修复。氯乙烯对地下水的污染范围较大，污染羽覆盖了厂区西半部的一半及东半部的全部，其污染面积达到50.6万m^2。将3种污染物的地下水污染范围进行叠加合并，可以看出氯乙烯的污染范围基本上也覆盖了其他2种污染物的污染范围。

（2）第二阶段调查结论

该项目地下水补充调查共采集和分析83口监测井的三层地下水样品629个，获得分析数据近两万个。数据分析表明，本场地局部区域各层地下水中均存在高浓度的1,2-二氯乙烷、氯仿和氯乙烯。其中，各水层1,2-二氯乙烷的浓度中位值分布为202～351 μg/L、高浓度分布范围为5.17×10^6～8.33×10^6 μg/L；各水层氯乙烯浓度中位值为281.5～454.2 μg/L，高浓度分布范围为7.25×10^4～1.19×10^5 μg/L；氯仿的浓度、超标倍数、超标范围均相对较低，各水层氯仿浓度中位值为5.0～16.7 μg/L，高浓度分布范围为5.12×10^4～7.30×10^4 μg/L。同一污染物在不同水层之间的浓度分布存在较大的差异。1,2-二氯乙烷浓度的垂直分布是：底层（中位值为351 μg/L）＞中层（中位值为325 μg/L）＞上层（中位值为202 μg/L），氯乙烯浓度的垂直分布是：中层（中位值为454.2 μg/L）＞底层（中位值为360 μg/L）＞上层（中位值为281.5 μg/L），氯仿浓度的垂直分布是：上层（中位值为16.7 μg/L）＞底层（中位值为6.0 μg/L）＞中层（中位值为5.0 μg/L）。

该场地各水层地下水中1,2-二氯乙烷、氯仿和氯乙烯的污染范围分布基本一致，主要在场区东部的北氧氯化分厂和南氧氯化分厂区域。其中，1,2-二氯乙烷和氯仿的分布范围主要在场区的北氧氯化分厂和南氧氯化分厂周边。此外，1,2-二氯乙烷还有小范围分布在场地西部的苯酐车间和聚氯乙烯车间；氯乙烯的分布较广，除重点分布在场区东部的北氧氯化分厂和南氧氯化分厂周边以外，场区场地的氯碱车间、乙炔车间、聚氯乙烯车间、苯酐车间及场地西北侧也有较大范围的分布。

7.1.2.4 地下水污染修复目标

由于场地所在区域不属于地下水饮用水水源保护区及其补给径流区，同时该区域无适用或适合要求的目标污染物及其含量的技术标准，因此本项目基于风险评估计算修复（防控）目标。根据场地地下水污染的实际情况，结合场地地下水修复技术线路和场地土地利用规划以及国际发展趋势，从环境风险管理角度来看，以控制室内空气污染风险在可接受健康水平、居民安全入住为标准，确定场地污染地下水的修复目标如表7-2所示。

表 7-2 场地地下水修复目标值

序号	污染物种类	修复目标值/（μg/L）
1	1,2-二氯乙烷	3 500
2	氯仿	1 500
3	氯乙烯	750

7.1.2.5 地下水污染修复技术筛选

针对可渗透反应格栅、抽出处理、监测自然衰减、地下水曝气、原位化学氧化、原位化学还原及强化生物降解 7 种场地地下水挥发性污染物修复的常用技术，结合本场地污染物特性，采用定性矩阵法从修复技术的成熟性、修复效率、修复时间、治理成本、环境风险等方面对其进行初步筛选，以确定本场地止水帷幕外地下水污染修复的备选技术。

根据地下水污染调查结果，分析该场地的污染特征，地层特性和水文地质条件，同时结合场地调查结果、场地建设规划和各修复技术特点等因素，进行场地修复技术的初步筛选。

该场地潜水含水层介质自上而下依次为细砂、中砂，粉砂、砂质粉土，圆砾、卵石，粗砂，渗透系数均在 0.5 m/d 以上，最大可达 35 m/d，渗透性好。故从含水层土壤类型方面考虑，上述修复技术均是可行的。

地下水监测井中量测的潜水静止地下水水位埋深为 11.51～13.02 m，平均埋深 11.74 m。含水层的厚度为 6.20～13.20 m，故需要修复的含水层深度为 17.71～26.22 m。根据该含水层埋深，若采用可渗透反应格栅技术开展修复，将增大修复施工的难度，延长修复时间。故可渗透反应格栅技术不适用于本场地的地下水修复。

鉴于该场地在短期内（2～3 a）要实现入住，场地的修复时间不宜太长。而抽出处理技术、监测自然衰减技术两项技术所需的修复时间均可能超过场地再开发利用的时间，故该两项技术不适用于本场地的地下水污染修复。但监测自然衰减技术经场地相关监测和试验证明较为可靠，因此可考虑将其作为一种联用技术，在场地地下水中的污染物浓度和风险降至一定水平后再进行应用。

分析现有场地资料，未发现在本场地内有效开展原位化学还原技术、原位化学氧化技术和原位强化微生物修复技术 3 项技术的限制性因素，故此 3 项技术是可以应用于该场地地下水污染修复。

根据调查结果，含水层地下水中没有发现 LNAPLs 和 DNAPLs 的存在，因此地下水曝气技术是可以应用于该场地地下水污染修复。

基于上述分析，初步比选出了原位化学还原技术、原位化学氧化技术、地下水曝气技术（需结合气相抽提技术）和原位强化微生物修复技术 4 种备选修复技术作为该场地帷幕外地下水污染修复的备选技术。

针对上述初步筛选中确定的 4 种备选技术，本项目采用评分矩阵法从修复工程与其他相关事项的配合要求、场地特征、工程特征、成本、环境、安全健康、时间等方面对上述备选修复技术进一步的分析和评价，以确定本场地地下水污染修复的最佳技术。

场地规划调整后止水帷幕外地下水修复技术评估结果如表 7-3 所示。从得分情况来看，原位化学还原技术应是场地规划调整后止水帷幕外地下水修复的最佳技术。

表 7-3　场地止水帷幕外地下水修复技术筛选评价结果

序号	评分指标	指标权重	指标分值			
			地下水曝气	原位化学氧化	原位化学还原	强化生物降解
1	对场地开发建设的限制制约程度	0.1	7	8	8	8
2	实现第一阶段目标的时间	0.1	7	6	6	2
3	与其他场地设施良好结合的程度	0.1	3	6	6	6
4	对含水层土壤结构通透性要求	0.03	4	6	6	6
5	对含水层土壤结构均匀性要求	0.03	4	6	6	6
6	对该场地污染物浓度的适应程度	0.05	9	9	9	3
7	对污染物迁移扩散的控制程度	0.05	6	8	8	5
8	地下设施工程量	0.01	5	9	9	9
12	运行管理控制的难易程度	0.02	5	4	4	4
13	工程建设成本	0.1	5	8	8	8
14	设施运行维护成本	0.05	4	7	7	7
15	采样检测与管理成本	0.02	4	6	6	6
16	修复工程设施对环境的影响	0.03	5	8	8	8
17	修复实施运行对环境的影响	0.05	4	5	9	6
18	修复工程设施建设人员安全健康影响	0.02	6	8	8	8
19	修复实施运行人员安全健康影响	0.03	5	6	8	8
20	国内类似工程及其实施效果	0.1	5	7	9	6
	各修复技术得分总计	1	5.37	6.87	7.41	6.19

该项目地下水修复拟采用 EHC®药剂。该药剂是一种含有零价铁还原剂和可缓慢释放碳源的修复药剂，修复过程中可产生−650～−500 mV 的氧化还原电位。该药剂的作用机制类似于还原脱氯氢解反应，但其产生的氧化还原电位远低于单独使用其他碳源（乳酸盐、植物油等）或者还原性金属物质能够产生的氧化还原电位，可通过还原脱氯中的双脱卤反应大大加快含氯污染物的还原脱氯过程，并大幅减少含氯污染物氢解反应可能产生的一些有毒中间产物（如氯乙烯）。另外，药剂中的碳源可以通过发酵转化成溶解态的挥发性脂

肪酸，并随地下水迁移，促进下游的还原脱氯。

药剂注入方法可采用建井注入、高压注射、土壤搅拌混合等方式，将 EHC®药剂添加到污染地下水中，以实现修复药剂在地下水中的均匀扩散和分布，从而充分提高药剂使用效率。针对本项目污染地下水，根据场地调查结果，该场地含水层位于 14.5～18.5 m，污染深度较深，主要为渗透性较好的饱和砂层，拟采用原位注入工艺，实现地下水的 EHC®药剂原位注入，此工艺的主要优点为砂层扩散半径大，修复机械施工效率高。

7.1.2.6 地下水污染修复工程设计及施工

（1）工程设计

该项目污染地下水范围内设置的 5 口监测井，分别代表 5 块污染区域，其中，因原 2 号监测井、原 3 号监测井位于两侧，区域绿化带面积较大，代表面积较大（3 700 m^2），补 1 号监测井、补 2 号监测井、补 3 号监测井位于道路中央，代表面积较小（2 500 m^2）。依据该项目场地现状，结合污染地下水的分布，将地下水修复区域分为 5 个区块，10 个分区。

①高压旋喷注射修复工艺流程

A 区和 B 区均采用高压旋喷注射修复工艺，高压旋喷施工技术是在静压注浆的理论与实践基础上引入高压水流技术而发展起来的新技术，已形成了成熟的注浆劈裂理论。高压旋喷注浆的实质是将带有特殊喷嘴的注浆管（钻杆），通过钻孔进入土层的预定深度，然后从喷嘴喷出配制好的药剂，带喷嘴的注浆管在喷射的同时向上提升，高压液流对土体进行切割搅拌，达到药剂与土壤/地下水的充分混合，由于注射压力高，药剂溶液进一步在含水层中扩散，其扩散半径较大。

该项目原位注入—高压旋喷工艺使用二重管法。配制好的 EHC®药剂通过高压注浆泵注入高喷管，注射修复段为 14.5～18.5 m 的含水层。同时，空压机向高喷管注入空气流，可以扩大药剂扩散速率与扩散范围。EHC®药剂注射到地下水中，持续反应时间为 3～6 个月，药剂反应 1 个月后每隔 1 个月监测 1 次。

②高压旋喷注射药剂配置参数

EHC®投加参数为地下水质量 0.2%～0.5%（w/w），参考中试研究报告，根据污染地下水监测数据，将地下水污染程度分级，确定梯度投加比。综合药剂投加比判定表（表 7-4），确定不同地下水修复区域药剂投加参数。施工时，药剂配置浓度为 25%。

表 7-4 药剂投加比判定

地下水污染程度	浓度范围/（mg/kg）	药剂投加比/%
轻度污染地下水	$X \leqslant 1\ 000$	0.5
中度污染地下水	$1\ 000 \leqslant X \leqslant 3\ 000$	0.6
重度污染地下水	$X \leqslant 3\ 000$	0.7

③主要机械设备/设施配置

注入工艺使用以下主要机械设备（表 7-5）。该项目按投入 1 套引孔钻机，2 套步履式高压旋喷设备，现场准备及药剂注射施工预计需要约 40 d 时间。

表 7-5　高压旋喷所需主要设备/设施参数一览表

设备/设施名称	功能或作用	处理能力或作业能力	数量	单位	备注
引孔钻机	引孔（按 3 m 深度考虑）	作业能力为 30 m×3 m/台班	1	组套	引孔钻机配备螺杆式空压机
步履式高压旋喷钻机	修复药剂的原位注入	作业能力为 18.5 m×6 m/台班	2	台	配套高压注浆泵设备
药剂储存区及配药站系统	储存、配备 EHC®溶液	占地面积 200 m^2	1	座	材质为轻钢+彩 HDPE 膜

（2）施工

场地污染修复项目修复地下水污染面积为 14 900 m^2，含水层工程量为 59 600 m^3，结合场地现状进行施工。

7.1.2.7　效果评估情况

在工程运行过程中，定期分别从监测井中采集地下水样，利用现场实验室或委托经过计量资质认证合格的检测单位进行氯代烃的分析检测，以评估修复效率，预测修复周期。此外，还对中间产物及相关指标进行了监测，包括温度、pH、氧化还原电位、溶解氧、硫酸盐、有机碳、二氯乙烯、乙烯等。该项目于 2018 年年底完成修复治理，目前仍处于效果评估阶段，正在开展评估监测。共对 6 个监测点开展了 27 个月的监测工作，监测频率为每季度一次。根据已有检测数据分析，地下水修复区域全部达标。

7.1.2.8　建设及运行成本分析

该项目地下水修复面积为 14 900 m^2，修复投资约为 3 000 万元，修复成本约 2 013 元/m^2。

7.1.2.9　经验介绍

（1）原位化学还原技术可有效修复氯代烃污染地下水。

（2）原位化学还原药剂类型、成分组成直接影响原位化学还原修复效果。

（3）建井注入、高压注射等方式均可以满足原位化学还原施工需求，具体注入方式需根据场地地层情况选择。

（4）原位注入的设计参数需通过中试确定。

7.1.3 上海某化工企业萘污染修复

7.1.3.1 工程概况

项目类型：化学品生产企业。

项目时间：修复时间为 2017 年 11—12 月，效果评估时间为 2017 年 12 月。

项目经费：24 万元。

项目进展：已完成效果评估。

目标污染物：萘。

水文地质：污染物主要存在于填土层和粉质黏土潜水含水层，地下水埋深为 0.87～3.37 m，地下水流向为由东北向西南方向。

工程量：修复面积 400 m^2，修复深度 4 m。

修复目标：地下水中萘浓度低于 0.804 mg/L。

修复技术：地下水抽出处理技术。

7.1.3.2 水文地质条件

该地块表层为填土，厚度为 0.2～1.2 m，第二层为混凝土、砖石、粉质黏土垫层，厚度为 0.2～1.0 m；下部为粉质黏土，最大钻探深度为 5 m，未揭穿。

地下水埋深为 0.87～3.37 m，地下水流向为由东北向西南方向（图 7-4）。

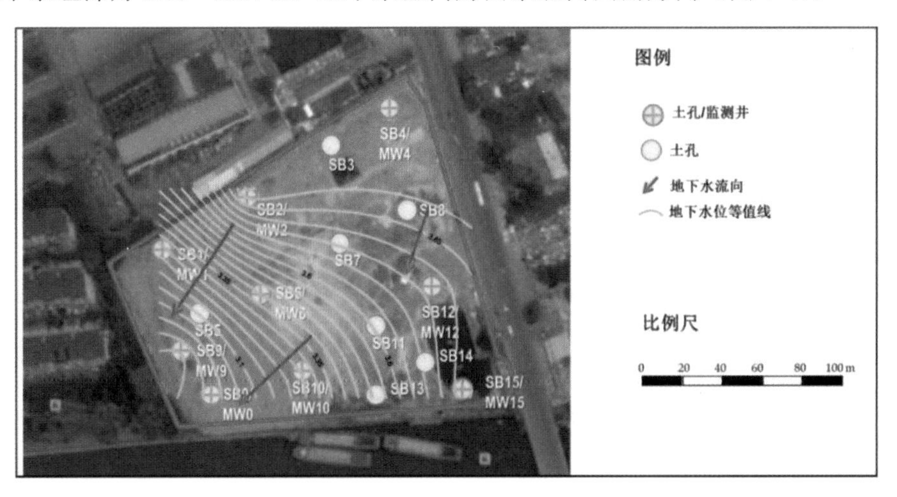

图 7-4 地下水流向示意图

7.1.3.3 地下水污染状况

经初步调查和详细调查发现，地块内地下水污染物超标点位有 2 个，超标污染物为半挥发性有机物（包括二苯并呋喃、萘、2-甲基萘、菲、蒽、荧蒽、芘和苯并[a]蒽）和总石油烃。

进一步开展风险评估，结果表明，地块内地下水超风险污染物为萘，超风险点位有 1 个。地下水污染面积约为 400 m^2，潜水层厚度约为 4.0 m，污染含水层体积约为 1 600 m^3，地下水修复量约为 400 m^3（图 7-5）。

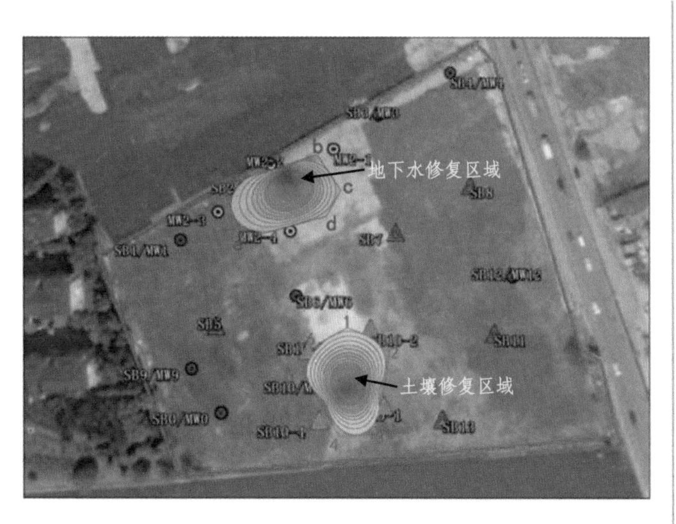

图 7-5　地下水修复区域示意图

7.1.3.4　地下水污染修复目标

该项目地块地下水超风险污染物为萘，最高浓度为 2 620 μg/L，经风险计算，确定其修复目标值为 804 μg/L。

7.1.3.5　地下水污染修复技术筛选

有机污染地下水修复技术包括地下水抽提处理、多相抽提、原位化学氧化/还原等技术。

污染地下水多相抽提技术适用范围广，适用于地下水中挥发性有机物和石油类污染物以及各种存在非水相有机物流体（NAPLs）污染的修复，对高浓度污染地块尤为适用，对于修复目标设定要求较高的地块通常需要联合其他地下水修复技术来完成。该技术需要持续的能量供给，以确保地下水的抽出和水处理系统的运行，还要确保土壤污染空气抽出和气体处理系统的运行，需对系统进行定期的维护与监测。

污染地下水原位化学氧化/还原技术适用范围较广，但在饱和带，药剂与污染物之间的接触情况决定了原位氧化/还原修复是否有效。由于注入井数量有限和水力传导系数分布的问题，通过水相注入系统控制氧化剂或还原剂的用量难以把握。另外，药剂注入位置、地下水流向和污染物的划分对原位化学氧化/还原技术的应用效果也有重要影响。

污染地下水抽提处理技术处理周期较短，但该技术主要取决于后续处理技术的选择，而后续处理技术的选择应用则受到污染物特征、修复目标、资金投入等多方面的制约。针对本项目地块的受污染地下水，可采用抽提处理技术，缩短修复周期。

该项目地块的受污染地下水采用抽提—吹脱的方式处理，即将地下水抽提至地面处理设施中，经初步沉淀后进行吹脱处理，吹脱后产生的尾气利用活性炭进行吸附处理。

7.1.3.6 地下水污染修复工程设计及施工

（1）地下水污染修复工程设计

根据地下水污染修复需求，在地下水污染中心区域布设地下水抽提井，为防止地下水在短时间内被抽干，在污染中心区域布设 3 口抽提井，抽提井间距为 3～5 m，若其中一口抽提井中地下水抽干则可以在另一口抽提井中继续抽提，从而实现连续作业。

①空气吹脱装置。空气吹脱装置主要包括空气注入设备和地下水抽提设备。设备规格为 3 m×2 m×2.5 m（长×宽×高）。该设备分为 5 个可抽出的承压板框，相邻承压板框间隔 0.4 m，承压板框底部分布 5 个直径为 60 cm 的小孔，为了增加水在设备中的驻留时间，本装置对不同承压板框中小孔进行错开分布，并在该处理装置上方架设高度为 15 m 的排气口，口径为 30 cm。

②地下水抽提与处置。根据修复需要，本方案采用 VSP-508-P 高吸程提升泵作为地下水抽提设备，采用气水比为 20/1 对地下水进行吹脱处理，利用 YX-61D-2 鼓风机作为地下水吹脱设备。

③地下水纳管排放。经过踏勘和周边资料收集，距离项目地块较近的有 2 个污水处理厂，一个距离项目地块 3.3 km，另一个距离项目地块 9.6 km，地下水处理达标后，通过槽罐车将处理完成后的地下水运输至离地块较近的污水处理厂，并出具地下水检测报告，经污水处理厂相关人员同意后方可将处理后的污水排放至污水处理厂中。

（2）地下水污染修复工程施工

①施工准备。布设工程概况牌、管理人员及监督电话牌、现场安全施工管理制度牌、文明施工和环境保护管理制度牌、现场消防保卫制度牌以及施工平面图。接通地块水电，平整清理地块，去除地块表层杂物和部分建筑垃圾。采用 RTK 等仪器对地下水修复范围进行放线，并进行标识。

②处理设备设施搭建。施工单位于现场构建了一个容积约为 200 m^3 的地下水存储池，并于存储池底部铺设 HDPE 防渗膜。同时，施工单位构建主体水处理设备一套，包括吹脱装置、密闭水箱、排气筒、活性炭吸附箱等。

③抽提井建设。施工单位在确定的地下水污染区域内布设了 43 口抽提井，井间距不超过 3 m，布设深度为 5.5 m。

④地下水异位处理（抽提—吹脱）。施工单位按照工艺设计对地下水进行抽提和地面处理运行，处理过程中产生的废气经活性炭吸附后排放。

⑤纳管排放。修复后地下水经效果评估达标后进行纳管排放。

上述具体施工过程如图 7-6 所示。

储水池建设

储水池建设

抽提井建设

水处理设施搭建

水处理设施运行

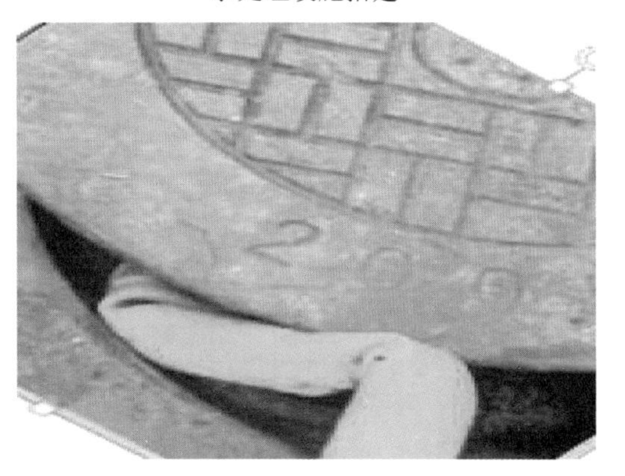
达标后地下水纳管排放

图 7-6　地下水污染修复过程主要施工

2017 年 11 月 24 日—12 月 21 日，开展地下水污染修复工程，共布设 43 口抽提井，地块内污染地下水抽提后经吹脱处理，对吹脱过程中产生的尾气利用活性炭进行吸附，经处理达标后的地下水经纳管排放。

为保证修复效果，在修复工程中期，对该地块内地下水以及经异位修复后的地下水进行自检，自检对象为随机抽取 3 处管井内的地下水，以及经吹脱处理后进入临时储水池中的地下水。地下水自检结果如表 7-6 所示。

表 7-6 地下水自检结果汇总

采样点位	监测因子	单位	检出限	检出值	修复目标值
A3	萘	mg/L	0.001	ND	0.804
B7				ND	
C4				ND	
MW-2				ND	

注：A3、B7、C4 为管井内地下水编号，MW-2 为储水池中地下水编号。

根据自检结果可知，在修复工程中期，地块内地下水污染物浓度以及经异位修复后的地下水污染物浓度均低于修复目标值，表明污染地下水处理效果显著，能保证达到预期修复目标。

7.1.3.7 效果评估情况

地下水修复区域经抽提后，所有地下水样品中目标污染物均未检出，其关注污染物含量均达到修复目标（图 7-7，表 7-7）。

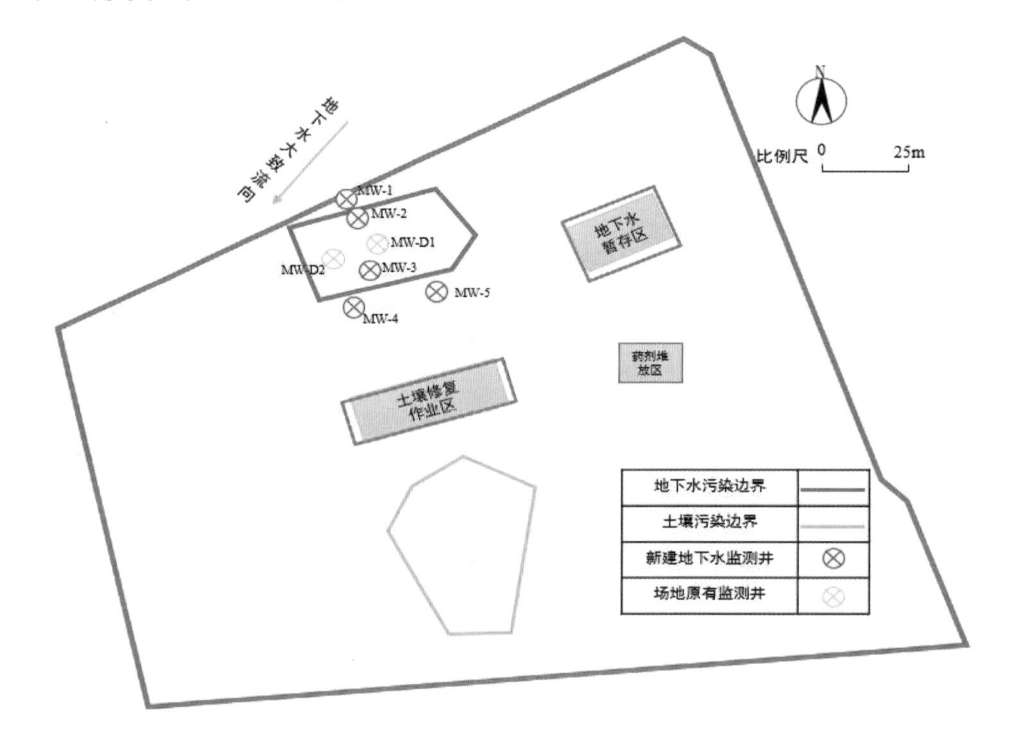

图 7-7 地下水修复区域效果评估采样点位平面

表 7-7　地下水修复区域及上下游监测井效果评估样品检测数据　　单位：mg/L

点位位置	样品编号	关注污染物浓度
		萘
地下水修复区域	MW-2	ND
	MW-2-P	ND
	MW-3	ND
	MW-D1	ND
	MW-D2	ND
地下水修复区域上游	MW-1	ND
地下水修复区域下游	MW-4	ND
	MW-5	ND

污染地下水经抽提—吹脱处理后，所有修复后的地下水样品中目标污染物均未检出或低于评估标准值，其关注污染物含量均达到修复目标（表 7-8）。

表 7-8　抽提—吹脱处理后的地下水效果评估样品检测数据　　单位：mg/L

样品编号	监测指标浓度									
	萘	pH	COD	BOD_5	TOC	TP	TN	NH_3-N	SS	石油类
评估标准	0.804	6.5～9.5	300	150	30	5	45	25	250	10
W-修复-1	ND	7.4	6	ND	2.5	0.05	1.8	0.336	2	ND
W-修复-1-P	ND	7.48	7	ND	2.7	0.04	1.6	0.347	2	ND
W-修复-2	ND	7.88	13	ND	9.4	0.04	1.6	0.441	ND	ND
W-修复-2-P	ND	7.83	13	ND	8.8	0.04	1.6	0.441	ND	ND
W-修复-3	ND	8.03	9	ND	9.2	0.03	2.4	0.353	1	ND

地下水处理装置吹脱 VOC 气体效果评估样品中目标污染物均未检出或低于参考标准值，排放气体达标（表 7-9）。

表 7-9　吹脱 VOC 气体效果评估样品检测数据　　单位：mg/m^3

样品编号	萘
评估标准	50
1#	4.11×10^{-3}
2#	2.22×10^{-3}

潜在二次污染区域地下水样品中的目标污染物均未检出，表明污染地下水修复施工过程未对周边环境造成污染（图 7-8，表 7-10）。

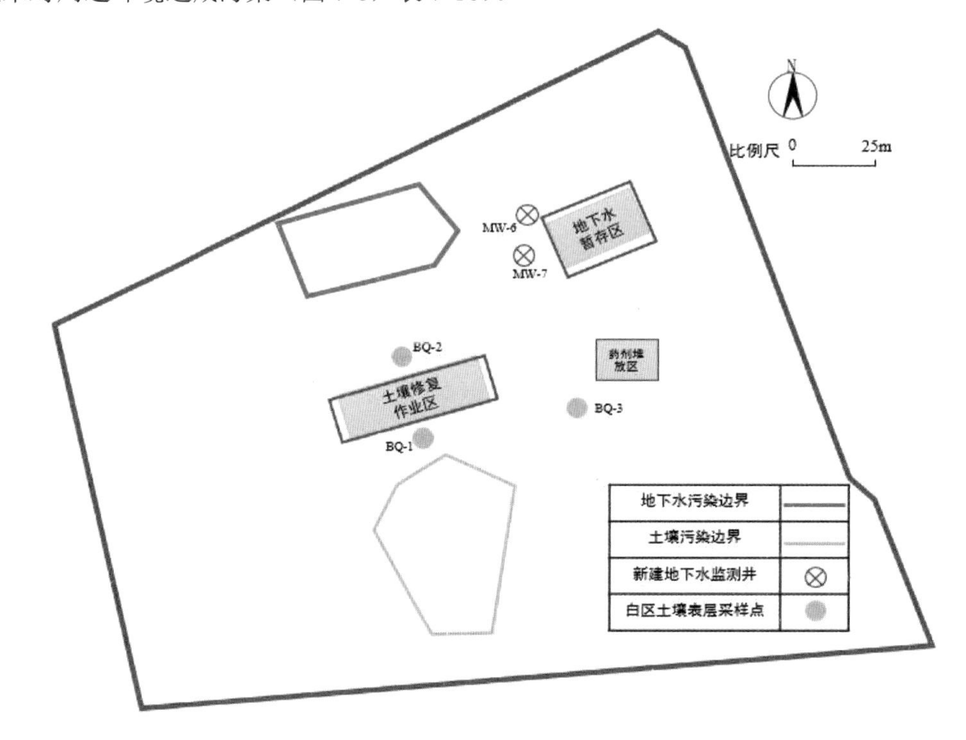

图 7-8 潜在二次污染区域效果评估采样点位平面

表 7-10 潜在二次污染区域地下水样品数据汇总

单位：mg/L

点位位置	样品编号	关注污染物浓度
		萘
地下水处理区域边界	MW-6	ND
	MW-7	ND

7.1.3.8 建设及运行成本分析

建设项目具体成本包括建设施工投资、设备投资、运行管理费用等。其中，建设施工投资主要包括地块建设、定点放线、止水帷幕建设、抽提井安装等，设备投资主要包括抽提系统安装、水处理系统安装等，运行管理费用主要包括设备运行电费及现场人工费用等。该项目总费用约为 24 万元。

7.1.3.9 经验介绍

①应用地下水抽提—吹脱技术进行地下水修复工程前，需开展可行性测试，以评价其适用性及效果提供设计参数。

参数包括：土壤性质（渗透性、孔隙率、有机质等）、土壤气压、地下水水位、污染物在土、水、气相中的浓度、生物降解参数（微生物种类、氮磷浓度、O_2、CO_2、CH_4等）、地下水水文地球化学参数（氧化还原电位、pH、电导率、溶解氧、无机离子浓度等）、NAPLs厚度和污染面积、汽/液抽提流量、井头真空度、NAPLs 回收量、污染物回收量、真空影响半径等。

②地下水抽提—吹脱处理系统的运行维护包括 NAPLs 收集、抽提井真空度调节、活性炭更换、沉积物清理、仪表和电路及管路检修和校正等。

为有效评估抽提处理对地下环境的影响，需在运行过程中持续监测系统的物理及机械参数，包括抽提井和监测井内的真空度、抽提井内的地下水降深、抽提地下水体积、单井流量、风机进口流量、抽提井附近地下水位变化等；监测化学指标，包括气相污染物浓度、气/水排放口污染物浓度、抽提地下水污染物浓度、NAPLs 组成变化等；监测生物相关指标，包括溶解性气体、氮和磷浓度、pH、氧化还原电位、微生物数量等。

7.1.4 宁夏某化工园区苯系物污染修复

7.1.4.1 工程概况

项目类型：化工类。

项目时间：2016—2017 年小试+现场中试，2019 年起实施为期 5 年的修复。

项目经费：修复费用为 200～300 元/m^3（以含水层体积计算）。

项目进展：正在实施。

地下水目标污染物：苯、氯苯、4-硝基苯酚、2-硝基苯胺、4-硝基苯胺、4-氯苯胺、2-氯苯胺、邻甲苯胺、3,3-二氯联苯胺、苯胺、邻苯二胺。

水文地质：污染物主要存在于基岩裂隙水含水层，该层水位埋深 0.935～26.230 m。

工程量：地下水修复面积约为 298 900 m^2，最大污染深度达 50 m。2019 年和 2020 年修复面积分别为 2.88 万 m^2 和 6.72 万 m^2。

修复目标：苯 170 μg/L、氯苯 400 μg/L、4-硝基苯酚 3 000 μg/L、2-硝基苯胺 2 000 μg/L、4-硝基苯胺 2 000 μg/L、4-氯苯胺 2 000 μg/L、2-氯苯胺 2 000 μg/L、邻甲苯胺 2 000 μg/L、3,3-二氯联苯胺 2 000 μg/L、苯胺 2 000 μg/L、邻苯二胺 2 000 μg/L。

修复技术：原位强化生物修复技术。

7.1.4.2 水文地质条件

（1）地层

根据场地环境调查报告，场地地面以下 55 m 的地层自上而下分别为：

①第四系：以风积沙为主，部分区域分布有素填土。该层厚度不均，勘探揭露该地层厚度为 0.5～15.5 m。

②基岩：场地内广泛出露，岩性为石炭系中统砂岩、泥质砂岩和泥岩。勘探深度内，未揭穿该地层，最大揭露厚度为 53.8 m，砂岩中厚层状构造，块状结构；泥岩薄层构造，表层风化，裂隙发育，部分裂隙有石英、方解石脉填充，30 m 以下风化程度较小，裂隙不发育。

（2）地下水

场地位于沟谷内，原蒸发池内部第四系地层被清运挖走，目前为基岩出露区。基岩上部风化裂隙较发育，连通性较好，但随深度增加裂隙逐渐减少，连通性也逐渐变差，勘探表明 30 m 以下风化裂隙不发育，透水性差。地下水类型为基岩风化裂隙水，赋存于石炭系泥质砂岩、砂岩的浅层风化裂隙带中。基岩山区和山前丘陵地带地下水动态类型属于气候型，主要受降水的影响。基岩裂隙水具有天然动态特征，主要接受大气降水的补给，地下水动态随季节变化明显，直接反应在沟谷潜水的变化上。基岩风化裂隙水接受降雨和侧向补给，径流路径短，径流到沟谷后排泄至地表或第四系潜水含水层。根据勘探结果，地下水水位埋深 0.935～26.230 m，地下水天然流向为自北向南流，但前期受蒸发池渗漏的影响，蒸发池周边区域地下水水位明显偏高，在污水抽出处理后，区域地下水水位逐渐恢复正常。

7.1.4.3 地下水污染状况

超过修复目标值的污染物指标包括：高锰酸盐指数、氨氮、氯化物、硝酸盐、氟化物、挥发酚、苯、甲苯、氯苯、萘、硝基苯、苯酚、3&4-甲基苯酚、2,4-二氯苯酚、2,4,6-三氯苯酚、4-硝基苯酚、苯胺、邻甲苯胺、4-氯苯胺、2-硝基苯胺、4-硝基苯胺、邻氨基苯甲醚、3,3-二氯联苯胺、2-氯苯胺、邻苯二胺、对氨基甲苯醚。其中需要修复的主要污染物有苯、氯苯、4-硝基苯酚，最大浓度分别为 7 360 μg/L、9 690 μg/L 和 247 000 μg/L，最大超标倍数分别为 42、23 和 81。污染面积达 298 900 m^2，污染深度自水位以下至基岩裂隙含水层底板，中风化带顶部，最大污染深度达 50 m。

7.1.4.4 地下水污染修复目标

根据风险评估计算结果，确定场地需要进行修复的污染物包括苯、氯苯、4-硝基苯酚、2-硝基苯胺、4-硝基苯胺、4-氯苯胺、2-氯苯胺、邻甲苯胺、3,3-二氯联苯胺、苯胺、邻苯二胺，共 11 种，对应的修复目标值如表 7-11 所示。

表 7-11 地下水修复目标值　　单位：μg/L

污染物名称	修复目标值
苯	170
氯苯	400
4-硝基苯酚	3 000

污染物名称	修复目标值
2-硝基苯胺	2 000
4-硝基苯胺	2 000
4-氯苯胺	2 000
2-氯苯胺	2 000
邻甲苯胺	2 000
3,3-二氯联苯胺	2 000
苯胺	2 000
邻苯二胺	2 000

7.1.4.5　地下水污染修复技术筛选

该场地地下水污染修复采用原位强化生物修复技术。

2016—2017 年，开展了蒸发池场地地下水强化生物修复的小试和现场中试，获得了相关的重要工程参数。

（1）小试

为了确定特制的生物菌剂对蒸发池场地地下水有机污染物降解的有效性，首先开展了小试进行初步验证。根据小试试验结果，该生物菌剂在污染地下水水样中具有较高的活性，试验持续 55 d 后，根据周期性检测数据，地下水水样水质逐步改善，颜色逐渐变浅，COD_{Cr} 逐渐降低。截至实验结束，2 口实验井 COD_{Cr} 去除率分别达到 54.6%和 61.4%以上，特征污染物 4-硝基苯酚去除率达到 99%以上，苯胺类去除率均达到 33%以上，2-氯苯胺的去除率达到 82%以上。

小试结果表明生物菌剂对该场地污染地下水有较好的适用性，污染物去除率高，生物修复效果较好，可用于场地原位生物修复。

（2）中试

①注射井和观测井布设

考虑地层岩性，结合前期抽/注水试验计算得到的影响半径，布设 1 口注射井（IW）和 3 口观测井（MW-1、MW-2、MW-3），各观测井和注射井的间距分别为 7.5 m、10 m 和 12.5 m。注射井 IW 井深为 32 m，观测井井深为 30 m（图 7-9）。

②加压注射生物菌剂

根据地下水生物修复小试确定的生物菌剂加药量，在 IW 井位通过加压泵注入生物菌剂（160 kg 粉剂，用 2 m^3 清水溶解后加压注入）。现场试验表明，加压泵以 0.41 MPa 的压力持续工作，IW 井周边未出现裂隙涌水。

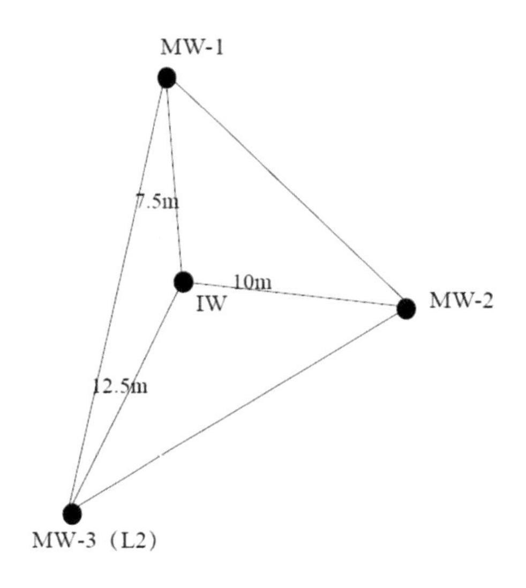

图 7-9　地下水生物修复中试井分布

③地下水监测

开始生物修复试验后，不定期对 MW-1、MW-2 和 MW-3 3 口监测井进行采样监测分析，监测因子包括苯、氯苯、4-硝基苯酚和邻氯苯胺等特征污染物，以及活菌总数等。

生物修复后的第 21 d MW-1 地下水中的苯、氯苯、4-硝基苯酚和邻氯苯胺去除率为 85.3%～99.7%，MW-2 地下水中的苯、氯苯、4-硝基苯酚和邻氯苯胺去除率为 94.6%～99.2%，MW-3 地下水污染物浓度去除效果不明显。各监测井特征污染物浓度变化曲线如图 7-10 所示。

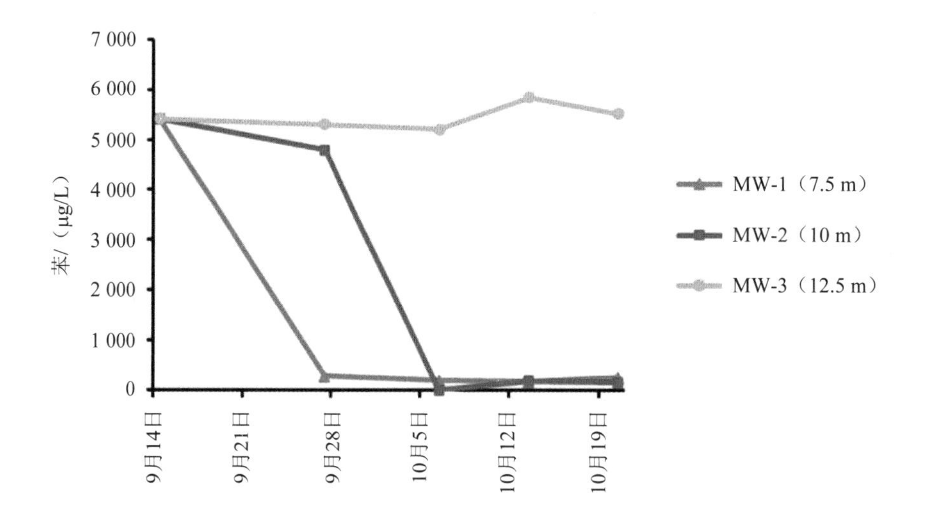

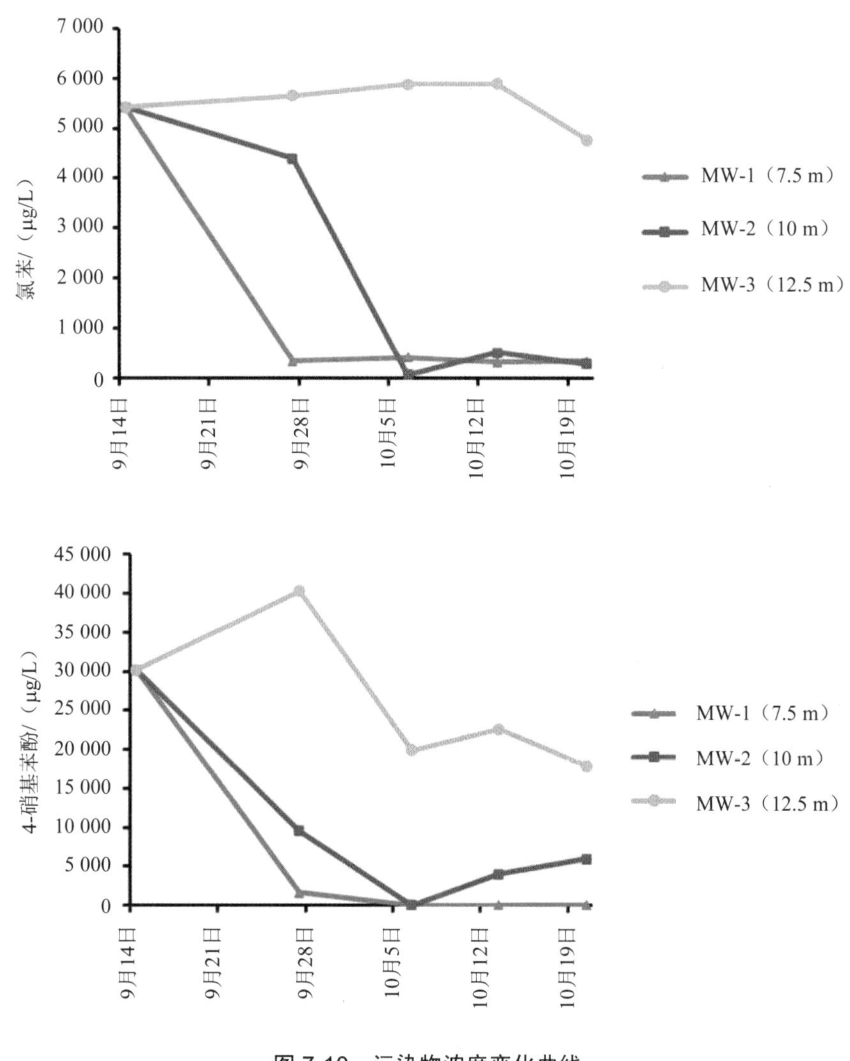

图 7-10　污染物浓度变化曲线

④中试结论

综合分析，蒸发池地下水原位强化生物修复效果明显，可在 3 周内大大降低苯、氯苯、4-硝基苯酚和邻氯苯胺等特征污染物浓度，地下水原位强化生物修复半径为 10 m。

2018 年成功实施了 2 400 m^2 地下水污染羽区域的扩大中试生物修复。生物修复实施 44 d 后，地下水中苯、氯苯、4-硝基苯酚和邻（对）硝基氯苯的去除率均在 95%以上，修复效果均可达到设定的修复目标值。

7.1.4.6　地下水污染修复工程设计及施工

（1）修复工程设计方案

原位强化生物修复系统包括注射井、工业氧气供气系统、监测井系统、自控系统四大部分。

1）注射井布设

根据蒸发池区域水文地质条件，蒸发池北侧区域含水层岩性与南侧区域不同，场地以泥质砂岩为主，根据现场抽水/注水试验和中试成果，单个注射井修复半径为 10 m。

为保证修复效果能有效覆盖全部地下水污染区域，拟采用交错平行式布井方案，北区主方向各注射井间距均为 20 m，两排注射井之间距离为 10 m，每个修复单元设计布设 4 排注射井，每排 3 口，共计 12 口注射井，有效覆盖面积为 2 400 m^2。单个修复单元布设方案如图 7-11 所示。

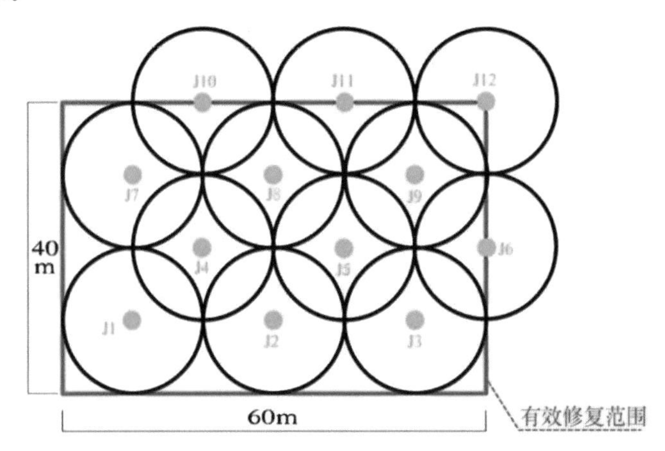

图 7-11 单个修复单元注射井布设方案

2）工业氧气供气系统

根据地下水生物修复中试结果，注射井向含水层中加压注射空气 80～100 min 后，距离注射井 7.5 m 处地下水中 DO 可升至 10 mg/L 以上，停止加压曝气，约 22 h 后 DO 浓度下降至 6～7 mg/L，该 DO 浓度可以满足微生物的生存。考虑到氮气不能为生物修复所利用，而苯和氯苯为易挥发有机物，在曝气过程中地下水中部分苯和氯苯随着氮气往上迁移进入包气带，被包气带基岩裂隙中的细颗粒土壤吸附。生物修复停止曝气后，这部分苯和氯苯重新进入地下水，造成地下水中苯和氯苯浓度反弹。因此，为提高生物修复效率，需单独配置工业制氧机为场地提供工业氧气进行曝气生物修复。

工业氧气供气系统由液氧罐、增压泵、气化器、储存罐和加热器组成（图 7-12）。液氧罐容积为 30 m^3，储存罐容积为 2.66 m^3，分罐容积为 2.66 m^3。一组增压泵选用型号 SBP100-450/20，功率为 4.0 kW，流量为 100～450 L/h，和另一组增压泵（型号 SBP50-150/20，功率 3.0 kW，流量为 50～150 L/h）做备用泵。气化器选用两组空温式汽化器，一组规格为 600 m^3/h、另一组规格为 500 m^3/h 并联同时使用。液氧罐液氧通过管道进入增压泵，增压泵将液氧加压到气化器。液氧经气化器气化后通过管道输送到储存罐中。储存罐中气压到 1.8 MPa 后增压泵将停止运行，压力降到 1 MPa 以下后增压泵重新启动。

分柜系统由缓存分罐、分柜和管道系统组成。每组分罐配有一组曝气中控分柜，分柜配置有 24 个电磁阀和 1 个总电磁阀。该电磁阀可用远程控制（远程手动、远程自动）和手动控制。每个分柜负责两个修复单元共 24 口修复井的曝气，分柜 24 个出气口用管道连接到各修复井，分时段依次曝气。管道系统包括注药系统和曝气系统管道，曝气系统分柜总管道安装温度传感器和压力传感器以便观测曝气氧气温度及压力。各分罐上均安装泄压阀和压力表，防止压力过高产生危险（图 7-12）。

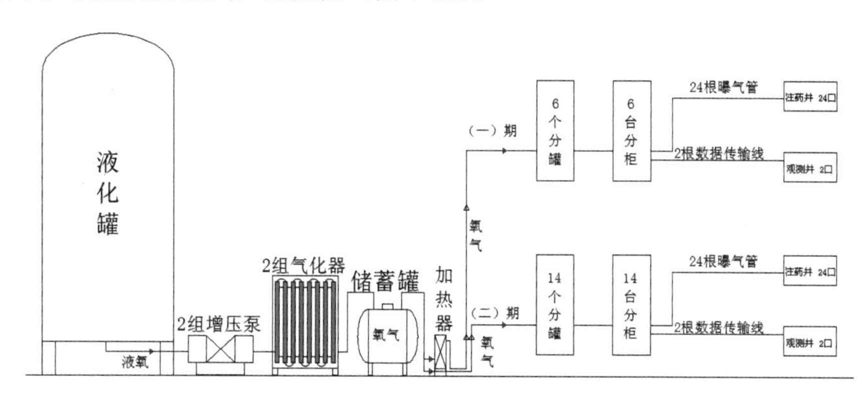

图 7-12　工业氧气供气系统

3）监测井系统

每个修复单元布设一口地下水监测井，通过定期采样，监测其代表的修复单元的污染物浓度，以判断污染物浓度变化趋势和是否达到相应的修复目标。

4）自控系统

为实现生物修复运行过程的自动运行和监控，建设一套自控系统，持续性监控各修复单元系统曝气机和电磁阀的工作状态。自控系统由总控制柜、中控分柜、电磁阀、传感器和曝气机组成（图 7-13）。利用现有的地下水监测井和抽提井，安装相应的传感器，持续监测修复区含水层的温度、pH、DO、ORP 和水位埋深等数据，以判断各修复单元系统是否处于正常的工作状态，相关指标是否达到相应的设计要求。为方便 24 h 监控，同时设计了相应的手机 App 系统（图 7-14）。

5）注药和曝气运行方案

注射井、工业氧气供气系统、监测井系统和自控系统建设和调试完毕后，开始实施加压注射加药及加压曝气。

各注射井拟通过加压泵注入生物药剂（菌剂和营养助剂均为粉剂，用清水溶解后加压注入，菌剂用量根据中试和自检结果进行调整），生物菌剂注射完毕后，进行加压曝气运行。曝气过程中通过压力表进行管道压力监测，保持管道压力在 0.7～0.8 MPa。地下水生物修复单元各注射井依次完成曝气，单个修复井连续曝气 10～25 min，该曝气停止后开始下一口修复井曝气。各修复井注射规律为每天 2 次。现场曝气时长可根据 DO 实时监测数据做适当调整。

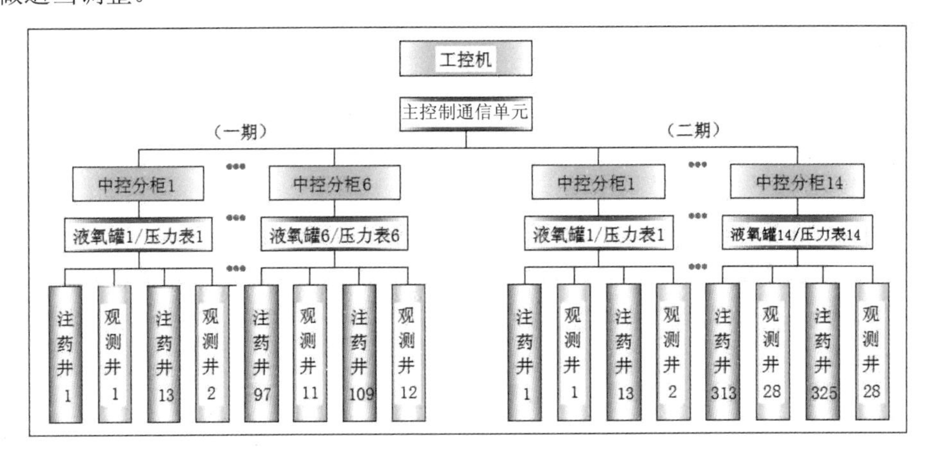

图 7-13 整体自控系统结构

主界面 水质检测 系统分柜 报警参数 博诚环境

水质在线实时检测

时间	监测井编号	pH	DO(mg/L)	温度（℃）	ORP(mV)	水位埋深（m）
14:29	LF1-G4	7.39	17.52	14.5	118	2.21
14:29	LF1-G3	0	0	0	0	0
14:33	LF1-G5	0	0	0	0	0
14:33	LF1-G6	7.51	25.08	13.9	0	1.59
14:24	HY1-G3	7.57	30.47	14	0	2.59
14:24	HY1-G6	7.51	2.33	14.6	138	2.17
14:33	HY1-G5	7.31	14.61	14.6	162	2.51
14:33	HY1-G4	7.43	0.44	14.6	27	3.01
14:31	LF1-G9	6.83	0.64	15	-123	4.1
14:31	LF1-G10	6.32	14.53	14.2	103	5
14:31	HY1-G1	6.69	21.6	14.4	101	2.9
14:31	HY1-G2	7.29	15.67	14.3	0	3.49
14:33	LF1-G2	7.6	30.47	14.8	189	3.92
14:33	LF1-G1	7.41	16.76	14.8	140	3.97
14:31	LF1-G8	0	0	0	0	0
14:31	LF1-G7	7.52	20.71	14.3	135	3.01
14:34	LF1-G12	6.31	8.62	14	165	0
14:34	LF1-G11	0	0	0	0	0

图 7-14 自控系统手机 App 界面

（2）原位强化生物修复施工

1）修复井及监测井施工

2019 年在蒸发池场地开展了 2.88 万 m^2 的地下水原位强化生物修复一期工程，在取得显著修复效果的基础上，2020 年进一步扩大规模，开展了 6.72 万 m^2 的地下水原位强化生物修复二期工程。

一期工程分为 12 个生物修复单元，每个单元计划布设 12 口修复井和 1 口监测井，共计 144 口修复井和 12 口监测井。

二期工程分为 28 个生物修复单元，每个单元计划布设 12 口修复井和 1 口监测井，共计 336 口修复井和 28 口监测井。

修复井材质为 304 不锈钢，管径为 50 mm，井深为 30～56 m，筛管的位置在井管底部 2 m；监测井材质为 PVC 材质，管径 110 mm，井深为 30～54 m，筛管位置管底 1 m～水位线下 1 m。

2）加压注射生物菌剂

自 2019 年 7 月 19 日起，各修复井陆续通过加压泵分批次注入生物菌剂和营养助剂，至 2020 年 10 月 30 日总共注入了 10 批次的生物菌剂和营养助剂。各修复井污染程度不同，注射批次数量有所不同。

3）加压注射工业氧气

各修复井加药后立即启用曝气系统间歇加压注射工业氧气，各修复井注射频率为每天 2 次，每次注射时长为 10～25 min。

另外，为保证地下水强化生物修复系统在冬季低温季节能正常运行，在储存罐氧气出口安装了氧气加热器。氧气加热器由加热器及控制系统组成，控制氧气加热温度。同时在氧气输送管道和各分罐上安装了伴热带，伴热带外部包裹保温棉防止热能损耗。整个氧气加热系统可将氧气加热到 10～25℃。

7.1.4.7　运行监测情况

根据自检和效果评估监测数据，一期修复片区修复效果显著，第一年污染物总体去除率达到 80%以上，目前去除率已达 95%以上；二期修复片区修复效果显著，实施近 2 个月，大部分污染物去除率已达 83%以上，达标区域污染物去除率已达 95%以上。

（1）微生物菌落动态检测

自 2019 年 10 月起，每月对地下水监测井进行了一次微生物菌落动态检测。典型月份微生物菌落动态检测情况如表 7-12 所示。从表 7-12 中可以看出，活菌总数不低于 10^6 的数量级，总体维持较高的水平。

表 7-12　微生物菌落动态检测情况　　单位：cfu/mL

日期	地下水监测井	活菌总数
2019 年 10 月 8 日	LF1-G1	6×10^6
	LF1-G3	4.2×10^5
	LF1-G5	4×10^6
	LF1-G6	1×10^4
	LF1-G7	3.4×10^7
	LF1-G10	2.9×10^7

日期	地下水监测井	活菌总数
2019年11月7日	LF1-G1	1.7×10^{7}
	LF1-G2	1.8×10^{5}
	LF1-G3	2×10^{6}
	LF1-G4	4×10^{4}
	LF1-G5	1.7×10^{7}
	LF1-G6	3×10^{4}
	LF1-G7	6.0×10^{7}
	LF1-G8	7.2×10^{5}
	LF1-G9	2.1×10^{7}
	LF1-G10	2.3×10^{7}
	LF1-G11	4.5×10^{5}
	LF1-G12	2.6×10^{7}
2020年3月17日	LF1-G1	1.0×10^{7}
	LF1-G2	7.0×10^{6}
	LF1-G4	1.4×10^{7}
	LF1-G5	8.3×10^{6}
	LF1-G6	3.0×10^{6}
	LF1-G7	5.2×10^{7}
	LF1-G8	6.5×10^{6}
	LF1-G9	4.5×10^{6}
	LF1-G10	7.0×10^{6}
2020年5月21日	LF1-G1	8.0×10^{6}
	LF1-G2	3.5×10^{6}
	LF1-G4	2.0×10^{7}
	LF1-G5	7.0×10^{6}
	LF1-G6	5.0×10^{6}
	LF1-G7	6.5×10^{7}
	LF1-G8	4.5×10^{6}
	LF1-G9	6.0×10^{6}
	LF1-G10	5.0×10^{6}

（2）地下水动态监测

地下水动态监测包括在线监测和采样监测。其中在线监测指标包括 pH、DO、ORP 和水位埋深等，在线监测每 2 min 采集一次数据。

水质采样动态监测自建井完成后开始，注入生物菌剂前进行第一次本底检测，生物修复实施后开始定期采样监测，监测频率每 1～5 个月一次，截至目前最后一次采样时间为

2020 年 10 月。

根据地下水动态监测数据，修复区目标污染物地下水污染物浓度呈现波动式逐步降低的趋势。截至 2020 年 10 月，一期修复片区不同修复单元持续进行了 15～15.5 个月的生物修复。苯、氯苯、4-硝基苯酚、4-氯苯胺、邻氯苯胺、4-硝基苯胺和 2-硝基苯胺等超标污染物的生物修复效果显著，污染物浓度大幅度降低，去除率大部分都达到了 95%以上。以下列举了具有代表性的监测井污染物浓度变化趋势（图 7-15 至图 7-17）。

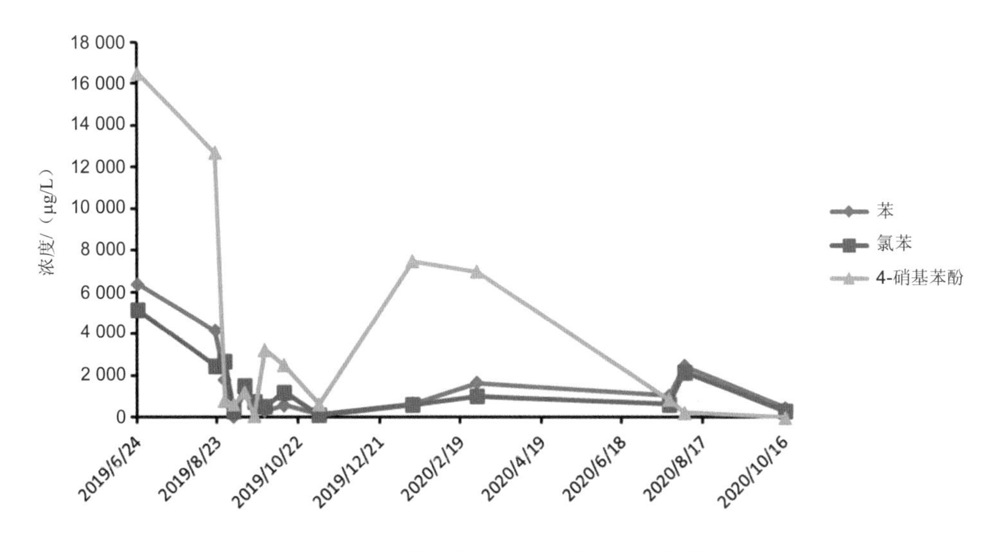

图 7-15　监测井 LF1-G1 浓度变化曲线

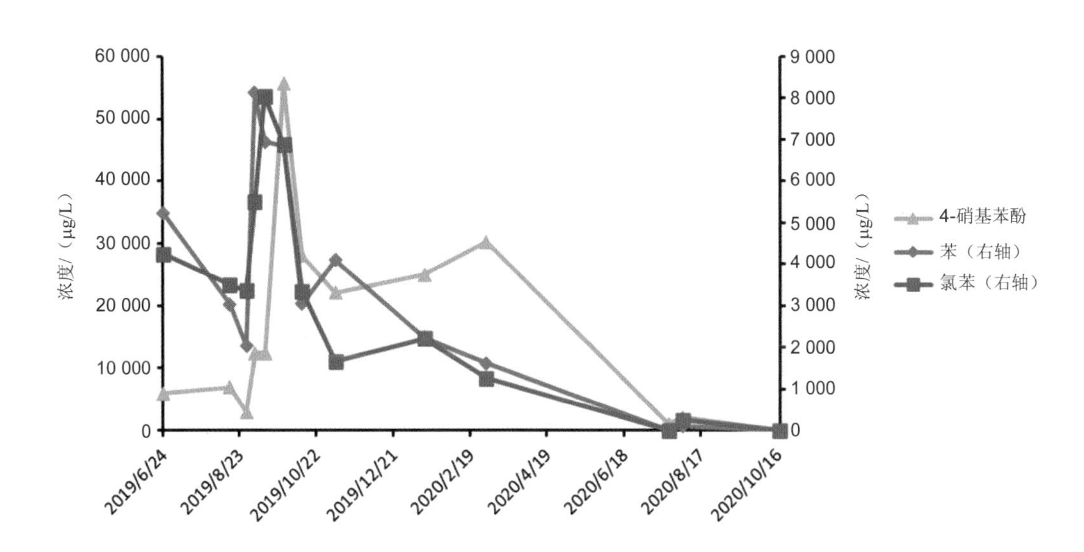

图 7-16　监测井 LF1-G4 浓度变化曲线

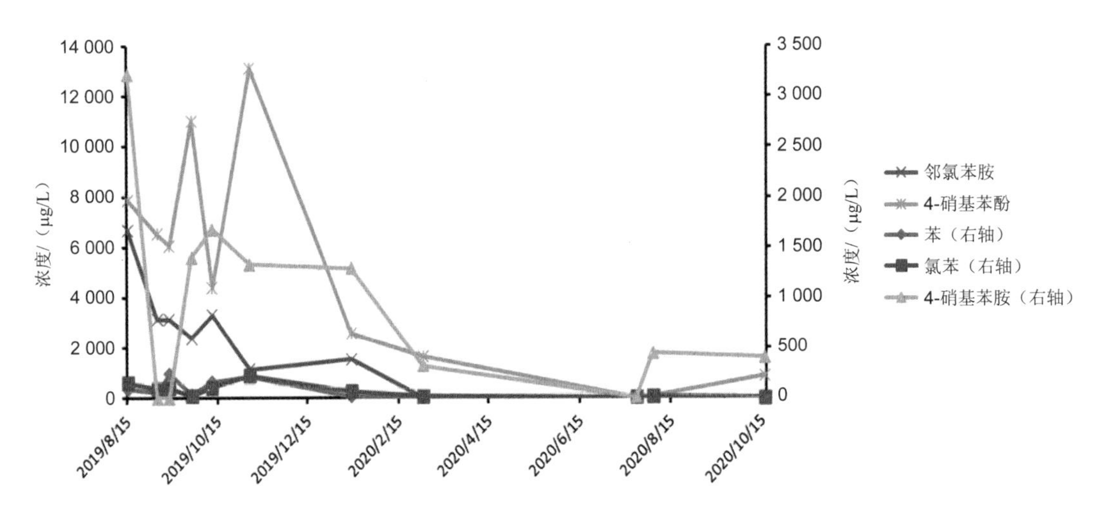

图 7-17 监测井 LF1-G7 浓度变化曲线

根据现场观测和实验室检测结果，截至 2020 年 11 月，一期修复片区 144 口修复井中，114 口修复井已经初步达到工程修复目标，约占一期修复井的 79.2%；12 口监测井中，10 口监测井已经满足工程修复目标值限值要求，约占一期监测井的 83.3%。

7.1.4.8 建设及运行成本分析

项目建设费用包括钻井施工费、材料费和控制系统集成，运行费用包括人员维护、工业氧气、生物菌剂和营养助剂等。综合分析，地下水原位强化生物修复费用为 200～300 元/m^3（以含水层体积计算）。

7.1.4.9 经验介绍

①影响地下水原位强化生物修复技术修复效果的关键技术参数包括：污染物的生物可降解性、污染物的初始浓度、含水层连通性、营养物质含量、微生物数量以及氧气含量。根据场地污染特征研发适用的生物菌剂，对地下水生物修复效果起到非常关键的作用。

②好氧生物降解要比厌氧生物降解的污染物去除速率快得多。在本案例中，污染源区域地下水修复达标约需 90 d，而地下水污染羽区域约需 45 d。

③低渗透地层地下水原位强化生物修复供氧应优先考虑采用工业氧气，因为空气中大约 78%是氮气，难溶于水，曝气可能会让氮气困在部分孔隙或裂隙中，阻断微生物供氧通道，降低微生物降解效率，甚至可能产生污染物残留区，导致污染物浓度反弹效应。

④由于基岩裂隙含水层污染物的空间分布存在非均质性和各向异性，通过地下水监测井观测污染物浓度变化情况时，可能存在部分监测井和周边地下水力联系差、不能代表其所在修复单元的污染情况，实际修复效果的监测过程还应对其附近的修复井适当采样监测。

⑤地下水原位生物修复效果需要关注包气带污染情况，受包气带污染物影响，地下水

水质可能反弹恶化，甚至超过修复目标值，采取高压曝气，可对包气带污染物进行反淋洗，效果显著。

7.1.5　辽宁某化工园区氯代烃污染修复

7.1.5.1　工程概况

项目类型：化工类。

项目时间：2019 年 7 月—2021 年 12 月。

项目经费：总成本约为 521 万元，建设成本约为 119 万元，运营和维护成本约为 269 万元，补充调查成本约为 133 万元。

项目进展：已进入效果评估阶段。

地下水目标污染物：1,2-二氯乙烷、1,1,2-三氯乙烷。

水文地质：污染物主要存在于第四系松散岩类孔隙水含水层，该含水层地下水水位埋深为 1.84～3.48 m，含水层厚度为 0.50～7.20 m，渗透系数为 3.5～18.8 m/d。

工程量：修复面积为 72 313 m^2。

修复目标：1,2-二氯乙烷 1.06 mg/L、1,1,2-三氯乙烷 0.563 mg/L。

修复技术：抽出处理技术。

7.1.5.2　水文地质条件

（1）地形地貌

研究区地形整体东北高、西南低，东北为挖方区，地势较陡，坡度约为 4%，地貌类型为侵蚀低山丘陵；西南为填方区，地势较平缓，坡度为 0.4%～0.7%，地貌类型为人工堆积平地。

（2）地层岩性

挖方区地表裸露青白口系中风化页岩。填方区从上到下依次为第四系素填土、淤泥质黏土、粉质黏土、含砾石黏土、青白口系中风化页岩、中风化石灰岩。

（3）地下水类型与含水层特征

①松散岩类孔隙水

第四系松散岩类孔隙水分布于填方区，主要赋存于人工填土中，人工填土主要由黏性土、碎石混杂而成，碎石成分主要为灰岩。含水层厚度为 0.50～7.20 m，渗透系数为 3.5～18.8 m/d，涌水量为 61.8～342.4 m^3/d。地下水水位埋深为 1.84～3.48 m，水力坡度一般为 1.4‰～3.3‰。

含水层底板主要为淤泥质黏土层、粉质黏土层、含砾石黏土层，连续性好，厚度为 5.10～11.80 m。

②岩溶裂隙水

青白口系岩溶裂隙水在填方区和挖方区均有分布，主要赋存于石灰岩中，岩石较破碎。地下水水位埋深为6.56～17.45 m，水力坡度较大（9.6‰）。

（4）地下水补径排特征

①松散岩类孔隙水

主要接受大气降水、挖方区地下水侧向径流补给、高潮时的海水补给，另外在治理前园区污水管道泄漏也是该层地下水的补给源。

地下水接受补给后，整体自东北向西南海域径流。同时填方区受海洋潮汐作用，近海岸地带地下水随海洋动力进行周期性往返运动。

地下水排泄方式为向海洋水平径流排泄和蒸发排泄；由于浅层地下水隔水底板较厚，向深层岩溶裂隙水的越流排泄量可以忽略不计。

②岩溶裂隙水

主要接受研究区外深层岩溶裂隙水侧向补给，同时挖方区地表裸露基岩接受大气降水入渗补给，地下水自东北向西南径流，向海洋径流排泄。

（5）水化学特征

按照舒卡列夫地下水水化学分类，浅层地下水主要为Cl-Na型，其次为Cl-Na·Mg型、Cl-Ca·Na型、Cl-Na·Mg型、SO_4·Cl-Na型，与海水关系密切；深层岩溶水从海边到内陆具有明显的分带性，水化学类型依次为Cl-Na型、Cl-Na·Ca型、HCO_3·Cl-Na·Ca型，说明岩溶水既受到海洋的影响，又受到研究区外淡水的影响。

（6）地下水动态

浅层地下水动态明显受到海洋潮汐的影响，与当地不规则半日潮型相似，但水位变幅很小，小于5 cm。浅层地下水从海边到内陆的水位变幅逐渐减小，说明填方区地下水从海边到原地貌区受海水潮汐影响的程度逐步降低。化工园区浅层地下水丰水期水位较枯水期平均高0.036 m。

7.1.5.3 地下水污染状况

2018年8月、9月园区例行监测发现，化工园区M09号监测井地下水高锰酸盐指数、硝酸盐氮、氨氮、挥发酚和氟化物超过地下水Ⅳ类标准。

2019年4月初步调查结果显示，M09号监测井地下水超标因子为硫化物、溶解性总固体、硫酸盐、氯化物、锰、耗氧量、氨氮、钠、二氯甲烷、氯乙烯、1,1-二氯乙烯、毒死蜱、石油类等。

2019年6月详细调查结果显示，填方区浅层地下水有32项检测因子超过GB/T 14848—2017Ⅳ类标准，分别为总硬度、溶解性总固体、硫酸盐、氯化物、钠、锰、耗氧量、氨氮、挥发酚、1,2-二氯乙烷、钴、二氯甲烷、镍、硫化物、铁、1,1,2-三氯乙烷、1,2-二氯丙烷、硝酸盐、氯仿、苯、甲苯、氯乙烯、1,1-二氯乙烯、三氯乙烯、四氯乙烯、镉、铝、阴离子表面活性剂、pH、铍、氟化物、顺式-1,2-二氯乙烯。填方区超标指标大部分集中于 SMD05 周边，个别指标在 SMD07、SMD09、SMD17 超标。挖方区浅层地下水中仅有总硬度 1 项超过 GB/T 14848—2017 Ⅳ类标准。深层岩溶水中氯化物、总硬度、挥发酚、二氯甲烷、耗氧量、阴离子表面活性剂、硫酸盐、溶解性总固体、钠 9 项超过 GB/T 14848—2017 Ⅳ类标准。

风险评估结果表明：填方区浅层地下水中 1,2-二氯乙烷致癌风险大于 10^{-6}，1,1,2-三氯乙烷非致癌风险可接受水平大于 1，填方区浅层地下水风险不可接受。深层岩溶水中，关注污染物致癌风险小于 10^{-6}，非致癌风险可接受水平小于 1，对人体不存在健康风险。

7.1.5.4 地下水污染修复目标

基于风险评估结果，本地块浅层地下水中关注污染物的修复目标值如表 7-13 所示。

表 7-13 地下水修复目标值 单位：mg/L

污染物	计算风险控制值	Ⅳ类标准值	管控修复目标值	场地最大浓度
1,2-二氯乙烷	1.06	0.04	1.06	12.3
1,1,2-三氯乙烷	0.563	0.09	0.563	9.48

管控修复范围全部位于填方区浅层地下水，管控修复范围为 72 313 m^2。管控修复范围内的含水层厚度为 2.6～3.1 m，有效孔隙度取 0.2，则需要管控修复的地下水体积约为 44 000 m^3。污染地下水修复范围如图 7-18 所示。

图 7-18 管控修复范围

7.1.5.5 地下水污染修复技术筛选

该项目地下水污染修复利用抽出处理技术。

目前常用的地下水抽出方式包括抽水井抽出、集水井截流及集水槽截流三种。该场地的地下水埋深较浅，含水层厚度仅为 3 m，且渗透系数不大，利用抽水井抽水，布井较多；利用大口井集水，纵然井径较大，但集水效果也较为有限；根据场地的水文地质特征，利用集水槽的方式，能够大幅增加地下水的汇水面积，保障较大的抽水量，且由于开挖深度较小，经济性较好。为此，该场地选用集水槽的方式进行抽出处理。

7.1.5.6 地下水污染修复工程设计及施工

本项目抽出处理工程主要包括集水槽和地面污水处理系统。

（1）集水槽施工

集水槽设置在 M09 监测井的下游。集水槽长度设计为 20 m，宽度 2 m，开挖深度 6.0 m，槽内布设 4 眼抽水竖井（2 用 2 备），竖井在集水槽中均匀布设。

集水槽开挖后，在槽内填充砾石，并在槽内布设抽水竖井（图 7-19）；集水槽顶部需进行硬化密封，硬化厚度为 30 cm。竖井管材采用 U-PVC，井外径 250 mm（图 7-20）。集水槽设计抽水量 58 m^3/d。

放线

钢板桩支护

开挖

竖井井筒吊放

填砾

拔桩

成槽

洗井及井台建设

图 7-19　集水槽及抽水竖井施工

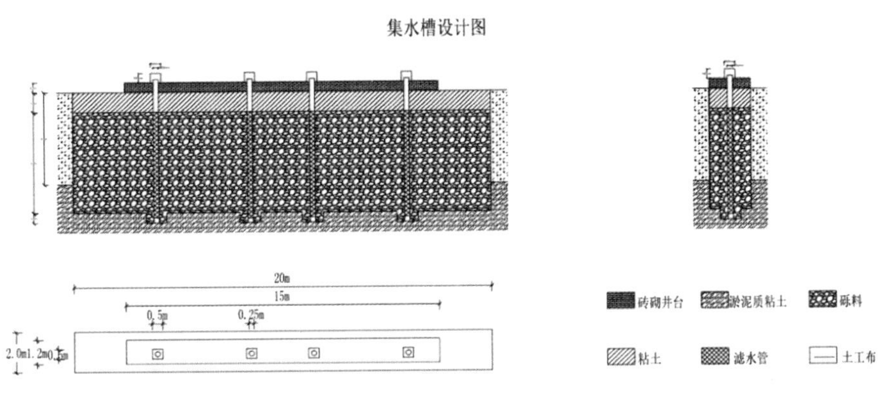

说明：

1、集水槽长度20m，宽度2m，深度6m，竖井处6.5m。

2、集水槽滤料材质为花岗岩，粒径0.5~2.5cm，级配填入。

3、土工布400g/m，敷设双层。

4、竖井井管材质UPVC，口径250mm，厚度6mm；滤水管共8排，孔径0.5cm，孔距5cm；尼龙材质滤网，80目，包裹2层。

5、集水槽井台长度15m，宽度1.2m，高度0.7m，主材空心砖，M10砌筑砂浆及抹面。

6、井口防护箱材质不锈钢，500mm*500mm*500mm，厚度3mm。

图 7-20　集水槽设计

（2）污水处理系统

①污水处理量

集水槽和污水处理站于 2019 年 12 月 16 日开始运行，运行过程中集水槽抽水量约 63 m^3/d，满足设计抽水量要求。

②污水处理排放标准

抽出的污染地下水经自建的污水处理站处理后，进入园区污水处理厂，其排放限值需满足园区污水处理厂进水标准。园区污水处理厂进水水质指标见表 7-14。1,2-二氯乙烷和 1,1,2-三氯乙烷需满足修复目标值。

表 7-14 地下水污染物出水要求

控制项目名称	污水处理厂进水标准	浅层地下水修复目标值
pH	6～9	—
化学需氧量（COD_{Cr}）/（mg/L）	500	—
氨氮/（mg/L）	30	—
总氮/（mg/L）	50	—
总磷/（mg/L）	5	—
1,2-二氯乙烷/（mg/L）	—	1.06
1,1,2-三氯乙烷/（mg/L）	—	0.563

③自建污水处理站处理工艺流程

试验表明，化学氧化加混凝沉淀作用去除污水中的 COD 效果更佳。通过对比不同药剂量的混凝沉淀和化学氧化的组合试验，结合现场实际情况，为了方便现场实施、节约投资，确定采用先化学氧化然后混凝沉淀的工艺流程。现场污水处理工艺流程如图 7-21 所示，污水处理设备及污水处理站外观如图 7-22 所示。

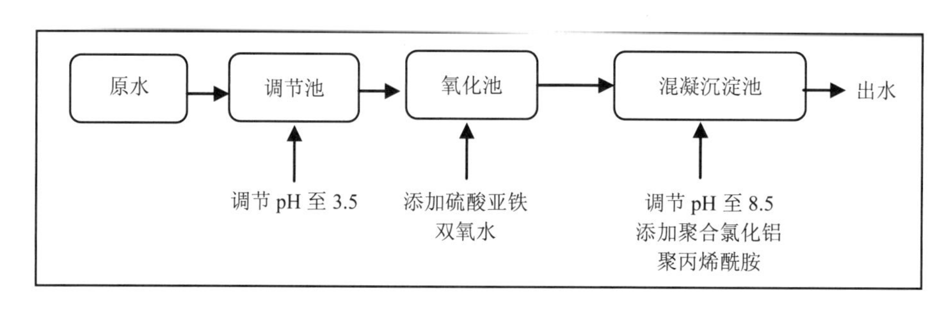

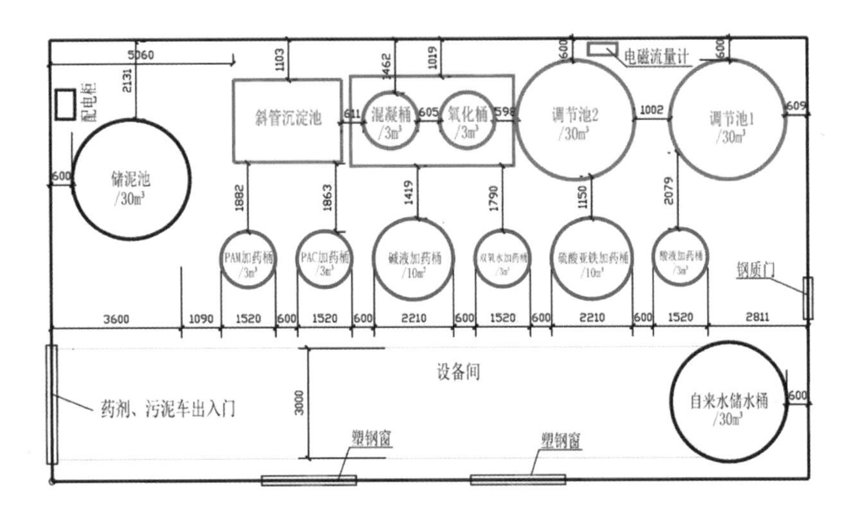

图 7-21　现场污水处理工艺流程

图 7-22　水处理设备运行

7.1.5.7 运行监测情况

该项目集水槽和污水处理站于 2019 年 12 月 16 日开始运行，截至 2020 年 11 月 30 日，累计地下水抽水量 24 897 m^3。2020 年 12 月已进入效果评估阶段。

（1）集水槽和 M09 点位地下水水质变化

①自 2019 年 12 月以来，除 2020 年 3 月中旬 M09 点位的 1,2-二氯乙烷浓度为 1.99 mg/L 以外，其余监测时间点集水槽和 M09 点位的地下水中的 1,2-二氯乙烷浓度已低于管控修复目标值 1.06 mg/L，基本达到管控修复目标。

②自 2019 年 12 月底以来，集水槽和 M09 监测井 1,1,2-三氯乙烷浓度已低于管控修复目标值 0.563 mg/L，达到管控修复目标。

③自 2019 年 12 月以来集水槽地下水 pH 变化范围为 6.17～6.94，已达到地下水质量Ⅲ类、Ⅳ类。

④自 2019 年 4 月调查以来，在 2019 年 7 月 10—28 日，利用集水槽处的监测井开展抽水试验，观测地下水水质变化，在 2019 年 9 月初，集水槽建设完成后持续抽水至 2020 年 11 月 30 日。根据历时水质检测数据，可绘制集水槽和 M09 监测井的水质浓度变化历时曲线（图 7-23）。从图 7-23 中可以看出：集水槽和 M09 监测井地下水中的 1,2-二氯乙烷、1,1,2-三氯乙烷和 COD_{Cr}、COD_{Mn} 的浓度大幅降低，管控修复效果非常显著。但 2020 年 3 月企业复产后，M09 监测井的 1,2-二氯乙烷、1,1,2-三氯乙烷和 COD 浓度出现波动现象，但总体呈现降低的变化趋势，表明地下水污染主要为存量污染。

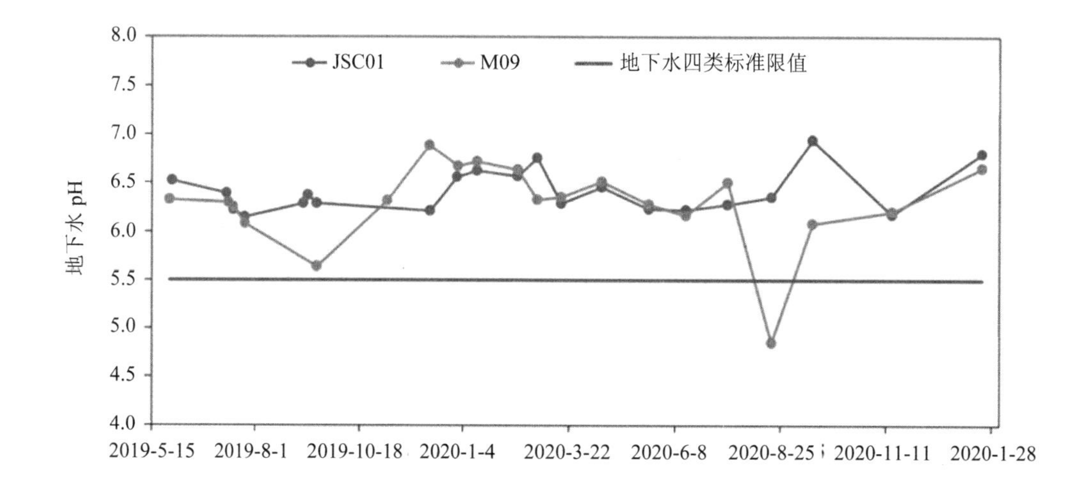

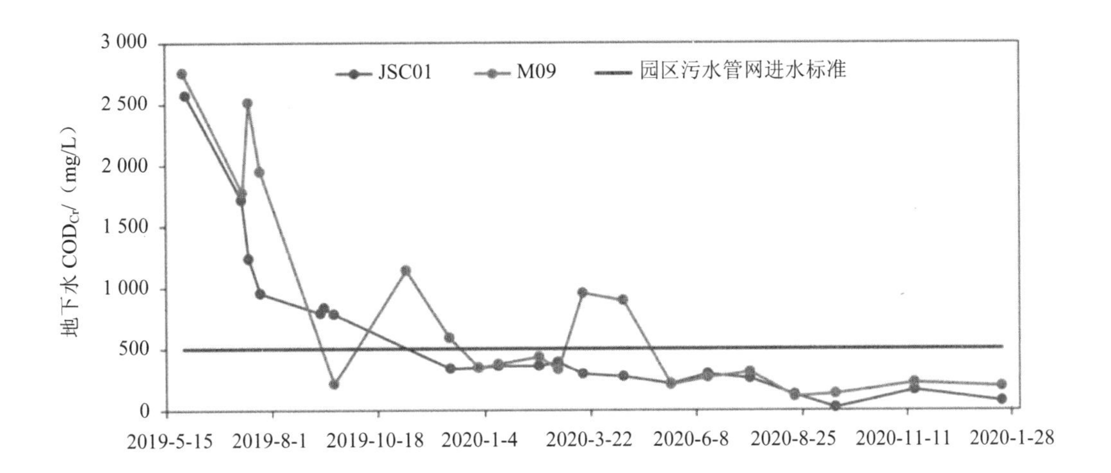
3 000
2 500
2 000
1 500
1 000
500
0
地下水 COD_{Cr}/（mg/L）
JSC01
M09
园区污水管网进水标准
2019-5-15
2019-8-1
2019-10-18
2020-1-4
2020-3-22
2020-6-8
2020-8-25
2020-11-11
2020-1-28

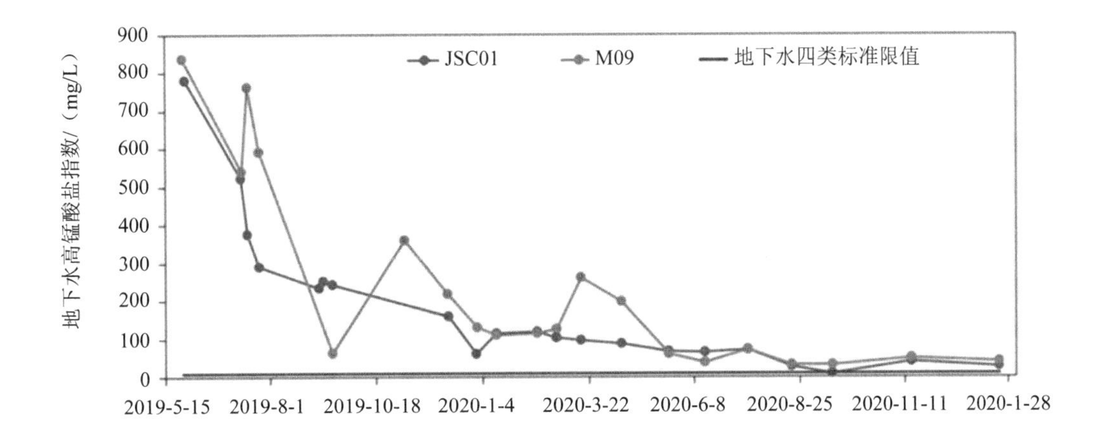
900
800
700
600
500
400
300
200
100
0
地下水高锰酸盐指数/（mg/L）
JSC01
M09
地下水四类标准限值
2019-5-15
2019-8-1
2019-10-18
2020-1-4
2020-3-22
2020-6-8
2020-8-25
2020-11-11
2020-1-28

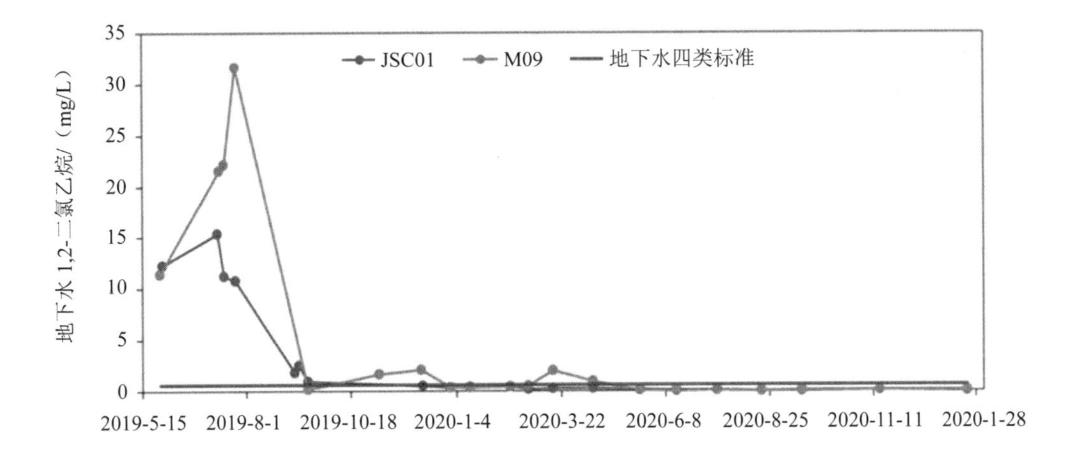
35
30
25
20
15
10
5
0
地下水 1,2-二氯乙烷/（mg/L）
JSC01
M09
地下水四类标准
2019-5-15
2019-8-1
2019-10-18
2020-1-4
2020-3-22
2020-6-8
2020-8-25
2020-11-11
2020-1-28

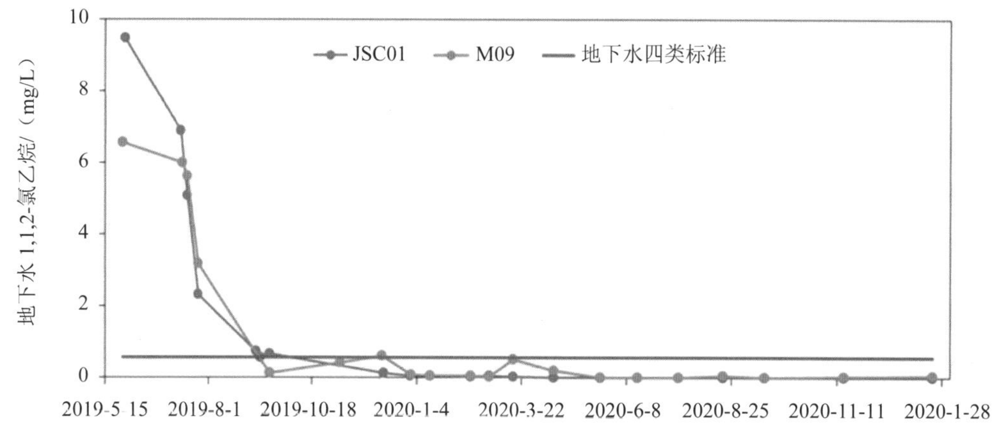

图 7-23　集水槽和 M09 监测井地下水水质历时变化曲线

（2）地下水管控修复范围水质情况

按照监测方案，目前已完成管控修复范围内 28 眼监测井的 13 次地下水采样及其分析测试。总结分析如下：

①根据 13 次检测数据，自 2019 年 12 月底以来，28 眼监测井的 1,1,2-三氯乙烷浓度均低于管控修复目标值 0.563 mg/L，1,1,2-三氯乙烷达到管控修复目标。

②1,2-二氯乙烷超过管控修复目标值的超标井数、超标井号及最大浓度值如表 7-15 所示。管控修复范围内 1,2-二氯乙烷超标点数呈降低趋势，2020 年 4 月中旬仅生产车间下游的 XW15 监测井的浓度（1.59 mg/L）超出管控修复目标值（1.06 mg/L）。2020 年 5 月以后至今管控修复范围内 1,2-二氯乙烷无超标点位，管控效果明显。

表 7-15　1,2-二氯乙烷超标井数、超标点位一览表

检测时间	超标井数/口	超标点位	浓度最高点浓度值/（mg/L）
2019 年 12 月中旬	4	XW02、XW01、NW02、M09	M09：2.05
2019 年 12 月底	5	XR03、XW15、XW01、SMD13、NW02	XW15：2.90
2020 年 1 月中旬	4	XR01、XW15、NW02、SMD13	XW15：2.49
2020 年 2 月中旬	4	XR03、XW15、XW03、NW02	XW15：1.85
2020 年 2 月底	2	XW15、NW02	XW15：1.7
2020 年 3 月中旬	3	M09、XW15、XW03	M09：1.99
2020 年 4 月中旬	1	XW15	XW15：1.59
2020 年 5 月中旬	0	—	XR03：0.646
2020 年 6 月中旬	0	—	NW02：0.692
2020 年 7 月中旬	0	—	NW02：0.563

检测时间	超标井数/口	超标点位	浓度最高点浓度值/（mg/L）
2020 年 8 月中旬	0	—	NW02：0.556
2020 年 9 月中旬	0	—	NW02：0.366
2020 年 11 月中旬	0	—	XW15：0.495

2020 年 5 月以后 1,2-二氯乙烷的高值点为 XR03、XW15 及 NW02 监测井，XR03、XW15 位于某化工厂 ASE 车间下游，NW02 在两个化工厂之间的空地中。2020 年 11 月中旬管控修复范围内 1,2-二氯乙烷无超标点位，地下水中 1,2-二氯乙烷的浓度高值点仍主要位于生产车间下游及原地下污水管线附近。

③与管控修复前相比，COD_{Cr} 浓度大幅降低，范围缩小。

④自 2020 年 5 月以后，某化工厂内无超标监测井。生产车间下游地下水 1,2-二氯乙烷的浓度随着时间推移有一定程度的波动，但其浓度整体呈现降低的变化趋势，表明地下水的污染大多是存量污染（表 7-16、图 7-24）。

表 7-16　生产车间下游监测井 XW15 和 XR03 水质浓度历时变化　单位：mg/L

采样日期	XW15		XR03	
	1,2-二氯乙烷	1,1,2-三氯乙烷	1,2-二氯乙烷	1,1,2-三氯乙烷
2019/09/15	1.54	0.043 1	0.524	0.001 5
2019/12/09	0.195	0.004 1	0.841	0.032 8
2019/12/30	2.9	0.128	1.66	0.044
2020/01/14	2.49	0.13	0.897	0.018 7
2020/02/13	1.85	0.092 2	1.25	0.017 7
2020/02/27	1.7	0.156	0.856	0.007 7
2020/03/16	1.57	0.076 7	0.770	0.009 2
2020/04/15	1.59	0.001 5	0.583	0.004 4
2020/05/20	0.047	0.002 5	0.646	0.020 8
2020/06/17	0.375	0.011 2	0.444	0.008 3
2020/07/17	0.348	0.011 7	0.415	0.020 4
2020/08/18	0.149	0.013 9	0.169	0.017 8
2020/09/18	0.007 8	0.001 9	0.047 1	0.021 7
2020/11/17	0.495	0.023	0.216	0.014

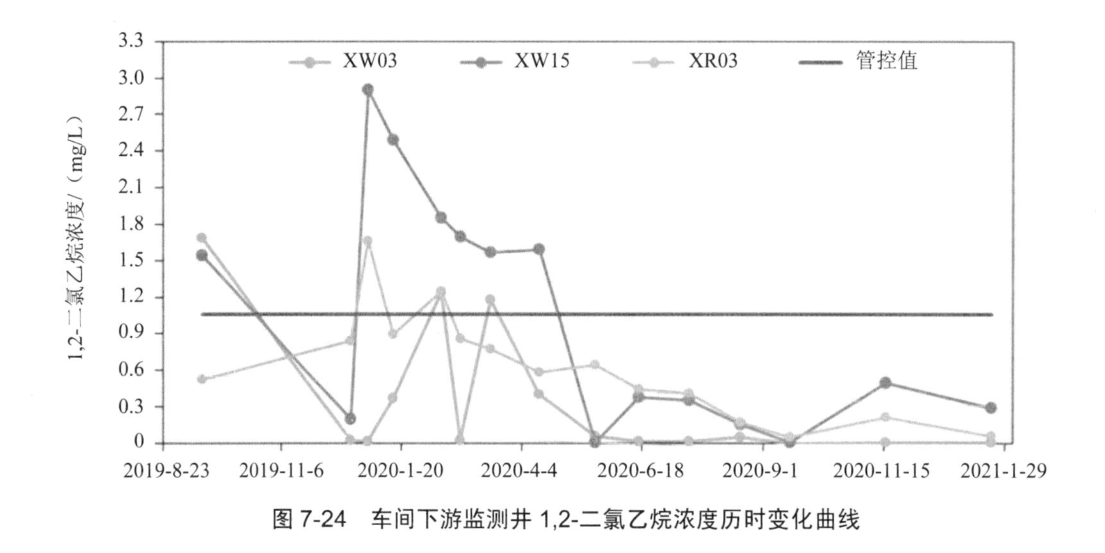

图 7-24 车间下游监测井 1,2-二氯乙烷浓度历时变化曲线

同时，在 2020 年 5 月上旬，该化工厂又进行了自查工作，清理了导排沟，停用了氯化车间的污水提升池，消除了诸多可能产生污染的隐患，这些举措都有利于地下水水质的好转。

⑤除生产车间下游以外，厂内污水提升池、事故池、污水处理站附近的监测井的 1,2-二氯乙烷浓度变化也总体呈降低的趋势（图 7-25～图 7-27）。

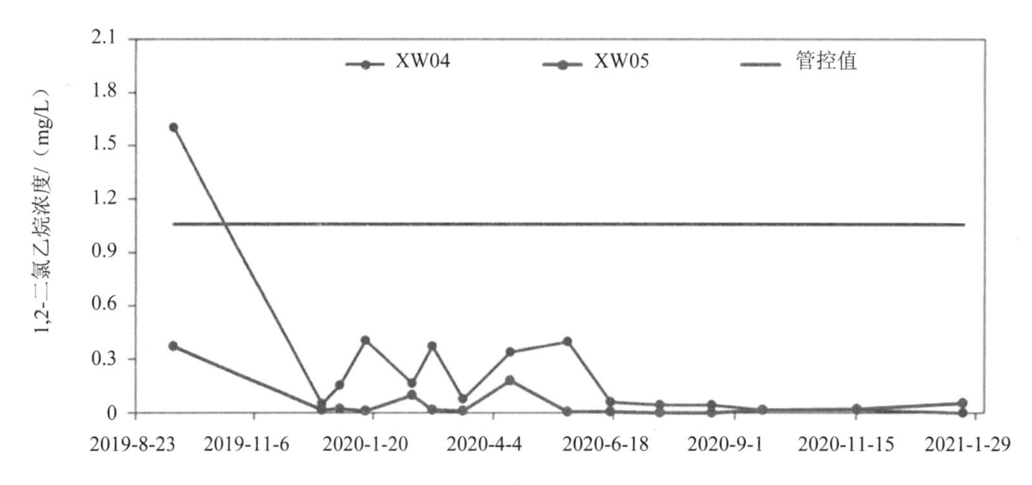

图 7-25 污水提升池两侧监测井 1,2-二氯乙烷浓度历时变化

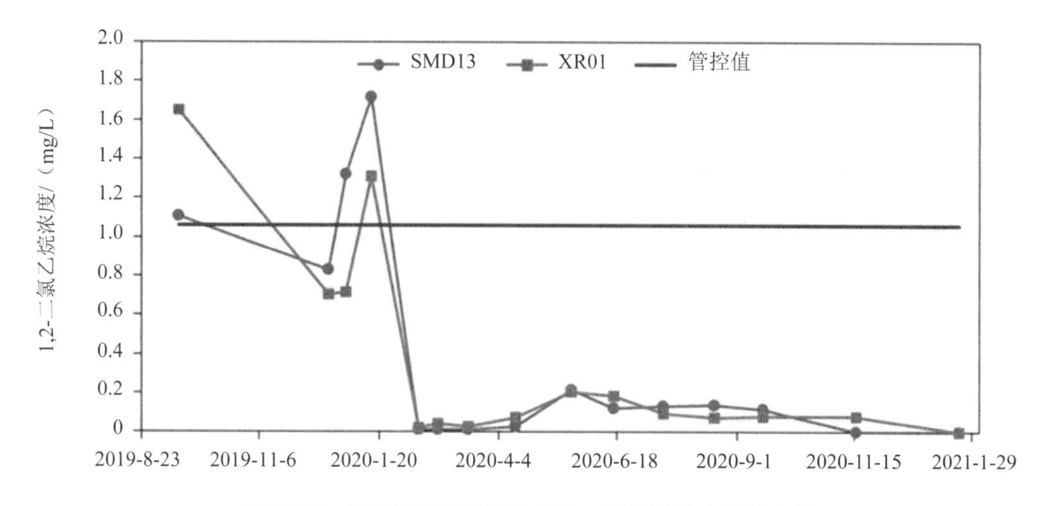

图 7-26 事故池附近监测井 1,2-二氯乙烷浓度历时变化

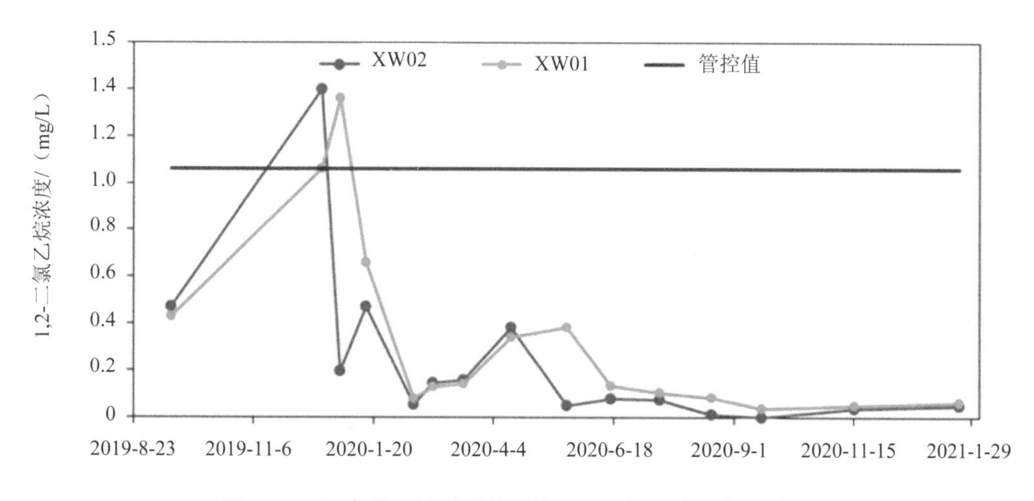

图 7-27 污水处理站附近监测井 1,2-二氯乙烷浓度历时变化

（6）管控修复区域外围 NW02、NW05、NW07 和 NW08 等监测井 1,2-二氯乙烷浓度总体呈降低趋势（图 7-28、图 7-29）。

自 2020 年 5 月中旬以来，管控修复范围内地下水中 1,2-二氯乙烷和 1,1,2-三氯乙烷浓度值已达到管控修复目标值以下，抽水管控效果显著。至 2020 年 11 月底，抽水管控工作结束，目前已进入效果评估阶段。

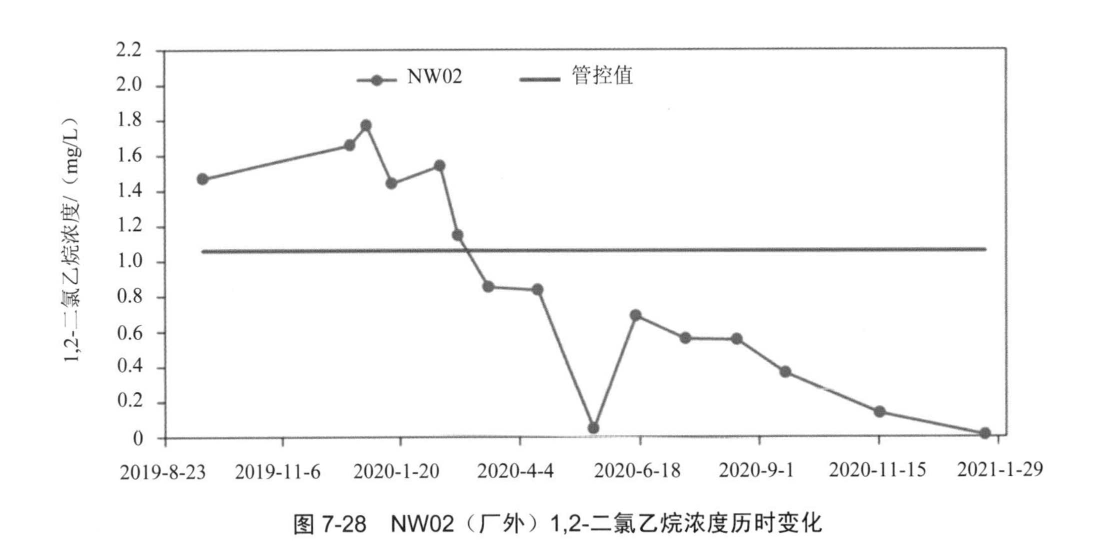

图 7-28　NW02（厂外）1,2-二氯乙烷浓度历时变化

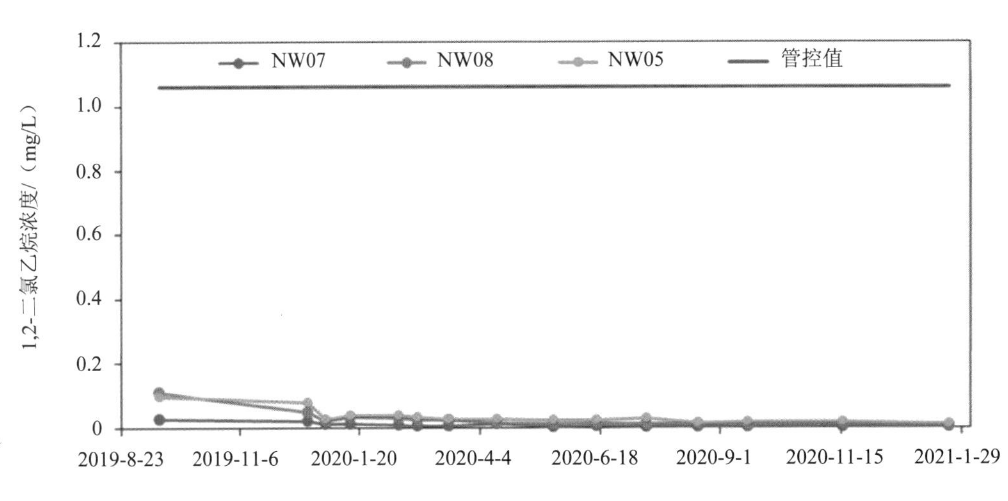

图 7-29　管控修复范围下游监测井 1,2-二氯乙烷浓度历时变化

7.1.5.8　建设及运行成本分析

该项目总成本约为 521 万元，详细构成如表 7-17 所示。其中，建设成本约为 119 万元，运营和维护成本约为 269 万元，补充调查成本约为 133 万元。

表 7-17　建设及运行成本构成

序号	项目名称	复审金额/元
一	基础建设部分	1 186 360
1	9#点位周边场地管控修复工程-土建及钢结构工程	690 376
2	9#点位周边场地管控修复工程-电气工程	88 652

序号	项目名称	复审金额/元
3	9#点位周边场地管控修复工程-给排水、通风工程	56 864
4	9#点位周边场地管控修复工程-设备安装工程	350 468
二	运营维护部分	2 692 405
5	污水处理站运营和技术服务	2 692 405
三	补充调查部分	1 325 711
6	补充调查费用	1 325 711
四	合计	5 204 476

7.1.5.9　经验介绍

（1）沿海填方区地下水成因复杂，并非所有的超标因子都由人为污染造成。

该项目位于沿海填方区，地下水成因复杂，在一定程度上受到海水潮汐影响，既有海水的影响，又有来自东北方向淡水的影响，地下水属于混合成因。因此，在分析地下水超标因子时需考虑地下水的成因，并非所有的超标因子都由人为污染造成。

（2）化工园区地下水污染成因复杂

该项目位于正常运营的化工园区内，项目周边化工企业众多，且均是在产企业。若想达到修复目标，必须准确地确定污染来源，并在项目实施前或与管控/修复过程同步进行污染源的排查和清除工作。

（3）结合水文地质条件，保证污染物快速、大量抽出

受污染的浅层地下水的水力坡度很缓，为保证管控修复范围内污染物尽快去除，不对周边环境和人体健康造成危害，选择在地下水污染浓度最高的位置进行抽出处理，以达到快速去除地下水中有机污染物的目的。

7.1.6　天津某化学试剂厂氯代烃污染修复（A 区）

7.1.6.1　工程概况

项目类型：化学品生产企业。

项目时间：2019 年 10 月—2021 年 12 月。

项目经费：2 300 万元。

项目进展：正在开展效果评估。

地下水目标污染物：氯代烃。

水文地质：污染物主要存在于以粉土为主的潜水含水层，该含水层层底埋深 5～5.5 m，隔水底板约为 3 m 厚的淤泥质粉质黏土层。

工程量：修复面积约为 10 000 m^2，污染区域约为 40 000 m^3。

修复目标：地下水中各目标污染物浓度达到风险评估确定的修复目标值。

修复技术："原位热处理+原位化学氧化+多相抽提"修复技术。

7.1.6.2 水文地质条件

根据勘察资料及岩性分层、室内渗透试验结果、现场水位观测结果及区域水文地质资料，场地埋深 25.00 m 以内可划分为 2 个含水层，从上而下分别是潜水含水层、微承压含水层。具体分布如下：

潜水含水层：层底埋深约 5.20 m 以上，人工填土（地层编号①$_1$、①$_2$）、坑、沟底新近淤积层淤泥质粉质黏土（地层编号②）、全新统上组陆相冲积层粉质黏土（地层编号④$_1$）和粉土（地层编号④$_2$）为潜水含水层，其中的全新统上组陆相冲积层粉土（地层编号④$_2$）为主要含水层。

潜水相对隔水层：5.00～8.00 m 段全新统中组海相沉积层淤泥质粉质黏土（地层编号⑥$_2$），厚度为 3.00 m 左右。分布连续，属极微透水层。

微承压含水层：可进一步分为 2 个含水层及 1 个相对隔水层。

第一微承压含水层：场地埋深为 8.00～13.00 m 段全新统中组海相沉积层粉质黏土（地层编号⑥$_4$），其粉土薄层及粉土透镜体为主要含水层，从全场地来说，该层顶板、底板以及厚度有一定变化。

第一微承压相对隔水层：场地埋深为 13.00～17.50 m 段全新统下组沼泽相沉积层粉质黏土（地层编号⑦）和全新统下组陆相冲积层粉质黏土（地层编号⑧$_1$）。该层分布总体稳定，厚度及顶底板标高有变化，属极微透水层。

第二微承压含水层：场地埋深为 17.50～28.80 m 段全新统下组陆相冲积层粉土（地层编号⑧$_2$）和上更新统五组陆相冲积层粉土（地层编号⑨$_2$），该层顶板、底板以及厚度有一定变化。

根据污染场地调查结果，场地仅潜水中部分污染物超过修复目标值，潜水含水层下部各层地下水污染物浓度均未超过修复目标值。因此该工程目标含水层仅涉及潜水含水层。场地典型地层剖面线平面位置及典型地层剖面如图 7-30 所示。

勘察期间测得场地地下潜水水位如下：初见水位埋深为 1.620～2.750 m，相当于标高 −0.190～1.330 m。潜水静止水位埋深为 1.297～2.914 m，相当于标高−0.010～1.480 m。根据水位观测孔水位观测结果绘制潜水水位标高等值线图。由图 7-31 可见，场地潜水水位标高呈南高北低趋势，地下水渗流总体呈自南向北趋势。潜水主要由大气降水补给，以蒸发和向第一微承压水越流等形式排泄，水位随季节有所变化。一般年变幅在 0.50～1.00 m。

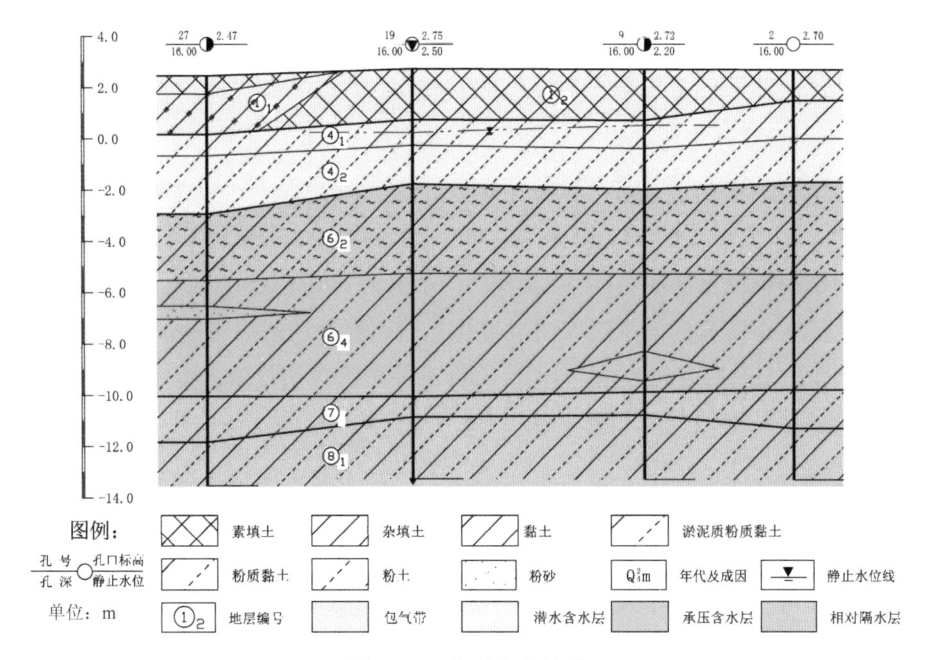

图 7-30　典型水文地质

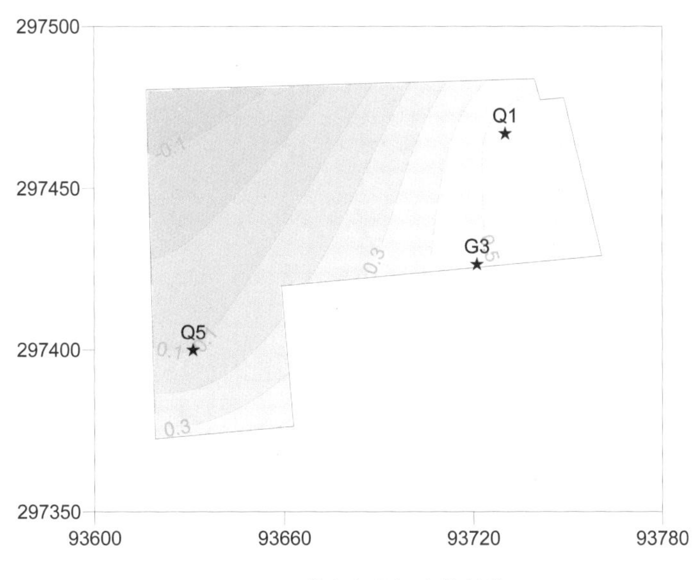

图 7-31　潜水水位标高等值线

根据潜水含水层抽水试验水位恢复期间观测记录的结果可知，绘制抽水井水位埋深随时间变化曲线及计算绘制潜水渗透系数随恢复时间变化曲线，潜水含水层渗透系数随时间推移逐渐收敛于 0.60 m/d，因此潜水渗透系数可取 0.60 m/d，估算潜水含水层影响半径可取 13.90 m。

7.1.6.3 地下水污染状况

根据污染场地调查结果，场地仅潜水中部分污染物超过修复目标值，潜水含水层下部各层地下水污染物浓度均未超过修复目标值。场地潜水中目标污染物以氯代烃类 VOCs 为主。污染场地调查工作于 2015 年 8 月—2016 年 11 月开展，结果显示，地下水中目标污染物超标较严重，其中顺-1,2-二氯乙烯、1,2-二氯乙烷和 1,1,2,2-四氯乙烷超标倍数均超过 20 倍。

7.1.6.4 地下水污染修复目标

根据场地环境详细调查及风险评估报告和补充调查及评估报告的调查结果，场地地下水中目标污染物以氯代烃类 VOCs 为主，污染比较严重，包括氯乙烯、氯乙烷、1,1-二氯乙烯、1,1-二氯乙烷、顺式-1,2-二氯乙烯、1,2-二氯乙烷、三氯乙烯、1,1,2,2-四氯乙烷等共计 8 种目标污染物。

按照健康风险评估结果确定地下水修复目标，具体修复目标如表 7-18 所示。

表 7-18 地下水污染物修复目标值一览表

序号	目标污染物	修复目标值/（μg/L）
1	氯乙烯	90
2	氯乙烷	79.79
3	1,1-二氯乙烯	60
4	1,1-二氯乙烷	50
5	顺式-1,2-二氯乙烯	70
6	1,2-二氯乙烷	40
7	三氯乙烯	210
8	1,1,2,2-四氯乙烷	2

7.1.6.5 地下水污染修复技术筛选

该工程地下水修复技术筛选的过程：调研国内外卤代烃污染地下水修复技术，调研渠道主要包括美国环保局官网、修复技术圆桌会议官网、CNKI 学术数据库、生态环境部以及北京市等发布的污染场地修复相关的标准、技术规范以及技术指南、技术目录等。

根据调研结果，确定对卤代烃污染地下水修复潜在可行的技术，对筛选出的修复技术从技术成熟性、资金需求、工期要求以及技术有效性等方面进行仔细对比，对比结果如表 7-19 所示。经过技术比选确定适用于本场地污染地下水修复的技术包括多相抽提、原位化学氧化、原位热处理。

表 7-19 污染地下水修复技术筛选矩阵

序号	技术名称	技术简介	技术成熟性	工期要求	资金水平	有效性	筛选结果
1	曝气技术	通过将新鲜空气喷射进地下水中，使地下水中VOC挥发出来进入上层土壤中，同时在土壤中设抽提管线，将VOC气体收集处理，从而去除地下水中溶解的有机化学物质。空气喷射技术主要修复非水相液体（NAPLs）特别是挥发性有机物（VOCs）的地下水污染	国外有应用案例，国内研究性质的应用	中期到较长	中等到高	一般	工期要求和资金水平限制，不建议采用
2	抽出处理技术	在污染场地地下水污染区域布设一个或多个抽水井，通过泵抽取地下水，并对抽出的地下水进行处理，使受污染地下水在地面得到合适的处理净化，最后将处理后的地下水排放到地表或回灌。抽出水的净化方法主要采用一些常规的物理、化学和生物处理技术	技术成熟，国内有应用案例	较长	中等	一般	工期要求和资金水平限制，不建议采用
3	可渗透反应格栅	可渗透反应格栅由透水的反应介质组成，它置于污染羽状体的下游，通常与地下水流相垂直。污染地下水通过反应墙时，产生沉淀、吸附、氧化－还原和生物降解等反应，使水中污染物得以去除，在PRB下游流出达到处理标准的净化水	国外有应用案例，国内研究性质应用	较长	较高	一般	工期要求和资金水平限制，不建议采用
4	原位冲洗	原位冲洗是指将冲洗液由注射井注入或渗透至污染区域，携带污染物质到达地下水后用泵抽取污染的地下水，并在地面上去除污染物的过程	国外有应用，国内研究阶段	中至长期	中等	一般	技术应用相对不成熟，不建议采用
5	监测自然衰减	依靠土壤中生物群落降解污染物；且污染物通过自然衰减、分解、挥发和光解等途径降低浓度。需封闭污染区或限制人员在污染区内的活动，且定时对场地进行监测	技术成熟，国内偶有应用	长期	低	一般	技术应用相对不成熟，且工期限制、修复效果较低，不建议采用

序号	技术名称	技术简介	技术成熟性	工期要求	资金水平	有效性	筛选结果
6	原位热解吸	原位热解吸修复技术通过对污染区域（饱和带和非饱和带）加热，使温度达到预定温度，加速污染物向气相的挥发（少数情况存在污染物的降解），从而降低土壤和地下水中污染物浓度。进入气相的污染物，通过气相抽提的方式被收集处理，达标后排放	技术成熟，国内有工程案例	短至中等	较高	好	建议污染较重区域（含 DNAPLs）采用
7	原位化学氧化	将化学氧化剂注入土壤中，目标是将污染物质氧化成二氧化碳和水，或转化为低毒、稳定的化合物。常用的氧化剂有含催化剂的过氧化氢类物质、高锰酸钾、臭氧、过硫酸钠等。要对污染区域进行封闭或对人类活动有限制。要定时对场地进行监测	技术成熟，国内有应用	时间较短	中等	好	建议采用
8	原位化学还原	通过向污染土壤及地下水中加入化学还原剂使污染物通过还原反应无害化的一种修复方法，可用于卤代烃脱氯作用，也可用于铬、汞、银、铅等重金属的还原无害化	技术成熟，国内有应用	中等至长期	中等	一般	国内应用相对较少，且周期略长，不建议采用
9	工程阻隔	采用阻隔墙或封盖技术或下覆层防渗处理后堆存等方式阻断污染物迁移途径，将污染物暂时封存起来	技术成熟，国内有工程案例	短到中等	低	好	建议采用，作为阻隔场外地下水手段
10	多相抽提	多相抽提把气态、水溶态以及非水溶性液态污染物从地下抽吸到地面上的处理系统中，然后再进行分离、收集和处理	国外有应用案例，国内研究性质应用	中至长期	中等	一般	技术应用相对成熟，建议开展应用

该工程采取“原位热处理+多相抽提+原位化学氧化”修复技术路线。结合该工程场地特征、污染概况、治理目标、场地现状等，有针对性地进行场地概念模型分析，细化并提出本场地总体修复技术路线，如图 7-32 所示。

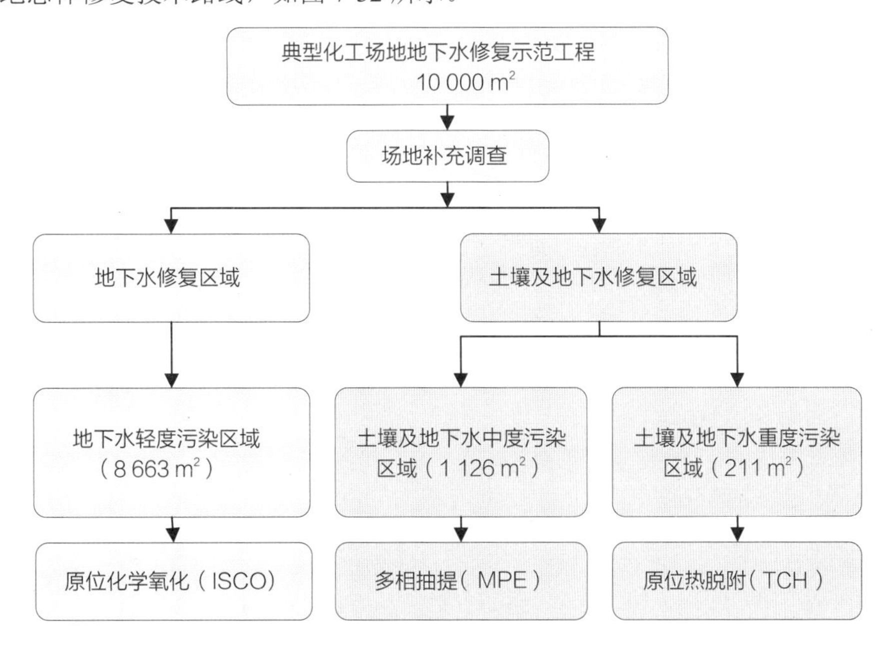

图 7-32　总体修复技术路线

该工程采取彻底清除污染源的手段进行修复，确保后期人员的健康与环境安全。该区域可划分为土壤及地下水重度污染区域、土壤及地下水中度污染区域和地下水轻度污染区域。对各个区域的修复技术路线如下所述。

对于土壤及地下水重度污染区域，采用原位热解吸技术进行修复。此区域土壤及地下水污染相对较重，宜采取原位热解吸技术进行处置。处置完成后进行自检，如存在不合格情况则重新对不合格污染区进行原位热解吸处理，直至其合格。

对土壤及地下水中度污染区域采用多相抽提技术进行修复，主要针对潜水污染进行修复。处置完成后进行自检，如存在不合格情况则重新对不合格污染区进行多相抽提处理，直至其合格。

对地下水轻度污染区域，采用原位化学氧化技术进行处置。该技术已在国内多个污染场地上成功应用，可将地下水中的苯系物类、卤代烃类污染物降解为无毒无害的无机物，且工程应用成熟，适用于该场地轻度污染地下水的修复。氧化药剂注射完成并反应一定周期后，进行自检，如存在不合格情况，则重新对不合格污染区进行原位化学氧化修复，直至其合格。

7.1.6.6 地下水污染修复工程设计及施工

该工程根据工艺设计思路，地下水修复大致分三个阶段进行。

第一阶段：场地平整等施工前准备阶段、场地补充调查、中试实施；

第二阶段：主要为阻隔止水屏障施工；

第三阶段：主要包括原位修复施工与监测。

（1）多相抽提工艺

1）工艺参数

多相抽提工艺根据经验参数（渗透系数、地下水位降深、影响半径等）对多相抽提区进行布置设计，经参数测试后，可进行调整（表 7-20）。

表 7-20 多相抽提设计参数

技术名称	多相抽提技术
修复介质	2～6 m 范围内污染地下水
修复规模	1 126 m^2
目标污染物	氯代烃类 VOCs
技术要求	处理周期：6 个月
	真空风机数量：2 台，单台抽气能力为 400 m^3/h。 抽水泵数量：24 台，单台抽水量 2 m^3/h
	配套设施：管路系统、地下水处理设施（1 套，处理能力 5 m^3/h），共用模块化水处理设备尾气处理系统（1 套，处理能力 1 000 m^3/h），做好全过程的二次污染防治措施
	抽提井井距离：4.5 m
	真空泵最佳真空度：−20 kPa
	化学氧化药剂选择：芬顿试剂，根据地下水浓度配置芬顿试剂浓度
	系统运行方式：连续抽出—化学氧化运行
	尾气排放：满足《大气污染物综合排放标准》（GB 16297—1996）
	尾水处理标准：满足《污水综合排放标准》（GB 8978—1996）

2）多相抽提井及注入井布设及井结构设计

多相抽提区域污染地下水范围内（深度 2～6 m）按照 4.5 m 的井间距布设 4 排多相抽提井，每排 6 口，共 24 口多相抽提井。同时布设 3 排共 7 口注入井。多相抽提区域铺设 10 cm 厚度混凝土硬化地面。

3）多相抽提井及注入井建设

多相抽提井及注入井均用 SH30 钻机和水文钻进行施工。其工作顺序为首先用 SH30 钻机进行地层勘察，精确确定地层结构，以便设计各井滤水管位置，砾料层厚度等参数；其次用水文钻进行施工，建井深度约为 7 m，具体深度根据地层结构确定；最后开展相应的成井等工作（表 7-21）。

表 7-21　建井参数及工作量

序号	井类型	规格型号	井数量/口
1	多相抽提井	孔径 600 mm、井径 316 mm，管材为 316 mm 的 UPVC 和 ϕ20 mm、ϕ20 mm、ϕ32 mm 不锈钢，深度为 7 m	7
2	注入井	孔径 600 mm、井径 200 mm，管材为 UPVC，深度为 7 m	24

多相抽提井及注入井施工流程：先用 GPS 确定钻孔位置，然后平整场地、稳定钻机后准备开钻，钻探进程中做好记录，终孔后成井，包括下井管、填砾、止水、洗井等，所有工作结束，恢复场地后撤离。

多相抽提系统施工、调试完成后即开始多相抽提连续运行，对中度污染区地下水进行修复。系统连续运行 139 d，每天运行 9～10 h。24 个抽出井总抽出水量 1 057 m^3，各抽出井根据井水位自动控制潜水泵启停。24 个抽出井总抽气流量为 183.26～251.01 m^3/h，总真空表读数为−0.013～−0.02 MPa。总注入氧化药剂量 58 968 L。每次注入氧化药剂的总流量为 1 200 L/h；每口井分为上午和下午两个时间注药，注入药剂总共 7 轮次，每轮次注入 1 min；注入井压力达到 275 kPa 时要暂停注入。

（2）原位热解吸工艺

原位热解吸工艺主要包括加热系统、尾水尾气处理系统、智能化、自动化控制系统（图 7-33）。

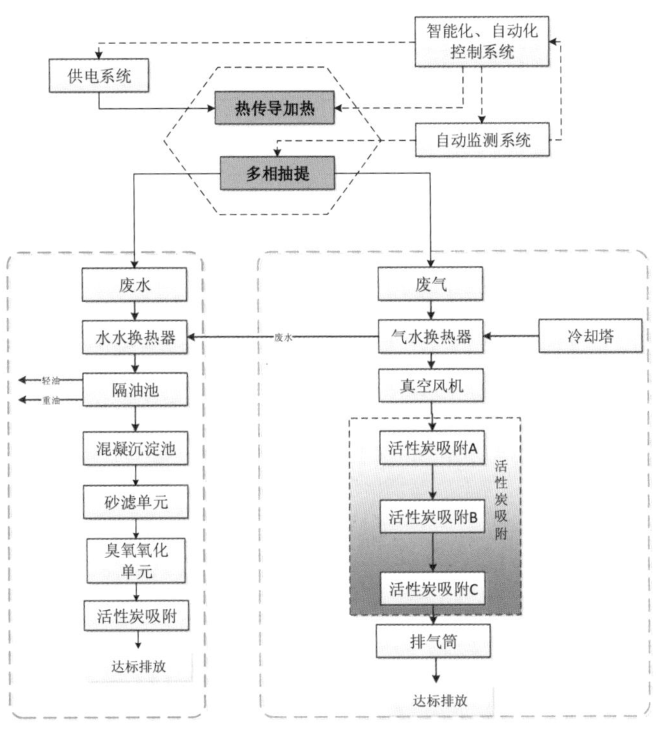

图 7-33　原位热解吸工艺流程

1）原位热解吸的关键工艺参数

①加热区目标温度

原位热解吸的加热温度应充分考虑加热区目标污染物的沸点、蒸汽压。沸点越低，越有利于污染物从土壤或地下水中解吸出来。饱和蒸气压相对较大，饱和蒸气压越高，越有利于污染物从土壤或地下水中解吸出来。根据场地污染情况，确定加热温度为 120℃，局部含高沸点污染物的区域加热到 200℃。

②污染物浓度

污染物浓度高的时候，污染物较容易从土壤或地下水中解吸、挥发，随着原位热解吸的推进，土壤或地下水中污染物浓度逐渐降低，其解吸、挥发的程度随之降低，最后达到气相和固相平衡。

③加热井深度及加热区间

采用热传导工艺，可以实现原位热解吸、定深加热。为了确保污染物被彻底清除，加热井深度一般深于目标污染区 1 m；同样的加热段上端一般高于目标加热区 1 m。

④加热井距离、布设方式

加热井按照等边三角形布设，确保每个加热井传热区域均匀覆盖污染区。加热中试区设计加热井距离根据中试结果进行后续设计。

⑤抽提井距离、布设方式

抽提井布设方式与加热井类似，抽提井均匀布设，确保覆盖一定的加热井，使地下污染物能快速抽提至地面尾水尾气处理设备、抽提井的距离也将根据中试结果进一步优化。抽提井均匀分布在加热井周围，并保证抽提井的有效抽提范围能覆盖全部中试区域并尽量减少重叠，边界进行适当地加密布点，原则上加热井与抽提井数量比约为 2∶1。

2）机械设备

该工程采用的通电热传导方式的原位热解吸装置包括供电装置、加热井与抽提井、多相抽提装置、温度监控装置、尾气处理单元和污水处理单元。

①加热井和抽提井

加热井的加热电偶最高温度可达到 600～800℃。每个电阻配备一个测温热电偶，目的在于高温保护和同时能控制温度和能量传递，加热井的功率由开关电源的变速器控制。

加热井将用钢管制成，每根管下端设有开槽。在抽提井放置多相抽提装置，以便能实现污染水、汽的分离和采样，抽提井经由气提泵连接到抽提管道，所有抽提井、金属软管和主管道组成了整个抽提网系统。

②尾水、尾气处理系统

针对原位解吸产生的含污染物的高温水汽，配套专门的尾气和尾水处理系统，达标后排放。

主要单元分别为：①尾水处理模块：尾水处理单元主要包括水水换热器、隔油池、混凝沉淀单元、砂滤、臭氧氧化单元、活性炭吸附单元等；②尾气处理模块：主要包括水冷换热器、三级活性炭吸附单元；③全自动控制单元：配备国内最先进的废气处理全自动控制系统，主要元器件采用国际知名品牌，具有稳定、高效、节能等优点。此外，系统在排放口设置在线检测仪，实时监测尾气排放浓度，并设置超标报警提示。

3）施工及运行

原位加热工艺区为污染土壤和地下水复合区域，面积为 278.9 m^2，污染深度为 2～10 m，涉及修复方量 2 231.2 m^3。采用电加热的方式、正三角形布点方法进行加热井布点，抽提井均匀分布在加热井周围。经电热脱附后，地下水中污染物绝大部分已向液相和气相转化并被有效抽提（图 7-34）。

图 7-34 原位加热施工现场照片

（3）原位化学氧化工艺

综合考虑工程施工的安全性、药剂自身氧化能力、使用方便性以及国内设备的可获得性，该工程污染地下水的原位化学氧化修复拟采用活化过硫酸盐药剂，配成溶液状态后注入含水层，用于去除土壤及地下水中的氯代烃、苯系物等有机污染物质。对轻度污染地下水区域进行修复，为保证土壤及地下水修复效果，采用高压旋喷注射工艺进行原位氧化药剂的注入；该工艺可使药剂快速扩散至土壤和地下水中，对该场地的粉质黏土类地层也有很好的修复效果，其修复工艺流程如图 7-35 所示。

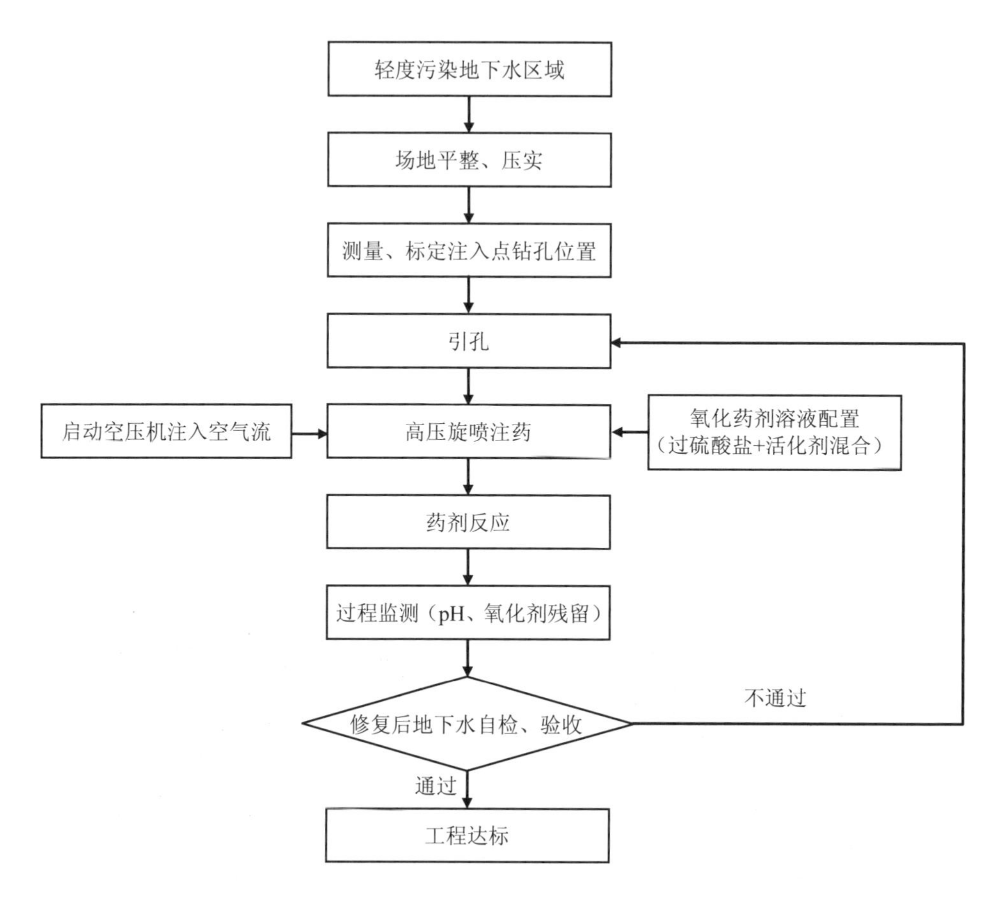

图 7-35　原位化学氧化工艺流程

工艺流程包括：场地准备、测量放线布点、引孔、药剂注入及过程监测、采样自检及验收。高压注射修复采用二重管：利用气、液流体，自下而上切割土体的同时在地层中扩散，实现修复药剂与土壤及地下水的充分混合。喷射钻杆下钻至设计修复最大深度后，开启高压注浆泵，喷射高压液流的同时喷射压缩空气，通过旋喷钻机自带的自动提升机构自下而上边提升边旋转钻杆；药剂喷射至修复设计顶面标高后，停止高压注浆泵，压缩空气继续喷射至完全提钻后停止供气；所述药剂喷射过程空气压缩机的空气压力保持在 0.7～0.8 MPa，高压注浆泵注射压力为 25～30 MPa，注浆流量为 20～120 L/min，提升速度为 20～30 cm/min，药剂扩散半径达到 0.8～3.5 m。该工程目标污染含水层为砂质粉土层，设计扩散半径为 1.8 m。

经过比选，该工程原位化学氧化选用过硫酸盐作为氧化剂，同时使用液碱作为活化剂，使过硫酸盐更充分地氧化、降解地下水中的有机污染物。根据项目经验，并结合该场地地下水中卤代烃、苯系物等 VOCs 类污染物的浓度，合理确定药剂投加比。该工程原位化学氧化工艺采用三角形布点法，相邻注入点的扩散半径之间有 15%左右的搭接，以保证注射药剂覆盖所有修复区域。根据已有工程经验，采用活化过硫酸盐复配药剂修复氯代烃类污染地下水的反应时间为 1～3 个月，在修复效果监测时可适当加密监测频率，以便及时判断修复终点。该项目采用高压旋喷工艺使用二重管法完成原位氧化区域修复施工，注入孔间距 3.5 m，正三角形布孔，总计布设 901 个注入孔（含补充注入孔）。

7.1.6.7　工程运行及监测情况

在场地布设了 15 个地下水监测井，其中针对多相抽提工艺区约 1 126 m^2 范围布设 4 个地下水监测井，针对原位加热工艺区约 211 m^2 范围布设 1 个地下水监测井，针对原位氧化工艺区约 8 663 m^2 布设 10 个监测井。监测井建设完成后开展了 12 个月的持续地下水监测工作。根据 2020 年 12 月的地下水监测结果，所有监测点位水质均达到考核指标，即该场地地下水特征污染物浓度减少不低于 50%，去除率不小于 88.14%。

7.1.6.8　建设及运行成本介绍

建设成本包括修复设施建设、设备费、运行费用、措施费等，共计约 2 300 万元。估算运行成本：200 元/m^2，估算管理成本：92 元/m^2。

7.1.6.9　经验介绍

①原位化学氧化工艺可以有效地降低地下水氯代烃污染物浓度，针对轻度污染地下水可以作为单独修复工艺应用，针对重度污染地下水需要与其他工艺联合使用，以保证修复效果。对于地下水氯代烃污染物，可能需要开展多次原位氧化修复。

②原位化学氧化工艺设计参数包括药剂投加比、布孔密度、反应时间等，建议通过开展中试确定。

③多相抽提适用于污染土壤气、地下水及 NAPLs 的有效修复，可快速降低地下水污染物浓度。在渗透性较低的地层中应用多相抽提技术，需要设计较大的布井密度。

④多相抽提抽出的污染土壤气、地下水及 NAPLs，需处理达标后排放。由于不同污染场地污染特征不同，抽出物种类、数量也差异很大，因此对地面尾水、尾气处理设备提出较高的要求。

⑤在同一场地针对不同程度地下水污染区域开展修复，可针对性采用多种修复技术，以保证修复效果。

⑥多相抽提技术可应用于较低渗透性的粉土含水层，为保证修复效果，应提高布井密度。为缩短多相抽提修复周期，可考虑辅以原位氧化修复技术。

7.1.7　天津某化学试剂厂氯代烃污染修复（B 区）

7.1.7.1　工程概况

项目类型：化工类。

项目时间：2017 年 9 月—2017 年 12 月。

项目经费：项目总费用为 500 万元。地下水单位处理成本约为 500 元/m^3，主要包括电费和材料费、设备费、安装费用等。

项目进展：已完成效果评估。

目标污染物：13 种氯代烃。

水文地质：污染物主要存在于粉质砂土层中的潜水含水层。该含水层埋深为 3.0～6.0 m。

工程量：面积为 400 m^2。

修复目标：13 种关注氯代烃的综合修复目标值范围为 0.01～16.60 mg/L。

修复技术：纳米零价铁复合材料注射型渗透式反应墙修复技术。

7.1.7.2 水文地质条件

（1）地质剖面及地下水流向

地块从上至下依次为回填土层（0～2.5 m），粉质黏土（2.5～3.0 m），粉质砂土（3.0～6.0 m），粉质黏土层（6.0～7.5 m），潜水含水层主要赋存于粉质砂土层中，总体流向为西南至东北。

（2）水文地质概念模型

依据地质剖面和地下水流向，地块的水文地质单元概念模型如图 7-36 所示。其中潜水含水层是该项目的关注含水层。

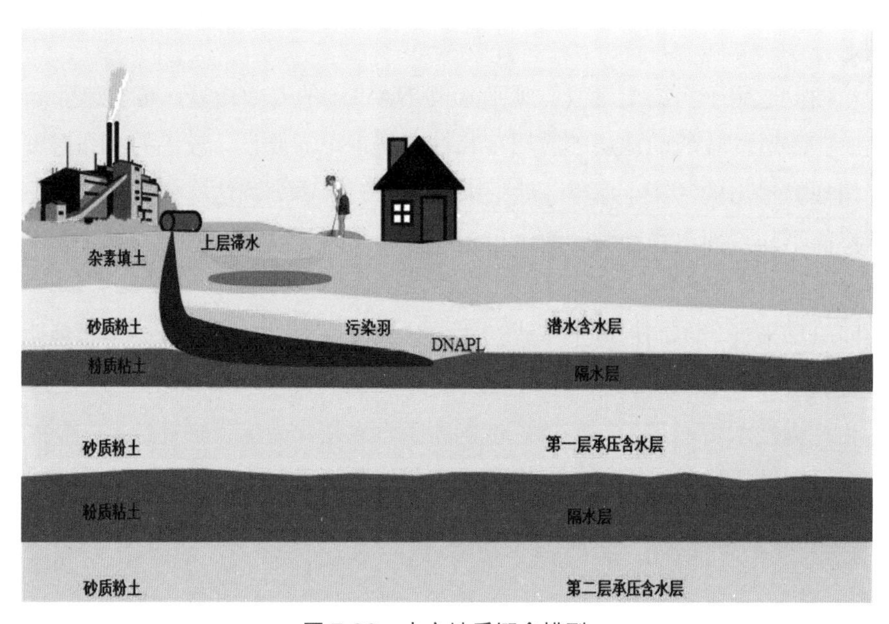

图 7-36 水文地质概念模型

7.1.7.3　地下水污染状况

由 13 种污染物（图 7-37）的空间分布情况可以得出以下结论：

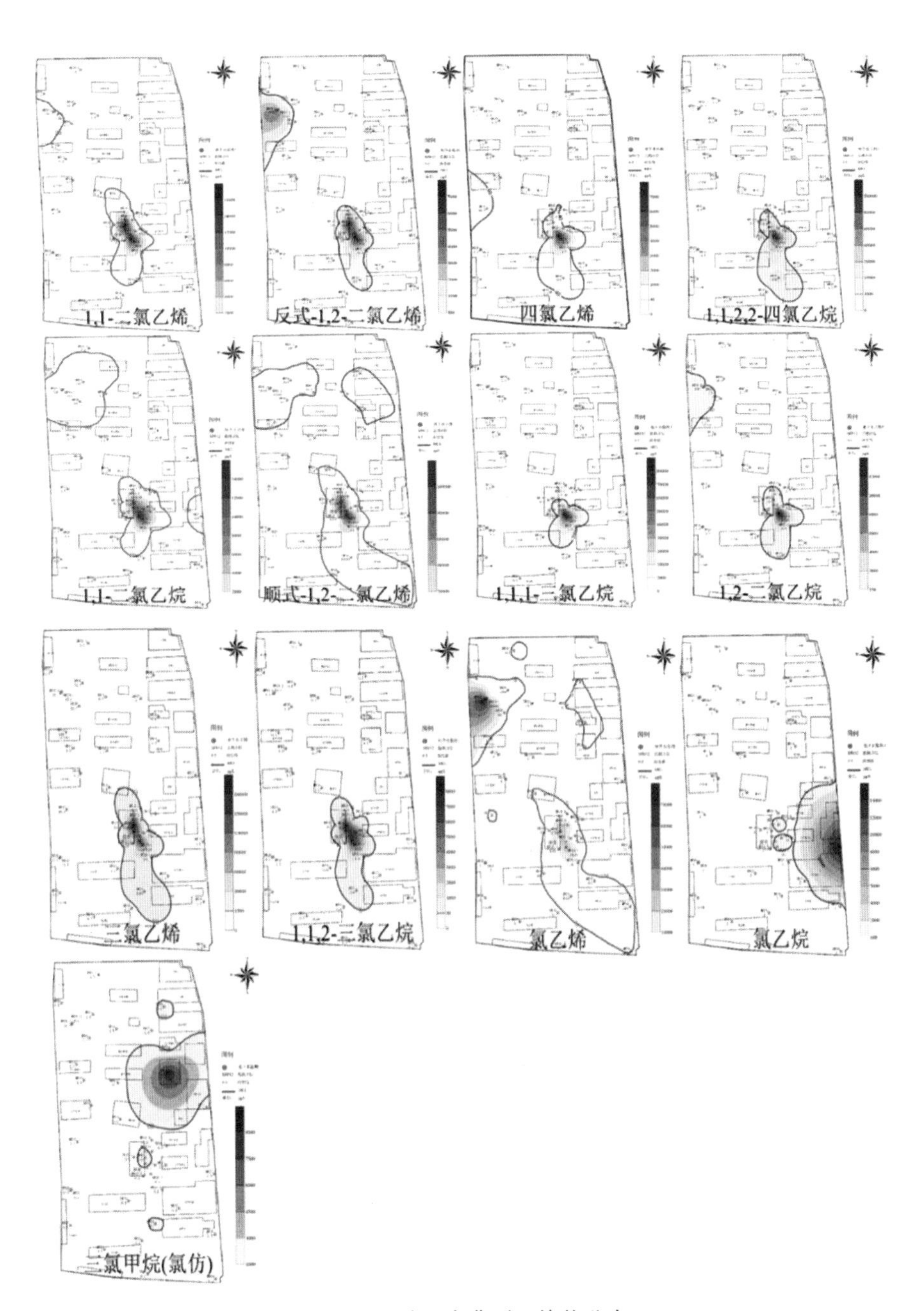

图 7-37　地下水典型污染物分布

①13 种关注氯代烃中有 6 种（1,2-二氯乙烷，顺式-1,2-二氯乙烯 1,1-二氯乙烷，反式-1,2-二氯乙烯，1,1-二氯乙烯，氯乙烯）均在场地原生产车间 1、生产车间 2、生产车间

3，澡堂以及西侧边界靠北木工房处存在严重污染区域；

②13 种关注氯代烃中有 5 种（1,1,2,2-四氯乙烷，四氯乙烯，1,1,2-三氯乙烷，三氯乙烯，1,1,1-三氯乙烷）在生产车间 1、生产车间 2、生产车间 3 及澡堂附近存在严重污染区域；

③氯乙烷仅在场地东侧生产车间 3 上方存在污染严重的区域；

④三氯甲烷在锅炉房处存在严重污染区域。

7.1.7.4 地下水污染修复目标

（1）修复目标值

该场地不饮用地下水，地下水只计算基于保护原场地人体健康及保护周边水环境（陈台子河）的修复目标值。地下水修复目标值如表 7-22 所示。

表 7-22 关注污染物单一暴露途径及综合地下水修复目标值 单位：mg/L

污染物	基于致癌效应的地下水修复目标值		基于非致癌效应的地下水修复目标值		基于保护水环境的地下水修复目标值	综合修复目标值	关键暴露途径
	呼吸室内蒸气	呼吸室内蒸气	呼吸室内蒸气	呼吸室内蒸气			
氯乙烯	315	0.59	7 300	13.60	0.01	0.01	陈台子河
氯乙烷	—	—	961 000	1 800	0.75	0.75	陈台子河
1,1-二氯乙烯	—	—	16 900	31.50	2.59	2.59	陈台子河
反式-1,2-二氯乙烯	—	—	6 900	13.10	0.09	0.09	陈台子河
1,1-二氯乙烷	1 400	2.64	826	1.56	0.30	0.30	陈台子河
顺式-1,2-二氯乙烯	—	—	6 840	13.00	0.09	0.09	陈台子河
1,1,1-三氯乙烷	—	—	562 000	1 050	16.60	16.60	陈台子河
1,2-二氯乙烷	90.30	0.18	867	1.74	0.39	0.18	室内蒸气
三氯乙烯	540	1.01	234	0.44	0.29	0.29	陈台子河
1,1,2-三氯乙烷	163	0.34	27.50	0.06	0.04	0.04	陈台子河
四氯乙烯	8 670	16.20	4 760	8.90	0.61	0.61	陈台子河
1,1,2,2-四氯乙烷	48.90	0.13	—	—	2 830	0.13	室内蒸气
氯仿	98.80	0.19	11 700	22.40	0.19	0.19	室内蒸气

（2）污染地下水风险分级

依据场地修复目标值，对天津某试剂厂场地污染地下水风险进行等级划分，并对划分的区域进行了风险分级评价。划分标准具体如下所述。

低风险：污染物浓度大于修复目标值小于修复目标值的 5 倍；

中风险：污染物浓度大于修复目标值的 5 倍小于等于修复目标值的 10 倍；

高风险：污染物浓度大于修复目标值的 10 倍。

根据各污染物风险等级分布情况，将污染厂区地下水划分为高、中、低三种风险区域（图 7-38）。

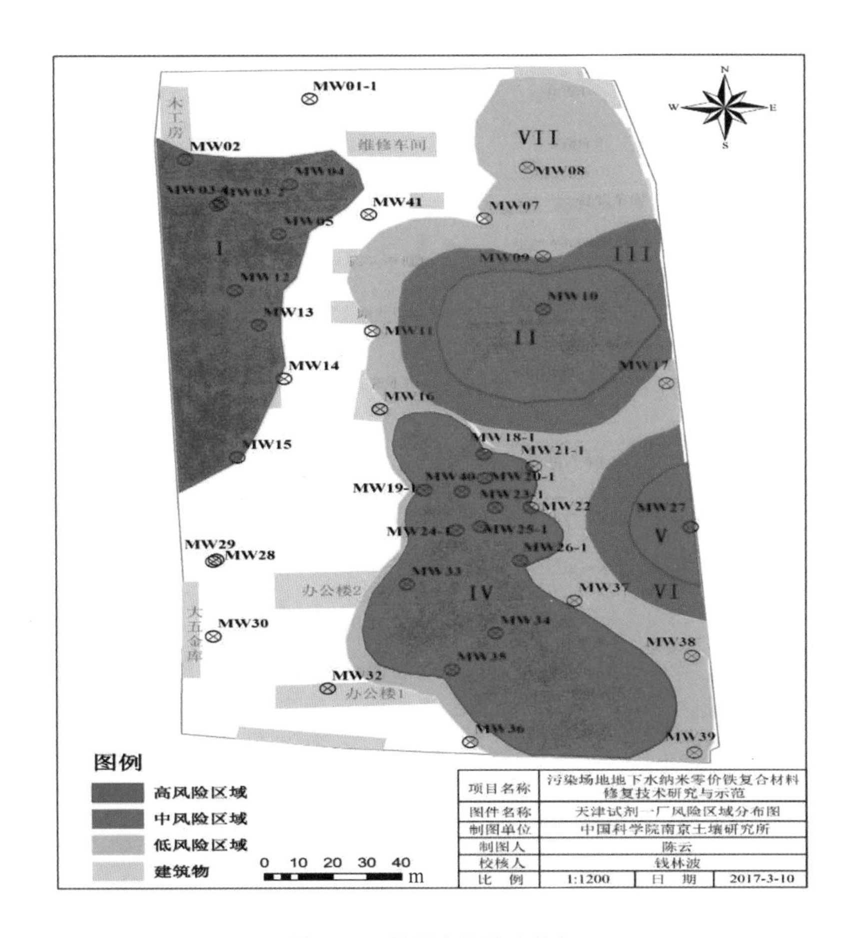

图 7-38　地下水总风险分布

（3）地下水流与溶质运移模型

根据风险评估及初步地下水侧向迁移性评估结果，场地氯代烃对人体健康存在不同程度的致癌风险和非致癌风险，且在未来 1～10 年可能会迁移至场外陈台子河，危害地表水生态环境质量。为了减少风险评估不确定性以及更准确地预测场地关注污染物在地下水中迁移的时空分布规律，根据前期场地调查所获得的地层结构信息，水文地质资料以及污染物浓度信息，建立了潜水含水层水文地质概念模型，采用 MODFLOW 构建并校准地下水流模型，在此基础上采用 MT3DMS 完成关注氯代烃迁移模型，以优化风险评估关键参数，更准确地预测污染物迁移及时空分布规律（图 7-39）。

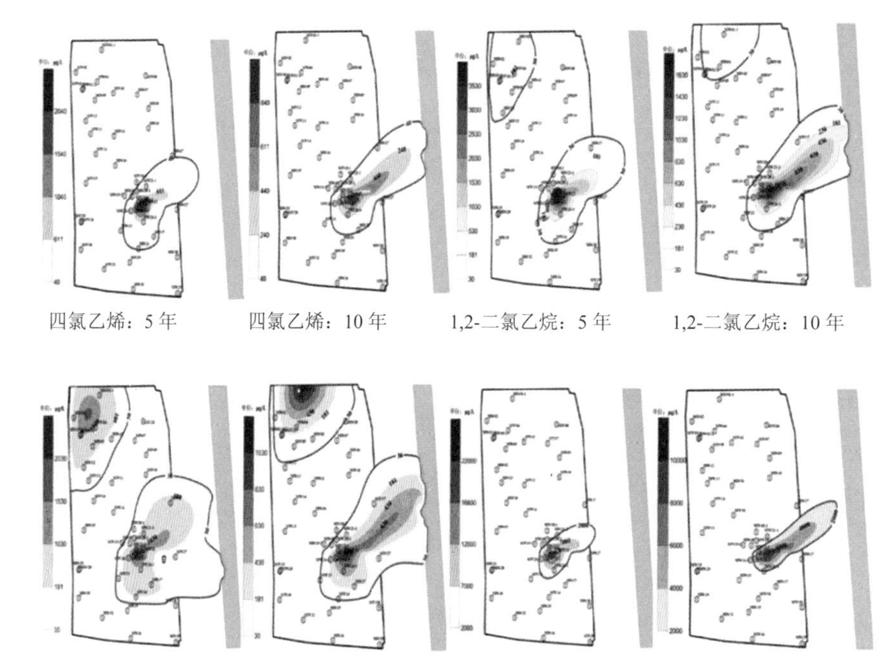

四氯乙烯：5 年　四氯乙烯：10 年　1,2-二氯乙烷：5 年　1,2-二氯乙烷：10 年

反式-1,2-二氯乙烯：5 年　反式-1,2-二氯乙烯：10 年　1,1,1-三氯乙烷：5 年　1,1,1-三氯乙烷：10 年

图 7-39　地下水污染羽迁移模拟

模拟结果显示，5 年后已迁移到陈台子河，且浓度超过美国饮用水标准的污染物有：氯乙烯，氯乙烷，三氯乙烯，1,1,2,2-四氯乙烷，氯仿。10 年后已迁移到陈台子河，且浓度超过 MCL 的污染物有：1,2-二氯乙烷。因场地已有近 50 年的生产历史，对陈台子河的负面环境效应可能已经发生，应尽早采取地下水污染风险管控措施及实施原位修复技术工程，以改善地表水环境质量。

7.1.7.5　地下水污染修复技术

纳米零价铁复合材料注射型可渗透反应格栅修复技术通过向地下注入修复材料，创建一个或多个反应区域，用来截留、固定或者降解地下水中的污染组分。

（1）可渗透反应格栅技术体系构建

当污染羽位于场地较深的含水层中时，若采用连续反应带式或漏斗—导水门式等，则需要开挖形式的 PRB，可能投入的成本较高，且工程技术的可操作性受到限制，因此可以采用通过地下井原位注射修复药剂的形式，也可称为注入式 PRB（图 7-40）。注入式 PRB 的各口反应井的处理区相互重叠，把修复药剂通过井孔注入含水层中，使得注入材料进入地下水或包裹在含水层固体颗粒表面，形成处理带，地下水中的污染羽随着水力梯度流入反应区，从而将污染组分去除。

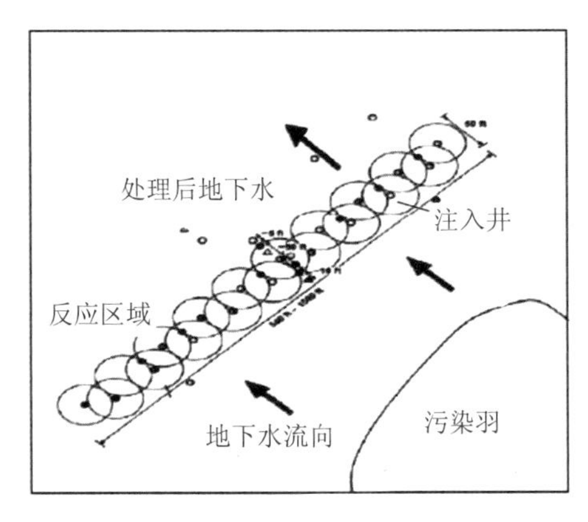

图 7-40 注入式 PRB 结构示意图

注入式 PRB 的结构形式简单，成本相对较低（图 7-41）。但是注入式 PRB 对场地渗透性有较高要求，不适用于低渗透性的含水层。由于活性反应介质在含水层多孔介质中还可能发生团聚、吸附和堵塞，因此修复材料的影响半径有限，且无法像连续反应带式和漏斗—导门式 PRB 系统一样更换反应材料，对系统的维护和寿命造成了一定影响。该项目根据污染地块的情况，采用原位注射形成可渗透性反应格栅技术修复地下水氯代烃污染。

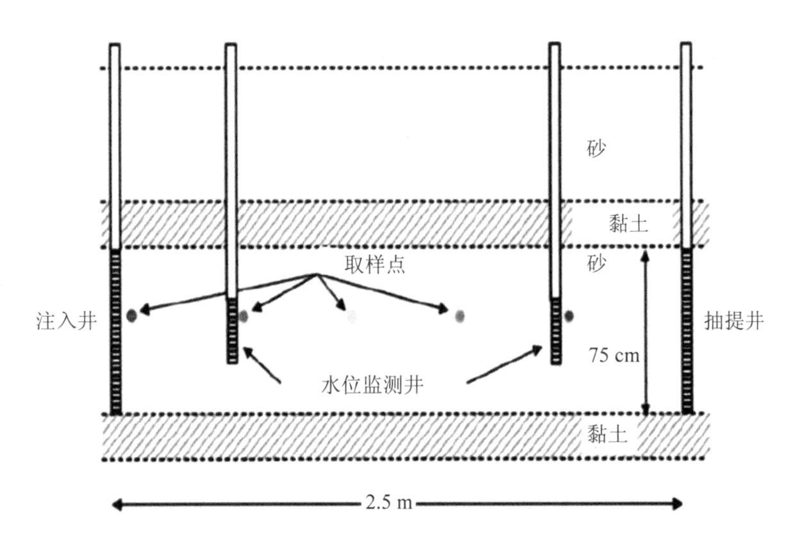

图 7-41 注射井、抽提井及压力监测井布设

（2）示范区域止水帷幕模拟

在原位注射构建 PRB 过程中，针对实际地块中水文地质情况决定是否建设止水帷幕，项目组采用 Ground Water Vista 软件中的 Wall（HFB）模块模拟止水帷幕的存在可以预测其对示范区地下水流场的影响程度。参数设置：止水帷幕厚度为 0.65 m，渗透系数为

10^{-7} cm/s，模拟结果如图 7-42 和图 7-43 所示。结果表明，模拟止水帷幕的存在并没有对示范区流场形成很大的影响，因此，是否安装止水帷幕并不影响污染水通过示范的 PRB 活性区。因此，从经济的角度考虑，在示范区域不建设止水帷幕。

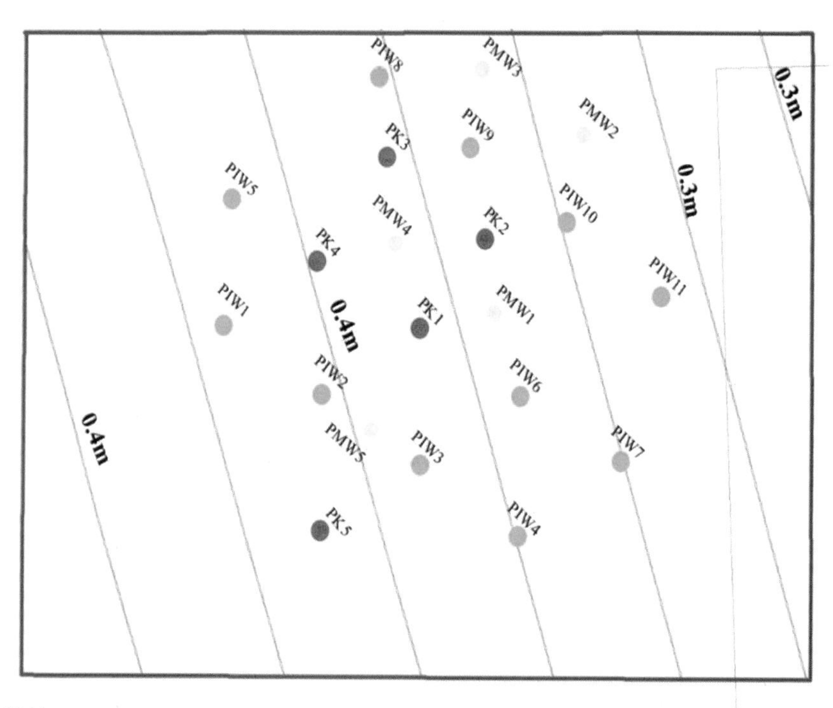

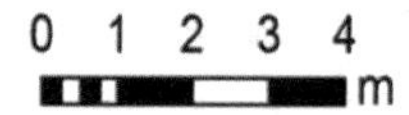

图 7-42 模拟止水帷幕安装前示范区潜水含水层等水位线

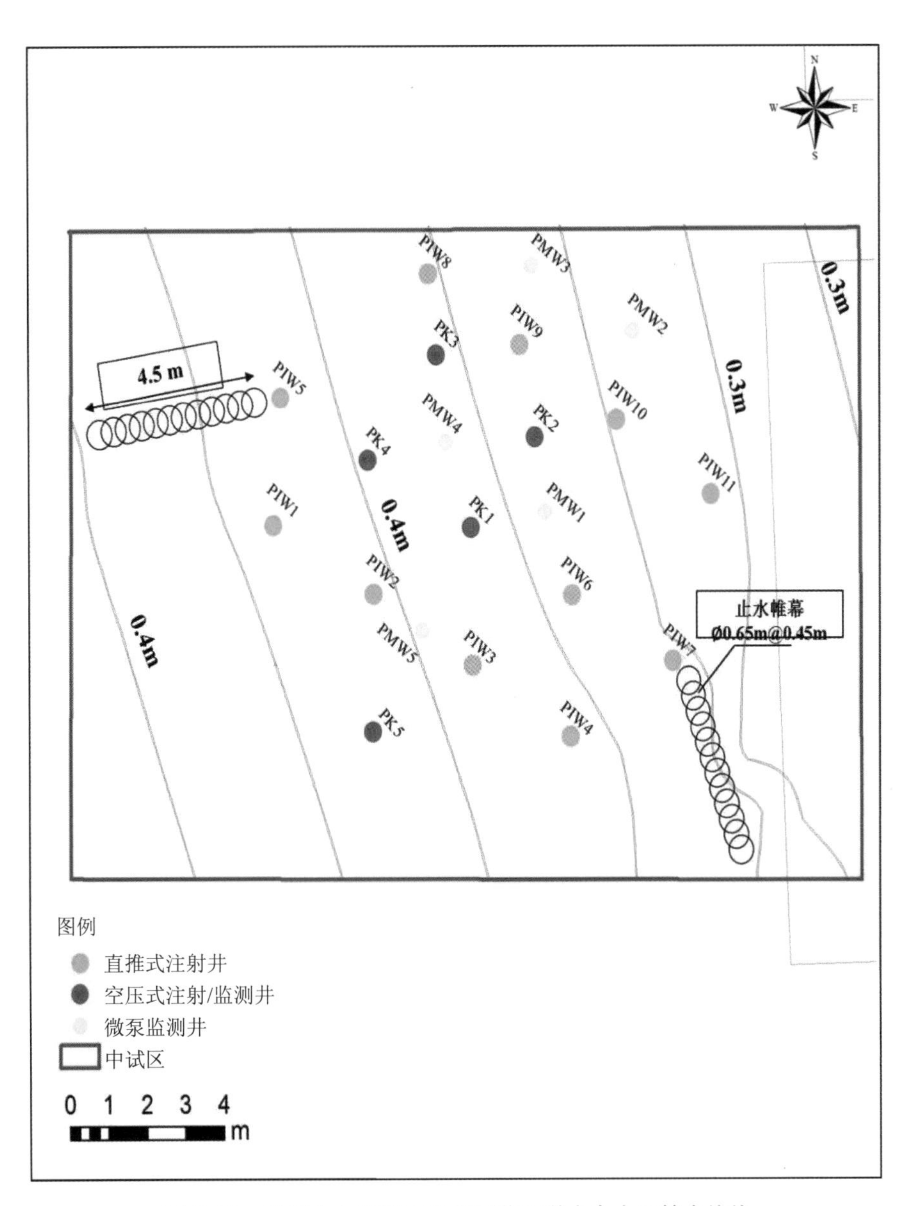

图 7-43 模拟止水帷幕安装后示范区潜水含水层等水位线

（3）工程示范技术路线

根据前期场地调查结果与实验室研究数据，修复示范区拟采用纳米零价铁—生物炭复合材料渗透式反应格栅修复技术，通过其对氯代烃的还原脱氯作用达成修复目的，对示范区实施地下水修复之前，首先需要根据最新监测结果，确定具体的修复区域，并计算修复污染物所需的药剂质量；其次，根据修复材料的有效影响半径和修复区域范围，利用三角形网格布点法进行注射点位设置。修复技术路线如图 7-44 所示。

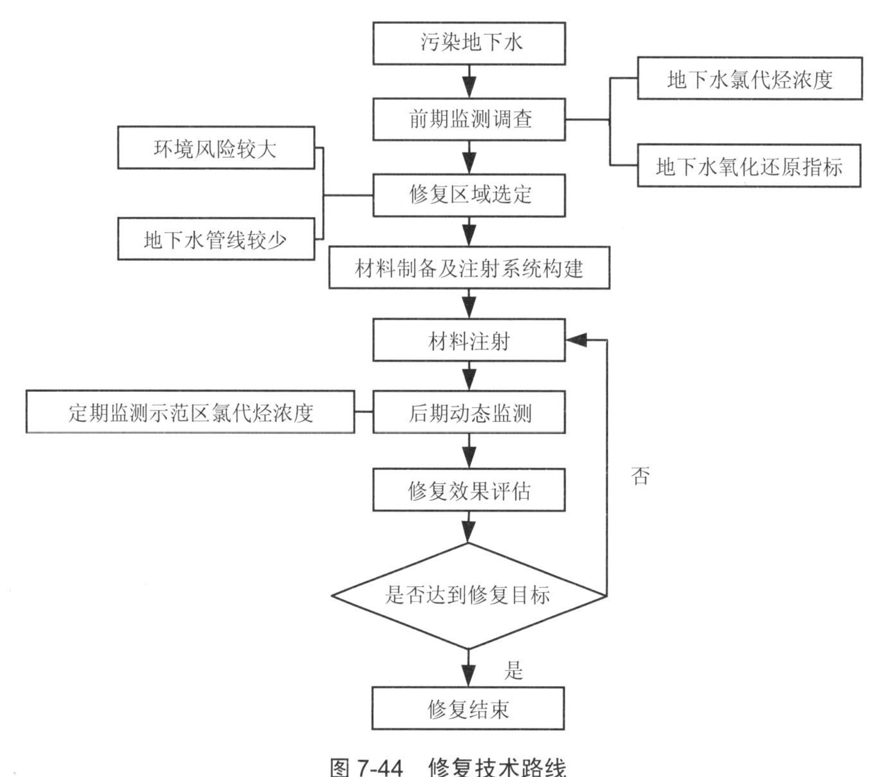

图 7-44 修复技术路线

7.1.7.6 地下水污染修复工程设计及施工

（1）填料制备及活化

填料主要为稳定化的纳米零价铁和生物质炭，在注射前分别进行活化。活化后，材料可以实现原位注射，并且达到预定的反应活性。

纳米零价铁—生物炭复合材料注射修复工艺所需主要机械设备和装置包括 Geoprobe 钻机、混合槽、定量加料器、高压泵（10 MPa）、微型泵、多通道蠕动泵等，部分设备见图 7-45。

（2）填料注射工艺

纳米零价铁复合材料可渗透性反应格栅注射包括直推式和水压式注射。以直推式注射为例的材料输送和注射流程如图 7-46 所示。主要实施过程包括：①获取场地参数和污染物特征，选择合适的修复试剂和输送系统；②合理设计并安装注射井，尽可能使注入的修复材料能影响所有处理区域；③安装修复试剂制备/储存和输送系统；④注射修复材料，并对注射过程进行监控，以保证安全运行；⑤对污染物浓度、pH、氧化还原电位等参数进行监测，如果污染物浓度出现反弹，可能需要进行二次或三次注射。

图 7-45　设备和装置

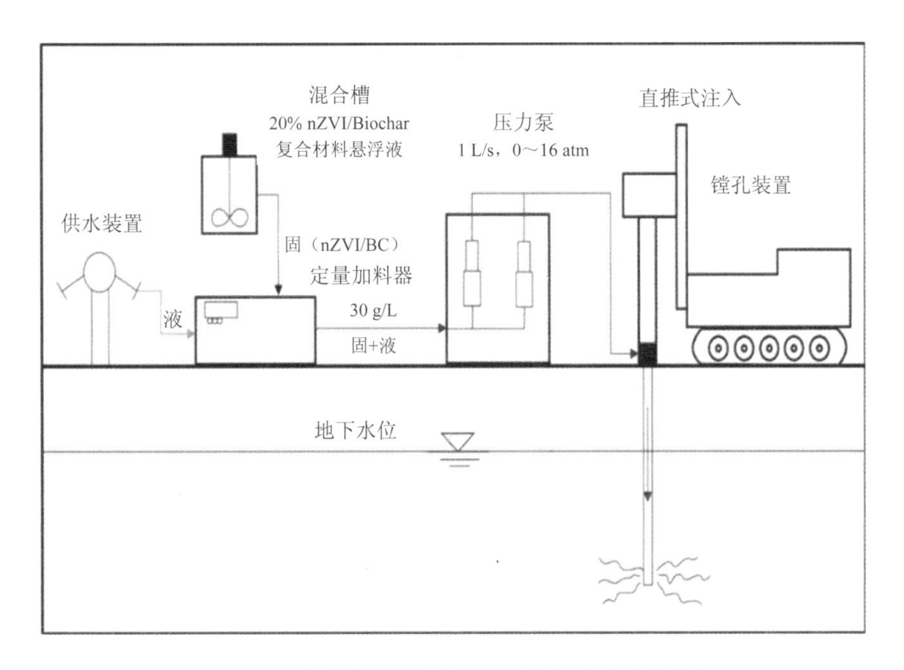

图 7-46　纳米零价铁复合材料输送与注射技术流程

（3）注射井设计

在示范区内选择 11 个直推式注射井、5 个水压式注射井，注射井布置如图 7-47 所示。

修复材料的有效影响半径为 2.0 m，因此，在面积为 225 m^2 的示范区域按照三角形网格布点法每隔 3 m 设置 1 个注入点，污染区域潜水含水层平均厚度约 2.5 m。注射井用于向潜水含水层注入一定量的修复材料悬浮液。注射深度分别为 3.5 m、4.5 m 和 5.5 m 3 个层位。

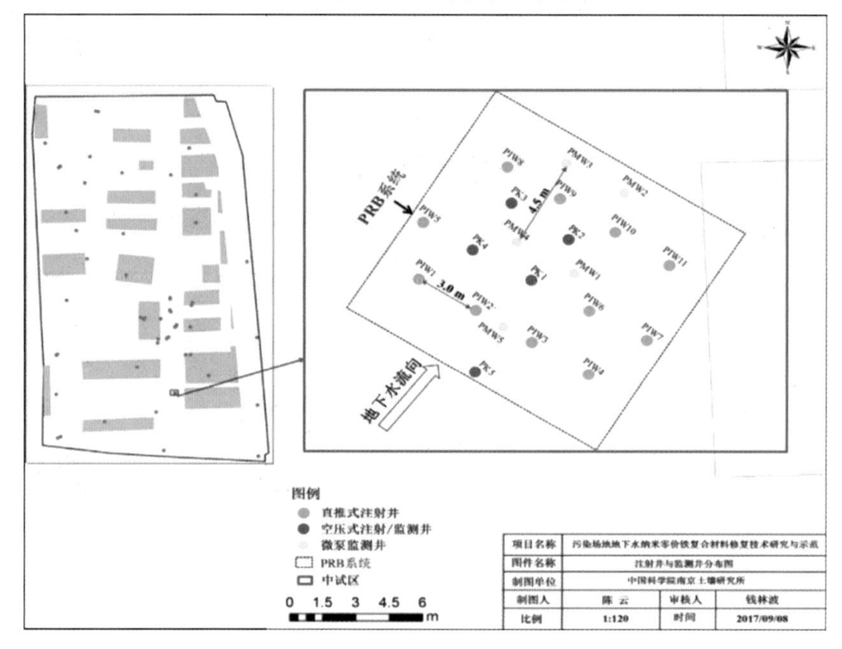

图 7-47 示范区监测井与注射井位置

（4）监测井设计

示范区内包括 10 口监测井，分别为 5 口微泵监测井、5 口水压式注射/监测井。微泵监测井系统采用分层取样的形式，将微型泵按 3.5 m、4.5 m 和 5.5 m 的间隔固定在监测井的不同位置，可实现原位监测。

（5）施工工艺参数

纳米零价铁—生物质炭修复材料投加比为 1∶2，固液比为 30 g/L。分别采用直推式和水压式（图 7-48）两种注射方式进行修复材料注射。其中直推式由 Geoprobe 钻机在钻孔过程中自上而下分别在 3.5 m、4.5 m 和 5.5 m 3 个层位进行注射，水压式在成井后由水压式系统在相同层位向含水层中注射。每口井注射纳米零价铁—生物质炭复合材料浆液 90 kg，结合污染物垂向分布情况，每个注射点平均每米注射 20～40 kg。压力注射泵的注射压力范围为 0～80 atm。

（6）监测指标及频率

基于这些监测数据，评估修复工程不同时间段的脱氯效率，校验修复工程的性能。监测指标包括现场监测和实验室检测。现场监测指标有 pH、氧化还原电位、电导率等；实验室检测指标包括溶解氧、氯代烃类污染物及其降解产物、地下水无机组分等。修复之前对整个场地进行采样监测，每次间隔时间 1 个月，共计两次。在示范区内，注射后 1 d、7 d、14 d、21 d、28 d、56 d 内分别在 10 口监测井进行采样测试。

图 7-48　直推式和水压式注射装备

7.1.7.7　效果评估情况

场地效果评估结果表明，该场地采用可渗透反应格栅修复后达到修复目标。地下水中三氯乙烯、四氯乙烯、三氯甲烷浓度均低于修复目标值（图 7-49）。

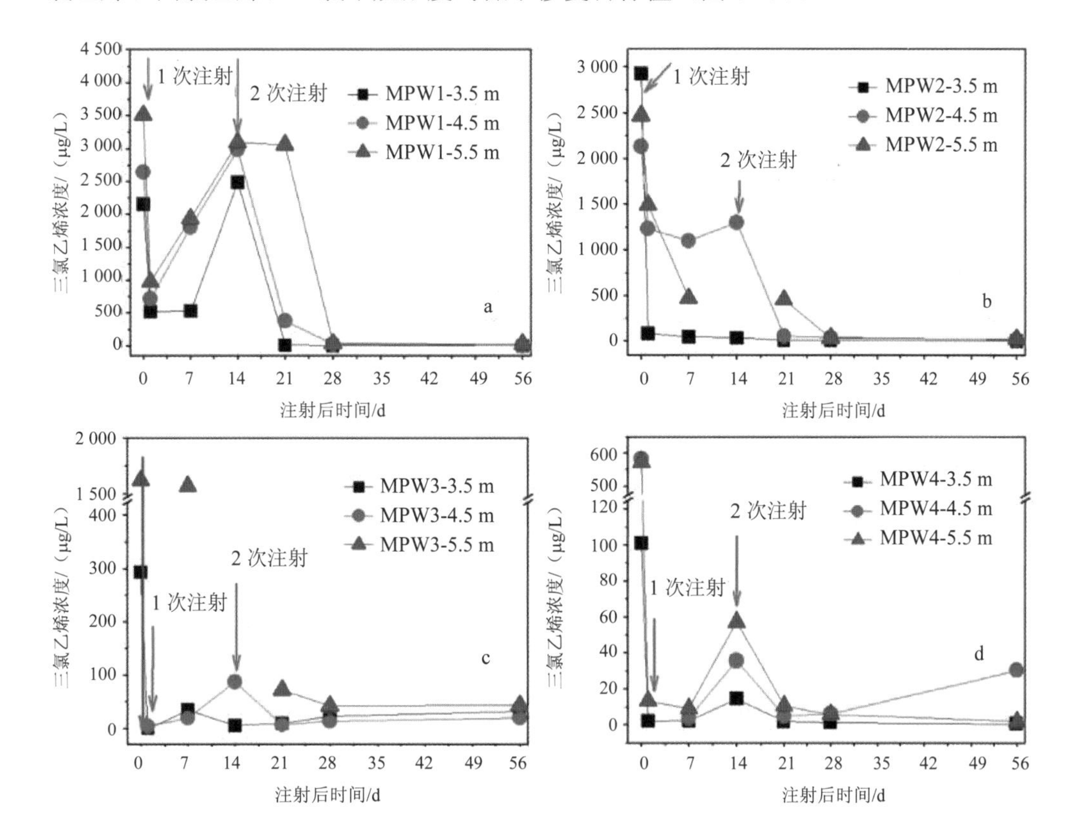

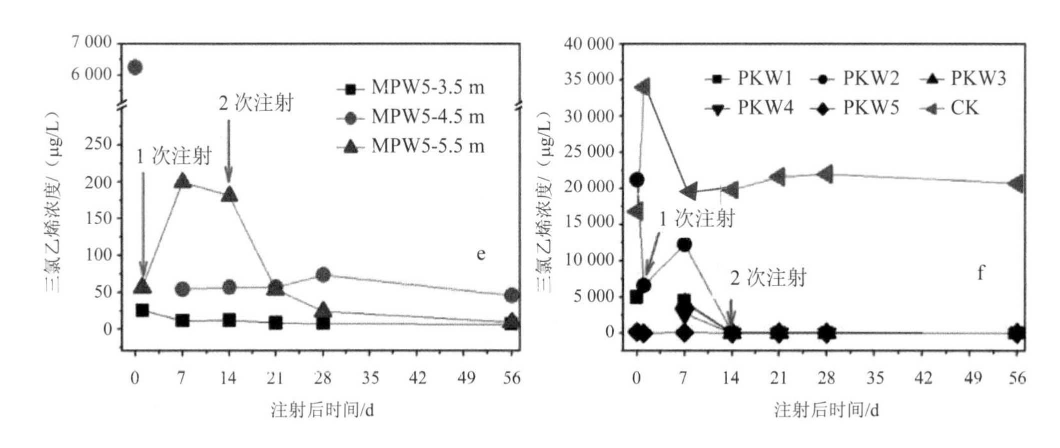

图 7-49 地下水三氯乙烯监测结果

7.1.7.8 建设及运行成本分析

经测算，地下水单位处理成本约为 500 元/m^3，主要包括电费和材料费、设备费、安装费用等。

7.1.7.9 经验介绍

该项目的成功实施，可渗透反应格栅技术的推广应用提供理论与技术支撑，取得了系列创新性成果：

（1）在材料研发方面，采用比表面积大、孔隙结构丰富的生物炭作为纳米零价铁载体，对其去除氯代烃性能及机理进行了深入研究，解决了纳米零价铁由于团聚效应降低其降解效率的“瓶颈”，同时对其配比、不同生物炭材料等获得高效去除氯代烃的纳米零价铁复合材料。

（2）在场地调查及模拟评估方面，通过高精度环境调查、精准定位监测，构建了场地水文地质概念模型；应用三维空间地下水流与溶质运移数值模型解析了污染源特征及其时空分布规律，在此基础上开展了健康与水环境风险评估，制定了基于风险的地下水修复目标值。根据地下水风险评估及污染物迁移情况，对地下水污染进行了风险等级划分，筛选潜在的地下水修复技术，提出了以“纳米零价铁—生物炭复合材料注射（高风险区）+微米零价铁—生物炭复合材料注射（中风险区）+监测自然衰减技术（低风险区）”的协同修复技术方案。

（3）在工程示范方面，根据地下水污染的分布情况，提出了以纳米零价铁—生物炭复合材料原位注射方式修复地下水氯代烃污染的技术方案及关键技术指标，该示范工程使用直推式和移动水压式 Packer 技术相结合的方式，将复合材料注入地下水污染层位，并采用多层位微泵技术监测修复材料迁移动态及处理效果，形成了精准调查—定量评估—定向注入—立体监测的原位修复工程模式及装备。

7.1.8　浙江某农药厂农药污染修复

7.1.8.1　工程概况

项目类型：化学品生产企业。

项目时间：2018 年 11 月—2019 年 11 月。

项目经费：2 500 万元。

项目进展：已完成效果评估。

目标污染物：1,3-二氯丙烷、反-1,3-二氯丙烯、甲苯、偶氮苯、4,6-二硝基-2-甲酚、马拉硫磷、TPH。

水文地质：污染物主要存在于上层为粉质黏土和亚黏土、下层为粉砂的潜水含水层，该含水层底板埋深 10 m，隔水底板为 2～4 m 厚的黏土层。

工程量：修复面积 23 419 m^2，修复工程量 49 090 m^3。

修复目标：1 号地块地下水中 1,3-二氯丙烷浓度低于 0.409 mg/L，反-1,3-二氯丙烯浓度低于 1.039 mg/L，甲苯浓度低于 48.072 mg/L，偶氮苯浓度低于 0.277 mg/L，4,6-二硝基-2-甲酚浓度低于 0.06 mg/L，马拉硫磷浓度低于 1.185 mg/L，TPH 浓度低于 4.264 mg/L；2 号地块地下水中苯浓度低于 1.473 mg/L，甲苯浓度低于 48.072 mg/L，TPH 浓度低于 4.264 mg/L；3 号地块地下水中偶氮苯浓度低于 0.084 mg/L，TPH 浓度低于 2.064 mg/L。

修复（或风险管控）技术：原位高压旋喷化学氧化。

7.1.8.2　水文地质条件

该项目地块北面紧邻甬江，附近河道宽约为 300 m。根据地块调查资料显示，该河段为感潮河段，涨潮时地下水流向由北向南，落潮时由南向北。此外，厂东侧紧邻河流，该河流未与甬江相通，属内河。该地块地面表层为褐黄色土层，由粉质黏土和亚黏土构成，下层为灰色粉砂层。该地块潜水埋藏深度一般为 0.5 m，地下水位为 0.6～2.5 m，地下水流向大致为由西向东，如图 7-50 所示。

地块地层特征如表 7-23 所示。

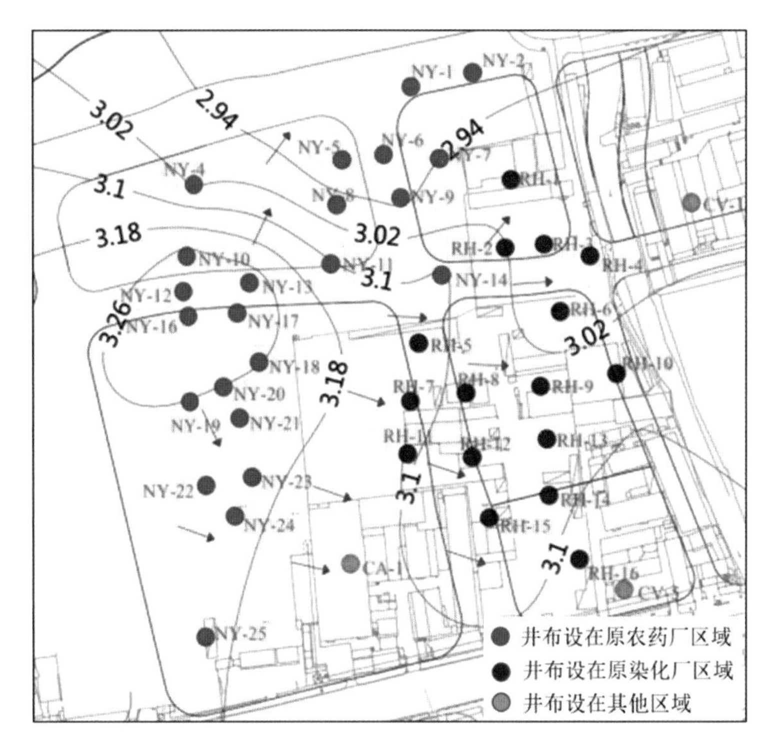

图 7-50　项目地块地下水水位等值线

表 7-23　地块地层特征

地层序号	埋深/m	地层特征
第 1 层	0～1	混凝土或来源不明的渣土
第 2 层	1～3.2	以黏土为主夹杂细小杂物或碎石的回填土，松散湿润
第 3 层	3.2～4	灰黄色粉质黏土
第 4 层	4～6	灰色淤泥质粉质黏土，夹杂厚层粉土，饱和，流塑
第 5 层	6～10	灰色淤泥质粉质黏土，含有砂质基团块，柔软潮湿
第 6 层	10～15	灰色淤泥质粉质黏土，夹杂粉土
第 7 层	15～18	砂粉夹粉质黏土

7.1.8.3　地下水污染状况

初步调查与详细调查布点如图 7-51 所示。

调查结果表明，地下水中 1,3-二氯丙烷、反-1,3-二氯丙烯、苯、甲苯、偶氮苯、4,6-二硝基-2-甲酚、马拉硫磷、TPH 等污染物存在超标现象。

地块 1 地下水监测点样品超标情况如表 7-24 所示。

图 7-51　地块初步调查点位布设示意图

表 7-24　各监测点地下水超标情况分析

样品编号	污染物	深度/m	浓度/（mg/L）	修复目标/（mg/L）	超标倍数
NY-10	4,6-二硝基-2-甲酚	20	2.42	0.06	40.33
NY-12	4,6-二硝基-2-甲酚	20	0.268	0.06	4.47
	总石油烃	20	6.675	4.264	1.57
NY-13	甲苯	20	48.8	48.072	1.02
	总石油烃	20	4.546	4.264	1.07
	反-1,3-二氯丙烯	20	1.07	1.04	1.03
	1,3-二氯丙烷	20	0.575	0.41	1.41
	偶氮苯	20	4.17	0.28	15.05
XDNY-13	反-1,3-二氯丙烯	20	1.402	1.04	1.35
	甲苯	20	138.46	48.07	2.88
	1,3-二氯丙烷	20	0.830	0.41	2.03
	马拉硫磷	20	1.98	1.19	1.67
	总石油烃	20	308.60	4.26	72.37

地块 2 地下水超标情况如表 7-25 所示。

表 7-25　各监测点地下水超标情况分析

样品编号	污染物	深度/m	浓度/（mg/L）	修复目标/（mg/L）	超标倍数
RH-2	总石油烃	5	42.71	4.26	10.02
RH-3	总石油烃	5	15.80	4.26	3.7
RH-4	总石油烃	5	15.13	4.26	3.55
XDNY -11	苯	20	4.17	1.47	2.83
	甲苯	20	57.05	48.07	1.19
	总石油烃	20	1 292	4.26	303
XDNY -26	总石油烃	20	5.38	4.26	1.26

地块 3 地下水超标情况如表 7-26 所示。

表 7-26　各监测点地下水超标情况分析

样品编号	污染物	深度/m	浓度/（mg/L）	修复目标/（mg/L）	超标倍数
RH-6	偶氮苯	5	0.598	0.084	7.12
	总石油烃	5	85.784	2.064	41.56
RH-9	总石油烃	5	3.45	2.064	1.67
RH-10	总石油烃	5	3.464	2.064	1.68

7.1.8.4　地下水污染修复目标

根据地块土壤和地下水污染健康风险评估结果，对于污染物按照地块规划（敏感用地和非敏感用地）执行相对应的修复目标，即地块 1、地块 2 执行非敏感用地修复目标值，地块 3 执行敏感用地修复目标值。

具体地下水修复目标如表 7-27～表 7-29 所示。

表 7-27　地块 1 地下水修复目标值　　单位：mg/L

编号	地下水关注污染物	非敏感用地地下水风险控制值
1	1,3-二氯丙烷	0.409
2	反-1,3-二氯丙烯	1.039
3	甲苯	48.072
4	偶氮苯	0.277
5	4,6-二硝基-2-甲酚	0.06
6	马拉硫磷	1.185
7	TPH	4.264

表 7-28　地块 2 地下水修复目标值　单位：mg/L

编号	地下水关注污染物	非敏感用地地下水风险控制值
1	苯	1.473
2	甲苯	48.072
3	TPH	4.264

表 7-29　地块 3 地下水修复目标值　单位：mg/L

编号	地下水关注污染物	敏感用地地下水风险控制值
1	偶氮苯	0.084
2	TPH	2.064

7.1.8.5　地下水污染修复技术筛选

该项目部分地下水污染区域的土壤也需要进行修复，此外场地中还存在异味区，为避免开挖产生异味，确定采用原位修复模式；根据地下水中污染物的性质，确定采用原位化学氧化技术进行修复；由于场地土壤渗透性较差，为确保药剂与地下水充分接触、提高修复效率，确定采用原位高压旋喷化学氧化作为地下水处理的主要技术。

高压喷射注浆工艺应用于污染地块原位修复施工时，由于喷射浆液的改变，旋喷方法的选择要综合考虑作用半径、药剂用量、混合效果及二次污染等因素。单管法只喷射溶液药剂，具有施工速度快、成本低、基本无返浆等优点；但作用范围太小，影响施工效率，且混合效果一般。二重管法喷射高压浆液和压缩空气，作用半径比单管法明显增大，且在压缩空气的辅助切割下，混合效果也大大提高，但在施工过程中有部分返浆。三重管法喷射中采用低压浆液置换、超高压水和压缩空气切割的方式，使得有效作用直径明显增大，并且混合效果最好，但由于其原理是由泥浆泵灌注较低压力的浆液进行充填置换，会有大量的返浆需要处理，在一定程度上增加了施工工期和成本，且大量高压水的使用会造成施工区域地基强度大大降低，影响后续工程进展。

综上所述，单管法和二重管法适用于污染地块原位修复工程施工，而二重管法工效更快，在施工过程中可通过调整工艺参数，达到减少返浆甚至不返浆的目的。因此本方案采用二重管法的高压旋喷技术进行化学氧化药剂的注入。

7.1.8.6　地下水污染修复工程设计及施工

（1）修复工程设计

①高压旋喷注入点布设

中试结果表明，高压旋喷设备的影响半径最大可达 2.8 m，但涌水量较小，部分区域的影响半径不能达到 2.8 m，介于 1.4～2.8 m，为保证修复效果，按影响半径为 1.4 m 布设注入点。经测算，该项目地下水污染区域共需布设 3380 个高压旋喷点位，每个区域注入深度、数量如表 7-30，图 7-53～图 7-56 所示。

表 7-30　不同区域注入深度和注入点数量

区块编号	修复深度/m	设计注入点数量/个
W-5-1	0～20	1 062
W-6-1	0～20	377
W-6-2	0～20	517
W-7-1	0～5	531
W-7-1	0～5	893

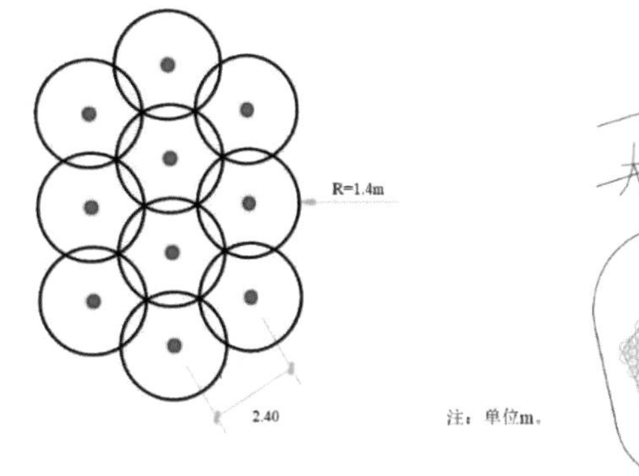

图 7-52　高压旋喷注入点布设图

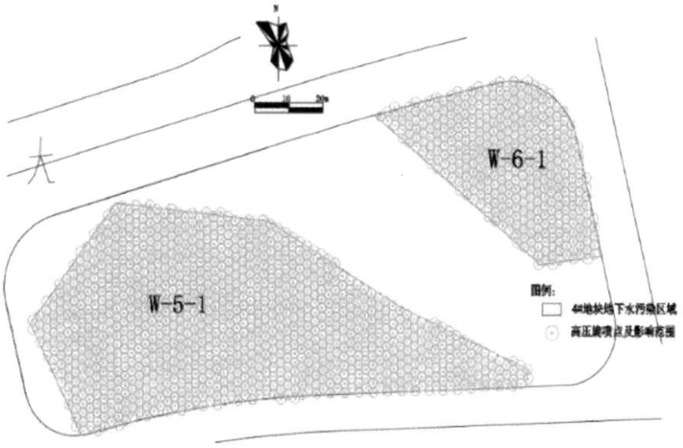

图 7-53　地块 1 高压旋喷注入点布设

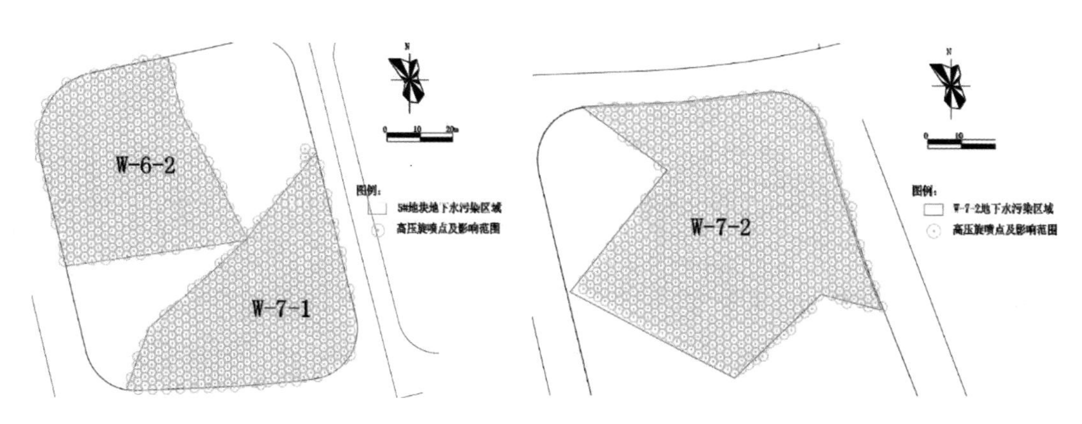

图 7-54　地块 2 高压旋喷注入点布设

图 7-55　地块 3 高压旋喷注入点布设

②修复药剂及用量设计

根据实验室小试结果，设计污染地下水区域化学氧化药剂添加比例为 2.5%；污染土壤区域化学氧化药剂添加比例为 5%。

（2）施工过程

高压旋喷施工工艺流程见图 7-56，施工工序见图 7-57。

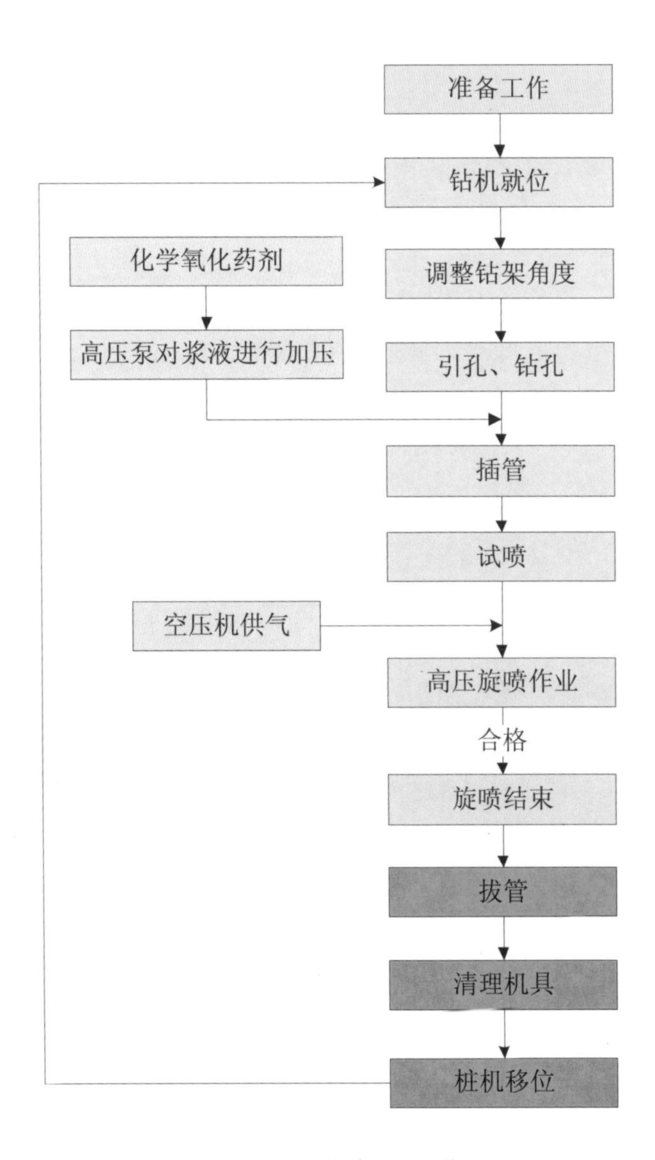

图 7-56　高压旋喷施工工艺流程

①测量放线

对高压旋喷化学氧化区块进行测量放线，在现场利用测量仪器定出各拐点位置，在地面做好标记。

测量工作在监理单位旁站下进行。测量成果经监理确认后，方可开展高压旋喷化学氧化施工。

②钻机就位

移动旋喷桩机到指定桩位，将钻头对准孔位中心，同时整平钻机，水平放置，保持平稳，钻杆的垂直度偏差不大于 1%～1.5%。就位后，首先进行低压（0.5 MPa）射水试验，用以检查喷嘴是否畅通，压力是否正常。

③药剂配置

根据实验室小试结果，污染地下水化学氧化药剂添加比例为 2.5%；污染土壤化学氧化药剂添加比例为 5%。高压旋喷后台准备 3 个大的药剂桶，其中 2 个药剂桶分别用于配制过硫酸钠溶液和氢氧化钠溶液，另外 1 个用于药剂混合，混合后的药剂按设计参数进行药剂高压旋喷注入施工。

④引孔

对于较硬地面，适当选用液压装置，进行引孔施工，引孔深度最深为 1 m。

⑤插管

当采用旋喷注浆管进行钻孔作业时，钻孔和插管两道工序可合二为一。当第一阶段贯入土中时，可借助喷射管本身的喷射或振动贯入。其过程为：启动钻机，同时开启高压泥浆泵低压输送水泥浆液，使钻杆沿导向架振动，射流导向成孔；直到桩底设计标高，观察工作电流，不应大于额定值。

⑥提升喷浆管、搅拌

喷浆管下沉到达设计深度后，停止钻进，旋转不停，高压泥浆泵压力增到施工设计值（20～25 MPa），坐底喷浆 30s 后，边喷浆，边旋转，同时严格按照设计和试桩确定的提升速度提升钻杆。达到设计深度后，接通空压管，开动泥浆泵、空压机和钻机进行旋转，并用仪表控制压力、流量和风量，分别达到预定数值时开始提升，继续旋喷和提升，直至达到预期的加固高度后停止。

⑦桩头部分处理

当旋喷管提升接近桩顶时，从桩顶以下 1.0 m 开始，慢速提升旋喷，旋喷数秒，再向上慢速提升 0.5 m，直至桩顶停浆面。

⑧移位

移动桩机进行下一根桩的施工。

硬化地块破碎

平整地块

测量放线

引孔

试喷

旋喷作业

作业结束

返浆

图 7-57 高压旋喷施工工序

7.1.8.7 效果评估情况

该项目修复效果评估单位于 2019 年 10 月 25 日开展了地块 3 的原位化学氧化地下水的评估采样工作，于 11 月 13 日开展了地块 1、地块 2 原位化学氧化地下水的评估采样工作，共采集并分析地下水样品 36 个（含质控样品 5 个）。检测指标包括各区块对应的目标污染物和潜在中间产物，具体包括苯、甲苯、1,3-二氯丙烷、反-1,3-二氯丙烯、偶氮苯、4,6-二硝基-2-甲酚、马拉硫磷、TPH 和 GB/T 14848—2017 中的部分 VOCs、SVOCs。所有检出值均未超过评估标准。

7.1.8.8 建设及运行成本分析

高压旋喷原位化学氧化的投资成本约为 2 500 万元。

运行费用：污染地下水所需药剂的费用为 400～700 元/m^3；设备费用为 375 万～500 万元/m^3。

7.1.8.9 经验介绍

（1）建设高围挡、喷洒气味抑制剂、配备吸附装备进行异味控制。

该场地异位施工过程中产生的异味气体一般情况下会滞留在地表以上 4 m 以内的区域，采用 5 m 高的围挡，将施工区域与周边环境隔离，可以有效阻止异味向场地外扩散；施工期间定期喷洒气味抑制剂，可降低现场异味；现场配备一台活性炭快速吸附器，利用吸附器的负压系统，将逸散出来的异味吸附进设备内，利用活性炭的强吸附能力去除异味，可有效抑制异味逸散。

（2）优化设备注入参数、强化高压旋喷技术的有效作用直径和混合效果。

注浆压力、喷嘴直径、提升速度和旋转速度等参数与高压旋喷技术的有效作用直径和混合效果有着巨大的关系。该工程注浆压力设定为 25 MPa、喷嘴直径设定为 2.5 mm、提升速度设定为 20 cm/min，旋转速度 15 r/min，修复过程没有出现修复“死角”、返浆严重等问题。

7.1.9 山西某焦化场苯、氰化物污染修复

7.1.9.1 项目概况

项目类型：化工类。

项目时间：2018 年 1 月—2019 年 5 月。

项目经费：修复总成本约为 518 万元。

项目进展：已完成效果评估。

地下水目标污染物：苯和氰化物。

水文地质：地下水埋藏类型为孔隙潜水，静止水位埋深为 3.5～4.7 m，高程为 773.0～778.0 m。

工程量：污染地下水修复面积约为 13 520 m^2。

修复目标：地下水中苯浓度低于 153 μg/L，地下水中氰化物浓度低于 1 030 μg/L。

修复技术：地下水循环井技术、原位化学氧化技术。

7.1.9.2 水文地质条件

（1）地层分布特征

在钻探深度内，场地地基土自上而下可划分为三大层，各层根据岩性又划分为亚层。分述如下：

第①层：杂填土（Q_4^{ml}），含云母片、氧化铁，夹工业废渣、砖块等，本层厚度为 1.0～4.8 m，层底埋深 1.0～4.8 m；第②-1 层：粉土（$Q_4^{2\ ml}$），含云母片、氧化铁，夹粉质黏土薄层透镜体，本层厚度为 1.3～5.3 m，层底埋深 4.5～6.8 m；第②-2 层：粉质黏土（Q_4^{2al}），含云母，局部夹粉土薄层透镜体，本层厚度为 2.6～4.0 m，层底埋深 7.2～8.8 m；第②-3 层：细砂（Q_4^{2al}），局部夹粉土薄层透镜体，本层厚度为 0.5～2.0 m，层底埋深 7.2～8.8 m；第③-1 层：粉土（Q_3^{al}），含云母片、氧化铁，局部夹中粗砂、粉质黏土薄层透镜体，本层厚度为 4.0～6.3 m，层底埋深 20.0～22.6 m；第③-2 层：粉质黏土（Q_3^{al}），含云母，局部夹粉土薄层透镜体，该层为相对隔水层，本层厚度为 4.2～5.5 m，该层本次钻探未穿透；第③-3 层：细砂（Q_4^{2al}），局部夹粉土薄层透镜体，本层厚度为 0.5～2.0 m，该层本次钻探未穿透。

（2）地下水分布特征

场地地下水埋藏类型为孔隙潜水，勘察期间测得场地地下水静止水位埋深为 3.5～4.7 m，高程为 773.0～778.0 m，第③-2 层粉质黏土（$Q_4^{2\ al}$）为相对隔水层。径流方向为由南向北，地下水位年变化幅度为 1.0 m。区域水源地现有水源井 18 眼，井深为 120～300 m。该项目位于水源地的下游，且勘探到为浅层地下水，不在饮用水层位。

该区浅层地下水的补给来源主要为山区地下水侧向补给、大气降水的入渗补给及河流灌溉回归水补给。排泄途径有：①蒸发，本区表层土多为粉砂土和轻亚黏土，透水性能较

好。地下水埋藏较浅，故有一部分地下水蒸发排泄；②人工开采，本区周围各乡村大都以浅井形式开采潜水；③越流补给下伏承压含水层，是开采条件下重要的排泄方式；④以地下径流方式向下游排泄（表 7-31、图 7-58）。

表 7-31 调查期间地下水监测井信息统计 单位：m

监测井编号	监测井位置	监测井坐标		监测井高程	监测井深度	静水位标高	静水位埋深
		X	*Y*				
1#	焦栈桥附近	4 258 382.894	390 569.218	781.48	10.0	777.78	3.7
2#	场地东北部空地	4 258 433.793	390 658.921	780.62	8.0	777.52	3.1
3#	场地东边界	4 258 346.212	390 689.155	780.75	9.0	777.35	3.4
4#	场地东边界	4 258 163.952	390 687.894	781.08	8.0	775.48	5.6
5#	场地南部焦栈桥	4 258 087.730	390 580.224	781.93	7.2	778.33	3.6
6#	场地一期焦炉	4 258 251.217	390 523.435	781.07	7.7	777.07	4.0
7#	污水处理池	4 258 150.581	390 424.988	782.64	9.0	779.04	3.6
8#	化产区	4 258 219.636	390 391.257	781.99	7.0	777.39	4.6
9#	场地西边界	4 258 294.879	390 423.527	782.13	8.0	777.53	4.6

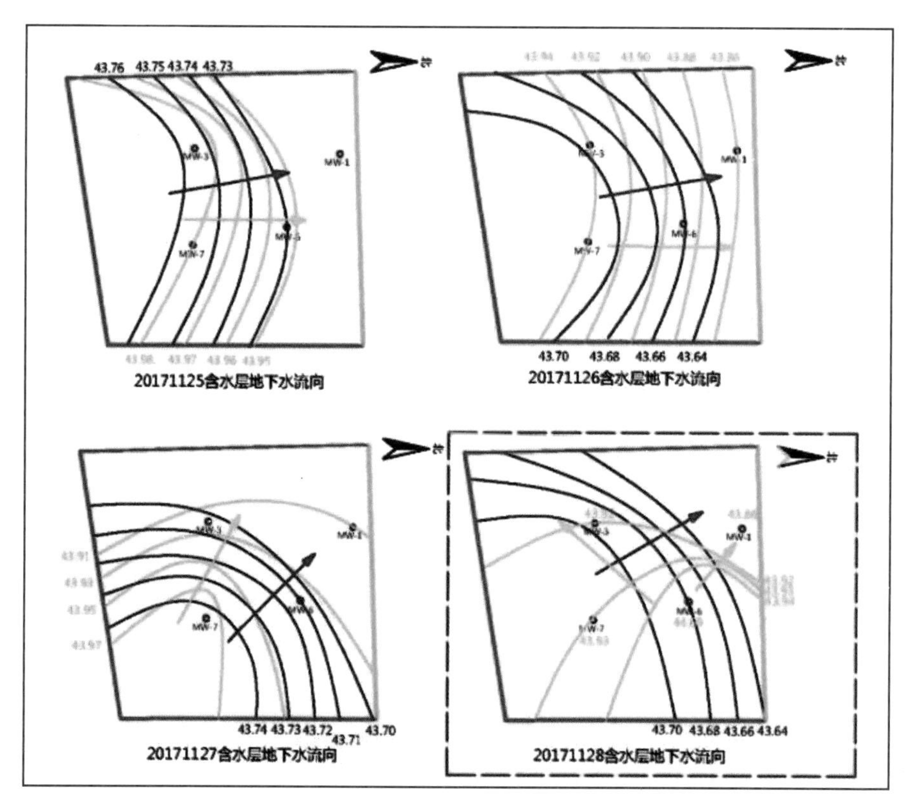

图 7-58 修复前不同时间地下水流向

7.1.9.3　地下水污染状况

该场地第一层浅层地下水中超标的氰化物主要分布在场地原煤堆放区域；挥发性有机物苯分布在场地焦油储罐区、场地化产区和污水处理区。

在所监测的 9 口监测井当中，均有氰化物检出，浓度为 0.020～5.19 mg/L，超标倍数最大为 40.9 倍，超标率为 66.67%。与该场地地下水中氰化物的风险筛选值（0.1 mg/L）相比，有 6 口监测井中的氰化物含量超标，分别为 1#、2#、3#、4#、7#、8#，说明该场地浅层地下水中氰化物可能存在健康风险。

在所监测的挥发性有机污染物当中，地下水中苯含量超过了地下水的风险控制值（120 mg/L）。苯有 1 口监测井有检出，最大浓度为 210 mg/L，超标倍数为 0.75 倍，超标率为 11.11%，超标监测井为 8#。说明该场地浅层地下水中苯可能存在健康风险。

在工程启动后，对于比较复杂的污染区域开展了细化污染调查的复勘工作，采用半透膜气体连续监测系统（MIP）对现场的污染情况进行更精细化的刻画，为地下水循环井修复系统在地层部分的设计提供更多详细信息。从 MIP 的分析结果来看，污染位置与前期调查结果一致，高浓度污染物集中在包气带和含水层的上部，高浓度污染物的含水层下部也有少量污染物聚集（图 7-59～图 7-64）。

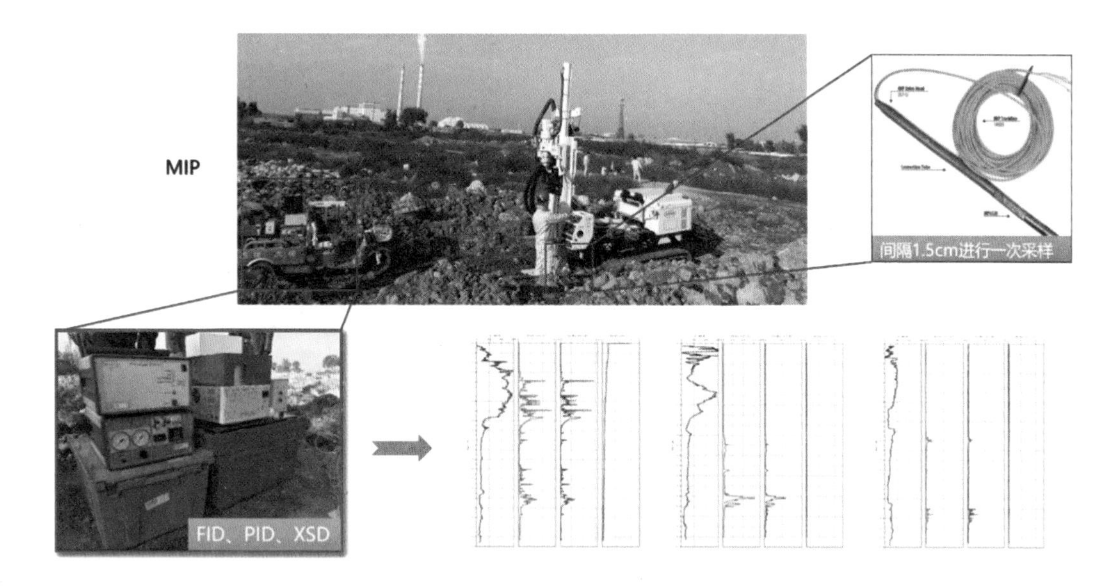

图 7-59　复勘中污染状况 MIP 系统精细刻画及现场实施情况

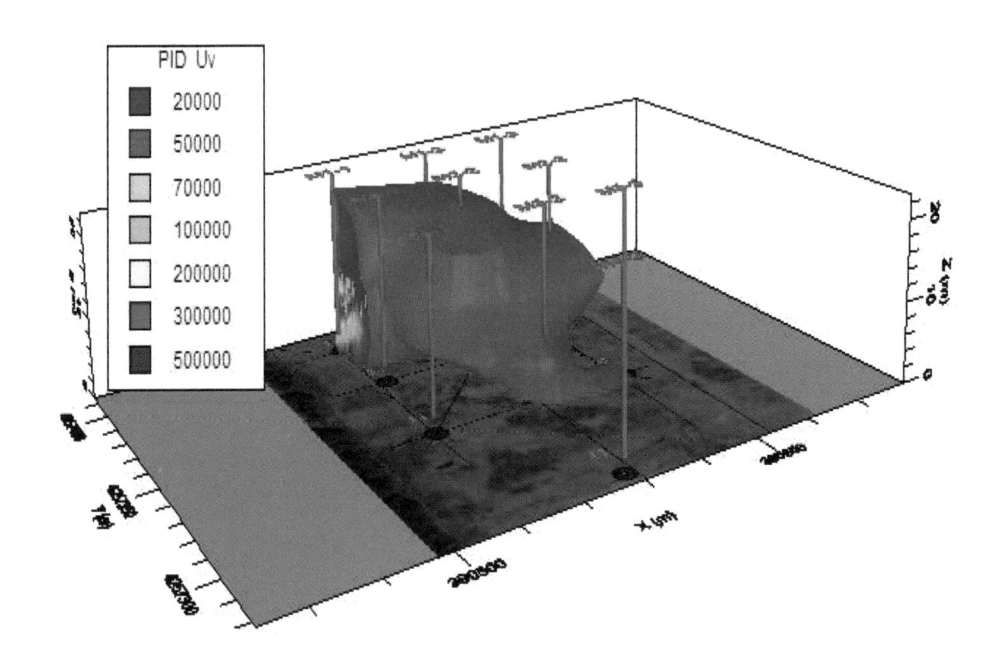

图 7-60　复勘中 MIP 探测点 PID 大于 50 000 Uv 分布模拟结果

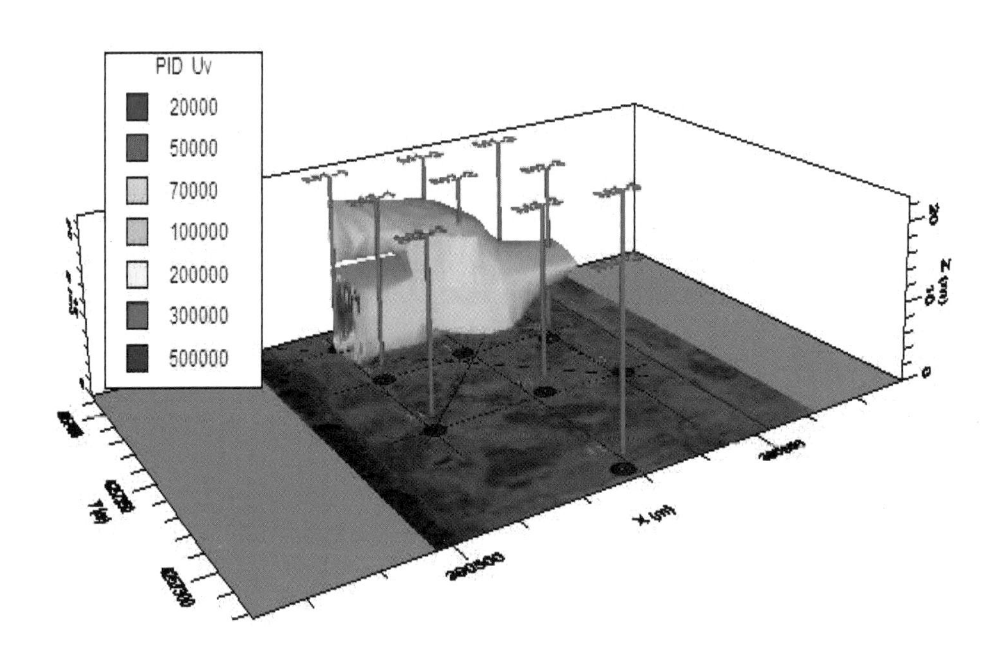

图 7-61　复勘中 MIP 探测点 PID 大于 70 000 Uv 分布模拟结果

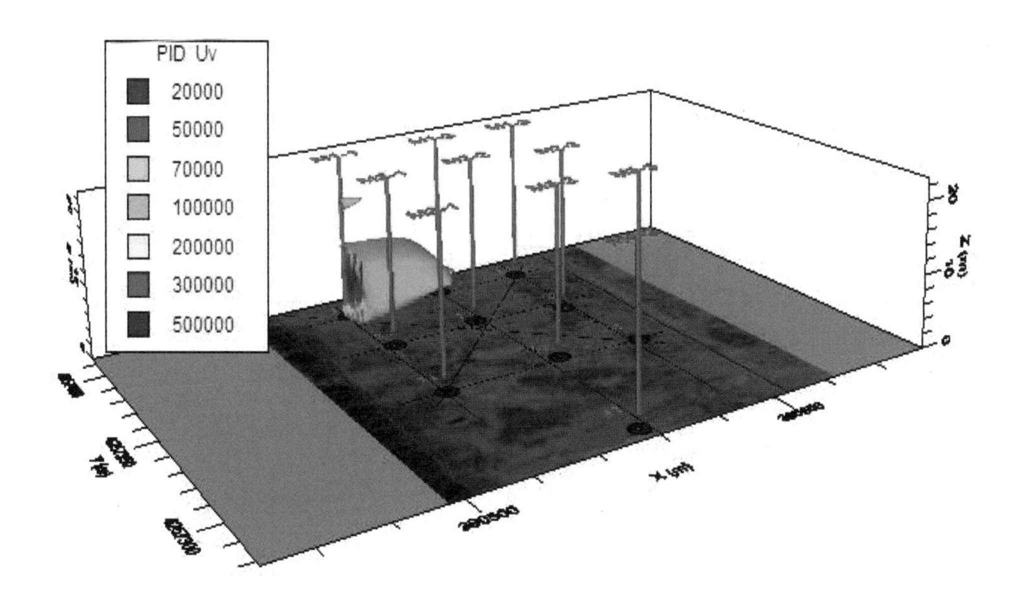

图 7-62　复勘中 MIP 探测点 PID 大于 100 000 Uv 分布模拟结果

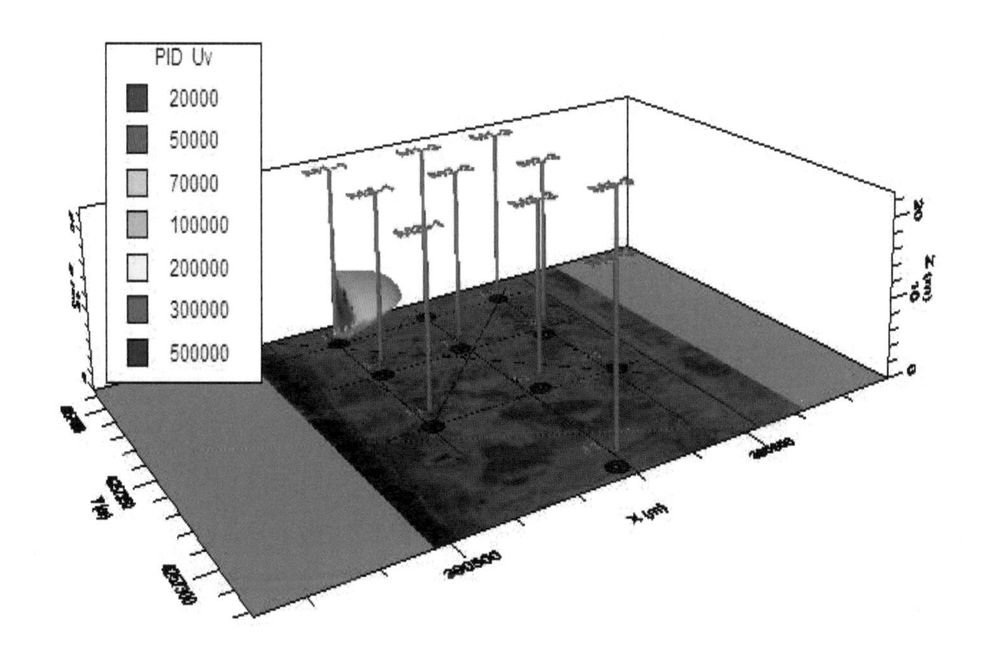

图 7-63　MIP 探测点 PID 大于 200 000 Uv 分布模拟结果

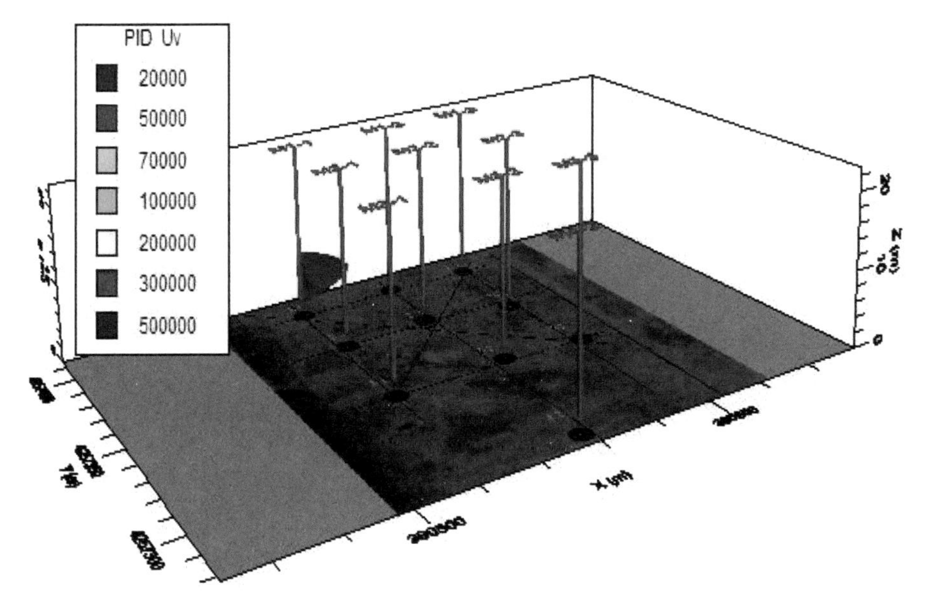

图 7-64　复勘中 MIP 探测点 PID 大于 300 000 Uv 分布模拟结果

7.1.9.4　地下水污染修复目标

根据规划，该区域将被用于消防、警察训练场地和营地，土地利用类型转变为公共事业用地，按居住用地标准进行治理修复（表 7-32、表 7-33）。

表 7-32　场地土壤污染物修复目标值

序号	污染物种类	修复目标值/（mg/kg）	修复目标来源
1	石油烃（<C16）	230	北京地方标准
	石油烃（>C16）	10 000	北京地方标准
2	苯	0.64	北京地方标准
3	二甲苯	74	北京地方标准
4	萘	50	北京地方标准
5	苊	1 220	计算值
6	芴	810	计算值
7	菲	585	计算值
8	苯并[*a*]蒽	1.65	计算值
9	䓛	156	计算值
10	苯并[*b*]荧蒽	1.66	计算值
11	苯并[*k*]荧蒽	15.8	计算值
12	苯并[*a*]芘	0.2	计算值
13	茚并[1,2,3-*cd*]芘	1.66	计算值
14	二苯并[*a*, *h*]蒽	0.166	计算值
15	2-甲基萘	81	计算值
16	二苯并呋喃	26.8	计算值
17	咔唑	58.9	计算值

表 7-33　场地地下水污染物修复目标值　　单位：μg/L

序号	污染物	地下水修复目标值（计算值）	地下水水质标准（Ⅳ类）
1	苯	153	120
2	氰化物	1 030	100

7.1.9.5　地下水污染修复技术

将地表以下 6 m 内的半挥发性有机污染土壤挖出，对其进行筛分；筛分后的建筑垃圾运往建筑垃圾填埋场处置，筛分后的污染土壤（多环芳烃污染）送至水泥厂协同处置，筛分后的危险废物运至具有危险废物经营许可证的公司处置；在挥发性有机物污染土壤（石油烃、苯和二甲苯污染）及污染地下水（氰化物和苯污染）区域，依据污染深度建设注入井，采用原位氧化技术进行修复，并结合地下水循环井技术来强化药剂的扩散效果和影响范围（图 7-65）。

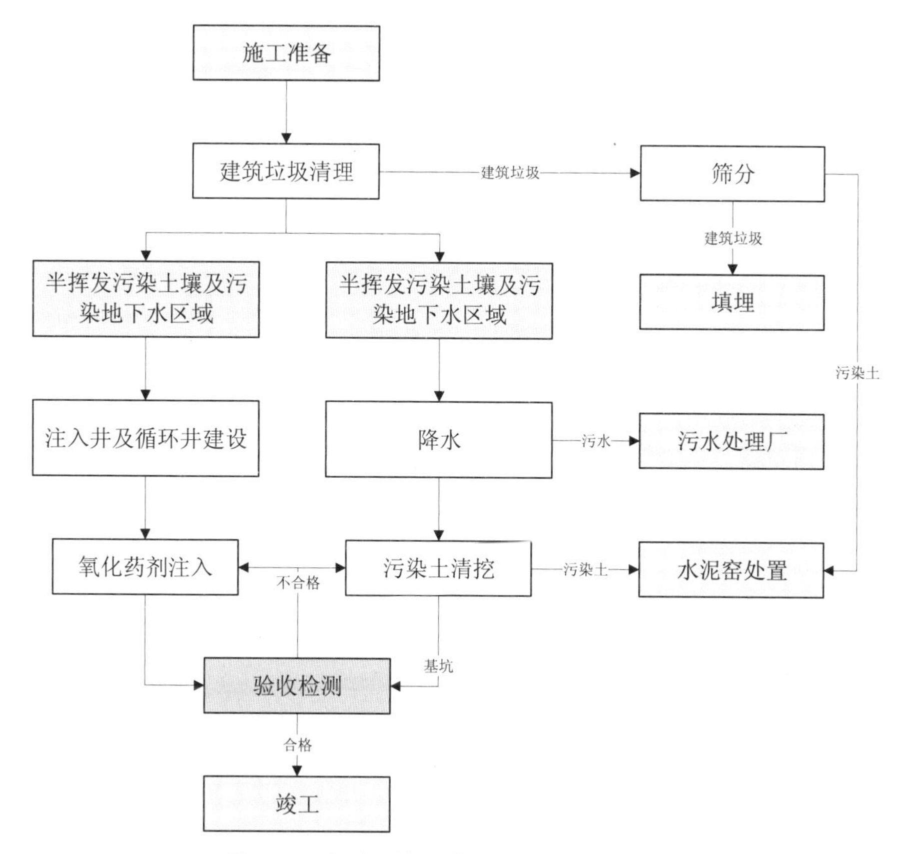

图 7-65　场地污染土壤和地下水修复技术路线

7.1.9.6 地下水污染修复工程设计及施工

（1）循环井系统设计

根据前期调查及复勘的水文地质数据及污染分布情况，在修复区域地下水污染浓度较高的位置设计建设两套地下水循环井系统。每套地下水循环井系统的中心为 1 口地下水循环井，其外围环绕 6 口多深度注入井，最外围为 6 口臭氧注入井。1 口地下水循环井直径为 500 mm，具有 3 个筛段，采用同时叠加正循环和逆循环的模式，即中间抽水，上下回注的模式运行，该系统设置在含水层上部和下部均有污染的区域。另一口地下水循环井直径为 500 mm，具有 2 个筛段，采用正循环的运行模式，即上部回注下部抽水的模式运行，该系统设置在仅含水层上部有污染的区域。两座循环井的地表设备都具有水力循环和加注药剂的功能，因其形成的水力坡度和流量都较一般抽出水井大，因此注入药剂时采用低流量高浓度的方式，可提高药剂的适用效率和施工的安全性（图 7-66）。

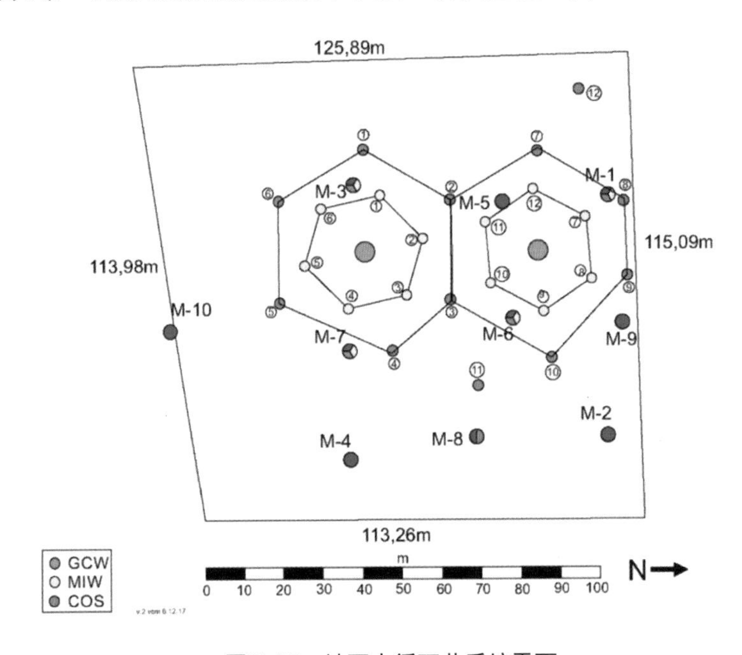

图 7-66 地下水循环井系统平面

（2）地下水循环井的建设流程如下所述。

①采用水力螺旋钻进行钻孔，钻孔直径为 800 mm，两座循环井的深度分别为 18 m 和 11 m。由于孔径较大，钻孔过程中采用保护套管进行辅助。

②钻孔完成后在其中心放入地下水循环井井管，井管分段放入，每段井管连接牢固后继续放入，直至设计深度。

③在井管与井孔之间分段填入不同类型的填料，对应井筛管的位置填入石英砂，对应井壁管的位置填入膨润土，井口位置以水泥进行封闭固定（图 7-67）。

钻孔　保护套管

下井管　填填料

图 7-67　现场建井施工过程照片

④井管安装完成后进行洗井，由于井尺寸较大需采用水泵进行清洗，直至井内水质清澈稳定。

（3）设备安装

地下水循环井的设备分为井内设备和地表设备两部分。首先安装井内设备，包括阻隔器、潜水泵、水位传感器、水管。阻隔器设置在两个筛管之间，潜水泵和水位传感器设置在筛管段，每个被阻隔器分隔的井段均设置水管以确保进出水流动路径。

该项目地下水循环井的地表设备以注入药剂的功能为主，主要包括：电控设备、阻隔器控制设备、水路控制设备和注药设备。各个设备均设置在地表井头附近的集装箱内，通过水、电、气管通过井头与井内设备相连接（图 7-68）。

井头

地表设备

阻隔器控制设备

水路控制设备

图 7-68　现场设备安装施工

7.1.9.7 运行监测情况

循环井设备启动后首先观察监测井内的水位和水压变化，以确定循环流场的影响范围，该项目中监测到的影响半径平均约为 30 m。流场稳定后开始药剂注入，采用浓度为23%的双氧水，双氧水通过注入泵加入进水管，同时启动循环井周围的多深度注入井和臭氧注入井。随着水流在地层内多处循环，药剂可不断均匀扩散。地下水循环井运行期间地下水中污染物浓度变化情况如图 7-69 所示。

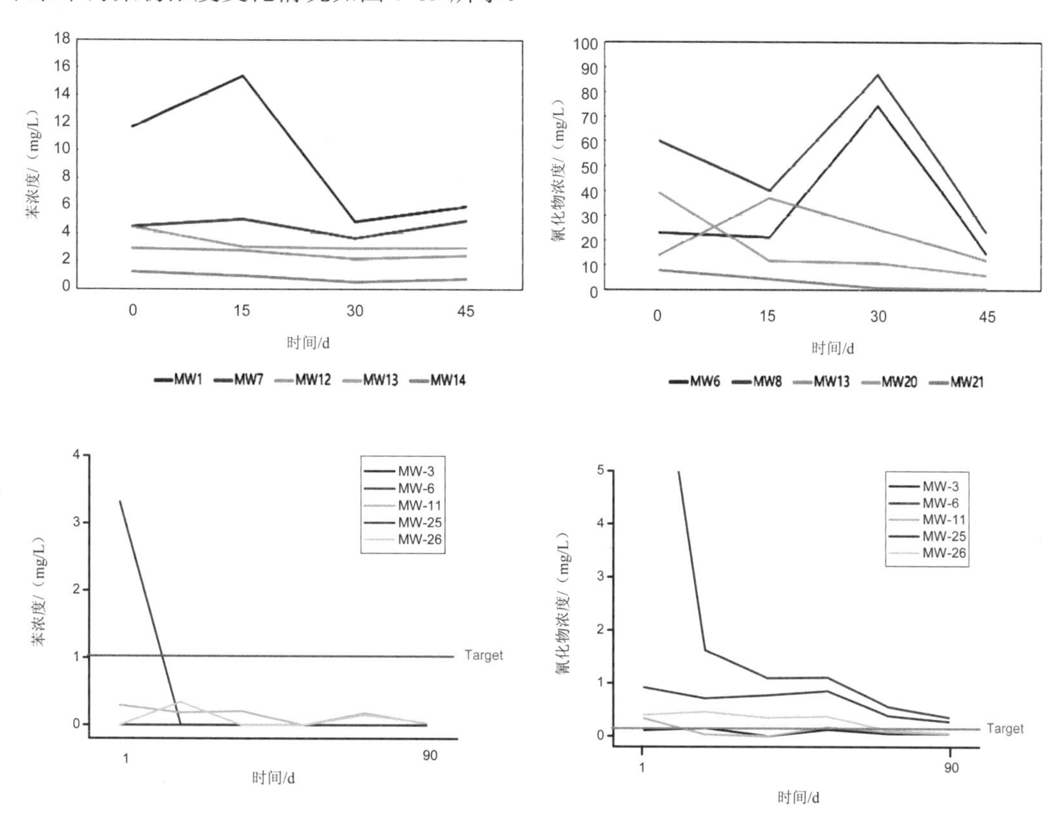

图 7-69 地下水循环井运行期间地下水中污染物浓度变化情况

7.1.9.8 地下水修复效果评估

2020 年 12 月，该项目完成了效果评估，8 个地下水样品苯浓度为 0～0.319 mg/L，满足目标值 1 030 mg/L 要求，氰化物浓度为 0～0.97 mg/L，满足目标值 153 mg/L 要求。

7.1.9.9 建设及运行成本分析

实际修复总成本约为 518 万元，其中建设 65 万元，设备 306 万元，药剂 130 万元，运行 17 万元。

7.1.9.10 经验介绍

①利用地下水循环井和原位化学氧化相结合较好地解决了氧化药剂难以均匀扩散的

问题。

该项目同时存在土壤和地下水的污染，地下水污染面积（13 520 m^2）和污染深度（17～22 m）都很大，存在化学氧化药剂注入后难以均匀扩散的问题。利用地下水循环井技术在同一井内的不同深度进行抽注水操作，使地下水同时产生水平和垂直循环流场，使氧化药剂分布更为均匀。

②引入地下水循环井技术节省建井工作量。

该项目原修复方案拟采用化学氧化修复技术，需建设近千口注入井及监测井，工程量大，药剂消耗量大。通过整体优化结合成一套兼顾修复效果、工期要求、经济可行的总体技术路线。引入地下水循环井技术进行优化设计后，实际施工现场仅需不到 100 口注入井，极大地节省了建井的工作量。

7.1.10 北京某制造企业苯、石油烃污染修复

7.1.10.1 工程概况

项目类型：化工类。

项目时间：2016 年 4 月 25 日—11 月 15 日（修复），2016 年 12 月—2017 年 6 月（效果评估）。

项目经费：地下水修复设施建设费约为 5 337 万元，地下水修复运行综合单价约为 180 元/m^3。

项目进展：已完成效果评估。

目标污染物：土壤（苯污染）、地下水（苯、>C_{10}-C_{12} 脂肪烃）。

水文地质：潜水层地下水主要赋存于第 6 大层，含水岩性以卵砾石为主。潜水静止水位埋深为 21.51～23.89 m。承压层地下水主要赋存于标高 2.13 m 以下的粗砂⑧层，卵石⑧$_1$ 层和卵石⑨$_1$ 层中。静止水位埋深为 22.56～22.58 m。

工程量：土壤的最大修复面积为 22 700.13 m^2，修复深度为 18.0 m，修复体量为 361 688.52 m^3；地下水的修复面积为 94 454.30 m^2（地块边界外潜水的修复面积为 45 036.21 m^2，地块边界内潜水的修复面积为 49 418.09 m^2），修复体量为 262 376.60 m^3。

修复目标：该地块所在场地土壤中苯的修复目标值为 0.64 mg/kg；地下水中苯的修复目标值为 672 μg/L，地下水中大于 C_{10}-C_{12} 脂肪烃的修复目标值为 1 247 μg/L。

修复技术：该地块土壤修复采用原位土壤气相抽提、多相抽提修复技术；地下水修复采用基于水力控制的抽出处理—回灌技术、原位化学氧化修复技术和强化生物降解的监测自然衰减技术。

7.1.10.2　地质与水文地质条件

（1）地层岩性分布

修复地块现状地面（地面标高 36.55～38.81 m）以下约 55 m 深度（最大钻探深度）范围内的地层按沉积成因与年代划分为人工堆积层、新近沉积层及第四纪沉积层 3 大类，并按地层岩性及其赋水特性自上而下进一步划分为 9 个大层及其亚层。现按照自上而下的顺序将各地层岩性及分布特征概述如下：

1）人工堆积层

该层分布于地表，为黏质粉土素填土、粉质黏土素填土①层和杂填土$①_1$层，厚度一般在 0.20～5.00 m。

2）新近沉积层

分布于人工堆积层之下，为新近沉积的黏性土、粉土、砂和卵砾石的交互沉积层，层厚为 8.30～14.10 m，其中：

①标高 33.36～37.30 m 以下为新近沉积的砂质粉土、黏质粉土②层、粉质黏土、黏质粉土$②_1$层和粉砂、细砂$②_2$层，层厚为 1.20～5.90 m。

②标高 30.71～34.28 m 以下为新近沉积的卵石、圆砾③层、细砂、中砂$③_1$层、粉质黏土、黏质粉土$③_2$层和砂质粉土$③_3$层，层厚为 5.10～10.80 m。

3）第四纪沉积层

分布于新近沉积层之下，主要为砂、卵砾石和黏性土、粉土的交互沉积层，其中：

①标高 22.71～27.12 m 以下为粉质黏土、黏质粉土④层、砂质粉土$④_1$层和细砂、中砂$④_2$层，该大层在 S34#采样勘探点、MW5#地下水监测井位置缺失，累计最大层厚为 6.10 m。

②标高 20.75～23.33 m 以下为细砂、中砂⑤层，该大层在场区内普遍分布，层厚为 0.70～3.40 m。

③标高 18.06～21.08 m 以下为卵石、圆砾⑥层、细砂、中砂$⑥_1$层、粉质黏土、黏质粉土$⑥_2$层和砂质粉土$⑥_3$层，层厚为 2.80～6.30 m。该大层岩性以砂、卵砾石为主，为地下水的赋存层位之一。其中粉质黏土、黏质粉土$⑥_2$层和砂质粉土$⑥_3$层在场区分布不连续（于 MW1#、MW6#、MW8#地下水监测井位置缺失），该黏性土、粉土透镜体厚度较小，累计最大厚度约为 2.80 m。

④标高 6.98～11.10 m 以下为粉质黏土⑦层、砂质粉土$⑦_1$层、卵石$⑦_2$层、细砂、中砂⑦3 层、粗砂⑧层、卵石$⑧_1$层、粉质黏土⑨层和卵石$⑨_1$层。

第四纪沉积层下覆地层为第三纪黏土岩，根据该工程场区西北约 420 m 位置的岩土工程勘探资料，标高−25.71 m（相应于自然地面下约 65 m）以下为第三纪强风化、全风化黏土岩。

各主要地层的相对厚度比较如图 7-70 所示，厂区内各地层分布如图 7-71、图 7-72 所示。

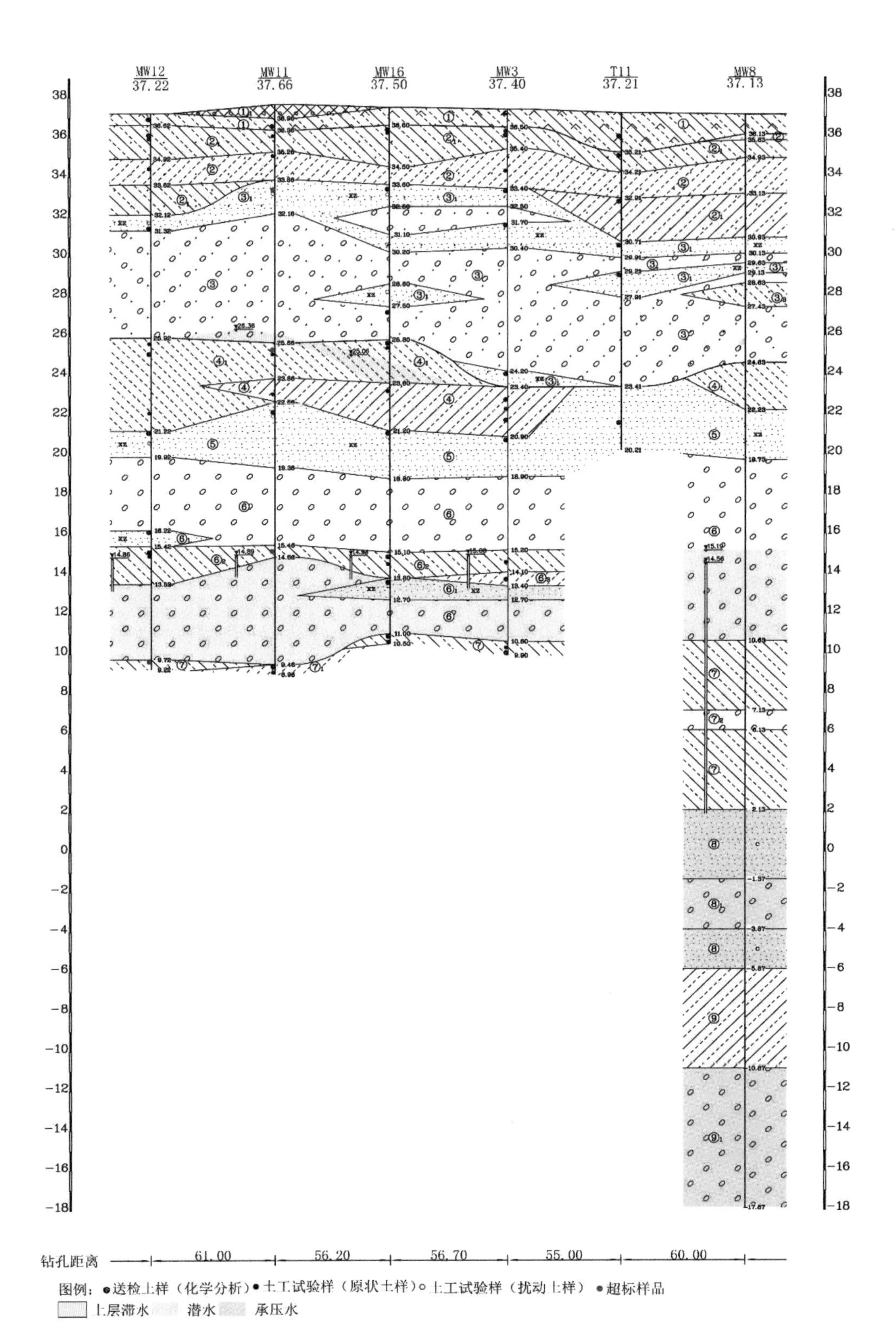

图 7-70 典型水文地质剖面

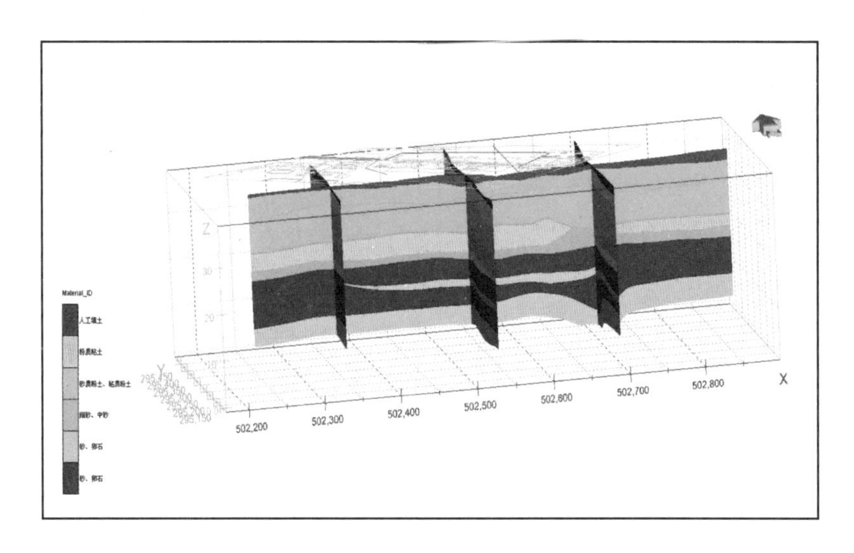

图 7-71　场区地层切面（变换方向：0°）

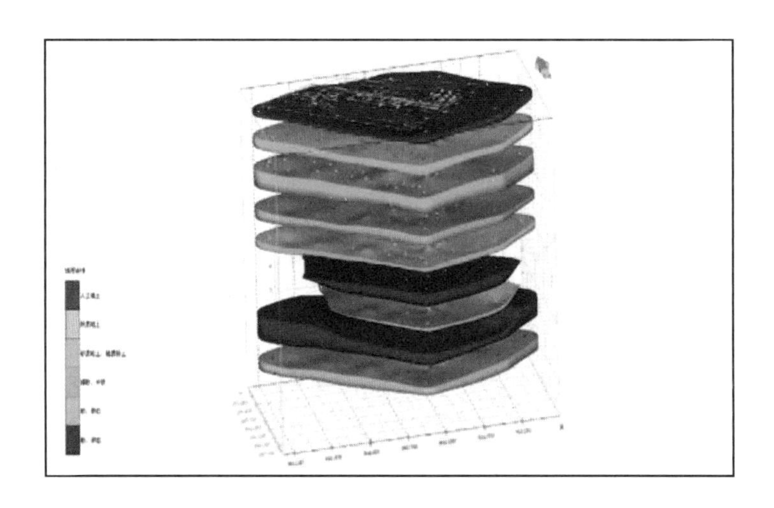

图 7-72　场区地层分层显示

（2）地下水分布特征

根据场地勘察采样所揭示的地层分布条件和地下水位量测结果，结合地下水污染现状及污染运移规律分析，将地块地面以下 55 m 深度（最大勘探深度）范围内的稳定分布的地下水概化为 2 层，即潜水含水层和承压含水层。

①潜水

该层地下水主要赋存于标高 18.06～21.08 m 以下、6.98～11.10 m 以上的第 6 大层中，含水岩性以卵砾石为主；2014 年 11 月 14 日—2015 年 1 月 20 日于地下水监测井中量测的潜水静止水位埋深为 21.51～23.89 m，静止水位标高为 14.76～15.24 m。

②承压水

该层地下水主要赋存于标高 2.13 m 以下的粗砂⑧层，卵石$⑧_1$层和卵石$⑨_1$层中；2014 年 12 月 15 日—2015 年 1 月 20 日于 MW8#地下水监测井中量测的静止水头埋深为 22.56～22.58 m，水头标高为 14.56～14.57 m。

另外，勘察采样期间个别钻孔揭露到上层滞水，静止水位埋深为 12.26～14.22 m，相应的静止水位标高为 24.27～25.30 m，主要赋存于场区标高 22.71～27.12 m 以上的卵砾石③层、细中砂$③_1$层和砂质粉土$④_1$层中。

③潜水与承压水的水力联系

图 7-73 显示，潜水含水层与承压水含水层之间分布粉质黏土、砂质粉土及卵石、细砂、中砂薄层，两者之间水位接近，水力联系较密切。

（3）水位动态及补径排特征

场区所在区域潜水天然动态类型为渗入—径流型，主要接受大气降水入渗和侧向径流补给；地下水径流条件较好；以侧向径流和人工开采为主要排泄方式。

图 7-73 为利用 2015 年 1 月 20 日于本次设置的地下水监测井中量测数据绘制的场区潜水水位标高等值线图，本地块所在区域该层地下水的总体流向为自西北向东南；场区与区域流向基本一致，水力坡度约为 0.8‰。

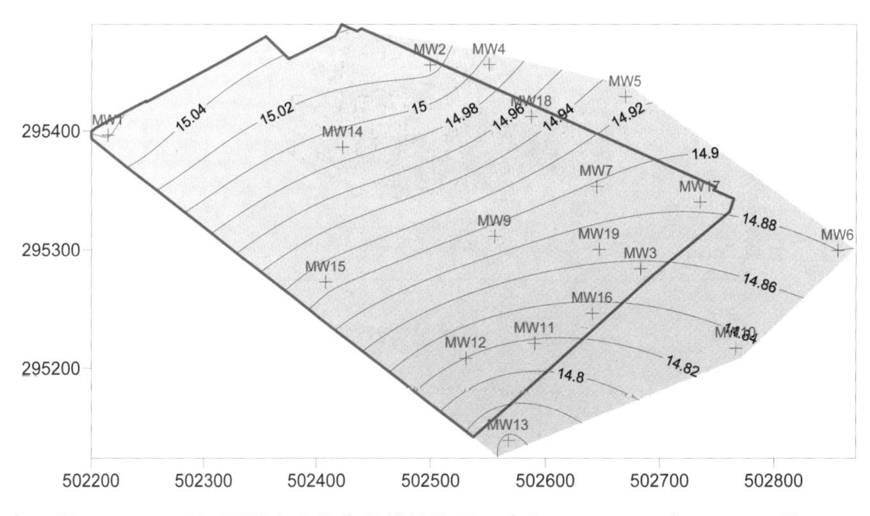

图 7-73 项目场区潜水水位高程等值线图（高程/m）（2015 年 1 月 20 日）

7.1.10.3 土壤与地下水污染状况

（1）土壤污染状况

地块土壤仅挥发性有机物苯超过相应的筛选值，污染区域为主要生产区、石油管线、重油及沥青罐区、配油车间及加油站所在区域，呈局部污染的特点。土壤苯浓度的分层统计如表 7-34 所示。

表 7-34 土壤样品苯检测结果分层统计表

层号	顶板标高/m	地层厚度/m	岩性	苯浓度范围/（mg/kg）	超标率/%	最大标准倍数
1	36.55～38.81	0.20～5.00	以黏质粉土填土、粉质黏土填土层为主	0.005～3.76	5.88	5.88
2	33.36～37.30	1.10～5.90	以粉质黏土、黏质粉土层为主	0.005～10.1	8.64	15.78
3	30.71～34.81	5.10～12.00	以卵石、圆砾层为主	0.005～37.7	12.5	58.91
4	22.71～27.12	0.90～6.10	以粉质黏土、黏质粉土层为主	0.005～64.8	15.69	101.25
5	20.75～23.33	0.70～3.40	以细砂层为主	0.005～13.1	11.76	20.47

（2）地下水污染状况

地块潜水样品中的挥发性有机物单环芳烃类、萘均超出标准限值，其中苯的样品超标率最大、超标倍数最高，分别为 85%和 2 110 倍；总石油烃类有机物均有检出，其中除 MW1、MW2 监测井样品浓度低于标准限值以外，其他均超过标准限值，最大超标倍数为 1 257 倍，浓度最高点出现在 MW7 监测井。

该地块潜水中苯浓度分布情况如图 7-74 所示，总石油烃类浓度分布情况如图 7-75 所示。

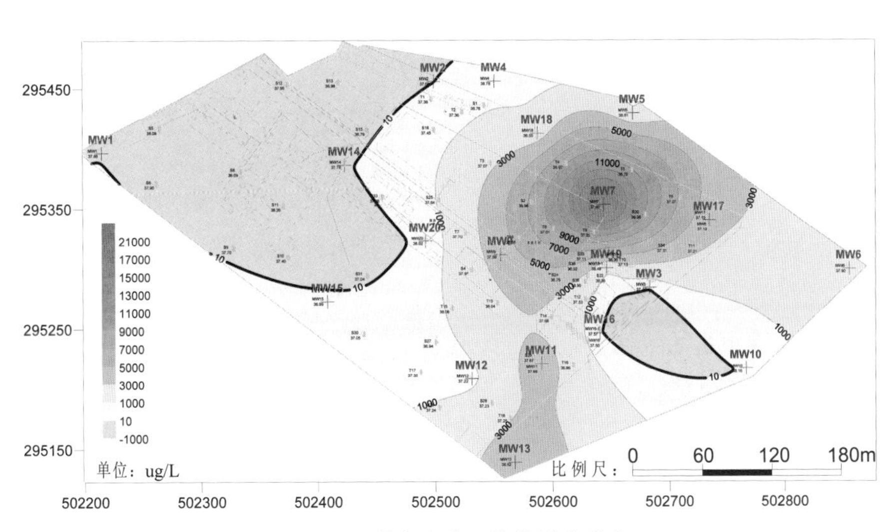

图 7-74 潜水中苯污染物浓度分布

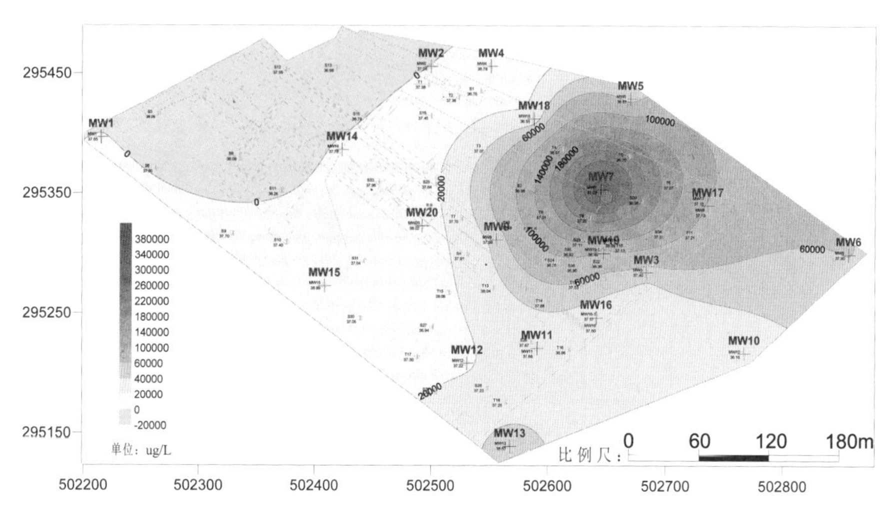

图 7-75 潜水中总石油烃污染物浓度分布

7.1.10.4 土壤与地下水污染修复目标

该地块所在场地土壤和地下水中目标污染物确定的修复目标值如表 7-35 所示。

表 7-35 场地土壤和地下水修复目标值

污染介质	污染物	修复目标计算值	北京土壤筛选值	美国马萨诸塞州筛选值	确定的修复目标值
土壤	苯	0.06	0.64	—	0.64
地下水	苯	672	—	1 000	672
	>C_{10}-C_{12}脂肪烃	1 247	—	5 000	1 247

注：土壤污染物浓度单位为 mg/kg，地下水污染物浓度单位为μg/L；
美国加州及马萨诸塞州的地下水筛选值均为考虑潜在的侵入室内空气的暴露途径。

7.1.10.5 土壤与地下水污染修复技术

根据地块的地层岩性、污染物特征、污染物分布特征，通过技术筛选与现场试验，确定土壤修复采用原位土壤气相抽提、多相抽提修复技术；地下水修复采用基于水力控制的抽出处理—回灌技术、原位化学氧化修复技术和强化生物降解的监测自然衰减技术。

7.1.10.6 土壤与地下水污染修复工程设计及施工

（1）土壤与地下水修复一体化设计

土壤与地下水的修复工程设计采用一体化修复设计模式；土壤气相抽提设计时考虑到不同地层岩性抽气井的影响半径，在三个不同的层位进行抽提，第五层的抽提井设置到地下水位附近，作为多相抽提井使用。地下水重污染区原位化学氧化的修复设计借用了一部分多相抽提井。其设计概念模型如图 7-76 所示。

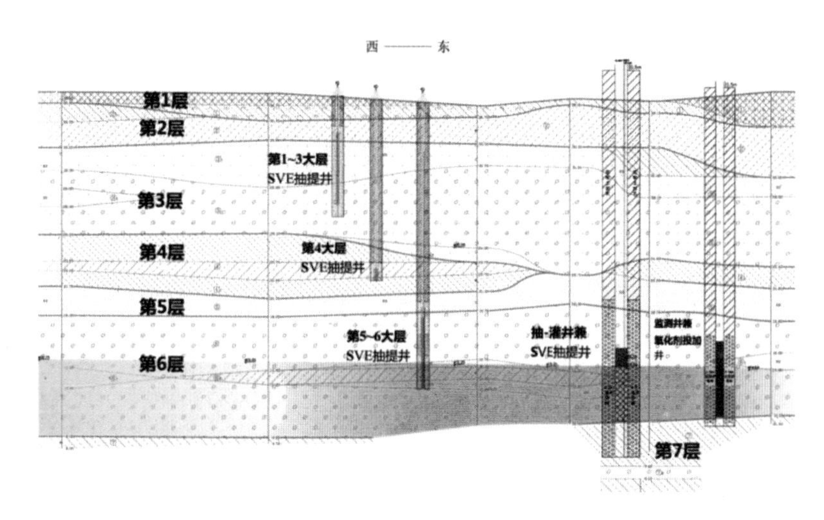

图 7-76　土壤与地下水修复一体化设计概念模型图

①原位土壤气相抽提设计

原位土壤气相抽提设计参数如表 7-36 所示。

表 7-36　原位 SVE 设计参数

技术名称	原位 SVE 技术
技术分类	原位/物理
修复介质	0～18.8 m 范围内苯污染土壤
修复规模	361 688.52 m^3
目标污染物	苯
技术要求	处理周期：3～4 个月
	引风机数量：3 套，每套处理能力为 3 000 m^3/h；1 套，处理能力为 600 m^3/h
	配套设施：管路系统、气液分离装置、尾气净化系统，做好全过程的二次污染防治措施
	抽气井影响半径：10～11.5 m，深井为 15 m；15～16 m，深井为 7.5 m；20 m 深井为 15 m
	引风机最佳真空度：30 kPa
	系统运行方式：分层；间歇式运行（运行 12 h，停 12 h）
	尾气排放与在线监测：满足北京市《大气污染物综合排放标准》（DB 11/501—2007）

②地下水抽出处理—回灌修复设计

地下水抽出处理—回灌修复设计参数如表 7-37 所示，抽出地下水地面处理工艺流程如图 7-77 所示。

表 7-37　抽出处理与回灌工艺设计参数

技术名称	抽出处理与回灌技术
技术分类	异位/物理
修复介质	地块边界内赋存于第 6 大层中的潜水
修复规模	地块边界范围内待修复地下水的净储量为 64 981.60 m^3
目标污染物	苯和＞C_{10}-C_{12} 脂肪烃
技术要求	处理周期：4.5 个月
	地面水处理设施：1 套，处理能力为 4 800 m^3/d
	集水沉淀构筑物、调节池、隔油池、曝气池。清水池、尾气活性炭净化装置、储水构筑物，落实全过程的二次污染防治措施
	处理标准：处理后出水中的苯浓度≤672 μg/L，＞C_{10}-C_{12} 脂肪烃浓度≤1 247 μg/L
	水气比不少于 1∶10；水力负荷不低于 4.36 m^3/（m^2·h）
	抽/灌井井深 30 m、32 m；井径 219 mm；井间距 20 m、排间距 30 m、15 m；桥式过滤器长度为 3 m、6 m；沉淀管长度为 3 m、1.5 m。抽水井最大抽水量 15 m^3/h
	尾气排放与在线监测：满足北京市《大气污染物综合排放标准》（DB 11/501—2007）

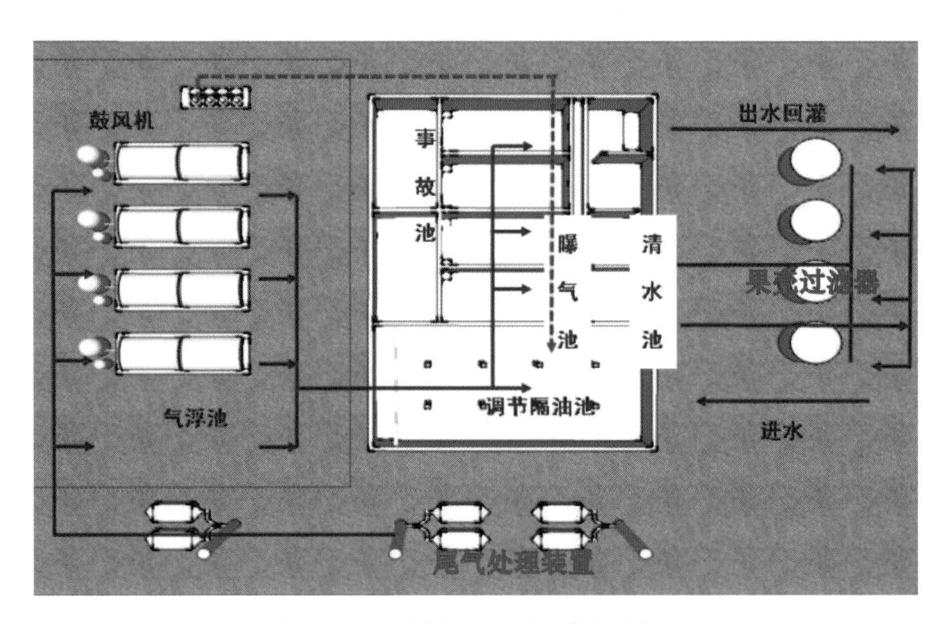

图 7-77　地面水处理工艺流程示意图

③地下水原位化学氧化修复与多相抽提设计

原位化学氧化设计参数：投加双氧水（纯度为 35%）与污染物的摩尔比为 50∶1；投加井井间距为 15 m，共设置 54 口投加井。

多相抽提设计参数：井深为 30 m，井径 65 mm，多相抽提井井间距 15 m，借用化学氧化投加井作为多相抽提井。

④监测自然衰减设计

监测自然衰减设计如表 7-38 所示。

表 7-38 长期监测自然衰减工艺设计参数

技术名称	长期监测自然衰减技术
技术分类	原位/制度控制
修复介质	地块边界外赋存于第 6 大层中的潜水
修复规模	197 396 m^3
目标污染物	苯和＞C_{10}-C_{12} 脂肪烃
设计参数	9 口 30 m 地下水监测井，长期监测自然衰减的监测周期不低于 5 年。第 1～2 年的监测频次为 1 次/14 d，第 3～5 年监测频率每月监测一次
监测指标	包括单环芳烃类、C_{10}-C_{12} 脂肪烃、Fe^{3+}、pH、氧化还原电位（ORP）、溶解氧（DO）和温度、总碱度、总硬度等指标
技术要求	监测期：不少于 5 年
	处理后出水中的苯浓度≤672 μg/L，＞C_{10}-C_{12} 脂肪烃浓度≤1 247 μg/L

（2）施工与运行

①修复设施建设

地下水修复建设污染水处理设施 5 000 t/d；中试水处理设备，1 200 t/d；厂区内抽灌井 110 座，井径 219 mm，平均井深 31 m。

SVE 气相抽提井 208 座（48 座 11.5 m、115 座 16 m、45 座 20 m），井身采用ϕ 63 mm，化工级 UPVC 管；SVE 气相抽提管线 4 908 m；SVE 装置，3 000 m^3/h，3 套。

②修复运行

地块边界内地下水修复首先对重污染区进行修复，采用“中间抽水，四周回灌”的方式集中快速降低污染物浓度，每个周期运行 3 d，恢复 2 d。运行 4 个周期，达到预期效果，调整运行方案为成排抽灌。

地块边界外地下水修复采用“边界抽水—地块内回灌”方式进行地块边界外一定范围内地下水的修复。连续运行 3 d，停歇 2 d。运行 3 个周期，达到预期修复效果。

土壤气相抽提分层运行，分别对第 1～3 大层（运行 12 h）、第 4 大层、第 5～6 大层（运行 12 h）的土壤气相抽提。

7.1.10.7 效果评估情况

地下水的修复效果评估工作于 2016 年 12 月 19 日正式启动，连续监测 6 个月，每个月监测 2 次；土壤的修复效果评估工作于 2017 年 4 月启动；同时也进行了土壤气采样评估。

（1）土壤修复效果评估

①土壤中苯浓度有检出的样品数由修复前的 105 个减少为修复后的 38 个，检出率由 26.5%降低为 5.9%；

②土壤中苯平均浓度由 1.36 mg/kg 降低为 0.13 mg/kg，95%分位数由 6.32 mg/kg 降低为 0.10 mg/kg；

③修复后地块土壤中苯浓度平均值的 95%置信上限（UCL）由 2.70 mg/kg 降低为 0.34 mg/kg。

根据土壤样品检测结果，修复后地块土壤中苯浓度平均值的95%置信上限（UCL）为 0.34 mg/kg，低于风险评估阶段确定的修复目标 0.64 mg/kg，表明地块土壤中苯浓度整体低于修复目标值，整体达到修复要求。

（2）地块内地下水修复效果评估

修复前后地块内地下水中苯的浓度变化曲线如图 7-78 所示，>C_{10}-C_{12} 脂肪族 TPH 浓度变化曲线如图 7-79 所示。

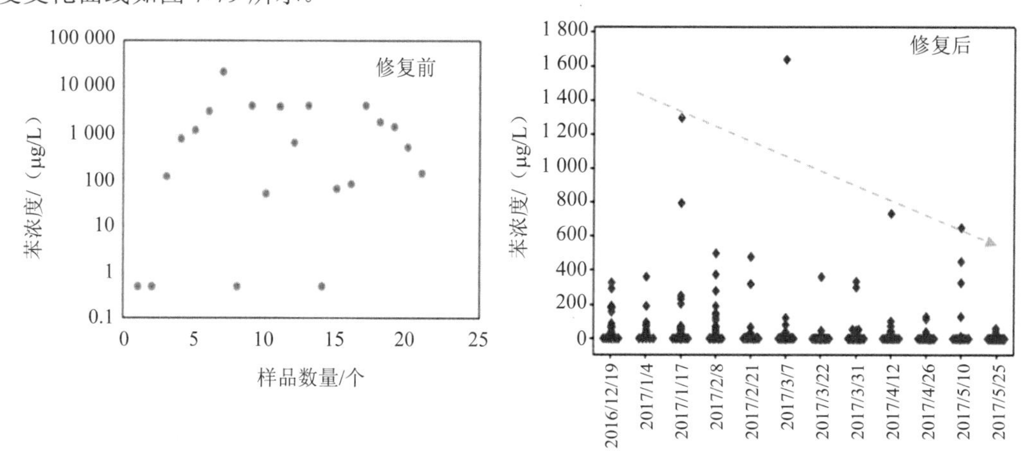

图 7-78 修复前后地块内地下水中苯浓度变化曲线

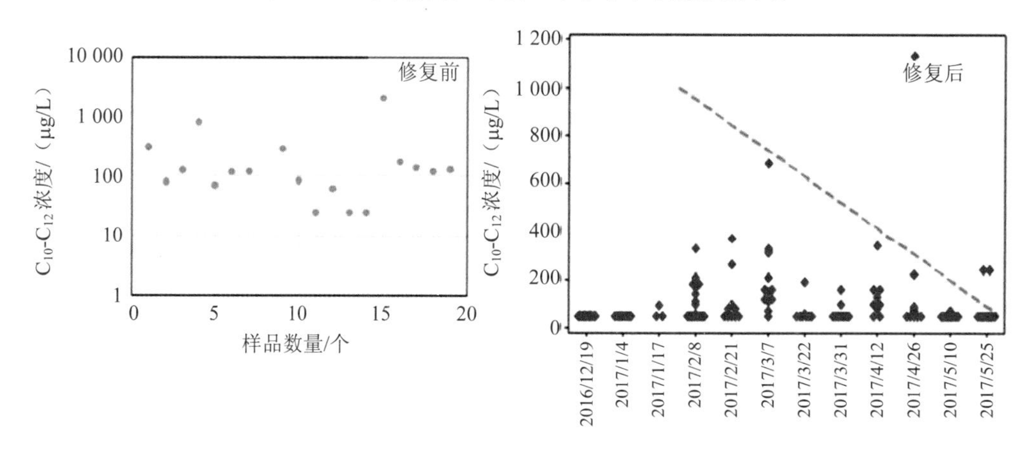

图 7-79 修复前后地块内地下水中>C_{10}-C_{12} 脂肪烃浓度变化曲线

地块内地下水中苯污染程度明显降低，总体均低于修复目标 672 μg/L。

①平均浓度由修复前的 2.20 μg/L 降低为 0.04 μg/L；

②浓度中位数由修复前的 0.62 μg/L 降低为 0.002 μg/L；

③95%分位数由修复前的 3.96 μg/L 降低为 0.19 μg/L。

地块内地下水中＞C_{10}-C_{12} 脂肪烃污染程度大幅度降低，总体均低于修复目标值 1 247 μg/L。其中：

①最高检出浓度由修复前的 2 120 μg/L 降低为修复后的 1 131 μg/L，低于前期场地评估阶段确定的目标 1 247 μg/L；

②平均值由修复前的 268.39 μg/L 降低为修复后的 97.74 μg/L，中位数和 95%分位数分别由修复前的 119.5 μg/L 和 1 003.95 μg/L 降低为修复后的 50 μg/L 和 313.5 μg/L；

③平均值的 95%置信上限由修复前的 778.1 μg/L 降低为修复后的 146.3 μg/L。

（3）地块边界外围地下水修复效果评估

地块边界外地下水中苯浓度的衰减符合一级反应动力学，拟合的苯的衰减系数为 0.003～0.018 d^{-1}。地块外地下水中 TPH 的衰减系数为 0.004～0.009 d^{-1}，对应的半衰期为 77～174 d。

7.1.10.8　建设及运行成本分析

项目土壤的最大修复面积为 22 700.13 m^2，修复深度为 18.0 m，修复体量为 361 688.52 m^3；地下水的修复面积为 94 454.30 m^2（地块边界外潜水的修复面积为 45 036.21 m^2，地块边界内潜水的修复面积为 49 418.09 m^2），修复体量为 262 376.60 m^3。

针对项目土壤修复采用原位土壤气相抽提、多相抽提修复技术；针对项目地下水修复采用基于水力控制的抽出处理—回灌技术、原位化学氧化修复技术和强化生物降解的监测自然衰减技术。

针对项目地下水修复设施建设费约为 5 337 万元，地下水修复运行综合单价约为 180 元/m^3；针对项目土壤修复设施建设费约为 2 922 万元，土壤修复运行综合单价约为 450 元/m^3。项目修复过程中的环境保护措施费约为 1 176 万元。地块边界外地下水修复与控制费用约为 5 396 万元。

7.1.10.9　经验介绍

在进行土壤与地下水修复设计时，需充分考虑地层岩性、地下水分布条件、污染物特征、污染物分布情况、修复时间等，在一种修复技术达不到修复目标、修复时间限制时，可采用联合修复技术。

对于原位修复技术或地下水抽出处理—回灌修复技术，在修复实施过程中，需根据修复运行的效果，调整修复运行模式，必要时，针对修复存在的盲区位置，可补充建设抽提井、抽水井等修复设施。

7.1.11 上海某制造企业总石油烃污染修复

7.1.11.1 工程概况

项目类型：化学品生产企业。

项目时间：2020 年 6 月—2021 年 1 月。

项目经费：2 600 万元。

项目进展：正在开展效果评估。

地下水目标污染物：总石油烃（C_{10}-C_{40}）。

水文地质：地下水以松散岩类孔隙水为主，污染地下水位于地下 5～7 m，隔水层主要为粉质黏土、淤泥质粉质黏土层。

工程量：修复污染地下水 25 450 m^3。

修复目标：地下水中总石油烃（C_{10}-C_{40}）浓度低于 8.11 mg/L（柴油灌区域）、50.55 mg/L（注塑车间区域）。

修复技术：原位热脱附技术。

7.1.11.2 水文地质条件

场地地质情况：第 1 层为杂填土，厚度 1.5～2 m；第 2 层为粉质黏土，厚度 2.4～4.2 m；第 3 层为淤泥质粉质黏土，厚度 1.7～4.7 m；第 4 层为粉质黏土，厚度 0.3～2.2 m；第 5 层为砂质粉土，厚度 1.9～2.3 m。地下水以松散岩类孔隙水为主，地下水埋深 5～7 m。

7.1.11.3 地下水污染状况

初步调查结果发现 4 个地下水监测点位中，3 种重金属（锑、铅和镍）、TPH、2 种挥发性有机物（苯和苯乙烯）以及 1 种半挥发性有机物（萘）检出浓度超过了 GB/T 14848—2017 中的Ⅲ类标准或《荷兰地下水干预值》中的矿物油标准值，以上超标污染物均识别为地下水关注污染物。

详细调查结果发现，本场地地下水普遍存在总石油烃（TPH）污染，直接列为关注污染物开展后续健康风险评估工作。有 1 个点位（MW22-1）的 1 个地下水样品中的苯含量超过 GB/T 14848—2017 Ⅳ类标准。地下水中总石油烃和超标污染物一并纳入后续的场地健康风险评估。

结合初调和详调结果，该项目场地共计 64 个地下水点位，72 个地下水样品分析了 TPH，其中有 28 个样品检出，浓度为 250～165 000 μg/L。地下水总石油烃后续直接纳入健康风险评估工作（表 7-39）。

表 7-39　地下水污染情况

区域	介质	超标点位	超标污染物	浓度/（mg/L）	超标倍数
柴油罐区域	地下水	MW22	总石油烃	163	20.1
		MW22-1	总石油烃	45.7	5.6
		DMW2	总石油烃	71.34	8.8
		DMW3	总石油烃	14	1.7
		DMW4	总石油烃	35.2	4.3
注塑车间区域	地下水	MW9	总石油烃	165	3.3

7.1.11.4　地下水污染修复目标

在场地修复方案编制阶段，按照 HJ 25.6—2019 的要求，对该地块概念模型进行了复核与更新，确定了地下水的修复目标。具体过程如下：

基于人体健康风险确定的地下水总石油烃风险控制值为：柴油罐区域 8.11 mg/L；注塑车间区域 65.43 mg/L。基于保护水质确定的地下水总石油烃风险控制值为 50.5 mg/L。厂界南侧有河流，该河流的水质保护目标为 GB 3838—2002 Ⅳ类标准，总石油烃的标准值为 0.5 mg/L。结合该地块总石油烃污染分布以及水文地质情况，以地表水Ⅳ类保护标准反推出场地内总石油烃的风险控制值为 50.5 mg/L。

基于人体健康风险和保护地表水水质的需求，确定该项目区地下水中关注污染物的修复目标值如表 7-40 所示。

表 7-40　地下水修复目标值

污染物	污染区域	修复目标值/（mg/L）
总石油烃（C_{10}-C_{40}）	柴油灌区域	8.11
	注塑车间区域	50.5

注：地下水修复过程中产生的废水纳管排放，其排放限值除满足地下水修复目标以外，还需满足《污水综合排放标准》（DB 31/199—2018）的三级标准。该标准中石油类物质的三级标准值为 15.0 mg/L。

该项目污染地下水修复区域分为 2 个地块，根据地下水污染区域面积、最大污染深度以及饱和带土壤有效孔隙度，确定污染地下水修复方量如表 7-41 所示。

表 7-41　地下水修复方量

污染区域	污染物	污染深度/m	修复深度/m	修复面积/m^2	截弯取直面积/m^2	含水层体积/m^3
Ⅰ	总石油烃（C_{10}-C_{40}）	7	7	3 328.3	3 781.3	22 687.8
Ⅱ		5	5	551.8	690.7	2 762.8
总计						25 450.6

污染地下水修复范围如图 7-80 所示。

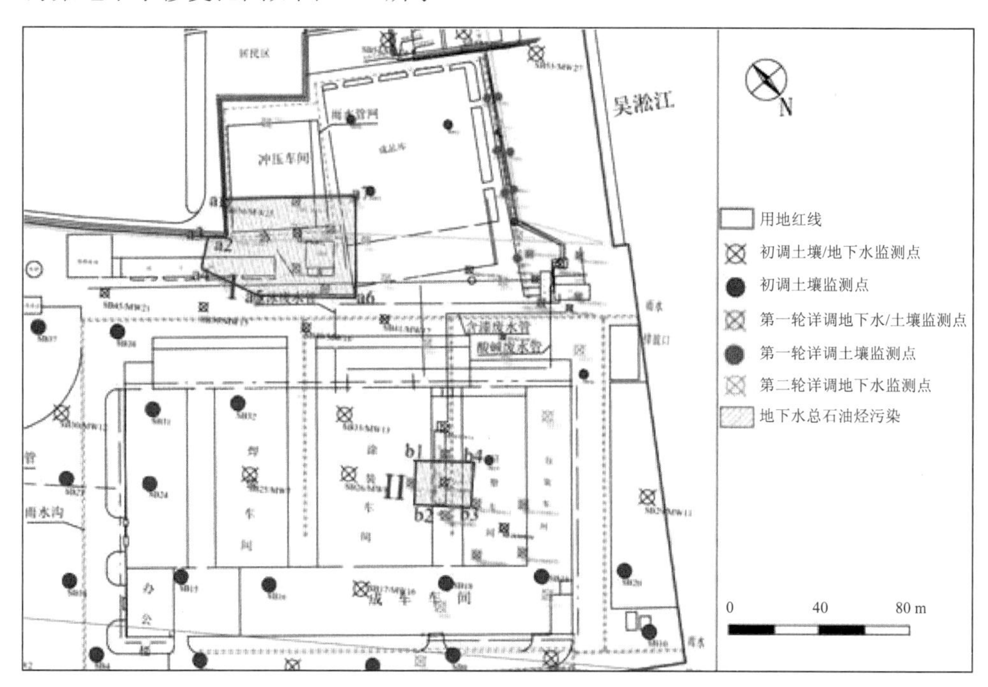

图 7-80　污染地下水修复范围

7.1.11.5　地下水污染修复技术

该项目的地下水污染修复采用原位热脱附技术。原位热脱附的主体工艺实施主要包括能源系统建设、井点建设、地下水加热、气体抽提、气体后处理和水处理等部分，该处理工艺是利用电阻加热将污染地下水加热至目标污染物的沸点以上，通过控制系统温度，对污染土壤进行加热使污染物与地下水发生分离，同时利用设置在土壤内的气相抽提井将其抽至尾气处理系统进行气液分离，分离后产生的废气和废水分别经过处理达到排放标准后安全排放。

7.1.11.6　地下水污染修复工程设计及施工

原位热脱附工艺流程分为以下三个部分（图 7-81）：

①加热与抽提系统：加热井的主要作用是将污染场地加热到既定温度，使土壤和地下水中的水蒸气和污染物蒸发出来，水平抽提井的主要作用是将挥发到渗透层的蒸汽抽提出来。

②蒸汽处理系统：从气相抽提井中抽出的蒸汽进入真空冷凝单元之前首先通过气液分离，分离出抽提气内的冷凝水和携带的土壤颗粒；进入真空冷凝单元两次汽水分离和一次冷凝，将水蒸气冷凝分离，再经真空泵后经活性炭吸附，将石油烃富集于活性炭，干净尾气达标排放；富集石油烃的活性炭，经热脱附再生；含石油烃的热脱附尾气经催化氧化，

达标后通过架空烟囱外排。

③水处理系统：场地抽出蒸汽处理系统冷凝下来的冷凝水和污染物全部进入水处理系统进行处理，最终达到市政污水纳管要求后纳管排放。

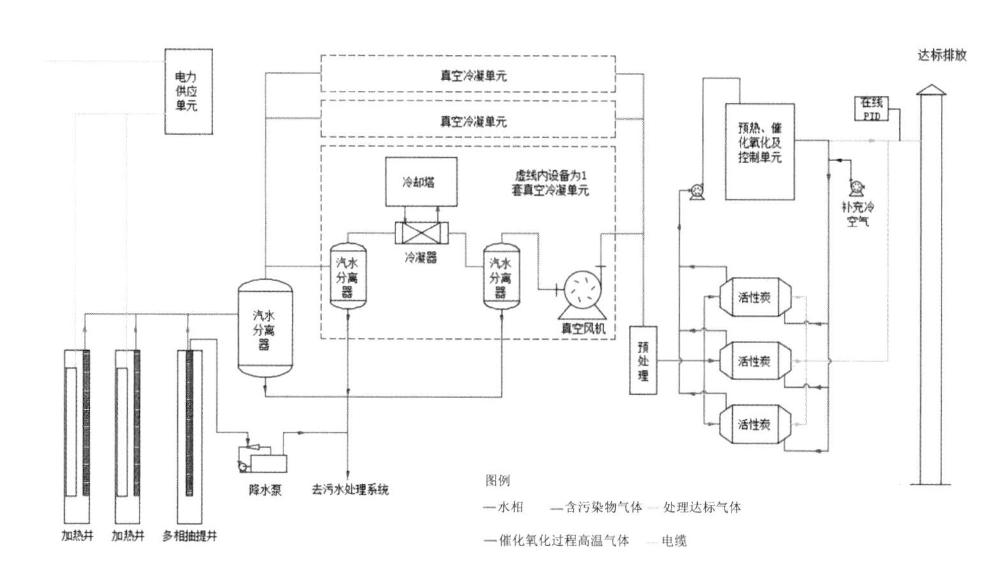

图 7-81　原位热脱附施工流程

（1）原位电流加热施工

1）井位设计

根据现场水文地质条件和污染情况，电极井间距设置为 5 m，共设置 228 口加热井。Ⅰ柴油罐区域建设 179 口 7.5 m 深加热井；Ⅱ注塑车间区域建设 49 口 5.5 m 深加热井。该项目共设置了 64 口多相抽提井，其中Ⅰ柴油罐区域共设置 47 口 7 m 深多相抽提井，Ⅱ注塑车间区域共设置 17 口 5 m 深多相抽提井。根据每 220～300 m^2 设置一口温度监测井的原则，共设置 15 口温度监测井，Ⅰ柴油罐区安装 13 个 7 m 深温度监测井、Ⅱ注塑车间区域安装 2 个 5 m 深温度监测井对热修复区域的温度进行跟踪监测。在每一口监测井内，每 2 m 深度设置一个温度监测点。该项目共设置 15 个地下水监测井对热修复区域的地下水进行跟踪监测。其中Ⅰ柴油罐区 7 m 深地下水监测井 10 口，Ⅱ注塑车间 5 m 深地下水监测井 5 口。井位布局如图 7-82 所示，原位热脱附建井现场如图 7-83 所示。

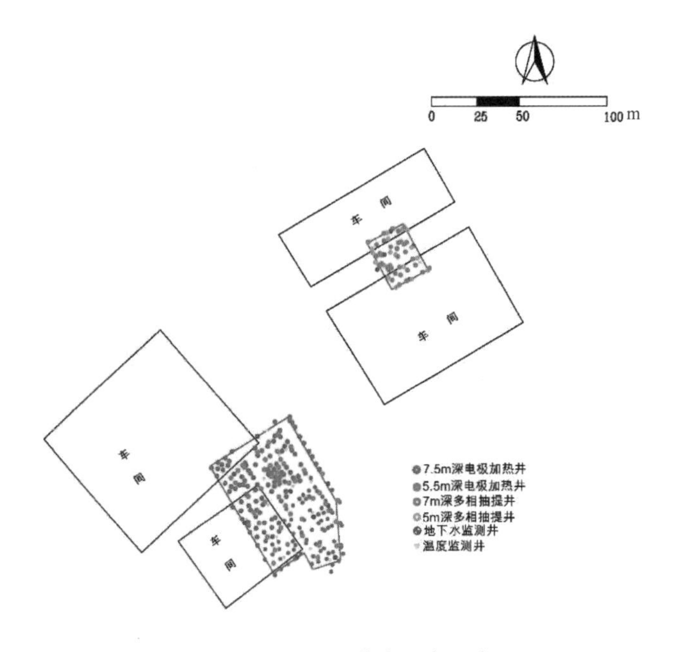

图 7-82　井点分布示意图

混凝土地面破碎

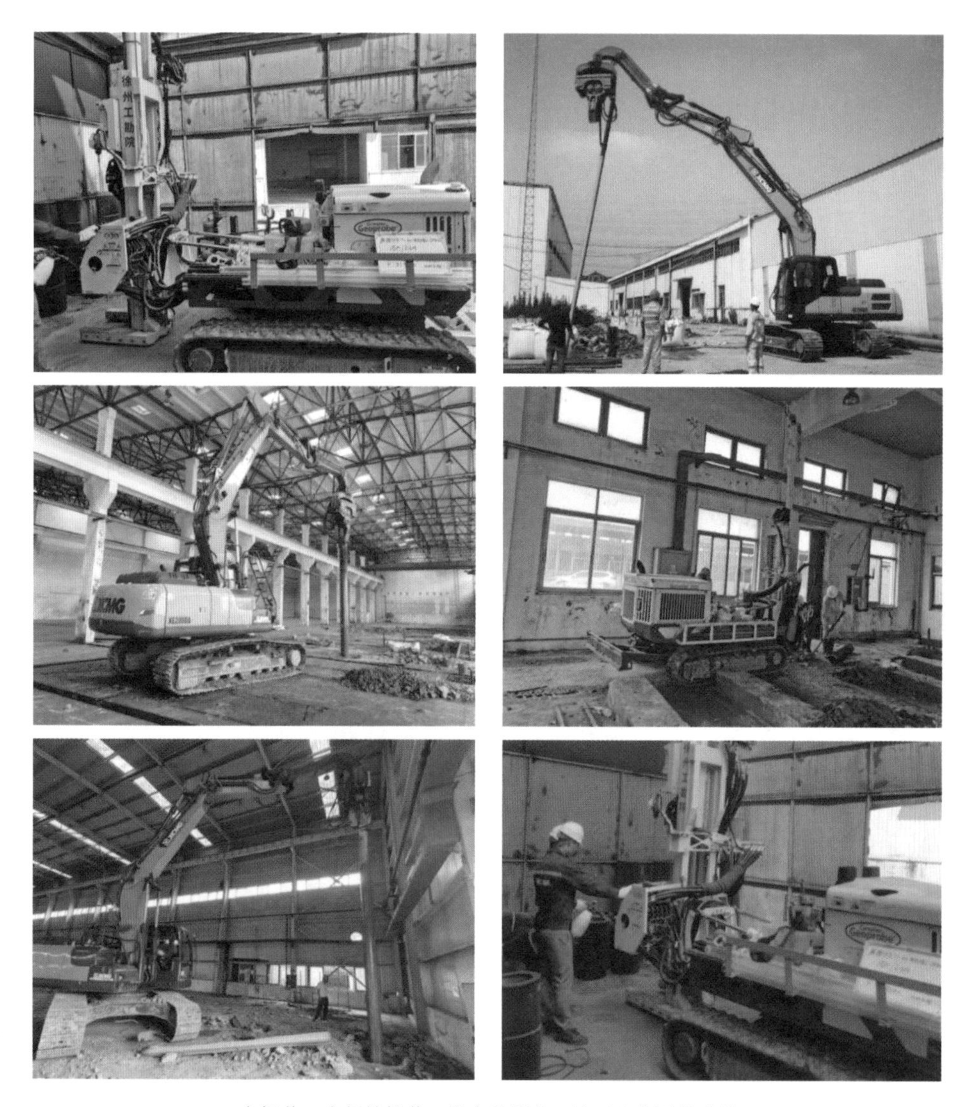

电极井、多相抽提井、温度监测井、地下水监测井建设

图 7-83　原位热脱附建井

①电极加热井设计

整个电极井包括：

钻孔：采用钻机钻取直径为 300 mm 的钻孔，至设定设计深度（7.5 m 或 5.5 m）；

填料：包含 5 种成分的专利性原位热脱附加热井填料；

电极板：包含专利性特种电缆、电极板和定制型连接配件；

控制面板：电极电缆露出地面 150 cm 的便于人工控制的操作台。

打井区域将采取钻机建设加热井。对于污染深度达到 7 m 的 I 柴油罐区，钻机将会钻取 7.5 m 深，直径 300 mm 的钻孔。采用钻机钻至 7.5 m 深，验证深度无误后，填充专利原位热脱附加热井回填料中的 E 料，然后放入电极和抽提管，填充 A 料、B 料和 C 料至指定深度，再将 D 料填充至指定深度。钻井过程中产生的弃土，在钻井完成后平铺在热脱附区域表面，一并进行热脱附处置。5.5 m 深加热井施工过程同 7.5 m 深加热井。

整个区域设置 270 口加热井，加热井的布置覆盖拟采用热脱附的区域，具体情况如图 7-84 所示。

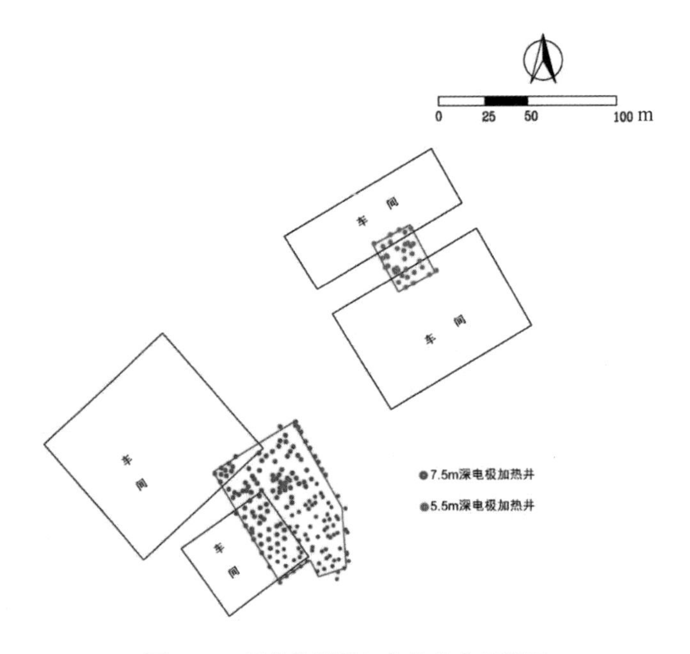

图 7-84　原位热脱附加热井分布示意图

电阻加热的电极采用三相电进行加热，每个电极与周围的电极都处于不同的相位，以确保相邻电极间能够正常地进行导电加热。

7.5 m 深加热井及 5.5 m 深加热井结构如图 7-85、图 7-86 所示。

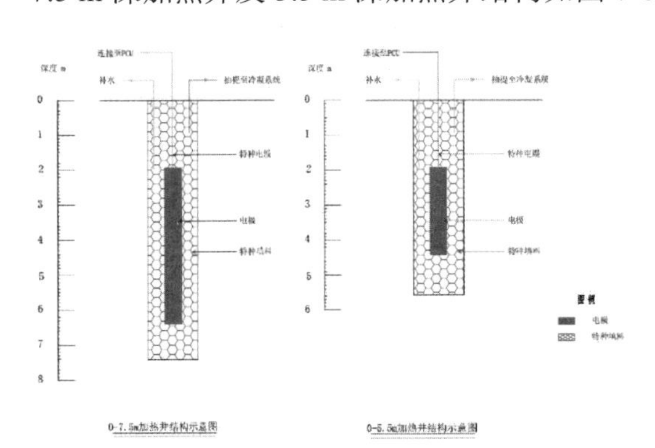

图 7-85　加热井结构示意图

图 7-86　电极加热井成井

②多相抽提井结构及分布

该项目共设置了 64 口多相抽提井，筛缝小于 0.5 mm，开筛率大于 7%。其中 I 柴油罐区域共设置 47 口 7 m 深多相抽提井，2～7 m 开筛；II 注塑车间区域共设置 17 口 5 m 深多相抽提井，2～5 m 开筛（图 7-87、图 7-88）。

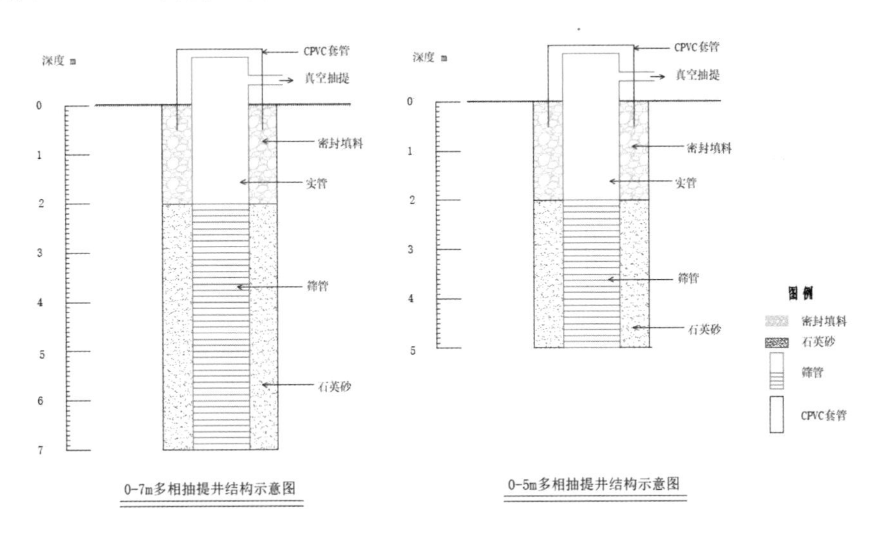

图 7-87　多相抽提井结构示意图

图 7-88　多相抽提井照片

③温度和地下水监测井建设

根据每 220～300 m^2 设置 1 口温度监测井的原则，I 柴油罐区安装 13 口 7 m 深温度监测井、II 注塑车间区域安装 2 口 5 m 深温度监测井对热修复区域的温度进行跟踪监测。在每口监测井内，每 2 m 深度设置 1 个温度监测点。两种温度监测井的结构如图 7-89 所示。

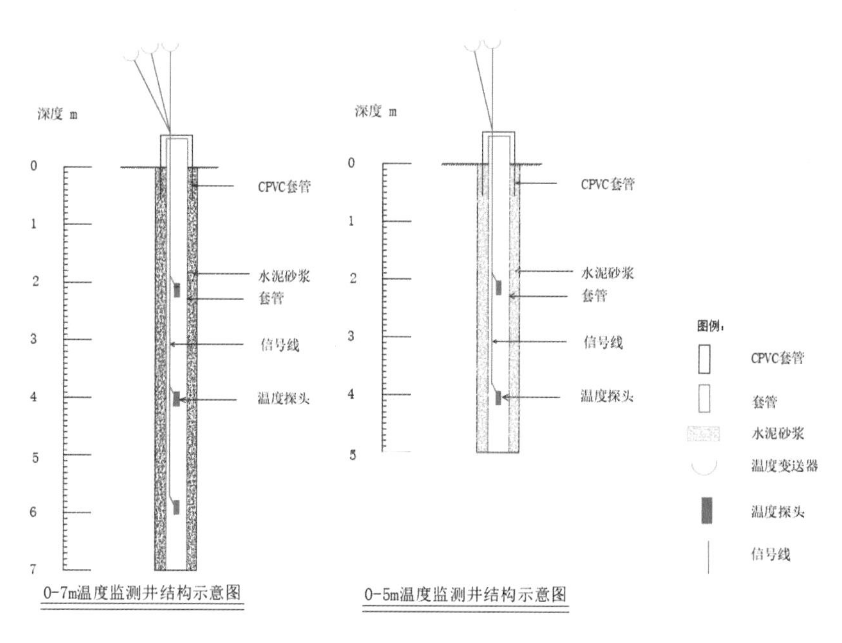

图 7-89　温度监测井结构

该项目共设置 15 口地下水监测井对热修复区域的地下水进行监测跟踪。其中 I 柴油罐区 7 m 深地下水监测井 10 口，II 注塑车间 5 m 深地下水监测井 5 口。

7 m 深的地下水监测井，开筛位置为 2～7 m；5 m 深地下水监测井开筛位置为 2～5 m。两种地下水监测井的结构如图 7-90～图 7-92 所示。

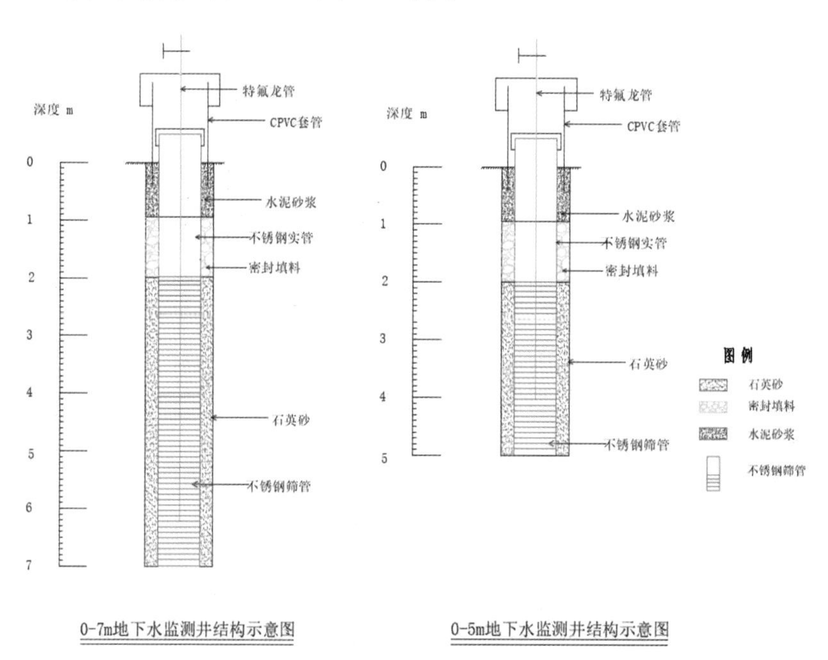

图 7-90　地下水监测井结构示意图

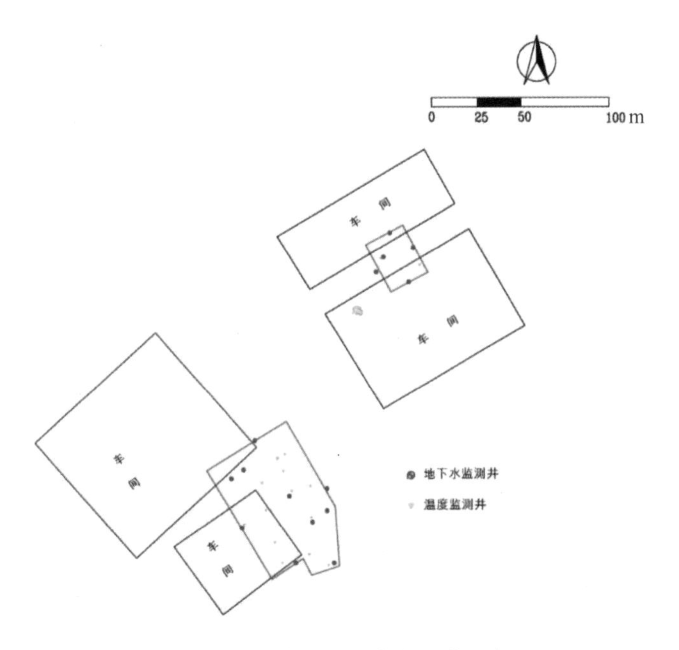

图 7-91　温度和地下水监测井分布

图 7-92　温度和地下水监测井成井

2）多相抽提系统

热脱附抽提系统包括抽水系统和抽气系统。

抽水系统采用 PPR 材质硬管连接多相抽提井与场地废水处理设备，实现场地抽出废水的地面处理，连接示意图如图 7-93 所示。

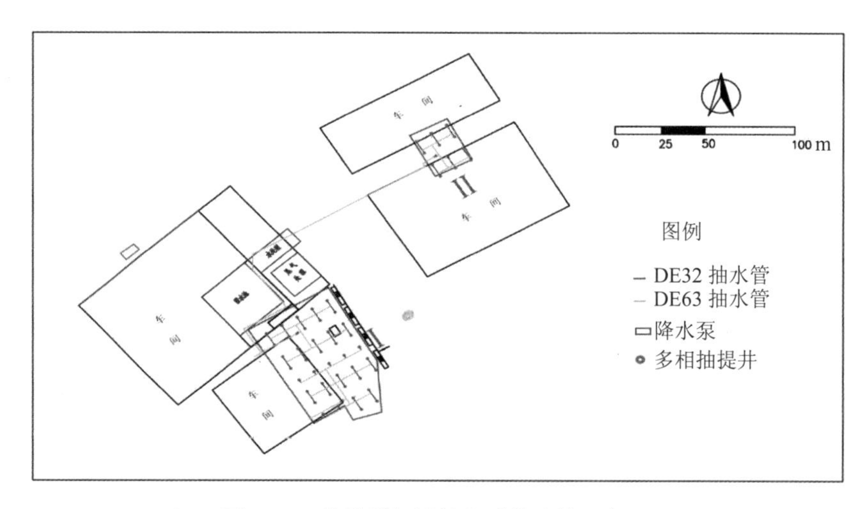

图 7-93 热脱附场地抽水系统连接示意图

抽气系统采用不锈钢管连接多相抽提井与尾气处理系统设备，运行过程采用负压形式实现井内气体向尾气处理设备输送，连接管线如图 7-94 所示。

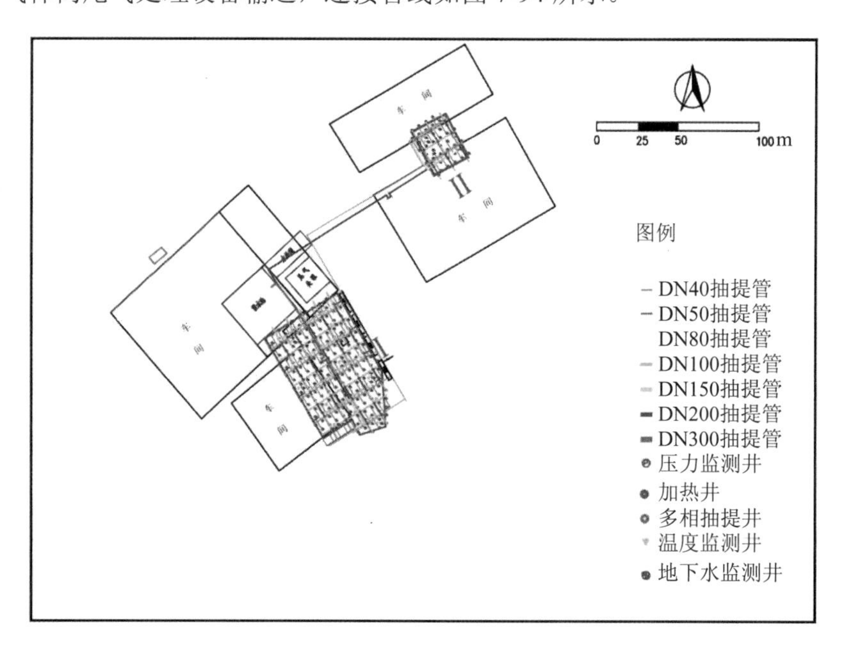

图 7-94 热脱附场地抽气系统连接示意图

多相抽提系统地面管道采用无缝钢管，连接方式采用焊接的方式，连接每口抽提井至尾气及废水处理端。每口抽提井出口设置 1 个球阀，控制该抽提井的启停（图 7-95）。

图 7-95　地面管线安装

3）电力控制单元

该项目采用原位热脱附技术中的电流加热工艺，将电能输入污染土壤中，利用土壤和地下水的天然导电性，通过电流在电极之间传输，加热升温使污染物挥发出来。利用多相抽提系统抽取蒸汽和冷凝废水，抽取的废气和废水通过后端处理系统处理后，达标排放。

根据污染场地治理的总处理量，设计总的电能需求量和需要的治理时间。该项目热脱附总周期为 112 d。通过电力控制单元提供电源。电力控制单元的负载为加热电极，每一相连接一个或多个电极，现场每 3 个电极组成一组三相回路，形成通电回路。每套电力控制单元容量为 500 kVA，电力控制单元主要由 3 个独立的单相变压器和控制柜组成。电力控制单元可以实现三相操作与每相单独的操作控制地下温度恒定在设计值（图 7-96）。

4）温度上升情况

全场分布 15 口温度监测井，45 个温度监测点。温度从中控室操作界面收集记录。2020 年 9 月 11 日场地开始加热，地下初始平均温度为 20.7℃，截至 2020 年 12 月 31 日，场地停止加热，其间场地平均温度为 108.6℃，最高温度为 120℃左右（图 7-97、图 7-98）。

配电柜安装

电缆铺设

图 7-96　电极柜安装及电缆铺设

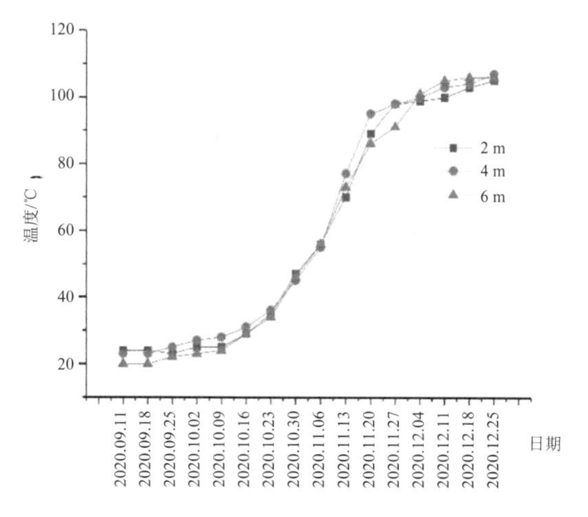

图 7-97　柴油罐区域各深度平均温度示意图

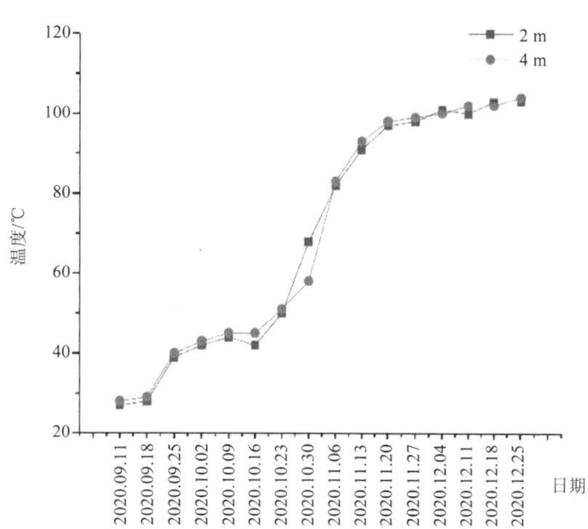

图 7-98　注塑车间区域各深度平均温度示意图

（2）尾气处理

①尾气处置排放标准

热脱附抽提出的含水废气经过气液分离后产生的废气必须经过尾气处置设施处理，原位热脱附时产生的废气污染物主要是有挥发性有机物（VOCs），原位热脱附废气集气后经 15 m 高排气筒排放，尾气治理装置的进气和出气口，安装 PID 在线监控设备。

该项目地下水修复场地地面全部为硬化地面，打井完成后用水泥封填井口，多相抽提井与废气收集管道密闭连接。在上述措施落实的情况下，该项目修复场所不考虑无组织排放。该项目废水处理车间支架水池水面铺设活动密封膜，密封膜随水面升降，隔断废水与空气的接触。考虑到废水水质和处置措施落实的情况下，废水处理车间不考虑无组织排放。综上所述，该项目不考虑废气无组织排放。经排气筒排放的非甲烷总烃、颗粒物、苯系物执行 DB 31/933—2015 表 1 排放限值（表 7-42）。

表 7-42　该项目大气污染物排放标准

污染物	排放浓度/（mg/m^3）	排放速率/（kg/h）
非甲烷总烃	70	3.0
苯	1	0.1
甲苯	10	0.2
苯系物	40	1.6
颗粒物	30	1.5

②尾气处理工艺流程

原位热脱附区域在加热过程中，污染物逐步从土壤和地下水中挥发出来，以气态的形式由抽提单元输送至尾气处理系统进行处置。抽提后的污染物尾气中空气及水蒸气含量约占 50%，通过冷凝系统中板式换热器将水蒸气冷凝下来，降低尾气中水汽对有机物吸附效果的影响，以保证后续活性炭纤维吸附完全。污染物在尾气冷凝过程中，冷凝水中的含量远低于尾气中的含量。除去水蒸气后的尾气经三级活性炭吸附，可有效去除总石油烃等污染物，达标排放。

热脱附尾气处理系统工艺如图 7-99、图 7-100 所示。

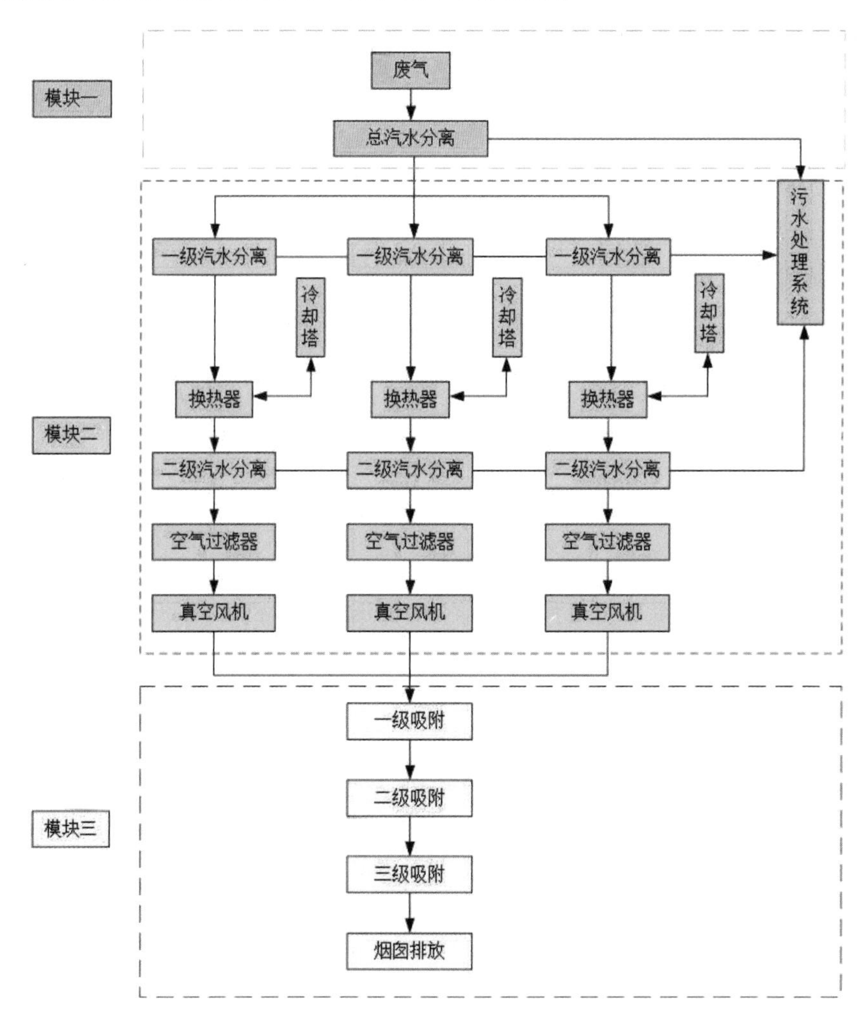

图 7-99　电流加热尾气处理流程示意图

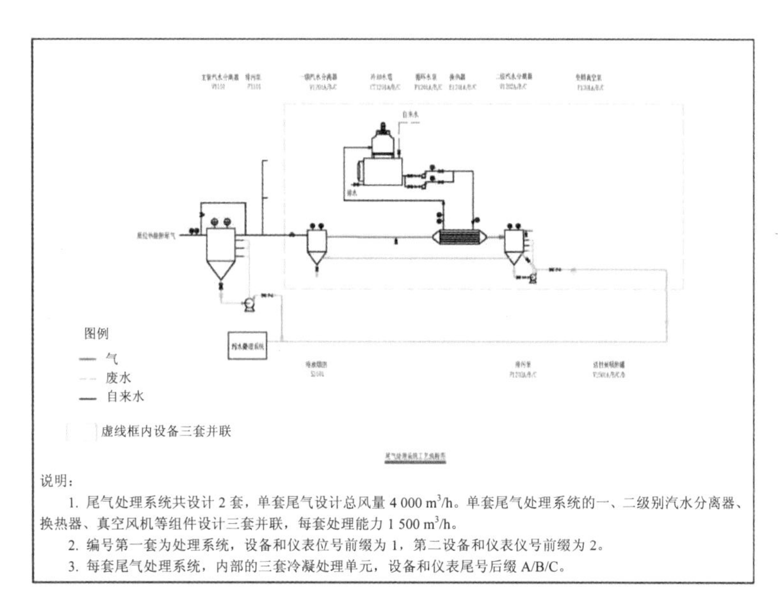

图 7-100　现场尾气处理设备设计

该项目抽提气体处理过程三级汽水分离，一级换热，温度降低至 40℃左右，并去除尾气中的水分；然后经活性炭吸附塔，石油烃被活性炭吸附，干净尾气达标排放。尾气处理系统按照 4 000 m^3/h 设计。

尾气处理系统包含 1 台汽水分离器、3 套尾气真空冷凝单元、1 套尾气吸附浓缩催化氧化单元。每套尾气真空冷凝单元包括 2 台汽水分离器，1 台翅翘片冷凝器，1 台罗茨真空泵，1 台冷却水塔。尾气吸附浓缩催化氧化单元进口和排放烟囱设置 VOC_S 在线检测，实时监测进出尾气的 VOC_S 浓度（图 7-101）。

冷却水塔

气液分离器

换热器

罗茨风机

尾气处理设备

尾气处理设备

图 7-101　尾气处理设备

尾气吸附设备在运行过程中采用智能化操作，专业操作人员在中控室中利用设备系统终端的操作界面对设备各单元进行实时操作（图 7-102）。

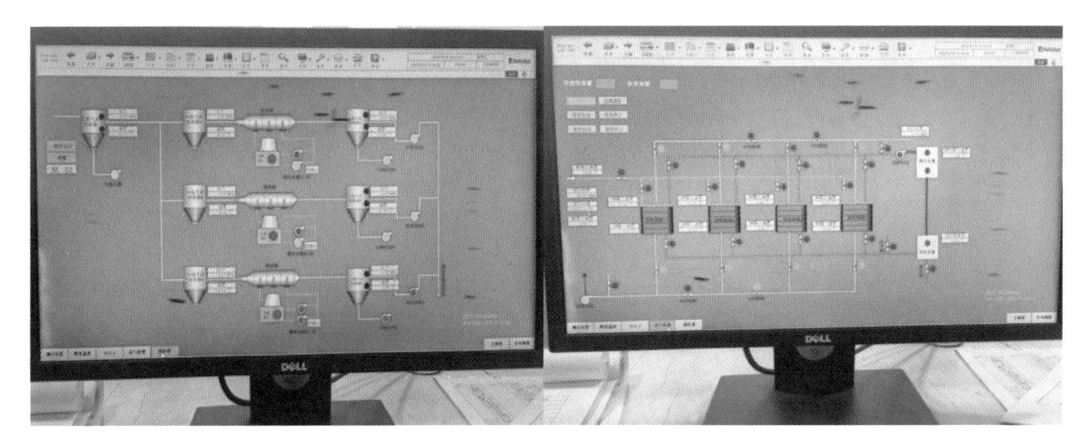

图 7-102　尾气吸附控制操作系统

（3）污水处理系统

1）污水处理内容

截至 2021 年 1 月 4 日，该工程共处理了 2 168 m^3 有机污水。在其实施过程中污水处理系统接收和处理的废水来源如下：

①地下水热脱附工艺过程产生的废水；

②污染土壤开挖过程中产生的基坑涌水；

③建井过程中抽提的表层滞水。

2）污水处理排放标准

该项目废水修复后纳污管网排放，其排放限值需满足《污水综合排放标准》（DB 31/199—2018）的三级标准。该标准中石油类物质、COD、BOD、pH、溶解性固体排放限值见表 7-43。

表 7-43 地下水污染物出水要求

控制项目名称	三级标准
pH	6～9
化学需氧量（COD_{Cr}）/（mg/L）	500
悬浮物/（mg/L）	400
氨氮/（mg/L）	45
石油类/（mg/L）	15
苯/（mg/L）	0.5
苯乙烯/（mg/L）	0.6

3）污水处理工艺流程

地下水热脱附工艺过程产生的废水、基坑涌水和机械清洗废水通过现场布设的污水管道进行收集，收集的污水泵至污水处理系统进行处埋，经处理达标后纳管外排。处理工艺流程如图 7-103 所示。

4）废水处理运行实施

首先有机废水经沉砂池去除大的颗粒物质后进入综合调节池，进行水质水量的均质，经过均质均量的废水由污水泵提升进入组合式气浮装置，通过加药混凝和絮凝反应后由溶气水产生的微气泡吸附去除细小的悬浮杂质后进入石英砂过滤器，过滤器配套反洗水泵，定期对过滤器进行反洗，过滤器的出水进入电催化氧化装置，通过投加催化剂进行有机物的分解，氧化后的出水通过活性炭吸附达到排入市政管网的要求。各处理单元作用如下所述。

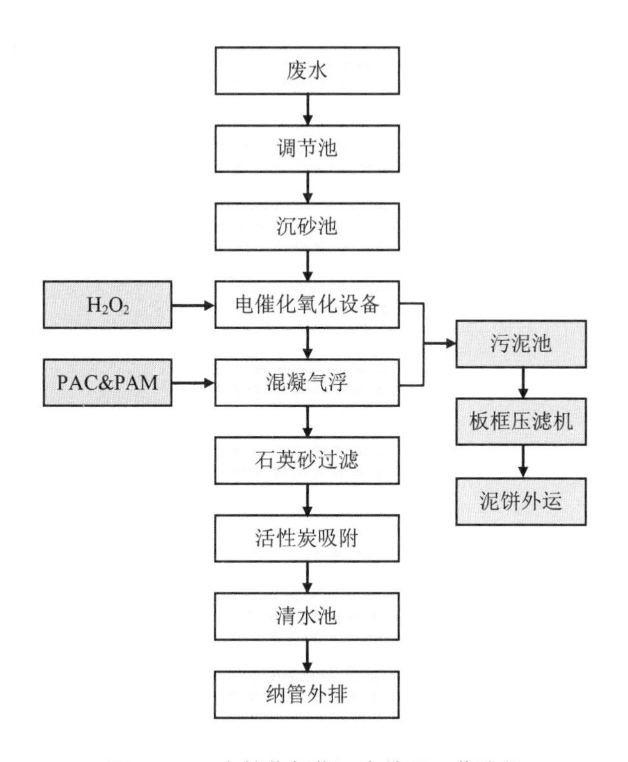

图 7-103 电催化氧化污水处理工艺流程

①废水调节池。

调节池的设置主要可防止场内的废水冲击负荷对污水处理设备的影响，同时起到对废水的水质和水量进行调节，该项目设置 1 个废水调节池。调节池上方配置 HDPE 膜浮动盖，可根据水深自动调节高度，保证挥发性气体不外泄。池内配有潜水泵，将废水打入后续沉砂池中。调节池的设置，有利于水处理的稳定运行，避免因水质急剧变化，造成处理不达标及药剂的浪费。

②沉砂池。

采用沉砂池对废水中的污泥和小粒径物质进行去除。沉砂池按照去除相对密度为 2.65 g/cm^3、粒径为 0.2 mm 以上的沙粒计算，设计容积为 40 m^3，尺寸为 6.0 m×2.5 m×2.8 m，碳钢喷涂环氧树脂防腐。沉砂池出水通过溢流堰自流进入。同时由于该项目地下水主要污染物为有机物，在沉砂池上方加盖，避免异味溢出。沉砂池对细小沙粒的去除率一般可达到 95%，有利于保障后续水处理部件的稳定运行。

③电催化氧化设备。

电催化氧化设备由电源控制柜、预催化反应器、催化氧化反应器、加药装置四部分组成，并配有水泵进行提升，集氧化、还原、混凝功能于一体，实现了多功能化，达到了设备极小、效率高、成本低的优越技术指标。

设备尺寸为 5 800 mm×1 200 mm×2 800 mm，设备功率约 22 kW，配套双氧水加药装置。电催化氧化设备借助于外加工频电流，进行整流后变成直流电，然后再通过脉冲电路变为连续可调频的高压矩形脉冲电流输入，对废水进行电催化氧化，在反应器内发生电化学反应，起到如下作用。

a．发生电化学反应，废水电解产生活性氢与活性氧，活性氢与活性氧有极强的氧化还原作用。活性氢对废水中氧化态的物质还原反应脱色。活性氧对废水中溶解性有机物进行氧化分解，将有机物变成二氧化碳和水，使之无害化。

b．药剂在电流作用下，溶解在水中形成初生态氢氧化物絮体，该絮体有极强的吸附作用，能吸附废水中不溶于水的污染物质和胶体物质，起到絮凝、吸附作用，达到净水效果。

c．经高压电压与药剂催化反应后，水解产生羟基自由基，在废水中以较快的速度氧化有机物质，达到净水的效果。

④组合气浮撬装设备。

将两台加药装置，组合气浮、中间水箱组合为一个撬装设备，其中加药装置为三台 2 相泵，配套 2 个溶药搅拌罐，用于配备 PAC 和 PAM，气浮装置由钢制箱体、溶气系统、释放系统、刮渣机、浮渣槽、混合搅拌机、走道扶梯、空压机、溶气水泵组成，中间水箱作为气浮溶气水的水源贮存箱。

⑤石英砂过滤器。

废水经电催化氧化后，进入石英砂罐中进行精细过滤和吸附，将水中粒径为 5 μm 以上的悬浮物进行拦截，保证出水达标回用。

石英砂过滤器是利用滤料本身的特性，将水中悬浮物及溶解性有机物吸附于滤料的表面，处理水由过滤器底部出水口流出。当被截阻的悬浮物达到一定量时，开启反冲洗流程进行反冲洗实现滤层再生，之后恢复到下一个工作流程。

该过滤器选用石英砂作为滤层，下部配有垫层，以保证滤料不会随水流失。这种滤料的配置比较接近于理想滤料的分布方式，再通过合理的滤料级配，使整个滤层能够较好地发挥它们各自的吸附能力，最大限度地去除污染物。

⑥水箱组合。

将中间水箱、污泥池、清水池组合为一个箱体，其中中间水池和污泥池尺寸为 2 500 mm×1 500 mm×2 500 mm，清水箱尺寸 8 000 mm×2 500 mm×2 500 mm。组合箱体总尺寸为 11 000 mm×2 500 mm×2 500 mm。

⑦活性炭过滤器。

废水经过石英砂过滤后，再进行活性炭的吸附，采用活性炭吸附罐。过滤器配套两台，根据现场调试或水质情况设计为既能并联也可串联使用，过滤器直径为 2 000 mm，滤层高度为 1 500 mm。

活性炭过滤器是利用活性炭的吸附特性，将水中悬浮物及溶解有机物吸附于活性炭表面，干净的水由过滤器底部出水口流出。被截阻的悬浮物达到一定量时，开启反洗流程进行反冲洗实现对滤层再生功能。该工程活性炭主要用于有效吸附水中残留的有机物，且能去除水中的阴离子洗涤剂和水中的异味，使出水水质更为优良，有利于该项目废水的达标排放。

⑧配套水泵。

设计过滤器水泵、反洗水泵等为潜污泵，设计超声波液位计和电磁流量计控制进水流量和进水反洗时间。

⑨板框压滤机。

设备两台螺杆泵，型号 G-50，板框压滤机面积为 30 m^2，采用液压装置进行板框压滤，压滤液回流至调节池，干泥压后外运作为危废处置（图 7-104）。

图 7-104 板框压滤机处理污泥

⑩电气控制。

整个系统采用液位控制进行自动开启水泵和停止水泵，通过 PLC 自动切换两台水泵交替运行，所有电气设备配有故障报警装置（图 7-105）。

图 7-105　水处理设备运行

7.1.11.7　效果评估情况

2020 年 9—12 月，原位热脱附运行期每半个月对场区污染地下水取样监测一次，累计取样 8 次，外送有资质的第三方检测机构检测，在地下水修复过程中总石油烃浓度逐渐降低（图 7-106）。场地内地下水污染物目前已达到修复目标值，进入效果评估阶段。效果评估期共 2 年，每季度取样检测一次。

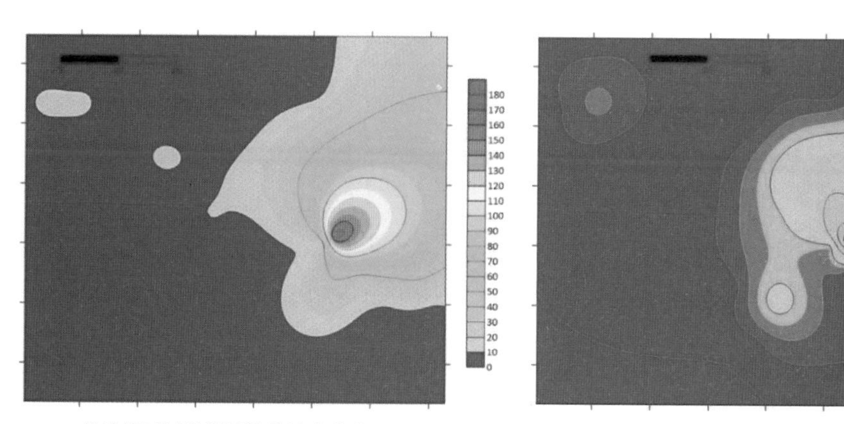

柴油罐区域前期污染物浓度分布　　柴油罐区域中期污染物浓度分布

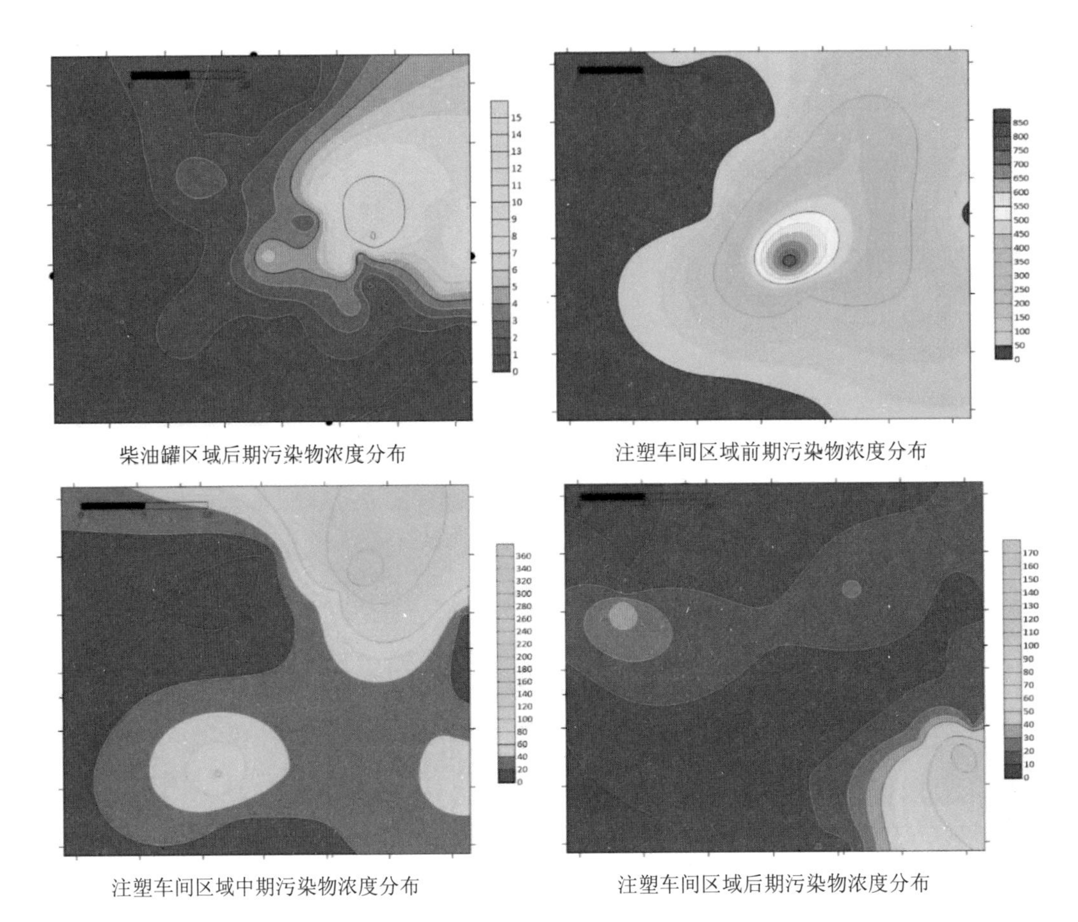

图 7-106 原位热脱附运行期间污染物浓度变化情况（单位：μg/L）

7.1.11.8 建设及运行成本分析

建设成本：该工程施工投资 2 600 万元，设备投资占工程总投资的 40%，运行成本约占总投资的 50%，其他土建工程约占工程总投资的 10%。

7.1.11.9 经验介绍

①采用电阻加热原位热脱附技术，解决了不拆除建（构）筑物进行修复的问题。该项目修复污染含水层体积达 2.5 万 m^3。电阻加热原位热脱附技术具有对场地环境破坏小、污染去除率高、能源供给便捷等优点，整个修复系统的运行不需要进行降水，对土壤结构破坏小，可处理建（构）筑物下被污染的土壤。

②设置多相抽提井，提高修复效率。该地块地下水中存在明显的 LNAPL，在原位热脱附实施过程中，设置多相抽提井不断抽提地下水中的 LNAPL，对提高修复效率、降低能耗有重要意义。

7.1.12　广州某场地苯、萘污染修复

7.1.12.1　工程概况

项目类型：化学品生产企业。

项目时间：2017—2019 年。

项目经费：约 3.39 亿元。

项目进展：已完成效果评估。

地下水目标污染物：苯、萘。

水文地质：浅层地下水包括填土层中的上层滞水和位于原望岗—车岗区域下层水补给区内的地下水，浅层地下水平均水深约为 2.7 m，含水层平均厚度为 5.3 m；下层地下水包括赋存于基岩全风化和强风化层中的风化裂隙水和少量孔隙水，基岩全风化层顶部埋深约为 16 m，基岩全风化和强风化层的厚度约 17 m。

工程量：修复面积 30.5 万 m^2，修复深度 2.7～25 m，污染地下水 39 544 m^3。

修复目标：浅层地下水中苯浓度低于 0.26 mg/L、萘浓度低于 0.27 mg/L，下层地下水中苯浓度低于 3.84 mg/L、萘浓度低于 1.12 mg/L。

修复技术：抽出处理、原位化学氧化技术。

7.1.12.2　水文地质条件

根据区域水文地质，场地及其周边的地下水类型为块状岩类裂隙水，属于弱富水性水层。由场地环境调查和风险评估报告可知，污染区内的地下水主要赋存于填土层和基岩风化层。

填土层<1>、砂质黏性土<3-1>、全风化<4-1>和强风化层<4-2>通过微水实验，分别得到各土层的渗透系数（图 7-107、图 7-108），结果如下：

①填土层<1>：GW14-1=8.26×10^{-4} cm/s；GW22-1=7.03×10^{-4} cm/s；

②残积层<3-1>：GW22-2=1.31×10^{-4} cm/s；GW6-2=1.00×10^{-4} cm/s；

③全风化<4-1>：GW6-3=1.00×10^{-4} cm/s；GW15-3=1.67×10^{-4} cm/s；

④强风化<4-2>：GW22-3=2.04×10^{-4} cm/s；GW22-4=1.67×10^{-4} cm/s。

根据污染区地下水的水位特征，场地地下水可总体概化为两层：

①浅层地下水。主要受降雨补给，具有自由水面。浅层水包括填土层中的上层滞水和位于原望岗—车岗区域下层水补给区内的地下水。填土层平均厚度约为 8 m，水位季节变化明显，平均水深约为 2.7 m，浅层地下水含水层平均厚度为 5.3 m。

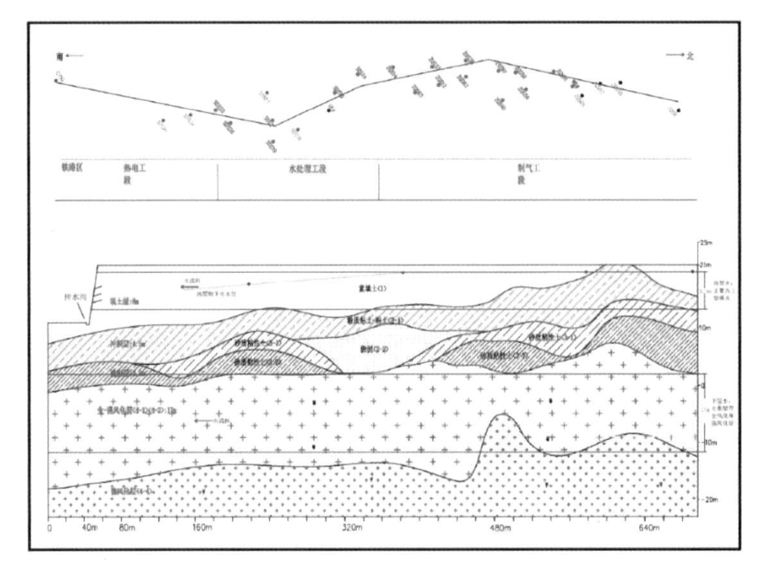

图 7-107　污染区水文地质剖面图——南北

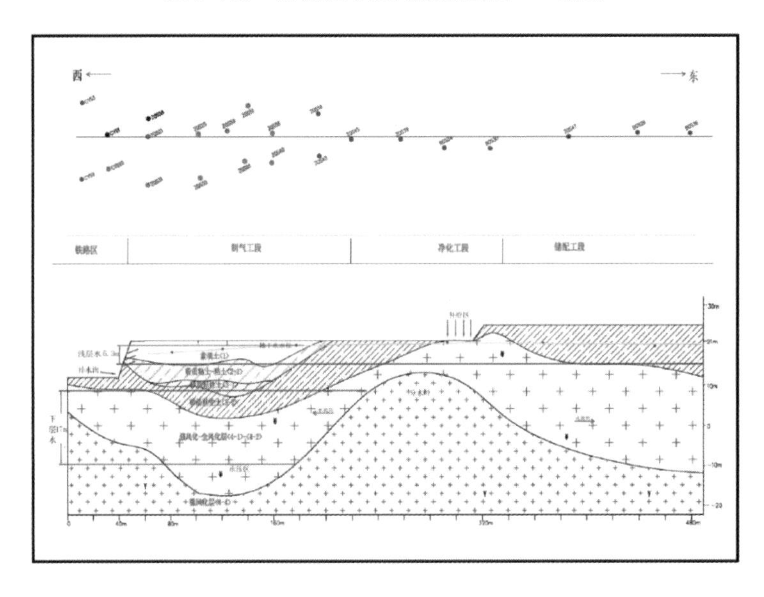

图 7-108　污染区水文地质剖面图——东西

浅层水稳定水位数据插值所得的地下水流场如图 7-109 所示。根据等水位线结果，浅层地下水的流向大致为朝南偏西方向流动，水力坡度为 0.002～0.01。在场地西侧受挡土墙的影响，浅层水整体往西通过泄水孔排泄。

图 7-109　场地浅层地下水流场

②下层地下水。主要受侧向补给，具有微承压性。下层水包括赋存于三片田—西侧谷地区域内基岩全风化、强风化层中的风化裂隙水和少量孔隙水。污染区内基岩全风化层的顶部埋深约为 16 m，基岩全风化和强风化层的厚度约为 17 m。

下层水稳定水位数据插值所得的地下水流场如图 7-110 所示。根据等水位线显示结果，下层地下水的流向大致为朝南偏西方向流动，场地的模拟结果与区域水文地质图中的地下水流向相同。

图 7-110　场地下层地下水流场

7.1.12.3 地下水污染状况

根据调查结果，该项目地下水污染物主要包括苯、萘等。

地下水中苯超过地下水III类水质标准 10 μg/L 的点位比例为 35%，超标点位有 GW2、GW4、GW5、GW7、GW9、GW15、GW19、GW21、GW22、GW24、GW27、GW33，集中在制气工段、净化工段和水处理工段。苯的最大浓度为 30 000 μg/L，出现在 GW9-2，为地下水III类水质标准的 3 000 倍，因此苯是超标倍数和比例最高的污染物。由于苯系物污染具有同源性，且苯的迁移能力最强，苯的污染范围可包括其他苯系物的污染范围，因此以苯为例来分析苯系物的污染特征（图 7-111、图 7-112）。

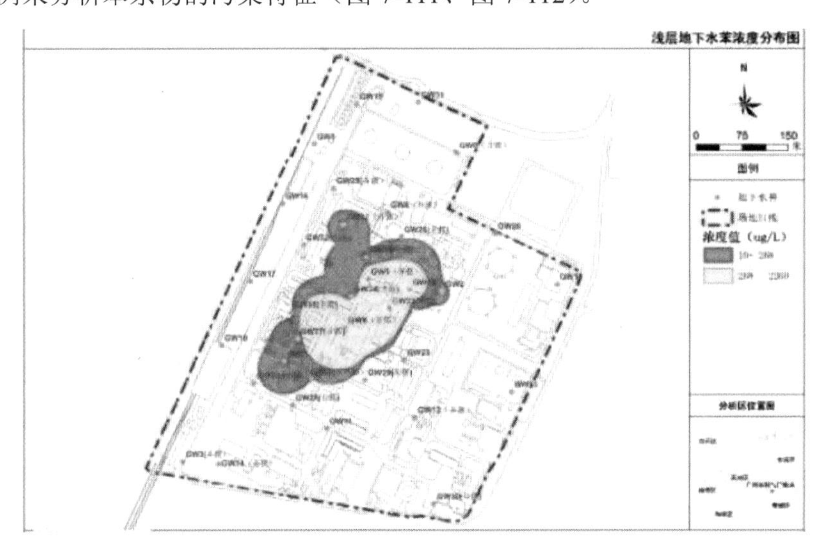

图 7-111 浅层地下水苯的浓度分布

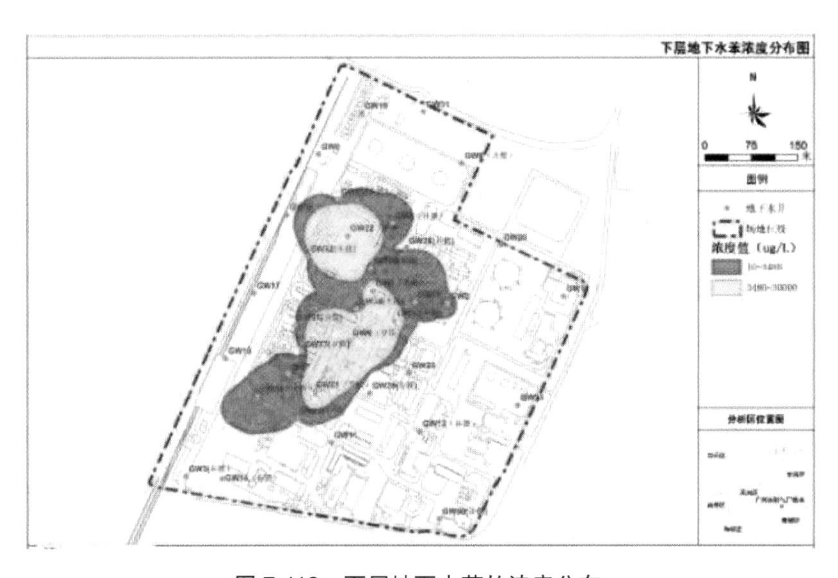

图 7-112 下层地下水苯的浓度分布

地下水中萘和苯并[a]芘的超标倍数和超标比例也较大。萘的最大浓度出现在 GW22-3，为 21 400 μg/L，是地下水Ⅲ类水质标准（100 μg/L）的 214 倍，萘的超标比例为 17%。苯并[a]芘的最大浓度出现在 GW22-3，为 6.0 μg/L，是地下水Ⅲ类水质标准（0.05 μg/L）的 119 倍，苯并[a]芘的超标比例为 16%。萘是多环芳烃中分子量最小的物质，在所有多环芳烃中其超标倍数和超标比例最大，因此以萘为代表分析多环芳烃类的污染情况，如图 7-113、图 7-114 所示。

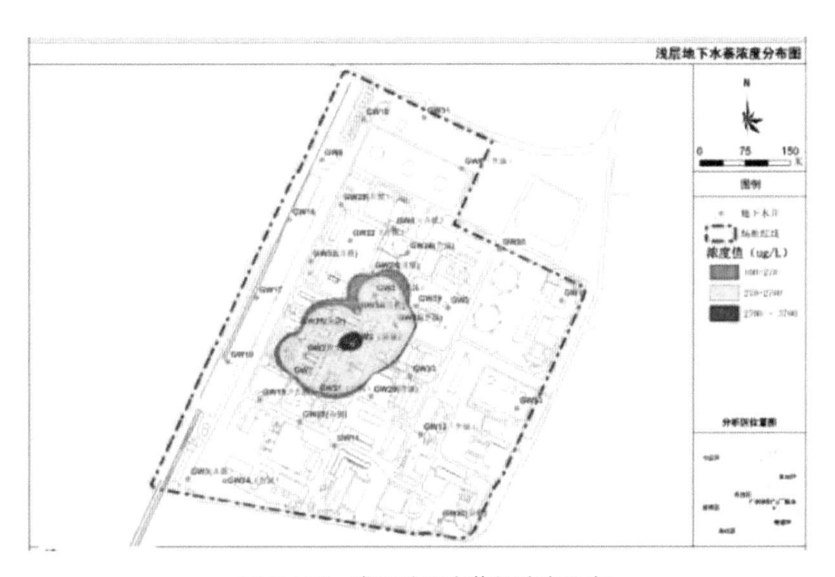

图 7-113　浅层地下水萘的浓度分布

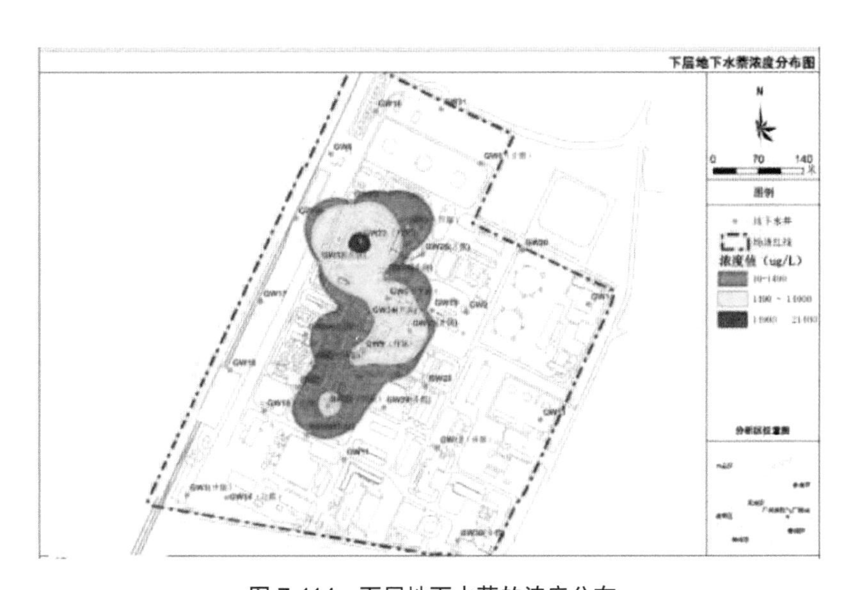

图 7-114　下层地下水萘的浓度分布

7.1.12.4 地下水污染修复目标值

地下水中目标污染物的修复目标值根据健康风险评估计算的风险控制值确定，具体如表 7-44 所示。

表 7-44 场地地下水污染修复目标值

单位：mg/L

关注深度	序号	关注污染物	地下水III类水质标准	风险控制值	修复目标值
浅层地下水	1	苯	0.01	0.26	0.26
	2	萘	0.1	0.27	0.27
下层地下水	1	苯	0.01	3.84	3.84
	2	萘	0.1	1.12	1.12

7.1.12.5 地下水污染修复技术筛选

基于该场地地下水污染物种类、特性、分布特征、土壤质地、水文地质情况等，利用相关筛选工具，从技术的修复效果、可实施性以及管理部门的接受性、成本等角度考虑，通过开展化学氧化、热脱附等实验室小试，确定拟采用的修复技术为：针对浅层地下水，采用抽出—处理技术；针对 8 m 以下的污染地下水，采用原位热脱附或原位化学氧化修复技术，抽出—处理技术仅作备选技术。根据该场地土地用地规划，用地性质由工业用地变为住宅用地，开发利用时间比较紧迫，故推荐的修复技术必须满足经济高效、修复周期短等条件。考虑到该场地污染范围不大，污染物种类比较单一，因此该场地地下水污染修复采用抽出—处理技术和原位化学氧化技术。

7.1.12.6 地下水污染修复工程设计及施工

（1）地下水修复工程量（表 7-45）

表 7-45 污染地下水修复工程量汇总

修复工艺	污染物	修复面积/m^2	修复深度/m	修复厚度/m	修复水量/m^3
抽出—处理	苯、萘	29 100	0～8	5.3	7 711.5
抽出—处理	苯、萘	12 127	8～24	17	7 161.25
原位化学氧化	苯、萘	25 925	8～24	17	24 671.25
合计					39 544

（2）地下水抽出处理

地下水抽出施工主要包括止水帷幕施工、抽提井施工和抽降水，其中抽提井即为止水帷幕内降水井。

污水处理的运行管理是指从污染地下水区域抽出污染水、经由抽水管运送至抽出地下水修复区、在抽出地下水修复区进行污水修复、修复后达标的水再利用以及排放等的全过程管理。

（3）地下水原位化学氧化处理

该工程中 8 m 以下污染深度范围内、深基坑以外区域的污染地下水采用原位化学氧化技术进行修复，原位化学氧化修复污染地下水量总计 24 671.25 m^3，如图 7-115 所示。

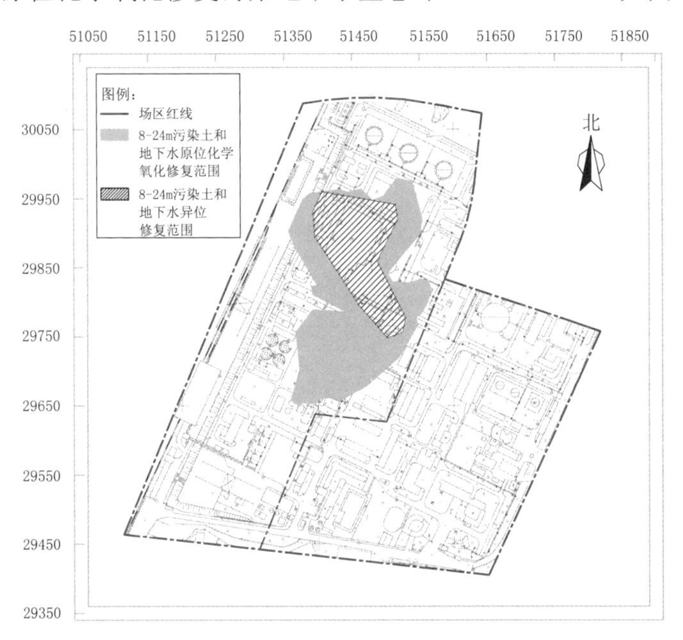

图 7-115　污染土和地下水原位化学氧化修复范围

7.1.12.7　效果评估情况

该场地地下水效果评估对象包括异位修复治理（抽出处理）后地下水和场地（含原位化学氧化区）地下水，修复效果评估监测结果表明均达到场地修复的目标值。

（1）地下水抽出处理修复效果评估结果

2017 年 12 月 13 日—2019 年 1 月 15 日，对该阶段地块地下水抽出处理后水质进行了共 54 批次修复效果评估采样监测，采集废水样品 56 个。监测项目为 pH、悬浮物、色度、浊度、溶解性总固体、五日生化需氧量、化学需氧量、氨氮、磷酸盐（以磷计）、石油类、苯、萘、总石油烃（C6-C12）共 13 项指标。监测结果表明，54 批次地下水抽出处理修复效果评估监测结果均在修复目标值范围内，均符合场地修复目标值《水污染排放限值》（DB 44/26—2001）中第二时段一级标准及《城市污水再生利用工业用水水质》（GB/T 19923—2005）标准要求的严者要求。

2019 年 5 月 23 日，对在深基坑止水帷幕范围内的基坑渗水进行了修复效果评估监测，共采集 5 个样品。场地地下水污染抽出处理范围内的地下水效果评估监测结果汇总如表 7-46 所示，修复效果评估监测结果表明，深基坑止水帷幕范围内基坑渗水中的苯、萘浓度均达到了场地修复目标值。

表 7-46 场地地下水污染抽出处理范围内效果评估监测结果

基坑深度/m	布点数/个	点位编号	样品数/个	监测因子	修复目标值/（mg/L）	样品浓度范围/（mg/L）	达标样品数/个	达标率/%
−24	5	JKS1-JKS5	5	苯	3.84	0.68～0.77	5	100
			5	萘	1.12	0.12～0.20	5	100

（2）场地地下水原位化学氧化修复效果评估

根据《地下水环境监测技术规范》（HJ/T 164—2004）、《地表水和污水监测技术规范》（HJ/T 91—2002）的要求，2018 年 12 月 13 日—2019 年 4 月 29 日，对原位化学氧化修复后的场地进行了修复效果评估监测，15 个监测点位共采集 10 批次 150 个地下水样品。地下水监测井中的苯、萘浓度均达到场地修复目标值。其中，地下水中硫酸盐浓度符合 GB/T 14848—2017 Ⅲ类水质标准。

7.1.12.8 建设及运行成本介绍

该项目的建设及运行成本包括施工准备及前期费用、土方工程及技术措施费用、土壤修复费用、地下水修复费用、环境管理及其他相关费用，总费用约为 3.39 亿元，其中地下水修复费用约为 1 200 万元。

7.1.12.9 经验介绍

该项目的地下水修复模式与地块再开发利用相衔接，有效地实现了降低成本、节约时间。根据该场地土地利用规划，用地性质由工业用地变为住宅用地，后期土地开发利用建设施工本身可能会开挖土壤至地面以下 8 m 左右，如开挖地下室或原地借土回填铁路区等分项工程，因此结合后期的开发利用规划，在基坑开挖区域采取土壤异位修复和地下水抽出处理工艺，降低了后期的施工成本。

7.1.13 北京某场地苯污染修复

7.1.13.1 工程概况

项目类型：化工类。

项目时间：2016 年 9 月—2018 年 6 月。

项目经费：约 820 万元。

项目进展：已完成效果评估。

地下水目标污染物：苯。

水文地质概述：第 1 层地下水属层间潜水，该层地下水在该工程场地连续分布，赋存于以砂类土为主的第 4 大层中，现状含水层埋深 10.0～18.0 m，主要为细砂、中砂层。

第 2 层地下水属承压水，该层地下水主要赋存于−6.20～−0.04 m（埋深 24～31.0 m）以下的中砂、粗砂层、粉砂层和圆砾层中。

工程量：56 571 m^3 污染地下水。

修复目标：污染物苯浓度 0.05 mg/L。

修复技术：抽出—异位空气吹脱技术。

7.1.13.2　水文地质条件

（1）地层分布概述

前期污染调查及风险评估的结果显示，该场地地表以下 33.5 m 深度范围内地层划分为人工堆积层和第四纪沉积层两大类，并可按地层岩性和赋水特性进一步划分为 7 个大层，现按照自上而下的顺序对各地层如下所述。

第 1 大层：人工堆积层。标高 31.26～30.8 m，埋深 0～1.5 m，分布于地表，主要为黏质粉土填土、粉质黏土填土层，房渣土、碎石填土层和砂质粉土、粉砂填土层，该层土壤厚度约为 1.5 m。

第 2 大层：粉土层。标高 24.30～30.56 m，埋深 1.5～6.5 m，分布于人工堆积层之下，主要以砂质粉土、黏质粉土为主，该层土壤厚度约为 5 m。

第 3 大层：黏土层。标高 17.80～24.04 m，埋深 6.5～10.0 m，分布于粉土层之下，主要以粉质黏土、重粉质黏土以及黏土为主。该层土壤渗透系数较小，隔水性能较高，是该场地一层连续的弱透水层，该层土壤厚度约为 3.5 m。

第 4 大层：砂土层。标高 7.80～14.04 m，埋深 10.0～18.0 m，分布于黏土层之下，以粉砂、细砂及中砂为主。该层土壤厚度约为 8 m，渗透性较强、赋水性能较好，是场地潜水地下水的主要赋存层位。

第 5 大层：黏土层。标高 0.20～6.04 m，埋深 18.0～24.0 m，分布于砂土层之下，主要以粉质黏土、黏质粉土层和重粉质黏土、黏土层为主。该层土壤厚度约为 6 m，渗透系数较低，为相对弱透水层。

第 6 大层：砂土层。标高−6.20～−0.04 m，埋深 24～31.0 m，分布于黏土层之下，主要以中砂、粗砂层，粉砂层和卵石层为主。该层土壤厚度约为 7 m，渗透系数较高、赋水性能较高，是场地承压地下水的主要赋存层位之一。

第 7 大层：黏土层。标高−0.2 m 以下，埋深 31 m 以下，调查过程中未揭穿该层土壤，其岩心以黏质粉土、粉质黏土为主，渗透系数较低，是典型的弱透水层。

（2）地下水分布

前期场地调查与风险评估的工作成果显示，该场地埋深 0～33.5 m 范围内存在 2 层连续分布的地下水，具体如下所述。

1）层间潜水

该层地下水在该工程场地连续分布，赋存于以砂类土为主的第 4 大层中，现状含水层埋深 10.0～18.0 m，主要为细砂、中砂层。

2010 年 5 月底于场地地下水监测孔中量测的该层地下水静止水位标高为 16.56～20.21 m，相应的地下水静止水位埋深为 10.89～14.47 m。从区域地下水分布特征分析，该层地下水类型属层间潜水。

2）承压水

从区域地下水分布特征分析，该工程场地揭露的第 2 层地下水属承压水，前期场地污染调查过程中针对这层承压水布置了 3 个地下水监测孔（孔号分别为 NMW1、NMW6 和 NMW15）。该层地下水主要赋存于−6.20～−0.04 m（埋深 24～31.0 m）以下的中砂、粗砂层、粉砂层和圆砾层中。地下水水位监测期间于监测孔中量测的该层地下水静止水位标高为 14.14～15.18 m，相应的静止水位埋深为 15.57～16.92 m。另外，前期污染调查与风险评估的工作结果显示，标高 22.40～28.39 m（埋深 2.80～8.80 m）以下的粉砂、细砂层和砂质粉土、粉砂 2 层虽仅在个别钻孔中揭露出地下水，但从区域地下水分布特征分析，在丰水季节或年份，粉砂、细砂层和砂质粉土、粉砂 2 层也可普遍赋存地下水，其地下水类型为台地潜水。

（3）水文地质概念模型

基于以上水文地质调查结果，初步构建本场地的水文地质概念模型，如图 7-116 所示。

图 7-116 场地水文地质概念模型

7.1.13.3　地下水污染状况

前期调查过程中在该项目剩余地块内共布置 15 口地下水监测井。其中，地块 A 中建有 11 口地下水监测井、地块 B 中建有 1 口地下水监测井、地块 C 中建有 3 口地下水监测井。监测结果显示，仅地块 A 中编号为 NMW1 和 NMW2 的地下水监测井中苯有检出，但仅 NMW2 中的苯浓度超过我国地下水质量标准中的Ⅲ类标准限值 10 μg/L，达到 1 mg/L。其余监测井未检出相关污染物。

该项目对污染地下水约为 5.6 万 m^3 进行修复，目标污染物为苯。

根据风险评估结果显示，地块 A 局部区域地下水中苯的健康风险超过可接受水平，结合周围地下水监测井的检测结果，确定了地块 A 地下水苯的修复范围，污染地下水主要分布在地块 A 区域。地下水量合计约为 56 000 m^3（图 7-117）。

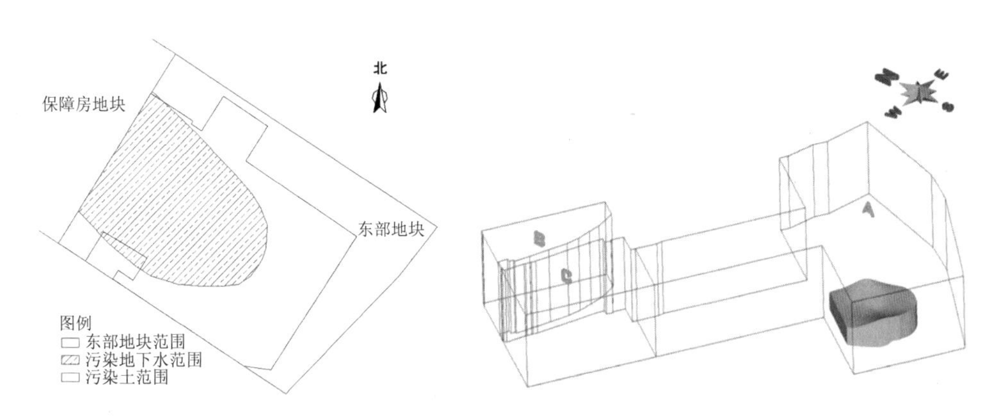

图 7-117　污染地下水分布

7.1.13.4　地下水污染修复目标

该项目修复目标为地下水中苯浓度低于 0.05 mg/L，污染水经过抽出处理后水中目标污染物的排放浓度需达到北京市《水污染物综合排放标准》（DB11/307—2013）中排入公共污水处理系统的水污染物排放限值（0.5 mg/L）。

7.1.13.5　地下水污染修复技术

该项目采用的地下水修复技术是抽出—异位空气吹脱技术。

空气吹脱技术处理有机污染地下水是一项通过增加气体和污染地下水的接触面积，使有机污染物由液相转移至气相，再对尾气进行收集处理的技术。技术路线如图 7-118 所示。

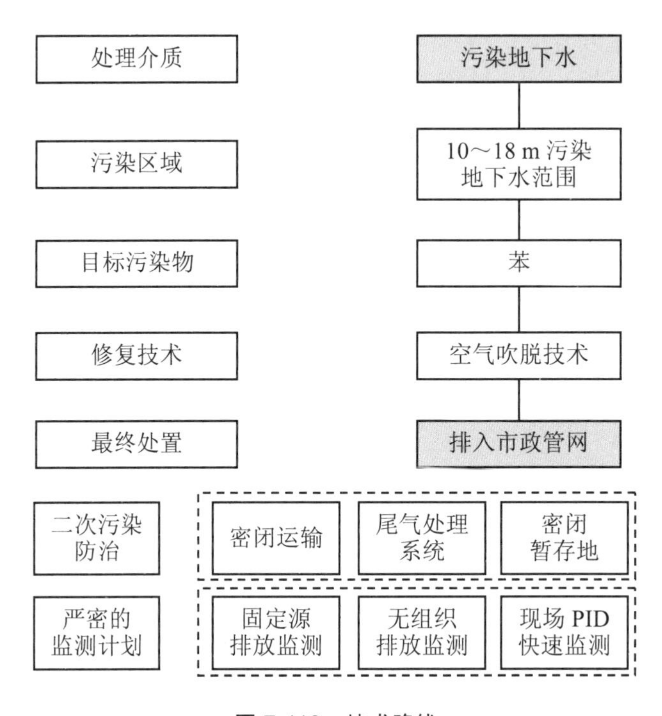

图 7-118 技术路线

7.1.13.6 地下水污染修复工程设计及施工

（1）止水帷幕设计

该工程止水帷幕为反循环成孔高压旋喷桩，由双排旋喷桩组成。旋喷桩桩径为 1 200 mm，桩间距 0.85 m，止水帷幕桩长设计为 18.5 m，桩端标高一般为 11.00 m（绝对标高），即桩端进入槽底以下黏性土不小于 2.0 m，具体需根据详细的沿途工程勘察报告确定。

在不影响基坑支护及施工情况下沿地下水污染分布范围外布设止水帷幕。

（2）疏干井设计

为将封闭于止水帷幕内的污染地下水及时抽出储存，同时加快污染土方清理挖运，针对这种情况，采取间距较大的管井抽水。疏干井结构如图 7-119 所示。

在地下水修复现场准备空气吹脱塔设备用于修复污染地下水。

（3）地下水污染修复工程设计

①处理能力设计

该方案设计确定的废水处理水量约为 5.6 万 m^3。实际修复污染水量以现场抽取污染水量进行相应调整。根据土壤修复抽取地下水进度计划，污水处理站设计处理能力为 1 200 m^3/d，即 50 m^3/h。

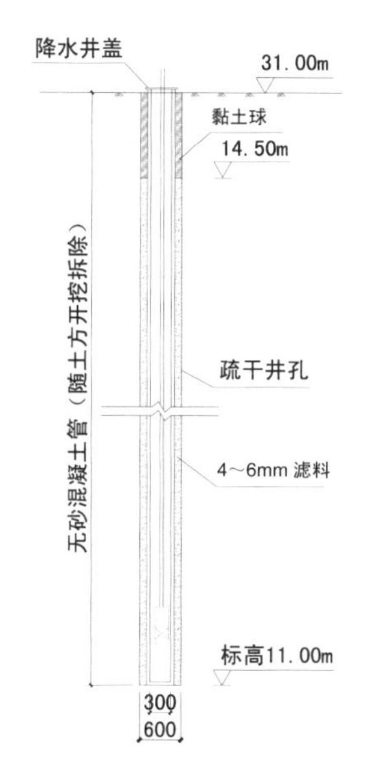

图 7-119　疏干井结构示意图

为合理降低污染水治理的运输成本，保证污染地下水按期修复，在地下水修复现场准备 3 套空气吹脱塔设备用于修复污染地下水，其中包括新建的空气吹脱塔 2 套，每套空气吹脱塔处理能力为 25 m^3/h，以及现有的空气吹脱设备 1 套，其处理能力为 22 m^3/h。

②水质设计

地下水样品的最大检出浓度为 1 mg/L。考虑设计运行的安全和稳定性，设计进水的苯浓度为 1 mg/L。

处理后污染水中目标污染物的排放浓度需达到北京市 DB 11/307—2013 中“排入公共污水处理系统的水污染物排放限值”，苯浓度不应高于 0.5 mg/L，修复后的地下水达到北京市生态环境局备案污染治理修复方案所确定的修复目标值苯浓度不高于 0.05 mg/L。

③工艺流程设计

该项目采用抽出—异位空气吹脱技术修复苯污染地下水，处理工艺流程如图 7-120 所示。

该工程污染地下水治理工艺流程主要由取水输送系统、预处理系统、空气吹脱系统、尾气处理系统和监控系统组成。

①污水处理

将抽出的污染地下水从现场设置的污染暂存水池经取水输送系统输送至污水处理站预处理系统中的预处理单元（固相清除），在该预处理单元中地下水中的泥砂颗粒进行去除，接着污水流入集水沉淀池，在预处理系统中完成调节均衡污水中的水量和水质，去除地下水中的泥砂等悬浮物，产生的沉淀泥砂作为污染土壤处理；同时可削减高峰负荷，以利于下一步的处理、减少处理构筑物的体积和节省投资费用，之后污水从集水沉淀池流入待修复水池中，待由液位控制自动运行的潜污泵将污水定量地泵入主体处理系统空气吹脱系统。

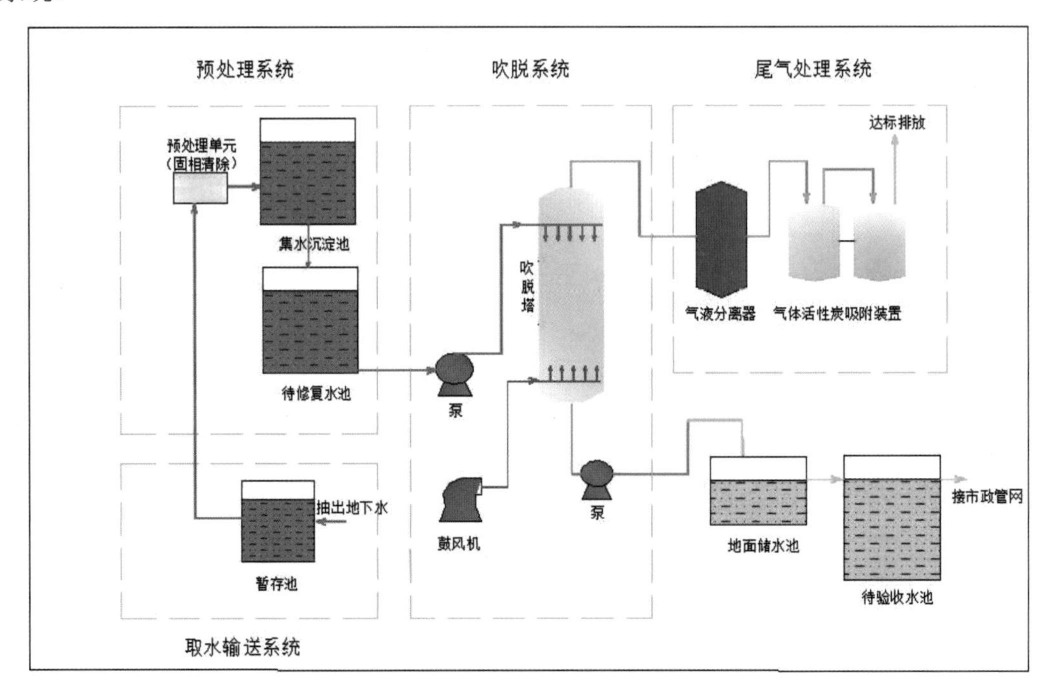

图 7-120 工艺流程

在空气吹脱系统内，污水由吹脱塔上部布设的喷淋布水层进水，将污染地下水喷射到塔体中的填料上，加压风机通过布气装置由塔体下部鼓风，使水与空气逆向接触，延长在塔内的停留时间，提高对苯的吹脱效率，由于苯的挥发性很强，吹脱的效果将会较好，同时原水中苯最高浓度仅为 1 mg/L，仅需达到 50%的去除率。

在塔底设置出水口，污染地下水由吹脱塔上部进水，下部出水，处理后的地下水满足北京市 DB 11/307—2013 中排入设置市政污水处理厂城镇排水系统的限值要求，苯浓度不应高于 0.5 mg/L。

②污泥处理

在整个处理工艺路线中，除了预处理单元（固相清除）、集水沉淀池有少量泥沙产生，其他处理单元均没有污泥产生。由于泥沙产生量很小，在整个处理过程中不单独对集水沉淀池泥沙进行清理，仅在对污染地下水处理完成后对集水沉淀池内泥沙进行清理，其泥沙按照污染土壤处理。

③气体处理

吹脱塔的空气由加压风机提供。吹脱塔排出尾气进入尾气处理系统，在尾气处理系统内先经引风机引出塔体，再经气液分离器分离去除尾气中携带的水汽，最后由两级气体活性炭吸附装置对尾气进行吸附净化处理，尾气经处理后排放。

场区内运输道路选择厂区内的原有道路，场外运输道路选择从场区东南门驶入化工路至污染水处理区域。运输期间按照污染土项目实施单位要求，对临时道路运行维护修缮。运输期间配置输交通协管人员，所有运输车辆均严格听从交通协管人员的指挥，并与土壤交通协管人员沟通协调，运输过程中交通基本通畅。运输罐车进入现场，从抽水井将污染水用泵抽升至罐车内，罐车装满污染水后至地下水处理区域。

7.1.13.7 效果评估情况

该项目评估结果：施工单位按照实施方案中的修复内容、修复技术和工艺要求完成了修复治理工作，修复过程二次污染防治措施健全有效，修复效果达到了其实施方案中确定的修复目标。

7.1.13.8 建设及运行成本分析

该项目的建设及运行成本包括施工准备及前期费用、地下水修复费用、二次污染防治措施费等，共计约为 820 万元。

7.1.13.9 经验介绍

实施修复前应注重更新场地概念模型，明确场地现状情况下污染羽的分布范围和污染程度。该项目由于前期调查和修复工程启动时间间隔较长，且北京市地下水水位持续下降，导致后期抽出的污染地下水工程量与前期场地调查相比存在一定差异。

7.1.14 山东某场地苯、氯乙烯和氯仿污染修复

7.1.14.1 工程概况

项目类型：化学品生产企业及工业集聚区。

项目时间：未提供。

项目经费：约 1.5 亿元。

项目进展：已完成效果评估。

地下水目标污染物：苯、氯乙烯和氯仿。

水文地质概述：地下水主要赋存于第三层粉土和第四层粉质黏土中，空间分布不连续。该场地概化为 1 层地下水，具微承压性，稳定水位埋深 3.49～6.04 m，平均为 4.76 m，平均厚度约为 8.38 m。

工程量：占地面积共 8 万 m^2，包括场地污染土壤的修复（修复体积约 20 万 m^3）和污染地下水的修复（修复面积约 3 万 m^2）。

修复目标：地下水中苯的修复目标值为 2 611 μg/L，氯乙烯的修复目标值为 787 μg/L，氯仿的修复目标值为 1 952 μg/L。

修复技术：污染地下水采用止水帷幕+抽出处理技术进行修复。抽提到地面的污染地下水采用化学氧化工艺进行修复。

7.1.14.2 水文地质条件

（1）场地地质构造及地层条件

场地最大勘探深度范围内（19.5 m）的地层均属于人工堆积层和第四纪沉积层，自上而下分为五个大层：第一层是填土层，平均分布范围是地表下 0～1.8 m；第二层是粉质黏土层，平均分布范围是地表下 1.8～6.8 m；第三层是粉土层，平均分布范围是地表下 6.8～10.6 m；第四层是粉质黏土层，平均分布范围是地表下 10.6～14.2 m；第五层是泥质胶结碎石层，平均分布范围是地表下 14.2 m 以下，本次最大钻探深度 19.5 m 未穿透该层。

（2）场地地下水赋存条件

该场地概化为 1 层地下水，具微承压性，稳定水位埋深 3.49～6.04 m，平均为 4.76 m，平均厚度约为 8.38 m。该场地地下水主要赋存于第三层粉土和第四层粉质黏土中，空间分布不连续。该地下水含水层整体流向为东南至西北方向，平均水力梯度约为 4‰。

7.1.14.3 地下水污染状况

根据场地报告，该场地地下水中苯、氯乙烯、氯仿 3 种污染物存在致癌风险，后续治理修复针对此 3 种污染物开展。

7.1.14.4 地下水污染修复目标

地下水抽出后，场地内地下水中目标污染物苯、氯乙烯和氯仿的治理目标需满足表 7-47 中的要求。

表 7-47 场地居住用地类型地下水修复标准　　单位：μg/L

序号	污染物名称	修复目标值
1	苯	2 611
2	氯乙烯	787
3	氯仿	1 952

（2）外排水标准

抽出的地下水经修复后需同时满足本场地地下水修复目标值和 GB 8978—1996 中的三级标准。对于两标准中重复的污染物检测指标，评价标准从严（表 7-48）。

表 7-48 修复工程废水排放监测指标、分析方法与评价标准

监测指标	分析方法	评价标准	来源
pH	GB 6920—86	6～9	污水综合排放标准
COD	GB 11914—89	500 mg/L	污水综合排放标准

监测指标	分析方法	评价标准	来源
石油类	GB/T 16488—1996	20 mg/L	污水综合排放标准
四氯化碳	气相色谱法	0.5 mg/L	污水综合排放标准
三氯乙烯	气相色谱法	1.0 mg/L	污水综合排放标准
四氯乙烯	气相色谱法	0.5 mg/L	污水综合排放标准
甲苯	GB 11890—89	0.5 mg/L	污水综合排放标准
乙苯	GB 11890—89	1.0 mg/L	污水综合排放标准
邻-二甲苯	GB 11890—89	1.0 mg/L	污水综合排放标准
间-二甲苯	GB 11890—89	1.0 mg/L	污水综合排放标准
对-二甲苯	GB 11890—89	1.0 mg/L	污水综合排放标准
氯苯	气相色谱法	1.0 mg/L	污水综合排放标准
邻-二氯苯	气相色谱法	1.0 mg/L	污水综合排放标准
对-二氯苯	气相色谱法	1.0 mg/L	污水综合排放标准
间-甲酚	气相色谱法	0.5 mg/L	污水综合排放标准
2,4-二氯酚	气相色谱法	1.0 mg/L	污水综合排放标准
2,4,6-三氯酚	气相色谱法	1.0 mg/L	污水综合排放标准
苯	GB 11890-89	0.5 mg/L	污水综合排放标准
氯乙烯	气相色谱法	787 μg/L	本场地修复目标值
氯仿	气相色谱法	1 952 μg/L	本场地修复目标值

7.1.14.5 地下水污染修复技术

该项目污染地下水采用止水帷幕+抽出处理技术进行修复，抽提到地面的污染地下水采用化学氧化工艺进行修复。

7.1.14.6 地下水污染修复工程设计及施工

（1）止水帷幕

该项目通过坡顶外设置ϕ800@550高压旋喷桩止水，在封闭的止水帷幕区域内，布设降水井，将污染地下水抽出至地面处理系统进行处置（图7-121）。

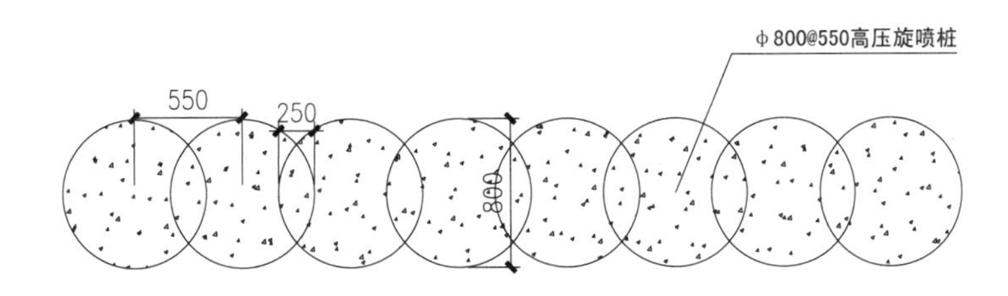

图7-121 止水帷幕搭接示意图

（2）降水井

根据基坑开挖与地下水修复区域平面布置，在基坑内共设置降水井，井间距为 15.0～30.0 m，井深 18.0～22.0 m，井径为 600 mm，使用管径为 400 mm 的波纹管作为井管（图 7-122）。

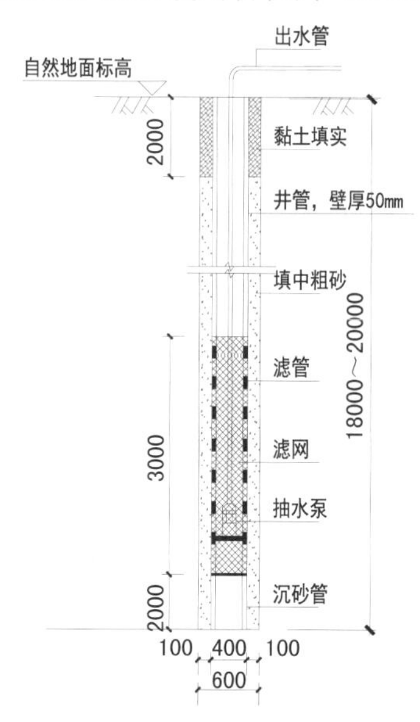

图 7-122 降水井结构（单位：mm）

（3）抽出氧化

抽出+化学氧化工艺是通过利用双氧水作为氧化剂，对抽出的地下水做氧化处理。经过地下水抽提、沉砂调节池（罐）、化学氧化反应装置、pH 调节装置后进入待验收水池待验。经自检合格，效果评估单位和市政管理部门检测达标后排放，不达标进入反应罐进行再次修复。

7.1.14.7 效果评估情况

（1）地下水抽出效果评估

地下水效果评估施工单位监共进行 4 次取样，监测结果全部合格。施工单位将监测结果上报效果评估单位后，效果评估单位再进行监测，监测结果全部合格。

（2）抽出地下水处置效果评估

修复治理完成的地下水进入待验收水池，经自检合格后申请效果评估单位和市政单位采样检测。经检测，该项目完成修复的地下水全部满足修复标准，满足外排条件。

7.1.14.8 建设及运行成本分析

该项目的建设及运行成本包括施工准备及前期费用、污染土壤修复费用、地下水修复费用、二次污染防治措施费、安全文明施工及其他相关费用等，共计约 1.5 亿元，其中地下水修复费用约为 1 700 万元。

7.1.14.9　经验介绍

①在进入雨季时，应提前准备好应急池，一旦遭遇降雨，则可将基坑降雨抽入应急水池，避免影响土壤清挖施工。

②单纯依靠降水井降水，不能完全满足现场施工要求，建议和明排降水相结合。

③场地地下水水量较大，修复达标后全部外排。现场降尘和洗车等需要大量用水，建议考虑使用修复合格后的地下水代替。

7.2　尾矿库

7.2.1　内蒙古某尾矿库硫酸盐污染修复

7.2.1.1　工程概况

项目类型：尾矿库。

项目时间：2012—2013年。

项目经费：53.65万元。

项目进展：完成中试。

地下水目标污染物：硫酸盐。

水文地质：潜水含水层岩性分布有较大的非均质性，总体为细砂和粉质黏土交互层。尾矿库附近含水层厚度约为10 m，近黄河边主要分布粉质黏土，中间夹杂少量细砂，含水层厚度增加到20 m左右。尾矿库区地下水水位较浅，埋深0.5～3 m，抽水试验得到的渗透系数为1～4 m/d。尾矿库区地下水总体流向为东北流向西南。

处理规模：200 m^3地下水。

修复目标：《地下水质量标准》III类水质标准。

修复技术：可渗透反应格栅。

7.2.1.2　水文地质条件

由环境地质调查表明，包钢稀土金属尾矿库区域内潜水含水层岩性分布有较大的非均质性，总体为细砂和粉质黏土交互层。尾矿库附近含水层厚度约为10 m，近黄河边主要分布粉质黏土，中间夹杂少量细砂，含水层厚度增加到20 m左右。尾矿库区地下水水位较浅，埋深0.5～3 m，抽水试验得到的渗透系数为1～4 m/d。

尾矿库区周边共设置18个监测点，共26口监测井。其中，深井井深20～40 m，主要监测微承压含水层，编号为GW01～GW18；浅井井深7～10 m，主要监测潜水含水层，位于平行地下水流向上GW01、GW03、GW06、GW07、GW08、GW10、GW13和GW15深井附近。尾矿库区地下水总体流向为东北流向西南，即从尾矿库流向黄河。尾矿库区布点采样、地下水流向、工程地质和三维地质剖面如图 7-123 和图 7-124 所示。

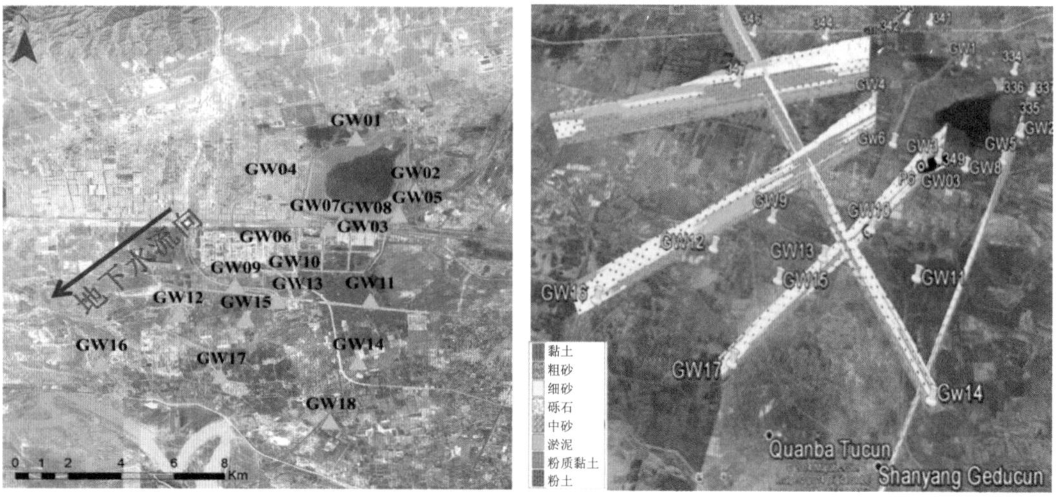

图 7-123　尾矿库区布点采样、地下水流向及三维地质剖面

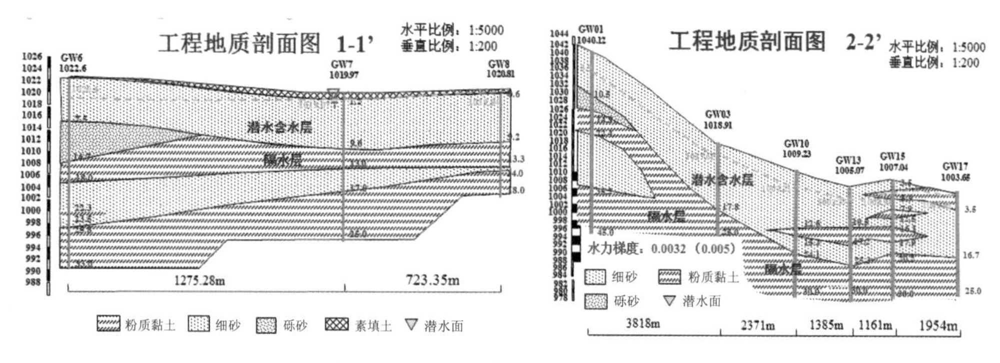

图 7-124　尾矿库区工程地质剖面

7.2.1.3　地下水污染状况

由历史资料表明，包钢集团除了采选铁矿和少部分稀土，大部分稀土、铌、钍、萤石等共生矿都随尾矿堆进了尾矿库。稀土精矿的分解工艺主要是三代酸法高温焙烧（硫酸、氢氟酸、氟硅酸）、碳铵沉淀制备碳酸稀土，然后进行单一稀土分离。包钢稀土金属冶选尾矿库中除了矿渣和尾矿，还同时储存包钢冶炼和稀土生产废水。因此，包钢稀土金属冶选尾矿库废水中含有氟化物、氨氮、硫酸根、氯离子以及放射性钍元素等（图 7-125）。

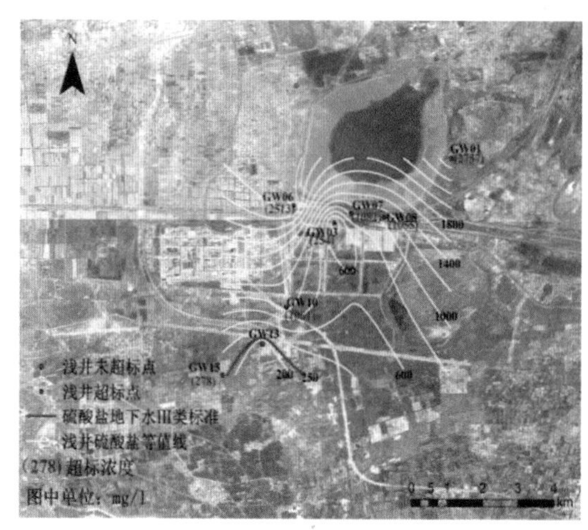

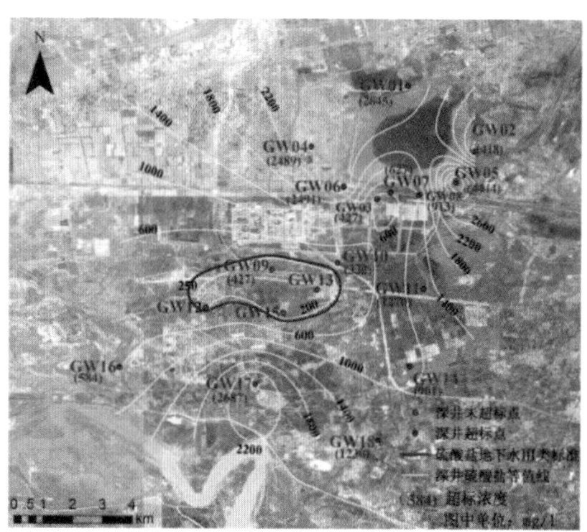

图 7-125 浅井和深井中硫酸盐等浓度线图及超标点位

对研究区的深井地下水、浅井地下水、尾矿库内水、尾矿库周边沟渠水、尾矿渣、土壤等取样分析，分析指标包括 pH、溶解氧、氧化还原电位、HCO_3^-、CO_3^{2-}、SO_4^{2-}、F^-、Cl^-、NO_2^-、NO_3^-、PO_4^{3-}、NH_4^+、K^+、Na^+、Ca^{2+}、Mg^{2+}、Fe^{2+}/Fe^{3+}、氨氮、总硬度、重金属、稀土元素和放射性元素等。依据地下水分析检测结果及稀土生产工艺废水中的污染物，确定尾矿库区地下水的污染因子为硫酸盐。浅井中 SO_4^{2-}的最高浓度为 2 757 mg/L，深水井中 SO_4^{2-}的最高浓度为 4 444 mg/L。尾矿库周边 26 口监测井中，深水井硫酸盐超标点位有 14 个，浅井硫酸盐超标点位有 7 个。

7.2.1.4 地下水污染修复目标

考虑该地区地下水具有饮用和灌溉用途，地下水污染修复目标为 GB 14848—1993 III 类水质标准（硫酸盐浓度≤250 mg/L）。

7.2.1.5 地下水污染修复技术

基于渗透性反应墙（PRB）的实际应用性及对污染物硫酸盐的去除技术，该修复方案拟采用硫酸盐离子交换材料和吸附材料作为 PRB 的活性反应介质（填料），以达到去除包钢稀土金属冶选尾矿库周边地下水硫酸盐的目的。尾矿库区注入式 PRB 如图 7-126 所示。

实验室小试实验考察了多种吸附材料和离子交换材料，如活性炭、生物炭、凹凸棒土、硅藻土、水滑石、层状双金属氢氧化物（LDH）、氢氧化锆及离子交换树脂对地下水中 SO_4^{2-}的去除能力，结果如表 7-49 所示。

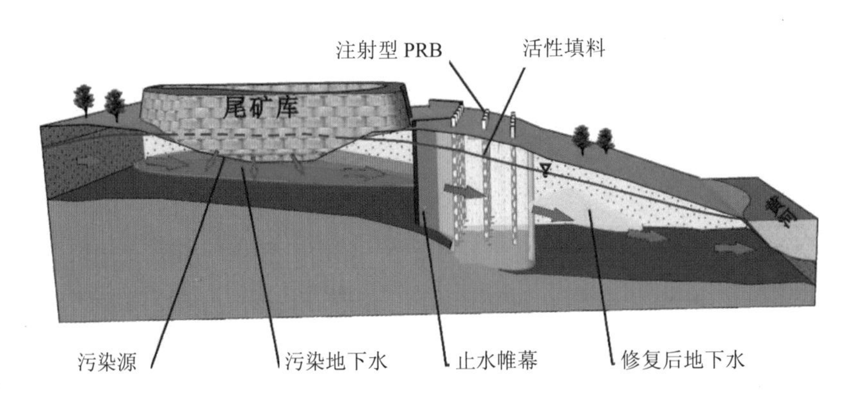

图 7-126 示范区注入式 PRB 示意图

表 7-49 不同修复材料对溶液中 SO_4^{2-} 的去除率

吸附材料	SO_4^{2-} 去除率/%
活性炭	45.9
生物炭	37.7
硅藻土	1.6
凹凸棒土	14.5
沸石	33.5
层状双金属氢氧化物（LDH）	24.9
氢氧化锆	77.1
阴离子交换树脂 D301	98.9

实验结果表明，阴离子交换树脂（D301）对硫酸盐的去除效果最好。氢氧化锆虽然在 pH 小于 5 的条件下吸附硫酸盐的性能较优，但在近中性地下水条件下吸附性能较差。综合考虑活性材料对硫酸盐的去除效果及使用条件，最终确定 1∶1∶1 的沸石/活性炭/D301 作为去除地下水中 SO_4^{2-} 的活性填料。

另外，采用柱试验获得 1∶1∶1 的沸石/活性炭/阴离子交换树脂（D301）对实际水样中 SO_4^{2-} 的吸附饱和时间及吸附饱和容量，为修复工程设计提供数据支撑（图 7-127）。

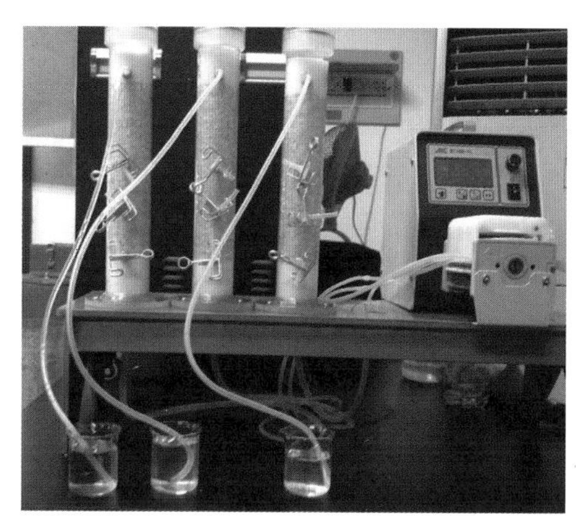

图 7-127　地下水中硫酸盐修复材料柱试验装置

7.2.1.6　地下水污染修复工程设计及施工

基于小试试验结果和修复区实际情况设计地下水污染修复工程及施工。修复区设置反应活性井 3 排，共 14 口井，相邻两井间隔为 3 m，反应区两侧分别布设长度为 4.5 m 的止水帷幕。平行于地下水流向，在修复区的地下水上游、反应活性区域及修复区地下水下游分别设置监测井，每口注射井也设置监测井，共计 19 口监测井（注射井 14 口）；注射井设计深度为 10～11 m，涵盖所在区域的潜水含水层。每个注射井按 1∶1∶1 装入 D301/沸石/活性炭等活性填料，形成半径约为 1.5 m 的活性区域。地下水污染修复工程施工设计平面和修复区注射井、监测井及止水帷幕设计剖面如图 7-128 和图 7-129 所示。

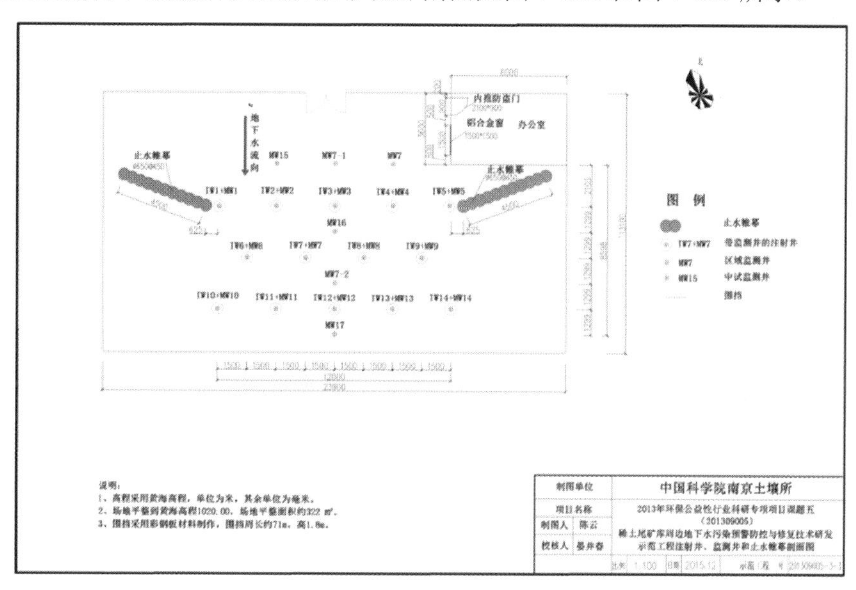

图 7-128　地下水污染修复工程施工设计平面

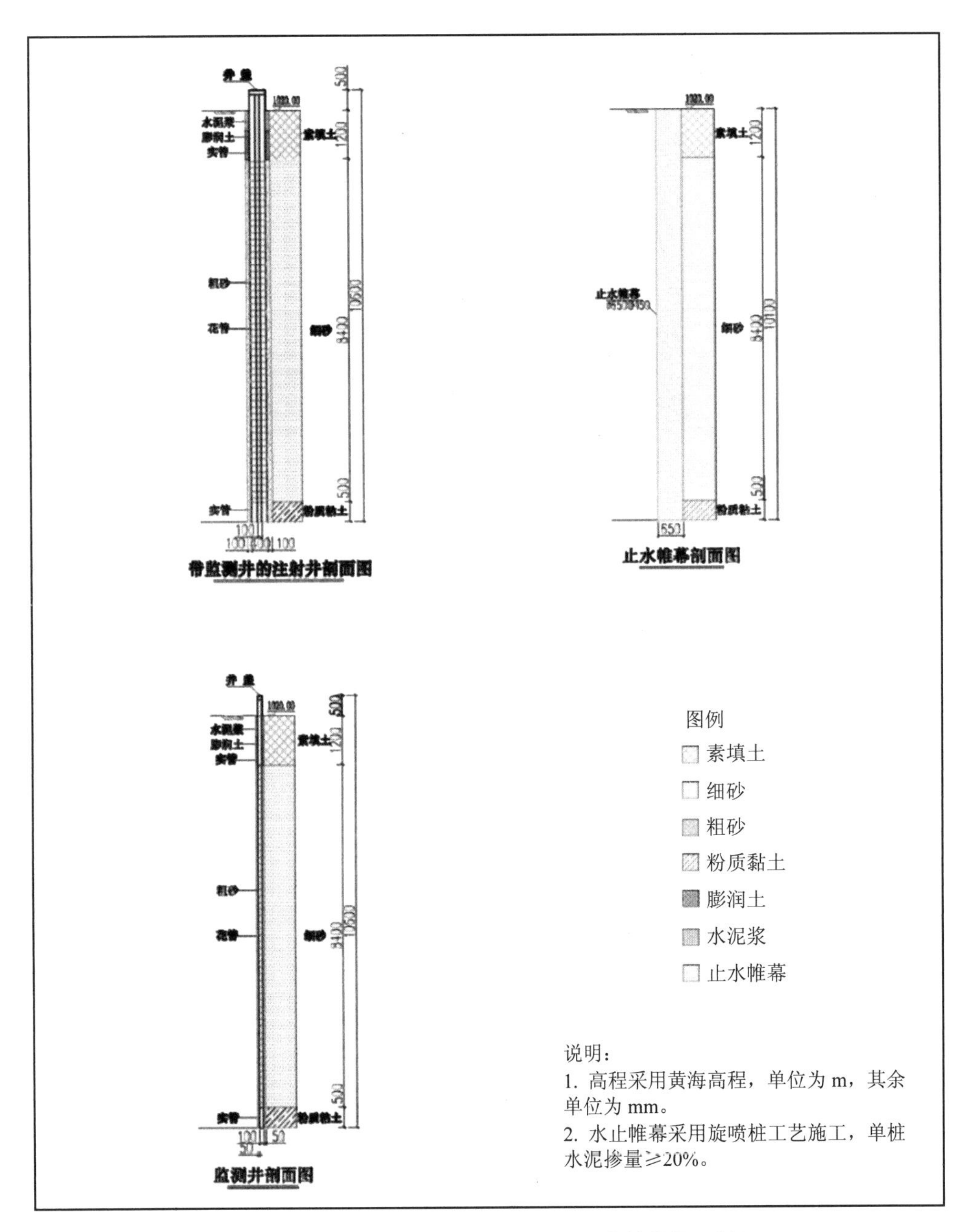

图 7-129　修复区注射井、监测井及止水帷幕设计剖面

中试区域的地下水流速约为 0.105 m/d，不考虑硫酸盐在矿物上的吸附和其他降解作用，则其在修复区的停留时间为 125 d（修复区域南北方向的距离为 13.1 m）。修复区域内地下水总体积约为 200 m^3，修复区硫酸盐的浓度约为 700 mg/L，要保证修复后的地下水达到III类水质标准（≤250 mg/L）要求，则需去除的硫酸盐总量约为 90 kg。根据柱实验结果，修复 200 m^3 的地下水所需填料为 3.02 t。考虑到场地实际情况及 D301、沸石和生物炭

对硫酸根的吸附容量（D301 对硫酸根的吸附容量为 685 mg/g，沸石对硫酸盐的吸附容量为 27 mg/g、生物炭对硫酸盐的吸附容量为 52 mg/g），实际修复使用填料共 6 t，D301、沸石和生物炭每种活性填料各 2 t。中试区注射井共 14 口，按照 D301∶沸石∶生物炭为 1∶1∶1，每口井所需的每种填料的量为 143 kg，共计 429 kg 活性填料。

此外，通过模型模拟止水帷幕存在前后的水位变化，确定其对地下水流场的影响程度，结果如图 7-130～图 7-132 所示。由模拟结果表明，水位降深范围在−0.015 4～0.0 126 m，因此认为安装止水帷幕对地下水位的影响较小（负值表示水位升高，正值表示水位降低）。

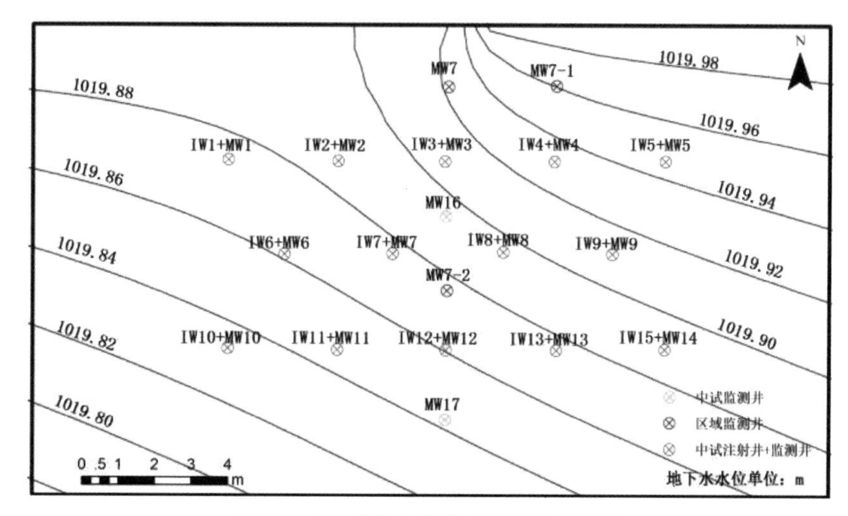

图 7-130　无止水帷幕时地下水位等值

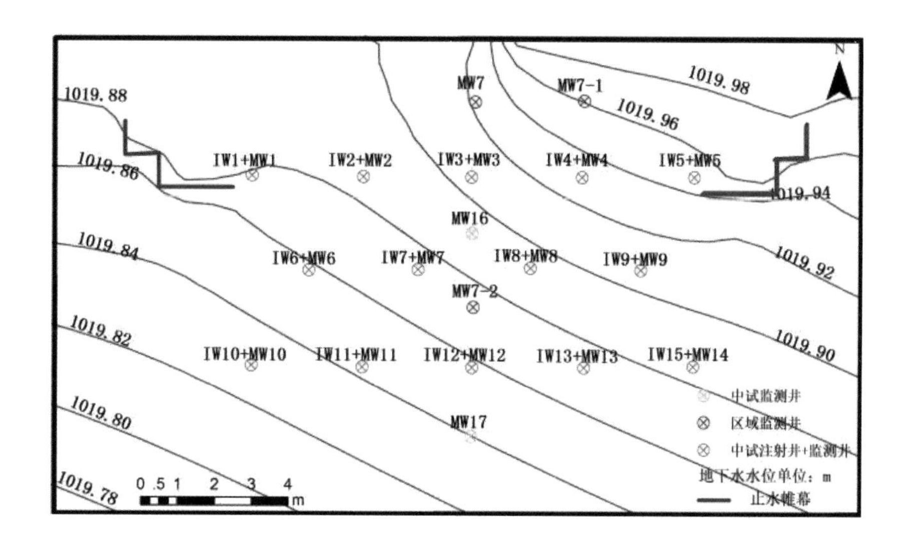

图 7-131　止水帷幕存在时地下水位等值

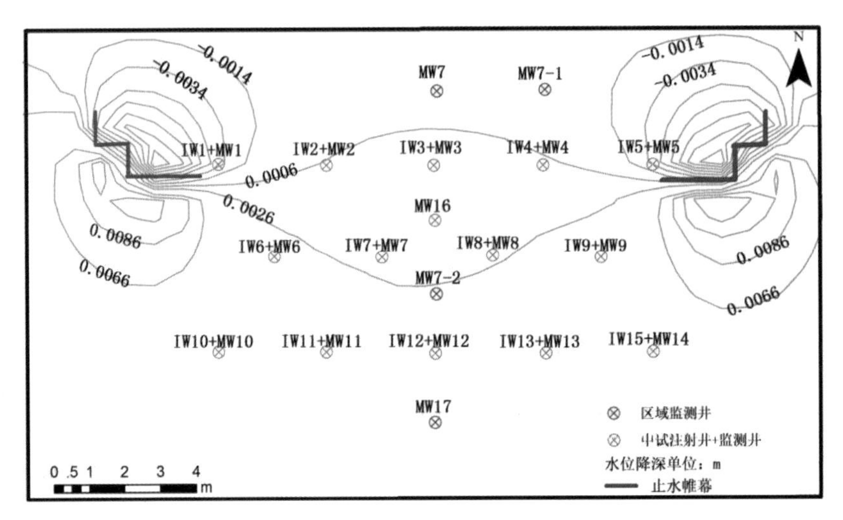

图 7-132 安装止水帷幕后修复区水位降深曲线

为研究 PRB 安装后对修复区地下水水位的影响，在 PRB 安装前后分别测试了监测井的稳定水位，等值线如图 7-133 和图 7-134 所示。由数据结果表明，PRB 的安装对修复区的水位影响可以忽略，即安装 PRB 基本不会扰动地下水（图 7-135）。

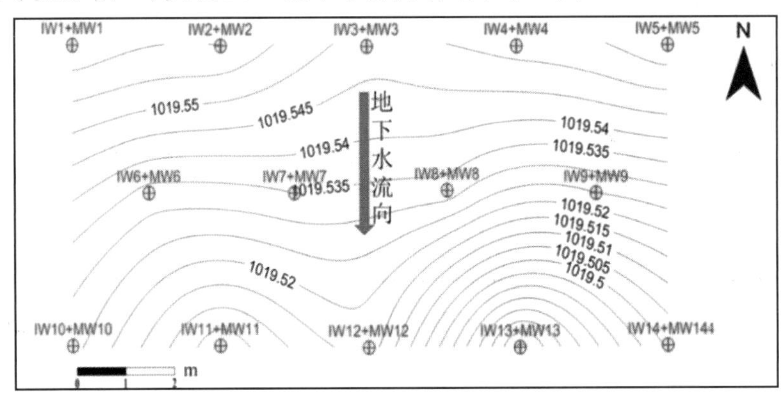

图 7-133 PRB 安装前修复区地下水稳定水位等值线（单位：m）

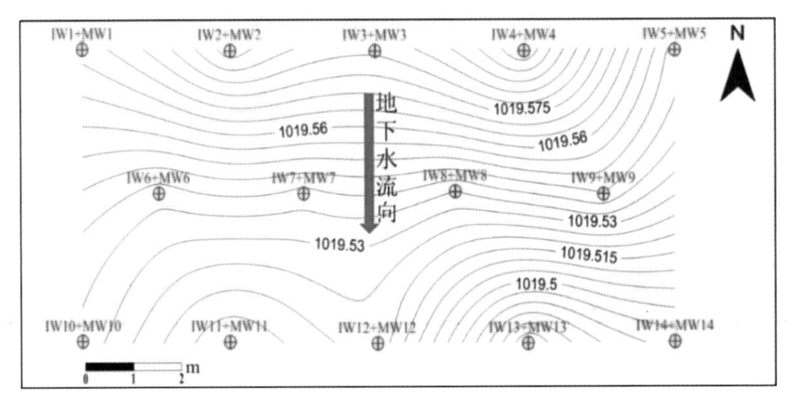

图 7-134 PRB 安装后修复区地下水稳定水位等值线（单位：m）

图 7-135　PRB 修复工程现场照片

7.2.1.7 运行监测情况

于填料投加前、填料投加后 7 d、30 d 和 90 d 在修复区 19 口监测井取样检测，检测指标包括：pH、溶解氧、氧化还原电位、HCO_3^-、CO_3^{2-}、SO_4^{2-}、F^-、Cl^-、NO_2^-、NO_3^-、PO_4^{3-}、NH_4^+、K^+、Na^+、Ca^{2+}、Mg^{2+}、Fe^{2+}/Fe^{3+}、氨氮、总硬度、重金属、稀土元素、放射性元素等。重点关注平行于地下水流向注射井及监测井内污染物浓度变化，评估修复工程的修复效果。

由表 7-50 的分析检测结果表明，1∶1∶1 的 D301/沸石/生物炭组成的 PRB 活性填料对地下水中 SO_4^{2-}有较好的去除作用。修复 3 个月后，目标污染物 SO_4^{2-}平均去除率为 70%，SO_4^{2-}最大去除率为 81%，修复后浓度最低为 111 mg/L。修复后，修复区内 18 口监测/注射井中有 13 口井的 SO_4^{2-}浓度达到地下水III类水质标准要求。

表 7-50 修复前后地下水中 SO_4^{2-}浓度变化情况　　单位：mg/L

井位编号	SO_4^{2-}浓度					地下水III类水质标准
	材料投加前	材料投加后 1 周	材料投加后 1 个月	材料投加后 3 个月	去除率/%	
IW1+MW1	1 407	—	—	523	63	250
IW2+MW2	2 180	—	—	719	67	
IW3+MW3	618	317	218	207	67	
IW4+MW4	464	—	—	168	64	
IW5+MW5	939	—	—	332	65	
IW6+MW6	879	—	—	219	75	
IW7+MW7	534	—	—	135	75	
IW8+MW8	494	276	172	134	73	
IW9+MW9	740	—	—	191	74	
IW10+MW10	700	—	—	146	79	
IW11+MW11	879	—	—	182	79	
IW12+MW12	725	232	176	144	80	
IW13+MW13	948	—	—	196	79	
IW14+MW14	573	—	—	111	81	
MW17	1 187	1 197	410	309	74	
MW16	2 097	2 089	693	551	74	
MW7-2	937	955	327	258	72	
MW7-1	1 841	1 793	1 769	1 787	/	

备注："—" 表示该监测井未进行取样检测，"/" 表示该监测井检测离子浓度未下降，不计入平均去除率，下同。

该活性填料对地下水中的 F^- 和 Cl^- 也有去除作用。修复 3 个月后，F^- 的去除率为 70%，Cl^- 的去除率为 74%。IW12+MW12 井中 SO_4^{2-}、F^- 和 Cl^- 的变化曲线如图 7-136 所示。

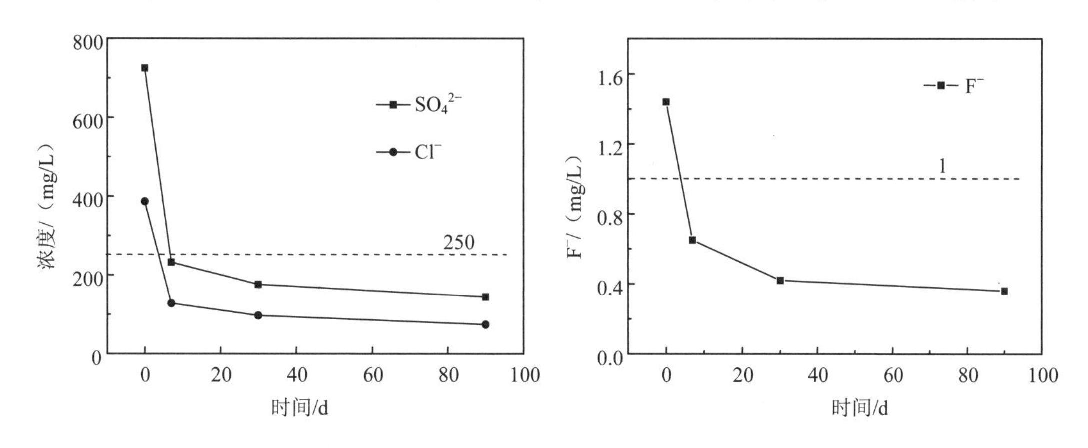

图 7-136　IW12+MW12 井位阴离子浓度变化曲线

7.2.1.8　建设及运行成本分析

该项目 PRB 修复区综合单价及明细如表 7-51 所示。

表 7-51　注射型 PRB 综合单价明细

序号	费用名称		数量	单位	单价/元	总价/元
1	设备费	钻机租赁	60	工日	4 000	240 000
2	材料费	沸石	2	t	500	1 000
		D301	2	t	30 000	60 000
		生物炭	2	t	8 000	16 000
		建井材料	17	个	6 500	110 500
		止水帷幕材料	2	个	15 000	30 000
3	测试费	样品检测	3	次	20 000	60 000
4	其他	临时设施	1	项	5 000	5 000
		人员防护	1	项	5 000	5 000
总计						527 500

该修复工程采用的 D301/生物炭/沸石活性填料为可再生材料。材料反应 180 d 达到吸附或离子交换饱和后，可采用盐酸、氢氧化钠及氯化钠等进行活性再生，使材料恢复去除硫酸盐等离子性能，实现包钢稀土金属冶选尾矿库硫酸根污染地下水的持续有效修复。

7.2.1.9 经验介绍

（1）因地制宜，选择环境经济可行的修复技术

地下水中污染物去除技术的选择原则如下：①保护地下水及环境生态；②保证修复质量，确保实现地下水中污染物治理目标；③最佳的性价比；④综合经济成本优势。该项目选择的 PRB 技术兼具上述优势，通过注射型 PRB 技术实现地下水中硫酸盐有效修复，从而实现环境生态目标和成本经济目标的统一。

（2）使用地下水数值模拟优化可渗透反应格栅设计

在可渗透反应格栅设计中使用地下水数值模拟，可用于选择和优化 PRB 类型、位置、展布方向、宽度、深度等；确定 PRB 工程运行状况监测的合适点位，评价影响运行状况的因素。

7.3 垃圾填埋场

7.3.1 天津某垃圾填埋场氨氮污染修复

7.3.1.1 工程概况

项目类型：垃圾填埋场类。

项目时间：2018 年 1 月—2020 年 12 月。

项目经费：2 800 万元。

项目进展：已完成效果评估。

目标污染物：氨氮。

水文地质：污染物主要存在于粉质黏土和粉土潜水含水层，该含水层层底埋深为 6～7 m，隔水底板为 5～6 m 厚的粉质黏土层。

工程量：修复面积 1 万 m^2，修复方量 10 800 m^3。

修复目标：地下水中氨氮浓度低于 0.5 mg/L。

修复技术：漏斗门式 PRB 地下水污染原位生物修复。

7.3.1.2 水文地质条件

填埋场附近区域 50 m 以浅含水层分布情况：地下水埋深在 1.5～2.0 m。0～15 m 深度内分布有不连续的粉、黏混杂土层。15～20 m 为粉质黏土弱透水层，局部夹粉砂透镜体，20～30 m 为第一微承压含水层，岩性为粉土、粉砂和细砂层。30～35 m 为第二层弱透水层，岩性为粉质黏土。35～45 m 为第二微承压含水层，岩性为粉土或粉砂层。具体情况如图 7-137 所示。

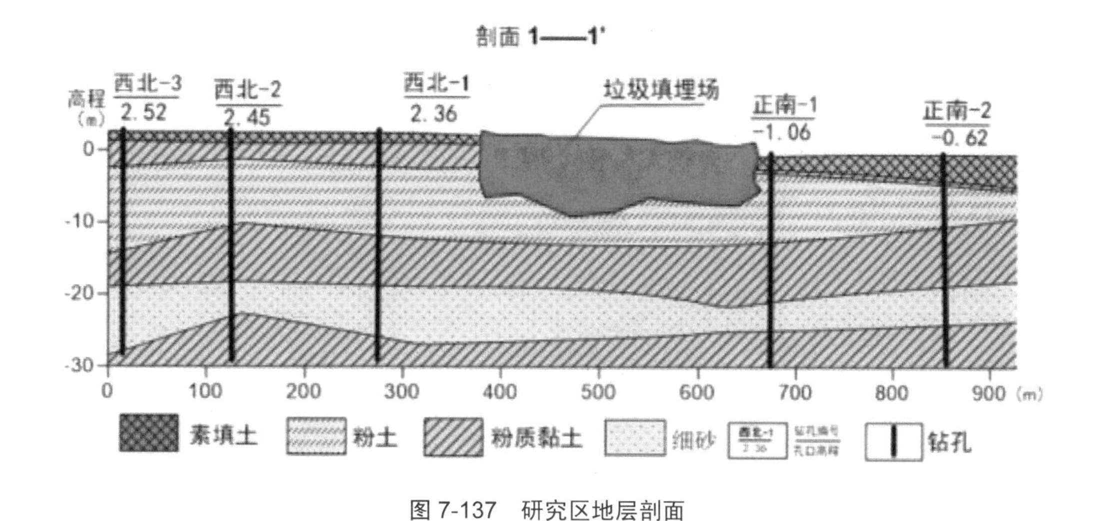

图 7-137　研究区地层剖面

填埋场潜水含水层主要以黏性较高的粉土层为主，渗透性较低，浅层地下水流速约为 0.043 cm/d，水力交换较慢。潜水含水层中的地下水整体为由北向南流动，并呈现轻微西北向东南的流场；微承压含水层中的地下水主要表现为由北向南流动。

7.3.1.3　地下水污染状况

填埋区域渗滤液氨氮浓度最高为 2 770.00 mg/L。填埋场下游地下水氨氮浓度最高为 9.80 mg/L，超出 GB/T 14848—2017 Ⅴ类水质标准（1.5 mg/L）5.5 倍。氨氮污染羽主要分布在垃圾填埋场南部偏东区域，距离填埋场南部边界 500 m 范围内，氨氮污染羽运移方向和地下水流场基本一致（图 7-142）。

7.3.1.4　地下水污染修复和风险管控目标

该案例总体示范面积为 15.53 万 m^2，按照“源头削减、过程控制、重点治理”的总体思路开展，地下水修复目标为填埋场修复区域地下水中氨氮降低到 GB/T 14848—2017 Ⅲ类水质标准以内。

7.3.1.5　地下水污染修复和风险管控技术筛选

该填埋场地下水埋深较浅，流速较慢，浅层含水层介质渗透性较弱。经验证，使用抽水泵抽出 15 m 深浅层地下水，2～3 h 后井管中地下水即被抽干，且 24 h 后地下水水位才能恢复，地下水异位处理抽水效率低、抽水周期长、地面运行维护成本高，抽水漏斗区的形成过程可能导致地下水污染拖尾现象。场地的水文地质条件确定了原位修复技术更适用于地下水污染处理。

在地下水污染原位处理技术中，监测自然衰减技术适用于污染程度较低、污染物自然衰减能力较强的区域，实施前需要详细评估地下水自然衰减能力，后期需要较长的监测时间，而该场地地下水微生物总量较低，水质自然净化过程总体较慢，因此不适合采用监测自然衰减技术修复地下水。该场地潜水含水层介质的低渗透性，导致原位化学药剂注入技术的化学药剂迁移效率不高（图 7-138）。

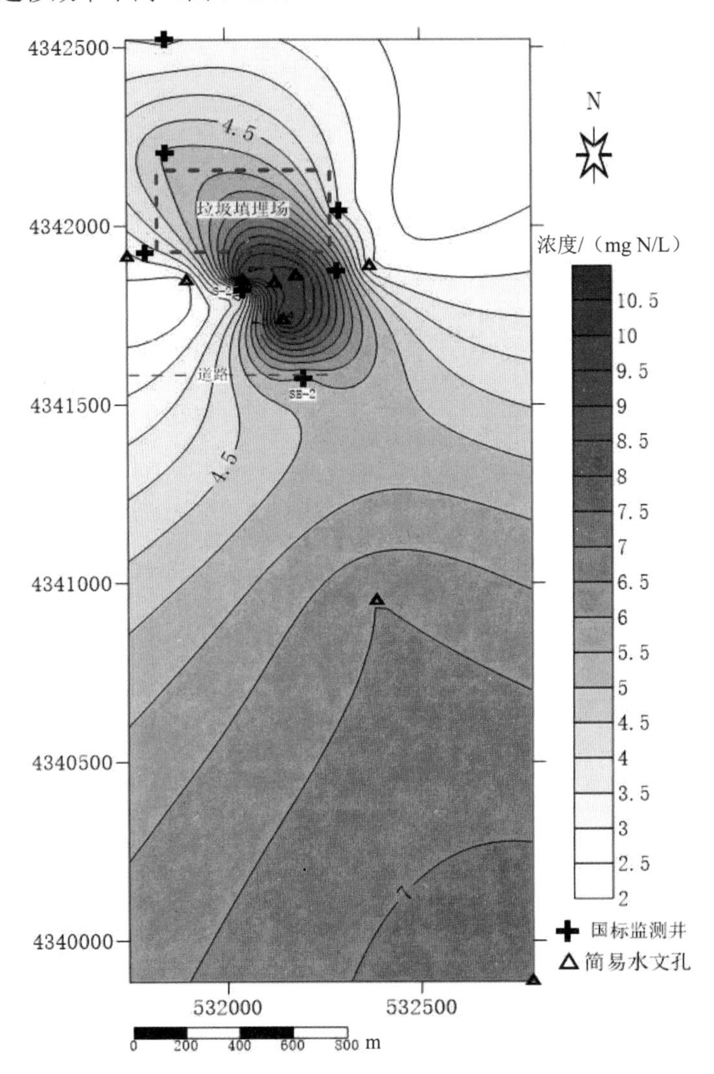

图 7-138　修复措施实施前填埋场地下水氨氮浓度分布情况

地下水原位可渗透性反应墙修复技术运行维护费用较低，合适的反应介质通常具备几年甚至几十年的处理能力。Fe（Ⅲ）的生物还原—氧化过程是天然含水层中 C、N 元素循环的重要驱动力之一，对这一反应过程进行强化，并应用于填埋场地下水 C、N 污染物的同步削减。

该案例采用漏斗门式 PRB 地下水污染原位生物修复技术，通过两翼拦截板控制氨氮污染羽，通过填充赤铁矿、秸秆碎屑等反应介质的主反应井去除氨氮。地下水经生化处理反应单元后，若水质不满足地下水质量标准，则回灌至前端 PRB 主反应井循环处理；若达标，则通过溢流的方式排入下游含水层。

7.3.1.6　地下水污染修复和风险管控工程设计及施工

（1）建设点的选择

为确定填埋场下游污染羽的位置，该案例进行了地下水污染状况补充调查，根据补充调查分析模拟结果，可初步确定地下水污染羽主要分布在垃圾填埋场西南方向，距离填埋场南部边界 240 m 范围内，因而该地下水修复技术工艺 PRB 主井施工地点为 SE-2 监测井正北 20 m 处。

（2）修复技术设计及施工

PRB 主反应井填充介质使用负载 Fe（Ⅲ）还原功能微生物后的淀粉改性赤铁矿为主要填充介质，配合天然沸石与玉米秸秆碎屑，去除特征污染物氨氮。在地面设置数控自动化曝气风机，间歇性调控溶解氧（0.5 h/d），实现污染物的均匀分布，促进 Fe 的价态循环和氨氮完全脱除。地下水经生化处理反应单元后，若水质不满足地下水质量标准，则回灌至前端 PRB 主反应井循环处理；若达标，则通过地下溢流的方式（出水管设止回阀）排入下游含水层。地下水污染修复技术工艺及原理如图 7-139 所示。

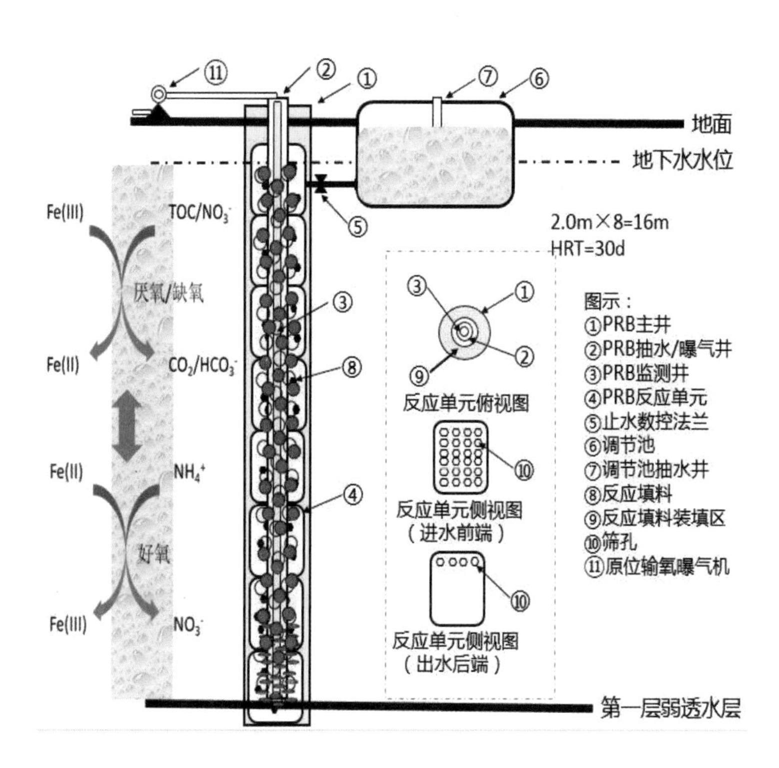

图 7-139　地下水污染修复工艺示意图

间歇性曝气漏斗门式 PRB 地下水污染原位生物修复工艺中生化处理反应单元有效容积为 15 m^3。反应单元进出水设计水头差 Δh=0.3 m，设计垂向流速 v=1.16 m/d。

（3）修复工艺的运行调试

运行调试期间，每天曝气 0.5 h，PRB 氨氮进水浓度含氮量为 4.1～6.0 mg/L，地下水的水力停留时间为 54 h，启动运行 32 d 后，氨氮去除率为 63.15%，氨氮出水浓度含氮量为 2.1 mg/L，氨氮的处理效果并不理想，因此有必要进行监测池出水的循环处理。将监测池内地下水循环至地下水修复主井内，4 h 内氨氮呈现逐渐升高趋势，电导率、pH 均逐渐升高；循环处理 3.5 d 后，修复主井内氨氮浓度为含氮量 0.02 mg/L，氨氮的生物去除效果显著提升。当水力停留时间大于 120 h 时，氨氮的去除效果较好；当水力停留时间为 140 h 时，氨氮去除效果最佳。调试结束后，PRB 稳定运行 71 d，氨氮去除效果维持在较好的水平，同时没有发生明显的硝酸盐和亚硝酸盐累积现象。

7.3.1.7 地下水污染修复效果评估

地下水污染修复效果如图 7-140、图 7-141、表 7-52 所示。

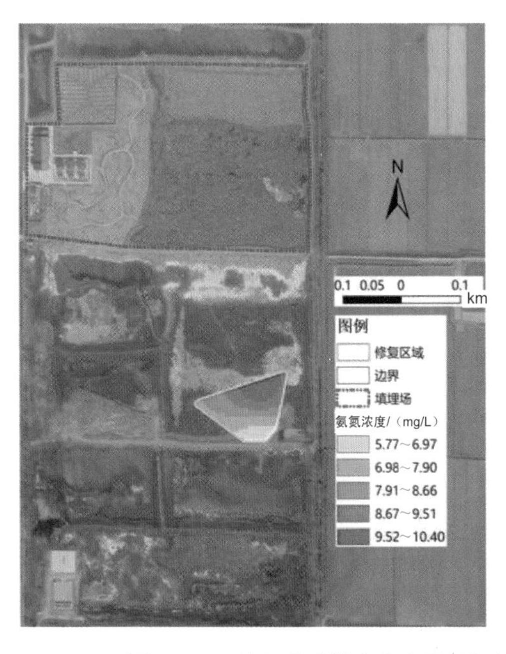

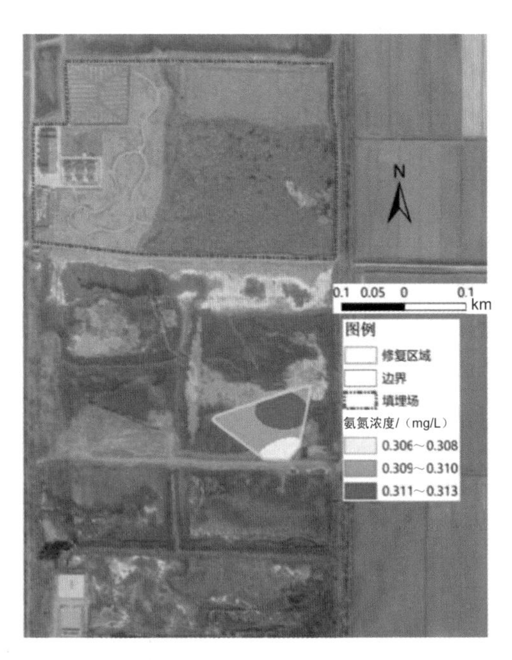

图 7-140 修复前后潜水含水层氨氮浓度分布（左：修复前，右：修复后）

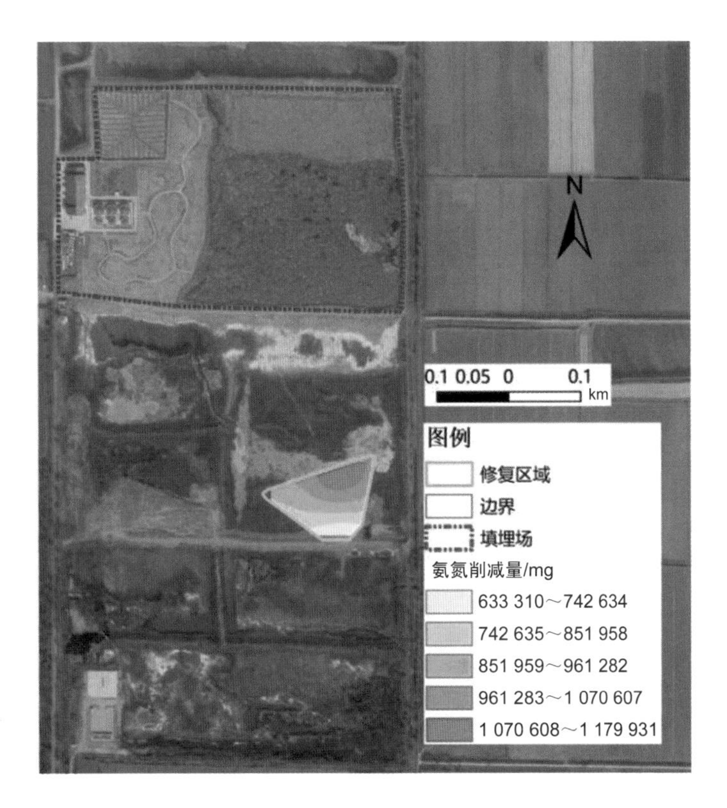

图 7-141　2018 年 8 月—2020 年 11 月潜水含水层氨氮削减量分布

表 7-52　场地地下水资源量与氨氮含量计算结果

时间	2018 年 8 月	2019 年 4 月	2020 年 11 月
水资源量/m^3	1.19×10^4	1.15×10^4	1.08×10^4
氨氮含量/mg	9.61×10^7	4.63×10^7	0.29×10^7
削减率/%	0	52	97

在污染源头控制、自然衰减和 PRB 的共同作用下，根据修复前后场地地下水氨氮总量计算得出，2019 年 4 月（地下水修复工程启动运行 3 个月后）氨氮削减率达 52%，2020 年 11 月（地下水修复工程稳定运行）氨氮削减率达 97%。地下水 PRB 修复工程启动运行期间（2019 年 1 月—2020 年 11 月），2019 年进出水水质有显著差异，进水普遍超出 GB/T 14848—2017 Ⅴ类水质标准，出水低于Ⅲ类水质标准；2020 年，区域整体氨氮浓度下降，进出水水质没有明显差别，均低于地下水Ⅲ类水质标准。

7.3.1.8　建设及运行成本分析

示范案例总投资成本 2 800 万元，其中地下水处理工艺投资成本为 90～110 元/m^3。已有同类技术/原有技术投资成本为 150～200 元/m^3。本案例运行、管理成本中反应填料寿命按照 5 年计算，地下水处理工艺运行成本为 0.1～0.2 元/m^3，地下水处理工艺总功率 2 kW。已有同类技术的运行、管理成本为 0.3～0.5 元/m^3。

7.3.1.9 经验介绍

该案例以天然赤铁矿为反应介质，应用 Fe（III）生物氧化还原过程，设计反应介质可灵活替换的多级强化 PRB 修复工艺，实现地下水中氨氮的有效治理。项目实施经验支撑团体标准《地下水污染管控或修复技术指南——漏斗门式可渗透反应墙（FGPRB）》的发布。

第 8 章　风险管控与修复集成案例

8.1　美国宾夕法尼亚州某制造企业氯代烃污染风险管控与修复

8.1.1　工程概况

项目类型：化工企业。

项目时间：1989—2014 年。

项目经费：针对 56 000 m^3 污染土壤及地下水进行原位加热修复，费用为 1 100 万美元。

项目进展：完成效果评估。

目标污染物：氯代烃和多氯联苯。

水文地质：从上到下分别为 1～5 m 厚的回填土、约 6 m 厚的粉质黏土、砂砾。

风险管控和修复目标：按照宾夕法尼亚州的地下水质量标准。

修复技术和风险管控技术：泥浆墙、地下水抽出处理、气相抽提、监测自然衰减。

8.1.2　水文地质条件

场地内的土壤自地面而下到基岩（石灰岩/页岩）为 10.5～13.5 m 厚，自浅而深共分为 3 层，包括 1～5 m 厚的回填土、约 6 m 厚的粉质黏土、砂砾，但粉质黏土在场内的分布并不连续。场内地下水分为 3 层：存在粉质黏土的部分区域内回填土中的上层滞水、砂砾层中的潜水以及基岩中的裂隙水，其中潜水和基岩裂隙水均补给下游的萨斯奎哈纳河；本场地的主要目标污染物为 DNAPLs 类污染物氯代烃，调查和修复过程中发现 3 层地下水中均有氯代烃污染。

8.1.3　地下水污染状况

历史记录表明，现场共有 26 个罐体和储存坑，用于储存汽油、溶剂、煤油、燃料油、切割油、液压油、废油。1972 年，现场的两个固废处理渗坑（17#、18#）拆除。1986 年，该场地 2 个储存坑以及大量地下存储罐停止使用且被挖出，某些区域内土壤中 TPH 含量超过 15 000 mg/kg。1987 年，现场完成第一轮场地调查，共设置 33 个土壤钻孔和 26 口监测井，发现氯代烃和多氯联苯（PCBs）的存在。DNAPLs 在数口监测井中存在，共在 2 个区域发现 DNAPLs，区域一靠近前燃料油储存地，因此 DNAPLs 中主要以燃料油为主，仅含有少量氯代烃；区域二靠近前固废处理渗坑（17#、18#），因此 DNAPLs 主要由燃料油、润滑油和其他矿物油构成，含有高浓度的氯代烃。该场地内土壤和地下水中的主要污染物包括 1,1,1-三氯乙烷、三氯乙烯、1,1-二氯乙烷、1,1-二氯乙烯、顺式-1,2-二氯乙烯、氯乙烯等氯代烃。

8.1.4 地下水污染修复和风险管控

1989 年，现场开始实施土壤及地下水修复，设置了泥浆墙、沥青阻隔层、地下水抽出处理系统、SVE 系统；之后 10 年陆续设置 11 口地下水抽水井并投入运行。

2002 年，在下游的萨斯奎哈纳河边设置监测井组（潜水、基岩裂隙水），2003—2004 年，设置多口一孔多井的监测井。2004 年，完成基岩裂隙水含水段的物探，2004—2005 年，完成厂区内土壤蒸汽调查以及原固废处理渗坑（17#、18#）区域的调查。2006 年，完成场地的水文地质补充调查，主要目的为调查清楚基岩裂隙水中污染迁移途径及程度。2007 年，按照宾夕法尼亚州环保厅提出的进一步调查清楚基岩裂隙水中污染状况的要求，在下游方向又设置了 1 口监测井；除此之外，还在潜水层中设置 3 口监测井。

1989—2006 年，实施了地下水抽出处理结合气相抽提工艺，共去除约 40 m^3 DNAPLs 以及约 1 t 的三氯乙烯，但后期修复效率逐渐降低，2006 年仅去除 VOC 污染物约 273 kg，但近 20 年的修复，场地内仍然存在含有高浓度氯代烃的 DNAPLs，并且潜水和基岩裂隙水中同时广泛分布氯代烃污染物且一直延伸到下游 300 m 处的萨斯奎哈纳河。场外的敏感受体既包括了萨斯奎哈纳河，也包括了场地下游边界至萨斯奎哈纳河的上百户居民（主要是独栋建筑物），后者虽然由于利亚州丹维尔镇明令禁止抽取地下水从而没有饮用途径的风险，但地下水中的氯代烃带来的蒸汽入侵风险同样不可忽视。

在 2006 年对前固废处理渗坑（17#、18#）附近区域进行的场地调查中，土壤样品中 1,1,1-三氯乙烷的最高浓度达到 510 mg/kg，三氯乙烯的最高浓度达到 66 mg/kg；DNAPLs 样品中 1,1,1-三氯乙烷的最高浓度达到 4 900 mg/kg，三氯乙烯的最高浓度达到 43 mg/kg。在 2017 年进行的地下水监测中，1,1,1-三氯乙烷的最高浓度达到 8 600 μg/L，而三氯乙烯的最高浓度达到 240 μg/L。

为大幅加快场地修复进程并降低生命周期环境修复费用，诺斯罗普·格鲁曼公司于 2007—2019 年实施了蒸汽强化抽提，对原固废处理渗坑（17#、18#）区域的 56 000 m^3 污染土壤及地下水进行原位加热修复。

2010 年，诺斯罗普·格鲁曼公司向宾夕法尼亚州环保厅提交了场地调查、风险评估及修复方案，总结了 2002—2009 年所有的场地调查和修复工作的监测结果，提出了未来的修复计划。在修复计划中，除已经完成的对原固废处理渗坑（$17^{\#}$、$18^{\#}$）区域的 56 000 m^3 污染土壤和地下水进行原位加热修复以外（图 8-1），还提出了以下几条措施：

图 8-1　原位加热现场照片

①继续保留场地北侧的泥浆墙和硬化地面以防止污染的上层滞水向北迁移；

②继续保留场地内已有的地下水抽出处理系统以保持对污染羽的水力控制，在场地内地下水达到修复目标值之后，关闭已有的地下水抽出处理系统，采用监测自然衰减（MNA）；

③针对场地内残余污染，向州环保厅申请对场地未来使用用途以及污染区域内动土进行限制；

④在场地下游地下水达到宾夕法尼亚州的地下水质量标准之前实行制度控制，限制对下游地下水的使用。

8.1.5 效果评估

2011—2014 年共开展了 13 轮季度性地下水采样监测，结果表明地下水中的目标污染物均已低于该场地的修复目标值，且在所有监测井中所有的目标污染物浓度均已呈现出稳定或者降低的趋势。2011 年，诺斯罗普·格鲁曼公司向宾夕法尼亚州环保厅提交了 2010 年 12 月完成的土壤采样结果，所有 VOC 均已低于宾夕法尼亚州的非居住用地的直接接触筛选值以及计算出的保护地下水的土壤修复目标值。

2013 年 11 月，诺斯罗普 • 格鲁曼公司向宾夕法尼亚州环保厅提交了补充修复方案，申请在室内空气中三氯乙烯曾经超标的建筑物区域内底板下安装蒸汽入侵消除系统，该方案随即得到批准后并得以实施。2014 年 7 月，诺斯罗普 • 格鲁曼公司提交了蒸汽入侵达标的报告。

由于该场地属于《资源保护和恢复法案》授权美国环境保护局进行管辖的对象，美国环境保护局 2015 年针对该场地拟采用的修复实施效果发布了征求公众意见稿。在征求公众意见稿中，美国环境保护局对场地现状进行了评估。总体而言，美国环境保护局认为场地内影响土壤、土壤气和地下水的残余污染源已经在合理范围内得到了最大限度的去除；只要继续维持场地未来工业用途，场内和场地下游至萨斯奎哈纳河之间的地下水禁止使用的限制，场内已有沥青硬化，部分建筑物下方的底板蒸汽入侵消除系统以及防止上层滞水迁移的泥浆墙等制度控制和工程控制的措施，场内的剩余污染在可以接受的风险范围内。

事实上，丹维尔镇在 2012 年发布了在全镇范围内禁止安装饮用或者农业灌溉用途的地下水取水井的法规，这是丹维尔镇了解到包括该场地在内的几个镇内的污染场地均存在地下水污染后为保护公众健康特别制定的地下水取水限制法规。因此，美国环境保护局提出继续保留以上所涉及的制度控制和工程控制措施，作为未来的修复方案。

8.1.6 风险管控措施

①保持场地未来工业用途；②保持场内和场地下游至萨斯奎哈纳河之间的地下水禁止

使用的限制；③维持场内已有沥青硬化；④保留部分建筑物下方的底板蒸汽入侵消除系统；⑤保留防止上层滞水污染迁移的泥浆墙。其中③～⑤项风险管控措施需要少量定期维护费用。

8.1.7 后期环境监管

在诺斯罗普·格鲁曼公司将该场地转让时，双方于 2008 年签署并执行了合同，并提交给州环保厅备案。合同中提出了一系列 MBC Development LP.公司在使用该场地时的限制条件，如禁止因任何用途使用场地内的地下水的行为，场地未来的用途仅能用于商业或者工业活动（且不能修建任何类似于学校、养老院、幼儿园或其他带有居住用途的设施），禁止损坏场地内已有地下水抽出处理系统以及防止上层滞水污染迁移的泥浆墙，只能在特定情况下（如完成建筑物基础等）开挖已知污染区域内的土壤，且必须在采用适当的健康和安全计划时完成，并且此类开挖活动必须提前 10 d 通知诺斯罗普·格鲁曼公司并提交相应的健康和安全计划。

场内和场地下游至萨斯奎哈纳河之间的地下水禁止使用的限制仍需长期维持，既与丹维尔镇颁布的全镇范围内地下水使用的限制一致，又能确保场地下游至萨斯奎哈纳河之间住宅楼内居民的健康安全。

8.1.8 建设及运行成本分析

为大幅加快场地修复进程并降低生命周期环境修复费用，诺斯罗普·格鲁曼公司于 2007—2019 年实施了蒸汽强化抽提，对原固废处理渗坑（$17^{\#}$、$18^{\#}$）区域的 56 000 m^3 污染土壤及地下水进行原位加热修复，蒸汽强化抽提共耗资约 1 100 万美元，并在 2 年内共计去除 8.85 tVOC 以及 48 m^3 DNAPLs，相当于残余污染源范围内 90%以上的 VOC 污染。

8.1.9 经验介绍

①分区采用风险管控和修复模式进行地下水污染治理。由于在产企业的跑冒滴漏导致地下水污染扩散至下游居民区的原因，确定相对经济可行的风险管控和修复方式，结合场地内残余污染源或高浓度区域的高效主动修复（如该案例中的原位加热）、低浓度区域的监控自然衰减、下游地下水受污染区域的使用限制（制度控制）等手段的合理组合。

②在无地下水饮用用途的情况下，需主要关注地下水中 VOC 的蒸汽入侵途径。对住宅楼室内空气定期采样，并且在室内空气超标情况下，安装诸如被动式底板蒸汽入侵消除系统等方式，彻底消除对人体健康的不利影响。在某些情况下，可以把场地边界处的受污染地下水适度抽出处理作为风险管控方式，以防止场内地下水污染进一步向下游迁移为主要目的。

8.2 青海某铬盐厂铬污染风险管控与修复

8.2.1 工程概况

项目类型：化工类。

项目主体工程施工时间：2019 年 3—12 月。

项目经费：953 万元。

项目进展：已完成效果评估。

地下水目标污染物：六价铬。

水文地质概述：场地位于基岩山区，地下水赋存于砾石层和基岩裂隙中。地下水埋深为 2～10 m，随冲沟内地形变化差异较大。

工程量：总体污染风险管控区域面积约为 13 700 m^2，位于山谷冲沟内，呈椭圆形。

风险管控目标：控制污染源，切断污染源向周围环境的暴露途径；控制坝下已污染地下水进一步向下游扩散的趋势。

风险管控技术：地下水污染源阻隔与污染羽阻断强化抽出技术联用。

8.2.2 水文地质条件

根据地下水的赋存条件、含水介质等因素，项目区内的地下水类型划分为基岩裂隙水和松散岩类孔隙水。项目区北部低山丘陵区小面积出露的中生界侏罗系中统窑街组（J_2y_2）的泥岩夹粉砂岩，风化裂隙发育，将赋存于泥岩、粉砂岩风化裂隙中的地下水归并到基岩裂隙水中。项目区南部由下元古界湟源群东岔沟组（$P_{t1}d$）二云母片岩、二云母石英片岩、中生界侏罗系中统窑街组（J_2y_2）泥岩夹粉砂岩及加里东期（δo）钾长石英闪长岩组成的低山丘陵区，在铬渣填埋场沟谷两侧基岩裸露，岩石风化裂隙发育，为基岩裂隙水的赋存提供了空间和场所，赋存有基岩裂隙水。岩石表层风化强烈，节理裂隙较为发育。加里东期（δo）钾长石英闪长岩节理裂隙宽度一般 2～8 cm，多被砂质或泥质填充；中生界侏罗系中统窑街组（J_2y_2）泥岩夹粉砂岩节理裂隙不发育；下元古界湟源群东岔沟组（$P_{t1}d$）二云母片岩、二云母石英片岩节理裂隙较为发育，露头一般呈碎裂的小块状，裂隙多被泥质填充。基岩裂隙水主要赋存于加里东期（δo）钾长石英闪长岩和下元古界湟源群东岔沟组（$P_{t1}d$）二云母片岩、二云母石英片岩节理裂隙中，主要接受大气降水入渗补给和绿化灌溉的渗漏补给。勘查区内泉水出露少，仅在杨沟湾铬渣填埋场所在沟谷沟口两侧山体坡脚处，可见泉水呈片状从二云母石英片岩风化裂隙中渗出，泉水流量小于 0.1 L/s。

碎屑岩类裂隙孔隙水主要分布于调查区以南低山丘陵区，含水层岩性为古近系砂砾、砾岩、泥岩。主要接收大气降水入渗补给，赋存于岩石构造裂隙、层间裂隙中，单井计算涌水量小于 100 m^3/d，矿化度大于 1.0 g/L，水化学类型为 Cl·SO_4—Na。松散岩类孔隙水主要分布于湟水河以南河谷区，含水层岩性为全新统砂砾卵石、含泥砂砾卵石层，含水层下部为第三纪泥岩，含水层厚度为 3.0～10.0 m，水位埋深为 1.0～15.0 m。富水性：河漫滩和Ⅰ级阶地为富水区，单井涌水量为 1 000～5 000 m^3/d；Ⅱ级阶地属中等富水区，单井涌水量为 100～1 000 m^3/d，水化学类型为 SO_4—Ca·Mg·Na；Ⅲ阶地以及山间沟谷为水量贫乏区，单井涌水量小于 100 m^3/d。

该项目所处基岩山区地下水接收大气降水、人工灌溉垂直入渗的脉动补给后，多赋存于岩石表层的风化裂隙之中。岩石表层节理裂隙发育，裂隙开启程度一半，渗透系数为 0.001 7～0.0 083 m/d，透水性较差，项目区域的地下水量保守估算如下所述。

区域没有灌溉的情况下多年平均入渗补给量为 4.37 m^3/d。区域灌溉的情况下多年平均入渗补给量为 23.77 m^3/d（其中 4.37 m^3/d 为降水入渗量，19.4 m^3/d 为灌溉入渗量）。遇到百年一遇 24 h 最大降水量为 83.2 mm 的情况下，24 h 最大入渗补给量可达 361.92 m^3/d。24 h 降水量大于 50 mm 的暴雨 4 次情况下，24 h 最大入渗量总量可达 217.5 m^3/d。以上地下水的入渗补给量为根据降水量、灌溉量计算的丘陵区地下水补给量，无法区分入渗以后的滞留包气带中的水量和基岩裂隙水以及受到污染的总水量。2019 年在项目区内进行抽水试验，测试井位处 1 min 后掉泵断流，通过简易提桶试验测得涌水量为 0.055 m^3/d，该情况为枯水期水文地质信息。

基岩山区地下水接受补给后，大部分地下水顺地势于强风化带节理裂隙向山间沟谷排泄补给河谷区地下水（赋存在黄土地砾石层和基岩裂隙中），部分地下水在强风化带中沿节理裂隙展布方向运移，以主节理方向为运移，运移途径相对较远，最终于山体坡脚以下降泉的形式出露地表。据钻孔揭露，基岩强风化层节理裂隙发育，为基岩裂隙水的运移提供了导水通道。由于六价铬极易溶于水，在土壤和水中的分布不均匀，土壤颗粒吸附作用亚于其在水中的溶解作用，且易于因毛细作用上升。基岩裂隙水主要沿着节理裂隙运移，六价铬随着地下水的迁移而扩散，地下水经运移于沟谷的沟口、两侧山体坡脚处形成下降泉，六价铬随地下水渗出于原堆渣场北侧公路路基以北的护坡墙体，形成黄绿色痕迹（图 8-2）。

项目区出露的地层自上而下主要有第四系和前第四系的中生界侏罗系、下元古界湟源群组。

第四系人工堆积杂填土（Q_h^{ml}）：主要分布于填埋场库区，杂色（土黄色夹条带状黄绿色，表部黄绿色呈片状分布）、松散、稍湿、主要以粉土为主，夹杂块石、砖块等，偶见植物根系，局部混建筑垃圾，厚度为 1～15 m。

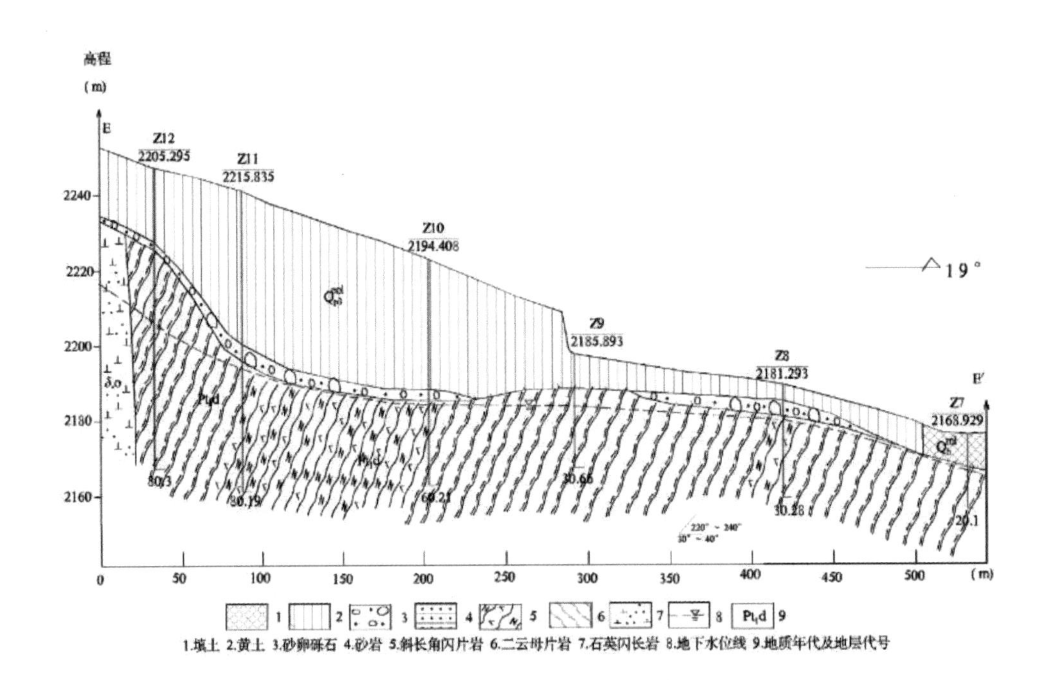

图 8-2 项目区水文地质剖面

第四系全新统冲洪积堆积（Q_h^{apl}）：黄土状土、含砾亚砂土（Q_h^{2apl}）：分布于湟水河河谷区的Ⅱ级阶地，青灰色、土黄色，松散。含砾亚砂土、砂砾石、砂砾卵石（Q_h^{3apl}）：分布于湟水河河谷区的Ⅰ级阶地，灰褐色，青灰色，呈松散状，分选性较好。砾石成分主要为石英岩、硅质岩，磨圆度较好，呈圆状至次圆状。厚度一般为 1～7 m。

第四系全新统（Q_h）坡积洪积物堆积（Q_h^{dpl}）：分布在东侧基岩山填埋场南侧、北侧的大型冲沟内，堆积物呈灰黄色、灰色，松散，主要成分为黄土、砂砾以及坡积堆积物，砾石成分为片岩、石英闪长岩等；黄土含量为 80%左右，局部出现砂质透镜，砾石含量较低，沿沟谷呈条带状分布。

中生界侏罗系中统窑街组（J_2y_2）：分布于勘查区基岩山区东侧，与下元古界湟源群东岔沟组（$P_{t1}d$）二云母片岩、二云母石英片岩呈不整合接触；岩性为泥岩夹粉砂岩。泥岩为杂色，层状构造，较松散；粉砂岩，呈砖红色、黄绿色粉砂状结构，以夹层的形式分布于泥岩中，分布较为均匀。

下元古界湟源群东岔沟组（$P_{t1}d$）：分布于勘查区基岩山区铬渣填埋场的下部及北东—东侧，呈狭长条带状，岩性为二云母片岩、二云母石英片岩。二云母片岩、二云母石英片岩的岩石剥新面呈深灰色、灰色，鳞片粒状变晶结构，块状构造，矿物成分包含黑云母 35%～40%、白云母 15%～25%、长石 30%～35%、石英 10%～15%及少量其他物质。基岩受风化作用影响，较为破碎；片状矿物呈定向排列，并显柔皱；钾长石呈粒状，分布不均匀，往往集结成大致平行的扁豆体（图 8-3）。

图 8-3　泥岩与二云母片岩、二云母石英片岩呈不整合接触

8.2.3　地下水污染状况

坝下北侧浅层监测井地下水监测结果说明坝下的部分区域地下水已受到了污染。坝下区域污染地下水在砂卵砾石层及强风化层中向山谷口下游径流，并在原堆渣场北侧公路路基以北的护坡墙体有污染水渗出，说明至山谷口沿程地下水可能均受到污染。

污染成因为铬渣场在雨水的冲刷下，部分污染铬渣或土壤直接被冲刷到坝下（铬渣场北侧的沟内）并最终进入北侧河流，造成了污染向冲沟口的扩散迁移。同时，雨水也会携带铬渣、铬渣场山体、下层土壤中的重金属污染物不断地往下层土壤渗透，并且随着地下水的运动造成了污染向垂向和向冲沟口的横向扩散迁移。

根据前期调查相关内容进行分析发现：①铬渣场范围内的下部有一层较厚的黄土层或粉土层，现在还没有地下水水样监测数据显示污染物已经穿透了这层土层并污染了铬渣场范围下部的基岩裂隙水；②造成场地区域地下水污染迁移的原因是填埋场东边出露的二云母片岩节理发育，降水在下渗过程中，受到六价铬离子污染的地下水沿着主节理方向向北径流，最终以泉群的形式泄出在沟口东侧的护坡处（图 8-4、图 8-5）。

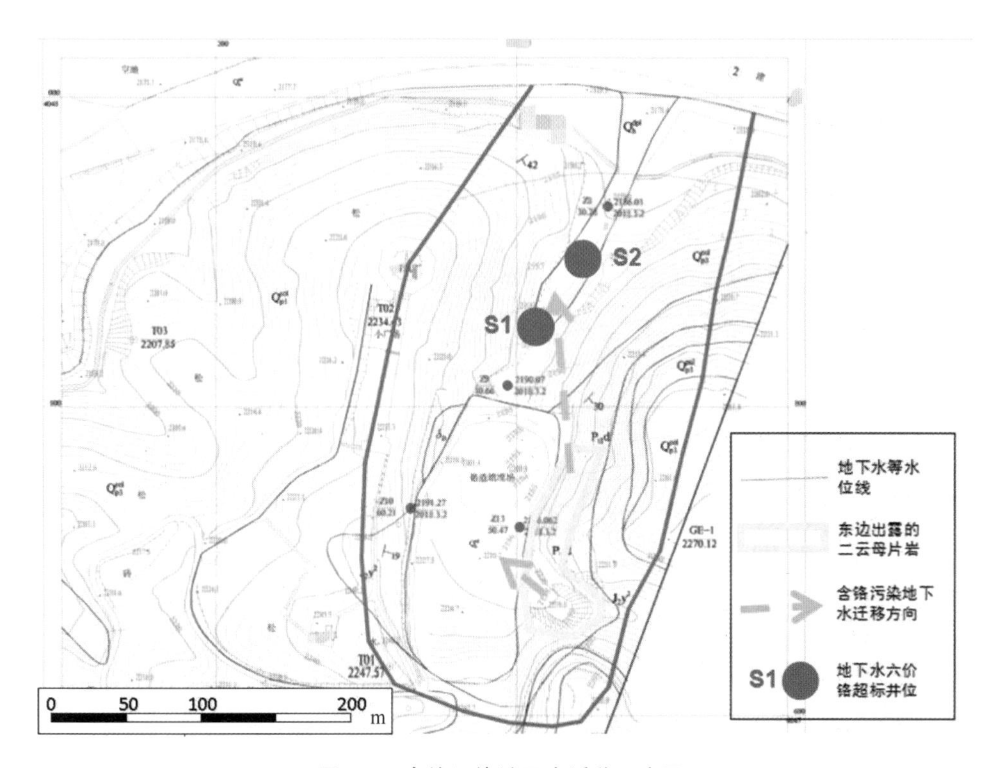

图 8-4 含铬污染地下水迁移示意图

图 8-5 含铬污染地下水污染状况照片

8.2.4　地下水污染风险管控与修复目标

（1）该项目总体风险管控与修复目标

①控制污染源，切断填埋场污染源向周围环境的暴露途径。

②控制坝下已污染地下水进一步向下游扩散的趋势。

（2）管控范围及工程量：

①铬渣场东部裸露山体覆盖约为 3 825.9 m^2；

②截流沟建造约为 958.80 延米；

③渣场及山谷口竖向阻隔设施长约 3 855.2 竖向延米；

④围栏建设约 983.4 水平延米；

⑤抽水井 6 眼及水泵 1 套；

⑥新建地下水监测井 4 口，结合原有 2 口，组成 6 口监测井的监测井网；

⑦坝下地表顶层阻隔铺面约 5 526.63 m^2；

⑧山谷口地表砼硬化约为 623.77 m^2，山谷口污染山体斜坡覆盖约为 300 m^2。

（3）工程验收标准

①完成本实施方案中列出的工程措施，包括修筑截流渠道建设、竖向阻隔设施、渣场外东部暴露污染山体的区域覆盖、围栏建设、抽水井系统建设、地下水监测井建设、坝下地表顶层阻隔铺面。

②各分部工程主要材料及构配件满足设计及规范要求。

③各分部工程主控项目和一般项目的质量检验合格，分项工程的各个工序均符合设计及规范要求。

④分部所含的有关安全及功能的检验和抽样检验结果符合设计及规范要求。

⑤工程技术资料与工程同步，技术资料提交监理机构进行了审核检查，主要控制资料齐全，内容填写较规范，签字盖章手续齐全，施工试验及见证取样的试件均按规范出具了试验报告。资料内容真实、准确，满足要求。

（4）效果评估标准

①在工程建设完成后第一年山谷口北部竖向阻隔设施地下水流向下游地下水监测井中的六价铬浓度比未建设前下降 50%以上。

②沟口山体没有黄色铬污染水流出。

8.2.5　地下水污染风险管控与修复技术筛选

风险管控策略制定主要考虑到，现场已经对表层渣土进行了解毒处理，并且在地表以下 1 m 左右的位置敷设防渗层，如果继续针对防渗层下方土壤进行修复，将破坏已做好的防渗层。综合考虑铬渣场实际情况、阶段性目标及投资情况，建议对铬渣场采取基于暴露途径控制的技术来达到风险管控目的。对于污染山体及防渗层下方土壤，采用将地表水及入渗地下水阻隔导排方式进行风险管控；对于污染地下水采用末端管控的策略，在有限资源和条件下，优先满足区域环境质量阶段性管理目标要求。

基于上述策略，风险管控技术为地下水污染源阻隔与污染羽阻断强化抽出技术联用，具体考虑为：

①改造污染源区地下水径流条件，减少流经原堆渣区污染源处的地下水，切断原堆渣区六价铬污染通过地下水向周围环境迁移的途径。

②改造区域地表水下渗条件，在山体受污染区域进行阻水覆盖阻隔，并在阻隔区上方设置截洪沟将山体上部地表径流导排出区域。在冲沟底部围绕原堆渣场及上谷口建造排洪沟，防止山体地表径流汇于冲沟底部；同时将冲沟底部做防渗垫高，将地表径流引入排洪沟排出。

③针对已存在于区域污染地下水，在山谷口对污染地下水进行抽出收集并处理。同时在抽出处改造地下水径流条件，强化有利于抽出的汇水条件。

8.2.6 地下水污染风险管控工程设计及施工

总体技术路线见图 8-6。

（1）区域地下水环境质量本底值监测

利用场地内原有的地下水监测井和施工期间新建的监测井进行区域地下水环境质量本底值监测。在管控区域下游新建 2 口地下水监测井作为地下水环境质量状况验收监测井。

①本底值监测

按照项目进度计划，施工期现行开展监测井建设工作。建设完成，并达到地下水采样条件后，进行主体工程施工前第一轮地下水采样。该轮次共计划采集 3 批次样品，批次间采样间隔时间不少于 3 d，每批次每口井各采集 1 个样品。因此每批次共采集地下水样品 2 个（不含质控样），本轮次共采集地下水样品 6 个（不含质控样），即每口监测井采集样品 3 个。根据具有国家认证资质的第三方实验室检测结果汇总后，综合使用 3 批次样品检测结果作为本底值进行比对。

②施工期月度监测

按照项目进度计划施工期共计开展 8 个月，每月进行 1 批次常规采样监测，共计 8 批次。每批次采集地下水样品 2 个（不含质控样），每口监测井各采集 1 个样品。月度监测共采集地下水监测样品 16 个（不含质控样）。按实际工期月份实施。

③污染物检测

地下水环境质量样品监测指标为六价铬，检测方法采用国家标准 GB/T 14848—2017 中规定方法。

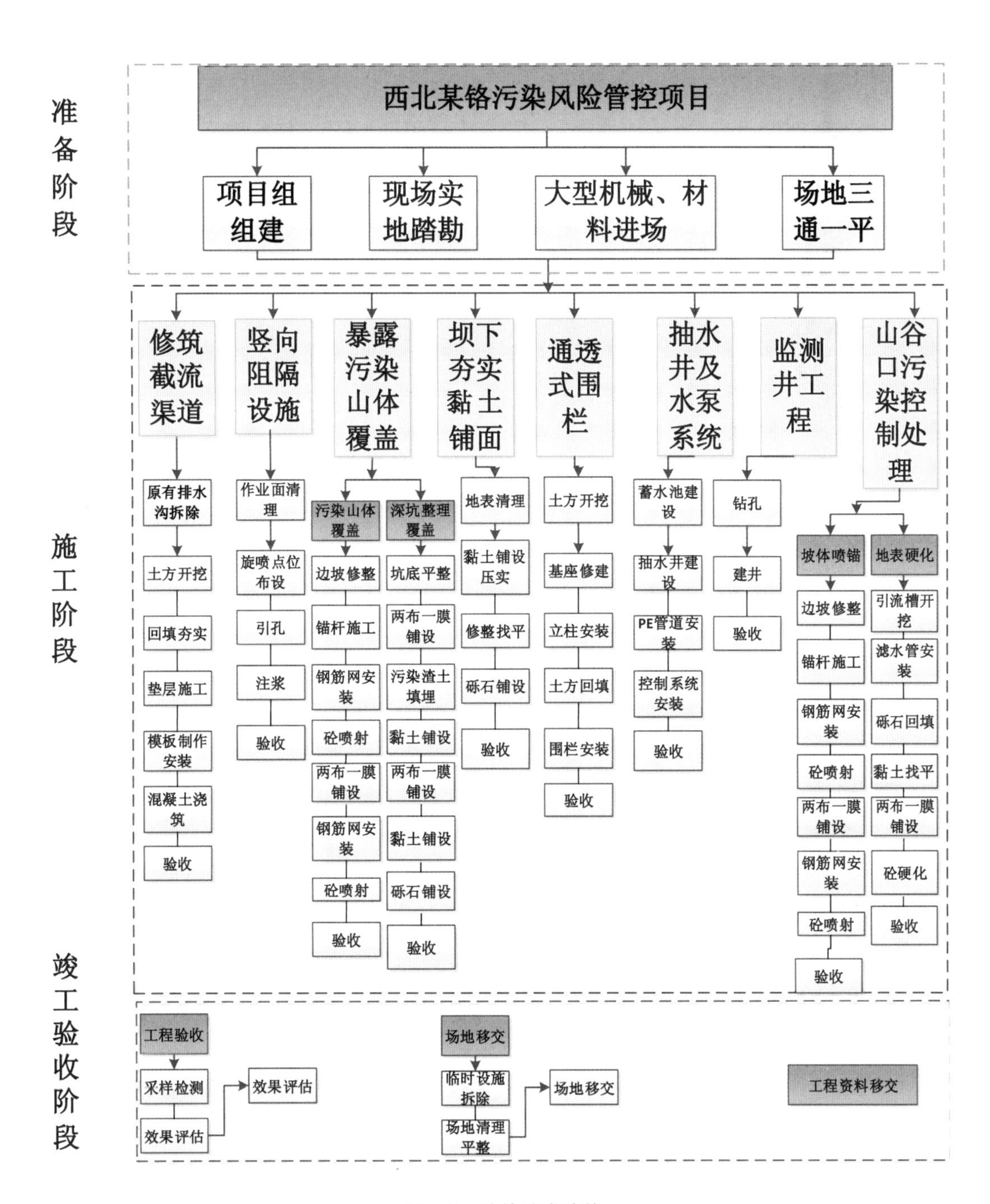

图 8-6　总体技术路线

（2）铬渣场东部暴露污染山体区域顶层覆盖

先设置钢筋网并采用 100 mm 混凝土喷浆，然后覆盖两布一膜，最后再设置钢筋网并采用 100 mm 混凝土喷浆的方式覆盖（自下而上），污染山体面积约为 1 600 m^2，覆盖阻隔区为污染外缘外扩 1 m，现场测量得覆盖面积约为 2 585 m^2（图 8-7）。

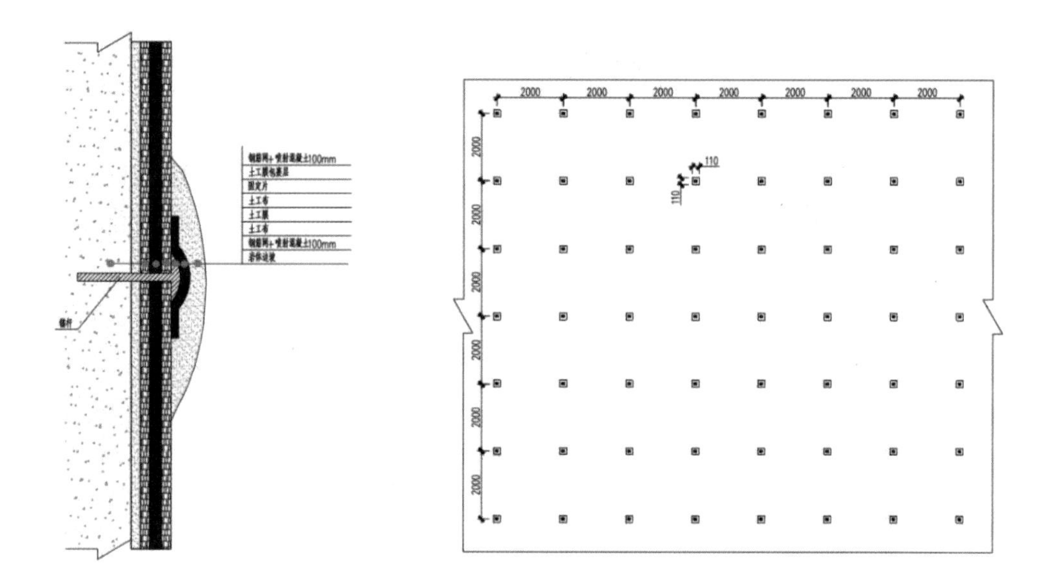

图 8-7 山体覆盖层设计

（3）铬渣场东侧地下竖向阻隔

在铬渣场东侧顶层覆盖阻隔层，周边设置截流沟渠的情况下，可以隔断该铬渣场所处汇水区域大部分地表雨水与污染源的接触，从而防止污染物扩散。渣场部分钻孔抽水试验补充说明得渣场西侧地下水水量较小，枯水期涌水量为 0.055 m^3/d，对渣场区域地下水补给作用较小，对污染迁移影响极小；根据工程地质剖面图，渣场南部地下水从强风化及残坡积碎石层以及基岩裂隙中迁移，且结合工程地质勘察调查结果，渣场西部底部未发现污染穿透表征，因此对污染迁移影响极小；渣场北侧为渣场区域地下水流经下游，对渣场区域地下水影响可忽略不计；渣场东侧靠近山体为渣场区域地下水主要补给来源，方式为山坡绿化灌溉水，铬渣场东侧顶层覆盖阻隔层及截流沟渠可以隔断该铬渣场所处汇水区域大部分地表雨水及灌溉水与污染源，为能更好地达到管控效果，需在渣场东侧边界在截洪沟下方设置地下水竖向阻隔措施，将东侧山体冲刷污染地下水引流至北部沟谷区域，免于对铬渣场底部土壤造成进一步污染。

竖向阻隔底部应达到中风化层顶板标高以下 1 m 深，地下连续墙材料使用水泥浆（采用高抗硫水泥）进行旋喷。高压旋喷注浆深度至基岩层表面下 1 m 旋喷引孔直径 100 mm，成桩后桩径不少于 800 mm，引孔间距 600 mm，孔间交错 200 mm。通过试桩确定旋喷桩每延米水泥用量为 261.7 kg，水灰比为 1.0。注浆压力为 30 MPa，旋转速度为 15 r/min，提升速度为 10～15 cm/min（图 8-8、图 8-9）。

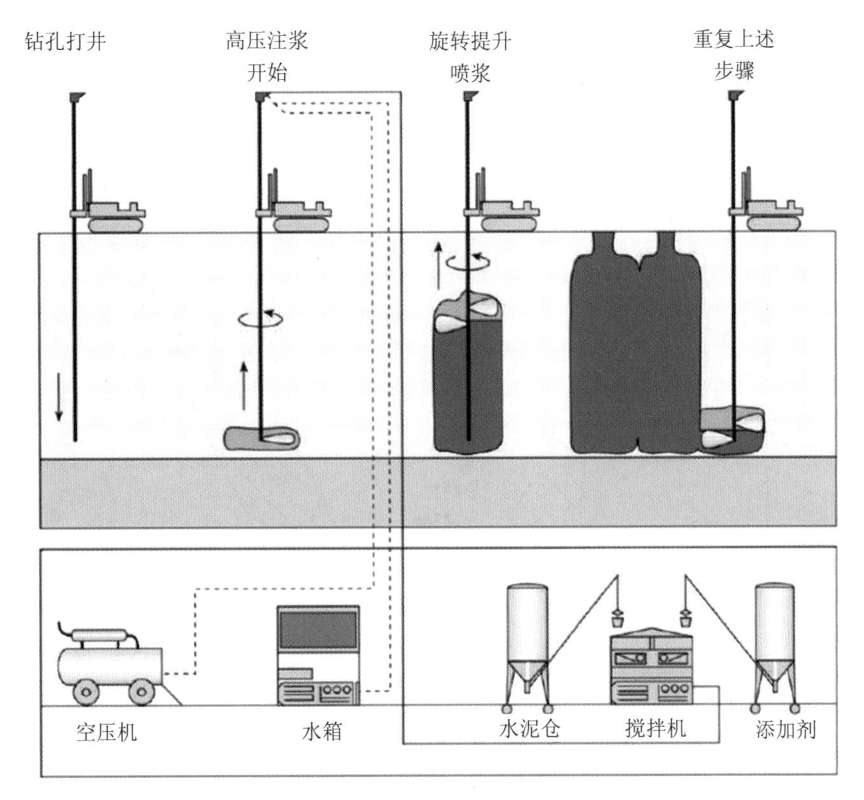

图 8-8 高压旋喷竖向阻隔工艺

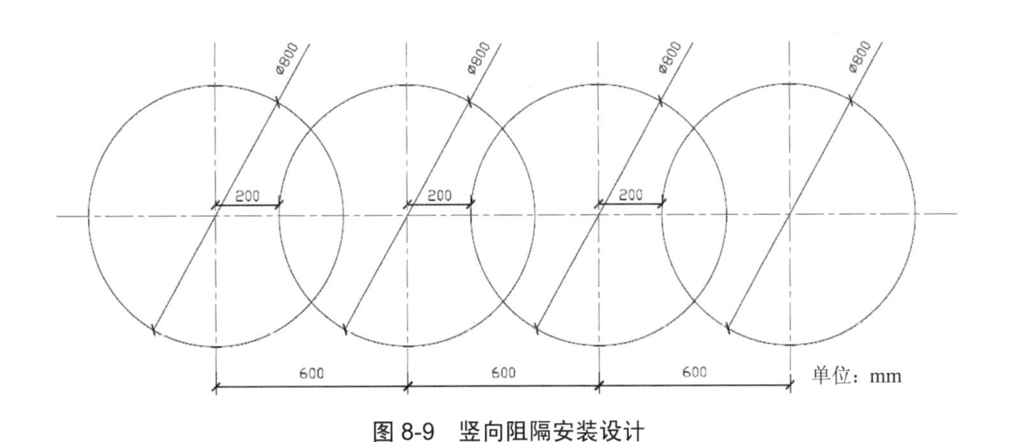

图 8-9 竖向阻隔安装设计

（4）地表径流截留管控技术设计

为了防止铬渣场流域内周边的雨水进入铬渣场，需要对地表径流进行截流管控，可以通过修筑铬渣场周围地表径流截流渠道来实现。截流沟完整围绕填埋场，填埋场北部坝下区域，汇合至山谷口泄洪渠道。同时，根据铬渣场封场后顶部地形特征，暂设置 2 条雨水导排沟，导排汇水区内地表径流，汇于场地周边截洪沟内。截流沟及导排水沟总体位置如

图 8-10 所示，其中导排水沟具体位置由施工单位根据地形优化处理。截流的地表径流排入一条位于公路边的现有水渠中。截流渠道的长度约为 874 m。

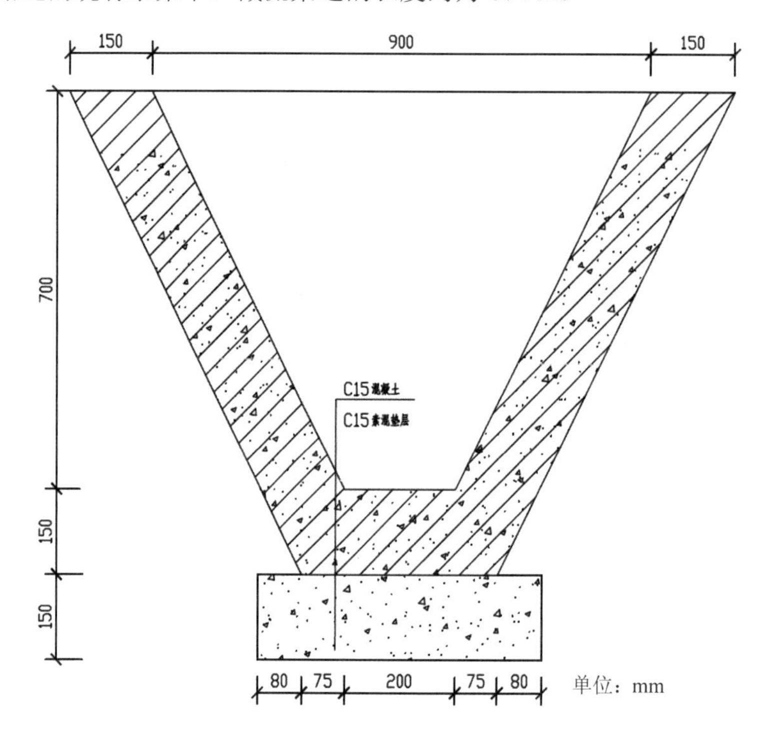

图 8-10　地表雨水截流沟设计

根据《给水排水设计手册》（第二版），经计算，截排水沟统一采用底宽 0.2 m，深 0.7 m，顶宽 0.9 m，壁厚 0.15 m，材料为混凝土强度等级 C20。地表雨水导排至指定外部排水渠。

（5）山谷口竖向阻隔与抽水井系统建设

通过在铬渣场四周设置竖向阻隔设施和截流沟渠，顶部覆盖防渗层，基本上可以隔断污染物的暴露途径，将其控制在铬渣场范围内。但是，考虑到山谷下部地层已经受到六价铬的长期污染，在山谷口设置采用水泥地下连续墙的竖向阻隔设施。

为进一步控制山谷口污染地下水暴露情况，谷口竖向阻隔设施上游设置抽水井，将阻隔污染地下水及时排出，不造成污染侧向扩散。将存在于山谷底部的污染地下水抽出后，暂时存放在一新建地下蓄水池，然后通过潜水泵将收集的污染地下水泵入位于山谷口、公路旁已有的一个 50 m^3 的地下水池（以下简称“旧集水池”）。旧集水池中的污染地下水定期通过吸污车转运到污水处理厂处理后达标排放。

竖向阻隔底部应达到中风化层顶板标高以下 1 m 深，地下连续墙材料使用水泥浆（采用高抗硫水泥）进行旋喷。高压旋喷注浆深度至基岩层表面下 1 m 旋喷引孔直径 100 mm，成桩后桩径不少于 800 mm，引孔间距 600 mm，孔间交错 200 mm。沿地下水流方向交错设置双排桩，强化阻隔效果。

在阻隔墙上游，建设 6 口抽水井，抽水井井深建设至中风化层顶板以下 3 m（表 8-1）。

表 8-1　抽水井设计参数

地下水抽出系统参数		设计内容
系统设计参数	抽出井数量	6 口
	日抽出量	24 m^3/d
	工期	长期运行（根据污染控制情况分时分段运行）
单井设计参数	单井最大抽出量	6 m^3/d（暂定）
	井深	至基岩中风化层顶板下 3 m（约 12 m）
	井管	外径 2 000 mm，水泥预制管
	滤水管	外径 2 000 mm，水泥预制管
	井口保护	加工井口保护装置和井台，防止井口进入杂物，保证后期抽水的方便
	潜水泵	每口井内设置 1 台流量为 10 m^3/h 的潜水泵（仓库备用 1 台），水泵通过高低液位自动控制启停

根据前期资料，此区域的多年平均入渗补给量为 23.77 m^3/d，考虑到部分入渗进入基岩裂隙，因此上层滞水应该低于此数值。单井日抽出水量最大定为 4 m^3/d，6 口井总抽出量为 24 m^3/d，高于多年平均入渗补给量。抽水井深度为安装至中风化基岩层顶板。

抽水井水泵的运行需要根据地下水的水位及水污染情况间断式运行。根据监测井中水质情况，超标时启动抽水井水泵，达标时或水位低时停泵。

抽出的地下水利用潜水泵打入新集水池。新集水池尺寸为长 5 m、宽 5 m、深 2 m，采用钢筋混凝土结构，内部加环氧树脂防腐，内设高、中和低液位开关。池体采取保温措施，池壁四周采用聚苯乙烯泡沫塑料板及砖墙围护保温，池顶覆聚苯乙烯泡沫塑料板及一皮砖，上加防水层。新集水池的水再通过 2 台潜水泵（流量 10 m^3/h，一用一备）将水进一步打入位于谷口现有的一地下集水池中，然后定期通过吸污车将废水运至现有的含铬废水处理站进行处理，达到 GB 8978—1996 的一级排放标准后排放。

（6）区域限入管控

将铬渣场用通透式围栏全部围住，防止人和大型动物进入。围栏采用钢骨架加钢丝网结构，围栏高度为 2.2 m，分为立柱、栏片。立柱采用挖坑、浇筑混凝土基础方式进行安装，挖坑深度为 50 cm，混凝土基础基座为 35 cm×35 cm×35 cm，立柱为 1.5 mm 厚 8 cm×6 cm 方管，美观坚固。栏网片规格长 200 cm×高 200 cm，网孔规格 7 cm×8 cm，丝径ϕ 3.5 mm，栅栏片底部距地面 10 cm 左右（图 8-11）。

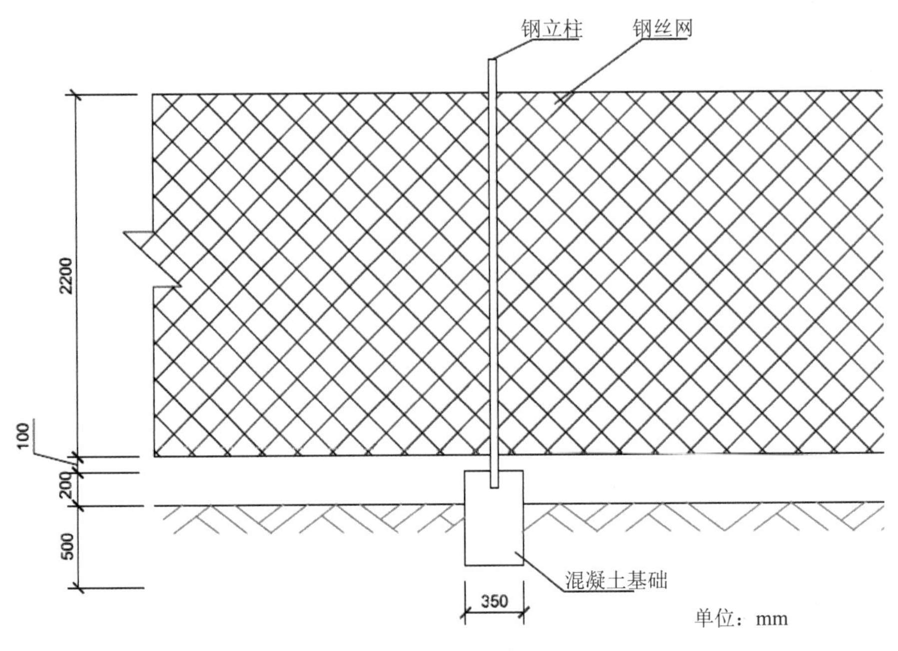

图 8-11 通透式围栏设计

（7）坝下冲沟内地表顶部物理阻隔

坝下冲沟内地面全部进行夯实黏土铺面，黏土层厚度不少于 100 mm，夯实系数应该可以达到 0.9。为保障黏土隔离层水土稳定性，在黏土层上方优化增加铺设砾石层不少于 200 mm。若条件允许，在此基础上进行绿化。夯实黏土铺面从中心向东西两侧截流沟放坡 5%。

黏土层铺设前应通过场地细致踏勘标识出地表遗留冲刷铬渣处，或已反黄出现六价铬污染土处，并对局部区域先行覆盖碎石或砾石不少于 100 mm，在砾石层上覆盖黏性土层。具体冲沟内地表顶部物理阻隔层面积按实际冲沟地表优化，依据地形测绘确定，阻隔层东西部要求铺设至连接坝下截洪沟；阻隔层南部连接原铬渣堆场拦渣坝；阻隔层北部连接谷口竖向阻隔措施（图 8-12）。

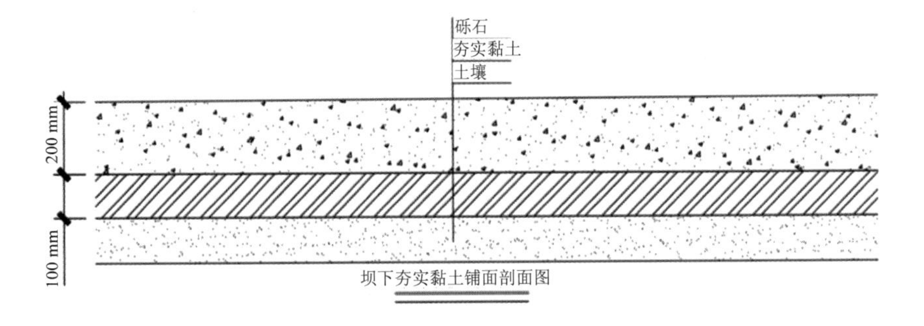

图 8-12 坝下顶部阻隔铺面剖面

8.2.7 效果评估情况

效果评估工作自 2019 年 11 月始，监测结果显示，地下水中六价铬浓度对比项目实施前下降幅度达到 65%～96%以上，达到高于 50%的浓度削减目标。评估期内观察，冲沟口山体没有黄色铬污染水流出。总体达到阶段性地下水污染风险管控预期（图 8-13）。

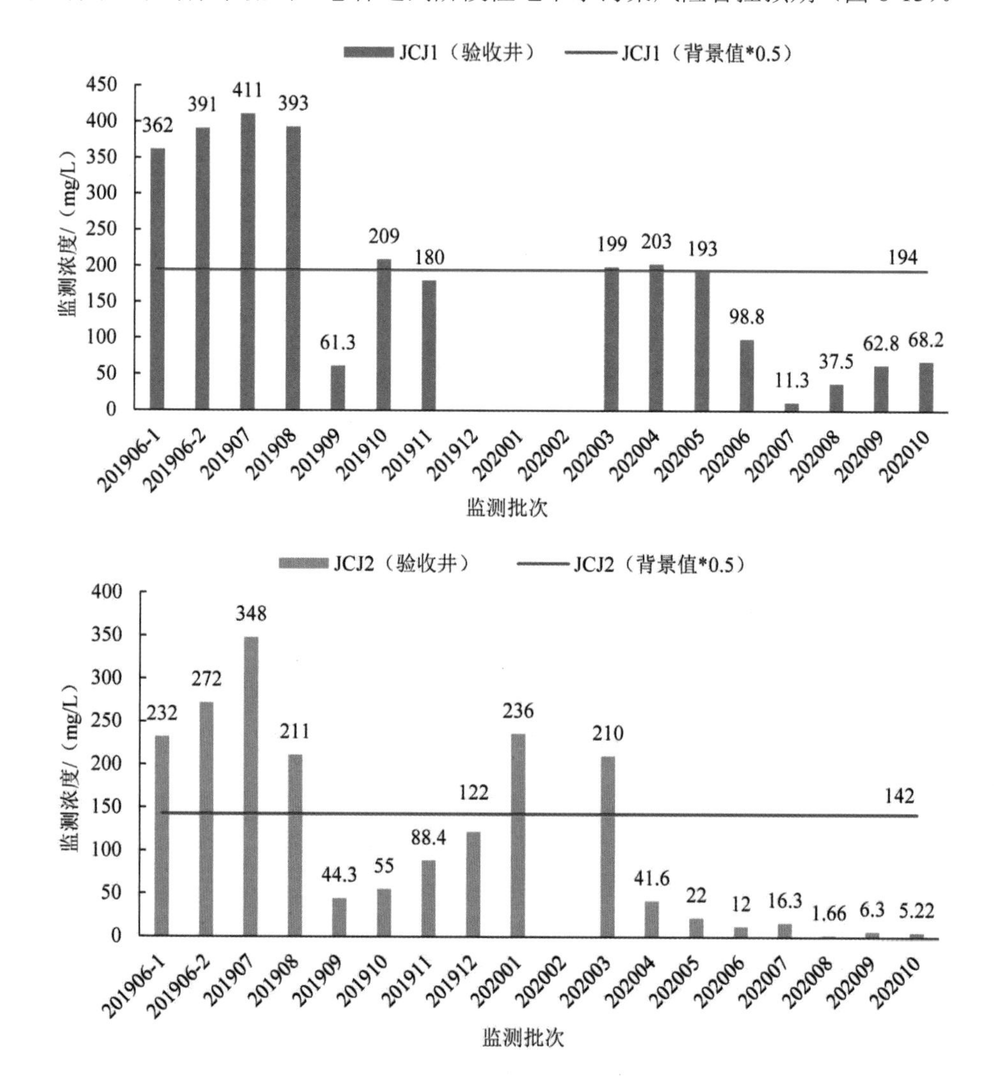

图 8-13 验收井监测结果汇总

8.2.8 建设及运行成本分析

主要施工环节建设费用情况如表 8-2 所示。

表 8-2 施工环节费用汇总

序号	项目	合计/万元
1	修筑截流渠道	107
1.1	原有排水沟拆除及土方	
1.2	现浇钢筋砼截流渠	
2	竖向阻隔设施	592
2.1	原堆渣区高压旋喷桩	
2.2	山谷口高压旋喷桩	
3	原堆渣区外东部暴露污染山体的区域覆盖	103
3.1	原堆渣区东部区域的深坑整理及覆盖	
3.2	东侧暴露污染山体斜坡覆盖	
3.3	原堆渣区东部区域的深坑顶层砾石	
4	坝下夯实黏土铺面	60
5	原堆渣区通透式围栏	57
6	抽水井及水泵	19
7	监测井	2
8	施工期间检测与监测系统	9
9	供电线路、警示牌等配件费用	4

8.2.9 经验介绍

通过项目实施，主要经验归纳如下：

①山区沟谷地貌地下水污染与污染场地地下水污染的特征存在较大差异，地下水污染的分布、范围、迁移规律等往往更为复杂，单纯采用修复模式难以达标，该案例通过修复和风险管控集成模式，以较低的经济成本实现污染源头削减和控制扩散的双重目标。

②阻隔措施施工质量是地下水污染管控的核心。因此以旋喷桩等方式进行阻隔时，必须进行试桩，尤其在山地等地层差异性较大的区域。

③应做好项目区内局部水文地质调查工作，包括在山谷口抽水井处水量核算、不同深度及岩性含水层涌水量测试和流向刻画等。不能仅依靠污染调查阶段少量监测井的计算推断结果，应在重要处进行专项水文地质调查与试验。

④山区复杂水文地质区域，应通过多层井等方式对每个含水层的污染状况进行调查评估明确，用以指导更有针对性的修复或管控工程设计。

⑤对于类似该案例的大型复杂项目，地下水污染的调查和修复治理难度高，存在较大的不确定性，因此可以考虑分别制订总体和阶段性的管控和修复目标交由管理部门备案，以总体目标为终点分阶段实施。

附　录

附录 1 术语定义

地下水：地面以下饱和含水层中的重力水。

包气带：地面与地下水面之间与大气相通的，含有气体的地带。

饱水带：地下水面以下，岩层的空隙全部被水充满的地带。

地下水补给区：含水层出露或接近地表接受大气降水和地表水等入渗补给的地区。

地下水径流区：含水层的地下水从补给区至排泄区的流经范围。

地下水污染：人为原因直接导致地下水化学、物理、生物性质改变，使地下水水质恶化的现象。

水文地质条件：地下水埋藏和分布、含水介质和含水构造等条件的总称。

水文地质单元：根据水文地质结构、岩石性质、含水层和不透水层的产状、分布及其在地表的出露情况、地形地貌、气象和水文因素等划分的，具有一定边界和统一补给、径流、排泄条件的地下水分析区域。

地下水系统：具有水量、水质输入、运营和输出的地下水基本单元及其组合。

潜水：饱水带中第一个稳定的隔水层之上具有自由水面的重力水。

承压水：充满于两个稳定隔水层之间的含水层中的水。

孔隙水：储存于岩层孔隙中的地下水。

裂隙水：储存于岩层裂隙中的地下水。

岩溶水：赋存于岩溶化岩体中的地下水的总称。

地下水污染羽：污染物随地下水移动从污染源向周边移动和扩散时所形成的污染区域。

地下水修复：采用物理、化学或生物的方法，降解、吸附、转移或阻隔地块地下水中的污染物，将有毒有害的污染物转化为无害物质，或使其浓度降低到可接受水平，或阻断其暴露途径，满足相应的地下水环境功能或使用功能的过程。

地下水风险管控：采取修复技术、工程控制和制度控制措施等，阻断地下水污染物暴露途径，阻止地下水污染扩散，防止对周边人体健康和生态受体产生影响的过程。

地块概念模型：用文字、图、表等方式综合描述水文地质条件、污染源、污染物迁移途径、人体或生态受体接触污染介质的过程和接触方式等。

目标污染物：在地块环境中其数量或浓度已达到对人体健康和生态受体具有实际或潜在不利影响的，需要进行修复和风险管控的关注污染物。

地下水修复目标：由地块环境调查或风险评估确定的目标污染物对人体健康和生态受体不产生直接或潜在危害，或不具有环境风险的地下水修复终点。

地下水风险管控目标：阻断地下水污染物暴露途径，阻止地下水污染扩散，防止对人体健康和生态受体产生影响的阶段目标。

地下水修复模式：以降低地下水污染物浓度，实现地下水修复目标为目的，对污染地块进行地下水修复的总体思路。

地下水风险管控模式：以实现阻断地下水污染物暴露途径，阻止地下水污染扩散为目的，对污染地块进行地下水风险管控的总体思路。

制度控制：通过制定和实施条例、准则、规章或制度，减少或阻止人群对地块污染物的暴露，防范和杜绝地块地下水污染可能带来的风险和危害，利用管理手段控制污染地块潜在风险。

工程控制：采用阻隔、堵截、覆盖等工程措施，控制污染物迁移或阻断污染物暴露途径，降低和消除地块地下水污染对人体健康和生态受体的风险。

修复极限：修复工程进入拖尾期后，在现有的技术水平、合理的时间和资金投入条件下，继续进行修复仍难以达到修复目标的情况。

上层滞水：存在于包气带中局部隔水层或弱透水层上具有自由水面的重力水。

阻隔技术：通过设置阻隔层，控制污染物迁移或切断污染物与敏感受体之间的暴露途径，避免或减缓地下水中的污染物向环境中迁移扩散。

水力截获技术：根据地下水污染范围，合理布设一系列抽、注水设施，改变地下水流场，最大限度阻止目标污染羽进一步扩散及削减地下水中的污染物。

可渗透反应格栅技术：通过在污染源或污染羽地下水流向的下游构筑填充有反应介质的格栅，使得受污染地下水通过反应格栅时，目标污染物在格栅内发生吸附、沉淀、氧化还原、生物降解等作用得以去除或转化，从而控制污染物的迁移扩散，使目标污染物浓度降低到风险管控水平或达到修复目标值。常见的 PRB 类型有连续反应格栅、漏斗—导水门和注入式反应带。

抽出处理技术：是一种将污染地下水抽出异位处理的地下水污染修复技术，该技术针对地下水污染范围，建设一定数量的抽水设施将污染地下水抽取出来，然后利用地面处理设施处理。处理达标后可排入公共污水处理系统、环境水体、进行水资源再生利用或在原位进行循环使用等。

原位微生物修复技术：通过多种方法刺激含水层中土著降解菌的生长、繁殖，或人为向含水层注入外来的人工培养、驯化的特定降解菌群来降解去除污染介质中的有机污染物。

地下水曝气技术：在饱和带中注入气体（通常为空气或氧气），由于污染物在气液间存在浓度差，挥发性和半挥发性有机污染物由溶解相进入气相，然后由于浮力的作用，气体携带污染物逐步上升，到达非饱和区域后，通过设置在包气带中的抽提井将污染气体收集（土壤气相抽提），从而达到去除挥发性或半挥发性有机污染物的目的。

原位化学氧化/还原技术：通过注入设备向土壤或地下水的污染区域注入氧化剂/还原剂等化学制剂，使化学制剂在地下扩散，与土壤或地下水中的污染物接触，通过氧化/还原反应，使土壤或地下水中的污染物转化为无毒或低毒的物质，从而有效降低土壤和地下水污染的风险。

多相抽提技术：通过使用真空提取手段，同时抽取地下污染区的土壤气、地下水和 NAPL 到地面进行相分离、处理，去除目标污染物。

地下水循环井修复技术：通过在井内曝气/抽注水，造成井内水位抬升形成水力坡度，由上部筛管流出，在循环井的下部，由于曝气/抽水瞬间形成的井内外流体密度差异，周围的地下水不断流入循环井，在循环井上下筛管间形成地下水的三维垂向循环流场，气相污染物则经气水分离器排出。

热脱附技术：通过向地下输入热能，加热土壤、地下水，改变目标污染物的饱和蒸气压及溶解度，促进污染物挥发或溶解，并通过土壤气相抽提或多相抽提实现对目标污染物的去除。

监测自然衰减：通过实施有计划的监控策略，利用污染区域自然发生的物理、化学和生物学过程，如对流—弥散、吸附、挥发、沉淀、化学反应、生物转化等降低污染物的浓度、数量、体积、毒性和迁移性等，控制环境风险处于可接受水平。

附录 2　地下水质量分类指标

地下水质量指标分为常规指标和非常规指标，其分类及限值分别见表 1 和表 2。

表 1 地下水质量常规指标及限值

序号	指标	Ⅰ类	Ⅱ类	Ⅲ类	Ⅳ类	Ⅴ类
	感官性状及一般化学指标					
1	色（铂钴色度单位）	≤5	≤5	≤15	≤25	>25
2	嗅和味	无	无	无	无	有
3	浑浊度/ NTU[a]	≤3	≤3	≤3	≤10	>10
4	肉眼可见物	无	无	无	无	有
5	pH	6.5≤pH≤8.5			5.5≤pH≤6.5 8.5≤pH≤9.0	pH<5.5 或 pH>9.0
6	总硬度（以 $CaCO_3$ 计）/（mg/L）	≤150	≤300	≤450	≤650	>650
7	溶解性总固体/（mg/L）	≤300	≤500	≤1 000	≤2 000	>2 000
8	硫酸盐/（mg/L）	≤50	≤150	≤250	≤350	>350
9	氯化物/（mg/L）	≤50	≤150	≤250	≤350	>350
10	铁/（mg/L）	≤0.1	≤0.2	≤0.3	≤2.0	>2.0
11	锰/（mg/L）	≤0.05	≤0.05	≤0.10	≤1.50	>1.50
12	铜/（mg/L）	≤0.01	≤0.05	≤1.00	≤1.50	>1.50
13	锌/（mg/L）	≤0.05	≤0.5	≤1.00	≤5.00	>5.00
14	铝/（mg/L）	≤0.01	≤0.05	≤0.20	≤0.50	>0.50
15	挥发性酚类（以苯酚计）/（mg/L）	≤0.001	≤0.001	≤0.002	≤0.01	>0.01
16	阴离子合成洗涤剂/（mg/L）	不得检出	≤0.1	≤0.3	≤0.3	>0.3
17	耗氧量（COD_{Mn} 法，以 O_2 计/（mg/L）	≤1.0	≤2.0	≤3.0	≤10.0	>10.0
18	氨氮（以 N 计）/（mg/L）	≤0.02	≤0.10	≤0.50	≤1.50	>1.50
19	硫化物/（mg/L）	≤0.005	≤0.01	≤0.02	≤0.1	>0.1
20	钠/（mg/L）	≤100	≤150	≤200	≤400	>400

序号	指标	Ⅰ类	Ⅱ类	Ⅲ类	Ⅳ类	Ⅴ类
	微生物指标					
21	总大肠菌群/（MPN[b]/100 mL 或 CFU[c]/100 mL）	≤3.0	≤3.0	≤3.0	≤100	>100
22	菌落总数/（CFU/mL）	≤100	≤100	≤100	≤1 000	>1 000
	毒理学指标					
23	亚硝酸盐/（以 N 计，mg/L）	≤0.01	≤0.10	≤1.00	≤4.80	>4.80
24	硝酸盐/（以 N 计，mg/L）	≤2.0	≤5.0	≤20.0	≤30.0	>30.0
25	氰化物/（mg/L）	≤0.001	≤0.01	≤0.05	≤0.1	>0.1
26	氟化物/（mg/L）	≤1.0	≤1.0	≤1.0	≤2.0	>2.0
27	碘化物/（mg/L）	≤0.04	≤0.04	≤0.08	≤0.50	>0.50
28	汞/（mg/ L）	≤0.000 1	≤0.000 1	≤0.001	≤0.002	>0.002
29	砷/（mg/L）	≤0.001	≤0.001	≤0.01	≤0.05	>0.05
30	硒/（mg/L）	≤0.01	≤0.01	≤0.01	≤0.1	>0.1
31	镉（mg/L）	≤0.000 1	≤0.001	≤0.005	≤0.01	>0.01
32	铬（六价）/（mg/L）	≤0.005	≤0.01	≤0.05	≤0.10	>0.10
33	铅/（mg/L）	≤0.005	≤0.005	≤0.01	≤0.10	>0.10
34	三氯甲烷/（μg/L）	≤0.5	≤6	≤60	≤300	>300
35	四氯化碳/（μg/L）	≤0.5	≤0.5	≤2.0	≤50.0	>50.0
36	苯/（μg/L）	≤0.5	≤1.0	≤10.0	≤120	>120
37	甲苯/（μg/L）	≤0.5	≤140	≤700	≤1 400	>1 400
	放射性指标[d]					
38	总 α 放射性/（Bq/L）	≤0.1	≤0.1	≤0.5	>0.5	>0.5
39	总 β 放射性/（Bq/L）	≤0.1	≤1.0	≤1.0	>1.0	>1.0

[a] NTU 为散射浊度单位。

[b] MPN 表示最可能数。

[c] CFU 表示菌落形成单位。

[d] 放射性指标超过指导值，应进行核素分析和评价。

表 2　地下水质量非常规指标及限值

项目序号	指标	Ⅰ类	Ⅱ类	Ⅲ类	Ⅳ类	Ⅴ类
	毒理学指标					
1	铍/（mg/L）	≤0.000 1	≤0.000 1	≤0.002	≤0.06	>0.06
2	硼/（mg/L）	≤0.02	≤0.10	≤0.50	≤2.00	>2.00
3	锑/（mg/L）	≤0.000 1	≤0.000 5	≤0.005	≤0.01	>0.01
4	钡/（mg/L）	≤0.01	≤0.10	≤0.70	≤4.00	>4.00
5	镍/（mg/L）	≤0.002	≤0.002	≤0.02	≤0.10	>0.10
6	钴/（mg/L）	≤0.005	≤0.005	≤0.05	≤0.10	>0.10
7	钼/（mg/L）	≤0.001	≤0.01	≤0.07	≤0.15	>0.15
8	银/（mg/L）	≤0.001	≤0.01	≤0.05	≤0.10	>0.1
9	铊/（mg/L）	≤0.000 1	≤0.000 1	≤0.000 1	≤0.001	>0.001
10	二氯甲烷/（μg/L）	≤1	≤2	≤20	≤500	>500
11	1,2-二氯乙烷/（μg/L）	≤0.5	≤3.0	≤30.0	≤40.0	>40.0
12	1,1,1-三氯乙烷/（μg/L）	≤0.5	≤400	≤2 000	≤4 000	>4 000
13	1,1,2-三氯乙烷/（μg/L）	≤0.5	≤0.5	≤5.0	≤60.0	>60.0
14	1,2-二氯丙烷/（μg/L）	≤0.5	≤0.5	≤5.0	≤60.0	>60.0
15	三溴甲烷/（μg/L）	≤0.5	≤10.0	≤100	≤800	>800
16	氯乙烯/（μg/L）	≤0.5	≤0.5	≤5.0	≤90.0	>90.0
17	1,1-二氯乙烯/（μg/L）	≤0.5	≤3.0	≤30.0	≤60.0	>60.0
18	1,2-二氯乙烯/（μg/L）	≤0.5	≤5.0	≤50.0	≤60.0	>60.0
19	三氯乙烯/（μg/L）	≤0.5	≤7.0	≤70.0	≤210	>210
20	四氯乙烯/（μg/L）	≤0.5	≤4.0	≤40.0	≤300	>300
21	氯苯/（μg/L）	≤0.5	≤60.0	≤300	≤600	>600
22	邻二氯苯/（μg/L）	≤0.5	≤200	≤1 000	≤2 000	>2 000
23	对二氯苯/（μg/L）	≤0.5	≤30.0	≤300	≤600	>600
24	三氯苯（总量）/（μg/L）[a]	≤0.5	≤4.0	≤20.0	≤180	>180
25	乙苯/（μg/L）	≤0.5	≤30.0	≤300	≤600	>600
26	二甲苯（总量）/（μg/L）[b]	≤0.5	≤100	≤500	≤1 000	>1 000
27	苯乙烯/（μg/L）	≤0.5	≤2.0	≤20.0	≤40.0	>40.0
28	2,4-二硝基甲苯/（μg/L）	≤0.1	≤0.5	≤5.0	≤60.0	>60.0
29	2,6-二硝基甲苯/（μg/L）	≤0.1	≤0.5	≤5.0	≤30.0	>30.0
30	萘/（μg/L）	≤1	≤10	≤100	≤600	>600

项目序号	指标	Ⅰ类	Ⅱ类	Ⅲ类	Ⅳ类	Ⅴ类
31	蒽/（μg/L）	≤1	≤360	≤1 800	≤3 600	＞3 600
32	荧蒽/（μg/L）	≤1	≤50	≤240	≤480	＞480
33	苯并[*b*]荧蒽/（μg/L）	≤0.1	≤0.4	≤4.0	≤8.0	＞8.0
34	苯并[*a*]芘/（μg/L）	≤0.002	≤0.002	≤0.01	≤0.50	＞0.50
35	多氯联苯（总量）/（μg/L）[c]	≤0.05	≤0.05	≤0.50	≤10.0	＞10.0
36	邻苯二甲酸二（2-乙基己基）酯/（μg/L）	≤3	≤3	≤8.0	≤300	＞300
37	2,4,6-三氯酚/（μg/L）	≤0.05	≤20.0	≤200	≤300	＞300
38	五氯酚/（μg/L）	≤0.05	≤0.90	≤9.0	≤18.0	＞18.0
39	六六六（总量）/（μg/L）[d]	≤0.01	≤0.50	≤5.00	≤300	＞300
40	γ-六六六（林丹）/（μg/L）	≤0.01	≤0.20	≤2.00	≤150	＞150
41	滴滴涕（总量）/（μg/L）[e]	≤0.01	≤0.10	≤1.00	≤2.00	＞2.00
42	六氯苯/（μg/L）	≤0.01	≤0.10	≤1.00	≤2.00	＞2.00
43	七氯/（μg/L）	≤0.01	≤0.04	≤0.40	≤0.80	＞0.80
44	2,4-滴/（μg/L）	≤0.1	≤6.0	≤30.0	≤150	＞150
45	克百威/（μg/L）	≤0.05	≤1.40	≤7.00	≤14.0	＞14.0
46	涕灭威/（μg/L）	≤0.05	≤0.60	≤3.00	≤30.0	＞30.0
47	敌敌畏/（μg/L）	≤0.05	≤0.10	≤1.00	≤2.00	＞2.00
48	甲基对硫磷/（μg/L）	≤0.05	≤4.00	≤20.00	≤40.00	＞40.00
49	马拉硫磷/（μg/L）	≤0.05	≤25.0	≤250	≤500	＞500
50	乐果/（μg/L）	≤0.05	≤16.0	≤80.0	≤160	＞160
51	毒死蜱/（μg/L）	≤0.05	≤6.00	≤30.0	≤60.0	＞60.0
52	百菌清/（μg/L）	≤0.05	≤1.00	≤10.00	≤150	＞150
53	莠去津/（μg/L）	≤0.05	≤0.40	≤2.00	≤600	＞600
54	草甘膦/（μg/L）	≤0.1	≤140	≤700	≤1 400	＞1 400

[a]三氯苯（总量）为1,2,3-三氯苯、1,2,4-三氯苯、1,3,5-三氯苯3种异构体加和。

[b]二甲苯（总量）为邻二甲苯、间二甲苯、对二甲苯3种异构体加和。

[c]多氯联苯（总量）为PCB28、PCB52、PCB101、PCB118、PCB138、PCB153、PCB180、PCB194、PCB206 9种多氯联苯单体加和。

[d]六六六（总量）为α-六六六、β-六六六、γ-六六六、δ-六六六4种异构体加和。

[e]滴滴涕（总量）为ν，ρ′-滴滴涕、ρ,ρ’-滴滴伊、ρ,ρ’-滴滴滴、ρ,ρ’-滴滴涕4种异构体加和。

附录 3　地下水污染风险管控与修复主要技术一览表

分类	名称	优点	缺点	目标污染物	地块适用性	技术成熟度	效率	成本	时间	环境风险	页码
风险管控	阻隔	施工方便，使用的材料较为普遍，可有效将污染物阻隔在特定区域	阻隔效果受地下水中pH，污染物类型、活性、分布，墙体的深度、长度、宽度，地块水文地质条件等影响	“三氮”、重金属和持久性有机污染物	适用于地下水埋深较浅的孔隙、岩溶和裂隙含水层	国外已广泛应用，国内已有工程应用	高	低	周期较长，需要数年或更长时间	低	47
风险管控	水力截获	操作简单，适用性强，可快速灵活实现风险管控目的	若涉及污染地下水抽出，需达标排放；工程需持续运行管理	适用于氯代烃、酚、重金属等多种污染物	适用于渗透性较好的孔隙、裂隙介质等埋深较大的含水层	国外已广泛应用，国内已有工程应用	高	中	周期较长，需数年或更长时间	低	58
风险管控	可渗透反应格栅	反应介质消耗较慢，具备几年甚至几十年的处理能力	可渗透反应格栅填料需要适时更换；需要对地下水的pH等进行控制；可能存在二次污染	石油烃、氯代烃和重金属等	适用于渗透性较好的孔隙、裂隙和岩溶含水层	国外已广泛应用，国内已有工程应用	中	中	周期较长，需要数年到数十年	中	66
风险管控	制度控制	费用低，环境影响小	存在地下水污染扩散风险；时间较长	多种污染物	适用于需减少或阻止人群对地下水中污染物暴露的地块，孔隙、裂隙和岩溶含水层均适用	国外已广泛应用，国内已有应用	低	低	周期较长，需要数年或更长时间	低	75
异位修复	抽出处理	对于地下水污染物浓度较高、地下水埋深较大的污染地块具有优势；对污染地下水的早期处理见效快；设备简单，施工方便	不适用于渗透性较差的含水层；对修复区域干扰大；能耗大	多种污染物	适用于渗透性较好的孔隙、裂隙和岩溶含水层，污染范围大、地下水埋深较大的污染地块。也可用于采空区积水	国外已广泛应用，国内已有工程应用	初期高，后期低	初期中等，后期高	周期较长，需要数年到数十年	低	81
原位修复	原位微生物修复	对环境影响较小	部分地下水环境不适宜微生物生长	易生物降解的有机物	适用于孔隙、裂隙、岩溶含水层	用，国内已有工程应用	中	低	周期较长，需要数年到数十年	中	102

分类	名称	优点	缺点	目标污染物	地块适用性	技术成熟度	效率	成本	时间	环境风险	页码
原位修复	地下水曝气	对修复地块干扰小；设备简单，施工方便	不适用于非挥发性的污染物；可能导致地下水中污染扩散；气体可能会迁移和释放到地表，造成二次污染	苯系物和氯代烃等	适用于具有较大厚度和埋深的含水层	国外已广泛应用，国内已有工程应用	中	中	周期较短，需要数月到数年	中	112
原位修复	原位化学氧化	反应速度快，修复时间短	地块水文地质条件可能会限制化学物质的传输；受腐殖酸含量、还原性金属含量、土壤渗透性、pH 变化影响较大	石油烃、酚类、甲基叔丁基醚、氯代烃、多环芳烃和农药等	适用于渗透性较好的孔隙、裂隙和岩溶含水层	国外已广泛应用，国内已有工程应用	高	高	周期较短，需要数月到数年	高	121
原位修复	原位化学还原	反应速度快，修复时间短	水文地质条件会限制化学物质的传输；一些含氯有机污染物的降解产物有毒性；部分污染物的还原效果不稳定	重金属和氯代烃等	适用于渗透性较好的孔隙、裂隙和岩溶含水层	国外已广泛应用，国内已有工程应用	高	高	周期较短，需要数月到数年	高	121
原位修复	多相抽提	可处理易挥发、易流动的非水溶性液体	效果受地块水文地质条件和污染物分布影响较大；需要对抽提出的气体和液体进行后续处理	石油烃和氯代烃等	不适用于渗透性差或者地下水水位变动较大的地块	国外已广泛应用，国内已有工程应用	高	高	周期较短，需要数月到数年	中	134
原位修复	地下水循环井修复	设备简单，操作维护容易；对地下水流场影响小；可与其他修复技术联用	不适用于地下水流速过快、渗透性较差的地块；含水层中铁、镁、钙等含量过高时易发生堵塞	广泛适用于石油烃、苯系物、多环芳烃、卤代烃、有机农药及无机物等	可用于低渗透性地层；对地表扰动小，适用于在产企业和狭小地块	国外已广泛应用，国内已有工程应用	高	低	周期中	小	142
原位修复	热脱附	修复时间短、修复效率高	设备及运行成本较高，施工及运行专业化程度要求高	石油烃和氯代烃等	适用于低渗透性的孔隙、裂隙含水层	国外已广泛应用，国内已有工程应用	高	高	周期较短，需要数月到数年	中	152
原位修复	监测自然衰减	费用低，对环境影响较小	需要较长监测时间	易降解的有机物	适用于污染程度较低、污染物自然衰减能力较强的孔隙、裂隙和岩溶含水层	国外已广泛应用	低	低	周期较长，需要数年或更长时间	低	163

附录 4 地下水流和溶质运移数学模型及相关参数参考值

1. 地下水流模型

对于非均质、各向异性、空间三维结构、非稳定地下水流系统：

（1）控制方程

$$\mu_s \frac{\partial h}{\partial t} = \frac{\partial}{\partial x}\left(K_x \frac{\partial h}{\partial x}\right) + \frac{\partial}{\partial y}\left(K_y \frac{\partial h}{\partial y}\right) + \frac{\partial}{\partial z}\left(K_z \frac{\partial h}{\partial z}\right) + W$$

式中，μ_s —— 贮水率，1/m；

h —— 压力水头，m；

K_x、K_y、K_z —— 分别为 x、y、z 方向上的渗透系数，m/d；

t —— 时间，d；

W —— 源汇项，1/d。

其中，对于等厚的承压含水层，若属于平面二维流，控制方程可写为：

$$\mu_s \frac{\partial h}{\partial t} = K_x \frac{\partial^2 h}{\partial x^2} + K_y \frac{\partial^2 h}{\partial y^2} + W$$

式中，h —— 压力水头，m。

对于非均质含水层，潜水 Boussinesq（布西涅斯克）水流控制方程写为：

$$\mu_s \frac{\partial H}{\partial t} = \frac{\partial}{\partial x}\left(K_x h \frac{\partial H}{\partial x}\right) + \frac{\partial}{\partial y}\left(K_y h \frac{\partial H}{\partial y}\right) + W$$

式中，h —— 潜水含水层厚度，m；

H —— 压力水头，m。

（2）初始条件

$$h(x,y,z,t) = h_0(x,y,z) \quad (x,y,z) \in \Omega, t = 0$$

式中，$h_0(x,y,z)$ —— 已知水位分布；

Ω —— 模型模拟区。

（3）边界条件

①第一类边界

$$h(x,y,z,t)\big|_{\Gamma_1} = h(x,y,z,t) \quad (x,y,z) \in \Gamma_1, t \geqslant 0$$

式中，Γ_1 —— 一类边界；

h（x, y, z, t）—— 一类边界上的已知水位函数。

②第二类边界

$$K\frac{\partial h}{\partial \vec{n}}\bigg|_{\Gamma_2} = q(x,y,z,t) \quad (x,y,z)\in\Gamma_2, t>0$$

式中，Γ_2 —— 二类边界；

K —— 三维空间上的渗透系数张量；

$\vec{n}$ —— 边界 Γ_2 的外法线方向；

q（x, y, z, t）—— 二类边界上已知流量函数。

③第三类边界

$$\left(K(h-z)\frac{\partial h}{\partial \vec{n}} + \alpha h\right)\bigg|_{\Gamma_3} = q(x,y,z)$$

式中，α —— 已知函数；

Γ_3 —— 三类边界；

K —— 三维空间上的渗透系数张量；

$\vec{n}$ —— 边界 Γ_3 的外法线方向；

q（x, y, z）—— 三类边界上已知流量函数。

2. 地下水溶质运移模型

水是溶质运移的载体，地下水溶质运移数值模拟应在地下水流场模拟基础上进行。因此，地下水溶质运移数值模型包括水流模型和溶质运移模型两部分。

（1）控制方程

$$R\theta\frac{\partial c}{\partial t} = \frac{\partial}{\partial x_i}\left(\theta D_{ij}\frac{\partial c}{\partial x_j}\right) - \frac{\partial}{\partial x_i}(\theta v_i c) - Wc_s - Wc - \lambda_1\theta c - \lambda_2\rho_b\overline{c}$$

式中，R —— 迟滞系数，量纲一，$R = 1 + \frac{\rho_b}{\theta}\frac{\partial \overline{c}}{\partial c}$；

ρ_b —— 介质密度，mg/L；

θ —— 介质孔隙度，量纲一；

c —— 组分的浓度，mg/L；

$\overline{c}$ —— 介质骨架吸附的溶质浓度，mg/L；

t —— 时间，d；

x、y、z —— 空间位置坐标，m；

D_{ij} —— 水动力弥散系数张量，m^2/d；

v_i —— 地下水渗流速度张量，m/d；

W —— 水流的源和汇，1/d；

c_s —— 组分的浓度，mg/L；

λ_1—— 溶解相一级反应速率，1/d；

λ_2—— 吸附相反应速率，L/（mg·d）。

（2）初始条件

$$c(x,y,z,t)=c_0(x,y,z) \quad (x,y,z)\in\Omega, t=0$$

式中，$c_0(x,y,z)$ —— 已知浓度分布；

Ω—— 模型模拟区域。

（3）边界条件

①第一类边界——给定浓度边界

$$c(x,y,z,t)\big|_{\Gamma_1}=c(x,y,z,t) \qquad (x,y,z)\in\Gamma_1, t\geqslant 0$$

式中，Γ_1 —— 表示定浓度边界；

$c(x,y,z,t)$ —— 定浓度边界上的浓度分布。

②第二类边界——给定弥散通量边界

$$\theta D_{ij}\frac{\partial c}{\partial x}\bigg|_{\Gamma_2}=f_i(x,y,z,t) \quad (x,y,z)\in\Gamma_2, t\geqslant 0$$

式中，Γ_2 —— 通量边界；

$f_i(x,y,z,t)$ —— 边界 Γ_2 上已知的弥散通量函数。

③第三类边界——给定溶质通量边界

$$\theta D_{ij}\frac{\partial c}{\partial x_j}-q_i c\bigg|_{\Gamma_3}=g_i(x,y,z,t) \quad (x,y,z)\in\Gamma_3, t\geqslant 0$$

式中，Γ_3 —— 混合边界；

$g_i(x,y,z,t)$ —— Γ_3 上已知的对流-弥散总的通量函数。

3. 模型参数确定方法

表 1　常用地下水模型参数确定方法

参数	参数用途	确定方法	方法描述	辅助分析软件	备注
渗透系数	水流模型	1. 野外抽水试验	在选定的钻孔中或竖井中，对选定含水层（组）抽取地下水，形成人工降深场，利用涌水量与水位下降的历时变化关系，测定含水层（组）富水程度和水文地质参数。通过抽水试验可以确定含水层介质透水能力的大小	AquiferTest Aqtesolv MODFLOW PUMPTEST SLUGC SLUGT2 TIMELAG TGUESS WELLTEST	试验方法说明参照《水文地质手册（第二版）》（2012），或《供水水文地质勘察规范》（GB 50027—2001）
		2. 室内土柱试验			室内试验结果运用在野外现场，通常有尺度效应

参数	参数用途	确定方法	方法描述	辅助分析软件	备注
渗透系数	水流模型	3. 经验数值			经验数值见《地下水污染模拟预测评估工作指南》附表 C.2 和 C.3
潜水给水度	水流模型	1. 实验室法	在器皿中填充地层介质，注水后，测定流出水的量，进而分析得出给水度值		野外试验详细方法说明参见《水文地质手册（第二版）》（2012）
		2. 单孔抽水资料	根据潜水含水层单井抽水试验中流量、降深随时间的变化关系，用曲线法分析求解给水度		
		3. 指示剂法	通过在主孔抽水，观测孔投入指示剂的方法，确定指示剂在抽水孔中出现的时间，进而计算给水度		
		4. 非稳定流有限差分方法	利用观测孔的水位长期变化数据，通过求解非稳定流有限差分方程，得出给水度		
		5. 非稳定流抽水试验法	在选定的钻孔中或竖井中，对选定含水层（组）抽取地下水形成人工降深场，利用涌水量与水位下降的历时变化关系，测定含水层（组）富水程度和水文地质参数	AquiferTest Aqtesolv MODFLOWWELLTEST	
		6. 经验数值			经验数值见《地下水污染模拟预测评估工作指南》附表 C.2
承压水单位释水系数	非稳定流水流模型	1. 抽水试验	在选定的钻孔中或竖井中，对选定含水层（组）抽取地下水，形成人工降深场，利用涌水量与水位下降的历时变化关系，测定含水层（组）富水程度和水文地质参数	AquiferTest Aqtesolv MODFLOWTHCVFIT THEISFIT TSSLEAK	也可用野外试验和室内试验的方法
		2. 经验数值			经验数值见《地下水污染模拟预测评估工作指南》附表 C.4
弥散度	溶质运移模型	1. 弥散试验	研究污染物在地下水中运移时其浓度的变化规律，并通过试验获得进行地下水环境质量定量评估的弥散参数		弥散试验通常使用污染物的天然状态法、附加水头法、连续注水法、脉冲注入法等进行。详见《城市环境水文地质工作规范》（DZ 55—87）
		2. 经验数值			经验数值见《地下水污染模拟预测评估工作指南》附表 C.11
孔隙度	溶质运移模型	1. 实验室分析法	孔隙度的测定是在实验室中进行的，用的是小块的岩芯或岩屑		
		2. 定性估计方法	包括电测、钻井岩屑的显微镜检查、钻井时间录井、岩心的短缺、放射性测井以及其他测井方法		
		3. 经验数值			经验数值见《地下水污染模拟预测评估工作指南》附表 C.5

<table>
<tr><th>参数</th><th>参数用途</th><th>确定方法</th><th>方法描述</th><th>辅助分析软件</th><th>备注</th></tr>
<tr><td rowspan="2">地下水流速</td><td rowspan="2">水流流场</td><td>1. 流速试验</td><td>一般在地下水的水平运动为主的裂隙、岩溶含水层中进行，通过按照地下水流向布设试验井，运用投放试剂的方法，观测并计算地下水流速</td><td></td><td>参见《城市环境水文地质工作规范》(DZ 55—87)，《水文地质手册(第二版)》(2012) 或相关文献</td></tr>
<tr><td>2. 水头分析法</td><td>利用水头数据从 3 个空间方向估算流速分量。每 4 个观测点组成 1 个小组，连接在一起形成四面体，然后使用线性插值计算每个四面体的头部梯度。运用达西定律，最后生成速度分量</td><td>TETRA</td><td>该程序可用于承压和非承压、各向异性或均质含水层</td></tr>
<tr><td rowspan="2">地下水流向</td><td rowspan="2">水流流场</td><td>1. 静水位分析法</td><td>根据多点静水位手动描绘地下水流线；或者插值软件插值计算地下水流场分布</td><td>Surfer
GIS</td><td></td></tr>
<tr><td>2. 三角形法</td><td>沿等边三角形顶点布置 3 个钻孔，测得各孔水位高程后，编制等水位线图</td><td></td><td>详见《水文地质手册（第二版）》(2012)</td></tr>
<tr><td rowspan="6">降水入渗系数</td><td rowspan="6">含水层参数</td><td>1. 基本计算法</td><td>通过全年降水入渗补给量与全年降水量的比值计算入渗系数</td><td rowspan="5"></td><td rowspan="5">详见《水文地质手册（第二版）》(2012)</td></tr>
<tr><td>2. 地下水均衡场计算</td><td>在某均衡区的均衡时段内，地下水补给量与消耗量之差等于地下水储存量的变化量。利用均衡关系，求得降水入渗补给系数</td></tr>
<tr><td>3. 地下水动态资料分析法</td><td>根据地下水动态长期观测资料及降雨数据，分析求得入渗系数</td></tr>
<tr><td>4. 数理统计法</td><td>建立次降雨入渗系数，雨前地下水位埋深，降雨量大小之间关系式的统计模拟分析。得出降雨入渗系数随其他参数的变化曲线</td></tr>
<tr><td>5. 数值法反求</td><td>利用数学模型，运用数值模拟方法推求入渗系数</td></tr>
<tr><td>6. 经验数值</td><td></td><td></td><td>详见《水文地质手册（第二版）》(2012)</td></tr>
<tr><td>分配系数</td><td>溶质运移参数</td><td>经验数值</td><td>由实验室控制下的土柱试验所得，一般可通过文献检索确定取值范围；项目支持充分情况下可取原状土进行室内试验</td><td></td><td>室内试验结果运用在野外现场，通常有尺度效应</td></tr>
<tr><td>降解系数</td><td>溶质运移参数</td><td>经验数值</td><td>由实验室控制下土柱试验所得，一般可通过文献检索确定取值范围；项目支持充分情况下可取原状土进行室内试验</td><td></td><td></td></tr>
</table>

表 2　松散岩层水平渗透系数经验取值范围

岩性	岩层颗粒		渗透系数 K/（m/d）	岩性	岩层颗粒		渗透系数 K/（m/d）
	粒径/mm	所占比重/%			粒径/mm	所占比重/%	
轻亚黏土			0.05～0.1	粗砂	0.5～1.0	＞50	25～50
亚黏土			0.10～0.25	砾砂	1.0～2.0	＞50	50～100
黄土			0.25～0.50	圆砾			75～150
粉土质砂			0.50～1.0	卵石			100～200
粉砂	0.05～0.1	＜70	1.0～1.5	块石			200～500
细砂	0.1～0.25	＞70	5.0～10.0	漂石			500～1 000
中砂	0.25～0.5	＞50	10.0～25				

表 3　松散岩层给水度经验取值

岩性	给水度 μ	岩性	给水度 μ
亚黏土	0.04～0.07	中砂	0.15～0.30
亚砂土	0.07～0.10	粗砂及砂砾石	0.20～0.35
粉砂	0.10～0.15	黏土胶结的砂岩	0.02～0.03
细砂	0.10～0.20	裂隙灰岩	0.008～0.10

表 4　承压含水层释水（贮水）系数经验取值

岩性	释水系数/（1/m）	岩性	释水系数/（1/m）
塑性黏土	（2.6 ～ 20）$\times10^{-3}$	基岩裂隙层	（3.3 ～ 69）$\times10^{-6}$
硬质黏土	（1.3 ～ 2.6）$\times10^{-3}$	致密基岩	$<3.3\times10^{-6}$
中硬度黏土	（9.2 ～ 13）$\times10^{-4}$	松散砂层	（4.9 ～ 10）$\times10^{-4}$
致密砂砾石	（4.9 ～ 10）$\times10^{-5}$	致密砂层	（1.3 ～ 2.0）$\times10^{-4}$

表 5　我国部分地区降水入渗系数

省份	黏土	亚黏土	亚砂土	粉细砂
河南	0.08	0.15～0.20	0.20～0.25	0.30～0.35
山东	0.125	0.15～0.20	0.20～0.25	0.25～0.30
安徽	0.13	0.10～0.15	0.25～0.30	—
江苏	—	0.15～0.20	0.25～0.30	—
河北	0.1	0.15～0.20	0.20～0.30	0.30～0.40

表 6　不同气候条件下降水入渗系数

埋深/m	1.0～2.0		2.0～4.0		4.0～6.0	
	亚砂土	亚黏土	亚砂土	亚黏土	亚砂土	亚黏土
丰水年	—	0.26	0.26	0.22	0.21	0.19
平水年	—	0.21	0.2	0.18	0.11	0.15
枯水年	—	0.16	0.14	0.13	0.12	0.11

表 7　不同潜水埋深条件下的潜水蒸发系数

潜水埋深/m	0.5	1.0	1.5	2.0	3.0
亚黏土	0.529	0.298	0.147	0.082	0.046
黄土质砂土	0.801	0.431	0.194	0.087	0.028
亚砂土	0.743	0.255	0.032	0.017	—
粉细砂	0.826	0.472	0.168	0.044	—
砂砾石	0.486	0.41	0.014	0.004	0.001

表 8　不同植被条件下的年潜水蒸发系数

潜水埋深/m	0.5	1.0	1.5	2.0	2.5	3.0	3.5	4.0
无作物	0.330	0.145	0.053	0.034	0.029	0.021	0.019	0.017
有作物	0.634	0.385	0.139	0.070	0.043	0.029	0.020	0.017

表 9　孔隙度经验取值

松散沉积物		沉积岩		结晶岩	
黏土	40～70	砂岩	5～30	有裂隙结晶岩	0～10
粉砂	35～50	泥岩	21～41	致密结晶岩	0～5
细砂	26～53	灰岩、白云岩	0～20	玄武岩	3～35
粗砂	31～46	岩溶灰岩	5～50	风化花岗岩	34～57
细砂砾石	25～38	页岩	0～10	风化辉长岩	42～45
粗砂砾石	24～36				

附录 5 地下水污染风险管控与修复案例一览表

序号	案例	模式	水文地质条件	地下水目标污染物	工程量	风险管控和修复技术	周期/a	成本	风险管控和修复目标	效果评估	页码
1	江苏某制造企业氯代烃污染风险管控	风险管控	污染地下水为中细砂层微承压水，透水性较强、富水性一般	氯苯、二氯苯、硝基氯苯等	2.94 万 m^2	高风险区采用阻隔，低风险区采取抽出处理	2	4 500 万元	阻隔材料渗透系数等，满足 12 年污染物无渗漏要求	阻隔材料渗透系数小于 10^{-13} cm/s	193
2	湖南某场地铬污染风险管控	风险管控	污染物存在于第四系冲积细砂、圆砾层和裂隙含水层，沉积层层底深度约为 17 m，裂隙含水层未完全揭露	六价铬	样板段长度为 42.5 m，深度为 38 m。整体长度约为 2 200 m，平均深度约为 40 m	阻隔（柔性垂直防渗墙）	/	3.2 亿元	切断污染源，阻断污染地下水向地表水排泄途径	样板段柔性垂直防渗墙达到中风化板岩层顶面高程 2 m 以下要求	202
3	美国佛蒙特州某矿山开采区重金属污染风险管控	风险管控	尾矿库底部主要含水层为薄层砂砾石层，厚度为 0.3～0.9 m，下伏厚度为 22.8 m 左右的冰碛层，基本不透水	砷、钡、镉	/	阻隔、制度控制、监测自然衰减等	9	480 万美元，运行维护成本 7.55 万美元/a	生，阻断酸性废水进入地下水的途径，使周边地下水达到相关标准值	完成渗透屏障覆盖系统建设，按要求实施长期监测	208
4	四川朝天区关口矿井涌水污染风险管控	风险管控	地下水类型主要为碳酸盐岩岩溶水，次为碎屑岩裂隙水，含水岩组主要为二叠系下统栖霞茅口组（P_1^{q+m}）灰岩，隔水层主要为二叠系上统吴家坪组（P_2^{w}）及下统梁山组（P_1^{1}）页岩夹煤地层	铁	处理量为 10 000 m^3/d	阻隔、水处理（多级次曝气沉淀）	0.5	建设费用为 408 万元，运行费用约为 300 元/d	改善矿区地下水及地表水环境质量	下游地表水断面水质达标	217

序号	案例	模式	水文地质条件	地下水目标污染物	工程量	风险管控和修复技术	周期/a	成本	风险管控和修复目标	效果评估	页码
5	贵州观山湖区石硐煤矿酸性矿坑水污染风险管控	风险管控	区域含水层主要为三叠系下统大冶组和二叠系乐平统长兴—大隆组碳酸盐岩地层，岩性以白云岩和灰岩为主，隔水层主要是煤系地层龙潭组地层	铁、锰	处理量约为 300 m^3/d	水处理（多级中和反应、沉淀、人工湿地）	0.5	建设费用为 260 万元，运行维护费用约为2万元/a	地表水，出水目标为 Fe≤0.3 mg/L，Mn≤0.1 mg/L，pH 为 6～9	地表水，Fe≤0.3 mg/L，Mn 未检出或小于 0.1 mg/L，pH 为 6.37～7.45	230
6	贵州三都县锑矿锑污染风险管控	风险管控	区域地层主要为青白口系下江群变质岩，地层致密，不透水。含锑矿坑水主要存在于巷道，以及断层与岩石裂隙通道及变余泥质粉砂岩、细砂岩含水层中	锑	处理量为 2 500 m^3/d	水处理（多吸附材料串联耦合的井巷填充、人工湿地强化处理）	0.6	建设费用 452.3 万元，建设成本为 0.18 万元/m^3	地表水，pH 达到 6～9，锑小于 500 μg/L	地表水，pH 达到 6～9，锑小于 448 μg/L	242
7	贵州凯里市大风洞镇龙洞泉酸性矿坑水污染风险管控	风险管控	污染源为二叠系梁山组煤系地层中采矿活动引起的废弃煤矿酸性水，埋深为 150～200 m，废弃煤矿顶板为二叠系中统茅口—栖霞灰岩地层，导水性强，底板水为泥盆上统尧梭组灰岩地层，导水性也较好	铁	处理量为 493.15 万 m^3/d	抽出处理、注浆封堵	3.5	5 000 万元，水处理成本约 1.5 元/m^3，运行费用为 27 万元/a	Fe≤0.3 mg/L	Fe≤0.3 mg/L	253
8	广西某冶炼渣场重金属污染风险管控	风险管控	含水层为第四系（Q^l）、石炭统上统南丹组（C_2^{Pn}），地下水类型为松散岩类孔隙水、碳酸盐岩类裂隙溶洞水	镉、铅等重金属	风险管控范围为 8.5 万 m^2	原位微生物修复、监测自然衰减	1.6	1 000 万元，地下水修复费用平均为 67 元/m^3	地下水Ⅳ类标准，如镉小于 10 μg/L，铅小于 100 g/L 等	镉小于 10 μg/L，铅小于 100 g/L 等	269
9	美国特拉华州多佛市某垃圾填埋场有机物污染风险管控	风险管控	含水层由中砂、粗砂组成，第一层含水层厚度为 15～23 m	苯、多氯联苯	/	制度控制、阻隔	3	540 万美元，运行维护成本 7 000 美元/a	阻断暴露途径，降低人群和生态受体风险	完成阻隔工程，达到美国国家环境保护局要求	279

序号	案例	模式	水文地质条件	地下水目标污染物	工程量	风险管控和修复技术	周期/a	成本	风险管控和修复目标	效果评估	页码
10	北京某化工厂苯污染修复	修复	污染物主要存在于潜水含水层，含水层岩性为中砂、细砂，含水层层底埋深 18～20 m，隔水底板为 2～4 m 厚的粉质黏土层	苯	800 m^2，深度为 10 m	气相抽提、多相抽提、原位化学氧化	0.5	1 000 万元	苯浓度低于 1 mg/L	苯浓度低于 1 mg/L	284
11	北京某化工企业氯代烃污染修复	修复	污染物存在的含水层包括 2 层，潜水含水层为砂和砾卵石，平均埋深为 11.74 m；承压含水层为细砂、粗砂和卵石，水位埋深为 14.20 m	1,2-二氯乙烷、氯仿、氯乙烯	5.96 万 m^3	原位化学还原	0.5	3 000 万元	1,2-二氯乙烷低于 3 500 μg/L，氯仿低于 1 500 μg/L，氯乙烯低于 750 μg/L	1,2-二氯乙烷低于 3 500 μg/L，氯仿低于 1 500 μg/L，氯乙烯低于 750 μg/L	291
12	上海某化工企业萘污染修复	修复	污染物主要存在于填土层和粉质黏土含水层中，未揭穿，地下水埋深为 0.87～3.37 m	萘	400 m^2，深度为 4 m	抽出处理	0.5	24 万元	萘低于 0.804 mg/L	萘低于 0.804 mg/L	298
13	宁夏某化工园区苯系物污染修复	修复	污染物主要存在于石炭系中统砂岩、泥质砂岩和泥岩裂隙水含水层中，水位埋深 0.935～26.23 m	苯、氯苯、4-硝基苯酚、2-硝基苯胺、4-硝基苯胺、4-氯苯胺、2-氯苯胺、邻甲苯胺、3,3-二氯联苯胺、苯胺、邻苯二胺	地下水修复面积约 298 900 m^2，最大污染深度达 50 m。2019 年和 2020 年分别修复 2.88 万 m^2 和 6.72 万 m^2	原位微生物修复	3	200～300 元/m^3	苯小于 170 μg/L、氯苯小于 400 μg/L、4-硝基苯酚小于 3 000 μg/L、2-硝基苯胺小于 2 000 μg/L、4-硝基苯胺小于 2 000 μg/L、4-氯苯胺小于 2 000 μg/L、2-氯苯胺小于 2 000 μg/L、邻甲苯胺小于 2 000 μg/L、3,3-二氯联苯胺小于 2 000 μg/L、苯胺小于 2 000 μg/L、邻苯二胺小于 2 000 μg/L	截至 2020 月 11 月，一期修复片区 144 口修复井中，114 口修复井已经初步达到工程修复目标，约占一期修复井的 79.2%；12 口监测井中，10 口监 复目标值限值要求，约占 83.3%	305

序号	案例	模式	水文地质条件	地下水目标污染物	工程量	风险管控和修复技术	周期/a	成本	风险管控和修复目标	效果评估	页码
14	辽宁某化工园区氯代烃污染修复	修复	污染物主要存在于潜水含水层中，含水层岩性为粉砂和中粗砂，水位埋深 1.84～3.48 m，含水层厚度 0.50～7.20 m，渗透系数 3.5～18.8 m/d	1,2-二氯乙烷、1,1,2-三氯乙烷	7.23 万 m^2	抽出处理	2.6	521 万元，建设成本计约 119 万元，运营和维护成本计约 269 万元，补充调查成本计约 133 万元	1,2-二氯乙烷小于 1.06 mg/L、1,1,2-三氯乙烷小于 0.563 mg/L	1,2-二氯乙烷小于 1.06 mg/L、1,1,2-三氯乙烷小于 0.563 mg/L	317
15	天津某化学试剂厂氯代烃污染修复（A 区）	修复	污染物主要存在于以粉土为主的潜水含水层，水位埋深 5～5.5 m，隔水底板为约 3 m 厚的淤泥质粉质黏土	氯代烃	10 000 m^2	原位热处理、原位化学氧化、多相抽提	2	2 300 万元	氯乙烯小于 90 g/L、氯乙烷小于 79.79 μg/L、1,1-二氯乙烯小于 60 μg/L、1,1-二氯乙烷小于 50 μg/L、顺-1,2-二氯乙烯小于 70 μg/L、1,2-二氯乙烷小于 40 μg/L、三氯乙烯小于 210 μg/L、1,1,2,2-四氯乙烷小于 2 μg/L	氯乙烯小于 90 g/L、氯乙烷小于 79.79 μg/L、1,1-二氯乙烯小于 60 μg/L、1,1-二氯乙烷小于 50 μg/L、顺-1,2-二氯乙烯小于 70 μg/L、1,2-二氯乙烷小于 40 μg/L、三氯乙烯小于 210 μg/L、1,1,2,2-四氯乙烷 小于 2 μg/L	331

序号	案例	模式	水文地质条件	地下水目标污染物	工程量	风险管控和修复技术	周期/a	成本	风险管控和修复目标	效果评估	页码
16	天津某化学试剂厂氯代烃污染修复（B区）	修复	污染物主要存在于粉质砂土潜水含水层中，水位埋深3.0～6.0 m	氯代烃	400 m^2	可渗透反应格栅	0.25	500 万元	氯乙烯小于0.01 mg/L、氯乙烷小于0.75 mg/L、1,1-二氯乙烯小于2.59 mg/L、反式-1,2-二氯乙烯小于0.09 mg/L、1,1-二氯乙烷小于0.30 mg/L、顺式-1,2-二氯乙烯小于0.09 mg/L、1,1,1-三氯乙烷小于16.60 mg/L、1,2-二氯乙烷小于0.18 mg/L、三氯乙烯小于0.29 mg/L、1,1,2-三氯乙烷小于0.04 mg/L、四氯乙烯小于0.61 mg/L、1,1,2,2-四氯乙烷小于0.13 mg/L、三氯甲烷小于0.19 mg/L	氯乙烯小于0.01 mg/L、氯乙烷小于0.75 mg/L、1,1-二氯乙烯小于2.59 mg/L、反式-1,2-二氯乙烯小于0.09 mg/L、1,1-二氯乙烷小于0.30 mg/L、顺式-1,2-二氯乙烯小于0.09 mg/L、1,1,1-三氯乙烷小于16.60 mg/L、1,2-二氯乙烷小于0.18 mg/L、三氯乙烯小于0.29 mg/L、1,1,2-三氯乙烷小于0.04 mg/L、四氯乙烯小于0.61 mg/L、1,1,2,2-四氯乙烷小于0.13 mg/L、三氯甲烷小于0.19 mg/L	343
17	浙江某农药厂农药污染修复	修复	潜水含水层上层为粉质黏土和亚黏土、下层为粉砂，底板埋深10 m，隔水底板为2～4 m厚的黏土层	1,3-二氯丙烷、反-1,3-二氯丙烯、甲苯、马拉硫磷、TPH 等	4.91 万 m^3	原位化学氧化	1	2 500 万元	详见文中叙述	详见文中叙述	357

序号	案例	模式	水文地质条件	地下水目标污染物	工程量	风险管控和修复技术	周期/a	成本	风险管控和修复目标	效果评估	页码
18	山西某焦化场苯、氰化物污染修复	修复	地下水类型为孔隙潜水，静止水位埋深为3.5～4.7 m，高程为773.0～778.0 m	苯和氰化物	13 520 m^2	地下水循环井、原位化学氧化	1.5	518万元	苯小于153 μg/L，氰化物小于1 030 μg/L	苯小于153 μg/L，氰化物小于1 030 μg/L	367
19	北京某制造企业苯、总石油烃污染修复	修复	污染物主要存在于粉土和粉质黏土弱透水层中，地下水水位埋深为3.49～6.0 m，具微承压性	苯、大于C_{10}-C_{12}脂肪烃	26.24万 m^3	水力截获、原位化学氧化、监测自然衰减	0.7	地下水修复设施建设费约为5 337万元，地下水修复运行综合单价约为180元/m^3	苯小于672 μg/L，大于C_{10}-C_{12}脂肪烃小于1 247 μg/L	苯小于40 μg/L，大于C_{10}-C_{12}脂肪烃小于1 247 μg/L	378
20	上海某制造企业总石油烃污染修复	修复	污染物主要存在于粉质黏土和粉土潜水含水层，该含水层层底埋深为6～7 m，隔水底板为5～6 m厚的粉质黏土层	总石油烃（C_{10}-C_{40}）	2.54万 m^3	原位热脱附	0.6	2 600万元	总石油烃（C_{10}-C_{40}）小于8.11 mg/L	总石油烃（C_{10}-C_{40}）小于8.11 mg/L	390
21	广州某场地苯、萘污染修复	修复	污染物位于浅层和下层地下水中。浅层地下水平均埋深约为2.7 m，含水层平均厚度为5.3 m；下层地下水包括赋存于基岩全风化和强风化层中的风化裂隙水和少量孔隙水，基岩全风化层顶部埋深约为16 m，基岩全风化和强风化层的厚度约为17 m	苯、萘	30.5万 m^2	抽出处理、原位化学氧化	2	3.99亿元	浅层地下水中苯浓度小于0.26 mg/L，萘浓度小于0.27 mg/L；下层地下水中苯浓度小于3.84 mg/L、萘浓度小于1.12 mg/L	浅层地下水中苯浓度小于0.26 mg/L，萘浓度小于0.27 mg/L；下层地下水中苯浓度小于3.84 mg/L、萘浓度小于1.12 mg/L	413
22	北京某场地苯污染修复	修复	潜水埋深为10.0～18.0 m，赋存于细砂、中砂含水层；承压水埋深24.0～31.0 m，赋存于中砂、粗砂层、粉砂层和圆砾层中	苯	5.66万 m^3	抽出处理	2	/	苯小于0.05 mg/L	苯小于0.05 mg/L	420

序号	案例	模式	水文地质条件	地下水目标污染物	工程量	风险管控和修复技术	周期/a	成本	风险管控和修复目标	效果评估	页码
23	山东某场地苯、氯乙烯和氯仿污染修复	修复	地下水水位埋深 3.49～6.04 m，主要赋存于粉土和粉质黏土层中，具微承压性。地层空间分布不连续，平均厚度约为 8.38 m	苯、氯乙烯和氯仿	20.98 万 m^3	阻隔（止水帷幕）、抽出处理	/	约 1.5 亿元	苯小于 2 611 μg/L，氯乙烯小于 787 μg/L，氯仿小于 1 952 μg/L	苯小于 2 611 μg/L，氯乙烯小于 787 μg/L，氯仿小于 1 952 μg/L	427
24	内蒙古某尾矿库硫酸盐污染修复	修复	潜水含水层为细砂和粉质黏土交互层。尾矿库附近含水层厚度约 10 m，近黄河边主要分布粉质黏土夹杂少量细砂，含水层厚度增加到 20 m 左右。尾矿库区地下水水位较浅，埋深 0.5～3 m，渗透系数为 1～4 m/d。地下水流向为东北流向西南	硫酸盐	200 m^3	可渗透反应格栅	1	53.65 万元	硫酸盐小于等于 250 mg/L	修复区内 18 口监测/注射井中 13 口井硫酸盐浓度小于 250 mg/L	431
25	天津某垃圾填埋场氨氮污染修	修复	污染物主要存在于粉质黏土和粉土潜水含水层；该含水层层底埋深为 6～7 m，隔水底板为 5～6 m 厚的粉质黏土层	氨氮	10 800 m^3	可渗透反应格栅（漏斗门式）	3	2 800 万元	氨氮小于 0.5 mg/L	氨氮小于 0.5 mg/L	442
26	美国宾夕法尼亚州某制造企业氯代烃污染风险管控与修复	风险管控与修复	场地内第四系地层厚为 10.5～13.5 m，包括 1～5 m 厚的回填土、约 6 m 厚的粉质黏土和砂砾石层，下伏灰岩和页岩地层，地下水主要为回填土中的上层滞水、砂砾层中的潜水以及基岩中的裂隙水	氯代烃、多氯联苯	/	阻隔（泥浆墙）、抽出处理、气相抽提、监测自然衰减	25	110 万美元	满足宾夕法尼亚州的相关标准	达到宾夕法尼亚州的相关标准	449

序号	案例	模式	水文地质条件	地下水目标污染物	工程量	风险管控和修复技术	周期/a	成本	风险管控和修复目标	效果评估	页码
27	青海某铬盐厂铬污染风险管控与修复	风险管控与修复	污染物存在于基岩山区沟谷中，表层为5～20 m厚的黄土地层，黄土层底约为2 m厚的砾石层，下伏片岩和石英闪长岩地层，地下水赋存于砾石层和基岩风化裂隙中。地下水埋深为2～10 m，随冲沟地形变化差异较大	六价铬	1.37万m^2	阻隔、抽出处理	0.75	953万元	控制污染源，切断填埋场污染源向周围环境的暴露途径；控制坝下已污染地下水进一步向下游扩散的趋势	工程建设完成后第一年山谷口北部竖向阻隔设施地下水流向下游地下水监测井中的六价铬浓度比建设前下降50%以上；冲沟口山体无黄色铬污染水流出	454